Elektrische Festigkeitslehre

Von

Dr.-Ing. A. Schwaiger
o. Professor der Elektrotechnik an der Technischen Hochschule München
Vorstand des Hochspannungslaboratoriums

Zweite
vollständig umgearbeitete und erweiterte Auflage
des „Lehrbuches der elektrischen Festigkeit
der Isoliermaterialien"

Mit 448 Textabbildungen, 9 Tafeln
und 10 Tabellen

Springer-Verlag Berlin Heidelberg GmbH

ISBN 978-3-642-52530-8 ISBN 978-3-642-52584-1 (eBook)
DOI 10.1007/978-3-642-52584-1

Ursprünglich erschienen bei Julius Springer in Berlin 1925

Aus dem Vorwort zur ersten Auflage.

Für die Entwicklung der elektrischen Energieübertragung war und ist das Prinzip der Wirtschaftlichkeit maßgebend; dieses hat bekanntlich zur Zusammenfassung (Zentralisation) der Energieerzeugung in großen Kraftwerken (Überlandwerken) und zur Übertragung der Energie auf große Entfernungen und damit zur Anwendung hoher Übertragungsspannungen geführt.

Die Wahl hoher Übertragungsspannungen hat die Elektrotechnik vor viele neue und schwierige Aufgaben gestellt, deren Lösung durch eingehende theoretische und experimentelle Untersuchungen vielfach gelungen ist.

Unter dem Begriff „Hochspannungstechnik" faßt man gewöhnlich die Teilgebiete zusammen: elektrische Festigkeitslehre und elektromagnetische Ausgleichsvorgänge.

Das vorliegende Buch befaßt sich lediglich mit dem ersten der genannten Teilgebiete, mit der elektrischen Festigkeitslehre.

Unter „elektrischer Festigkeit" versteht man den Widerstand der Isoliermaterialien gegen Durchschlag. Der Ausdruck „Festigkeit" ist nicht glücklich gewählt, da es beim Durchschlag des Isoliermaterials nicht darauf ankommt, wie „fest" es ist. Nachdem sich aber dieser Ausdruck einmal eingebürgert hat, soll er auch im vorliegenden Buch beibehalten werden. Zum erstenmal scheint er von J. C. Maxwell gebraucht worden zu sein (electric strength).

Es ist eine bemerkenswerte Tatsache, daß unsere Kenntnisse über die elektrische Festigkeit der Isoliermaterialien noch nicht so weit fortgeschritten sind, als man in Anbetracht der Wichtigkeit dieses Gebietes erwarten sollte. Wenn trotzdem die Technik es wagen konnte, zur Anwendung immer höherer Spannungen zu schreiten — Übertragungsspannungen von 100000 Volt sind bereits überschritten —, und wenn es tatsächlich gelungen ist, die mit so hohen Spannungen verbundenen Erscheinungen und Schwierigkeiten zu beherrschen, so mag das hauptsächlich seinen Grund darin haben, daß der Konstrukteur bei der Dimensionierung der Konstruktionen mit einem sehr großen Sicherheitsfaktor rechnet.

In der Annahme, daß dieses Gebiet in der Elektrotechnik mit der Zeit eine ähnliche Bedeutung erlangen wird wie die Festigkeitslehre im Maschinenbau, hat es der Verfasser unternommen, dasselbe vom allgemeinen Gebiet der Hochspannungstechnik loszutrennen und sozusagen auf eigene Füße zu stellen.

Das vorliegende Buch wurde im Felde geschrieben, und dieser Umstand erklärt auch, warum die vorhandene Literatur und die in der Praxis üblichen Ausführungsformen so wenig Erwähnung finden konnten.

Mein Freund und Kriegskamerad, Herr Vzfw. Meixner (Lehrer in München), hat mich bei der Berechnung der Kurven, beim Nachprüfen der Formeln, sowie beim Übertragen des Stenogrammes in Maschinenschrift sehr unterstützt; mir werden die schönen Stunden, die wir in den Vogesen bei gemeinsamer Arbeit verlebt haben, in steter Erinnerung bleiben.

Karlsruhe, Neujahr 1919.

Der Verfasser.

Vorwort zur zweiten Auflage.

Die zweite Auflags des vorliegenden Buches erscheint in vollständig umgearbeiteter und stark erweiterter Form, so daß der Inhalt desselben weit über den Rahmen eines Lehrbuches hinausgeht. Es wurde deshalb für die zweite Auflage der allgemeinere Titel gewählt, „Elektrische Festigkeitslehre“, eine Bezeichnung, die sich seit längerer Zeit in der Hochspannungstechnik eingebürgert hat.

Die elektrische Festigkeitslehre ist ein wichtiger Wissenszweig der Elektrotechnik geworden. Sie gewinnt um so mehr an Bedeutung, je höher man mit den Übertragungsspannungen geht, da es immer mehr darauf ankommt, die Ausnutzung der Baustoffe wirtschaftlicher zu gestalten.

Wer sich mit Festigkeitsrechnungen befassen muß, weiß, daß die meisten aus der Elektrostatik übernommenen Formeln für technische Rechnungen außerordentlich unbequem sind; denn es läßt sich aus den Formeln der Einfluß der Elektrodenform und -größe usw. nicht übersehen, so daß man die Anordnungen stets für eine größere Zahl von Ausführungsformen berechnen muß, was bei diesen langen Formeln sehr zeitraubend ist. Der Verfasser hat es deshalb bei der Abfassung der vorliegenden Auflage als eine der wichtigsten Aufgaben erachtet, alle Formeln der elektrischen Festigkeitsrechnung in eine für den Praktiker brauchbare Form zu bringen; das ist gelungen durch Einführung des sog. Ausnutzungsfaktors η, der angibt, um wieviel die einzelnen Anordnungen ungünstiger sind als die beste und einfachste Anordnung, die Plattenanordnung. Die Ausnutzungsfaktoren selbst sind in Tabellen und graphisch dargestellt.

Die Berechnung der Ausnutzungsfaktoren wurde auf dem reichlich umständlichen Weg mit Hilfe der aus der Elektrostatik bekannten Grundgesetze durchgeführt, und zwar in möglichst elementarer Weise, damit sich auch der Anfänger leicht zurechtfinden kann. Aus diesem Grunde schien es nötig, in einer Einleitung an die wichtigsten Grundgesetze der Elektrostatik zu erinnern. Da an manchen Hochschulen Vorlesungen über Hochspannungstechnik noch nicht eingeführt sind, muß sich mancher in der Praxis stehende Ingenieur selbst in dieses Gebiet einarbeiten; hierbei kann ihm vielleicht das vorliegende Buch mit der etwas breiten Darstellung der theoretischen Grundlagen ein Führer sein. Dem Praktiker, der wünscht, möglichst rasch Festigkeitsrechnungen durchführen zu lernen, wird empfohlen, sofort mit den Beispielen im Abschnitt 12 zu beginnen, nachdem er die Abschnitte 1 bis 6 durchgelesen hat; danach mag er an das Studium der dazwischenliegenden Abschnitte herangehen.

In dem Abschnitt über konforme Abbildungen hat der Verfasser gezeigt, daß man alle wichtigen Gesetze der elektrischen Festigkeitslehre, soweit es sich um parallelebene Probleme handelt, auch ohne die aus der Elektrostatik übernommenen Formeln ableiten kann, und zwar aus der einfachen und bekannten Plattenanordnung. Es wäre also möglich, auf die Einführung der Begriffe „Ladung“, „Potential“ usw. zu verzichten und die konformen Abbildungen an den Anfang des Buches zu stellen. Der Verfasser hat aber hiervon Abstand genommen, da dem mathematisch weniger Geschulten die Lehren der konformen Abbildungen fremd sein dürften.

Das vorliegende Buch zerfällt in drei Teile. Der erste Teil beschäftigt sich mit dem Durchschlag, der zweite mit dem Überschlag; im dritten Teil sind die praktischen Ausführungsformen der Hochspannungstechnik besprochen. Während im ersten Teil den an sich bekannten Durchschlaggesetzen nur eine neue, dem praktischen Bedürfnis besser angepaßte Form gegeben wurde, dürften die Lehren des zweiten Teiles ganz neu sein; hier wurde wohl zum erstenmal versucht, auch den Überschlag zu berechnen. Bei den Betrachtungen über die Entladungen auf der Oberfläche der Isoliermaterialien und bei der Untersuchung über die Bedeutung der Dächer, Rippen und Wulste auf den Isolatoren ist der Verfasser eigene Wege gegangen. Dabei hat es sich vielfach als wünschenswert und notwendig erwiesen, neue termini technici zu prägen, um die Ausdrucksweise zu vereinfachen und zu erleichtern; die Zukunft muß lehren, ob sie in der Praxis angenommen werden, oder wie weit sie vielleicht durch bessere ersetzt werden können. Bei der Abfassung des dritten Teiles kamen dem Verfasser die Erfahrungen zugute, die er bei den für zahlreiche Firmen und Werke ausgeführten Versuchen und Untersuchungen gewonnen hat. Dieser Teil des Buches wird den Praktiker am meisten interessieren, manchmal vielleicht auch seinen Widerspruch erregen, da der Verfasser hier häufig zu Ergebnissen kommt, die von den bisherigen Anschauungen erheblich abweichen, oft sogar in direktem Widerspruch hierzu stehen. In diesem Teil ist auch die Patentliteratur eingehend berücksichtigt worden, und wichtige Patentansprüche sind im Wortlaut angeführt, was bei der Ausbildung neuer Konstruktionsformen für den Konstrukteur wichtig sein mag.

Im Literaturverzeichnis, das jedoch keinen Anspruch auf Vollständigkeit erhebt, findet der Leser eine Reihe von Arbeiten auf dem Gebiet der elektrischen Festigkeitslehre zusammengestellt, deren Studium bei der Vertiefung in einzelne Probleme empfohlen wird.

Die Bearbeitung der zweiten Auflage hat längere Zeit in Anspruch genommen als ursprünglich beabsichtigt war. Da aber der Stoff immer mehr unter der Feder anwuchs und der Verfasser außerdem seine Arbeiten infolge seiner Berufung an die Technische Hochschule München und durch die Einrichtung eines neuen Hochspannungslaboratoriums an dieser Hochschule längere Zeit unterbrechen mußte, kann die zweite Auflage erst jetzt, also geraume Zeit nachdem die erste Auflage vergriffen war, erscheinen.

Bei der Bearbeitung des vorliegenden Buches haben mich die Herren Dr.-Ing. W. Wörner, Dr.-Ing. J. Rebhan, Dipl.-Ing. E. Werner und Dipl.-Ing. W. Wittwer wesentlich unterstützt. Mein techn. Assistent, Herr K. Merkl, war mir bei der Berechnung der Tafeln und Tabellen, beim Entwurf der Abbildungen und bei der Durchführung der Versuche im Hochspannungslaboratorium eine unermüdliche und zuverlässige Hilfe. Eine Reihe von Autoren und Firmen haben mir in freundlicher Weise Abbildungsmaterial zur Verfügung gestellt. All den Genannten möchte ich auch an dieser Stelle für ihre Unterstützung herzlich danken. Dem Verlag endlich schulde ich Dank für das bereitwillige Eingehen auf alle meine Wünsche hinsichtlich der Ausstattung des Buches.

München, Juni 1925.

Der Verfasser.

Inhaltsverzeichnis.

Druckfehler-Berichtigung.

Seite 53	Zeile 6	muß heißen	$\mathrm{kV \cdot cm^{-1}}$	statt	$\mathrm{kV \cdot cm}$
„ 88	Gl. (16)	„ „	$\eta_Z = \ldots$	„	$\eta_z = \ldots$
„ 92	Gl. (38)	„ „	$+ \frac{q_2}{BP}$	„	$+ \frac{q_2}{AP}$
„ 392	Zeile 6	„ „	wählen	„	wühlen

Einleitung.

Das elektrische Feld.

1. Der Durchschlag und der Überschlag.

In der Umgebung eines stromführenden Leiters ist ein magnetisches und ein elektrisches Feld vorhanden. Unter sonst gleichen Verhältnissen hängt die Stärke des magnetischen Feldes von der Größe des Stromes im Leiter ab und die Stärke des elektrischen Feldes von der Höhe der Spannung des Leiters gegenüber seiner Umgebung. Die mit dem elektrischen Feld verknüpften Erscheinungen machen sich deshalb besonders bei Hochspannung bemerkbar.

Die Lehre von der elektrischen Festigkeit der Isoliermaterialien beschäftigt sich mit dem Verhalten der Isolierstoffe im elektrischen Feld.

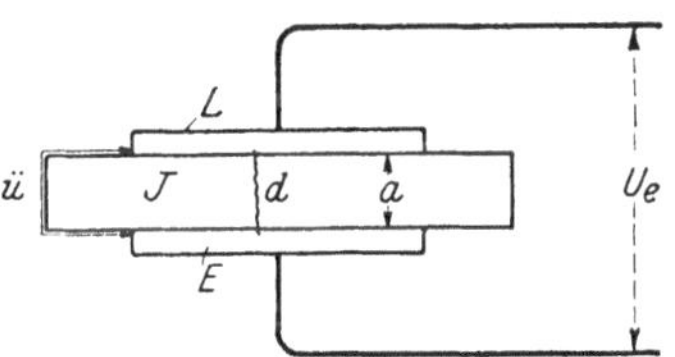

Abb. 1. Plattenanordnung.

Bringt man zwischen zwei Elektroden, beispielsweise zwischen zwei Platten E und L, die mit den Klemmen eines Transformators verbunden sind, ein festes Isoliermaterial J (Abb. 1) und steigert man die Spannung der Stromquelle immer höher, so tritt schließlich bei der Spannung U_e eine Entladung zwischen den Elektroden E und L auf, beispielsweise ein Lichtbogen, und dadurch werden die Elektroden kurzgeschlossen.

Die Entladung beim Überschreiten der Spannung U_e kann in verschiedener Weise vor sich gehen. Sie nimmt entweder ihren Weg quer durch das Isoliermaterial hindurch, z. B. an der mit d bezeich- Stelle; in diesem Falle nennt man die Entladung „Durchschlag“ und die Entladespannung $U_e = U_d$ nennt man Durchschlagspannung. Oder die Entladung nimmt ihren Weg längs der Oberfläche des festen Isoliermaterials, also an der mit $ü$ bezeichneten Stelle; dann nennt man die Entladung „Überschlag“ und die Entladespannung $U_e = U_ü$ nennt man Überschlagspannung.

Beim Durchschlag wird das Isoliermaterial zerstört; denn die Entladung brennt einen Kanal quer durch das Isoliermaterial von Elektrode zu Elektrode, und damit verliert das Material an dieser

Stelle die Fähigkeit zu isolieren. Beim Überschlag wird wohl auch für die Dauer der Entladung ein Kurzschluß zwischen den beiden Elektroden herbeigeführt; nach Aufhören der Entladung hält aber die Anordnung wieder die volle Spannung aus, weil das Isoliermaterial beim Überschlag meist keinen Schaden leidet. Der Überschlag scheint also nicht so gefährlich zu sein wie der Durchschlag, da mit seinem Auftreten keine Zerstörung der Anordnung verbunden ist. Man hat auch aus diesem Grunde lange Zeit dem Überschlag nur wenig Beachtung geschenkt. Heute denken wir allerdings hierüber anders; denn wir wissen, daß der Überschlag der gefährlichste Überspannungserreger für eine Anlage ist. Wir haben also allen Grund, nicht nur den Durchschlag, sondern auch den Überschlag in unseren Hochspannungsanlagen zu vermeiden, sie also durch- und überschlagsicher zu bauen.

Ist die Spannung, die die Anordnung im normalen Betrieb auszuhalten hat, gleich U kV, dann stellt das Verhältnis

$$\frac{U_e}{U} = s \tag{1}$$

den „Sicherheitsgrad" der Anordnung dar. s soll natürlich stets größer als Eins sein; denn bei $s \leqq 1$ würde die Konstruktion im Betrieb durch- oder übergeschlagen.

Zur Aufgabe der elektrischen Festigkeitslehre gehört es, die Durch- und Überschlagspannung der Hochspannungsanordnungen zu berechnen. Das kann natürlich nur geschehen, wenn uns bekannt ist, wieviel die Isoliermaterialien gegen Durch- und Überschlag aushalten; um dies zu finden, müssen wir das Experiment befragen. Nehmen wir an, daß die Dicke a_1 des Isoliermaterials (Abb. 1) gleich 0,2 cm sei und daß beim Auftreten des Durchschlags an der Stelle d die Spannung $U_{d1} = 20$ kV gemessen wurde; ferner sei bei einem anderen Material mit der Dicke $a_2 = 0{,}1$ cm die Durchschlagspannung $U_{d2} = 15$ kV gemessen worden. Damit kennen wir die Spannungen, die diese beiden Isoliermaterialien bei der gegebenen Dicke aushalten. Wir wollen aber außerdem wissen, welches der beiden Isoliermaterialien das bessere ist. Zu diesem Zweck rechnen wir die gemessenen Werte der Durchschlagspannung auf die gleiche Dicke um, etwa auf 1 cm, und erhalten damit die Durchschlagspannung pro 1 cm Materialdicke für das erste Material zu

$$\mathfrak{E}_{d1} = \frac{U_{d1}}{a_1} = \frac{20}{0{,}2} = 100\,\text{kV.cm}^{-1};$$

und für das zweite Material zu

$$\mathfrak{E}_{d2} = \frac{U_{d2}}{a_2} = \frac{15}{0{,}1} = 150\,\text{kV.cm}^{-1};$$

das zweite Material ist also besser als das erste.

Für $\mathfrak{E}_d$ gebraucht man in der Praxis den Namen „Durchschlagfestigkeit“ der Isoliermaterialien. Es sei ausdrücklich hervorgehoben, daß es falsch wäre, zu glauben, daß Platten von 1 cm Dicke dieser Materialien wirklich 100 kV bzw. 150 kV aushalten; das kann, muß aber nicht so sein. Auf diesen Punkt kommen wir später noch eingehend zu sprechen.

Die Gebrauchsspannung dieser Anordnungen muß natürlich wesentlich geringer sein; ist diese beispielsweise 10 bzw. 5 kV, dann sind die Materialien nicht mit einer Feldstärke gleich der Durchschlagfestigkeit beansprucht, sondern schwächer, nämlich mit

$$\mathfrak{E}_1 = \frac{10}{0,2} = 50\,\text{kV.cm}^{-1}$$

und

$$\mathfrak{E}_2 = \frac{5}{0,1} = 50\,\text{kV.cm}^{-1}.$$

$\mathfrak{E}$ nennen wir die „Beanspruchung auf Durchschlag“. Um den Sicherheitsgrad zu finden, können wir auch die Durchschlagfestigkeit und Beanspruchung miteinander vergleichen; es ist

$$s_1 = \frac{\mathfrak{E}_{d1}}{\mathfrak{E}_1} = \frac{100}{50} = 2; \qquad s_2 = \frac{\mathfrak{E}_{d2}}{\mathfrak{E}_2} = \frac{150}{50} = 3.$$

Für das gewählte Beispiel von Abb. 1 waren die Berechnungen besonders leicht auszuführen; denn wir durften annehmen, daß sich die Spannung U auf die einzelnen Schichten des Materials gleichmäßig verteilt, daß also alle Schichten gleich stark beansprucht sind (homogene Beanspruchung).

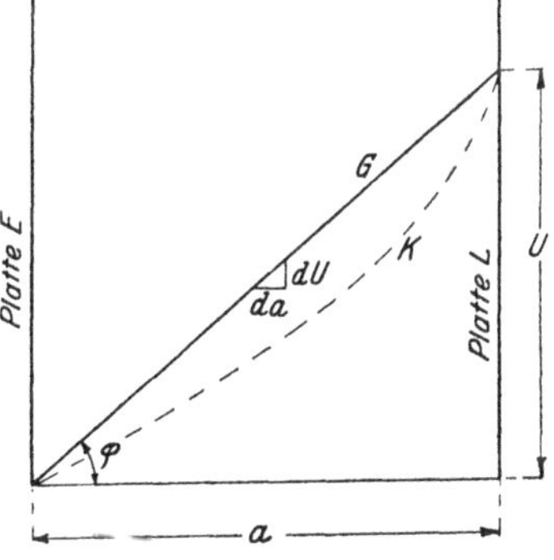

Abb. 2. Spannungsverteilung im Isoliermaterial.

Wir wollen nun noch die Spannungsverteilung graphisch darstellen. Zu diesem Zweck tragen wir in einem Koordinatensystem als Abszisse den Abstand der einzelnen Schichten des Isoliermaterials von der Elektrode E auf und zwar in Prozenten der Schichtdicke a; als Ordinaten wählen wir die Spannungen der einzelnen Schichten gegen die Elektrode E, und zwar tragen wir auch diese Werte in Prozenten der gesamten an die Elektroden angelegten Spannung U auf. Wir erhalten dann für die Plattenanordnung von Abb. 1 die in Abb. 2 dargestellte Gerade G. Wir können jetzt auch die Beanspruchung $\mathfrak{E}$ geometrisch deuten; es ist nämlich, wie leicht aus der Abbildung abzulesen ist,

$$\mathfrak{E} = \frac{U}{a} = \operatorname{tg} \varphi = \frac{dU}{da} \tag{2}$$

Hierbei bedeutet dU die Spannungszunahme längs der Schichtdicke da.

Wenn die Spannungsverteilung im Isoliermaterial nicht mehr durch die Gerade G, sondern durch eine Kurve K gegeben ist, dann ist die Beanspruchung $\mathfrak{E}$ nicht mehr in allen Schichten gleich groß. Maßgebend ist in diesem Falle die maximale Beanspruchung $\mathfrak{E}_m$, die wir aufzusuchen haben; diese muß bei der Spannung U natürlich kleiner gehalten werden als die Durchschlagfestigkeit des Materials beträgt. Offenbar sind die anderen Schichten weniger stark beansprucht, das Isoliermaterial ist in diesem Falle nicht voll ausgenützt.

Nunmehr können wir die Aufgabe der elektrischen Festigkeitslehre genauer angeben:

Die elektrische Festigkeitslehre lehrt, wie man aus den gegebenen Abmessungen einer Anordnung und der gegebenen Spannung die Beanspruchungen auf Durch- und Überschlag berechnen kann; oder wie man bei gegebener Durch- und Überschlagfestigkeit und aus den Dimensionen der Anordnung die Durch- und Überschlagspannung berechnen kann; oder endlich wie man bei gegebenen zulässigen Durch- und Überschlagbeanspruchungen, der verlangten Gebrauchspannung und dem gewünschten Sicherheitsgrad die Dimensionen der Anordnung berechnen kann.

Wie wir im folgenden sehen werden, wissen wir bis jetzt noch nicht restlos, wie sich der Durch- und Überschlag bei den einzelnen Isoliermaterialien abspielt und welche physikalische Größe die Entladungen bedingt; ja, bei einigen Materialien scheint nach dem Ergebnis der neuesten Forschung sogar die Möglichkeit zu bestehen, daß nicht die Spannungsbeanspruchungen, sondern die Stromstärke den Durchschlag bewirkt. Da mag es nun auf den ersten Blick merkwürdig erscheinen, daß wir trotz allem die Beanspruchungen und Festigkeiten nach Kilovolt pro Zentimeter beurteilen und berechnen. Bei näherem Zusehen erkennt man jedoch, daß dies möglich und berechtigt ist, weil wir die experimentell ermittelte Fähigkeit der Materialien zu isolieren für jede Anordnung in Kilovolt pro Zentimeter eichen, ohne uns zunächst darum zu kümmern, ob diese Größe physikalisch für die Entladungen soz. verantwortlich ist.

Wie bereits erwähnt wurde, suchen wir in der elektrischen Festigkeitslehre nach den Zusammenhängen, die bei den verschiedenen Formen der Elektroden und Isolierkörper zwischen den Größen U, $\mathfrak{E}$ und den geometrischen Dimensionen bestehen. Diese Gesetze können wir auf verschiedenen Wegen finden. Beispielsweise ist es möglich, und davon wird manchmal Gebrauch gemacht, daß man die Anordnung als Strömungsproblem auffaßt. Man denkt sich das Isoliermaterial durch einen Leiter der gleichen Form ersetzt und berechnet die Strombahnen in diesem Leiter beim Anlegen einer gewissen Spannung. Da der Widerstand des Leiters bekannt ist, kann man den Spannungsabfall $\mathfrak{E}$ pro Längeneinheit ermitteln und in Zusammenhang mit den Dimensionen der Anordnung und der Spannung bringen. Für solche Anordnungen, die der Rechnung schwer zugänglich sind, kann man die Form des Strömungsbildes auch auf rein experimentellem Weg ermitteln, eine Methode, von der manchmal Gebrauch gemacht wird. Das Ergebnis dieser Berechnungen oder experimentellen Untersuchungen läßt sich dann leicht auf das vorliegende Hochspannungsproblem übertragen.

In der Elektrostatik spielt der Spannungsgradient $\mathfrak{E}$ eine große Rolle, er wird dort Feldstärke genannt. Wir können also unsere Probleme auch als elektrostatische Probleme auffassen und die Feldstärken aus den Dimensionen der Anordnung und den Potentialen der Elektroden berechnen, und diesen Weg werden wir im folgenden beschreiten. Für den Anfänger wäre es zwar vielleicht bequemer, die erstgenannte Methode anzuwenden, weil dabei an Altbekanntes angeknüpft werden kann; wenn wir trotzdem die Elektrostatik zur Lösung unserer Probleme heranziehen, so geschieht das deshalb, weil diese Methode soz. die natürlichere ist; denn wir sehen nach unserer Annahme in der Feldstärke $\mathfrak{E}$ die Ursache für den Durch- und Überschlag.

Bevor wir nun zu den eigentlichen Berechnungen übergehen, sollen zuerst die wichtigsten Gesetze der Elektrostatik, die wir für die Berechnungen nötig haben, zusammengestellt werden. Auf eine ausführliche Ableitung derselben muß verzichtet werden, da dies aus dem Rahmen dieses Buches fällt und eine Reihe von Lehrbüchern über diesen Gegenstand zur Verfügung stehen.

2. Grundgesetze der Elektrostatik.

Von den Gesetzen der Elektrostatik sind es nur wenige, die wir als Grundlage für die elektrische Festigkeitsrechnung brauchen. Wir wollen diese Gesetze gleich in ihrer Anwendung auf ein praktisches Beispiel näher studieren, und zwar wählen wir die bereits beschriebene und für die Praxis außerordentlich wichtige „Plattenanordnung“. Zunächst beschränken wir uns dabei auf die Berechnung des Durchschlages; später wird dann gezeigt, wie auch der Überschlag berechnet werden kann.

Der Durchschlag. Wir haben es in der elektrischen Festigkeitslehre fast ausnahmslos mit solchen Fällen zu tun, wo von allen vorhandenen Elektroden nur zwei an die Stromquelle angeschlossen sind. Sind mehr als zwei Elektroden vorhanden, dann sind die übrigen Elektroden nicht mit der Stromquelle verbunden, sondern sie werden durch „Influenz“ elektrisiert. Eine Ausnahme scheinen die Drehstromhochspannungssysteme zu machen, wo entsprechend den drei Phasen immer drei Elektroden mit der Stromquelle verbunden sind. Wir werden aber sehen, daß sich auch dieser Fall auf das Zweielektrodenproblem zurückführen läßt. Zunächst wollen wir annehmen, daß überhaupt nur zwei Elektroden vorhanden sind. Als Stromquelle möge eine Elektrisiermaschine angenommen werden.

Abb. 3 zeigt die beiden Metallplatten L und E. Die Platten denken wir uns sehr groß, beschränken unsere Betrachtungen aber nur auf den mittleren Teil derselben und kümmern uns nicht um die Erscheinungen an den Rändern derselben. Die Platte E sei mit ihrem Pol an Erde angeschlossen. Die Stromquelle werde nun in Betrieb gesetzt, sie erzeugt dann eine Spannung U und auf den Platten sammeln sich Elektrizitätsmengen an, auf der Platte L die Elektrizitätsmenge $+Q$, auf der andern Platte die Elektrizitätsmenge $-Q$. Das elektrische Feld um die Platten herum können wir durch Kraftlinien darstellen.

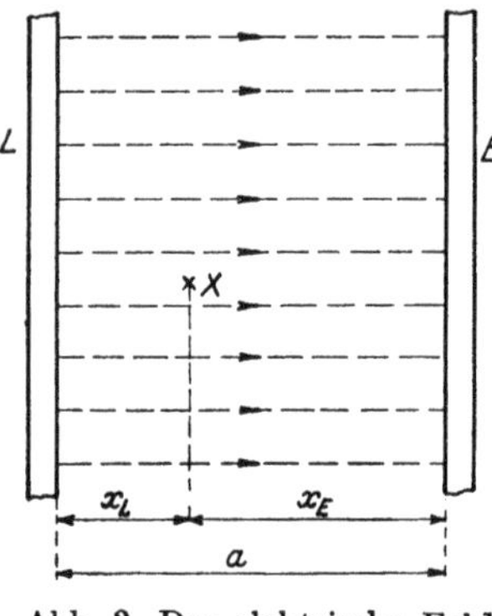

Abb. 3. Das elektrische Feld zwischen 2 Platten.

Es ist bekannt, daß in dem Raum zwischen den beiden Platten die Kraftlinien als unter sich parallele, auf den Oberflächen senkrecht stehende Linien verlaufen. Sie beginnen auf der Platte mit der positiven Ladung und endigen auf der Platte mit der negativen Ladung. Im Innern der Metallplatten (die Platten seien doppelwandig ausgeführt) ist im elektrostatischen Feld und bei den technischen Frequenzen kein elektrisches Feld vorhanden, also verlaufen dort auch keine Kraftlinien. (Faradayscher Käfig.)

Wir fragen nun nach dem Feld der Platte L mit der Ladung $+Q$ und nach dem Feld der Platte E mit der Ladung $-Q$, wenn jede von ihnen „allein“ vorhanden wäre. Das ist zwar eine Inkonsequenz im Sinne der Faraday-Maxwellschen Elektrizitätslehre; denn die Kraftlinien der Platte L müssen irgendwo endigen, und dort ist eben die negative Ladung anzunehmen. Umgekehrt müssen die Kraftlinien der Platte E irgendwo beginnen und dort ist die $+$ Ladung. Wir können aber trotzdem die Felder gesondert studieren; dadurch daß wir zum Schluß die beiden Felder superponieren, kommt rechnungsgemäß das Gleiche heraus, als wenn wir von Anfang an angenommen hätten, die beiden Elektroden wären „gleichzeitig“ vorhanden. Wir gewinnen aber auf diese Weise den Vorteil einer bequemeren Rechnung. Im übrigen wird auch in der klassischen Theorie der Elektrizität gelegentlich von dem Feld eines Punktes gesprochen, in dem die Elektrizitätsmenge $+Q$ angehäuft ist. Die Kraftlinien sind in diesem Falle radiale Strahlen, die von diesem Punkte ausgehen. Man kann annehmen, daß die andre Elektrode eine konzentrische Kugelschale mit sehr großem Radius R ist. In unserem Falle setzen wir voraus, daß die Gegenelektroden der einzelnen Platten sehr weit entfernte Ebenen sind.

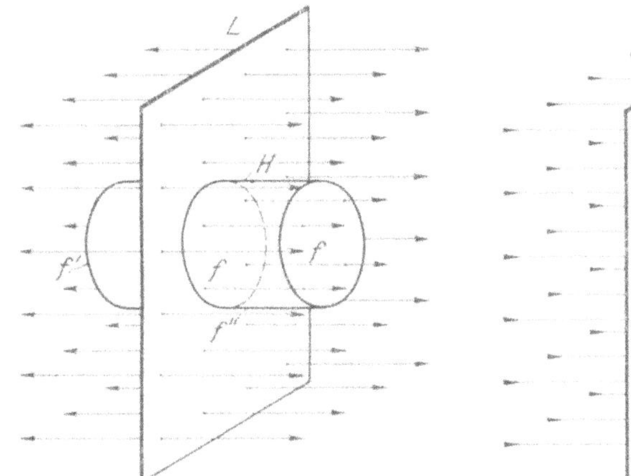

Abb. 4. Das elektrische Feld einer positiv geladenen Platte.

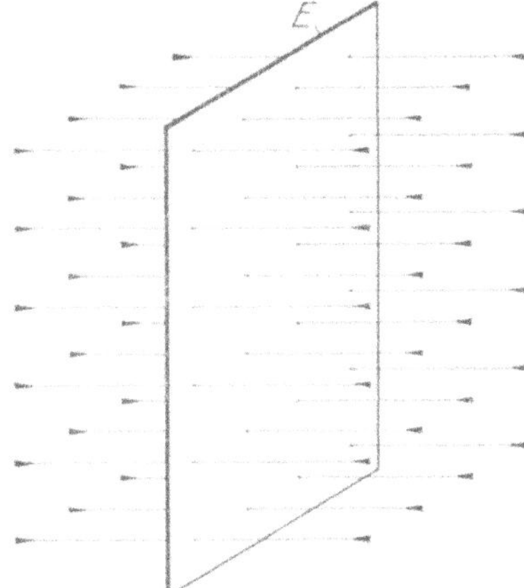

Abb. 5. Das elektrische Feld einer negativ geladenen Platte.

Abb. 4 zeigt das Kraftlinienbild der Platte L und Abb. 5 das entsprechende Bild der Platte E (die Platten sind der Einfachheit halber nicht mehr als Hohlkörper gezeichnet). Wir wollen nun berechnen, wieviele Kraftlinien (sog. Kraftfluß) von der Fläche f der beiden Platten ausgehen. Hierzu benützen wir den Gaußschen Satz, der lautet:

Der Fluß Φ der Kraftlinien durch eine den geladenen Körper umhüllende Fläche ist gleich 4π mal derjenigen Ladung, die von der Hülle umschlossen wird.

Dieser Satz gilt allerdings nur für den Fall, daß das den geladenen Körper umgebende Medium Luft (Vakuum) mit der Dielektrizitätskonstante $\varepsilon = 1$ ist. Ist ε größer als Eins, dann ist der Kraftfluß ε mal kleiner als bei Luft. In Tabelle A (Ende des Buches) sind die Dielektrizitätskonstanten der gebräuchlichsten Isoliermaterialien zusammengestellt.

Wir zeichnen um die betrachtete Fläche f (Abb. 4) eine Hülle H, die wir der Einfachheit der Rechnung halber so legen, daß ihre Oberfläche nach Möglichkeit von den Kraftlinien senkrecht durchstoßen wird. Wo dies nicht möglich ist, zeichnen wir die Hülle parallel zum Kraftlinienverlauf. Wie groß wir im übrigen die Hülle machen, ist gleichgültig. In Abb. 4 wurde die Hülle als Kreiszylinder gezeichnet, der auf der Platte senkrecht steht und von ihr senkrecht durchdrungen wird. Die beiden Endflächen f' dieses Zylinders werden von den Kraftlinien senkrecht durchstoßen, der Mantel f'' des Zylinders dagegen läuft parallel zu den Kraftlinien, wird also nicht von Kraftlinien durchdrungen. Ist die Ladung pro Flächeneinheit der Platte gleich σ, so wird von der Hülle die Ladung σf umschlossen. Es ist dann nach dem Gaußschen Satz

$$\Phi = \frac{4\pi\sigma f}{\varepsilon}. \tag{3}$$

Durch die Flächeneinheit der Hülle gehen dann $\mathfrak{E}$ Kraftlinien

$$\mathfrak{E} = \frac{\Phi}{2f'} = \frac{\Phi}{2f} \tag{4}$$

da $f' = f$ ist. Die Oberfläche des Mantels darf nicht berücksichtigt werden, da sie nichts zum Kraftlinienfluß Φ beiträgt. Den Kraftfluß $\mathfrak{E}$ durch die Flächeneinheit nennen wir die Feldstärke. Setzen wir für Φ den Wert aus Gl. (3) ein, so wird

$$\mathfrak{E} = \frac{2\pi\sigma}{\varepsilon}. \tag{5}$$

Dieser Wert hätte sich für jede Hülle ergeben, gleichgültig, wie hoch wir den Hüllenzylinder machen. Daraus folgt: Die Feldstärke in der Umgebung einer geladenen Platte ist an allen Stellen des elektrischen Feldes gleich groß. Wir nennen ein solches Feld homogen. Der Kraftlinienfluß Φ heißt auch „Fluß der elektrischen Feldstärke". Gl. (3) schreibt man in der allgemeinen Form so an

$$\oint \mathfrak{E} \cdot df = \Phi = \frac{4\pi Q}{\varepsilon}, \tag{3'}$$

wobei Q die Summe aller umschlossenen Ladungen, also im vorliegenden Fall $Q = \sigma f$ bedeutet. Das Zeichen $\oint$ nennt man Hüllenintegral. In unserem speziellen Fall ist

$$\oint \mathfrak{E}\, df = \mathfrak{E} \oint df = \mathfrak{E}\, 2 f' = 2\,\mathfrak{E} f. \tag{4'}$$

Die Feldstärke $\mathfrak{E}$ können wir vor das Integral setzen, da sie auf der ganzen Hülle, soweit sie von Kraftlinien durchstoßen wird, konstant ist.

Wollen wir die Feldstärke $\mathfrak{E}_x$ in einem Punkt X zwischen den Platten wissen, so müssen wir zu der von der Platte L herrührenden Feldstärke $\mathfrak{E}_L$ noch die von der Platte E herrührende Feldstärke $\mathfrak{E}_E$

addieren (superponieren). Wie man durch Überlagerung der Abb. 4 und 5 sieht, sind im Raum zwischen den beiden Platten die Kraftlinien gleich gerichtet; es ist also für diesen Fall

$$\mathfrak{E}_E = \mathfrak{E}_L$$

und die resultierende Feldstärke ist

$$\mathfrak{E}_x = \mathfrak{E}_E + \mathfrak{E}_L = 2\,\frac{2\,\pi\sigma}{\varepsilon} = \frac{4\,\pi\sigma}{\varepsilon}, \tag{6}$$

oder indem wir für σ den Wert $\frac{Q}{f}$ einführen,

$$\mathfrak{E}_x = \frac{4\,\pi Q}{\varepsilon f}. \tag{6'}$$

Damit ist uns die Feldstärke $\mathfrak{E}_x$ oder vom Standpunkt der elektrischen Festigkeitslehre aus gesprochen, die Beanspruchung $\mathfrak{E}_x$ in jedem Punkt X zwischen den beiden Platten bekannt.

Mit dieser Formel ist uns aber praktisch noch nicht viel gedient; denn wir kennen die Ladung Q noch nicht; was uns bekannt ist, ist die Spannung U zwischen den beiden Platten. Wir müssen also noch den Zusammenhang zwischen Q und U finden, und dazu brauchen wir den Begriff des Potentials V.

Unter dem Potential eines Körpers versteht man bekanntlich diejenige Arbeit, die aufgebracht werden muß, um die Ladung „Eins" von einer Stelle mit der Feldstärke Null (oder aus dem Unendlichen) bis zum Körper zu bringen.

Wenn die Feldstärke als Funktion des Abstandes x von den Platten bekannt ist, können wir auch das Potential in jedem Punkt X rechnen mit Hilfe der Definitionsgleichung für das Potential V

$$V = -\int_0^x \mathfrak{E}\,dx. \tag{7}$$

Das negative Vorzeichen muß gewählt werden, weil die Arbeit gegen die Kräfte des elektrischen Feldes aufgewendet werden muß.

Diese Gleichung wird vielfach auch in einer anderen Form geschrieben

$$\mathfrak{E} = -\frac{dV}{dx}, \tag{8}$$

d. h. die Feldstärke ist gleich der Abnahme des Potentials pro Längeneinheit des Weges.

Wenn die Platte L allein vorhanden ist, so ist

$$V = -\int_{x=0}^{x=x_L} \mathfrak{E}\cdot dx = -\int_0^{x_L} \frac{2\,\pi Q}{\varepsilon f}\,dx = -\frac{2\,\pi Q}{\varepsilon f}\,x_L + \text{konst.} \tag{9}$$

Wenn die Platte E allein vorhanden ist, so ist

$$V = -\int_{x=x_L}^{x=a} \mathfrak{E}\, dx = +\int \frac{2\pi Q}{\varepsilon f}\, dx = \frac{2\pi Q}{\varepsilon f}(a - x_L) + \text{konst.}$$

$$= \frac{2\pi Q}{\varepsilon f} x_E + \text{konst.} \qquad (10)$$

Das $+$-Vorzeichen muß eingesetzt werden, weil die Ladung ein negatives Vorzeichen trägt.

Das resultierende Potential ist

$$V_X = \frac{2\pi Q}{\varepsilon f}(x_E - x_L) + \text{konst.} \qquad (11)$$

Wir verlegen jetzt den Punkt X auf die Platte E; dann wird $x_E = 0$; $x_L = a$ und wir erhalten für das Potential dieser Platte

$$V_E = -\frac{2\pi Q}{\varepsilon f} a + \text{konst.} \qquad (12)$$

Dieses Potential soll voraussetzungsgemäß gleich Null sein, da wir die Platte mit Erde verbunden haben und der Erde das Potential Null zugeschrieben wird. Es ist also

$$0 = -\frac{2\pi Q}{\varepsilon f} a + \text{konst.},$$

also

$$\text{konst.} = +\frac{2\pi Q}{\varepsilon f} a.$$

Jetzt verlegen wir den Punkt X auf die Platte L; dann ist $x_L = 0$; $x_E = a$ und wir erhalten für das Potential dieser Platte

$$V_L = \frac{2\pi Q}{\varepsilon f} a + \text{konst.} \qquad (13)$$

oder den Wert für die Konstante eingeführt, ergibt

$$V_L = \frac{4\pi Q}{\varepsilon f} a. \qquad (13')$$

Diesen Wert hätten wir auch sofort anschreiben können, wenn wir das Potential der Platte L beim gleichzeitigen Vorhandensein beider Platten gerechnet hätten.

Die Potentialdifferenz U zwischen den beiden Platten ist demnach

$$U = V_L - V_E = \frac{4\pi Q}{\varepsilon f} a. \qquad (14)$$

Jetzt haben wir eine Beziehung zwischen der Spannung U und der Ladung Q gefunden. Wir separieren diese Gleichung nach Q, setzen diesen Wert in die Gl. (6') für die resultierende Feldstärke ein und finden

$$\mathfrak{E}_x = \mathfrak{E} = \frac{U}{a}, \tag{15}$$

das ist die Hauptgleichung für die Plattenanordnung; sie gibt den Zusammenhang zwischen U, a und $\mathfrak{E}$ für diese Anordnung.

Diese Berechnungsmethode ist für die Plattenordnung reichlich umständlich; sie wurde gewählt, weil wir später die gleiche Methode bei schwierigeren Anordnungen benützen wollen.

Wir haben uns bisher um die Dimensionen der einzelnen Größen nicht gekümmert. In der Gl. (15) setzen wir die Spannung U in kV ein und erhalten dann die Beanspruchung $\mathfrak{E}$ des Isoliermaterials in $\text{kV} \cdot \text{cm}^{-1}$, wenn wir den Abstand der beiden Platten in cm einführen.

Diese Gleichung ist uns bereits bekannt. Sie besagt, daß die Beanspruchung an allen Stellen des Isoliermaterials gleich groß und gleich $\frac{U}{a}$ ist.

Wir erkennen, daß die Beanspruchung des Isoliermaterials proportional mit der angelegten Spannung wächst. Wird schließlich die Spannung so hoch, daß die Beanspruchung gleich der Durchschlagfestigkeit $\mathfrak{E}_d$ des Materials wird, dann tritt der Durchschlag ein. Das ist der Fall für $\mathfrak{E} = \mathfrak{E}_d$. Wir erhalten dann für die Durchschlagspannung

$$U_d = \mathfrak{E}_d \cdot a. \tag{16}$$

Damit haben wir gelernt, die Durchschlagspannung U_d aus der Durchschlagfestigkeit und der Dimension a für die Plattenanordnung zu rechnen.

Wir haben das Potential des Punktes X mit den Abständen x_E und x_L von den Platten L und E bestimmt. Offenbar haben alle Punkte X dasselbe Potential, deren Abstände von den beiden Platten dieselben sind. Alle diese Punkte liegen auf einer Fläche, und zwar ist diese im vorliegenden Fall eine Ebene, die parallel zu den Plattenflächen im Abstand x_L von L liegt. Diese Fläche nennt man Äquipotentialfläche (Niveaufläche). Wir können im Raum zwischen den beiden Platten unendlich viele solcher Äquipotentialflächen zeichnen. Ist die Spannung zwischen den Platten beispielsweise 100 kV und zeichnen wir eine solche Zahl von Äquipotentialflächen, daß die Potentialdifferenz zwischen je zwei benachbarten Flächen gleich groß, z. B. 10 kV ist, so erhalten wir Abb. 6. Man sieht, daß alle Flächen gleich weit voneinander entfernt sind, auch ein Kriterium für die Homogenität des Feldes.

Sehr leicht können wir diese Äquipotentialflächen erhalten, wenn wir darunter die Spannungsverteilung im Isoliermaterial zeichnen. Die

Kurve für die Spannungsverteilung ist im homogenen Feld eine Gerade, die von $y = 100$ kV bei $x = 0$ bis $y = 0$ bei $x = a$ verläuft. Wir teilen die Anfangsordinate in 10 Teile zu je 10 kV, projizieren diese Teile auf die Gerade der Spannungsverteilungskurve und erhalten die Schnittpunkte $u_1, u_2, \ldots$ Diese geben uns die Lagen der Äquipotentialflächen an.

Da alle Punkte auf einer gedachten Äquipotentialfläche gleiches Potential haben, können wir uns diese Fläche auch mit einer sehr dünnen Metallfolie belegt denken, wodurch die Form des Feldes nicht geändert wird. Offenbar endigen die von der Platte L kommenden Kraftlinien auf der dieser Platte zugewendeten Seite der Metallfolie; im Innern der Folie selbst ist kein Feld vorhanden, aber auf der der Platte L abgewendeten Fläche beginnen die Kraftlinien von neuem und endigen auf der Platte E. Wir haben also den seltsamen Fall, daß auf einem und demselben Metallkörper Kraftlinien gleichzeitig endigen und beginnen. Solche Körper nennt man „durch Influenz elektrisierte" Körper.

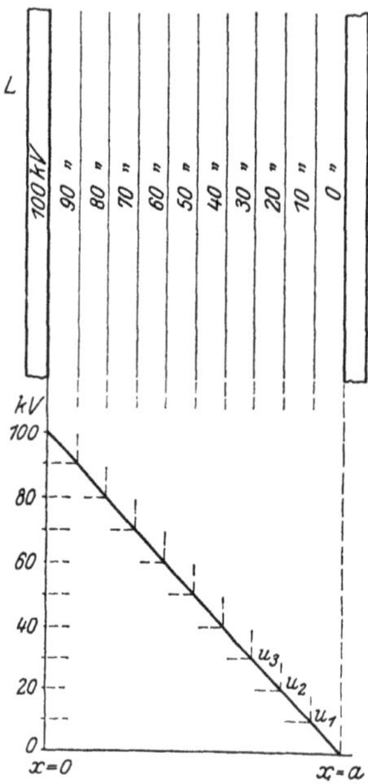

Abb. 6. Äquipotentialflächen einer Plattenanordnung.

Wir sehen also: Auf Metallflächen, die mit einem der beiden Pole der Stromquelle verbunden sind, können Kraftlinien entweder nur beginnen oder nur endigen; auf Flächen, die mit der Stromquelle nicht verbunden sind, beginnen und endigen Kraftlinien gleichzeitig, sie sind durch Influenz elektrisiert.

Bringt man eine Metallfläche so ins elektrische Feld, daß sie mit keiner der ursprünglichen Äquipotentialflächen zusammenfällt, dann erzwingt die Metallplatte eine Äquipotentialfläche und verzerrt dadurch das ursprüngliche Feld. War das ursprüngliche Feld sehr inhomogen, dann kann durch die Verzerrung das Feld verbessert werden; wir heißen dann diese Metallflächen „influenzierte Feldregler".

Vielfach liegt die Aufgabe vor, die Spannung zwischen den Elektroden und den influenzierten Flächen zu berechnen. Es wäre sehr umständlich, wenn wir dies auf dem Weg über das Potential tun würden. Wir gehen besser einen anderen Weg.

Zwei Metallkörper, zwischen denen ein elektrisches Feld besteht, bilden einen Kondensator. Das Fassungsvermögen eines Kondensators an Ladung pro Einheit der Spannung nennt man Kapazität des Kondensators. Im Beispiel der Plattenanordnung, des sog. Plattenkondensators (Abb. 1), ist nach Gl. (14) das Fassungsvermögen an Ladung pro Einheit der Spannung

$$\frac{Q}{U} = \frac{\varepsilon f}{4\pi a} = C. \tag{17}$$

Die Kapazität hat die Dimension einer Länge (cm). Wenn wir mit $9 \cdot 10^{-11}$ multiplizieren, erhalten wir sie in Farad. Wir werden in Zukunft die Kapazität stets in cm messen; denn uns interessiert selten die absolute Größe der Kapazität, sondern stets das Verhältnis mehrerer Kapazitäten zueinander; eine Umformung in Farad ist also nicht nötig.

Belegt man eine Äquipotentialfläche eines Plattenkondensators mit Metall, so entstehen zwei in Reihe geschaltete Kondensatoren C_1 und C_2. Die Spannung U der beiden Hauptplatten verteilt sich dann auf die beiden in Reihe geschalteten Kondensatoren umgekehrt proportional mit den Größen der Kapazitäten.

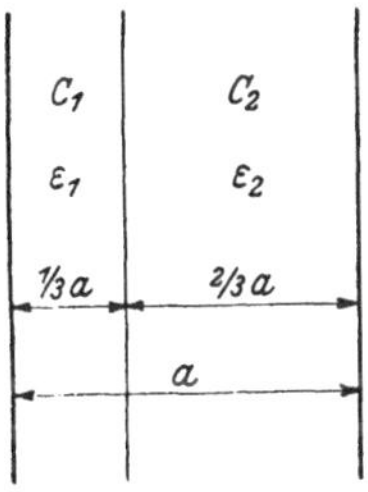

Nach den in Abb. 7 gewählten Größen ist

$$C_1 = \frac{\varepsilon f}{4\pi \frac{1}{3} a}; \qquad C_2 = \frac{\varepsilon f}{4\pi \frac{2}{3} a}.$$

C_2 ist also kleiner als C_1 und wir erhalten für die Spannungsverteilung auf die Reihenschaltung

$$u_1 : u_2 = C_2 : C_1, \tag{18}$$

ferner ist

$$u_1 + u_2 = U.$$

Abb. 7. Geschichtetes Isoliermaterial.

Daraus können wir die Spannungen u_1 und u_2 berechnen und damit ist uns die Spannung der influenzierten Fläche bekannt.

Der Überschlag. Wir haben bisher hauptsächlich den Durchschlag in Betracht gezogen. Alle Überlegungen lassen sich aber ohne weiteres auch auf den Überschlag anwenden. Der Überschlag ist der Durchschlag in der Grenzschicht zwischen einem festen und flüssigen, oder zwischen einem festen und gasförmigen (Luft) oder endlich zwischen einem flüssigen und gasförmigen Isoliermaterial.

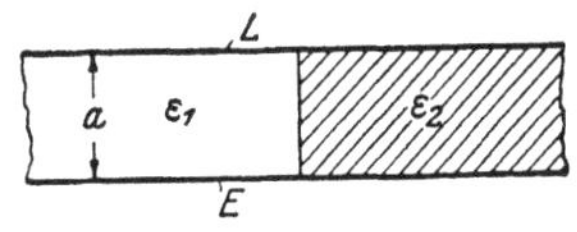

Abb. 8. Geschichtetes Isoliermaterial.

Abb. 8 zeigt einen Plattenkondensator, dessen Dielektrikum zum Teil aus Luft mit der Dielektrizitätskonstanten $\varepsilon_1 = 1$ und zum Teil aus einem festen Isolierstoff mit der Dielektrizitätskonstanten ε_2 besteht. Die Grenzschicht der beiden Isolierstoffe falle mit Kraftlinienbahnen zusammen. Die Feldstärke bzw. die Beanspruchung beider Isolierstoffe und der Grenzschicht ist

$$\mathfrak{E} = \frac{U}{a}. \tag{15}$$

Dabei ist U die Spannung zwischen beiden Platten L und E, und a ist ihr Abstand. Steigert man die Spannung U immer höher, so wird auch $\mathfrak{E}$ immer größer. Bei der beschriebenen Anordnung haben wir drei Festigkeiten zu unterscheiden: 1. die Festigkeit der Luft gegen Durchschlag $\mathfrak{E}_{dL}$, 2. die Festigkeit des festen Isoliermaterials gegen Durchschlag $\mathfrak{E}_{df}$ und endlich 3. die Überschlagfestigkeit in der Grenzschicht zwischen Luft und festem Isoliermaterial $\mathfrak{E}_{ü}$.

Es ist nun die Frage, welche von den drei Festigkeiten beim Steigern der Spannung zuerst erreicht bzw. überschritten wird; dort wird dann die Entladung einsetzen. Meist dürfte der Fall so liegen, daß $\mathfrak{E}_{ü}$ am kleinsten ist von allen drei Festigkeiten. Dann ist der Durchschlag in der Grenzschicht, der sog. Überschlag zu erwarten, und zwar bei der Spannung

$$U_{ü} = \mathfrak{E}_{ü}\, a. \tag{19}$$

Diese Gleichung ist vollständig analog der vorher für den Durchschlag abgeleiteten Gleichung.

In gleicher Weise, wie hier die Plattenanordnung gerechnet wurde, können wir eine große Gruppe anderer Anordnungen berechnen. Daneben gibt es aber eine große Zahl von Konstruktionen, die sich mit den bisher abgeleiteten Gesetzen nicht bewältigen lassen und für die eine exakte Lösung in geschlossener Form noch nicht gefunden ist. Diese Anordnungen müssen wir auf einem anderen Weg behandeln und zwar dadurch, daß wir die Formen ihrer Felder ermitteln. Die Grundlagen für diese Methode sollen im folgenden dargelegt werden.

Das elektrische Feld können wir durch Zeichnen der Kraftlinien und der Äquipotentialflächen bildlich darstellen. In Abb. 9a und b sind zwei Plattenkondensatoren dargestellt, und zwar ist angenommen, daß in jedem Kondensator zwei verschiedene Dielektrika mit den Konstanten $\varepsilon_1 = 1$ und $\varepsilon_2 = 4$ verwendet sind. In dem einen Kondensator ist die Trennschicht der Isoliermaterialien in die Richtung der Kraftlinien gelegt, wir nennen diese Schichtung „Längsschichtung"; im andern Kondensator wird die Trennschicht von den Kraftlinien senkrecht durchstoßen, wir nennen diese Schichtung „Querschichtung". In beiden Kondensatoren sollen die Linien der elektrischen Feldstärke, die Kraftlinien eingezeichnet werden, die Spannung zwischen den Platten sei in beiden Fällen U, der Abstand der Platten a.

Im Falle der Längsschichtung ist die Feldstärke in beiden Isoliermaterialien

$$\mathfrak{E} = \frac{U}{a}, \tag{15}$$

d. h. die Feldstärken in beiden Isolierstoffen sind gleich groß. Wir stellen diese Feldstärke durch eine gewisse Zahl von Kraftlinien pro 1 qcm Plattenfläche dar, wie Abb. 9a zeigt; es sind also in beiden Dielektriken gleich viel Linien pro Flächeneinheit zu zeichnen.

Im andern Kondensator können wir die Feldstärke noch nicht angeben; wir müssen zuerst die Spannungen u_1 und u_2 berechnen, die

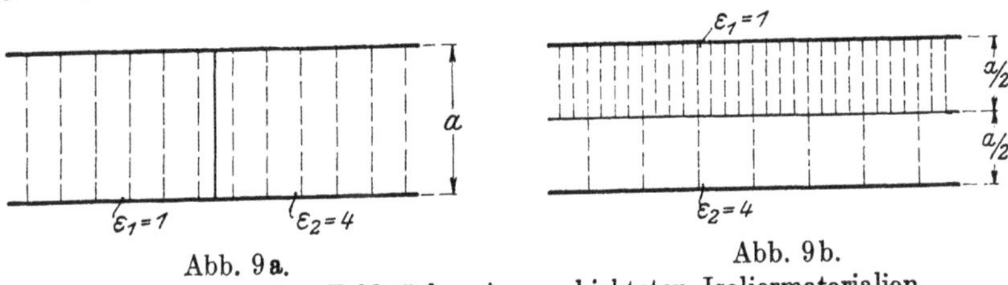

Abb. 9a. Abb. 9b.

Abb. 9a und b. Feldstärken in geschichteten Isoliermaterialien.

auf beide Isoliermaterialien entfallen. Die Trennschicht können wir mit einer Metallschicht belegt denken, wir haben dann zwei in Reihe geschaltete Kondensatoren und erhalten unter Berücksichtigung der in Abb. 9b eingeschriebenen Maße

$$C_1 = \frac{\varepsilon_1 f}{4\pi \frac{a}{2}}; \qquad C_2 = \frac{\varepsilon_2 f}{4\pi \frac{a}{2}};$$

ferner

$$u_1 : u_2 = C_2 : C_1 = \varepsilon_2 : \varepsilon_1 = 4 : 1$$

und damit werden die Feldstärken

$$\mathfrak{E}_1 = \frac{\frac{4}{5} U}{\frac{a}{2}}; \qquad \mathfrak{E}_2 = \frac{\frac{1}{5} U}{\frac{a}{2}};$$

und ihr Verhältnis

$$\mathfrak{E}_1 : \mathfrak{E}_2 = \varepsilon_2 : \varepsilon_1 . \tag{20}$$

Wenn wir nun die Linien der elektrischen Feldstärken einzeichnen, müssen wir im oberen Teil viermal soviel Linien zeichnen wie im unteren Teil; dies zeigt Abb. 9b.

Wir können aus diesem Ergebnis die Regel ableiten: Bei der Längsschichtung der Isoliermaterialien ist die Feldstärke in beiden Isoliermaterialien die gleiche; bei der Querschichtung der Isolierstoffe „springt“ die Feldstärke beim Überschreiten der Trennschicht.

Der Fall der Querschichtung der Isoliermaterialien kommt in der Praxis viel häufiger vor als der der Längsschichtung. Man empfindet es lästig, beim Zeichnen der Feldbilder die Zahl der Kraftlinien jedesmal ändern zu müssen, so oft man eine Grenzschicht überschreitet. Um diese Unannehmlichkeit zu vermeiden, benützt man andere Linien zur Darstellung des Feldes, die Linien der „dielektrischen Verschiebung", kurz auch Verschiebungs- oder Induktionslinien genannt.

Die Linien der dielektrischen Verschiebung haben die gleiche Richtung wie die Linien der elektrischen Feldstärke; zwischen beiden besteht ferner eine ähnliche Beziehung wie beim Magnetismus zwischen der Feldstärke und der Induktion; beide sind durch einen Materialfaktor verknüpft, hier durch die Dielektrizitätskonstante ε

$$D = \varepsilon \mathfrak{E} \tag{21}$$

und der Fluß der dielektrischen Verschiebung ist

$$\Phi_d = \oint D\,df = \varepsilon \oint \mathfrak{E}\,df = \varepsilon\,\Phi. \tag{22}$$

Für die Dielektrizitätskonstante $\varepsilon = 1$ (Luft) sind die Kraftlinien und Verschiebungslinien identisch.

In unserem Beispiel sind im oberen Teil pro Flächeneinheit $(\varepsilon_1 = 1)\ D = \mathfrak{E}_1$ Verschiebungslinien zu zeichnen und im unteren Teil $(\varepsilon_2 = 4)\ D = \varepsilon_2 \mathfrak{E}_2$ Verschiebungslinien, also ebensoviele wie im oberen Teil. Damit haben wir erreicht, was wir wollten.

Im vorliegenden Fall war es sehr leicht, den Induktionsfluß zu zeichnen. Schwieriger liegt der Fall, wenn es sich um komplizierte Formen der Elektroden handelt. Hierfür legen wir uns eine besondere Regel zurecht, die an Hand des Plattenfeldes erklärt werden soll.

Wir greifen aus dem Feld zweier Platten einen Zylinder heraus mit dem Querschnitt q und der Länge l. Für den Induktionsfluß durch diesen Zylinder können wir eine dem Ohmschen Gesetz ganz ähnliche Beziehung aufstellen

$$\text{Induktionsfluß} = \frac{\text{Potentialdifferenz } U \text{ zwischen den Endflächen } q}{\text{Dielektrischer Widerstand } W}$$

oder in Buchstaben

$$\Phi_d = \frac{U}{W}. \tag{23}$$

Dabei ist unter dem dielektrischen Widerstand W zu verstehen

$$W = \frac{l}{\varepsilon q}. \tag{24}$$

Substituieren wir diesen Wert in die Gleichung für den Induktionsfluß und setzen wir außerdem $U = \mathfrak{E} l$, so erhalten wir

$$\Phi_d = \mathfrak{E}\,\varepsilon\,q. \tag{25}$$

Dieses Gesetz gilt für jeden aus einem elektrischen Feld herausgegriffenen Raumteil, der seitlich von Induktionslinien begrenzt ist. Man nennt einen solchen Zylinder Induktionszylinder.

Offenbar brauchen die Feldlinien nicht, wie wir es bisher angenommen haben, zylindrisch zu verlaufen, die Induktionsröhre kann ihren Querschnitt von Stelle zu Stelle ändern; man braucht dann die Röhre nur in einzelne Teile zu zerlegen, die so klein sind, daß man sie als kurze Zylinder ansehen kann. Der Widerstand der einzelnen Teile ist dann nach obiger Formel zu berechnen; der Gesamtwiderstand ist gleich der Summe der Einzelwiderstände.

Beim Entwurf von Induktionslinienbildern geht man zweckmäßigerweise nun so vor:

Man zeichnet zunächst nach dem Gefühl eine Schar von Äquipotentialflächen bzw. deren Spur in der Zeichenebene, und zwar nach Möglichkeit so, daß die Potentialdifferenzen zwischen je zwei Äquipotentialflächen gleich groß sind. Meist hat man Anhaltspunkte zum Zeichnen dieser Flächen: Entweder sind die Elektroden, die selbst Äquipotentialflächen sind, so gestaltet, daß man wenigstens eine Äquipotentialfläche mit großer Sicherheit zeichnen kann, oder die Anordnung kann an irgendeiner Stelle als berechenbare Anordnung aufgefaßt werden, so daß wenigstens an dieser Stelle die Spuren der Äquipotentialflächen gezeichnet werden können.

Sind die Spuren der Äquipotentialflächen bekannt, so kann man mit dem Zeichnen der Induktionslinien beginnen. Diese müssen natürlich senkrecht auf den Äquipotentialflächen stehen, und wenn man kontinuierlich verlaufende Linien erhalten will, müssen die dielektrischen Widerstände der einzelnen Röhrenelemente zwischen je zwei Äquipotentialflächen denselben Wert besitzen.

Verlaufen die Induktionslinien in Luft, so liegt es nahe, die Induktionsröhren als Einheitsröhren zu zeichnen, d. h. den Querschnitt der Röhren gleich ihrer Länge zu machen. Man erhält also für den Querschnitt solcher Röhren ein Quadrat. Dabei ist vorausgesetzt, daß die Äquipotentialflächen als Gerade verlaufen. Ist dies nicht der Fall, sind die Spuren der Äquipotentialflächen Kurven, wie Abb. 10 zeigt (*NN* bedeuten die Äquipotentialflächen, *JJ* die Induktionslinien), so muß man die Röhren so weit unterteilen, bis die elementaren Röhren annähernd quadratischen Querschnitt haben. Wenn man Übung im Zeichnen von solchen Bildern erlangt hat, wird man die Lage der Querschnittslinie *cd* leicht abschätzen und sie gleich *ab* machen können.

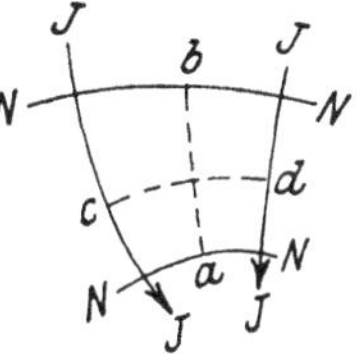

Abb. 10. Ausschnitt aus einem Kraftlinienbild.

Zeichnerisch macht sich der Entwurf von Einheitsröhren sehr einfach. Wie wir später sehen werden, sind stets drei Seiten einer Röhre gegeben, und zwar eine Seite der Größe und Lage nach, zwei Seiten nur der Lage nach, und es handelt sich immer darum, die vierte aufzufinden. Man nimmt die Entfernung der Äquipotentialflächen in den Zirkel (Zirkelöffnung ab) und sucht damit die Röhrenseite mit dem Punkt d.

Bisher haben wir angenommen, daß es sich um eine reine Querschichtung der Isoliermaterialien handelt, daß also die Trennschichten senkrecht von den Kraft- und Induktionslinien durchstoßen werden. Praktisch kommen aber viele Fälle vor, wo die Linien der Feldstärke und Verschiebung schräg auf die Trennflächen einfallen.

In Abb. 11 soll $\mathfrak{E}_1$ die Feldstärke in einem Isoliermaterial mit der Dielektrizitätskonstanten $\varepsilon_1 = 1$ der Größe und Richtung nach darstellen. Welche Größe und Richtung hat die Feldstärke im Dielektrikum 2?

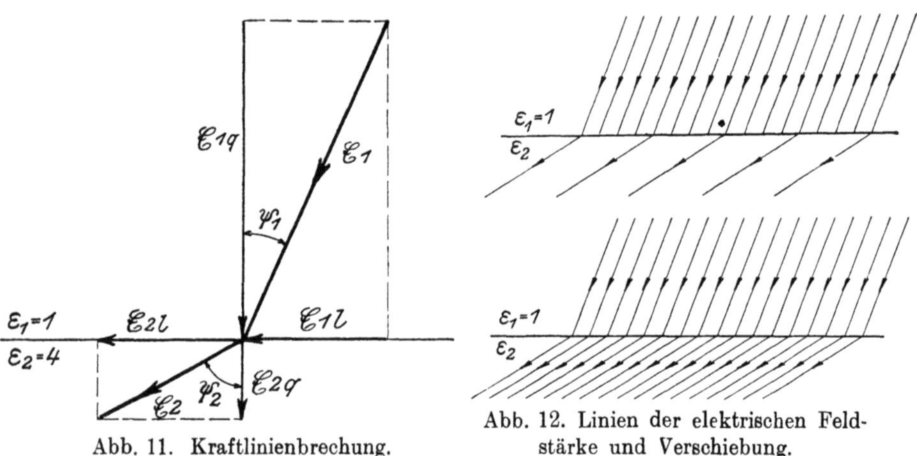

Abb. 11. Kraftlinienbrechung.

Abb. 12. Linien der elektrischen Feldstärke und Verschiebung.

Wir zerlegen die Feldstärke im Dielektrikum 1 in ihre Längskomponente $\mathfrak{E}_{1l}$ und in ihre Querkomponente $\mathfrak{E}_{1q}$. Für die Komponente $\mathfrak{E}_{1l}$ ist die Schichtung der Isoliermaterialien eine Längsschichtung, $\mathfrak{E}_{1l}$ bleibt also auch im Material mit der Dielektrizitätskonstanten $\varepsilon_2 = 4$ gleich groß, also

$$\mathfrak{E}_{2l} = \mathfrak{E}_{1l}.$$

Für die Komponente $\mathfrak{E}_{1q}$ ist die Schichtung eine Querschichtung. Diese Komponente springt beim Durchgang durch die Trennschicht. Es ist also

$$\mathfrak{E}_{2q} = \tfrac{1}{4}\,\mathfrak{E}_{1q}.$$

Die beiden Komponenten $\mathfrak{E}_{2l}$ und $\mathfrak{E}_{2q}$ ergeben die Feldstärke $\mathfrak{E}_2$. Dieselbe Richtung wie die Feldstärke haben auch die Linien der dielektrischen Verschiebung.

In Abb. 12 sind für diesen Fall die Linien der elektrischen Feldstärke und die Linien der dielektrischen Verschiebung eingezeichnet, jedesmal unter der Annahme, daß $\varepsilon_1 = 1$ (Luft) ist. Aus Abb. 11 können wir folgende Beziehungen ablesen:

$$\operatorname{tg}\psi_1 = \frac{\mathfrak{E}_{1l}}{\mathfrak{E}_{1q}}; \qquad \operatorname{tg}\psi_2 = \frac{\mathfrak{E}_{2l}}{\mathfrak{E}_{2q}} \tag{26}$$

und da

$$\mathfrak{E}_{1l} = \mathfrak{E}_{2l},$$

wird

$$\frac{\operatorname{tg}\psi_1}{\operatorname{tg}\psi_2} = \frac{\mathfrak{E}_{2q}}{\mathfrak{E}_{1q}} = \frac{\varepsilon_1}{\varepsilon_2}. \tag{27}$$

Fällt eine Kraftlinie in senkrechter Richtung auf die Trennfläche, dann geht sie ungebrochen weiter. Ist die Dielektrizitätskonstante des einen Materials sehr groß gegenüber derjenigen des anderen Materials, also ist beispielsweise ε_2 unendlich groß (die Metalle haben eine unendlich große Dielektrizitätskonstante), dann ist $\operatorname{tg}\psi_1$ und damit auch ψ_1 gleich Null, d. h. auf Metallflächen stehen die Kraftlinien und Induktionslinien senkrecht.

Die Zerlegung der schräg einfallenden Kraftlinien bzw. der Feldstärke in zwei Komponenten kommt auch eine physikalische Bedeutung zu. Die Längskomponente $\mathfrak{E}_l$ stellt nämlich die Beanspruchung auf Überschlag in der Grenzschicht und die Querkomponente $\mathfrak{E}_q$ die Beanspruchung auf Durchschlag dar.

Ein besonderer Fall ist der, wo $\varepsilon_1 = \varepsilon_2$ ist. Dann gehen die Kraftlinien in der schrägen Richtung ungebrochen weiter. Dieser Fall liegt vor, wenn die Feldstärke in einem Isoliermaterial schräg zur Normalen auf der Oberfläche verläuft. Ist das Isoliermaterial isotrop, d. h. ist seine Durchschlagfestigkeit nach allen Richtungen hin gleich groß, dann stellt die ganze Feldstärke die Beanspruchung auf Durchschlag dar. Ist das Isoliermaterial aber anisotrop, was bei geschichteten Materialien (Hartpapier, Glimmer usw.) der Fall ist, wo die Festigkeit in der Schichtrichtung geringer ist als senkrecht zur Schichtrichtung, dann hat die Zerlegung in die zwei Komponenten wieder Sinn.

$\mathfrak{E}_l$ ist dann die Beanspruchung auf „Längsdurchschlag“ (Durchschlag in Schichtrichtung) und $\mathfrak{E}_q$ die Beanspruchung auf „Querdurchschlag“ (senkrecht zur Schichtrichtung). Je nach der Größe von $\mathfrak{E}_{dl}$ wird dann der Längsdurchschlag bei einer niedrigeren Spannung eintreten als der Querdurchschlag, eine Erscheinung, die man häufig beobachten kann.

Damit sind uns auch die Grundlagen zur Ermittlung der Feldverteilung und der Beanspruchungen bei komplizierten Anordnungen bekannt.

Wir haben bis jetzt immer von Ladungen gesprochen und angenommen, daß diese von einer Elektrisiermaschine erzeugt werden.

Die elektrischen Felder, die wir betrachtet haben, sind also statische Felder. In der Hochspannungstechnik haben wir es aber ausschließlich mit Wechselfeldern zu tun. Es ist nun die Frage, ob unsere Betrachtungen auch für Wechselfelder gültig sind. Über die Dauer der Felder wurde nichts ausgesagt, es ist also anzunehmen, und die Erfahrung bestätigt diese Annahme, daß die Gesetze auch für kurzdauernde Felder Gültigkeit haben. Die Wechselfelder niederer Frequenz können wir aber als Aufeinanderfolge kurzdauernder statischer Felder betrachten. Man könnte nun meinen, daß man in die Rechnung stets die den Maximalwerten der Spannung entsprechenden Felder einzuführen habe, weil diese die höchste Beanspruchung des Isoliermaterials verursachen. Wir werden aber sehen, daß für die Beanspruchung mancher Isoliermaterialien nicht die Felder der Höchstwerte der Spannung, sondern die den Effektivwerten entsprechenden Felder maßgebend sind.

I. Der Durchschlag.

Erstes Kapitel.

Die Durchschlagfestigkeit der Isoliermaterialien.

3. Gasförmige Isolierstoffe. — 4. Feste Isolierstoffe. — 5. Flüssige Isolierstoffe. — 6. Plastische Isolierstoffe.

Unter der „Durchschlagfestigkeit" $\mathfrak{E}_d$ verstehen wir nach den vorstehenden Darlegungen diejenige Spannung in kV, bei der eine Isolierplatte von 1 cm Dicke im homogenen Feld durchgeschlagen würde. Die Durchschlagfestigkeit hat also die Dimension einer Feldstärke

$$[\mathfrak{E}_d] = \text{kV} \cdot \text{cm}^{-1}.$$

Sie ist eine den Isoliermaterialien eigentümliche Eigenschaft wie beispielsweise die mechanische Festigkeit; damit ist aber noch nicht gesagt, daß sie eine Materialkonstante sei.

Wir unterscheiden in dieser Hinsicht 2 Arten von Isoliermaterialien; bei der einen Art ist die Durchschlagfestigkeit eine Materialkonstante. Die Durchschlagspannung nimmt dann proportional mit der Schichtdicke a der Isolierplatte zu. Von solchen Materialien sagen wir, daß sie dem Proportionalitätsgesetz folgen. (Abb. 13a).

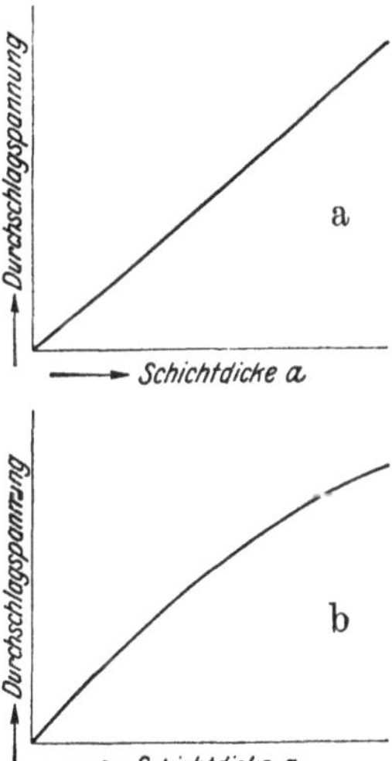

Abb. 13a u. b. Abhängigkeit der Durchschlagspannung von der Schichtdicke.
a) nach dem Proportionalitätsgesetz,
b) nach dem Potenzgesetz.

Bei der anderen Art ist die Durchschlagfestigkeit keine Materialkonstante, und zwar ist sie um so kleiner, je dicker das Isoliermaterial ist. Bei diesen Stoffen, zu denen vor allem die Luft (Gase) gehört, wächst die Durchschlagspannung langsamer als die Schichtdicke, wir sagen, das Material folge dem Potenzgesetz (Abb. 13b). Merkwürdigerweise zeigen diese Stoffe, soweit bis jetzt bekannt ist, noch eine andere Anomalie: Ihre Durchschlagfestigkeit im inhomogenen Feld hängt von der Krümmung der Elektroden ab und zwar ist sie um so größer, je kleiner der Krümmungsradius der Elektroden ist.

Wir können aber die Isoliermaterialien auch nach anderen Gesichtspunkten ordnen. Wir unterscheiden isotrope und anisotrope Isoliermaterialien und verstehen unter isotropen solche, bei denen die Durchschlagfestigkeit nach allen Richtungen hin gleich groß ist, wie beispielsweise bei der Luft und den Ölen. Zu den anisotropen Stoffen dagegen gehören die, bei denen die Durchschlagfestigkeit nach einer Richtung ganz besonders ausgezeichnet ist. So ist beispielsweise beim Glimmer, Hartpapier, Mikanit, kurz bei den sog. geschichteten Isoliermaterialien die Durchschlagfestigkeit senkrecht zur Schichtrichtung größer als in Schichtrichtung.

Endlich können wir die Isoliermaterialien noch danach einteilen, ob sie im elektrischen Feld Verluste aufweisen oder nicht. Keine Verluste weisen die Gase (Luft) auf, alle anderen zeigen Verluste. Die festen Isolierstoffe erleiden Stromwärme- und dielektrische Verluste, die flüssigen dagegen nur Stromwärmeverluste. Wir werden sehen, daß es von der Art der Verluste abhängt, ob die Durchschlagfestigkeit von der Frequenz beeinflußt ist oder nicht.

Im folgenden soll ein kurzer Überblick über die Forschungsergebnisse auf dem Gebiet der elektrischen Durchschlagfestigkeit gegeben werden und zwar getrennt für die gasförmigen, festen und flüssigen Stoffe.

3. Die elektrische Durchschlagfestigkeit der Luft (Gase).

Über die Vorgänge beim Durchschlag sowie über die Durchschlagfestigkeit der Luft selbst sind wir weitgehend unterrichtet. Einen vollständigen Überblick über den Stand der Forschung auf diesem Gebiet gewährt das Buch von Prof. Schumann „Elektrische Durchbruchfeldstärke von Gasen“. Wir wissen, daß unter normalen Verhältnissen die Gase fast vollkommene Nichtleiter der Elektrizität sind. Wird aber die Spannung zwischen zwei Elektroden, deren Dielektrikum Luft ist, immer weiter erhöht, so verliert die Luft scheinbar ganz plötzlich ihre isolierende Eigenschaft zum Teil oder fast vollständig. Je nach der Form und Entfernung der Elektroden tritt entweder ohne wesentliche Vorerscheinung sofort der elektrische Durchbruch in Form eines Funkens oder Lichtbogens ein, oder aber, und das ist besonders bei großen Elektrodenabständen zu beobachten, es tritt zuerst ein Glimmen an den Elektroden auf (violette, schwach leuchtende Lichthülle, Korona), bei weiterer Steigerung der Spannung dann eine Entladung in Form eines oder mehrerer Lichtbüschel und zum Schluß erst der völlige Durchschlag, der bei genügender Leistung der Stromquelle zum Lichtbogen führt.

Die Spannung, bei der das erste Anzeichen einer Entladung bemerkbar ist (Licht oder Geräusch), nennt man Anfangsspannung.

Die dieser Spannung entsprechende Feldstärke wird Anfangsfeldstärke oder Durchschlagfeldstärke oder auch Durchschlagfestigkeit genannt. Bis zu dieser Spannung herrscht zwischen den Elektroden das elektrostatische ladungsfreie Feld.

Die Spannung, bei der die Glimmentladung in die Büschelentladung übergeht, wird Glimmgrenzspannung genannt und die Spannung, bei der die Büschelentladung in die Funkenentladung übergeht, wird Grenzspannung der Büschelentladung genannt. Die Funkenspannung, bei der der vollständige Durchbruch der ganzen Luftstrecke stattfindet, kann mit jeder dieser Spannungen zusammenfallen; je nach Druck und Temperatur der Luft, ferner je nach Form und Entfernung der Elektroden kann die eine oder andere Entladungsform

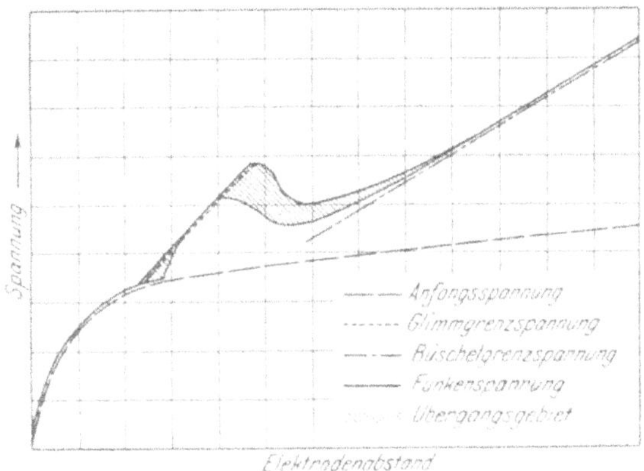

Abb. 14. Entladungsspannungen abhängig vom Elektrodenabstand bei Spitzenelektroden.

ausfallen. Abb. 14 zeigt den Verlauf der Entladespannungen bei wachsendem Elektrodenabstand für verhältnismäßig kleine Elektroden (Spitzen, kleine Kugeln). Die Anfangsspannung verläuft mit dem Elektrodenabstand durchaus stetig. Die Funkenspannung ist nur für kleine Abstände mit der Anfangsspannung identisch, wird dann Glimmgrenzspannung und schließlich Büschelgrenzspannung. In dem schraffierten Gebiet nähert sie sich bald mehr der einen, bald mehr der anderen Grenzspannung, so daß hier ganz unregelmäßige Werte gemessen werden.

Für größere Elektroden (Kugeln über 2 cm Durchmesser) wird das Gebiet der Glimmentladung stark verkleinert, das Glimmen wird sehr lichtschwach, die Grenzgebiete ziehen sich zusammen, so daß man etwa Abb. 15 für den Verlauf der Entladung erhält. Bei Kugelelektroden ist der kritische Wert des Abstandes, bei dem die Funkenspannung anfängt von der Anfangsspannung abzuweichen, bei symmetrischer Spannungsverteilung für kleine Kugeln etwa gleich dem dreifachen Durchmesser und nimmt mit wachsender Kugelgröße ab. Ist eine der beiden Kugeln geerdet, so wird dieser Abstand viel kleiner.

Wird der ganze Raum bzw. Abstand zwischen den Elektroden von der Entladung betroffen, reicht also die Entladung von Elektrode zu Elektrode, so nennt man den Durchschlag einen vollständigen (vollkommenen). Beschränkt sich dagegen die Entladung nur auf die nächste Umgebung der Elektroden und bleibt ein Teil des Zwischenraumes zwischen den Elektroden von der Entladung unberührt, dann nennen wir den Durchschlag einen unvollständigen. Ob der Durchschlag ein vollständiger oder unvollständiger ist, hängt, wie wir später sehen werden, von der Verteilung der Feldstärke im Dielektrikum ab. Diese können wir für eine Reihe von Elektrodenformen berechnen,

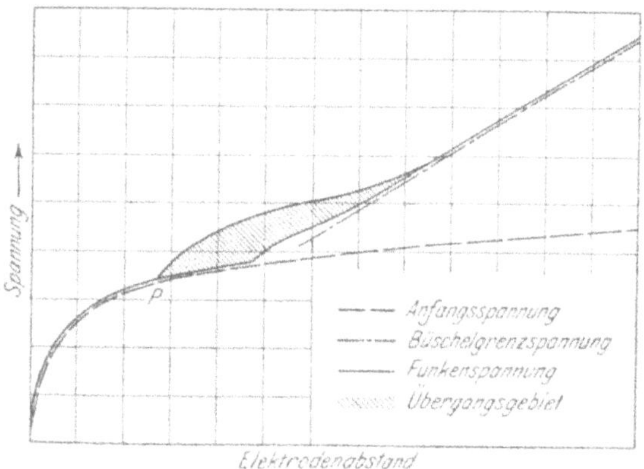

Abb. 15. Entladungsspannungen abhängig vom Elektrodenabstand bei Kugelelektroden.

allerdings unter der Voraussetzung, daß das Feld nicht durch Ionen, auf die wir sofort zu sprechen kommen, verzerrt wird. Ob der vollständige Durchschlag die Form der Glimm-, Büschel- oder Funkenentladung hat, kommt auf die Größe des zur Verfügung stehenden Stromes an, also auf die Leistungsfähigkeit der Stromquelle oder auf die Größe des der Funkenstrecke vorgeschalteten Widerstandes an. Man hört vielfach die Meinung, der vollständige Durchschlag müsse immer die Form der Funken- oder Lichtbogenentladung haben; das ist durchaus nicht richtig.

In der elektrischen Festigkeitslehre interessieren wir uns in erster Linie für die Berechnung der Anfangsspannung; vielfach ist die Frage, ob der Durchschlag ein vollständiger oder unvollständiger ist und welche Form die Entladung hat, ganz sekundärer Natur. In gewissen Fällen müssen wir jedoch auch diese Frage behandeln, wie wir noch sehen werden.

Nach dieser mehr allgemeinen Beschreibung der beim Durchschlag zu beobachtenden Erscheinungen wollen wir kurz auf die Vorstellungen über die inneren Vorgänge eingehen, die zu den Entladungen führen.

Seitdem man die atomistische Struktur der Elektrizität erkannt hat und über die Vorgänge, die sich im elektrischen Feld zwischen den geladenen Teilchen und den Molekeln abspielen, unterrichtet ist, kann man sich ein gutes Bild über die Vorgänge beim Durchschlag der Luft machen.

Wir wissen, daß der elektrische Strom in einem Gas in der Bewegung positiv und negativ geladener Teilchen besteht. Im Vakuum folgen diese Teilchen in ihrer Bewegung den Kraftlinien des elektrischen Feldes, in einem Gas aber ist ihre Bewegung eine viel kompliziertere, da die geladenen Teilchen in ihrer Bewegung durch fortwährenden Zusammenstoß mit den Gasmolekeln gehindert und gestört werden. Sie müssen sich deshalb in zickzackförmigen Bahnen bewegen; im großen und ganzen resultiert daraus aber doch eine Bewegung von einer Elektrode zur anderen.

Für uns ist nun besonders das Folgende sehr wichtig. Wenn die elektrische Feldstärke ein gewisses Maß übersteigt, dann verlaufen die Zusammenstöße der geladenen Teilchen mit den Gasmolekeln nicht mehr so harmlos, daß dadurch lediglich das geladene Teilchen von seiner geraden Bahn mehr oder weniger stark abgelenkt wird. Die geladenen Teilchen können vielmehr durch die Wirkung des starken Feldes eine solche Wucht erlangen, daß sie die neutralen Gasmoleküle beim Zusammenprall zertrümmern und damit neue Träger elektrischer Ladungen (Ionen) erzeugen. Aber auch diese neu erzeugten Ionen prallen ihrerseits wieder mit neutralen Teilchen zusammen und zertrümmern sie, so daß die Zahl der Ionen nach Art einer Lawine anwächst, es entsteht ein förmlicher Ionenstrom, der sich als elektrischer Funke oder Lichtbogen bemerkbar macht, wir sagen die Luftstrecke ist durchgeschlagen. Man nennt diesen Vorgang „Stoßionisierung“, da die Elektrizitätsträger durch Stoß entstehen.

Die einzelnen Wege, die ein Teilchen bei seiner Wanderung durch ein Gas zwischen zwei Stößen zurücklegt, sind sehr verschieden lang. Damit ein Gasteilchen aber ionisierungsfähig wird, muß es einen gewissen Mindestweg zurückgelegt haben. Je längere Wege ihm zur Verfügung stehen, um so geringer kann die Feldstärke sein, weil das Teilchen bei seiner Wanderung auf dem längeren Wege trotz der geringeren Feldstärke die gleiche Wucht erlangt wie bei der Wanderung längs des kürzeren Weges bei größerer Feldstärke.

Je weiter die Elektroden auseinander liegen, desto mehr Stöße können beim Durchlaufen der Gasstrecke stattfinden und desto längere Wege werden unter den vielen Stößen vorhanden sein. Zur Ionisierung sind deshalb schwächere Felder genügend. Von unserem Standpunkt aus betrachtet können wir also sagen: Die Durchschlagfestigkeit der Luft nimmt mit zunehmender Luftschichtdicke ab.

Umgekehrt ist bei Spitzen, dünnen Drähten, kleinen Kugeln die Feldstärke nur in verhältnismäßig dünnen Schichten so groß, daß Stoßionisierung eintreten kann. Es finden in einer solchen Schicht deshalb nur wenig Stöße statt. Will man trotzdem Stoßionisierung hervorrufen, dann muß man sehr hohe Feldstärken in der Umgebung der Elektroden erzeugen, oder mit anderen Worten: Die Durchschlagfestigkeit der Luft an gekrümmten Elektroden ist größer als zwischen Plattenelektroden, sie nimmt mit zunehmender Krümmung der Elektroden zu.

Endlich können wir aus der Mechanik der Vorgänge schließen, daß der Vorgang des Durchschlages eine gewisse Zeit in Anspruch nimmt, weil sich erst die Ionenlawine bilden muß. Diese Erscheinung nennt man Funkenverzögerung. Will man die Entstehung der Ionenlawine beschleunigen, dann muß man größere Feldstärken anwenden, oder mit anderen Worten: Die Durchschlagfestigkeit der Luft ist um so größer, je kürzer die Dauer der Beanspruchung ist.

Wir sehen aus diesen Betrachtungen, daß die Durchschlagfestigkeit der Luft keine „Materialkonstante“, sondern von mannigfachen Umständen abhängig ist.

Eine sehr wichtige Frage ist, ob für den Eintritt der Entladung der Maximalwert oder Effektivwert der Spannung maßgebend ist. Vergleichsversuche mit Gleichstrom und Wechselstrom, ferner die stroboskopische Beobachtung der Korona haben ergeben, daß der Durchschlag der Gase erfolgt, wenn der Maximalwert der Spannung die Durchschlagspannung erreicht.

Im folgenden sollen nun Zahlenwerte für die Durchschlagfestigkeit der Luft angegeben werden. Es liegen hier zahlreiche Forschungsergebnisse vor. Prof. Schumann hat die als zuverlässig geltenden Ergebnisse zusammengestellt und durch sorgfältige Ausgleichung die wahrscheinlichsten Werte für die Durchschlagfestigkeiten ermittelt. Die Durchschlagfestigkeiten sind dabei auf rechnerischem Wege gefunden worden aus den experimentell ermittelten Werten für die Durchschlagspannungen verschiedener Elektrodenformen und Elektrodenabständen. Die hierbei jeweils zu benützenden Formeln werden wir erst später kennen lernen.

Einfluß der Feldform. Die Durchschlagfestigkeit der Luft in $kV_{max} \cdot cm^{-1}$ im homogenen Feld (zwischen 2 Platten) zeigt Tafel I (Ende des Buches). Die Werte sind Maximalwerte und gelten für 760 mm Hg und 20^0 C.

Man sieht, daß die Durchschlagfestigkeit sehr stark mit der Schlagweite a abnimmt. Die Luft folgt also dem Potenzgesetz. Man darf demnach nicht mit einem durchschnittlichen Wert von $21\ \mathrm{kV_{eff}} \cdot \mathrm{cm}^{-1}$ rechnen, wie dies in der Praxis so häufig geschieht.

Die Durchschlagfestigkeit der Luft in inhomogenen Feldern. Da die Durchschlagfestigkeit von der Konfiguration des elektrischen Feldes abhängt, muß für jede Elektrodenanordnung, die ein nichthomogenes Feld schafft, eine andere Durchschlagfestigkeit gelten. Dies ist auch der Fall. Wir wollen aber im folgenden nur die Festigkeiten bei den Anordnungen kennen lernen, die aus Kugeln, Zylindern oder deren Zusammenstellungen mit Ebenen bestehen.

Zwei Kugeln nebeneinander. Wir beschränken uns hier auf die Anordnung zweier gleich großer Kugeln mit symmetrischer Spannungsverteilung (keine Kugel geerdet). Die Durchschlagfestigkeit ($\mathfrak{E}_0$) dieser Anordnung ist auf Tafel II als Funktion des Verhältnisses Schlagweite δ zu Radius r der Kugel aufgetragen und zwar für verschiedene Kugelradien. Die Werte sind Maximalwerte und gelten für 760 mm Hg und 20° C. Die Kurven stellen Mittelwerte von außerordentlich zahlreichen Versuchen dar. Man sieht, daß bei kleinen Schlagweiten die Durchschlagfestigkeit sehr groß ist, sie nimmt mit der Schlagweite ab, durchläuft ein Minimum und steigt dann wieder an. Auf die Existenz des Minimums hat zuerst A. Schuster aufmerksam gemacht. Tafel III gilt für den Fall, daß eine der beiden Kugeln geerdet ist.

Man sollte meinen, daß die gleichen Werte der Durchschlagfestigkeit auch für die Anordnung Kugel — Ebene gilt. Das ist aber nicht der Fall, hier liegen vielmehr die Werte durchweg etwas höher als die zweier gleich großer Kugeln mit doppelter Schlagweite.

Zwei konaxiale Zylinder. Nach den Versuchen zahlreicher Autoren ist die Durchschlagfestigkeit hier nur vom Radius des inneren Zylinders abhängig, vom Radius des äußeren Zylinders dagegen unabhängig. Nur wenn der Radius des äußeren Zylinders nicht viel größer ist als der des inneren Zylinders, hat auch der äußere Radius einen kleinen Einfluß auf die Durchschlagfestigkeit.

Die exzentrische Lagerung des inneren Zylinders im äußeren hat keinen Einfluß auf die Durchschlagfestigkeit.

Tafel III zeigt die Abhängigkeit der Durchschlagfestigkeit vom Radius r des inneren Zylinders bei 760 mm Hg und 20° C. Weidig und Jaensch geben folgende empirische Formel für den Zusammenhang zwischen der Durchschlagfestigkeit $\mathfrak{E}_d$ und dem Radius r des inneren Zylinders an

$$\mathfrak{E}_d = 21\left(1 + \frac{0{,}47}{\sqrt{2\,r}}\right)\mathrm{kV_{eff}} \cdot \mathrm{cm}^{-1}. \tag{1}$$

Zwei parallele Drähte (Zylinder). Diese Anordnung wurde von Peek untersucht. Die Drähte waren 150 cm über dem Erdboden angeordnet und 308 cm und 610 cm lang. Beobachtet wurde der Beginn des Leuchtens. Die Entladefeldstärke (Durchschlagfestigkeit) war unabhängig vom Abstand der Drähte in den Grenzen 2,54 cm bis 106,8 cm. Die maximale Durchschlagfestigkeit ließ sich darstellen durch die Gleichung

$$\mathfrak{E}_d = 29{,}8\,d + 8{,}97\sqrt{\frac{d}{r}}\ \text{kV}_{\text{max}}\cdot\text{cm}^{-1}, \qquad (2)$$

hierin bedeutet r den Drahtradius in Zentimeter, d die relative Luftdichte auf 760 mm Hg und 25^0 C. bezogen. Die von Peek gefundenen Werte sind in Tafel IV eingetragen.

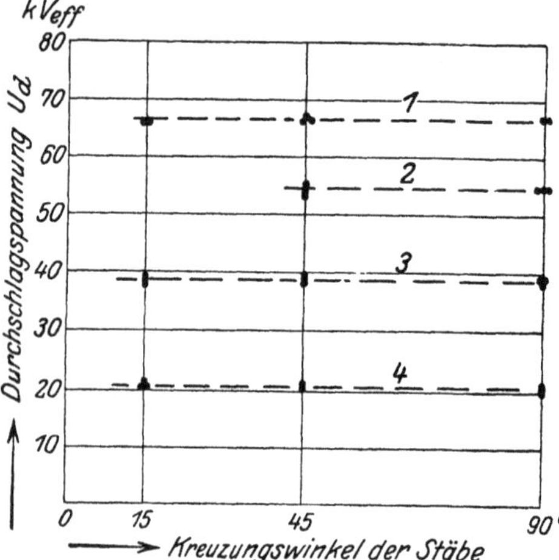

Abb. 16. Durchschlagspannung zwischen zwei gekreuzten Zylindern.
Schlagweite a bei Kurve 1 = 3,97 cm
" " 2 = 2,97 "
" " 3 = 1,95 "
" " 4 = 0,95 "

Der Verfasser hat die Durchschlagspannung (kV_{eff}) zwischen zwei parallelen Zylindern gemessen und daraufhin unter Beibehaltung des Abstandes der Zylinder den einen Zylinder gegen den andern gedreht, die beiden Zylinder also gekreuzt. Für jeden Kreuzungswinkel wurde die Durchschlagspannung bei verschiedenen Drahtabständen a gemessen. Es ergaben sich dabei die in Abb. 16 dargestellten Kurven; daraus ist ersichtlich, daß die Durchschlagspannung selbst bei einer Kreuzung von 90^0 praktisch die gleiche ist, wie bei parallelen Drähten. Die Kenntnis dieser Tatsache ist wichtig, weil in der Hochspannungstechnik die Anordnung gekreuzter Stäbe sehr häufig vorkommt. Der Parameter der Kurven ist der Abstand a der Zylinder an der Durchschlagstelle.

Draht (Zylinder) parallel zu einer Ebene. Diese Anordnung wurde von Schumann untersucht; er fand die in Abb. 17 dargestellten Kurven. Man sieht, daß sich hier ein ähnlicher Verlauf der Kurven ergibt wie bei zwei Kugeln. Auch hier fällt die Durchschlagfestigkeit (Maximalwerte) mit zunehmender Schlagweite, durchläuft ein Minimum und strebt dann einem konstanten Wert zu. Dieser Wert ist derjenige, den man für konaxiale Zylinder erhält.

Die in Abb. 17 dargestellten Werte liegen nach Angabe von Schumann etwas zu hoch, was davon herrühren dürfte, daß die Ebene etwas zu klein war.

Einfluß des atmosphärischen Zustandes der Luft. Die sämtlichen bis jetzt mitgeteilten Werte sind, wie angegeben, auf 760 mm Hg und 20° C bezogen. Wir haben nun noch zu untersuchen, welchen Einfluß Luftdruck und Temperatur auf die Durchschlagfestigkeit haben.

Vorausgeschickt muß werden, daß die Feuchtigkeit der Luft auf die Anfangsspannung, soweit sie mit der Funkenspannung verläuft, keinen Einfluß hat; dagegen scheint die Grenzspannung der Glimmentladung etwas von der Feuchtigkeit beeinflußt zu werden, und zwar in dem Sinne, daß die Durchschlagfestigkeit mit zunehmender Feuchtigkeit etwas wächst.

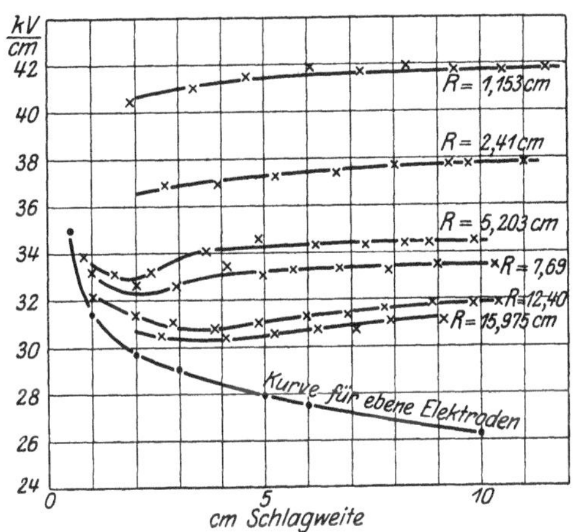

Abb. 17. Durchbruchfeldstärke an der Oberfläche eines Kreiszylinders gegenüber einer Ebene, abhängig von der Schlagweite. 760 mm Hg 20° C.

Es ist seit langem bekannt, daß die Anfangsspannung vom Luftdruck stark abhängt, und zwar haben genaue Versuche ergeben, daß zwischen beiden Proportionalität herrscht; dies gilt sowohl, wenn die Anfangsspannung Funkenspannung ist, als auch wenn Vorentladungen auftreten. Ferner gilt dieses Gesetz für jede Elektrodenform und jeden Elektrodenabstand.

Nach den Messungen von Heydweiller ist die Anfangsspannung direkt porportional der Dichte der Luft; gleichen Luftdruck vorausgesetzt müßte daher die Anfangsspannung umgekehrt proportional der absoluten Temperatur sein. Dies haben auch die Versuche bestätigt und zwar gilt dieses Gesetz für jede Elektrodenform und jeden Elektrodenabstand, gleichgültig ob die Anfangsspannung mit der Funkenspannung oder mit einer anderen Entladeform zusammenfällt.

Bezeichnen wir die Durchschlagspannung bei 760 mm Hg und 20° C mit (U_d), dann ist nach diesen Darlegungen beim Barometerstand b und der Temperatur ϑ die Durchschlagspannung U_d zu erwarten

$$U_d = (U_d)\,\frac{b\,(273+20)}{760\,(273+\vartheta)}\,. \tag{3}$$

Wirkung der Funkenverzögerung. Die Erscheinung, daß zwischen dem Moment des Anlegens der Durchschlagspannung an die Elektroden und dem Moment des Durchschlags eine gewisse Zeit verläuft (Verzögerungseffekt) wurde von A. Töpler entdeckt und besonders von Warburg eingehend untersucht.

Wenn man erreichen will, daß der Durchschlag in einer wesentlich kürzeren Zeit erfolgen soll, dann muß man an die Elektroden eine wesentlich höhere Spannung anlegen. Von unserm Standpunkt aus betrachtet kann man also sagen: Bei kurzzeitigen Beanspruchungen besitzt die Luft eine größere Durchschlagfestigkeit als bei Dauerbeanspruchung. Untersuchungen haben ergeben, daß der Effekt um so größer ist, je kleiner die Elektroden sind, d. h. je kleiner der im Bereich einer hohen Feldstärke liegende Raum ist. Bei sehr trockenen Gasen ist die Verzögerung viel größer als bei feuchten, ebenso ist sie bei hohen Drücken größer als beim normalen Druck.

Eine technische Ausnützung dieser Erscheinung in dem Sinne, daß man bei kurzzeitigen Beanspruchungen bewußt höhere Beanspruchungen zuläßt, ist bis jetzt nicht möglich, da die Gesetze der Funkenverzögerung noch nicht genügend erforscht sind.

Einfluß der Frequenz. Bis etwa 10^6 Perioden in der Sekunde ist der Einfluß der Frequenz auf die Anfangsspannung so gering, daß wir ihn bei unseren technischen Berechnungen gänzlich vernachlässigen können. Auch für Gleichstrom ergeben sich im wesentlichen dieselben Durchschlagfestigkeiten wie für Wechselstrom gleichen Maximalwertes.

Damit haben wir die wichtigsten Einflüsse auf die Durchschlagfestigkeit der Luft kennen gelernt. Bei unseren technischen Berechnungen müssen wir von diesen Werten Gebrauch machen; man darf sich nicht begnügen, für alle Fälle einen mittleren konstanten Wert zu benützen, wie das in der Praxis vielfach geschieht, wir müssen vielmehr in jedem Sonderfall den für die vorliegende Anordnung geltenden Wert aus den angegebenen Kurven und Tafeln entnehmen.

4. Die Durchschlagfestigkeit der festen Isoliermaterialien.

Über die Vorgänge beim Durchschlag der festen Isolierstoffe sind wir bei weitem nicht so gut unterrichtet wie bei den gasförmigen. In der Literatur sind zwar unzählige Durchschlagversuche veröffentlicht; einen großen Teil dieser Versuche müssen wir aber ablehnen, weil die Versuchsbedingungen nicht genau definiert sind. Die Ergebnisse der bisherigen Forschung können wir wohl in den folgenden Gesetzen zusammenfassen.

1. Die festen Isoliermaterialien sind keine idealen Isolatoren, sie besitzen einen endlichen Widerstand. Dieser Widerstand nimmt mit der Temperatur ab und zwar etwa nach dem Gesetz

$$R = R_0 e^{-\gamma \vartheta}. \tag{4}$$

Hierin bedeutet R_0 den spez. Widerstand, γ den Temperaturkoeffizienten und ϑ die Temperatur. Abb. 18 zeigt beispielsweise die Zunahme der Leitfähigkeit von Bakelit C mit der Temperatur nach Versuchen von Mannel.

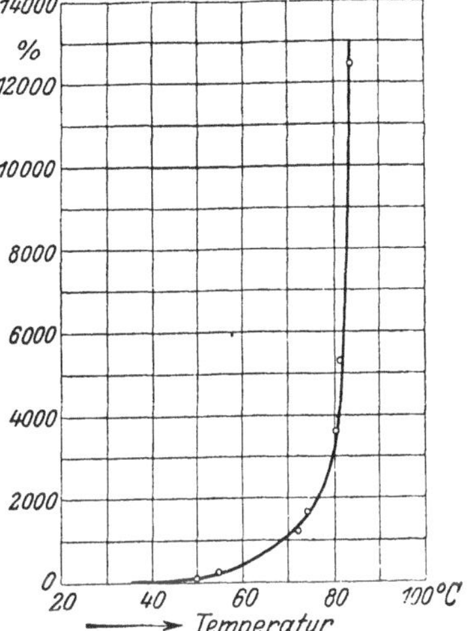

Abb. 18. Prozentuale Zunahme der Leitfähigkeit eines Bakelit kondensators mit der Temperatur.

2. Die Durchschlagfestigkeit aller Isoliermaterialien ist um so kleiner, je höher die Temperatur des Körpers ist.

3a. Die Durchschlagspannung nimmt bei geringen Materialdicken proportional mit der Schichtdicke zu.

3b. Die Durchschlagspannung nimmt bei erheblichen Materialdicken nicht mehr proportional mit der Schichtdicke, sondern langsamer zu.

Auf Grund dieser Gesetze sind drei Theorien über den physikalischen Vorgang beim Durchschlag aufgestellt worden.

Die erste Theorie ist die rein elektrische. Hier wird die Feldstärke als die alleinige Ursache des Durchschlages angesehen und man schreibt jedem Isoliermaterial eine ganz bestimmte Durchbruchfeldstärke (Durchschlagfestigkeit) als Materialkonstante zu. Die Isoliermaterialien folgen nach dieser Theorie dem Proportionalitätsgesetz, entsprechend dem Gesetz 3a. Wie nun die Feldstärke auf das Material einwirkt, um den Durchschlag zustande zu bringen, ist noch unbekannt. Neuere Versuche scheinen aber darauf hinzudeuten, daß der Widerstand der Isoliermaterialien von der Feldstärke abhängt und zwar mit zunehmender Feldstärke abnimmt.

Der Widerspruch dieser Theorie mit dem Gesetz 3b kann so aufgeklärt werden. Die Stromwärme- und dielektrischen Verluste im Isoliermaterial erwärmen dasselbe; bei länger dauernder Beanspruchung werden also die inneren Schichten des Isoliermaterials eine höhere Temperatur haben, als die äußeren Schichten, also auch eine geringere Durchschlagfestigkeit. Das Material stellt jetzt also eine Schichtung von Isolierstoffen verschiedener Durchschlagfestigkeiten dar, die Durchschlagspannung kann infolgedessen nicht mehr proportional mit der Schichtdicke wachsen; je dicker das Material ist, um so stärker ist diese Erscheinung ausgeprägt. Die Erwärmung spielt bei dieser Theorie soz. die Rolle eines schädlichen Nebeneinflusses. Auf die Frage selbst, warum die Durchschlagfestigkeit mit der Temperatur abnimmt, gibt diese Theorie keine Antwort.

Nach der zweiten Theorie ist der Durchschlag nicht von der Feldstärke hervorgerufen, sondern er ist ein rein thermischer Vorgang. Der Widerstand nimmt bei Erwärmung des Isoliermaterials ab, infolgedessen wächst der Strom. Der größere Strom hat wieder größere Verluste, größere Erwärmung und damit eine Verringerung des Widerstandes zur Folge usf., der Vorgang wird labil und der Strom wächst ins Unbegrenzte. Dadurch wird das Isoliermaterial schließlich verbrannt und das ist der Durchschlag. Der Durchschlag wird an einer solchen Stelle einsetzen, wo das Material infolge einer Inhomogenität von Haus aus einen geringeren Widerstand besitzt.

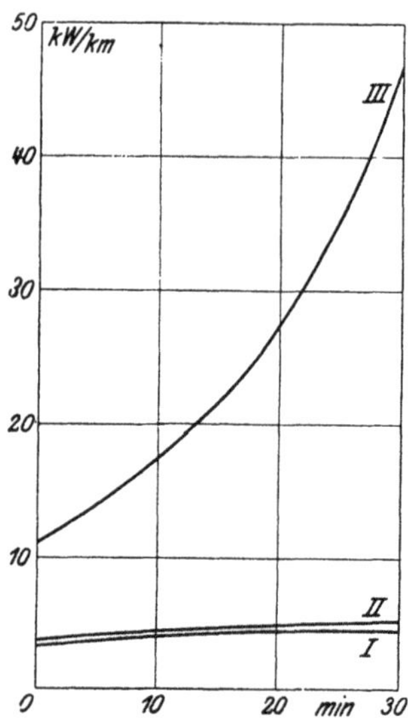

Abb. 19. Leerlaufsverluste des Drehstromkabels abhängig von der Beanspruchungsdauer (2 Leiter gegen 1 Leiter und Mantel).

Diese Vorstellung hat wohl die erste experimentelle Stütze durch die interessanten Versuche von A. Semm erhalten. Semm untersuchte, ob sich die Verluste in einem Kabel abhängig von der Zeit bei konstanter Spannung ändern. Die Versuche wurden in der Weise durchgeführt, daß bei einem Dreileiterkabel zwei Leiter gegen den dritten Leiter und den Mantel geschaltet und der Reihe nach mit 15 kV, 20 kV und 30 kV beansprucht wurden. Bei jeder dieser Spannungen wurden die Verluste abhängig von der Zeit beobachtet. Es war zu erwarten, wenn die obige Theorie richtig ist, daß sich die Verluste bei Spannungen unterhalb der Durchschlagspannung einem konstanten Wert nähern müßten, bei Spannungen oberhalb der Durchschlagspannung dagegen müßten die Verluste wegen der zunehmenden Erwärmung und der damit verbundenen unbegrenzten Abnahme des Widerstandes dauernd wachsen. Die Versuche ergaben die in Abb. 19 dargestellten Kurven. Wir sehen, daß sich die Vermutung bestätigt hat; denn bei 30 kV nahmen die Verluste dauernd zu, so daß bei genügend langer Dauer wohl der Durchschlag eingetreten wäre. Dagegen näherten sich die Verluste bei den kleineren Werten der Spannung konstanten Beträgen, diese Spannungen würde also das Kabel dauernd aushalten.

K. W. Wagner hat die Theorie, daß der Durchschlag durch das

Labilwerden des thermisch-elektrischen Gleichgewichts zustande kommt, von neuem aufgegriffen und eingehende Messungen ausgeführt; es ist ihm sogar gelungen, mit seinen Messungen in das labile Gebiet selbst einzudringen.

Abb. 20 zeigt eine Isolierplatte, und es sei angenommen, die Stelle A besitze eine größere Leitfähigkeit als ihre Umgebung. Die Leitfähigkeit des gezeichneten Querschnittes sei durch die Linie 1 dargestellt. Legt man nun eine Spannung an die Elektroden, dann fließt ein Isolationsstrom durch die Isolierplatte, der bei A etwas größer ist als an den anderen Stellen. Durch diesen Strom wird das Material erwärmt und zwar an der Stelle A stärker als anderswo. Infolgedessen steigt die Leitfähigkeit und zwar bei A stärker als in der Umgebung; nach einiger Zeit wird die Verteilung der Leitfähigkeit durch die Linie 2 darzustellen sein. Falls die Umgebung von A den in A erzeugten Wärmeüberschuß abgeben kann, dann kann die Verteilung 2 bestehen bleiben. Ist das nicht der Fall, dann nimmt die Erwärmung weiter zu und es wird sich im Laufe der Zeit eine Verteilung der Leitfähigkeit nach Linie 3 und 4 einstellen. Die Kurve wird bei A immer spitzer und spitzer, weil die erzeugte Wärme rascher anwächst als die abgeführte. Schließlich wird die Temperatur in dem fadenförmigen Bereich so hoch, daß dort die Leitfähigkeit ausgezeichnet wird, es erfolgt dann an dieser Stelle der Kurzschluß, den wir Durchschlag nennen.

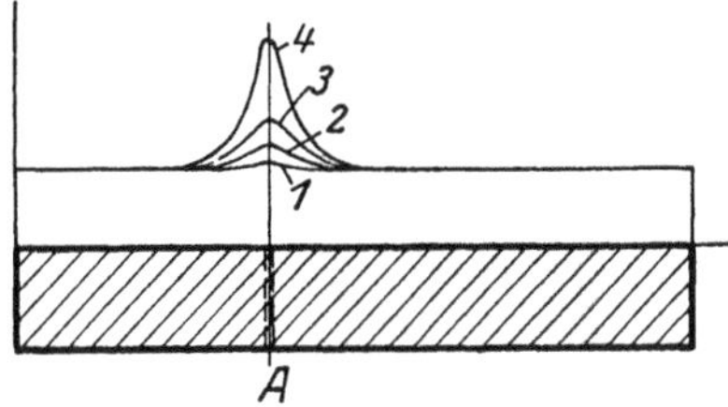

Abb. 20. Verteilung der Leitfähigkeit im Isoliermaterial.

Ist der Widerstand des Fadens anfangs R_0, so muß zwischen Strom und Spannung in dem Faden eine lineare Beziehung bestehen, so lange die Erwärmung des Fadens noch gering ist (Abb. 21). Bei größerer Spannung erwärmt sich der Faden, der Widerstand nimmt ab; deshalb muß jetzt der Strom rascher zunehmen als die Spannung. Schließlich wird ein Punkt A erreicht, bei dem der Widerstand weiter abnimmt, ohne daß die Spannung gesteigert wird. Dies ist der Durchschlagpunkt und die zugehörige Spannung ist die Durchschlagspannung U_d. Von Punkt A an ist der Vorgang labil.

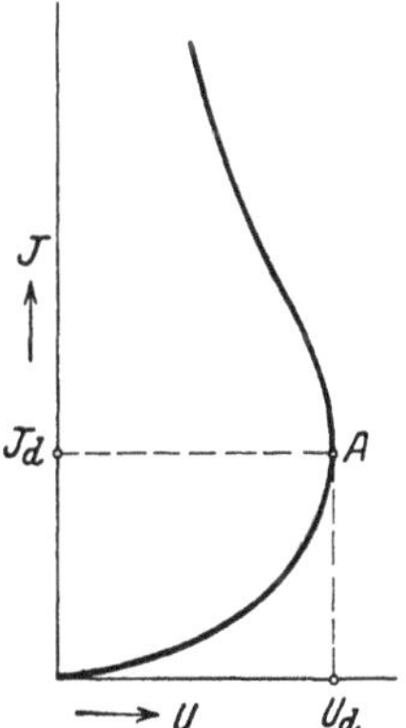

Abb. 21. Strom-Spannungscharakteristik.

K. W. Wagner hat solche Kennlinien zwischen Strom und Spannung experimentell aufgenommen. Um in das labile Gebiet vorzudringen, ist es notwendig, den Vorgang zu stabilisieren, da der labile Vorgang sonst so rasch verläuft, daß die Aufnahme der Kennlinie nicht möglich ist. Die Stabilisierung kann ähnlich wie beim Lichtbogen durch Vorschalten von Widerständen erfolgen. Es hat sich aber gezeigt, daß es notwendig ist, diesen Vorschaltwiderstand in die Elektroden selbst zu verlegen, und zwar sollte der Strom nur in einer Richtung, nämlich senkrecht zur Oberfläche, in die Isolierplatte eintreten können, es sollte also soz. jeder Stromfaden seinen eigenen Vorschaltwiderstand haben.

Ein Stoff, der die geforderten Eigenschaften wenigstens angenähert besitzt, ist das Holz; seine Leitfähigkeit quer zu den Fasern ist erheblich kleiner als in Richtung derselben, und tatsächlich ist es auch gelungen, mit solchen Holzelektroden die Stromspannungscharakteristik aufzunehmen. Dabei ist Wagner so vorgegangen. Es wurde zunächst die Charakteristik für die ganze Anordnung und dann für die Holzelektroden allein aufgenommen, die Differenz der Spannungen beim selben Strom ist die zu diesem Strom gehörige Spannung der Isolierplatte. Abb. 22 zeigt eine in dieser Weise gefundene Charakteristik von Bleiglas. Als Abszisse ist der Strom, als Ordinate die Spannung aufgetragen. Die Schichtdicke der Platte betrug $a = 0{,}062$ mm; der Umkehrpunkt liegt bei $U = 10{,}5$ kV (Maximalwert) und diese Spannung haben wir als Durchschlagspannung anzusprechen.

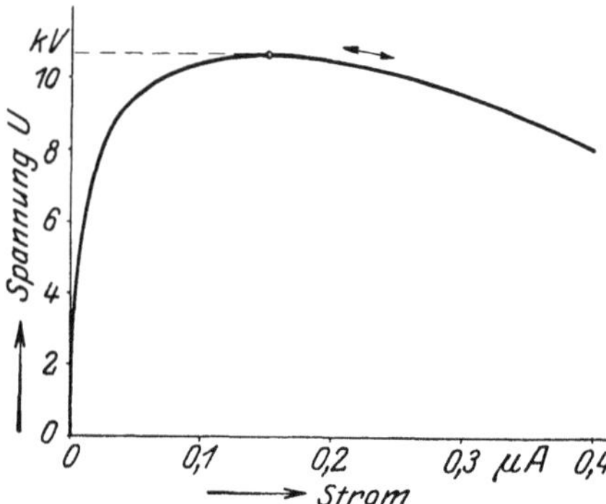

Abb. 22. Strom-Spannungscharakteristik von Bleiglas.

Diese Theorie des thermischen Vorganges beim Durchschlag gestattet, weitgehende Schlußfolgerungen über das Verhalten der Isoliermaterialien im elektrischen Feld zu ziehen, und manche Erscheinungen, die bis jetzt rätselhaft waren, finden eine befriedigende Erklärung.

Die wichtigste Folgerung ist diese. Wirkt auf einen Isolierstoff ein Wechselfeld, dessen Periodendauer wesentlich kürzer ist als die thermische Zeitkonstante des Materials, und diese Bedingung dürfte bei Verwendung der technischen Wechselströme stets gegeben sein, dann folgt die Temperatur des Fadens nicht mehr den einzelnen Stromschwankungen, es stellt sich vielmehr eine mittlere Temperatur ein, für die der Effektivwert des Stromes maßgebend ist. Dies läßt den Schluß zu, daß für den Durchschlag der Isolierstoffe nicht der Maximalwert der Spannung, sondern der Effektivwert der

Spannung maßgebend ist. Dieses Gesetz hat wohl zuerst K. W. Wagner ausgesprochen; da es aber allen bisherigen Anschauungen widerspricht, hat es Wagner auch experimentell geprüft. Mittels eines synchron umlaufenden Kommutators wurde durch Ausschneiden von Teilen einer sinusförmigen Spannungskurve eine spitze Kurve mit hohem Maximal- und niedrigem Effektivwert hergestellt. Mit dieser Spannung wurde eine Platte aus Isolierstoff beansprucht. Es zeigte sich, daß die Platte die Spannung ohne Schaden aushielt, solange der Effektivwert die Durchschlaggrenze U_d nicht erreichte. Dabei betrug die Spannung im Spannungsmaximum ein Vielfaches der Durchschlagspannung.

Die Wärmeauffassung des Durchschlages hat das Bestechende, daß alle Vorgänge auf bekannte Gesetze zurückgeführt sind und manche früher rätselhaften Erscheinungen scheinbar zwanglos erklärt werden können.

W. Rogowski und Th. v. Kármán haben jedoch darauf hingewiesen, daß die Wärmeauffassung des Durchschlages nicht in Einklang mit dem Satz 3a steht. Die thermodynamischen Untersuchungen ergeben nämlich, daß die Durchschlagspannung im allgemeinen nicht proportional mit der Schichtdicke anwachsen kann, sondern bei dünnen Platten mit der Wurzel aus der Schichtdicke, während bei sehr dicken Platten die Durchschlagspannung einen gewissen Wert überhaupt nicht übersteigen kann. Wenn man also eine Platte nur dick genug wählt, dann ist die Feldstärke beim Durchschlag beliebig klein. Nur für den Fall, daß im Material grobe Inhomogenitäten vorhanden sind, also Stellen, die eine wesentlich bessere Leitfähigkeit besitzen als die benachbarten Stellen, kann bei gewissen Dimensionsverhältnissen der inhomogenen Stelle die Durchschlagspannung proportional mit der Schichtdicke wachsen.

Zwischen der rein elektrischen und der Wärmeauffassung des Durchschlages besteht also folgender Unterschied:

Bei der rein elektrischen Auffassung ist das Verhalten der Isoliermaterialien nach dem Proportionalitätsgesetz als normales Verhalten zu bezeichnen. Nur bei dicken Wandstärken kann durch den Einfluß der Erwärmung ein Verhalten nach dem Potenzgesetz vorgetäuscht werden; dieser Einfluß kann, aber er muß nach dieser Theorie nicht vorhanden sein.

Bei der Auffassung des Durchschlages als Wärmevorgang ist normalerweise nur ein Verhalten nach dem Potenzgesetz möglich. Nur in besonderen Fällen, nämlich wenn der Einfluß etwaiger Inhomogenitäten hereinspielt, kann unter Umständen das Proportionalitätsgesetz Geltung erlangen.

Inwieweit ist nun das Proportionalitätsgesetz bei festen Isolierstoffen bestätigt? Es seien hier unter anderen die Versuche von

Mosciki (Abb. 23), die Versuche von K. W. Wagner und endlich die Versuche von W. Weicker (Abb. 24) hervorgehoben (die mit Punkten bezeichneten Werte sind Meßergebnisse des Verfassers mit ähnlicher Versuchsanordnung). Die letztgenannten Versuche sind besonders wichtig, weil sie sich auf Dicken bis zu 1 cm erstrecken. Als Elektroden sind „zwei Kugeln nebeneinander" verwendet. Der Verfasser hat die Durchschlagspannung bei dieser Anordnung abhängig von der Schichtdicke berechnet unter der Annahme, daß die Durchschlagfestigkeit des Porzellans konstant und gleich 270 kV·cm^{-1} ist. Die sich ergebende Kurve ist in Abbildung 24 eingezeichnet. Wir sehen, daß diese Kurve sehr schön liegt. Die wahrscheinliche Durchschlagfestigkeit des Porzellans dürfte also bei 270 kV·cm^{-1} liegen und konstant sein. Dieses Ergebnis stimmt mit Versuchen des Verfassers an deutschem und amerikanischem Porzellan sehr gut überein. Bei der gleichen Versuchsanordnung wurde eine Durchschlagfestigkeit von im Mittel 250 kV·cm^{-1} gefunden. Wir sehen, daß also auch bei relativ dicken Platten die Durchschlagspannung noch proportional mit der Schichtdicke anwächst.

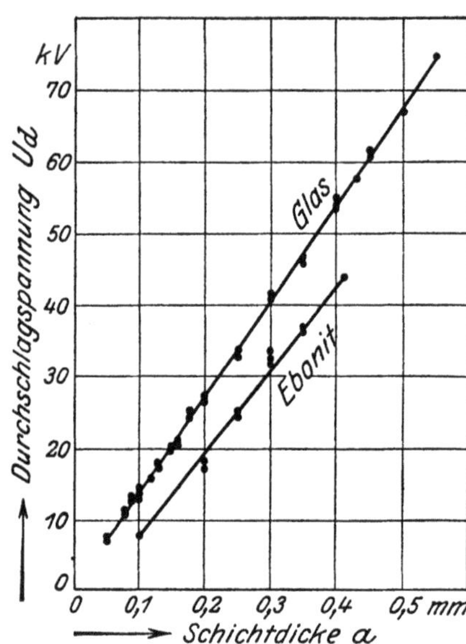

Abb. 23. Abhängigkeit der Durchschlagspannung von der Schichtdicke bei Glas und Ebonit.

Hierzu ist allerdings noch folgendes zu bemerken: Bei der getroffenen Versuchsanordnung ist das Feld inhomogen; die Verluste sind also an allen Stellen verschieden groß, also auch die erzeugten Wärmemengen. Am größten sind die Verluste in der unmittelbaren Umgebung der beiden Kugeln; dort ist aber auch die Wärmeabfuhr am größten. Die Temperaturen längs des Durchschlagweges dürften hier also wesentlich gleichmäßiger sein als bei Plattenanordnungen.

Versuche mit noch größeren Dicken in genau definierten Feldern und bei streng kontrollierten Versuchsbedingungen sind dem Verfasser nicht bekannt. Solche Versuche sind auch nicht leicht durchzuführen. Man kommt schon auf sehr hohe Spannungen und da läßt sich der Überschlag nur mehr schwer vermeiden. Versuchsergebnisse, die unter Verwendung von Stanniol als Elektroden gewonnen wurden, müssen wir zurückweisen. Wir stellen also fest, daß das Proportionalitätsgesetz weit einwandfreier bestätigt ist als das Potenzgesetz. Dem Verfasser sind auch keine Versuche mit kleinen Dicken bekannt, die einwandfrei das Verhalten nach dem Potenzgesetz beweisen. Viele Autoren verwenden Plattenelektroden, bei denen die Ränder nicht richtig abgerundet und nicht in das Material eingebettet sind. Man kann leicht durch die Rechnung beweisen, daß bei Randdurchschlägen das Potenzgesetz vorgetäuscht wird. Wir können also nur solche Versuche anerkennen, wo der Durchschlag in einem genau definierten und der Rechnung zugänglichen Feld erfolgt ist.

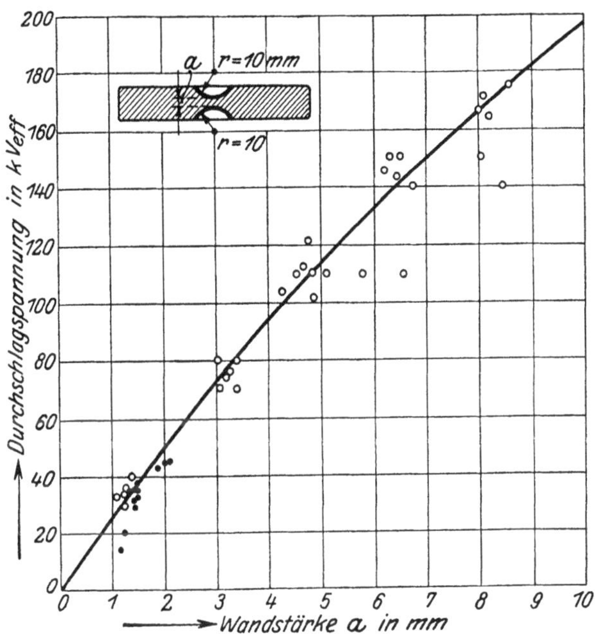

Abb. 24. Abhängigkeit der Durchschlagspannung von der Schichtdicke bei Porzellan.

Unter Beachtung der theoretischen Untersuchungen von Rogowski und v. Kármán müssen wir also auf Grund der bisher bekannt gewordenen und einwandfreien Versuchsergebnisse feststellen, daß die Auffassung des Durchschlages als Wärmevorgang noch nicht gesichert ist.

Es muß hier auch noch erwähnt werden, daß bei ganz kurzzeitigen Beanspruchungen von etwa einem Milliontel einer Sekunde (Stoßbeanspruchung) der Durchschlag sicher keine auf der Wärmewirkung beruhende Erscheinung ist. Selbst wenn man also die Wärmewirkung als Durchschlagsursache anerkennen wollte, so muß zugegeben werden, daß es noch eine zweite Art des Durchschlages gibt, der sicher nicht auf der Wärmewirkung beruht.

W. Rogowski hat nun zwischen den beiden „extremen" Theorien eine Brücke geschlagen (dritte Theorie) und die Theorie des wärmeelektrischen Durchschlages aufgestellt. Rogowski nimmt an, daß der Widerstand der Isoliermaterialien nicht nur eine Funktion der Temperatur, sondern auch der Feldstärke $\mathfrak{E}$ ist, etwa von der Form

$$R = R_0\left(1 - \frac{\mathfrak{E}}{\mathfrak{E}_0}\right) e^{-\gamma\vartheta}. \tag{5}$$

In Abb. 25 stellt die Gerade das Proportionalitätsgesetz (erste Theorie), die dünn gezeichnete Kurve das Potenzgesetz (zweite Theorie) und die dick gezeichnete Kurve das Gesetz der wärmeelektrischen Auffassung (dritte Theorie) dar. Weitere experimentelle Untersuchungen müssen nun Licht in dieses interessante Problem bringen.

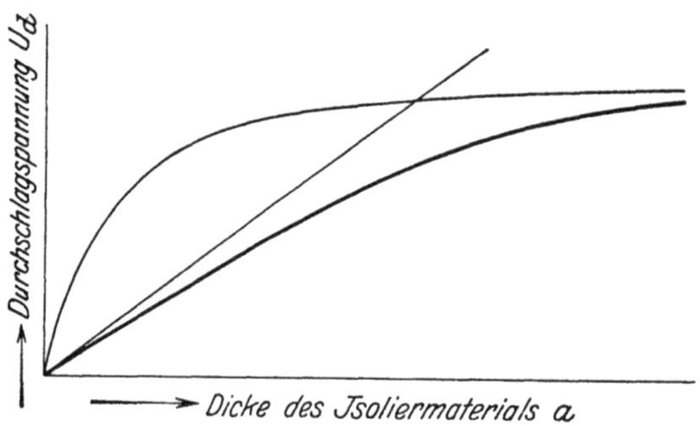

Abb. 25. Durchschlagkurven bei wärmeelektrischer Auffassung.

Einfluß der Temperatur. Es ist eine altbekannte und in der Literatur oft erwähnte Erfahrung, daß die Durchschlagspannung der festen Isoliermaterialien bei Erwärmung des Materials von außen her wesentlich herabgesetzt wird. Dies ist nach der thermischen Theorie des Durchschlags ohne weiteres verständlich. Wird nämlich das Isoliermaterial von außen her auf eine hohe Temperatur gebracht, so ist eben seine Leitfähigkeit von Haus aus wesentlich größer, der labile Zustand wird infolgedessen schon bei viel geringeren Werten der Spannung erreicht. Diese Tatsache ist für die Hochspannungstechnik außerordentlich wichtig; denn alle Maschinen und Apparate, bei denen Isoliermaterialien angewendet werden, erleiden im Betrieb eine gewisse Erwärmung, die Isoliermaterialien werden also im Betrieb zunächst von außen her geheizt. Hierzu kommt dann noch die Eigenerwärmung durch die Verluste. Es ist also falsch, bei der Berechnung der Beanspruchung und des Sicherheitsgrades die Werte für die Durchschlagfestigkeit einzusetzen, die für den kalten Zustand der Isoliermaterialien gelten, und die außerdem vielleicht bei ganz kurzer Prüfdauer gefunden wurden. Man sollte also meinen, daß es eine der wichtigsten Aufgaben sei, die Durchschlagfestigkeit der Isoliermaterialien nicht nur im kalten Zustand, sondern auch bei höheren Temperaturen zu ermitteln. Merkwürdigerweise sind aber noch wenig systematische Untersuchungen nach dieser Richtung bekannt geworden. Wie groß die Unterschiede in der Durchschlagfestigkeit bei verschiedenen Temperaturen sein können, zeigt folgendes Beispiel: Bei geschichteten Isoliermaterialien aus Papier und Bakelit beträgt nach Versuchen des Verfassers die Durchschlagfestigkeit bei 60° C etwa nur noch die Hälfte wie bei Zimmertemperatur. Nach Versuchen von Mannel büßt Bakelit bei Temperaturen von rd. 100° C 14—30 % und bei Temperaturen von rd. 200° 40 ~ 56 % der normalen Festigkeit ein.

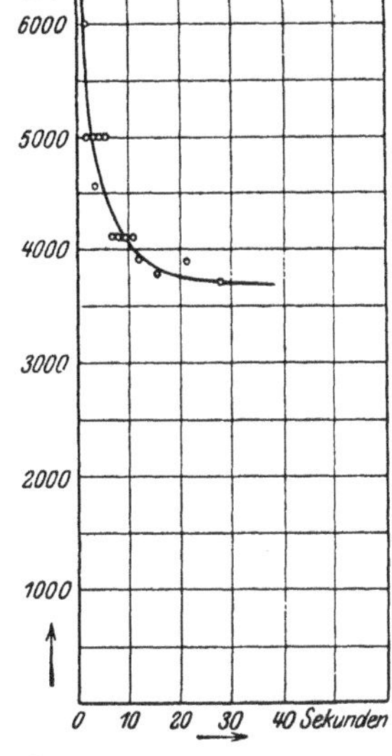

Abb. 26. Durchschlagspannung abhängig von der Beanspruchungsdauer bei Preßspan.

Einfluß der Beanspruchungsdauer. Die zweite und dritte Theorie des Durchschlages lassen uns vermuten, daß die Durchschlagspannung auch von der Dauer der Beanspruchung abhängig sein muß. Es sei für ein Isoliermaterial die Spannung U_{d_0}, bei der der Zustand labil wird, bekannt. Stellt man nun diese Spannung plötzlich ein, so wird es eine gewisse Zeit dauern, bis der labile Zustand und damit der Durchschlag eintritt, und zwar um so länger, je größer die thermische Zeitkonstante des Isoliermaterials ist. Will man den Durchschlag in einer kürzeren Zeit erzwingen, dann muß man die Spannung über den Wert U_{d_0} steigern, und zwar um so höher, je rascher der Durchschlag erzwungen werden soll. Oder umgekehrt ausgedrückt: Je kürzer die Dauer der Beanspruchung ist, um so höher darf sie gewählt werden. Abb. 26 und 27 zeigen die Durchschlagspannung für Preßspan von 0,48 mm und 0,2 mm Dicke in Abhängigkeit von der Beanspruchungsdauer; als Elektroden wurde die Anordnung: Kugel—Platte verwendet.

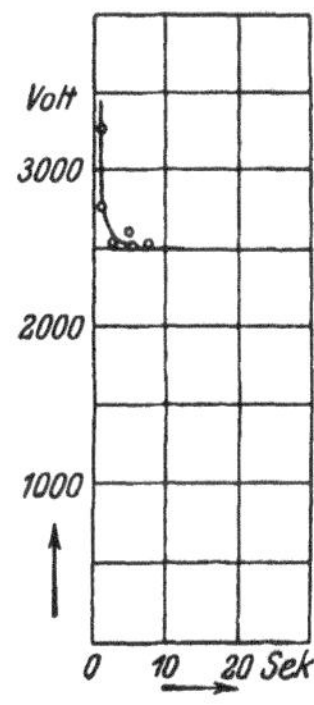

Abb. 27. Durchschlagspannung abhängig von der Beanspruchungsdauer bei Preßspan.

Für die Prüfung der Isoliermaterialien kann man daraus die sehr wichtige Lehre ziehen, daß die Dauer der Beanspruchung nicht zu kurz gewählt werden darf, wenn man die Durchschlagfestigkeit für Dauerbeanspruchung ermitteln will.

Einfluß der Feldform. Nachdem festgestellt ist, daß die Durchschlagfestigkeit $\mathfrak{E}_d$ der festen Isolierstoffe wenigstens bei dünnen Schichten eine Materialkonstante ist, ist auch anzunehmen, daß eine Abhängigkeit der Durchschlagfestigkeit von der Elektrodenkrümmung nicht vorhanden ist. Man glaubt aber doch, bei konzentrischen Kabeln mehrfach beobachtet zu haben, daß die Durchschlagfestigkeit bei kleinen Krümmungsradien des Innenleiters größer ist als bei großen. Nach K. W. Wagner ist die Erklärung dieser Erscheinung darin zu suchen, daß die weniger stark beanspruchten Schichten der Isolation als stabilisierender Widerstand für die stärker beanspruchten Schichten wirken, ähnlich wie der Widerstand der Holzelektroden es gestattet, die Beanspruchung über die Durchschlagfestigkeit zu treiben.

Praktisch kann man von dieser Erscheinung keinen Gebrauch machen, solange die Gesetze nicht genau bekannt sind, die angeben, um wieviel höher bei gekrümmten Elektroden die Beanspruchung getrieben werden darf.

Einfluß der Frequenz. Wir haben bis jetzt angenommen, daß nur Stromwärmeverluste vorhanden sind. Dies trifft bei der Beanspruchung der Isoliermaterialien mit Gleichstrom zu. Im Wechselfeld dagegen kommen zu den Stromwärmeverlusten noch die Verluste durch dielektrische Nachwirkung hinzu. Auf das Wesen dieser Erscheinung soll hier unter Berücksichtigung der Arbeiten von K. W. Wagner ganz kurz eingegangen werden.

Nach der klassischen Theorie der Dielektrika haben wir uns vorzustellen, daß ein festes Dielektrikum aus einzelnen Partikelchen zusammengesetzt ist, die verschiedene Dielektrizitätskonstanten und Leitfähigkeiten haben. Das einfachste Modell eines solchen Dielektrikums ist ein Plattenkondensator mit zwei aufeinander gelegten Isolierplatten, die die Dielektrizitätskonstanten und Leitfähigkeiten ε_1 und λ_1 bzw. ε_2 und λ_2 besitzen. Bringt man einen solchen Doppelplattenkondensator ins elektrische Feld, so verhalten sich die Feldstärken in den beiden Platten

$$\frac{\mathfrak{E}_1}{\mathfrak{E}_2} = \frac{\varepsilon_2}{\varepsilon_1}; \tag{6}$$

andererseits sind durch die Feldstärken aber auch die Stromdichten bestimmt; es ist

$$i_1 = \lambda_1 \mathfrak{E}_1 \qquad \text{und} \qquad i_2 = \lambda_2 \mathfrak{E}_2 . \tag{7}$$

Wenn nun zufällig zwischen den Leitfähigkeiten und Dielektrizitätskonstanten die Beziehung besteht

$$\lambda_1 : \lambda_2 = \varepsilon_1 : \varepsilon_2 , \tag{8}$$

dann sind die Ströme in den beiden Schichten gleich groß, also

$$i_1 = i_2 . \tag{9}$$

Nehmen wir aber an, daß beispielsweise

$$\lambda_1 : \lambda_2 > \varepsilon_1 : \varepsilon_2 , \tag{10}$$

dann ist die Stromdichte in der einen Schicht größer als in der andern, es müssen sich also in der Trennschicht Ladungen ansammeln, die sich erst im Lauf der Zeit ausgleichen können. Diesen Ausgleich nennt man dielektrische Nachwirkung. Ist das Feld ein Wechselfeld, so wird durch die dielektrische Nachwirkung eine zeitliche Verzögerung des Nachwirkestromes hervorgerufen.

Daraus ergibt sich, daß das Dielektrikum einen Ladestrom aufnimmt, der der Spannung nicht mehr genau um 90^0 voreilt, sondern um den Winkel $90 - \delta$.

Die Abweichungen des dielektrischen Verhaltens der technischen Isoliermaterialien vom vollkommenen Dielektrikum sind von derselben Art wie die Abweichungen der elastischen Eigenschaften fester Körper von denjenigen eines vollkommenen elastischen Körpers. Hier wie dort handelt es sich um die Erscheinung der zeitlichen Nachwirkung.

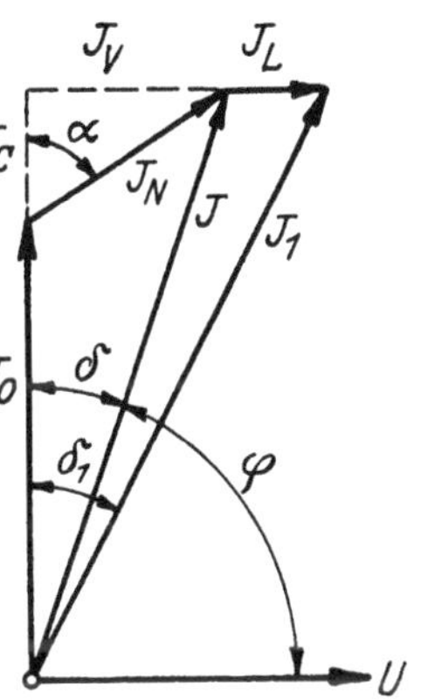

Abb. 28. Vektordiagramm für Strom und Spannung.

Im Diagramm der Abb. 28 sind der Strom und die Spannung dargestellt. J_0 bedeutet den reinen Kapazitätsstrom, welcher sich einstellen würde, wenn die Nachwirkung gleich Null wäre. Hierzu kommt der Nachwirkungsstrom J_N, der zeitlich um den Winkel α gegen J_0 verzögert ist, eben wegen der zeitlichen Nachwirkung. Beide Ströme ergeben den resultierenden Strom J, der der Spannung um den Winkel φ voreilt. Hierzu kommt noch der Leitungsstrom J_L in Phase mit der Spannung; der resultierende Strom ist J_1, die Phasenverschiebung gegen J_0 ist δ_1. Die Augenblickswerte dieser Ströme sind bei sinusförmiger Spannung U

$$\begin{aligned} i_0 &= \omega C_0 U \sin(\omega t + 90^0); \\ i_N &= \omega C_N U \sin(\omega t - \alpha + 90^0). \end{aligned} \tag{11}$$

Hierbei bedeutet ω die Kreisfrequenz, C_0 die sog. geometrische Kapazität des Kondensators, C_N sei vorerst als Konstante definiert, die allerdings von der Frequenz abhängig ist. Zerlegt man nun J_N in zwei Komponenten J_C und J_V, so erhält man

$$\begin{aligned} J_C &= \omega C_N U \cos\alpha; \\ J_V &= \omega C_N U \sin\alpha. \end{aligned} \tag{12}$$

Man sieht, daß der Nachwirkungsstrom zweierlei zur Folge hat, erstens eine Vergrößerung der Ladestromkomponente J_0 um den Betrag J_C, die Kapazität erscheint also vergrößert um den Betrag $C_N \cos\alpha$, so daß der Kondensator bei Wechselstrom die Kapazität besitzt

$$C = C_0 + C_N \cos\alpha; \tag{13}$$

zweitens eine Vergrößerung der Leitungsstromkomponente. Die Erscheinung der dielektrischen Nachwirkung ist also mit einem Verlust V verknüpft, wobei

$$V = (J_0 + J_C)\, U_{\text{eff}} \operatorname{tg} \delta; \qquad V = \omega\, U_{\text{eff}}^2\, C \operatorname{tg} \delta. \tag{14}$$

Der Winkel δ wird dielektrischer Verlustwinkel genannt. Solange δ klein ist, bedeutet $\operatorname{tg} \delta$ dasselbe wie der Leistungsfaktor; denn es ist

$$\cos \varphi = \sin \delta \simeq \operatorname{tg} \delta. \tag{15}$$

Aus diesen Überlegungen folgt, daß die Verluste in den Isolierstoffen, wenn es sich um Verluste durch dielektrische Nachwirkung handelt, proportional mit der Frequenz wachsen, außerdem nehmen sie, wie die Stromwärmeverluste, auch mit dem Quadrat der Spannung zu.

Die Richtigkeit dieses Gesetzes ist experimentell vielfach bestätigt worden. Tabelle B zeigt eine Zusammenstellung der Verlustwinkel einiger technisch wichtiger Isoliermaterialien.

Im Wechselfeld tritt also neben der Heizung des Isoliermaterials durch die Stromwärme noch eine weitere Heizung durch die Verluste der dielektrischen Nachwirkung auf. Es muß also der labile Zustand schon bei einer kleineren Spannung auftreten als bei Gleichstrom. Diese Folgerung stimmt auch mit der Erfahrung überein; bei Glimmer liegt beispielsweise die Durchschlagfestigkeit bei Gleichstrom um 20% höher als bei Wechselstrom, bei Mikanit um etwa 150%. Auch K. W. Wagner hat die Abnahme der Durchschlagfestigkeit mit zunehmender Frequenz experimentell bestätigt.

Einfluß des Druckes. Kock hat untersucht, ob die Durchschlagfestigkeit der festen Isolierstoffe vom Druck abhängig ist. Er hat zu diesem Zweck die Durchschlagspannung von kleinen Hartgummizylindern von 0,3 mm Wandstärke bei Drücken bis zu 70 at gemessen und keine Abhängigkeit feststellen können.

Einfluß der Feuchtigkeit. Die Feuchtigkeit setzt natürlich die Durchschlagfestigkeit der Isoliermaterialien sehr stark herunter, weil dadurch die Leitfähigkeit größer wird. Deshalb müssen die Isoliermaterialien gegen die Einwirkung der Feuchtigkeit durch Imprägnieren geschützt werden.

Die nicht imprägnierten Faserstoffe nehmen in mancher Hinsicht gegenüber dem bisher besprochenen Verhalten der Isolierstoffe eine Sonderstellung ein, die sich auf die hygroskopischen Eigenschaften zurückführen läßt. In diesem Zustand haben die Stoffe eine verhältnismäßig große Leitfähigkeit, die von dem aufgesogenen Wasser herrührt und dementsprechend mit der Feuchtigkeit zu- und abnimmt.

Die Stromleitung hängt aber außerdem auch von der Anordnung des Wassers in den kapillaren Räumen in und zwischen den Fasern ab. Diese Anordnung ändert sich unter der Einwirkung des elektrischen Feldes in dem Sinn, daß sich die kapillaren Wasserhäute mit zunehmender Feldstärke verdicken. Der Grund hiervon liegt wohl darin, daß die Oberflächenspannung des Wassers durch das Feld geändert wird. Die Leitfähigkeit muß daher mit zunehmender elektrischer Spannung ebenfalls zunehmen. Es ist das Verdienst von S. Evershed, dieses Verhalten klargelegt zu haben, und es ist ihm gelungen, an einem künstlichen Modell die Richtigkeit der vorstehenden Anschauung durch Versuche zu bestätigen. Wegen des Einflusses, den das elektrische Feld auf die Verteilung der Feuchtigkeit im Faserstoff hat, ist auch eine Abhängigkeit des Verlustwinkels von der Spannung zu erwarten, und zwar muß er mit steigender Spannung anwachsen, um so stärker, je niedriger die Frequenz ist, weil die Verteilung der Feuchtigkeit schnellen Spannungsänderungen nicht so schnell zu folgen vermag, wie langsamen. In der Tat sind auch diese Voraussagen durch die Versuche bestätigt worden.

Über diese Erscheinung lagert sich noch eine zweite, der Einfluß der Erwärmung durch die Verluste. Dadurch verdampft ein Teil des eingesaugten Wassers. Die Verluste werden deshalb geringer als beim feuchten Faserstoff und die Durchschlagfestigkeit nimmt in dem Maße zu, als die Feuchtigkeit abnimmt. Hierüber hat der Verfasser eingehende Versuche angestellt, welche dieses Gesetz besonders bei dünnen Faserstoffen bestätigt haben. Bei dickeren Stoffen (dicker Preßspan) sind die Erscheinungen aber dadurch etwas verwickelt, als die Trocknung des Papiers hauptsächlich in den obersten Schichten erfolgt; man hat infolgedessen ein Dielektrikum mit verschiedenen elektrischen Eigenschaften der einzelnen Schichten, und da läßt sich schwer voraussagen, wie sich die Verhältnisse beim Durchschlag gestalten.

Die dielektrische Ermüdung. Man glaubt in der Praxis schon mehrfach die Beobachtung gemacht zu haben, daß die Isoliermaterialien bei jahrelangen Beanspruchungen im Laufe der Zeit an Festigkeit verlieren. Man nennt diese Erscheinung vielfach „dielektrische Ermüdung". Wir wissen bis heute noch nicht, ob es eine solche Erscheinung gibt; denn gegenüber den praktischen Beobachtungen ist eine gewisse Vorsicht geboten, weil man nicht weiß, ob nicht doch im Laufe der Zeit vielleicht infolge von Überspannungen starke Überbeanspruchungen im Isoliermaterial aufgetreten sind. Daß in solchen Fällen das Isoliermaterial Schaden nehmen kann, hat ebenfalls K. W. Wagner experimentell nachgewiesen. Abb. 29 zeigt die Strom-Spannungscharakteristik von Gummi, und zwar gilt der obere Ast der Kurve für die Steigerung der Spannung, der untere dagegen für abnehmende Spannung, ähnlich wie bei einer Magnetisierungskurve. Man sieht, daß beim Rückwärtslauf sich eine andere Spannung mit wesentlich niedrigeren Beträgen einstellt, das Material war also durch die Aufnahme der aufsteigenden Charakteristik geschwächt worden und hat an Durchschlagfestigkeit erheblich verloren. Bei anderen Materialien, wie z. B. bei Glas, konnte die Charakteristik beliebig oft durchlaufen werden, ohne daß eine Abweichung zwischen aufsteigendem und absteigendem Ast zu beobachten war. Es scheint also, daß einige Materialien besonders empfindlich gegen Überbeanspruchungen sind. Diese Erscheinung ist eine Mahnung, bei Prüfungen von Materialien oder fertigen Apparaten die Beanspruchung nicht zu hoch zu treiben, weil sonst dauernde Schwächungen zurückbleiben können.

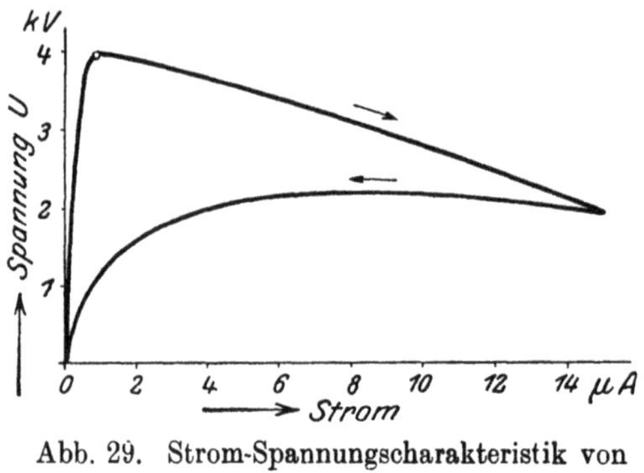

Abb. 29. Strom-Spannungscharakteristik von Gummi.

Werte für die Durchschlagfestigkeit der festen Isolierstoffe. Für den Ingenieur ist es nun wichtig, Werte für die Durchschlagfestigkeit der Isolierstoffe zu erhalten. Hier steht man vor großen Schwierigkeiten. Zwar ist das Versuchsmaterial, das in der Literatur zu finden ist, außerordentlich reichhaltig, aber bei strenger Kritik bleibt nur wenig Brauchbares übrig. Viele Autoren sind sich nämlich nicht der Schwierigkeiten bewußt, einwandfreie Durchschlagversuche anzustellen, und so weiß man bei vielen Resultaten nicht, ob sie zuverlässig sind, d. h. ob genau definierte Felder vorhanden waren, welche Temperatur geherrscht hat, ob die Kurvenform sinusförmig war, wie groß die Versuchsdauer war usw.

Der Verfasser hat nun in der Tabelle C die Durchschlagfestigkeiten derjenigen Isoliermaterialien zusammengestellt, die er zum größten Teil selbst durch sorgfältige Versuche gewonnen hat. Dabei wurden streng definierte Elektroden angewendet (hierüber siehe später), die Temperatur der Umgebung wurde während des Versuches konstant gehalten, die Versuchsdauer betrug bei allen Untersuchungen 15 bis 20 Minuten, die Schichtdicke war stets kleiner als 1 mm. Es sind aber auch einige Versuchsergebnisse anderer Autoren aufgenommen worden, die unter wesentlich gleichen Versuchsbedingungen aufgenommen sein dürften.

Da die Durchschlagwerte wegen der unvermeidlichen Inhomogenitäten der Materialien eine gewisse „Streuung“ zeigen, sind in der

Tabelle nicht feste Zahlen angegeben, sondern nur die Größenordnung der Durchschlagfestigkeiten. Hier ist noch ein großes Feld für die experimentelle Forschung offen, und es muß als eine vordringliche Aufgabe der Hochspannungstechnik bezeichnet werden, daß endlich von mehreren Seiten an die genaue Erforschung der Eigenschaften unserer Isoliermaterialien gegangen wird. Dabei wäre freilich wünschenswert, daß gewisse als zuverlässig geltende Prüfmethoden angewendet werden; hierüber wird später noch berichtet werden. Die Hochspannungstechnik ist hier sehr auf die Mitarbeit der technischen Physik angewiesen.

5. Die flüssigen Isolierstoffe (Öle).

Von den flüssigen Isolierstoffen interessieren uns in der Hochspannungstechnik am meisten die Öle, welche für Hochspannungstransformatoren und Schalter verwendet werden.

In der Hochspannungstechnik hat man niemals mit reinen Ölen zu tun. Selbst wenn das Öl vor dem Gebrauch sorgfältig gereinigt wird, kann doch nicht verhütet werden, daß es im Betrieb Wasser und Schmutz aufnimmt, und dadurch wird die Durchschlagfestigkeit des Öles ganz wesentlich herabgesetzt. F. Schröter hat im elektrotechnischen Laboratorium der technischen Hochschule Aachen den Vorgang beim Durchschlag verunreinigten Öles mikroskopisch beobachtet. Er hat gefunden, daß sich durch Verunreinigung Brücken zwischen den Elektroden bilden, die den Durchschlag frühzeitig einleiten. Sobald Spannung an die Elektroden angelegt wird, beginnen alle in der Nähe der Elektroden sich befindlichen Teilchen, die eine höhere Dielektrizitätskonstante haben als das Öl, in das Feld hinein zu wandern. Dort fliegen sie von einer Elektrode zur anderen, bleiben auch wohl aneinander hängen, bis der Abstand teilweise oder ganz überbrückt ist. Dies geschieht bei starken Feldern in Bruchteilen einer Sekunde, bei schwachen Feldern dauert es länger. Abb. 30 zeigt eine photographische Aufnahme einer solchen Brücke nach J. Sorge.

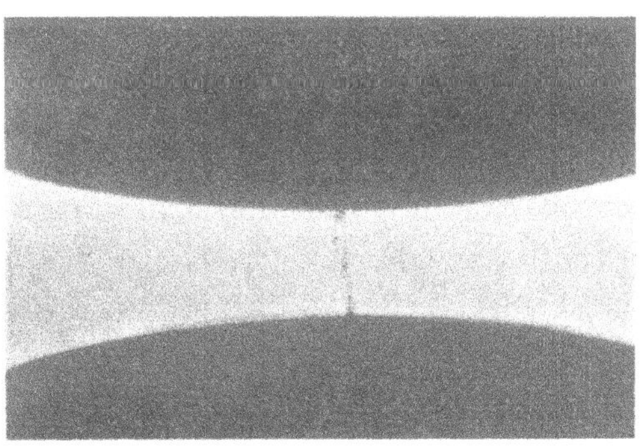

Abb. 30. Brückenbildung bei Wechselstrom zwischen Platten. Flüssigkeit (Xylol) durch gehärtetes Filter filtriert. (Vergrößerung 5 fach.)

Bei Fasern im Öl rührt die hohe Dielektrizitätskonstante im allgemeinen vom Wassergehalt her; schon eine teilweise Überbrückung durch eine solche Faser setzt die Durchschlagspannung wesentlich herab. Bei sehr geringer Feuchtigkeit erfolgt nur eine Vorentladung, die das Wasser zersetzt. Die entstehende Gasblase wird schnell aus dem Feld getrieben, weil sie eine niedrigere Dielektrizitätskonstante besitzt als das Öl.

Man hat bei früheren Versuchen gefunden, daß die Festigkeit des Öles mit steigendem Wassergehalt zuerst stark, dann langsamer abnimmt, und einem Grenzwert von etwa 20 $kV \cdot cm^{-1}$ zustrebt. Schröter fand durch mikroskopische Beobachtung einer Öl-Wasseremulsion folgendes: Wassertröpfchen von etwa 2 μ Durchmesser durchsetzen das Öl ziemlich regelmäßig. Sobald die Funkenstrecke unter Spannung gesetzt wird, schießen sie von allen Seiten ins Feld. Dadurch wird die Konzentration an dieser Stelle so lange erhöht, bis der Durchschlag erfolgt.

Daß sich der Wassergehalt in der Funkenstrecke ändert, kann man auch durch folgenden Versuch feststellen. Sind Wassertröpfchen zwischen Elektroden getreten, dann vollzieht sich eine Vorentladung, die das Öl trocknet. Der nächste Überschlag kann deshalb erst durch eine höhere Spannung erzwungen werden. Läßt man aber die Spannung auf dem gleichen Wert und wartet man genügend lange, so springt nach einiger Zeit wieder ein Funke über. Das beweist, daß das Feld wieder neue Feuchtigkeit zwischen die Elektroden gesaugt hat, der Wassergehalt ist also größer geworden.

Diese Beobachtungen sind sehr wichtig, weil dadurch manche scheinbare Zufälligkeiten in den Versuchsergebnissen ihre Aufklärung finden.

Ein Bild für die Durchschlagfestigkeit in Abhängigkeit von der Feuchtigkeit gibt uns die Kurve von Abb. 31, die von R. M. Friese mitgeteilt wurde. Die Durchschlagfestigkeit für vollständig entfeuchtetes Öl wurde zu 230 $kV \cdot cm^{-1}$ gefunden; schon bei geringen Wasserspuren von $0{,}1\,^0/_{00}$ beträgt sie kaum noch ein Siebentel.

Sehr interessant und wichtig für die Hochspannungspraxis sind die folgenden beiden Kurven. Abb. 32 (Kurve *a*) zeigt die Abnahme der Durchschlagfestigkeit eines entfeuchteten Öles, das in einem offenen Gefäß in Luft von $80\,^0/_0$ rel. Feuchtigkeit aufgestellt ist, abhängig von der Einwirkungsdauer in Tagen. Man sieht hier sehr schön, wie das Öl allmählich immer mehr und mehr Wasser aus der Luft aufnimmt und sich verschlechtert. Das Gegenstück hierzu zeigt Kurve *b*. Hier ist nasses Öl in Trockenluft gebracht worden und die Kurve zeigt, wie die Durchschlagfestigkeit im Laufe der Zeit besser und besser wird, indem das Wasser des Öles allmählich verdunstet.

Aus allen diesen Versuchen erkennt man, wie wichtig es ist, das Öl vor dem Gebrauch gut zu entfeuchten. Es besteht nun die Frage, welche Hilfsmittel man im praktischen Betrieb zur Entfeuchtung des Öles anwenden soll und welchen Grad der Trockenheit man damit erzielt. Diese Frage hat ebenfalls F. Schröter untersucht und folgendes gefunden.

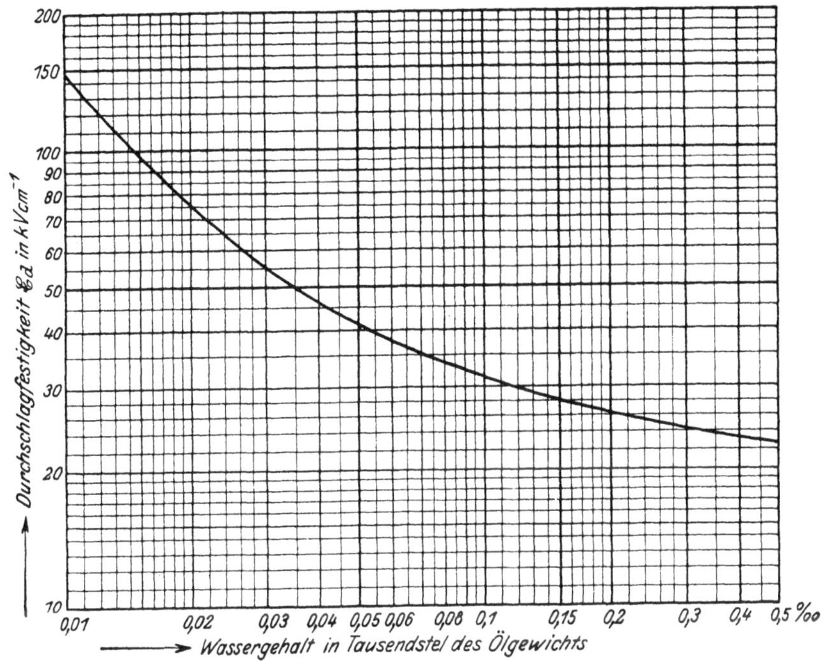

Abb. 31. Durchschlagfestigkeit von Transformatorenöl abhängig von der Feuchtigkeit.

Das einfachste Mittel ist das Auskochen des Öles, und davon macht man auch in der Praxis viel Gebrauch. Bei langer Kochzeit macht aber das Konstanthalten der Temperatur im Kochgefäß große Schwierigkeiten. Man muß das Öl fleißig rühren, damit nicht einzelne Schichten überhitzt werden.

Ein anderes Mittel besteht darin, daß man das Öl zentrifugiert und die spezifisch schwereren Teile dadurch ausscheidet. Verunreinigungen, die das gleiche spezifische Gewicht wie das Öl haben, werden dabei natürlich nicht ausge-

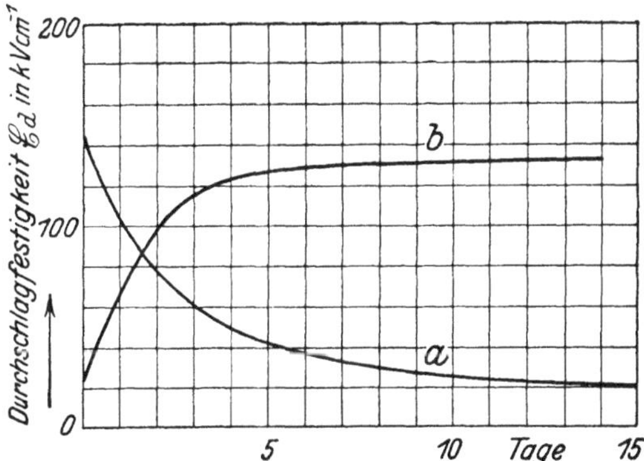

Abb. 32. Änderung der Durchschlagfestigkeit von Transformatorenöl in feuchten und trockenen Räumen.

schieden. Es hat sich aber gezeigt, daß die Resultate dennoch für praktische Zwecke befriedigend sind.

Ein drittes Mittel besteht darin, daß man das Öl filtriert. Hierzu kann ein Tonzellenfilter verwendet werden; man preßt bei diesem Verfahren das Öl durch ein Tongefäß. Eine gute Trocknung des Öles ist dabei nicht zu erwarten, dagegen können etwaige Fasern aus dem Öl entfernt werden. Dafür gibt das Tongefäß wieder reichlich Staub an das Öl ab.

Vielfach verwendet man auch gewöhnliche Filter, beispielsweise aus Filtrierpapier, welche die Wassertröpfchen mechanisch ausscheiden. Vollständig kann aber das Öl damit nicht entfeuchtet werden.

Wesentlich bessere Resultate erhält man mit sog. gehärteten Filtern und gleichzeitigem Ausdampfen des Wassers. Als Filter verwendet man die pergamentähnlichen „gehärteten" Filter (Schleicher und Schüll, Düren), die keine Fasern an das Öl abgeben. Das Öl muß dabei etwas erwärmt werden (80° C); es läuft dann auch rascher durch das Filter.

Andere Filter sind die sog. Membranfilter (von de Haen, Selze). Mit diesen Filtern lassen sich sogar kolloidal gelöste Stoffe ausfiltrieren.

Die mit den verschiedenen Entfeuchtungsmethoden erzielten Resultate hat Schröter zusammengestellt und gefunden, daß das gehärtete Filter und zweimaliges Filtrieren die besten Resultate ergeben. Wenn man sich aber mit einer Durchschlagfestigkeit von rund 100 $kV \cdot cm^{-1}$ begnügt, dann erfüllt jede Methode ihren Dienst; die einfachste Methode dürfte dann das Zentrifugieren sein.

Es besteht nun die Frage, wie sich der Durchschlag bei vollständig reinen Ölen vollzieht. Bereits Kock hatte bei seinen Versuchen gefunden, daß die Durchschlagfestigkeit des Öles mit wachsendem Druck zunimmt, sich also wie die Luft verhält. Darnach hat Günther-Schulze eine Theorie des Durchschlages in Flüssigkeiten aufgestellt, wonach die Funkenentladung in Ölen (also der Durchschlag) eine „verschleierte Gasentladung" ist. Unter dem Einfluß des elektrischen Feldes werden die in der Flüssigkeit vorhandenen Ionen beschleunigt und erwärmen infolge ihrer Reibung die ihre Bahnen umgebenden Flüssigkeitsteilchen. Ist die Feldstärke und die auf die angegebene Weise erzeugte Reibung groß genug, so verdampfen die erhitzten Flüssigkeitsteilchen und es entstehen Dampfkanäle in der Flüssigkeit. Geraten andere Ionen in diese Bahnen, so werden durch diese neutrale Teilchen zertrümmert, es tritt in den Dampfbahnen Stoßionisation ein und der Durchschlag spielt sich nunmehr genau so ab wie in Luft.

Diese Theorie wurde neuerdings von K. Dräger und von J. Sorge geprüft, indem vollkommen reines Öl bzw. chemisch besser definierte Kohlenwasserstoffe (Xylol, Hexan, Benzin) unter verschiedenen Bedingungen untersucht wurden. Die Versuche ergeben im wesentlichen folgendes Resultat.

Einfluß der Feldform. Beide Autoren haben gefunden, daß die Durchschlagfestigkeit des Öles keine Materialkonstante ist, sondern von der Schlagweite und nach Sorge auch vom Krümmungsradius der Elektroden abhängt. Abb. 33 zeigt die Abhängigkeit der Durchschlagfestigkeit im (nahezu) homogenen Feld von der Schlagweite

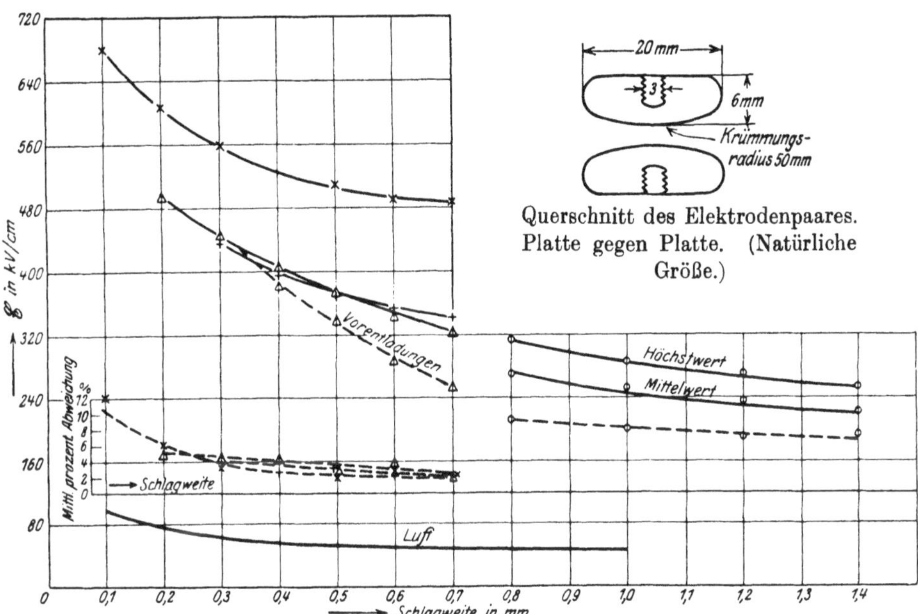

Abb. 33. Abhängigkeit der Durchbruchfeldstärke von der Schlagweite (Platte gegen Platte). × Xylol. + Hexan. △ Benzin. ○ Öl.

(Amplitudenwerte). Zum Vergleich ist auch die Durchschlagfestigkeit der Luft bei denselben Elektroden eingetragen. Man sieht, daß alle Kurven den gleichen Verlauf zeigen: Die Durchschlagfestigkeit sinkt von sehr hohen Werten an zunächst sehr rasch, dann langsamer mit zunehmender Schlagweite. Die Streuung der Werte für die Durchschlagfestigkeit nimmt mit wachsender Schlagweite ab.

In Abb. 34 ist die ebenfalls von Sorge gefundene Abhängigkeit der Durchschlagfestigkeit von der Schlagweite bei Kugel- und Spitzenelektroden dargestellt. Auch hier ist zum Vergleich die Durchschlagfestigkeit der Luft unter gleichen Versuchsbedingungen eingetragen. Die Kurven zeigen annähernd denselben Verlauf wie bei Plattenelektroden.

Für die Abhängigkeit der Durchschlagfestigkeit vom Krümmungsradius fand Sorge folgende Werte (siehe auch Abb. 35):

	Hexan		Benzin		Öl	
Abstand:	0,5 mm		0,5 mm		1,0 mm	
Krümmungsradius der Elektroden	$\mathfrak{E}_d$ in $kV_m \cdot cm^{-1}$	mittlere Streuung	$\mathfrak{E}_d$ in $kV_m \cdot cm^{-1}$	mittlere Streuung	$\mathfrak{E}_d$ in $kV_m \cdot cm^{-1}$	mittlere Streuung
50,0 mm	387	2,0 %	330	3 %	247	8 %
3,5 „	447	1,5 %	376	1 %	262	6 %
0,5 „	465	1,3 %	389	1 %	305	5 %

Diese Versuche bestätigen also die Theorie des verschleierten Gasdurchschlages.

Einfluß der Temperatur. Bei Xylol und Hexan nimmt die Durchschlagfestigkeit nach Sorge stetig mit zunehmender Temperatur

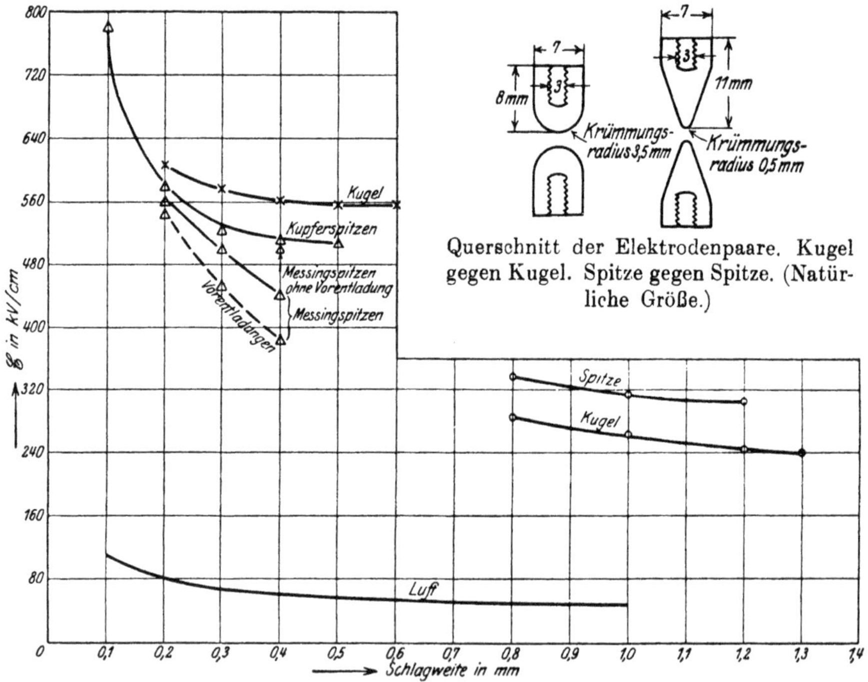

Abb. 34. Abhängigkeit der Durchbruchfeldstärke von der Schlagweite. (Kugel gegen Kugel und Spitze gegen Spitze.) × Xylol. △ Benzin. ○ Öl.

ab. Besonders beachtenswert ist die Erscheinung, daß die Durchschlagfestigkeit bei Annäherung an den Siedepunkt sehr rasch abnimmt. Dieses Resultat steht im Einklang mit der angegebenen Theorie.

Bei Transformatorenöl findet zunächst ein Steigen und dann eine Abnahme der Festigkeit mit zunehmender Temperatur statt, ein Verhalten, das durch die Viskosität des Transformatorenöles erklärt wird. Da das Gesetz dieser Abhängigkeit nicht bekannt ist, empfiehlt

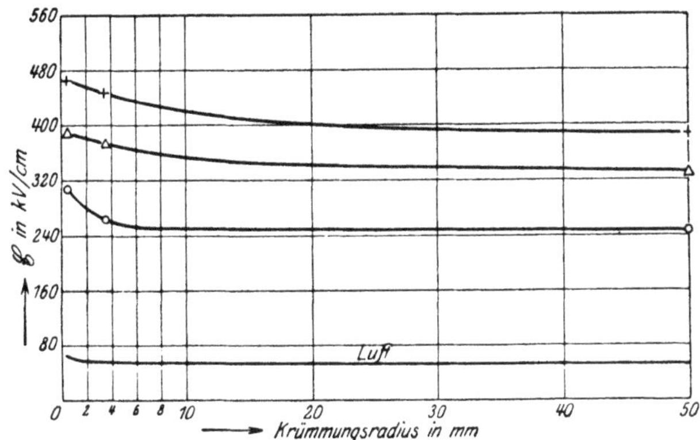

Abb. 35. Abhängigkeit der Durchbruchfeldstärke vom Krümmungsradius. × Xylol. + Hexan. ○ Öl.

es sich, das Öl stets bei der Temperatur zu prüfen, die es im Betrieb annimmt, also bei 70 bis 80° C.

Einfluß des Druckes. Nach R. Friese, F. Kock und J. Sorge nimmt die Durchschlagfestigkeit der flüssigen Isolierstoffe mit dem Druck zu. Bei Transformatorenöl kann man nach Friese mit einer Zunahme von etwa 90 kV · cm^{-1} pro 1 at rechnen; bei Xylol und Hexan liegen die Werte wesentlich höher. Dies ist eine weitere Bestätigung für die Richtigkeit der angegebenen Theorie (Abb. 36).

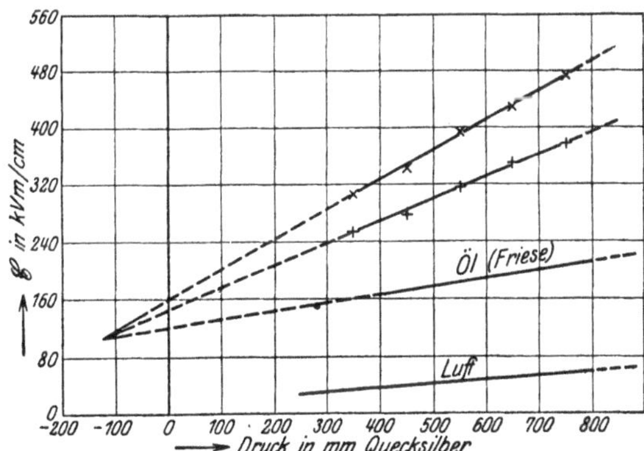

Abb. 36. Abhängigkeit der Durchbruchfeldstärke vom Druck. × Xylol. + Hexan.

Von dieser Erscheinung der Zunahme der Durchschlagfestigkeit des Öles mit dem Druck hat man bisher in der Hochspannungstechnik merkwürdigerweise noch keinen Gebrauch gemacht (Ölschalter, Öltransformatoren).

Einfluß der Kurvenform und der Frequenz. Bei allen gasförmigen Isolierstoffen ist einwandfrei festgestellt, daß für den Durchschlag einzig und allein der Amplitudenwert der Spannung und nicht der Effektivwert maßgebend ist. Ferner ist nachgewiesen, daß die Durchschlagfestigkeit der Gase bis zu hohen Frequenzen von der Wechselzahl unabhängig ist. Die Versuche von Kock und Dräger haben das überraschende Resultat ergeben, daß bei Flüssigkeiten die Durchschlagfestigkeit nicht allein vom Maximalwert der Spannung, sondern auch von der Kurvenform, also vom Effektivwert abhängt. Die Durchschlagfestigkeit liegt nämlich um so höher, je spitzer die Kurve, d. h. je größer der Scheitelfaktor ist.

Danach ist zu erwarten, daß auch die Frequenz die Durchschlagfestigkeit beeinflußt. Dies ist auch von Kock, Dräger und Sorge festgestellt worden. Nebenbei sei daran erinnert, daß auch die Durchschlagfestigkeit der festen Isolierstoffe von der Frequenz abhängt, und zwar nimmt sie wegen der dielektrischen Verluste mit zunehmender Frequenz ab. Es steht nun fest, daß die Flüssigkeiten keine dielektrischen Verluste aufweisen, diese Art von Verlusten kann also hier keinen Einfluß haben. Abgesehen davon haben aber die Messungen ergeben, daß bei Flüssigkeiten die Durchschlagfestigkeit bei wachsender Frequenz zunimmt. Bei Hexan beispielsweise hat Sorge gefunden, daß die Durchschlagfestigkeit (Maximalwerte) bei Gleichspannung 305, bei Wechselstrom von 50 Perioden 335 und bei 500 Perioden 456 $kV \cdot cm^{-1}$ beträgt.

Wie bereits erwähnt wurde, spielt bei Einleitung des Durchschlages die Ionenreibung eine große Rolle. Diese ist bei Flüssigkeiten sehr groß; man muß annehmen, daß bei Gleichstrom fast die ganze zugeführte Leistung in Reibungswärmeleistung umgesetzt wird. Der Teil, der zur Beschleunigung der Ionen notwendig ist, dürfte hier sehr klein sein. Anders bei Wechselstrom. Hier ändert sich erstens die wirkende Kraft fortwährend der Größe und Richtung nach. Die Ionen werden also zunächst in einer Richtung beschleunigt, dann wieder verzögert und schließlich in umgekehrter Richtung bewegt. Außerdem wird aber ein großer Teil der zugeführten Leistung zur Beschleunigung verbraucht, es bleibt demnach nur ein geringer Teil zur Umsetzung in Wärme übrig und dadurch ist es erklärlich, daß zum Durchschlag bei Wechselstrom und bei hohen Frequenzen eine größere Feldstärke als bei Gleichstrom notwendig ist.

Die Funkenverzögerung. Nach der eben besprochenen Erscheinung ist zu erwarten, daß bei den Flüssigkeiten auch ein Entladeverzug vorhanden ist. Dies wurde auch durch die Versuche von Dräger bestätigt, der Funkenverzögerungen bis zu einer halben Stunde fand. Durch Bestrahlung mit ultraviolettem Licht, mit Röntgenstrahlen oder Radiumstrahlen konnte der Entladeverzug herabgesetzt werden, die Durchschlagspannung der bestrahlten Funkenstrecke war niedriger als die der nichtbestrahlten.

Durch all diese Ergebnisse scheint tatsächlich der Beweis erbracht zu sein, daß der Durchschlag einer Flüssigkeit eine verschleierte Gasentladung ist. Praktisch hat man es freilich, wie bereits erwähnt wurde, niemals mit reinen Ölen zu tun und durch die Verunreinigung werden die eben besprochenen Erscheinungen fast ganz verdeckt. Man muß deshalb in der Praxis im großen und ganzen mit einer konstanten Durchschlagfestigkeit des Öles rechnen, und es empfiehlt sich, nicht mit höheren Werten zu rechnen als etwa 50 kV·cm.

Zum Schluß sei noch auf den Entwurf der neuen Vorschriften für Transformatoren- und Schalteröle des V. d. E. verwiesen (ETZ 1923, H. 25 u. 51).

6. Die plastischen Isolierstoffe.

Eine Sonderstellung unter den Isolierstoffen nehmen in mancher Hinsicht die sog. plastischen Isolierstoffe ein, wie Paraffin, Wachs, Ceresin und Mischungen dieser Stoffe. Im festen Zustand weisen nämlich diese Stoffe neben den Verlusten durch Stromwärme auch dielektrische Verluste auf, im geschmolzenen Zustand dagegen nur Strom-

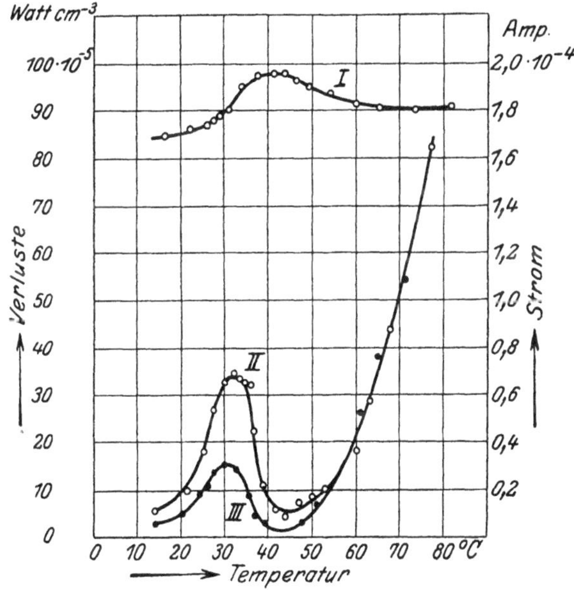

Abb. 37. Verluste in einem Gemisch von Kolophonium und Wachs abhängig von der Temperatur.

wärmeverluste. In gewissem Umfang mag diese Erscheinung vielleicht auch bei Ölen, die sehr zäh flüssig sind, vorhanden sein.

Pungs hat die Verluste eines Gemisches von Kolophonium und Wachs gemessen im flüssigen Zustand und während des Überganges in den festen Zustand. Das Gemisch schmilzt bei 50⁰ und erstarrt beim Erkalten sehr gleichmäßig. Bei dem Versuch wurde das Gemisch auf 100^0 C erwärmt, die Messung der Verluste erfolgte während der Abkühlung und zwar jedesmal bei zwei verschiedenen Frequenzen. Das Ergebnis der Messung ist in Abb. 37 dargestellt. Kurve I zeigt die Abhängigkeit des Stromes von der Temperatur bei 60 Perioden pro Sekunde. Kurve II zeigt die Verluste bei 60 und Kurve III bei 25 Perioden in der Sekunde und zwar in allen Fällen bei einer Beanspruchung von 10,2 kV$\cdot$cm^{-1}.

Der Verlauf der Kurven ist sehr charakteristisch. Von 77 bis 57^0 fallen die Verluste außerordentlich schnell ab, dabei decken sich in diesem Bereich die Kurven II und III vollständig. Die Verluste sind also reine Stromwärmeverluste. Bei 57^0 wird das Gemisch zähflüssig,

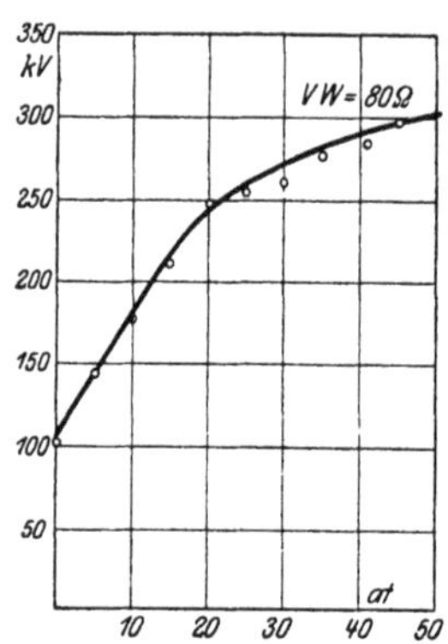

Abb. 38. Durchschlagspannung von Vaseline abhängig vom Druck. (80 Ohm Vorschaltwiderstand auf der Niederspannungsseite des Transformators.)

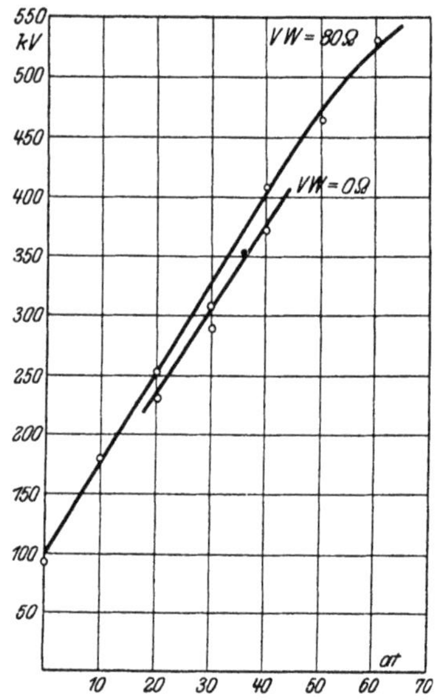

Abb. 39. Durchschlagspannung von Paraffin abhängig vom Druck (80 und 0 Ohm Vorschaltwiderstand auf der Niederspannungsseite des Transformators).

gleichzeitig gehen beide Kurven auseinander, d. h. es tritt neben den Leitungsverlusten noch ein von der Frequenz abhängiger Verlust auf, bei 43^0 ist die Masse zäh, bei 30^0 ist sie schon spröde; bei dieser Temperatur erreichen die Verluste ein Maximum, dann nehmen sie wieder ab. Bei Zimmertemperatur streben sie dem normalen Wert zu. Diese Versuche beweisen sehr deutlich, daß die Verluste der dielektrischen Nachwirkung vom molekularen Zustand der Isolierstoffe abhängig sind.

Sehr interessant ist auch, daß die Durchschlagfestigkeit dieser Stoffe vom Druck abhängig ist, wie Kock nachgewiesen hat. Abb. 38 und 39 zeigen die Durchschlagspannung von Paraffin und Vaselin abhängig vom Druck. Das deutet darauf hin, daß diese Stoffe vor dem

Durchschlag in den flüssigen Zustand übergehen und sich dann so verhalten wie die Öle. Über die Durchschlagfestigkeit dieser Stoffe siehe die Tabelle der Durchschlagfestigkeiten.

Zweites Kapitel.

Berechnung einfacher Konstruktionsformen.

7. Konzentrische Kugeln.

Abb. 40 zeigt zwei konzentrische Kugeln; die innere Kugel ist mit A, die äußere mit B bezeichnet; die Dicke des Isoliermaterials beträgt a cm, wobei $a = R - r$ ist.

Beziehung zwischen Feldstärke und Spannung. Bei der Berechnung der Feldstärke im Isoliermaterial gehen wir so vor, daß wir zunächst annehmen, als ob nur die Kugel A vorhanden und mit der Elektrizitätsmenge $+Q$ geladen wäre. Diese Ladung erzeugt, wie uns bekannt ist, in der Umgebung der Kugel ein elektrisches Feld. Von diesem Feld wissen wir bereits, daß die Kraftlinien, die von der Kugel nach allen Seiten ausgehen, senkrecht auf ihrer Oberfläche stehen, also radiale Strahlen sind, ferner daß die Niveauflächen konzentrische Kugelschalen sind, die von den Kraftlinien senkrecht durchstoßen werden.

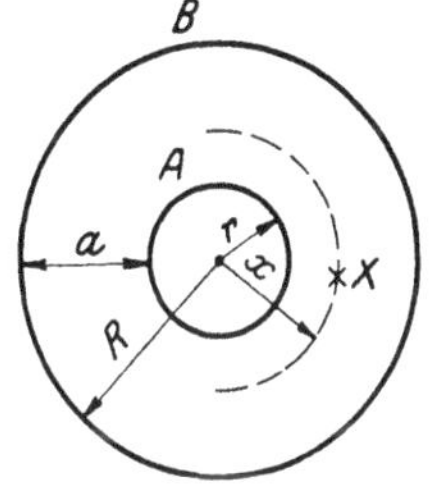

Abb. 40. Zwei konzentrische Kugeln.

Wir wollen die Feldstärke im Punkt X berechnen, dessen Entfernung vom Mittelpunkt x cm betrage. Durch diesen Punkt geht die Niveaufläche mit dem Radius x; den Kraftfluß durch diese Niveaufläche können wir aber berechnen. Es ist

$$\mathfrak{E}_A \int df = \frac{4\pi Q}{\varepsilon}; \tag{1}$$

das Flächenintegral der Niveaufläche ist

$$\int df = 4\pi x^2; \tag{2}$$

wir erhalten also für die Feldstärke im Punkt X von A allein herrührend

$$\mathfrak{E}_A = \frac{Q}{\varepsilon x^2}; \tag{3}$$

d. h. die Feldstärke in der Umgebung einer geladenen Kugel nimmt mit dem Quadrat der Entfernung vom Mittelpunkt ab. Das gleiche

Resultat hätten wir erhalten, wenn wir die Ladung $+Q$ im geometrischen **Mittelpunkt** der Kugel angenommen hätten. Man sagt deshalb: Der **elektrische Mittelpunkt** fällt bei einer geladenen Kugel mit dem geometrischen zusammen.

Wir nehmen jetzt an, daß nur die **äußere** Kugel B geladen sei, und zwar mit der gleich großen, aber negativen Ladung Q. Wie groß ist dann die Feldstärke in dem in ihrem Innenraum gelegenen Punkt X? Die Kugel B stellt in diesem Fall offenbar einen **Faraday**schen Käfig dar, also ist die von der Ladung auf Kugel B herrührende Feldstärke im Punkt X

$$\mathfrak{E}_B = 0. \tag{4}$$

Das Feld, das beim Vorhandensein beider Kugeln in ihrem Zwischenraum existiert, rührt also von A allein her.

Die resultierende Feldstärke im Punkt X ist demnach

$$\mathfrak{E}_x = \mathfrak{E}_A + \mathfrak{E}_B = \frac{Q}{\varepsilon x^2}. \tag{5}$$

Damit ist die Feldstärke im Dielektrikum zwischen den Kugeln berechnet. In der Hochspannungstechnik wollen wir aber nicht mit Ladungen rechnen, sondern eine Beziehung kennen zwischen der Feldstärke und der an den Elektroden vorhandenen Spannung U.

Zwischen **Potential** V und **Feldstärke** besteht die bekannte Beziehung

$$\mathfrak{E} = -\frac{dV}{dx}. \tag{6}$$

Da die Feldstärke $\mathfrak{E}$ nunmehr bekannt ist, können wir das Potential im Punkt X berechnen.

Das **Potential** im Punkt X ist
von A allein herrührend

$$V_A = -\int \frac{Q}{\varepsilon x^2}\,dx = \frac{Q}{\varepsilon x} + \text{konst.}, \tag{7}$$

von B allein herrührend

$$V_B = \text{konst.} \tag{8}$$

Das resultierende Potential ist also

$$V_x = V_A + V_B = \frac{Q}{\varepsilon x} + \text{konst.} \tag{9}$$

Es mag auf den ersten Blick sonderbar erscheinen, daß das von B allein herrührende Potential im Punkt X nicht gleich Null ist. Nehmen wir an, das Potential innerhalb der Kugel B wäre nicht konstant, sondern kleiner (z. B. $= 0$) als das Potential der Kugel, so müßte man innerhalb der Kugel Niveauflächen zeichnen können, es müßten Kraftlinien von der Kugelschale nach den Niveauflächen verlaufen, die Feldstärke im Innern der Kugel B wäre also nicht gleich Null, was den Versuchsergebnissen widerspricht.

Wir wollen jetzt die Potentialdifferenz zwischen den beiden Kugeln, also die Spannung zwischen den Kugeln ausrechnen. Zu diesem Zweck verlegen wir den Punkt X einmal an die Oberfläche der inneren Kugel A; dann ist

$$V_{x=r} = \frac{Q}{\varepsilon r} + \text{konst.}, \tag{10}$$

dann an die innere Oberfläche der äußeren Kugel B; dann ist

$$V_{x=R} = \frac{Q}{\varepsilon R} + \text{konst.} \tag{11}$$

Die Potentialdifferenz zwischen den Kugeln ist dann

$$\left.\begin{aligned} U &= V_r - V_R = \frac{Q}{\varepsilon}\left(\frac{1}{r} - \frac{1}{R}\right) \\ U &= \frac{Q}{\varepsilon}\,\frac{R-r}{rR}. \end{aligned}\right\} \tag{12}$$

Wir separieren die Gleichung nach Q

$$Q = U\frac{\varepsilon r R}{R-r} \tag{13}$$

und setzen diesen Wert in die Gleichung für die resultierende Feldstärke ein; dann wird

$$\mathfrak{E}_x = U\frac{rR}{(R-r)\,x^2}. \tag{14}$$

Das ist die allgemeine Hauptgleichung für die Größe der Feldstärke an irgendeinem Punkt des Dielektrikums zwischen den beiden Kugeln.

Wie bei allen Festigkeitsrechnungen interessiert uns aber am meisten der Ort und die Größe der maximal vorkommenden Beanspruchung. Aus der allgemeinen Hauptgleichung ist ersichtlich, daß die Beanspruchung am größten wird für das kleinste mögliche x, also für $x = r$. Setzen wir in der allgemeinen Hauptgleichung für x den Wert r ein, so erhalten wir

$$\mathfrak{E}_r = \mathfrak{E}_m = U\frac{R}{(R-r)\,r}. \tag{15}$$

Das ist die spezielle Hauptgleichung für die Kugelanordnung, sie gibt uns den Ort und die Größe der maximalen Beanspruchung an. Mit dieser Gleichung werden wir es im folgenden hauptsächlich zu tun haben.

Im Anschluß an diese Betrachtung wollen wir die Verteilung des Potentials abhängig von x für einen speziellen Fall berechnen. Wir nehmen an, die Potentialdifferenz zwischen den beiden Kugeln sei 100 kV, die Kugel B sei geerdet, ihr Potential ist also Null; die Kugel A sei mit dem nicht geerdeten anderen Pol der Stromquelle verbunden, ihr Potential ist also 100 kV. Die Radien der Kugel seien: $r = 2{,}0$ cm; $R = 12$ cm. Diese Werte setzen wir in die Gleichungen ein und erhalten für $x = r$

$$V_r = 100 = \frac{Q}{\varepsilon}\frac{1}{r} + k; \tag{16}$$

für $x = R$

$$V_R = 0 = \frac{Q}{\varepsilon}\frac{1}{R} + k. \tag{17}$$

Aus diesen beiden Gleichungen bestimmen wir die Werte von Q und der Konstanten k; wir finden

$$k = -\frac{100\,r}{R - r}; \qquad \frac{Q}{\varepsilon} = \frac{100\,R\,r}{R - r}. \tag{18}$$

Diese Werte setzen wir in Gl. (9) ein und erhalten als Beziehung zwischen V_x und x

$$V_x = \frac{100\,r}{R - r}\left(\frac{R}{x} - 1\right). \tag{19}$$

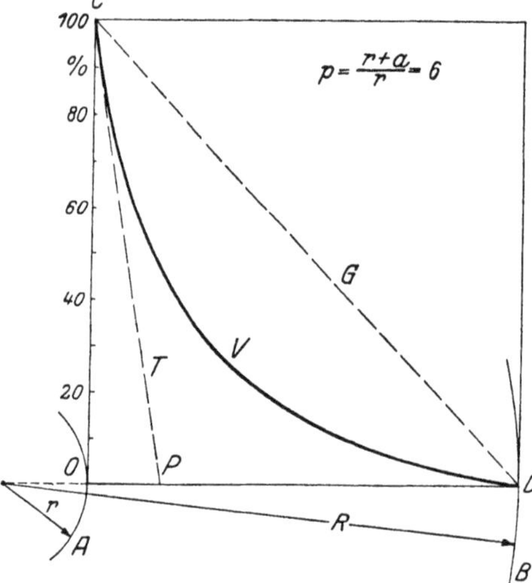

Abb. 41. Potentialverteilung zwischen zwei konzentrischen Kugeln.

In Abb. 41 ist die Kurve dieser Gleichung dargestellt. Wir sehen, daß sich das Potential nicht gleichmäßig auf die einzelnen Schichten des Isoliermaterials verteilt, auf die inneren Schichten um die kleine Kugel herum trifft eine stärkere Potentialänderung als auf die äußeren Schichten. Hätten wir ein homogenes Feld (Plattenkondensator), dann würde sich das Potential nach der Geraden G verteilen. Dort, wo der Anstieg des Potentials am steilsten ist, ist die Beanspruchung am größten.

Wir wissen, daß die Niveauflächen dieses Feldes konzentrische Kugelschalen sind. Wir zeichnen nun eine Anzahl solcher Schalen, und zwar wollen wir solche Niveauflächen heraussuchen, zwischen denen die Potentialdifferenz eine Konstante, z. B. 10 kV, ist. Zu diesem

Zweck teilen wir die Ordinatenachse in Abb. 41 in 10 gleich große Teile ein und suchen zu diesen Ordinaten die zugehörigen Abszissen. Diese geben uns den Schnittpunkt der Niveauflächen mit der Abszissenachse an und wir können nun leicht die Spuren der Niveauflächen zeichnen (Abb. 42).

Wir sehen, wo der Potentialanstieg am steilsten, die Beanspruchung also am größten ist, liegen auch die Niveauflächen am engsten nebeneinander. Auf diese beiden Bilder kommen wir später noch öfter zurück. Ist die Potentialdifferenz nicht 100 kV, sondern kleiner oder größer, dann erhalten wir die Potentialverteilung einfach durch Umeichen der Ordinatenachse.

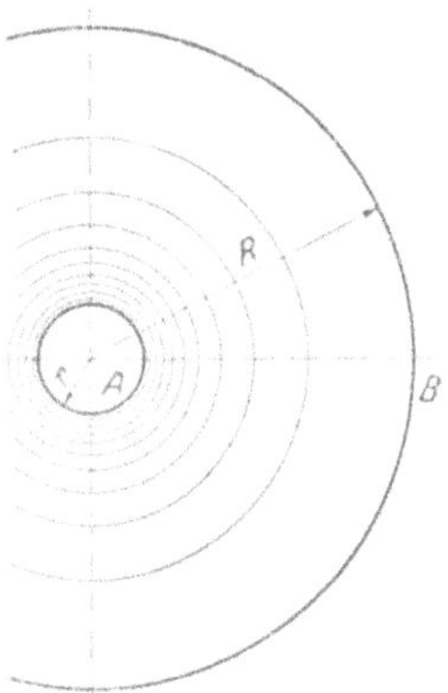

Abb. 42. Äquipotentialflächen zwischen zwei konzentrischen Kugeln.

Fiktiver Abstand α der Elektroden. Wir schreiben die zweite Hauptgleichung in der Form an

$$U = \mathfrak{E}_m r \frac{R - r}{R}. \tag{20}$$

Der Faktor von $\mathfrak{E}_m$ hat die Dimension einer Länge. Zum Vergleich sei an die entsprechende Formel für die Plattenanordnung erinnert, die lautet

$$U = \mathfrak{E} \cdot a. \tag{21}$$

Hier stellt der Faktor von $\mathfrak{E}$ ebenfalls eine Länge dar und zwar den wahren Abstand der beiden Platten voneinander. Würden wir eine Plattenanordnung herstellen mit dem Abstand

$$\alpha = r \frac{R - r}{R}, \tag{22}$$

so würde diese Anordnung, gleiche Festigkeit des Isolierstoffes vorausgesetzt, bei der gleichen Spannung durchschlagen wie die Kugelanordnung. Wir könnten deshalb α die auf die Plattenanordnnng bezogene Entfernung der Elektroden bezeichnen; wir gebrauchen aber lieber den kürzeren Ausdruck „fiktiver Abstand" der Elektroden.

Wir sehen aus der Gl. (22), daß der fiktive Abstand und die Durchschlagspannung bei allen Anordnungen, für die das Verhältnis $\frac{R - r}{R}$ das gleiche ist, bei gleicher Festigkeit des Isolierstoffes um so größer ist, je größer r ist. Dieses Verhältnis wollen wir in einer anderen Form anschreiben. Wir führen die Größe p ein, und zwar sei

$$p = \frac{r + a}{r}. \tag{23}$$

p nennen wir „geometrische Charakteristik" der Anordnung. In dem Ausdruck für den fiktiven Abstand α setzen wir $R = r + a$, dividieren Zähler und Nenner durch r und erhalten dann

$$\alpha = r \frac{p - 1}{p}. \tag{24}$$

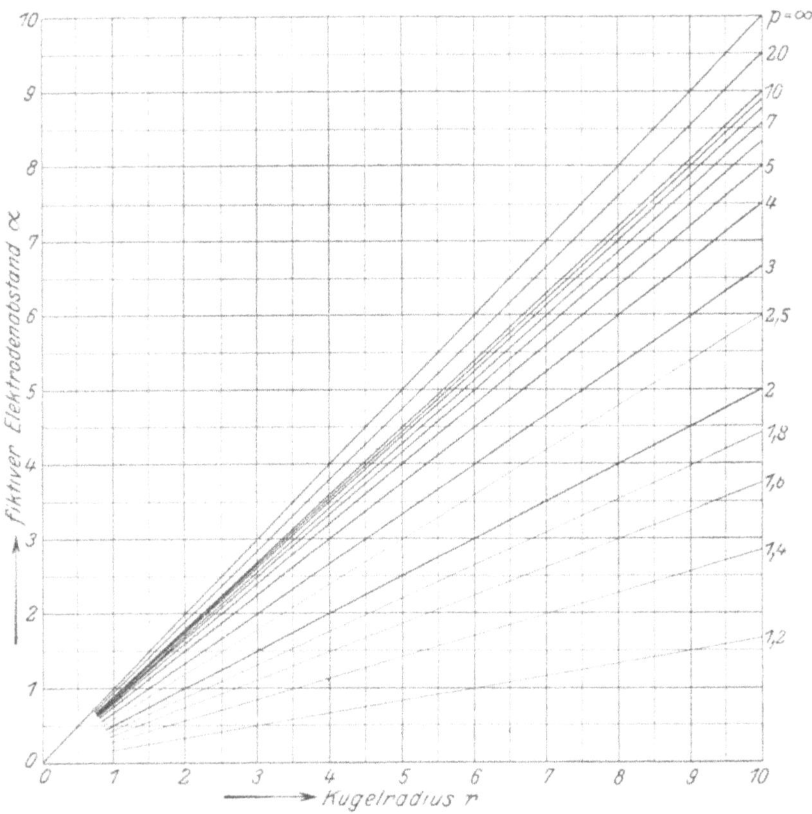

Abb. 43. Abhängigkeit des fiktiven Elektrodenabstandes vom Kugelradius r.

Diese Gleichung für den fiktiven Abstand sagt aus, daß α bei konstanter Charakteristik p proportional mit r wächst. Tragen wir in einem Koordinatensystem α als Funktion von r auf, so erhalten wir ein Geradenbüschel mit dem gemeinsamen Schnittpunkt im Koordinatenanfangspunkt; Parameter des Geradenbüschels ist die Charakteristik p; Abb. 43 zeigt diese Geradenschar. Es ist aber besser, wenn wir statt des gewöhnlichen Koordinatensystems das mit logarithmischer Einteilung der Koordinatenachsen wählen, weil sich hier das Büschel als Schar unter sich paralleler Gerader abbildet, die um 45°

gegen die Achsen geneigt sind und infolgedessen die Ablesegenauigkeit eine größere wird. Abb. 44 zeigt diese Schar. Die Berechnung der fiktiven Schlagweite und damit auch der Durchschlagspannung gestaltet sich nun sehr einfach. Nehmen wir an, es sei $r = 5$ cm; $R = 10$ cm und die Durchschlagfestigkeit $\mathfrak{E}_d = 100\ \mathrm{kV \cdot cm^{-1}}$ gegeben. Wir erhalten dann für p den Wert $p = 2$ und suchen jetzt aus der Geraden-

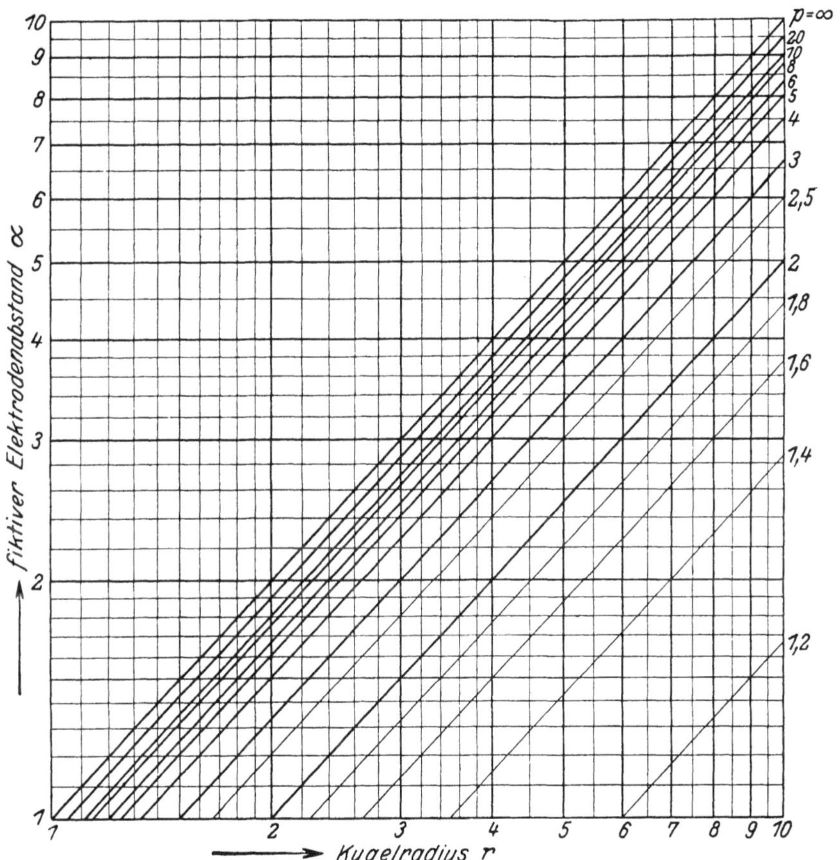

Abb. 44. Abhängigkeit des fiktiven Elektrodenabstandes vom Kugelradius r.

schar die mit dem Parameter $p = 2$ heraus. Zur Abszisse $r = 5$ dieser Geraden gehört die Ordinate $\alpha = 2{,}5$ cm. Die Durchschlagspannung der Kugelanordnung ist demnach

$$U_d = \mathfrak{E}_d \cdot \alpha = 100 \cdot 2{,}5 = 250\ \mathrm{kV}.$$

Die Aufgabe in der Praxis liegt vielfach so vor, daß man die Größen der Radien und damit auch die Isolierschichtdicke zu wählen hat, während die Betriebsspannung vorgeschrieben ist. Man wird dann zunächst die Rechnung mehrmals für verschiedene Werte der Dimensionen durchführen. Es zeigt sich dann, daß trotz gleicher Isolierschichtdicke gewisse Dimensionen eine größere Durchschlagspannung ergeben als andere. Es ist also zu vermuten, daß es „günstigste“ Dimensionen gibt, und diese sollen im folgenden ermittelt werden.

Wir gehen dabei so vor, daß wir die Größe R (Radius der äußeren Kugel) konstant halten und den Radius der kleinen Kugel von sehr kleinen Werten anwachsen lassen. Die Gleichung

$$U = \mathfrak{E} r \frac{R - r}{R} \tag{25}$$

differentiieren wir nach r und erhalten

$$\frac{dU}{dr} = \mathfrak{E} \frac{R - 2r}{R}. \tag{26}$$

Den Differentialquotienten setzen wir nach den Regeln der Maximumbestimmung gleich Null

$$0 = \mathfrak{E} \frac{R - 2r}{R} \tag{27}$$

und daraus berechnen wir r zu

$$r = \frac{R}{2}. \tag{28}$$

Für diese Werte der Radien ergibt sich die günstigste geometrische Charakteristik zu

$$p = p_g = 2. \tag{29}$$

Setzt man in der Gleichung für die Durchschlagspannung für r den Wert $\frac{R}{2}$, so erhält man als günstigsten Wert für die Durchschlagspannung

$$U_d = \mathfrak{E}_d \frac{R}{4}, \tag{30}$$

oder wenn man den Radius r einführt

$$U_d = \mathfrak{E}_d \frac{r}{2}. \tag{31}$$

Dieses Resultat ist außerordentlich wichtig; wir sprechen das gefundene Gesetz so aus: Bei gegebenem Durchmesser der großen Kugel erhält man die größtmögliche Durchschlagspannung, wenn man den Radius der kleinen Kugel gleich der Hälfte des Radius der großen Kugel macht und den Wert der Durchschlagspannung findet man für diesen Fall, indem man die Durchschlagfestigkeit $\mathfrak{E}_d$ mit dem vierten Teil des Radius der großen Kugel oder mit der Hälfte des Radius der kleinen Kugel multipliziert.

Diese Regel hat allerdings nur strenge Gültigkeit für die Isoliermaterialien, die dem Proportionalitätsgesetz folgen. Es läßt sich leicht überblicken, daß sich das Optimum bei Materialien, die dem Potenzgesetz folgen, auf etwas niedrigere Werte von p verschiebt. Da aber der Unterschied praktisch niemals sehr groß ist, betrachten wir $p_g = 2$ auch als die günstigste Charakteristik für die dem Potenzgesetz folgenden Stoffe.

Schließlich wären noch die physikalischen Gründe für das Vorhandensein eines Optimums der Durchschlagspannung bei festgehaltenem Radius der größeren Kugel zu erwähnen. Durch die Vergrößerung des Radius der inneren Kugel geschieht zweierlei:

Erstens wird die Feldstärke am Umfang der inneren Kugel durch Vergrößerung ihres Radius gemildert, und das bedeutet eine Verbesserung der Anordnung, eine Erhöhung der Durchschlagspannung.

Zweitens wird aber der Abstand a zwischen beiden Kugeln verkleinert, und das bedeutet eine Verschlechterung der Anordnung, also eine Herabsetzung der Durchschlagspannung.

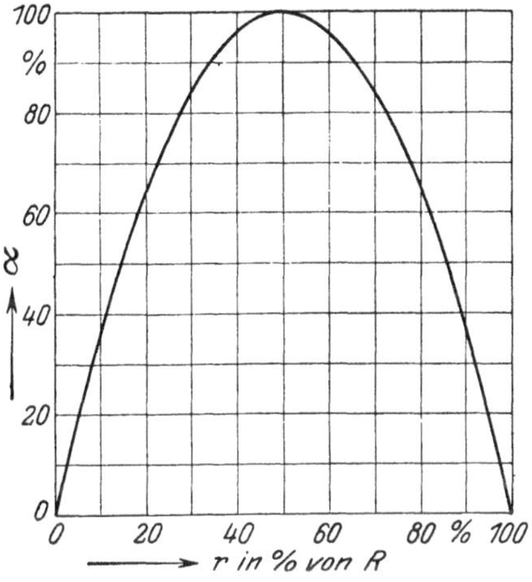

Abb. 45. Fiktiver Elektrodenabstand abhängig vom Kugelradius r bei festgehaltenem R.

Mit der Vergrößerung von r sind also zwei sich widerstreitende Veränderungen verknüpft und es ist erklärlich, daß in einem gewissen Bereich die Verbesserung überwiegt und im anderen Bereich die Verschlechterung das Übergewicht erhält; zwischen beiden Gebieten liegt das Optimum.

Sehr schön lassen sich die Verhältnisse in Abb. 45 überblicken. Hier ist auf der Abszissenachse der Radius r der kleinen Kugel in Prozenten von R und auf der Ordinatenachse der fiktive Abstand α in Prozenten des günstigsten Abstandes aufgetragen. Für den Kugelradius $r = 0$ ist der fiktive Abstand α und damit auch die Durchschlagspannung gleich Null, weil die Feldstärke $\mathfrak{E}_m$ unendlich groß ist; für den Kugelradius $r = R$ wird der fiktive Abstand und damit auch die Durchschlagspannung ebenfalls gleich Null, weil die Isolierschichtdicke a gleich Null wird. Das Optimum ist ziemlich flach, kleine Abweichungen davon setzen also die Durchschlagspannung nicht merklich herab.

Um die Durchschlagspannung einer Anordnung zu berechnen, kann man auch diese Kurve benützen. Man braucht zu diesem Zweck nur die Abszissen- und Ordinatenachse entsprechend den vorliegenden Dimensionen zu eichen.

Den fiktiven Abstand α können wir auch auf graphischem Weg finden mit Hilfe der Kurve für die Spannungsverteilung Abb. 41. Wir legen zu diesem Zweck im Anfangspunkt der Kurve die Tangente T. Diese stellt uns zugleich die Spannungsverteilung zwischen den beiden Kugeln dar, wenn der Spannungsanstieg in allen Schichten gleich groß und ebenso groß wäre wie in der am meisten beanspruchten Schicht. Dann würde aber schon die Schichtdicke $OP = \alpha$(cm) genügen, um die ganze Spannung zu isolieren. Die Strecke OP stellt also den fiktiven Abstand dar.

Wenn wir uns die Spannungsverteilung bei verschiedenen Werten der geometrischen Charakteristik gezeichnet denken und für alle die Tangenten T ermitteln und die fiktiven Abstände herausgreifen, dann ergibt sich, daß bei der geometrischen Charakteristik p_g der fiktive Abstand α am größten, die Anordnung also am günstigsten ist.

Wir wollen noch untersuchen, bei welchen Abmessungen der Verbrauch an Isoliermaterial für eine gegebene Durchschlagspannung am geringsten ist. Das Gewicht G des Isoliermaterials ist

$$G = \tfrac{4}{3}\pi\gamma(R^3 - r^3), \tag{32}$$

wobei γ das spez. Gewicht des Materials bedeutet. Durch Einführen von p ergibt sich

$$G = \tfrac{4}{3}\pi\gamma(p^3 - 1)r^3. \tag{33}$$

Für den Wert von r setzen wir aus der Durchschlagsformel Gl. (20) ein

$$r = \frac{U_d}{\mathfrak{E}_d}\frac{p}{p-1} \tag{34}$$

und erhalten, wenn wir alle Konstanten in k zusammenfassen

$$G = k\frac{(p^3-1)\,p^3}{(p-1)^3}. \tag{35}$$

Dieser Ausdruck wird ein Minimum für $p \simeq 1{,}8$, also für eine geometrische Charakteristik, die beinahe ebenso groß ist wie p_g.

Der Ausnutzungsfaktor. Im Anschluß an diese Betrachtungen wollen wir noch die Gleichung für den Ausnutzungsfaktor η konzentrischer Kugeln aufstellen. Wäre das Isoliermaterial im Zwischenraum überall gleich gut ausgenützt, dann brauchte das Isoliermaterial nur α cm dick zu sein; da aber die Beanspruchung nicht überall gleich groß ist, brauchen wir bei der Kugelanordnung eine Isolierschichtdicke von a cm, wenn die Durchschlagspannung bei gleicher Höchstbeanspruchung die gleiche sein soll. Das Verhältnis

$$\frac{\alpha}{a} = \eta \tag{36}$$

nennen wir Ausnutzungsfaktor. Wir setzen für α den Wert aus der Gl. (24) ein und schreiben für a

$$a = (a + r) - r; \tag{37}$$

dann geht die Gleichung für η über in

$$\frac{r}{(a+r)-r} \cdot \frac{p-1}{p} = \eta. \tag{38}$$

Wir dividieren Zähler und Nenner durch r und erhalten dann

$$\eta = \frac{1}{p}. \tag{39}$$

D. h. der Ausnützungsfaktor ist nur von der geometrischen Charakteristik p abhängig. Die Kurve $\eta = f(p)$ ist auf Tafel V dargestellt; in der Tabelle D sind die η-Werte ziffernmäßig angegeben. Es sind wieder logarithmische Koordinaten gewählt, die Kurve erscheint dann als Gerade. Auch mit Hilfe dieser Kurve können wir die Durchschlagspannung U_d für eine gegebene Anordnung leicht berechnen; denn wie wir wissen, ist

$$U_d = \mathfrak{E}_d \cdot a \cdot \eta. \tag{40}$$

Man rechnet also die Durchschlagspannung so aus, als wenn man eine Plattenanordnung vor sich hätte $(\mathfrak{E}_d \cdot a)$. Den erhaltenen Wert multipliziert man dann mit dem Ausnutzungsfaktor η, den man für das gegebene p aus der Kurve der Tafel V oder der Tabelle D entnimmt. Das ist der Gang der Berechnung, den man in der Praxis mit Vorteil anwendet, wenn es sich um einfache Festigkeitsberechnungen handelt. Den Ausnutzungsfaktor η können wir auch so definieren: η gibt an, um wieviel die Anordnung schlechter ist als eine Plattenanordnung mit gleicher Isolierschichtdicke; denn für die Plattenanordnung ist $\eta = 1$.

Auch den Ausnutzungsfaktor η können wir auf graphischem Wege finden. In Abb. 41 sind α und a durch die Strecken OP und OD dargestellt. Wenn wir die gesamte zwischen den beiden Kugeln befindliche Isolierschicht mit 100 bezeichnen, stellt die Strecke OP den Ausnutzungsfaktor η direkt dar; denn es is

$$\eta = \frac{OP}{OD} = \frac{\alpha}{100}. \tag{41}$$

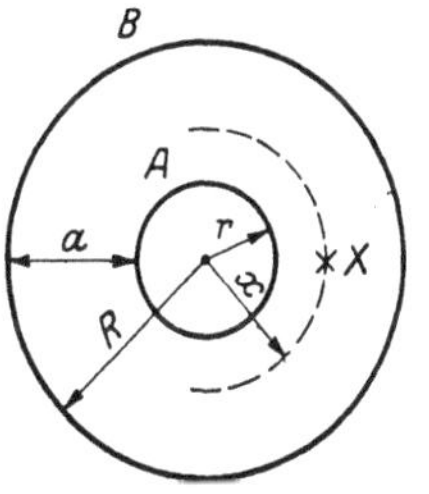

Abb. 46. Zwei konaxiale Zylinder.

8. Zwei konaxiale Zylinder.

Diese Anordnung (Abb. 46) ist eine der wichtigsten der Hochspannungstechnik. Auch hier gestaltet sich die Berechnung recht einfach, wie wir sehen werden. Gegenüber der konzentrischen Kugelanordnung ist hier neu, daß die Zylinder

„Enden“ besitzen; dort machen sich die sog. Randerscheinungen geltend, auf die wir erst später zu sprechen kommen werden. Für die vorliegenden Untersuchungen nehmen wir an, die beiden Zylinder seien so lange, daß sich in ihrem mittleren Teil das Feld so ausbilden kann, als wenn die Zylinder unendlich lang wären. Auf diesen mittleren Teil beschränken wir unsere Betrachtungen.

Beziehung zwischen Feldstärke und Spannung. Wir gehen wieder so vor, daß wir annehmen, es sei zunächst nur der innere Zylinder A geladen, und zwar mit der Elektrizitätsmenge $+Q$ längs des Stückes von der Länge l, auf das wir unsere Betrachtungen beschränken wollen. Diese Ladung erzeugt in der Umgebung des Zylinders ein elektrisches Feld, dessen Kraftlinien senkrecht auf der Oberfläche des Zylinders stehen und dessen Niveauflächen konaxiale Zylinder sind, die von den Kraftlinien senkrecht durchstoßen werden.

Wir wollen die Feldstärke im Punkte X berechnen, dessen Entfernung von der Achse x cm sei. Durch diesen Punkt legen wir die Niveaufläche und berechnen den Kraftfluß durch diese Niveaufläche. Nach dem Gaußschen Satz ist

$$\mathfrak{E}_A \int df = \frac{4\pi Q}{\varepsilon}. \tag{42}$$

Das Flächenintegral dieser Niveaufläche ist

$$\int df = 2\pi l x. \tag{43}$$

Die beiden Endscheiben, die den Zylinder von der Länge l auf beiden Seiten begrenzen, bleiben bei der Berechnung des Flächenintegrals unbeachtet, da durch sie keine Kraftlinien austreten. Wir erhalten also für die Feldstärke im Punkt X von A allein herrührend

$$\mathfrak{E}_A = \frac{2Q}{\varepsilon l x}, \tag{44}$$

d. h. die Feldstärke in der Umgebung eines geladenen Zylinders nimmt umgekehrt proportional mit dem Abstand x ab. Das gleiche Resultat hätten wir erhalten, wenn wir die Ladung als „linienhaft“ verteilte Ladung auf der Achse des Zylinders angenommen hätten. Man sagt deshalb: Bei einem geladenen Zylinder fällt die elektrische Achse mit der geometrischen zusammen.

Wir nehmen jetzt an, daß nur der äußere Zylinder B geladen sei und zwar längs des betrachteten Stückes von der Länge l mit der gleich großen, aber negativen Ladung $-Q$. Wie groß ist jetzt die Feldstärke in dem im Innern des Zylinders gelegenen Punkt X? Der Zylinder stellt offenbar einen Faradayschen Käfig dar, also ist die von der Ladung auf dem Zylinder B herrührende Feldstärke im Punkt X

$$\mathfrak{E}_B = 0. \tag{45}$$

Das Feld, das beim Vorhandensein beider Zylinder in ihrem Zwischenraum existiert, rührt also von A allein her.

Die resultierende Feldstärke im Punkt X ist also

$$\mathfrak{E}_x = \mathfrak{E}_A + \mathfrak{E}_B = \frac{2\,Q}{\varepsilon\, l\, x}. \tag{46}$$

Damit ist die Feldstärke im Dielektrikum zwischen den beiden Zylindern berechnet.

Wir haben nunmehr noch die Potentiale zu berechnen. Das Potential im Punkt X ist: von A allein herrührend

$$V_A = -\frac{2\,Q}{\varepsilon\, l} \operatorname{lgn} x + \text{konst.}, \tag{47}$$

von B allein herrührend

$$V_B = \text{konst.} \tag{48}$$

Das resultierende Potential ist also

$$V_x = V_A + V_B = -\frac{2\,Q}{\varepsilon\, l} \operatorname{lgn} x + \text{konst.} \tag{49}$$

Wir rechnen jetzt die Potentialdifferenz zwischen den beiden Zylindern aus. Zu diesem Zweck verlegen wir den Punkt X einmal an die Oberfläche des inneren Zylinders A; dann ist

$$V_r = -\frac{2\,Q}{\varepsilon\, l} \operatorname{lgn} r + \text{konst.} \tag{50}$$

dann an die Oberfläche des äußeren Zylinders B; dann ist

$$V_R = -\frac{2\,Q}{\varepsilon\, l} \operatorname{lgn} R + \text{konst.} \tag{51}$$

Die Potentialdifferenz zwischen den beiden Zylindern ist also

$$U = V_r - V_R = \frac{2\,Q}{\varepsilon\, l} \operatorname{lgn} \frac{R}{r}. \tag{52}$$

Wir separieren die Gleichung nach Q

$$Q = \frac{U\,\varepsilon\, l}{2 \operatorname{lgn} \frac{R}{r}} \tag{53}$$

und setzen diesen Wert in die Gleichung für die resultierende Feldstärke ein; dann wird

$$\mathfrak{E}_x = -\frac{dV}{dx} = \frac{U}{x \operatorname{lgn} \frac{R}{r}} \, (\text{kV} \cdot \text{cm}^{-1}). \tag{54}$$

Das ist die allgemeine Hauptgleichung für die Größe der Feldstärke an irgendeinem Punkte des Dielektrikums zwischen den beiden Zylindern.

Es interessiert uns aber auch hier der Ort und die Größe der maximalen Beanspruchung. Aus der allgemeinen Hauptgleichung ist ersichtlich, daß die Beanspruchung am größten wird für das kleinstmögliche x, also für $x = r$. Setzen wir in der allgemeinen Hauptgleichung diesen Wert für x ein, so erhalten wir

$$\mathfrak{E}_r = \frac{U}{r \operatorname{lgn} \frac{R}{r}}. \tag{55}$$

Das ist die spezielle Hauptgleichung für die Zylinderanordnung; sie gibt uns den Ort und die Größe der maximalen Beanspruchung an. Mit dieser Gleichung werden wir es hauptsächlich zu tun haben[1]).

Der fiktive Abstand. Wir wollen auch bei der Zylinderdurchschlagsformel die geometrische Charakteristik p einführen. Bei konaxialen Zylindern ist

$$R = r + a,$$

also können wir die erste Hauptgleichung schreiben

$$U = \mathfrak{E}_x \cdot x \operatorname{lgn} p. \tag{56}$$

Für die zweite Hauptgleichung erhalten wir

$$U = \mathfrak{E}_r \cdot r \operatorname{lgn} p, \tag{57}$$

wenn wir die Gleichungen nach U separieren.

Lassen wir die Feldstärke wachsen, bis sie gleich der Durchschlagfestigkeit $\mathfrak{E}_d$ des Isoliermaterials wird, dann erhalten wir für die Durchschlagspannung U_d

$$U_d = \mathfrak{E}_d \cdot r \cdot \operatorname{lgn} p. \tag{58}$$

Der fiktive Abstand der Zylinderanordnung ist also

$$\alpha = r \operatorname{lgn} p. \tag{59}$$

Auch hier bekommen wir genau wie bei der konzentrischen Kugelanordnung für die fiktiven Abstände abhängig vom Radius r des inneren Zylinders eine Geradenschar, deren Parameter die geometrische Charakteristik p ist. In Abb. 47 und 48 sind diese Scharen dargestellt, und zwar mit linearer und logarithmischer Einteilung der Koordinaten.

Die Dimensionen der günstigsten Anordnung ergeben sich in folgender Weise. Wir differentiieren die Gl. (59) nach r und erhalten

$$\frac{d\alpha}{dr} = \operatorname{lgn} p - 1. \tag{60}$$

---

[1]) Im Anhang des Buches ist eine Tabelle der natürlichen Logarithmen von 1,00 bis 10,000 zu finden.

Wir setzen den Differentialquotienten gleich Null

$$\lg n\, p - 1 = 0;$$

und erhalten dann für r

$$r = \frac{R}{2{,}718} \tag{61}$$

oder

$$\frac{R}{r} = p = p_g = 2{,}718. \tag{62}$$

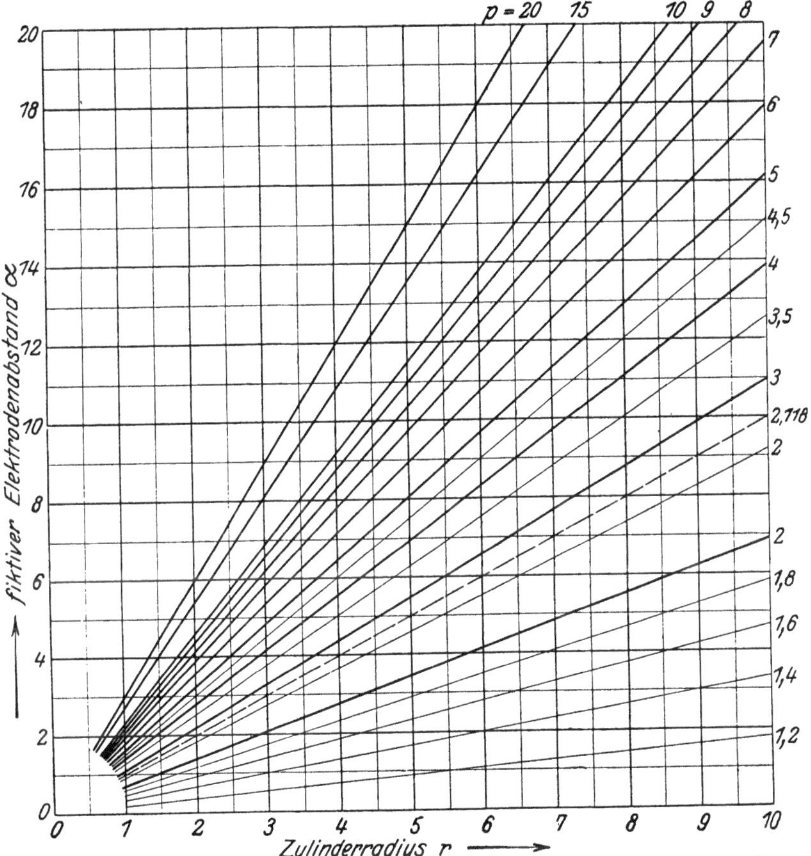

Abb. 47. Abhängigkeit des fiktiven Elektrodenabstandes vom Zylinderradius r.

Dieses Resultat ist sehr wichtig; es sagt aus, daß man den Radius R des äußeren Zylinders 2,718 mal so groß machen muß als den Radius r des inneren Zylinders, um die Anordnung mit der größten Durchschlagspannung zu erhalten. Diese günstigste Durchschlagspannung ist sehr leicht zu berechnen; denn da lgn 2,718 = 1 ist, lautet die Gleichung für die Durchschlagspannung in diesem Fall

$$U_d = \mathfrak{E}_d \cdot r = \mathfrak{E}_d \cdot 0{,}3679 \cdot R, \tag{63}$$

d. h. der fiktive Abstand ist für den günstigsten Fall gleich dem Radius des inneren Zylinders oder dem 0,3679fachen des Radius des äußeren Zylinders. Vergleichen wir hiermit die günstigste Anordnung zweier konzentrischer Kugeln für gleiche Werte von r, so sehen wir, daß die Zylinderanordnung gerade das Doppelte aushält. Vgl. Gl. (31).

Bei den Materialien, die dem Potenzgesetz folgen, verschiebt sich der günstigste Wert von p etwas.

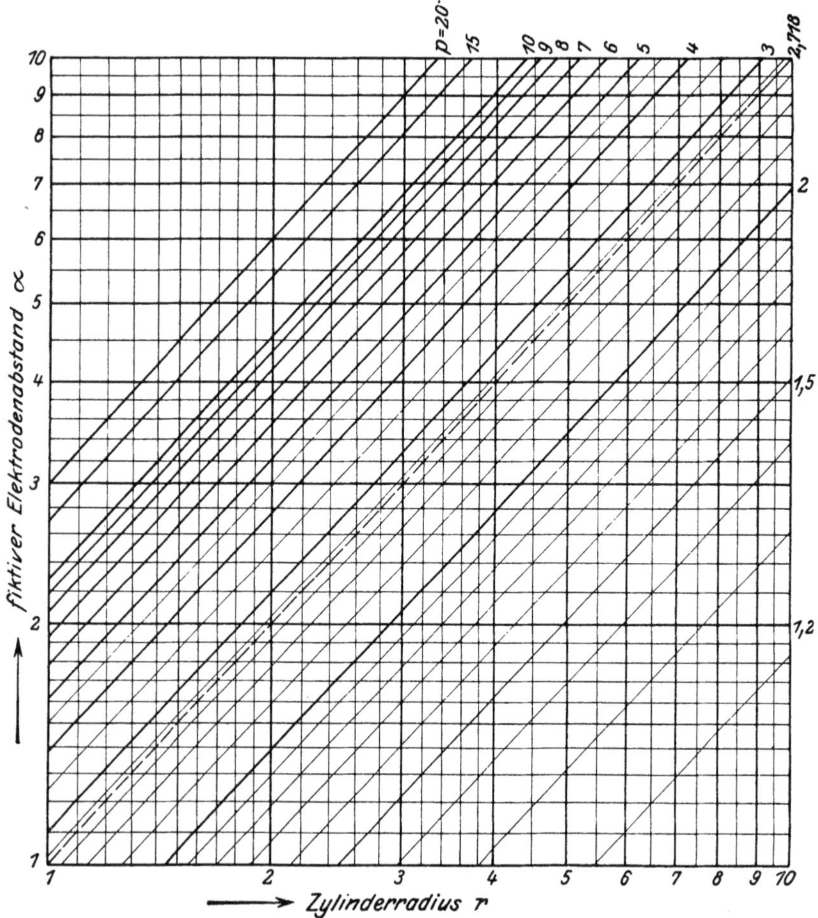

Abb. 48. Abhängigkeit des fiktiven Elektrodenabstandes vom Zylinderradius r.

Bei Luft als Isoliermaterial ist der Unterschied nicht sehr groß, so daß man auch bei Luft mit $p_g = 2,718$ rechnen darf.

Wie bei der Kugelanordnung wollen wir auch hier noch untersuchen, bei welchem $p = p_g'$ für eine gegebene Spannung der Materialaufwand am geringsten wird. Wir können den Materialaufwand G proportional dem Querschnitt des Isoliermaterials (Ringfläche) setzen; also

$$G = k(R^2 - r^2)$$

und

$$G = k(p^2 - 1)\,r^2. \tag{64}$$

Aus der bekannten Gleichung

$$U_d = \mathfrak{E}_d\, r \lg n\, p$$

können wir r berechnen und in die Gleichung für G einsetzen. Unter Zusammenfassung aller Konstanten in k' erhalten wir

$$G = k' \frac{p^2 - 1}{(\lg n\, p)^2}. \tag{65}$$

Diese Gleichung haben wir zu differentiieren und den Differentialquotienten gleich Null zu setzen; wir erhalten

$$\frac{dG}{dp} = \frac{p^2 - 1}{p^2 \lg n\, p} - 1 = 0,$$

daraus ergibt sich

$$p = p_g' = 2{,}222. \tag{66}$$

Dieser Wert liegt nahe genug bei 2,718, um die Anordnung mit $p_g = 2{,}718$ auch hinsichtlich des Materialverbrauches als günstig zu bezeichnen.

Der Ausnutzungsfaktor. In die Gleichung

$$\eta = \frac{\alpha}{a}$$

setzen wir für α den oben gefundenen Wert ein; für den wahren Abstand a schreiben wir wieder

$$a = (a + r) - r$$

und erhalten dann

$$\eta = \frac{r}{(a + r) - r} \lg n\, p.$$

Nun dividieren wir Zähler und Nenner durch r; das ergibt

$$\eta = \frac{1}{p - 1} \lg n\, p. \tag{67}$$

D. h. der Ausnützungsfaktor ist nur von der geometrischen Charakteristik p abhängig. Die Kurve $\eta = f(p)$ ist auf Tafel VII dargestellt. (Siehe auch Tabelle D.) Es sind wieder logarithmische Koordinaten gewählt, um eine gestrecktere Kurve zu erhalten. Auch mit Hilfe dieser Kurve können wir die Durchschlagspannung U_d für eine gegebene Anordnung leicht berechnen; denn wie wir wissen ist

$$U_d = \mathfrak{E}_d \cdot a \cdot \eta. \tag{68}$$

Man rechnet also die Durchschlagspannung gerade so aus, als wenn man eine Plattenanordnung vor sich hätte, d. h. man multipliziert die gegebene Durchschlagfestigkeit mit dem wahren Abstand a der Elektroden. Dann rechnet man die geometrische Charakteristik p aus den Dimensionen r und a aus und sucht zu dieser Charakteristik den zugehörigen Ausnutzungsfaktor η und multipliziert mit diesem das vorher berechnete Produkt, und damit ist die Festigkeitsrechnung erledigt.

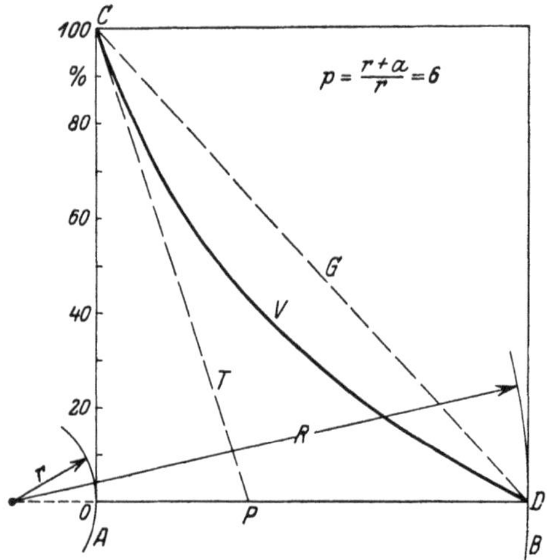

Abb. 49. Potentialverteilung zwischen zwei konaxialen Zylindern.

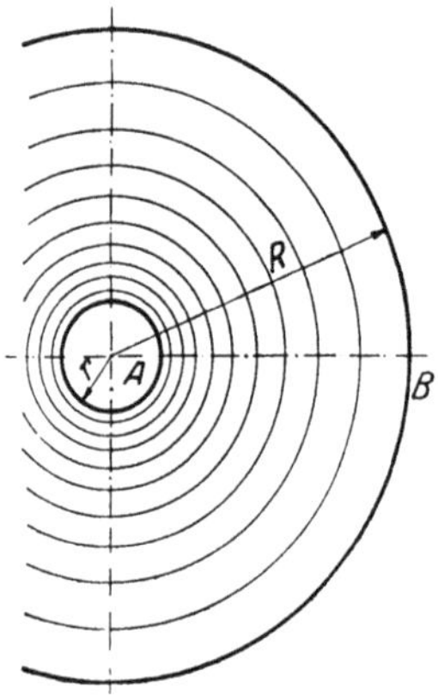

Abb. 50. Äquipotentialflächen zwischen zwei konaxialen Zylindern.

In Abb. 49 ist die Spannungsverteilung im Isoliermaterial für ganz analoge Verhältnisse dargestellt, wie wir sie bei den Kugeln gewählt hatten. Auch die Konstruktion des Ausnutzungsfaktors und des fiktiven Abstandes ist angedeutet. Abb. 50 zeigt die der Abb. 49 entsprechenden Niveauflächen. Man sieht, daß bei Zylindern die Kurve für die Spannungsverteilung etwas flacher, also günstiger verläuft; die Äquipotentialflächen liegen hier also auch weniger dicht und wesentlich gleichmäßiger.

9. Zwei anaxiale Zylinder.

Die gleichen Rechnungen wollen wir für die Anordnung von anaxialen Zylindern durchführen. Wir haben dabei zu unterscheiden, ob sich die Zylinder ausschließen (2 Zylinder nebeneinander) oder umhüllen. Beide Fälle sollen der Reihe nach behandelt werden.

Beziehung zwischen Feldstärke und Spannung. In Abb. 51 sind A und B die Spuren zweier senkrecht zur Bildebene verlaufender Linien mit den linienhaft verteilten Ladungen $+Q$ und $-Q$. Wir wollen das Feld dieser Linienladungen jetzt berechnen.

Die Feldstärke im Punkt X, der auf der Verbindungslinie durch A und B liegen möge, ist von A allein herrührend

$$\mathfrak{E}_A = \frac{2\,Q}{\varepsilon\, l\, x_A}, \tag{69}$$

von B allein herrührend

$$\mathfrak{E}_B = \frac{2\,Q}{\varepsilon\, l\, x_B}. \tag{70}$$

Die resultierende Feldstärke ist

$$\mathfrak{E}_x = \frac{2\,Q}{\varepsilon\, l}\left(\frac{1}{x_A} + \frac{1}{x_B}\right). \tag{71}$$

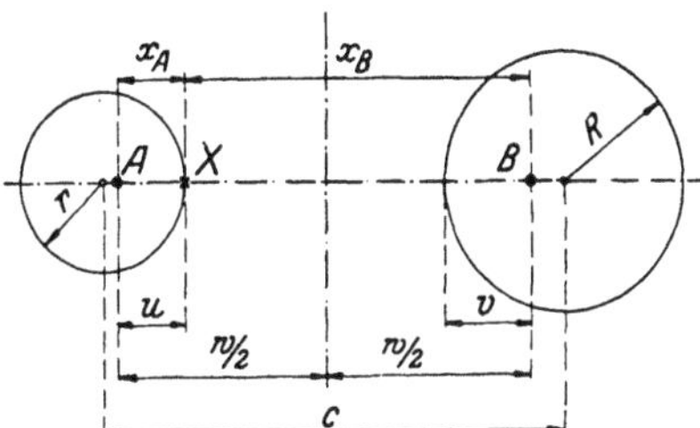

Abb. 51. Zwei anaxiale Zylinder nebeneinander.

Wie früher führen wir auch hier die Potentiale ein. Das Potential im Punkt X ist von A allein herrührend

$$V_A = -\frac{2\,Q}{\varepsilon\, l}\lg\!n\, x_A + \text{konst.}$$

von B allein herrührend

$$V_B = \frac{2\,Q}{\varepsilon\, l}\lg\!n\, x_B + \text{konst.},$$

das resultierende Potential ist

$$V_x = V_A + V_B = \frac{2\,Q}{\varepsilon\, l}\lg\!n\,\frac{x_B}{x_A} \tag{72}$$

Offenbar ist das Potential für alle Punkte konstant, für welche das Verhältnis $\frac{x_B}{x_A}$ dasselbe ist. Der geometrische Ort dieser Punkte ist dann eine Niveaufläche. Nach den Gesetzen der harmonischen Teilung sind die geometrischen Orte, welche diese Bedingung erfüllen, Kreiszylinder, deren Spuren in Abb. 52 dargestellt sind. Wir sehen, daß die mittlere Niveaufläche eine Ebene ist, was aus Symmetriegründen auch zu erwarten war.

Wir können uns nun irgendwelche dieser Niveauflächen mit einer sehr dünnen Metallschicht belegt denken und auf diesen die Ladungen annehmen. Wir haben ja bei den Anordnungen der vorigen Gruppe gesehen, daß wir zu den gleichen Ergebnissen in der Berechnung gekommen wären, wenn wir die Ladungen nicht auf der inneren Kugel oder auf dem inneren Zylinder, sondern auf deren Zentrum bzw. Achse (elektrischer Mittelpunkt, elektrische Achse) angenommen hätten. Umgekehrt kann man natürlich auch die Ladung statt auf den elektrischen Achsen auch auf einer Niveaufläche annehmen. Wir sehen, daß hier im Gegensatz zu den bisher betrachteten Anordnungen die elektrischen Achsen nicht mehr mit den geometrischen zusammenfallen.

Wie die Abb. 53 zeigt, ist bei der Anordnung „Zylinder parallel zu einer Ebene“ die Ladung $-Q$ auf der Ebene angenommen. Umgekehrt können wir auch sagen, die Feldverteilung dieser Anordnung

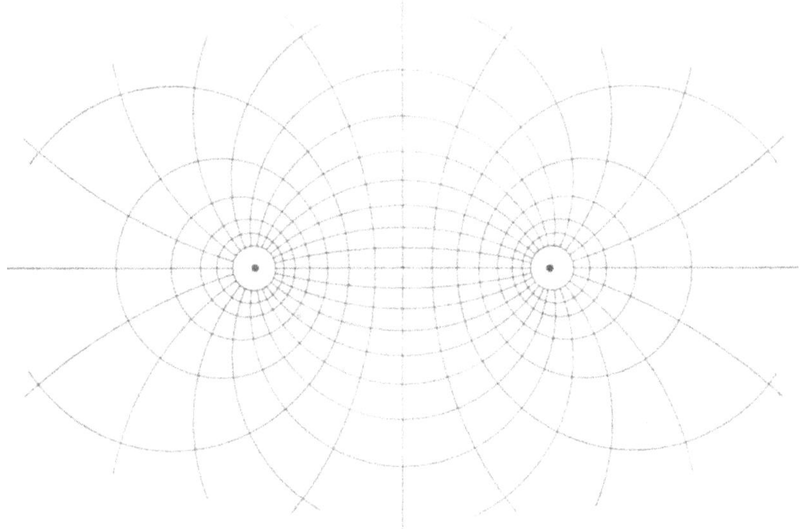

Abb. 52. Kraftlinienbild zweier anaxialer Zylinder.

sei die gleiche, als wenn man eine linienhaft verteilte Ladung hinter der Ebene im Abstand $\frac{w}{2}$ als Spiegelbild der Linienladung in A angenommen hätte. Auch bei der Anordnung „zwei gleich große Zylinder parallel nebeneinander“ kann man den Zylinder um B als Spiegelbild des Zylinders um A betrachten. Man spricht deshalb in der Elektrostatik von „elektrischer Spiegelung“ oder von „elektrischen Spiegelbildern“.

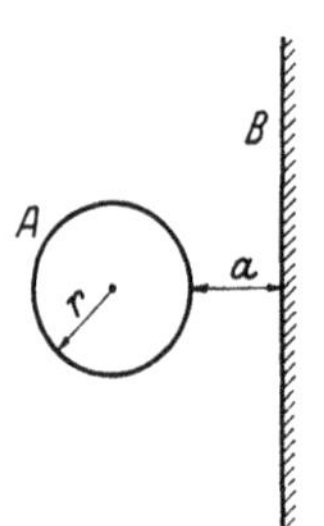

Abb. 53. Zylinder parallel zu einer Ebene.

Wir betrachten im folgenden zunächst die Anordnung „Zwei ungleich große Zylinder parallel nebeneinander“. Alle anderen Anordnungen können wir auf diese zurückführen. Die Anordnung „Zwei gleich große Zylinder parallel nebeneinander“ ist nur ein Spezialfall der eben genannten. Da die Ebene als Niveaufläche die Spannung U zwischen den beiden gleich großen parallelen Zylindern halbiert (sie hat Erdenpotential, wenn die beiden Zylinder isoliert sind), ist mit der Anordnung „Zwei gleich große Zylinder“ auch die Anordnung „Zylinder parallel zu einer Ebene“ gelöst. Bei der Anordnung „zwei sich umhüllende anaxiale Zylinder“ kann man sich den Hüllzylinder um B gespiegelt denken und damit ist auch diese Anordnung auf die erste zurückgeführt.

Die auf der Geraden durch A und B vom Kreis abgeschnittenen Strecken stehen im harmonischen Verhältnis; sie befolgen die Gleichung

$$\frac{u}{w-u}=\frac{2r-u}{w+2r-u}. \tag{73}$$

Die Mittelpunkte des Kreises um A kann man in folgender Weise finden. Man errichtet in A die Senkrechte auf der genannten Geraden und zieht von B aus Strahlen, welche diese Senkrechte schneiden. In diesen Schnittpunkten errichtet man die Senkrechten auf den zugehörigen Strahl und diese schneiden die Gerade durch A und B. Diese Schnittpunkte sind die Mittelpunkte der Kreise. Die Radien der Kreise sind die Verbindungslinien der Mittelpunkte mit den zugehörigen Lotpunkten; die Strahlen sind also die Tangenten an die Kreise.

In ähnlicher Weise wie für A kann man auch für B die Niveauflächen angeben. Die Spur einer solchen Niveaufläche um B schneidet auf der Geraden durch A und B Strecken ab; auch diese stehen im harmonischen Verhältnis und befolgen das Gesetz

$$\frac{v}{w-v}=\frac{2R-v}{w+2R-v}. \tag{74}$$

Die in Abb. 51 gezeichneten Niveauflächen denken wir uns mit sehr dünnen Metallschichten belegt und die Ladungen $+Q$ und $-Q$ auf ihnen verteilt. Wir haben dann die Anordnung „Zwei verschieden große Zylinder parallel nebeneinander“.

Es besteht jetzt die umgekehrte Aufgabe, nämlich die Lage der elektrischen Achsen, d. h. die Strecken u, v und w zu bestimmen, wenn die Abmessungen R, r und c der Anordnung gegeben sind. Dazu haben wir außer den bereits angeschriebenen Gleichungen noch eine dritte Gleichung zur Verfügung, die leicht aus Abb. 51 abgelesen werden kann

$$w-(u+v)=c-(R+r). \tag{75}$$

Aus den beiden harmonischen Beziehungen und dieser Gleichung lassen sich die drei Unbekannten u, v und w berechnen; die elementar einfache, aber langwierige Rechnung soll hier nicht im einzelnen durchgeführt werden. Sie ergibt für den Abstand der elektrischen Achsen

$$w=\frac{1}{c}\sqrt{m}, \tag{76}$$

wobei

$$m=(c^2-r^2-R^2)^2-4r^2R^2. \tag{77}$$

Ferner ergibt sich für die Strecken u und v

$$u = \frac{2\,r\,c - (r^2 - R^2) - c^2 + \sqrt{m}}{2\,c}; \tag{78}$$

$$v = \frac{2\,R\,c + (r^2 - R^2) - c^2 + \sqrt{m}}{2\,c}. \tag{79}$$

Wir verlegen nun den Punkt X auf die Oberfläche des Kreiszylinders mit dem Radius r; dann wird

$$V_r = \frac{2\,Q}{\varepsilon\,l} \lg n \frac{w - u}{u} + \text{konst.}$$

dann auf die Oberfläche des Kreiszylinders mit dem Radius R; wir erhalten

$$V_R = \frac{2\,Q}{\varepsilon\,l} \lg n \frac{v}{w - v} + \text{konst.}$$

Die Potentialdifferenz zwischen den beiden Kreiszylindern ist also

$$U = V_r - V_R = \frac{2\,Q}{\varepsilon\,l} \lg n \frac{(w - u)(w - v)}{u\,v}. \tag{80}$$

Setzt man für u, v und w die Werte ein, so erhält man nach einigen Umrechnungen

$$U = \frac{2\,Q}{\varepsilon\,l} \lg n \frac{c^2 - (r - R)^2 + \sqrt{m}}{c^2 - (r - R)^2 - \sqrt{m}}. \tag{81}$$

Wir separieren diese Gleichung nach Q, setzen den Wert hierfür in die Gleichung für die resultierende Feldstärke ein und erhalten

$$\mathfrak{E}_x = \frac{U}{\lg n \dfrac{c^2 - (r - R)^2 + \sqrt{m}}{c^2 - (r - R)^2 - \sqrt{m}}} \cdot \left(\frac{1}{x_A} + \frac{1}{x_B}\right); \tag{82}$$

das ist die allgemeine Hauptgleichung für die Zylinderanordnung.

Uns interessiert hauptsächlich die größte Beanspruchung. Diese tritt, wie man leicht einsieht, an dem Scheitel des kleineren Zylinders auf, der dem großen Zylinder zugewandt ist. Hierfür ist

$$x_A = u; \quad x_B = w - u,$$

also

$$\mathfrak{E}_r = \frac{U \sqrt{\dfrac{r^2 - R^2 + c^2 + 2\,r\,c}{r^2 - R^2 + c^2 - 2\,r\,c}}}{r \lg n \dfrac{c^2 - (r - R)^2 + \sqrt{m}}{c^2 - (r - R)^2 + \sqrt{m}}}. \tag{83}$$

Das ist die spezielle Hauptgleichung unserer Anordnung. Für die Durchschlagspannung erhalten wir

$$U_d = \mathfrak{E}_d \cdot r \left(\lg n \frac{c^2 - (r-R)^2 + \sqrt{m}}{c^2 - (r-R)^2 + \sqrt{m}}\right) \cdot \left(\frac{r^2 - R^2 + c^2 + 2rc}{r^2 - R^2 + c^2 - 2rc}\right)^{-\frac{1}{2}}. \quad (84)$$

Fiktiver Abstand und Ausnutzungsfaktor. Wenn wir in diese Gleichung die geometrische Charakteristik p einführen, dann bleiben noch Ausdrücke mit R bestehen. Um auch diese zu beseitigen, führen wir eine zweite geometrische Charakteristik q ein, die das Verhältnis von R zu r angibt. Wir erhalten dann

$$U_d = \mathfrak{E}_d \cdot r \left(\lg n \frac{(p+q)^2 - (1-q)^2 + \sqrt{(q^2 + 1 - (p+q)^2)^2 - 4q^2}}{(p+q)^2 - (1-q)^2 - \sqrt{(q^2 + 1 - (p+q)^2)^2 - 4q^2}}\right) \cdot \left(\frac{1 - q^2 + (p+q)^2 + 2(p+q)}{1 - q^2 + (p+q)^2 - 2(p+q)}\right)^{-\frac{1}{2}}. \quad (85)$$

Wir sehen, daß auch bei dieser Anordnung der fiktive Abstand bei konstantem p und q proportional mit r wächst. Die Funktion $\alpha_r = f(r, p, q)$ wird also durch eine Geradenschar dargestellt und zwar erhalten wir für jedes q eine Schar, deren Parameter p ist. Wir sehen, daß wir bei dieser Anordnung zwei geometrische Charakteristiken zur Beschreibung der Konfiguration des elektrischen Feldes brauchen.

Wir wollen nun den Ausnutzungsfaktor dieser Anordnung berechnen. Zu diesem Zweck dividieren wir Zähler und Nenner durch a, wobei wir für a wieder schreiben

$$a = (a + r) - r,$$

dann multiplizieren wir Zähler und Nenner noch mit $\frac{1}{r}$ und erhalten

$$\eta = \frac{1}{p-1} \left(\lg n \frac{(p+q)^2 - (1-q)^2 + \sqrt{(q^2 + 1 - (p+q)^2)^2 - 4q^2}}{(p+q)^2 - (1-q)^2 - \sqrt{(q^2 + 1 - (p+q)^2)^2 - 4q^2}}\right) \cdot \left(\frac{1 - q^2 + (p+q)^2 + 2(p+q)}{1 - q^2 + (p+q)^2 - 2(p+q)}\right)^{-\frac{1}{2}}. \quad (86)$$

Der Ausnutzungsfaktor hängt also nur von den beiden Parametern p und q ab. Wir stellen η wieder als Funktion von p dar und erhalten dann für jedes q eine Kurve, wie Tafel VIII bzw. Tabelle D zeigt. Der Gebrauch dieser Tafel ist natürlich der gleiche wie bei den bereits besprochenen Anordnungen.

Zwei gleich große Zylinder parallel nebeneinander. Ein besonderer Fall der eben besprochenen Anordnung sind zwei gleich große Zylinder. Hierfür wird $R = r$ und $q = 1$. Wir brauchen also in den eben abgeleiteten Formeln für die Feldstärke, für den fiktiven

Abstand und den Ausnützungsfaktor nur für q den Wert 1 einzuführen, um die entsprechenden Formeln für gleich große Zylinder zu erhalten.

In Tafel VIII ist der Ausnutzungsfaktor als Funktion von p dargestellt. Siehe auch Tabelle D.

Hier ist auch noch der besondere Fall zu erwähnen, daß die Entfernung a der beiden Zylinder sehr groß ist im Vergleich zu ihren Radien (Freileitungen). In diesem Fall wird angenähert

$$U = \mathfrak{E}_r\, 2\, r \,\mathrm{lgn}\, p; \tag{87}$$

und für die Durchschlagspannung erhalten wir

$$U_d = \mathfrak{E}_d \cdot 2\, r \,\mathrm{lgn}\, p \tag{88}$$

also das Doppelte der Durchschlagspannung der Anordnung „Zwei konaxiale Zylinder" bei gleicher Schlagweite a und gleichem Radius r des inneren Zylinders. Das sieht man auch aus den Kurven für den Ausnutzungsfaktor. Bei großen Werten von p ist der Ausnutzungsfaktor der Anordnung „Zwei konaxiale Zylinder" etwa die Hälfte von den Werten zweier gleich großer Zylinder nebeneinander.

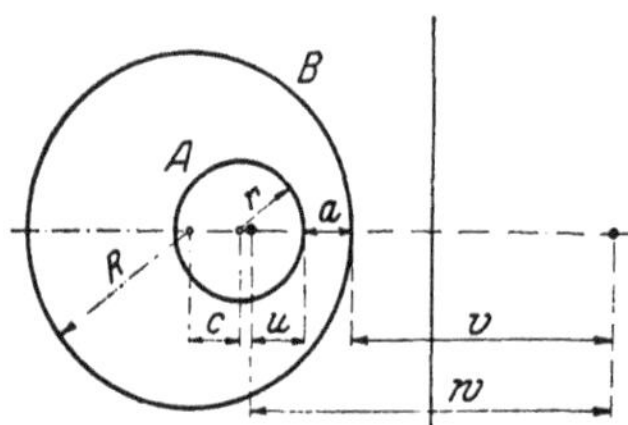

Abb. 54. Zwei sich umhüllende anaxiale Zylinder.

Die Anordnung der sich umhüllenden anaxialen Zylinder ist in Abbildung 54 dargestellt. Die Berechnung erfolgt genau so wie bei den ungleich großen Zylindern parallel nebeneinander. Für die Strecken u, v und w haben wir einzusetzen

$$w = \frac{1}{c}\sqrt{m} \tag{89}$$

wobei

$$m = (c^2 - r^2 - R^2)^2 - 4\, r^2 R^2 \tag{90}$$

ferner

$$u = \frac{(r^2 - R^2) + 2\, r\, c + c^2 + \sqrt{m}}{2\, c} \tag{91}$$

$$v = \frac{(R^2 - r^2) - 2\, R\, c + c^2 + \sqrt{m}}{2\, c} \tag{92}$$

Für die Höchstbeanspruchung am inneren Zylinder (Stelle des kleinsten Abstandes) ergibt sich dann

$$\mathfrak{E}_r = U \sqrt{\frac{r^2 - R^2 + c^2 - 2\, r\, c}{r^2 - R^2 + c^2 + 2\, r\, c}} \cdot \left(r \,\mathrm{lgn} \frac{(r+R)^2 - c^2 + \sqrt{m}}{(r+R)^2 - c^2 - \sqrt{m}} \right)^{-1}. \tag{93}$$

Wenn wir die Charakteristiken p und q einführen, erhalten wir für die Durchschlagspannung

$$U_d = \mathfrak{E}_d \cdot r \left(\lg n \frac{(1+q)^2 - (q-p)^2 + \sqrt{(q^2+1-(q-p)^2)^2 - 4q^2}}{(1+q)^2 - (q-p)^2 - \sqrt{(q^2+1-(q-p)^2)^2 - 4q^2}} \right) \left(\frac{1-q^2+(q-p)^2 - 2(q-p)}{1-q^2+(q-p)^2+2(q-p)} \right)^{-\frac{1}{2}}. \quad (94)$$

Der Ausnutzungsfaktor ist also

$$\eta = \frac{1}{p-1} \left(\lg n \frac{(1+q)^2 - (q-p)^2 + \sqrt{(q^2+1-(q-p)^2)^2 - 4q^2}}{(1+q)^2 - (q-p)^2 - \sqrt{(q^2+1-(q-p)^2)^2 - 4q^2}} \right) \left(\frac{1-q^2+(q-p)^2 - 2(q-p)}{1-q^2+(q-p)^2+2(q-p)} \right)^{-\frac{1}{2}}. \quad (95)$$

Der Ausnutzungsfaktor ist in Tafel VII dargestellt, und zwar erhalten wir für jedes q eine Kurve. Die günstigsten Werte von p und q müssen wir hier wieder durch Ausprobieren finden. (Siehe auch Tabelle D.)

Wenn wir q gleich p setzen, erhalten wir die Anordnung „Zwei konaxiale Zylinder“, die also ein Sonderfall (Grenzfall) der anaxialen Anordnung ist.

Wir haben bei den anaxialen Anordnungen noch die Berechnung der günstigsten geometrischen Charakteristiken nachzuholen. Wir gehen dabei wieder so vor, daß wir den Radius r des kleineren Zylinders allmählich wachsen lassen, zu jedem r die zugehörige Durchschlagspannung berechnen und das Optimum heraussuchen. Während wir bei den konzentrischen und konaxialen Anordnungen nur die Dimension $(r+a)$ konstant hielten, können wir bei den anaxialen Anordnungen auch andere Dimensionen konstant halten, wir erhalten also eine ganze Reihe von günstigsten geometrischen Charakteristiken. Bei der Berechnung von Hochspannungskonstruktionen müssen wir deshalb zuerst untersuchen, welche Abmessung vorgeschrieben ist und müssen dann das zugehörige günstigste p suchen.

In Tabelle E sind diese günstigsten Werte zusammengestellt, so daß man sie hieraus entnehmen kann. Alle Werte sind durch Probieren gefunden, sie sind also nicht so genau wie beispielsweise $p_g = 2{,}718$ bei konaxialen Zylindern, immerhin aber für technische Rechnungen genau genug.

Hat man bei der Konstruktion einer Anordnung vollständig freie Wahl in der Anordnung der Elektroden, so sucht man natürlich die Anordnung auf, die dem Absolutwert nach die günstigste ist. Die besten Anordnungen unter den günstigsten sind in Tabelle E durch fetten Druck hervorgehoben.

10. Zylinder parallel zu einer Ebene.

Diese Anordnung ist in Abb. 53 dargestellt. Wir können sie auf die Anordnung „Zwei gleich große Zylinder parallel nebeneinander" zurückführen, wenn wir die Anordnung durch das Spiegelbild des Zylinders ergänzen und dann die Durchschlagspannung dieser Anordnung berechnen. Die Durchschlagspannung der Anordnung „Zylinder gegen Ebene" ist dann die Hälfte dieser berechneten Durchschlagspannung. Der Bequemlichkeit halber ist aber in den Tafeln VII u. VIII die Kurve für den Ausnutzungsfaktor abhängig von der geometrischen Charakteristik p dargestellt, so daß man auch diese Anordnung rasch berechnen kann.

Die günstigsten geometrischen Charakteristiken ergeben sich ohne weiteres aus denen für zwei gleich große Zylinder nebeneinander; sie sind ebenfalls in Tabelle E eingetragen.

11. Theorie der Modelle.

Die bisherigen Untersuchungen haben ergeben, daß die Ausnutzungsfaktoren lediglich von den geometrischen Charakteristiken p und q abhängen. Zwei Anordnungen mit ganz verschiedenen Dimensionen von r, R und a haben also gleiche Ausnutzungsfaktoren, wenn sie gleiche geometrische Charakteristiken haben. Diese Kenntnis ist sehr wichtig für den Bau von Modellen. Die elektrische Festigkeitslehre gestattet zwar, die meisten Anordnungen entweder exakt oder mit hinreichender Genauigkeit zu berechnen. Trotzdem wird man in der Praxis besonders bei Neukonstruktionen auch noch den Versuch zu Rate ziehen wollen. Manchmal verbietet es aber die Kostspieligkeit der Konstruktion, beim Versuch den Durchschlag zu riskieren und das teure Isoliermaterial zu zerstören. Es kann auch sein, daß die vorhandenen Einrichtungen nicht ausreichen, um den Durchschlag herbeizuführen. In solchen Fällen ist es notwendig, den Versuch an einem Modell auszuführen. Es besteht dann die Frage, welche Dimensionen man dem Modell zu geben hat, damit es die wahre Konstruktion getreu nachbildet und in welchem Verhältnis die Durchschlagspannung des Modells zur Durchschlagspannung der wahren Konstruktion steht. Die Antwort hierauf ist jetzt recht einfach, sie lautet: Man hat das Modell so nachzubilden, daß es die gleichen geometrischen Charakteristiken p und q hat; die Durchschlagspannungen sind dann proportional den Schlagweiten a. Dabei ist allerdings Voraussetzung, daß das Isoliermaterial dem Proportionalitätsgesetz folgt. Ist das nicht der Fall, folgt also das Material dem Potenzgesetz, so kann man die Durchschlagspannung des Modells mit

Hilfe der Charakteristiken für die Durchschlagfestigkeiten des betreffenden Isoliermaterials leicht aus der Durchschlagspannung der wirklichen Ausführung berechnen oder umgekehrt.

12. Beispiele.

Um den Gebrauch der Tafeln und Tabellen bei der Ausführung von Festigkeitsrechnungen zu zeigen, sollen im folgenden drei typische Beispiele durchgerechnet werden.

1. Beispiel. Es soll berechnet werden, bei welcher Spannung eine konzentrische Kugelanordnung durchschlägt. Der Radius der kleinen Kugel sei $r = 2{,}5$ cm, der Radius der großen Kugel $r = 5$ cm, die Durchschlagfestigkeit des Isoliermaterials werde zu $100\ \mathrm{kV \cdot cm^{-1}}$ angenommen.

Wir berechnen zunächst die geometrische Charakteristik p der Anordnung; da die Wandstärke a des Isoliermaterials 2,5 cm ist, ergibt sich für p

$$p = \frac{r + a}{r} = \frac{5}{2{,}5} = 2\,.$$

Für $p = 2$ finden wir aus der Tabelle für die Ausnutzungsfaktoren

$$\eta = 0{,}5\,,$$

also wird die Durchschlagspannung

$$U_d = \mathfrak{E}_d \cdot a \cdot \eta$$

oder die Werte eingesetzt

$$U_d = 100 \cdot 2{,}5 \cdot 0{,}5 = 125\ \mathrm{kV}.$$

Der Durchschlag ist also bei einer Spannung von 125 kV zu erwarten.

2. Beispiel. Zwei konaxiale Zylinder sollen für eine Spannung von 200 kV gegeneinander isoliert werden. Der Radius des inneren Zylinders sei $r = 2$ cm; die Durchschlagfestigkeit des Isoliermaterials soll zu $50\ \mathrm{kV \cdot cm^{-1}}$ angenommen werden. Gesucht wird der Radius des großen Zylinders.

Es ist

$$U_d = \mathfrak{E}_d \cdot a \cdot \eta = \mathfrak{E}_d \cdot \alpha$$

oder

$$\alpha = \frac{U_d}{\mathfrak{E}_d} = \frac{200}{50} = 4\ \mathrm{cm}.$$

Aus Abb. 48 finden wir, daß durch den Punkt der Ebene, dessen Koordinaten $\alpha = 4$ cm und $r = 2$ cm sind, die Gerade mit dem Parameter $p = 7{,}6$ hindurchgeht. Es ist also

$$p = \frac{r + a}{r} = 7{,}6$$

oder den Wert für r eingesetzt

$$a = 15{,}2 - 2 = 13{,}2 \text{ cm},$$

also ist der Radius R des äußeren Zylinders

$$R = 15{,}2 \text{ cm}.$$

Wir wissen, daß dies nicht die günstigsten Verhältnisse sein können; denn diese sind vorhanden für $p = p_g = 2{,}718$. Für $a = 4$ cm wäre also der günstigste Radius $r = 4$ cm und dabei ist die Durchschlagspannung

$$U_d = \mathfrak{E}_d \cdot r = 50 \cdot 4 = 200 \text{ kV},$$

wie verlangt wurde. Der Radius des äußeren Zylinders wird erhalten für diesen Fall zu

$$R = 10{,}9 \text{ cm}.$$

3. Beispiel. Zwei anaxiale sich umhüllende Zylinder mit Luftisolation wurden bei einem Versuch durchgeschlagen und zwar bei einer Spannung von $U_d = 21{,}13$ kV. Die Dimensionen der Anordnung sind: $R = 10$ cm; $r = 1$ cm; $a = 1$ cm. Gesucht wird die Durchschlagfestigkeit des Isoliermaterials.

Wir berechnen die beiden geometrischen Charakteristiken p und q und finden

$$p = 2; \quad q = 10.$$

Für diese beiden Charakteristiken finden wir aus der Tabelle für die Ausnutzungsfaktoren

$$\eta = 0{,}748.$$

Aus der Gleichung

$$U_d = \mathfrak{E}_d \cdot a \cdot \eta$$

finden wir

$$\mathfrak{E}_d = \frac{U_d}{a \cdot \eta} = 28{,}25 \text{ kV}_{\text{eff}} \cdot \text{cm}^{-1}.$$

Damit haben wir die Durchschlagfestigkeit der Luft für diese Anordnung gefunden.

Wir sehen aus diesen Beispielen, auf die sich alle Festigkeitsrechnungen der Hochspannungstechnik zurückführen lassen, daß alle Aufgaben mit Hilfe der geometrischen Charakteristiken, des fiktiven Abstandes und der Ausnutzungsfaktoren leicht und rasch gelöst werden können.

In der Hochspannungstechnik kommt es manchmal vor, daß man freie Wahl hinsichtlich der Art der Elektroden hat; man kann also Kugel- oder Zylinderanordnungen wählen. Zur Beurteilung, welche Elektrodenart günstiger ist, leisten die Tafeln, auf denen die Ausnutzungsfaktoren aller Anordnungen graphisch dargestellt sind, sehr gute Dienste. Man sieht, daß bei gleichen geometrischen Charakteristiken (also bei gleichen Krümmungen und Schlagweiten) die Anordnung „Zwei gleich große Zylinder nebeneinander“ unter allen Anordnungen am günstigsten ist. „Zwei konaxiale Zylinder“ haben bei großen Werten von p Ausnutzungsfaktoren, die etwa nur die Hälfte derjenigen bei parallelen Zylindern sind.

„Zwei konaxiale Zylinder“ sind bei größeren Werten von p wesentlich besser als „Zwei gleich große Kugeln nebeneinander“ und „Zwei konzentrische Kugeln“ sind unter allen Anordnungen am schlechtesten. Gerade über diesen Punkt sind in der Praxis manche Irrtümer verbreitet.

Es ist leicht einzusehen, warum die Kugelanordnungen ungünstiger sind wie die Zylinderanordnungen. Die beste Anordnung ist die Plattenanordnung mit ihrem homogenen Feld. Je mehr das Feld vom homogenen Feld abweicht, desto ungünstiger ist es. Nun divergieren die Kraftlinien bei allen Zylinderanordnungen nur im Schnitt senkrecht zu den Zylinderachsen. Im Schnitt durch die Zylinderachse sind sie parallel. Bei den Kugelanordnungen divergieren die Kraftlinien aber nach zwei Richtungen; das Kraftlinienbild weicht hier also am meisten vom homogenen Feld ab, deshalb sind die Kugelanordnungen schlechter als die Zylinderanordnungen.

Vergleichen wir von diesem Gesichtspunkt aus die Zylinderanordnungen und die Kugelanordnungen je unter sich. Wir finden dann, daß alle Anordnungen, bei denen eine Elektrode von einer anderen umhüllt wird, schlechter sind wie die, wo die Elektroden nebeneinander liegen. Auch das ist leicht verständlich. Durch die Nebeneinanderlagerung wird das Divergieren der Kraftlinien gemildert, das Feld also soz. mehr dem homogenen ähnlich gemacht, also verbessert. Das ist eine wichtige Erkenntnis, die uns bei der Beurteilung der Güte komplizierterer Elektrodenformen gute Dienste leistet.

Manchmal hat man es mit Elektroden zu tun, deren Formen von den bisher betrachteten stark abweichen. Immerhin aber kann man fast stets angeben, ob sich die Anordnung mehr den Zylinder- oder den Kugelanordnungen nähern. Außerdem kann man stets die geometrischen Charakteristiken an der Durchschlagstelle angeben. An Hand der Tafeln für die Ausnutzungsfaktoren von Zylinder- und Kugelanordnungen kann man dann ziemlich genau angeben, wie groß der

Ausnutzungsfaktor der Anordnung sein muß und es läßt sich dann die Durchschlagspannung usw. mit großer Genauigkeit berechnen. Auch in dieser Hinsicht leisten die vom Verfasser gefundenen Tafeln und Tabellen ausgezeichnete Dienste.

Drittes Kapitel.

Schwierigere Probleme.

13. Konforme Abbildungen.

Die Feldstärken bei den Anordnungen „Zylinder gegen Ebene", „Zwei anaxiale sich umhüllende oder ausschließende Zylinder" hat man bis jetzt meist auf recht uninteressante und umständliche Weise berechnet. Es soll im folgenden gezeigt werden, wie man mit Hilfe der konformen Abbildungen auf viel einfacherem Weg alle die elektrischen Größen des Feldes berechnen kann, die uns in der Hochspannungstechnik interessieren.

Es seien zwei Koordinatenebenen z und Z gegeben. Alle Punkte der z-Ebene sollen auf der Z-Ebene abgebildet werden, d. h. die Punkte der beiden Ebenen werden durch eine Funktion (Transformationsgleichung) in gegenseitige Beziehung gebracht.

In den Fällen, die wir hier betrachten, ist die Transformationsgleichung sehr einfach; sie lautet

$$Z = \frac{1}{z}. \tag{1}$$

Man nennt diese Abbildung Inversion oder Transformation mittels reziproker Radienvektoren.

Wir können die Punkte der z-Ebene durch die Polarkoordinaten ϱ und ϑ darstellen in der Form

$$\varrho(\cos\vartheta + j\sin\vartheta). \tag{2}$$

Für die entsprechenden Punkte der Z-Ebene erhalten wir dann

$$\mathsf{P}(\cos\Theta + j\sin\Theta) = \frac{1}{\varrho(\cos\vartheta + j\sin\vartheta)} \tag{3}$$

und das ist

$$\frac{1}{\varrho}(\cos(-\vartheta) + j\sin(-\vartheta)), \tag{4}$$

d. h. jedem Punkt der z-Ebene, dessen Lage durch ϱ und ϑ bestimmt ist, entspricht ein Punkt der Z-Ebene mit den Koordinaten $\mathsf{P} = \frac{1}{\varrho}$ und dem Richtungswinkel $\Theta = -\vartheta$. Zur sog. Inversion tritt bei dieser Transformation noch ein Umklappen des Radiusvektors um die reelle Achse.

Wir wollen diese Transformation an dem uns interessierenden Beispiel ausführen. In der z-Ebene seien mehrere konzentrische Kreise gegeben (Abb. 55). Wir wollen den Punkt i des Kreises k_1 in die Z-Ebene übertragen; zu diesem Zweck verbinden wir o mit i und erhalten die Strecke $\varrho = oi$, die mit der reellen Achse den Winkel ϑ einschließt. Vom Punkt A der Z-Ebene tragen wir den Winkel $\Theta = -\vartheta$ auf und machen die Strecke AI gleich $\frac{1}{\varrho}$. Dies wiederholen wir für alle Punkte des Kreises und erhalten den inversen Kreis K_1. In gleicher

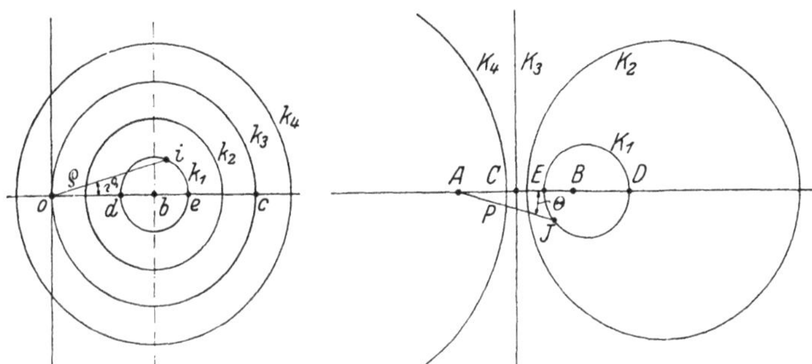

Abb. 55. Konforme Abbildung konaxialer Zylinder.

Weise gehen die anderen Kreise der z-Ebene über in die inversen Kreise K_2; K_3; K_4. Wir sehen, daß der Kreis k_3 in einen Kreis mit dem Radius „unendlich“, d. h. in eine Gerade ausartet. Dies gilt für alle Kreise, die durch das „Inversionszentrum“ gehen.

Aus dieser kurzen Betrachtung sehen wir, daß durch die Transformation übergehen:

zwei konzentrische Kreise k_1 und k_3 (bzw. k_2 und k_3) in die Figur „Kreis K_1 (bzw. K_2) gegenüber Gerade K_3“;

zwei konzentrische Kreise k_1 und k_2 in die Figur „zwei anaxiale sich umhüllende Kreise K_1 und K_2“;

zwei konzentrische Kreise k_1 (bzw. k_2) und k_4 in die Figur „zwei anaxiale sich ausschließende Kreise K_1 und K_4“.

Wir fassen im folgenden die Kreise und die Gerade als die Spuren von Zylindern und einer Ebene auf; wir haben dann in der z-Ebene konaxiale Zylinder und in der Z-Ebene anaxiale Zylinder bzw. Zylinder gegenüber einer Ebene.

Zwischen zwei beliebigen Zylindern der z-Ebene möge nun die Spannung U herrschen, beispielsweise zwischen den Zylindern k_1 und k_3. Die gleiche Spannung herrscht dann auch zwischen dem Zylinder K_1 und der Ebene K_3. Das elektrische Feld zwischen den beiden konaxialen Zylindern ist uns bekannt. Wir wissen, daß die maximale Feldstärke $\mathfrak{E}$ in der unmittelbaren Umgebung des Zylinders k_1 herrscht. Diese ist

$$\mathfrak{E} = \frac{dU}{dr} = \frac{U}{r \lg n \frac{R}{r}}. \tag{5}$$

Die Bedeutung der Buchstaben kann aus Abb. 56 entnommen werden.

Beiläufig sei bemerkt, daß wir die Feldstärke zwischen zwei konaxialen Zylindern auch durch konforme Abbildung aus der Anordnung

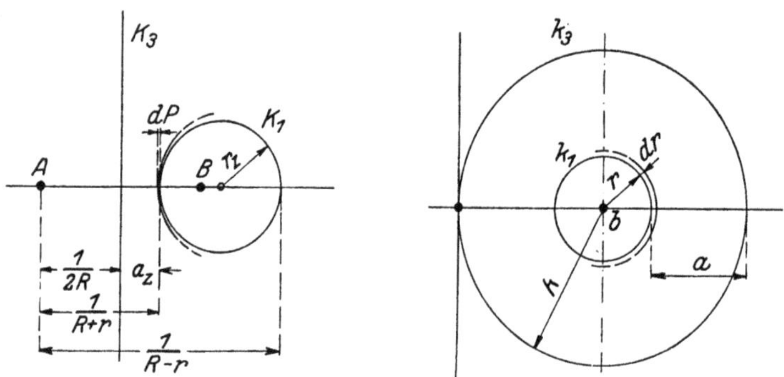

Abb. 56. Konforme Abbildung der Schicht dr von konaxialen Zylindern.

„zwei parallele Ebenen" (homogenes Feld) gewinnen können. Die Gl. (5) ist aber so bekannt, daß wir auf ihre Ableitung aus der Plattenanordnung durch konforme Abbildung verzichten können.

Wir betrachten zunächst die beiden Zylinder k_1 und k_3 der z-Ebene und ihre konforme Abbildung „Zylinder gegen Ebene" in der Z-Ebene (Abb. 56).

Um den Zylinder k_1 legen wir einen zweiten unendlich nah benachbarten Zylinder mit dem Radius $r + dr$ (Abb. 56). Auch diesen Zylinder bilden wir in der Z-Ebene ab. Auf der Abszissenachse beträgt der Abstand des abgebildeten Zylinders vom Punkt A

$$\frac{1}{R + r + dr}$$

und die Schichtdicke $d\mathsf{P}$ zwischen diesem Zylinder und dem Zylinder K_1 ist

$$d\mathsf{P} = \frac{1}{R + r} - \frac{1}{R + r + dr}. \tag{6}$$

Die auf beide Schichtdicken dr und $d\mathsf{P}$ entfallende Spannung ist dU.

Für die Beanspruchungen des Isoliermaterials der beiden Anordnungen gilt in der z-Ebene nach Gl. (5)

$$\mathfrak{E}_z = \frac{U}{r \lg n \frac{R}{r}}$$

in der Z-Ebene

$$\mathfrak{E}_Z = \frac{dU}{d\mathsf{P}} = \frac{dU}{\frac{1}{R+r} - \frac{1}{R+r+dr}}, \tag{7}$$

dafür können wir nach einigen Umformungen schreiben

$$\mathfrak{E}_Z = \frac{dU}{dr}[(R+r)(R+r+dr)]. \tag{8}$$

Wenn wir den Klammerausdruck ausmultiplizieren, können wir alle Produkte, die mit dem Faktor dr behaftet sind, als klein gegenüber r und R vernachlässigen und erhalten dann

$$\mathfrak{E}_Z = \mathfrak{E}_z (R+r)^2. \tag{9}$$

Die Feldstärke $\mathfrak{E}_z$ ist uns bekannt; mit Hilfe dieser Gleichung können wir nunmehr die Feldstärke am Zylinder der Z-Ebene berechnen.

Damit ist eigentlich die gestellte Aufgabe prinzipiell gelöst; wir wollen aber die Rechnung noch etwas weiter führen.

Wäre die Feldstärke bei der Anordnung der z-Ebene in allen Schichten gleich groß, so wäre sie bei der Spannung U zwischen den Zylindern

$$(\mathfrak{E}_z) = \frac{U}{a}. \tag{10}$$

Wir bilden das Verhältnis

$$\frac{(\mathfrak{E}_z)}{\mathfrak{E}_z} = \frac{r \lg n \frac{R}{r}}{a} = \eta_z \tag{11}$$

und nennen η_z den Ausnutzungsfaktor der Anordnung; denn er gibt an, um wieviel Prozent die Anordnung schlechter ist als zwei parallele Platten mit dem Abstand a und der Spannung U.

Wir setzen noch

$$\frac{R}{r} = p_z \tag{12}$$

und nennen p_z die geometrische Charakteristik der Anordnung; für η_z können wir dann schreiben

$$\eta_z = \frac{\lg n\, p_z}{p_z - 1}. \tag{13}$$

Die gleiche Betrachtung stellen wir jetzt für die Anordnung der Z-Ebene an. Wäre die Feldstärke zwischen dem Zylinder und der Ebene an allen Stellen gleich groß, dann wäre sie bei der Spannung U zwischen diesen Elektroden

$$(\mathfrak{E}_Z) = \frac{U}{a_Z}$$

oder

$$(\mathfrak{E}_Z) = \frac{U}{\frac{1}{R+r} - \frac{1}{2R}}; \tag{14}$$

wir bilden das Verhältnis

$$\frac{(\mathfrak{E}_Z)}{\mathfrak{E}_Z} = \eta_Z = \frac{r \lg n\, p_z}{(R+r)^2} \cdot \frac{1}{\frac{1}{R+r} - \frac{1}{2R}} \tag{15}$$

und erhalten nach einigen Umrechnungen

$$\eta_Z = \frac{2R}{R-r} \cdot \frac{r \lg n\, p_z}{R+r}$$

oder nach Einführung von p_z und η_z

$$\eta_z = \frac{2p_z}{p_z + 1}\, \eta_z. \tag{16}$$

Ist uns also für die Anordnung „zwei konaxiale Zylinder" mit irgendwelchen Dimensionen der Zylinder der Ausnutzungsfaktor η_z bekannt, so können wir sofort den Ausnützungsfaktor der konformen Abbildung mil Hilfe der Gl. (16) berechnen.

Wir müssen jetzt aber noch die Dimensionen der konformen Abbildung wissen. Wir charakterisieren auch diese Anordnung durch eine geometrische Charakteristik p_Z, die genau so gebildet ist wie p_z, nämlich

$$\eta_Z = \frac{r_Z + a_Z}{r_Z}. \tag{17}$$

Setzen wir die Werte ein, so ergibt sich

$$p_Z = (R^2 - r^2)\, \frac{\frac{r}{R^2 - r^2} + \frac{R - r}{2R(r+R)}}{r} \tag{18}$$

oder nach einiger Umformung und Einführung von p_z

$$p_Z = 1 + \frac{(p_z - 1)^2}{2p_z}. \tag{19}$$

Mit den Gleichungen für η_Z und p_Z können wir die Funktion $\eta_Z = F(p_Z)$ aus der Funktion $\eta_z = f(p_z)$ berechnen. Man macht dies am besten tabellarisch.

Beispiel: Für $p_z = 2$ ist η_z berechnet zu 0,693; also ist

$$p_Z = 1 + \frac{(2-1)^2}{2 \cdot 2} = 1{,}25$$

$$\eta_Z = \frac{2 \cdot 2}{2+1} \cdot 0{,}693 = 0{,}924.$$

Es sei noch erwähnt, daß man mit Hilfe der konformen Abbildung auch das ganze Feldbild einer Anordnung ermitteln kann. Man zeichnet zu diesem Zweck in der z-Ebene die Äquipotentialkreise ein, etwa von 10 zu 10 kV (für $U = 100$ kV) und inversiert diese Kreise. Auch die Kraftlinien kann man ermitteln. Diese sind in der z-Ebene Strahlen durch den Punkt b. Inversiert man diese, so erhält man in der Z-Ebene Kreise, deren Mittelpunkte auf der Geraden K_3 liegen und deren Peripherien durch die Punkte A und B gehen. Diese Kreise sind, wie die Strahlen in der z-Ebene, Orthogonaltrajektorien der Äquipotentialkreise (isogonale Verwandtschaft der konformen Abbildung).

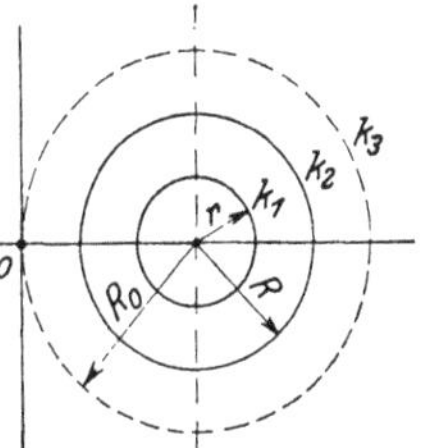

Abb. 57. Wahl des Inversionszentrums bei konaxialen Zylindern für die konforme Abbildung „zwei sich umhüllende anaxiale Zylinder“.

Wenn die beiden Kreise k_1 und k_2 inversiert werden, entstehen „zwei sich umhüllende anaxiale Kreise“ als Spuren der Zylinder. In Abbildung 57 sind diese Kreise in der z-Ebene herausgezeichnet; die im folgenden gebrauchten Bezeichnungen mögen daraus entnommen werden.

In ganz gleicher Weise wie vorher berechnen wir die geometrische Charakteristik der in der Z-Ebene entstehenden Figur. Hierzu benötigen wir die Abbildung der Strecke a der z-Ebene; es ergibt sich

$$a_Z = \frac{R - r}{(R_0 + r)(R_0 + R)}, \tag{20}$$

für den Radius r_Z des kleinen Zylinders der Z-Ebene erhalten wir

$$r_Z = \frac{r}{(R_0 - r)(R_0 + r)}, \tag{21}$$

für den Radius R_Z

$$R_Z = \frac{R}{(R_0 - R)(R_0 + R)}. \tag{22}$$

Nunmehr bilden wir

$$p_Z = \frac{a_Z + r_Z}{r_Z}$$

$$= \left[\frac{R - r}{(R_0 + r)(R_0 + R)} + \frac{r}{(R_0 - r)(R_0 + r)}\right] \frac{(R_0 - r)(R_0 + r)}{r}. \tag{23}$$

Setzen wir hierin

$$\frac{R}{r}=p_z; \quad \frac{R_0}{r}=p_{z0}, \tag{24}$$

so ergibt sich

$$p_Z=(p_z-1)\frac{p_{z0}-1}{p_{z0}+p_z}+1. \tag{25}$$

Als weitere (zweite) geometrische Charakteristik der neuen Anordnung führen wir das Verhältnis der Radien R_Z und r_Z ein, indem wir setzen

$$q_Z=\frac{R_Z}{r_Z} \tag{26}$$

und erhalten

$$q_Z=\frac{p_{z0}^2-1}{p_{z0}^2-p_z^2}\cdot p_z. \tag{27}$$

Aus dieser Gleichung bestimmen wir p_{z0}

$$p_{z0}=\sqrt{\frac{p_z^2 q_Z-p_z}{q_Z-p_z}}=m \tag{28}$$

und setzen diesen Wert in die Gleichung für p_Z ein

$$p_Z=(p_z-1)\frac{m-1}{m+p_z}+1. \tag{29}$$

In gleicher Weise wie bei der zuerst betrachteten Anordnung berechnen wir den Ausnutzungsfaktor η_Z der neuen Anordnung und finden

$$\eta_Z=\frac{R_0+R}{R-r}\,r\,\frac{\lg n\, R/r}{R_0+r}, \tag{30}$$

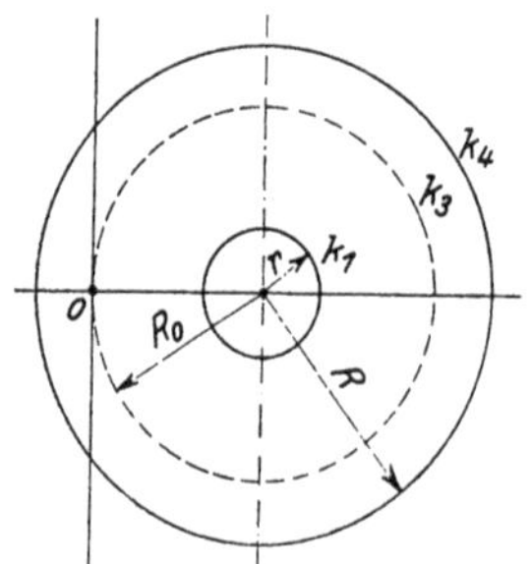

Abb. 58. Wahl des Inversionszentrums bei konaxialen Zylindern für die konforme Abbildung „zwei sich ausschließende anaxiale Zylinder“.

hierin die oben gefundenen Werte eingesetzt, ergibt

$$\eta_Z=\frac{m+p_z}{m+1}\,\eta_z. \tag{31}$$

Da $\eta_z=f(p_z)$ bekannt ist, können wir mit Hilfe der beiden Gleichungen für p_Z und η_Z die Funktion $\eta_Z=F(p_Z)$ für jeden Parameter q_Z berechnen und erhalten die in der Tabelle D angegebenen Werte.

Bilden wir endlich die beiden Kreise k_1 und k_4 (Abb. 58) konform ab, dann erhalten wir „zwei sich ausschließende anaxiale Zylinder“.

Durch ganz ähnliche Überlegungen wie vorher finden wir

$$p_Z = \frac{(p_z - 1)(p_{z0} - 1)}{p_{z0} + p_z} + 1 \tag{32}$$

$$\eta_Z = \frac{p_{z0} + p_z}{p_{z0} + 1}\,\eta_z, \tag{33}$$

wobei p_{z0} für ein bestimmtes q_Z entnommen wird aus der Gleichung

$$q_Z = p_z \frac{p_{z0}^2 - 1}{p_z^2 - p_{z0}^2}. \tag{34}$$

Wir können nunmehr auch für diese Anordnung die Abhängigkeit $\eta_Z = F(p_Z)$ für ein beliebiges festgehaltenes q_Z berechnen und erhalten die in der Tabelle D angegebenen Werte.

Damit haben wir für die Anordnungen „Zylinder gegen Ebene“ und „Zwei anaxiale Zylinder“ die Ausnutzungsfaktoren in viel einfacherer und bequemerer Weise gefunden wie im Abschnitt 9 und 10. Freilich sind diese einfachen Berechnungen nur durch Einführung der geometrischen Charakteristiken möglich geworden.

14. Zwei gleich große Kugeln nebeneinander und Kugel gegen Ebene.

Auch die Anordnungen „Zwei Kugeln nebeneinander“ und „Kugel gegen Ebene“ werden mit Hilfe der elektrischen Bildmethode gelöst. Es wird dabei von einem Lehrsatz über geometrische Örter Gebrauch gemacht, der zunächst kurz erwähnt werden möge.

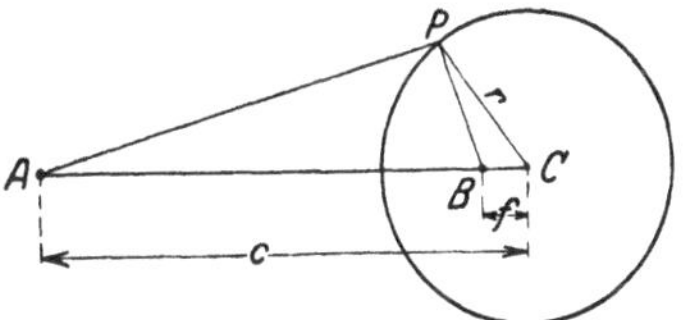

Abb. 59. Zwei punktförmige Ladungen.

A und B seien zwei Punkte auf einer Geraden durch den Mittelpunkt C einer Kugel (Abb. 59). Durch B werde die Gerade so geteilt, daß

$$AC \cdot BC = r^2 \tag{35}$$

oder durch Einsetzen des Wertes für AC (siehe Abbildung)

$$BC = \frac{r^2}{c}. \tag{36}$$

In diesem Fall hat das Verhältnis der Strecken AP und BP (P sei ein Punkt auf der Kugelschale)

$$\frac{BP}{AP} = \frac{r}{c} \tag{37}$$

einen konstanten Wert, wo immer auch der Punkt P auf der Kugelschale liegen möge. B nennt man den Bildpunkt von A. ΔAPC und

ΔPCB sind nämlich einander ähnlich wegen des gemeinschaftlichen Winkels bei C und der diesen Winkel einschließenden Seiten, die wegen Gl. (35) einander proportional sind.

Wir nehmen jetzt an, im Punkt A sei die Punktladung $+q_1$ gegenüber der Kugel und suchen den Einfluß der Kugel auf die Feldverteilung durch eine Ladung q_2 in Punkt B, dem Bildpunkt von A, zu ersetzen. Das Potential der Kugel sei gleich Null, sie sei also mit Erde verbunden. Das von q_1 und q_2 herrührende Potential im Punkt P ist

$$V_P = \frac{q_1}{AP} + \frac{q_2}{AP}. \tag{38}$$

Für BP setzen wir obigen Wert ein und erhalten dann, das Potential gleich Null gesetzt,

$$\left.\begin{aligned} 0 &= \frac{q_1}{AP} + \frac{q_2}{AP}\frac{c}{r}; \\ 0 &= \frac{1}{AP}\left(q_1 + q_2\frac{c}{r}\right). \end{aligned}\right| \tag{39}$$

Dieser Ausdruck wird Null, wenn

$$q_2 = -q_1\frac{r}{c}. \tag{40}$$

Der Abstand f des Bildpunktes B von C gleich BC ist uns bekannt, es ist also die Ersatzladung q_2 der Größe, dem Vorzeichen und der Lage nach bekannt. Nach diesen Vorbereitungen wenden wir uns zur Anordnung zweier Kugeln selbst.

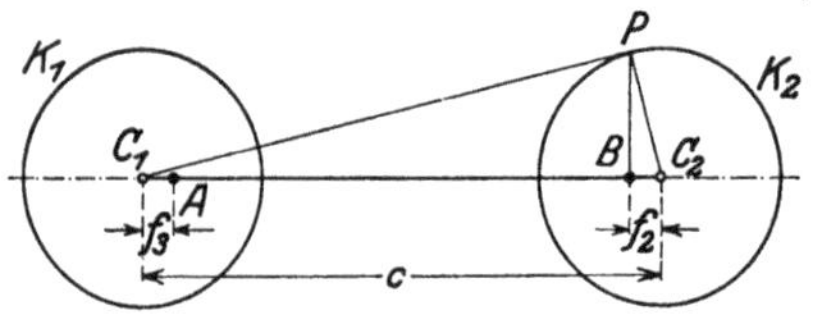

Abb. 60. Zwei Kugeln nebeneinander.

Die beiden Kugeln sind im Schnitt in Abb. 60 dargestellt und mit K_1 und K_2 bezeichnet. Wir denken uns zunächst im Mittelpunkt C_1 der Kugel K_1 die Elektrizitätsmenge $+q_1$. Wird dieser Ladung die Kugel K_2 gegenübergestellt, die geerdet sei, so ist das Feld so beschaffen, als ob in B, dem Bild von C_1 die Ladung q_2 vorhanden wäre, deren Betrag wir bereits errechnet haben zu

$$q_2 = -q_1\frac{r}{c}. \tag{41}$$

Der Abstand f_2 des Bildpunktes von C_2 ist uns auch bekannt, er ist

$$f_2 = \frac{r^2}{c}. \tag{42}$$

Jetzt nehmen wir an, die Kugel K_1 sei mit Erde verbunden und in B sei die Ladung q_2 vorhanden, deren Größe wir eben bestimmt haben. Das Feld ist dann so beschaffen, als ob in A, dem Bildpunkt von B, die Ladung q_3 vorhanden wäre. Die Größe der Ladung q_3 können wir leicht angeben; es ist

$$q_3 = -q_2 \frac{r}{c - f_2}. \tag{43}$$

Setzen wir hierin den Wert von q_1 ein, so wird

$$q_3 = +q_1 \frac{r}{c} \cdot \frac{r}{c - f_2};$$

oder

$$q_3 = +q_1 \frac{r^2}{c(c - f_2)}. \tag{44}$$

Die Entfernung f_3 des Bildpunktes von C_1 ist

$$f_3 = \frac{r^2}{c - \frac{r^2}{c}}. \tag{45}$$

Wir setzen der kürzeren Schreibweise wegen

$$\frac{c}{r} = \mu. \tag{46}$$

Es ergeben sich dann, wenn wir in dieser Weise fortfahren, für die Ladungen folgende Werte

in Kugel K_1	in Kugel K_2
$q_1;$	$q_2 = -q_1 \frac{1}{\mu};$
$q_3 = +q_1 \frac{1}{\mu^2 - 1};$	$q_4 = -\frac{q_1}{\mu} \cdot \frac{1}{(\mu^2 - 2)};$
$q_5 = +q_1 \frac{1}{\mu^4 - 3\mu^2 + 1};$	$q_6 = -\frac{q_1}{\mu} \cdot \frac{1}{(\mu^4 - 4\mu^2 + 3)};$
. . . .	. . . .

Durch Summierung aller Werte erhalten wir die Gesamtladungen

von $K_1 : Q' = \sum_1^\infty q_{2n-1};$ von $K_2 : Q'' = \sum_1^\infty q_{2n}.$

Für die Abstände f ergibt sich

$f_1 = c;$	$f_2 = \frac{c}{\mu^2};$
$f_3 = c \frac{1}{\mu^2 - 1};$	$f_4 = \frac{c}{\mu^2} \cdot \frac{\mu^2 - 1}{\mu^2 - 2};$
$f_5 = c \frac{\mu^2 - 2}{\mu^4 - 3\mu^2 + 1};$	$f_6 = \frac{c}{\mu^2} \cdot \frac{\mu^4 - 3\mu^2 + 1}{\mu^4 - 4\mu^2 + 3};$
. . . .	. . . .

Nunmehr haben wir die Berechnung von vorne zu beginnen, indem wir jetzt in C_2 die Ladung $-q_1$ anzunehmen haben. Wir erhalten dann auch hierfür eine Bildreihe. Im ganzen ergeben sich also die Ladungen

$$\begin{array}{ll} \text{von Kugel } K_1 & \text{von Kugel } K_2 \\ Q_1 = Q' - Q'' & Q_2 = Q'' - Q' = -Q_1. \end{array} \tag{47}$$

Wir können nunmehr, nachdem uns die Einzelladungen, ihre Größe und Lage bekannt sind, die von jeder Einzelladung herrührende Feldstärke an den zugewandten Kugelscheiteln berechnen; diese Einzelfeldstärken haben wir zu superponieren.

Für $+q_1$ in C_1 angenommen, wird $\mathfrak{E}'$ an Kugel K_1

$$\left.\begin{aligned} \mathfrak{E}' = \frac{q_1}{r^2} - \frac{q_2}{(c-f_2-r)^2} + \frac{q_3}{(r-f_3)^2} - \frac{q_4}{(c-f_4-r)^2} \\ + \frac{q_5}{(r-f_5)^2} - \frac{q_6}{(c-f_6-r)^2} + \cdots; \end{aligned}\right\} \tag{48}$$

und $\mathfrak{E}''$ an Kugel K_2

$$\left.\begin{aligned} \mathfrak{E}'' = -\frac{q_1}{(c-r)^2} + \frac{q_2}{(r-f_2)^2} - \frac{q_3}{(c-f_3-r)^2} \\ + \frac{q_4}{(r-f_4)^2} - \frac{q_5}{(c-f_5-r)^2} + \frac{q_6}{(r-f_6)^2} - \cdots \end{aligned}\right\} \tag{49}$$

Wir setzen in diese Gleichungen die Werte von q_i und f_i ein und erhalten

$$\mathfrak{E}' = q_1 \left[\frac{1}{r^2} + \frac{r}{c} \cdot \frac{1}{\left(c - r - \frac{r^2}{c}\right)^2} + \frac{r}{c} \cdot \frac{r}{c - \frac{r^2}{c}} \cdot \frac{1}{\left(r - \frac{r^2}{c - \frac{r^2}{c}}\right)^2} + \cdots \right];$$

$$\mathfrak{E}'' = -q_1 \left[\frac{1}{(c-r)^2} + \frac{r}{c} \cdot \frac{1}{\left(r - \frac{r^2}{c}\right)^2} + \frac{r}{c} \cdot \frac{r}{c - \frac{r^2}{c}} \cdot \frac{1}{\left(c - r - \frac{r^2}{c - \frac{r^2}{c}}\right)^2} + \cdots \right].$$

Nach Kirchhoff führt man ein

$$\mu = \frac{c}{r} = x + \frac{1}{x}$$

und erhält dann nach einigen Umrechnungen

$$\mathfrak{E}' = \frac{q_1}{r_2} \cdot \frac{(1+x)^2}{1-x} \cdot \sum x^{2n-2} \cdot \frac{1 - x^{4n-3}}{(1 + x^{4n-3})^2};$$

$$\mathfrak{E}'' = -\frac{q_1}{r^2} \cdot \frac{(1+x)^2}{1-x} \cdot \sum x^{2n-1} \cdot \frac{1 - x^{4n-1}}{(1 + x^{4n-1})^2}.$$

Mit $-q_1$ in C_2 angenommen, entsteht im ganzen an Kugel K_1

$$\mathfrak{E}_1 = \mathfrak{E}_r = \mathfrak{E}' - \mathfrak{E}''; \tag{50}$$

und an Kugel K_2

$$\mathfrak{E}_2 = \mathfrak{E}'' - \mathfrak{E}' = -\mathfrak{E}_1 \tag{51}$$

Da die Ladungen entgegengesetzt gleich sind, sind es auch die Potentiale, also

$$V_2 = -V_1. \tag{52}$$

Die Spannung U ist

$$U = 2\,V_1. \tag{53}$$

Da die Kapazität der Kugel K_1 für sich allein (wie wir später noch sehen werden) gleich dem Radius r der Kugel ist können wir für q_1 schreiben

$$q_1 = r\frac{U}{2}.$$

Wir bilden nun $\mathfrak{E}_1 = \mathfrak{E}' - \mathfrak{E}''$ und setzen für q_1 den angegebenen Wert ein; es ergibt sich dann für die Feldstärke

$$\mathfrak{E}_1 = \mathfrak{E}_r = \frac{U}{2r}\cdot\frac{(1+x)^2}{1-x}\cdot\sum_{n=0}^{n=\infty} x^n\cdot\frac{1-x^{2n+1}}{(1+x^{2n+1})^2}; \tag{54}$$

und damit ist dieses Problem gelöst; für die Rechnung können wir in der Reihe

$$\mathfrak{E}_r = \frac{U}{2r}\left[1+\frac{(1+x)^2}{1-x}\left(x\cdot\frac{1-x^3}{(1+x^3)^2}+x^2\frac{1-x^5}{(1+x^5)^2} + x^3\frac{1-x^7}{(1+x^7)^2}+x^4\frac{1-x^9}{(1+x^9)^2}+\cdots\right)\right] \tag{55}$$

die Nenner noch in Reihen entwickeln; hierauf soll aber nicht eingegangen werden. Für die Durchschlagspannung erhalten wir

$$U_d = \mathfrak{E}_d\cdot 2r\left[1+\frac{(1+x)^2}{1-x}\left(x\cdot\frac{1-x^3}{(1+x^3)^2}+x^2\frac{1-x^5}{(1+x^5)^2} + x^3\frac{1-x^7}{(1+x^7)^2}+x^4\frac{1-x^9}{(1+x^9)^2}+\cdots\right)\right]^{-1}. \tag{56}$$

Nachdem uns jetzt die größte vorkommende Beanspruchung bekannt ist, die an den einander zugewandten Kugelscheiteln auftritt, können wir auch die fiktive Entfernung und den Ausnutzungsfaktor berechnen.

Der fiktive Abstand ist

$$\alpha = 2r\left[1+\frac{(1+x)^2}{1-x}\left(x\cdot\frac{1-x^3}{(1+x^3)^2}+x^2\cdot\frac{1-x^5}{(1+x^5)^2}+\ldots\right)\right]^{-1}. \tag{57}$$

Wir sehen, daß auch bei dieser Anordnung der fiktive Abstand α bei konstantem x proportional mit dem Radius r wächst; α wird also auch hier durch eine Geradenschar dargestellt.

Man kann auch hier den günstigsten Wert von α berechnen. Man findet, wie bei nebeneinander liegenden Zylindern wieder eine Reihe von Werten je nach der Dimension der Anordnung, die man konstant halten will. (Siehe Tabelle E).

Endlich haben wir noch den Ausnutzungsfaktor dieser Anordnung zu berechnen. Wir dividieren zu diesem Zweck die beiden Seiten der Gl. (57) durch den wahren Abstand a und erhalten

$$\eta = \frac{2}{p-1}\left[1 + \frac{(1+x)^2}{1-x}\left(x \cdot \frac{1-x^3}{(1+x^3)^2} + x^2 \frac{1-x^5}{(1+x^5)^2} + \ldots\right)\right]^{-1}. \qquad (58)$$

Da auch x eine Funktion nur von p ist, ist der Ausnutzungsfaktor wieder nur von der geometrischen Charakteristik p abhängig. Die Abhängigkeit $\eta = f(p)$ ist auf Tafel VI dargestellt. Bei der Berechnung der Werte dieser Tafel mußten besonders bei den kleinen Werten von a sehr viele Glieder der Reihe berücksichtigt werden, weshalb die Rechnung recht umständlich geworden ist. Die Glieder der Reihe wurden jeweils so weit berücksichtigt, bis das erste vernachlässigte Glied der Reihe weniger als $1\,{}^0\!/_{00}$ ausmachte.

Mit der eben durchgeführten Berechnung ist auch die Anordnung Kugel gegen Ebene erledigt. Bei der Berechnung der Festigkeit dieser Anordnung kann man ebenso vorgehen, wie wir es früher bei den Zylinderanordnungen getan haben: Wir ergänzen die Anordnung „Kugel gegen Ebene“ durch Hinzufügen des Spiegelbildes der Kugel, so daß die Anordnung „Zwei gleich große Kugeln“ nebeneinander entsteht. Für diese berechnen wir dann die Durchschlagspannung U_d; die Anordnung „Kugel gegen Ebene“ hält dann die Hälfte dieser Spannung aus. Auch die anderen Gesetze, die wir bei der vorher betrachteten Anordnung kennen gelernt haben, gelten hier sinngemäß. Auf Tafel VI ist der Ausnutzungsfaktor dieser Anordnung dargestellt.

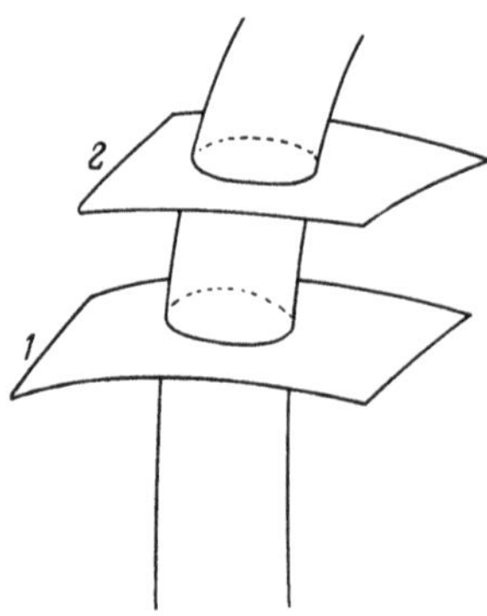

Abb. 61. Kraftröhre.

15. Das Katenoid.

Eine in elektrischer Hinsicht außerordentlich interessante Anordnung ist das Katenoid, auf das zuerst J. Spielrein aufmerksam gemacht hat. In Abbildung 61 sei eine Kraftröhre dargestellt mit den beiden Niveauflächen 1 und 2; die Querschnitte derselben an der Durchdringungsstelle seien f_1 und f_2; die Feldstärken auf diesen Querschnitten seien $\mathfrak{E}_1$ und $\mathfrak{E}_2$. Da der Fluß der Feldstärke innerhalb der Röhre konstant sein muß, können wir schreiben

$$\mathfrak{E}_1 f_1 = \mathfrak{E}_2 f_2 \tag{60}$$

oder

$$\frac{\mathfrak{E}_1}{\mathfrak{E}_2} = \frac{f_2}{f_1}; \tag{61}$$

dafür können wir auch schreiben

$$\frac{\mathfrak{E}_1 - \mathfrak{E}_2}{\mathfrak{E}_1 + \mathfrak{E}_2} = \frac{f_2 - f_1}{f_1 + f_2}, \tag{62}$$

wie man sich leicht überzeugen kann, wenn man ausmultipliziert und wieder das Verhältnis der Feldstärken bildet.

Wir dividieren auf beiden Seiten mit dem halben Abstand da der beiden Niveauflächen und erhalten

$$\frac{\mathfrak{E}_1 - \mathfrak{E}_2}{\frac{1}{2}(\mathfrak{E}_1 + \mathfrak{E}_2)\,da} = \frac{f_2 - f_1}{\frac{1}{2}(f_1 + f_2)\,da}. \tag{63}$$

Der Ausdruck $\frac{1}{2}(\mathfrak{E}_1 + \mathfrak{E}_2)$ stellt die mittlere Feldstärke $\mathfrak{E}$ in der Kraftröhre dar; $\mathfrak{E}_1 - \mathfrak{E}_2$ ist die Abnahme $-d\mathfrak{E}$ der Feldstärke längs der Kraftröhre, also stellt die linke Seite der Gleichung $-\frac{1}{\mathfrak{E}}\frac{d\mathfrak{E}}{da}$ die relative Abnahme der Feldstärke längs der Verschiebung um die Längeneinheit in Richtung der Tangente der Feldlinie dar.

In der Vektoranalysis wird bewiesen, daß der rechts stehende Ausdruck die **mittlere Krümmung** H der Orthogonalflächen ist; also ist

$$\frac{1}{\mathfrak{E}}\frac{d\mathfrak{E}}{da} = -H. \tag{64}$$

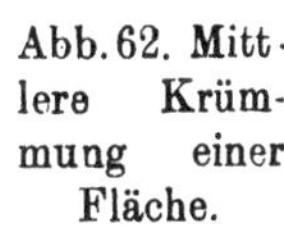

Abb. 62. Mittlere Krümmung einer Fläche.

Dabei wird unter „mittlerer Krümmung“ einer Fläche bekanntlich die algebraische Summe der Krümmungen zweier zueinander senkrechter Normalschnitte verstanden. Liegen die Krümmungsmittelpunkte auf verschiedenen Seiten der Tangentialebene, dann ist die mittlere Krümmung der Fläche gleich der Differenz der beiden Krümmungen. Dieser Fall ist in Abb. 62 dargestellt. Dort ist der Meridianschnitt MM einer Rotationsfläche dargestellt. Der eine Normalschnitt der Rotationsfläche ist der gezeichnete Schnitt, seine Krümmung beispielsweise an der Stelle X ist $\frac{1}{R}$; der andere Normalschnitt ist hierzu senkrecht, sein Krümmungsradius ist leicht anzugeben, da für Rotationsflächen der Satz gilt: In jedem Punkt ist der Krümmungsradius des zur Meridianebene senkrechten Normalschnittes gleich dem Abschnitt der Normalen N zwischen X und der Rotationsachse; oder mit anderen Worten: Der Krümmungsmittelpunkt aller zu den Meridianebenen senkrechten Normalschnitte einer Rotationsfläche befindet sich auf der Drehachse. Wir haben also für den vorliegenden Fall

$$H = \frac{1}{N} - \frac{1}{R}. \tag{65}$$

Nun stellen wir die Forderung auf, eine solche Fläche zu finden, bei der die Feldstärke längs den Kraftlinien konstant ist. Es muß also für diese Fläche sein

$$\frac{1}{\mathfrak{E}} \frac{\delta \mathfrak{E}}{\delta a} = 0 \tag{66}$$

und das ist der Fall, wenn

$$H = \frac{1}{N} - \frac{1}{R} = 0, \tag{67}$$

d. h. die Orthogonalflächen müssen die mittlere Krümmung Null haben, und das ist nur möglich, wenn

$$R = N. \tag{68}$$

Diese Eigenschaft erfüllt das Katenoid, d. h. Rotationsflächen, deren Erzeugende eine Kettenlinie ist.

Abb. 63 zeigt eine Kettenlinie; ihre Gleichung lautet (e = Basis des nat. Logarithmus)

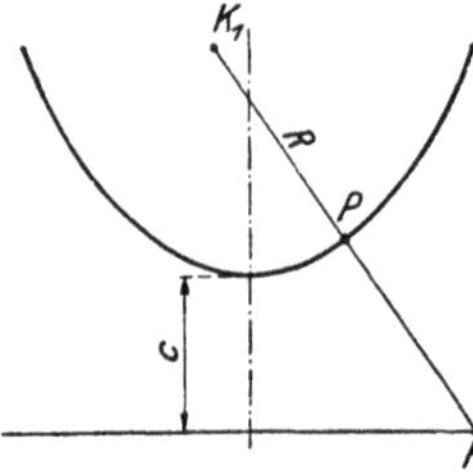

Abb. 63. Kettenlinie.

$$y = \frac{c}{2}\left(e^{\frac{x}{c}} + e^{-\frac{x}{c}}\right) \tag{69}$$

Für den Krümmungsradius $K_1 P$ an der Stelle P erhält man nach bekannten Regeln

$$K_1 P = R = \frac{y^2}{c}, \tag{70}$$

für den Scheitelpunkt speziell wird $y = c$, also auch $R = c$.

Für die Normale $K_2 P$ im Punkt P erhält man nach bekannten Regeln

$$K_2 P = N = \frac{y^2}{c}, \tag{71}$$

für den Scheitelpunkt speziell wird wieder $y = c$; $N = c$.

Man sieht also, daß bei der Kettenlinie die Beziehung gilt

$$R = N. \tag{72}$$

Läßt man die Kettenlinie um die X-Achse rotieren, so erhalten wir einen Rotationskörper, das Katenoid, und N wird der Krümmungsradius des zum Meridianschnitt senkrechten Normalschnittes, also ist für das Katenoid

$$\frac{1}{R} = \frac{1}{N} \tag{73}$$

und infolgedessen

$$H = \frac{1}{N} - \frac{1}{R} = 0, \tag{74}$$

d. h. die Feldstärke in der Umgebung eines Katenoids ist längs der Kraftlinien konstant.

Um diese interessante Eigenschaft des Katenoids praktisch auszuwerten, suchen wir nach einem zweiten Rotationskörper, der das Katenoid einhüllt. Dieser zweite Rotationskörper soll natürlich ebenfalls ein Katenoid sein. Wenn man aber den Parameter c der Kettenlinie ändert, so erhält man keine unter sich parallelen Kurven, sondern homothetische Kurven, deren Äste sich schneiden. Es ist also nicht möglich, eine Hochspannungsanordnung mit zwei sich umhüllenden Kathenoiden zu schaffen, da die Elektroden, das sind die Katenoide, sich berühren würden. Infolgedessen kann man die wertvolle Eigenschaft des Katenoids, daß in seiner Umgebung das Feld eine konstante Feldstärke zeigt, nicht ausnützen. Spielrein versucht nun, dieser ideellen Anordnung wenigstens annähernd gerecht zu werden, indem er folgendermaßen vorgeht.

Die gestrichelte Kettenlinie von Abb. 64, die zugleich die Erzeugende des Katenoids darstellt, habe die oben angegebene Gleichung. Wir betrachten nun zwei zu diesem Katenoid parallele Flächen F_1 und F_2, deren Erzeugende ihre Scheitel in P_1 und P_2 haben. Wir setzen $P_1 P_0 = P_0 P_2 = h$. Für die mittlere Krümmung K_1 der Fläche F_1 im Punkt P_1 erhalten wir dann

$$K_1 = \frac{1}{c-h} - \frac{1}{c+h}; \tag{75}$$

für die mittlere Krümmung K_2 der Fläche F_2 im Punkt P_2

$$K_2 = \frac{1}{c+h} - \frac{1}{c-h} = -K_1; \tag{76}$$

die Bedeutung von c ist aus Abb. 63 zu ersehen.

Wir können annehmen, daß in unmittelbarer Nähe von P_0 die die Linie $P_1 P_2$ schneidenden Niveauflächen ebenfalls parallel zum Katenoid verlaufen. Im Punkt P mit dem Abstand s von P_0 erhalten wir dann die mittlere Krümmung K zu

$$K = \frac{1}{c+s} - \frac{1}{c-s}. \tag{77}$$

Die Änderung der Feldstärke längs der Kraftlinie $P_1 P_2$ ist dann gegeben durch die Gleichung

$$\frac{1}{\mathfrak{E}} \frac{\delta \mathfrak{E}}{\delta s} = -K = \frac{1}{c-s} - \frac{1}{c+s}. \tag{78}$$

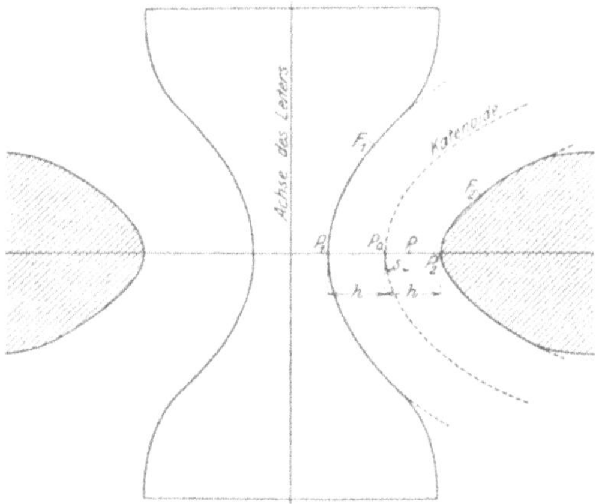

Abb. 64. Katenoid-Durchführung nach Spielrein.

Im Punkt P_0 sei die Feldstärke $\mathfrak{E} = \mathfrak{E}_0$, im Punkt P_2 $(s = h)$ sei $\mathfrak{E} = \mathfrak{E}_2$. Durch Integration erhalten wir dann

$$\int\limits_{\mathfrak{E}_0}^{\mathfrak{E}_2} \frac{\delta \mathfrak{E}}{\mathfrak{E}} = \lg n \frac{\mathfrak{E}_2}{\mathfrak{E}_0} = \int \left(\frac{1}{c-s} - \frac{1}{c+s} \right) \delta s = \lg n \frac{c^2}{c^2 - h^2} \tag{79}$$

oder

$$\mathfrak{E}_0 = \mathfrak{E}_2 \left[1 - \left(\frac{h}{c} \right)^2 \right]. \tag{80}$$

Die Feldstärke hat ihren größten Wert in P_1 und P_2, nämlich

$$\mathfrak{E}_1 = \mathfrak{E}_2 = \mathfrak{E}_m. \tag{81}$$

Daß diese beiden Feldstärken gleich sind, ergibt sich daraus, daß an diesen Stellen die mittleren Krümmungen der Flächen gleich groß sind. Den kleinsten Wert hat die Feldstärke im Punkt P_0. Die Spannung zwischen P_1 und P_2 wird

$$U = \int_{-h}^{+h} \mathfrak{E}\,\delta s = \mathfrak{E}_0 \int_{-h}^{+h} \frac{\delta s}{1 - \left(\frac{s}{c}\right)^2} = \mathfrak{E}_0\, c \lg n \frac{c+h}{c-h} \tag{82}$$

$$U = \mathfrak{E}_m \frac{c^2 - h^2}{c} \lg n \frac{c+h}{c-h}$$

oder wenn wir setzen

$$c + h = R; \quad c - h = r,$$

ergibt sich

$$U = \mathfrak{E}_m \frac{2\,r R}{R+r} \lg n \frac{R}{r}. \tag{83}$$

Vergleichen wir diese Spannung mit der zweier konaxialer Zylinder mit den Radien r und R, so finden wir, daß bei der Katenoidanordnung die Beanspruchung bei gleicher Spannung um das $\frac{R+r}{2R}$ fache kleiner, also günstiger ist.

Wir führen auch hier wieder die geometrische Charakteristik p ein und erhalten

$$U = \mathfrak{E}_m\, 2r \frac{p}{p+1} \lg n\, p. \tag{84}$$

Wäre ein homogenes Feld vorhanden, so wäre

$$U' = \mathfrak{E}_m (R - r),$$

also ist der Ausnutzungsfaktor der Anordnung

$$\eta = \frac{U}{U'} = \frac{2\,p}{p^2 - 1} \lg n\, p. \tag{85}$$

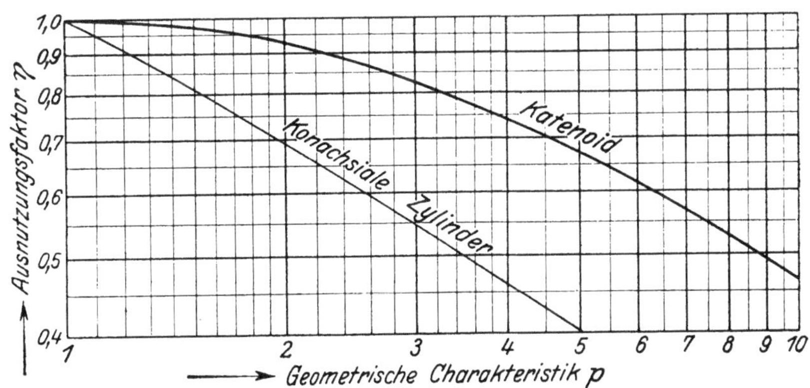

Abb. 65. Ausnutzungsfaktor der Katenoidanordnung.

In Abb. 65 ist die Kurve für den Ausnutzungsfaktor η als Funktion von p aufgetragen. Zum Vergleich ist die η-Kurve zweier konaxialer Zylinder dünn eingezeichnet. Man sieht, daß bei dieser Anordnung die

Ausnutzung noch wesentlich günstiger ist als bei der Anordnung zweier konaxialer Zylinder; ja sie ist sogar noch günstiger als bei zwei gleich großen Zylindern nebeneinander, die wir bis jetzt als die günstigste Anordnung erkannt haben.

Auch für diese Anordnung gibt es einen günstigsten Wert der Charakteristik p; wir finden durch Ausprobieren

$$p_g \simeq 3{,}3\,, \tag{86}$$

d. h. die Durchschlagspannung wird bei gegebener Höchstbeanspruchung des Isoliermaterials am höchsten, wenn wir den Radius R gleich dem 3,3 fachen des Radius r machen.

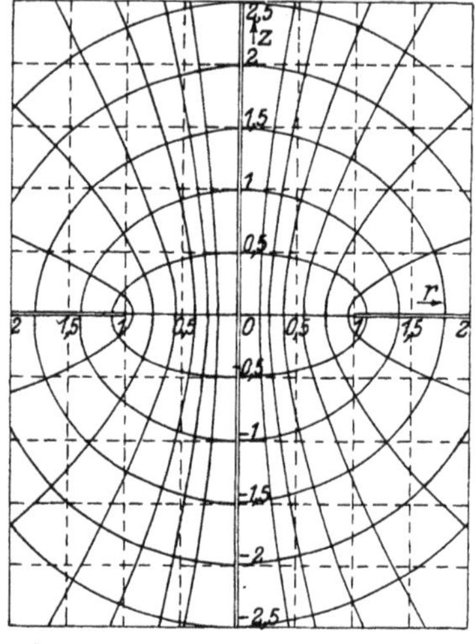

Abb. 66. Kreislochscheibe mit konaxialem dünnen Stab.

Die Katenoidanordnung schien anfänglich für die Durchführung praktische Bedeutung zu gewinnen; wir kommen später nochmals darauf zurück.

Zu einer äußerlich ähnlichen Form der Durchführung kam Bolliger auf anderem Weg. Er betrachtet die Anordnung „Kreislochscheibe mit konaxialem dünnen Stab" als degenerierte konfokale Hyperboloide und führt damit die Aufgabe der Ermittlung des Feldes dieser Anordnung auf das von Kirchhoff behandelte Problem „Verteilung der Elektrizität auf einem Ellipsoid" zurück. Abb. 66 zeigt einen Meridianschnitt des Feldes dieser Anordnung. Die Niveauflächen sind Hyperboloide, die Kraftlinien liegen auf Ellipsoiden. Man kann nun zwei beliebige Hyperboloide zu Elektroden machen und erhält damit das Modell einer Durchführung. Da die Hyperbel nicht die Eigenschaft der Kettenlinie hinsichtlich der mittleren Krümmung besitzt, kann auch das Feld nicht so günstig sein wie bei der Katenoiddurchführung. Auch auf diese Anordnung kommen wir später nochmals zurück.

16. Experimentelle Ermittlung des Ausnutzungsfaktors.

In der Hochspannungstechnik kommen gelegentlich auch Anordnungen vor, deren Durchschlagsformel auch nicht näherungsweise bekannt ist. Es sei hier beispielsweise an die Zylinderwulste von Durchführungen erinnert (Abb. 67). Um die Durchschlagspannung vom Rand des äußeren Zylinders gegen den inneren ermitteln zu können, müßten uns die Überschlagskurven zwischen Kreisringen mit konaxialen

Stäben nach Abb. 68 gegeben sein. Die Anordnung: Kreisring mit konaxialem Stab kommt in der Technik auch bei den Freileitungsisolatoren vor. Dort ist der Kreisring der Drahtbund und der konaxiale

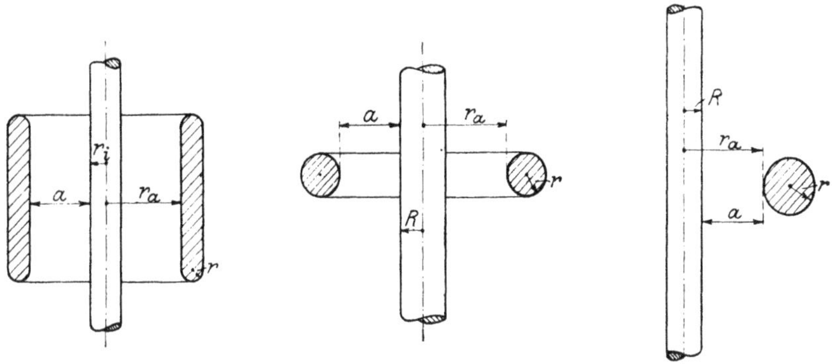

Abb. 67. Wulste bei konaxialem Zylinder. Abb. 68. Ring mit konaxialem Stab. Abb. 69. Zwei gekreuzte Stäbe.

Stab die Isolatorstütze. In der Literatur sind hierüber keine Angaben zu finden; der Verfasser hat es deshalb unternommen, diese Überschlagskurven zu ermitteln. Da ihm aber keine geeigneten Ringe zur

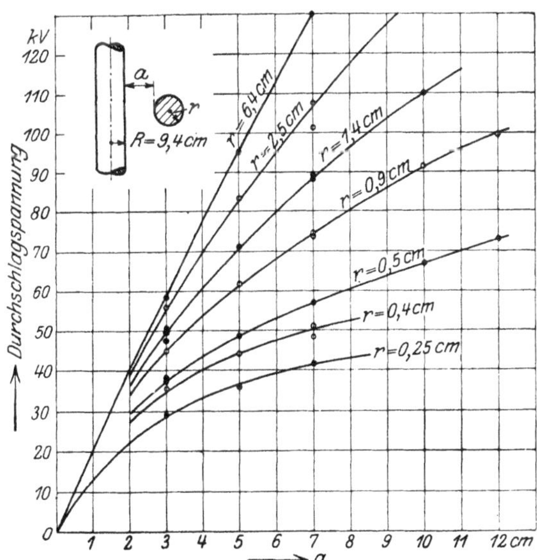

Abb. 70. Durchschlagspannung bei gekreuzten Stäben.

Verfügung standen, wurden die Versuche an senkrecht gekreuzten Stäben in der Anordnung nach Abb. 69 angestellt. Mit Hilfe einiger zylindrischer Ringe wurde nachträglich kontrolliert, wie groß der Unterschied zwischen senkrecht gekreuzten Stäben und der Ringordnung ist. In den Abb. 70 bis 75 sind die Versuchsergebnisse dargestellt, und

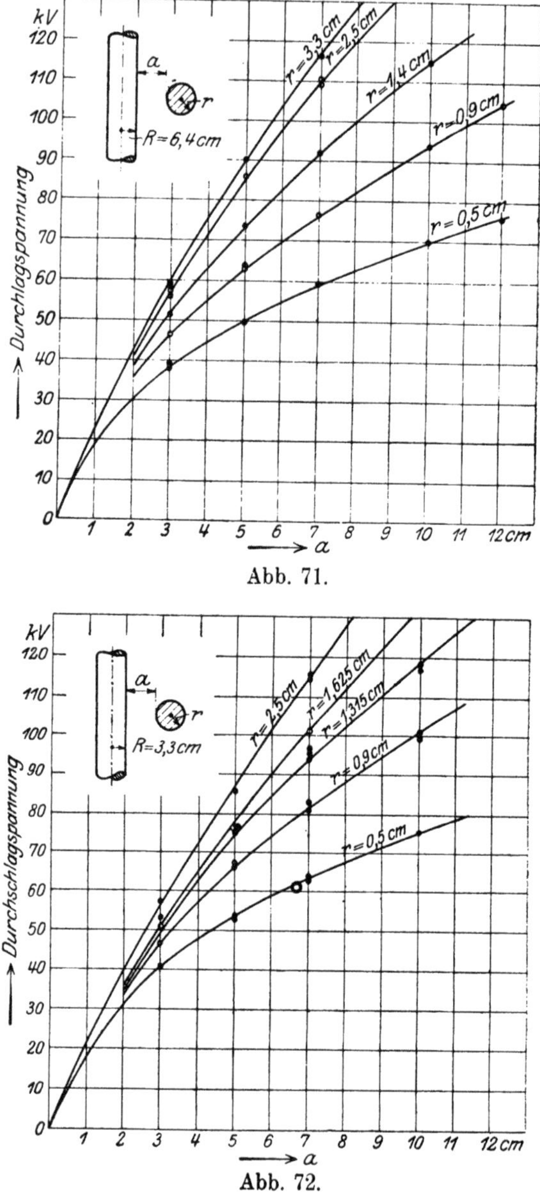

Abb. 71.

Abb. 72.

Abb. 71 u. 72. Durchschlagspannung bei gekreuzten Stäben.

zwar ist jeweils die Durchschlagspannung als Funktion des lichten Abstandes a der beiden Stäbe aufgetragen. Der Durchmesser R eines der beiden Stäbe wurde konstant gehalten, und der Durchmesser r

des anderen Stabes wurde variiert. Die Durchschlagspannungen der Ringanordnungen sind durch zwei konzentrische Kreise angedeutet; sie

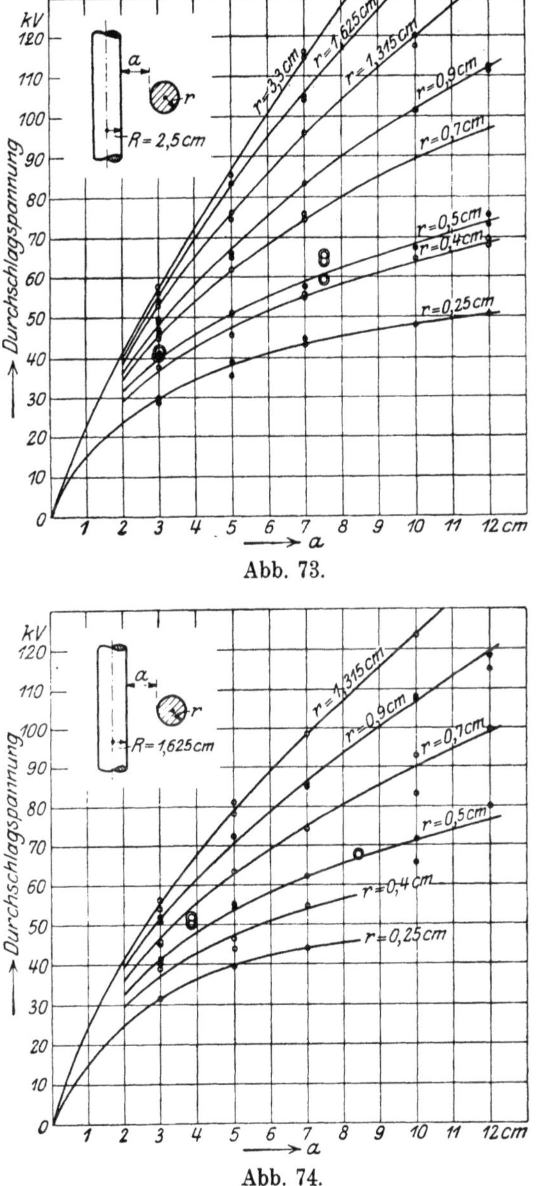

Abb. 73.

Abb. 74.

Abb. 73 u. 74. Durchschlagspannung bei gekreuzten Stäben.

müßten alle auf den Kurven mit dem Parameter $r = 0{,}5$ cm liegen, was im großen und ganzen ziemlich genau zutrifft; bekanntlich sind bei solchen Versuchen Beobachtungsfehler sehr schwer zu vermeiden.

Es ist nun von Interesse zu untersuchen, welche Kurven sich ergeben, wenn wir die Versuchsresultate in ähnlicher Weise auswerten, wie wir dies bei den anderen Anordnungen gemacht haben. Es wurde deshalb jeweils die durch die Versuche ermittelte Durchschlagspannung U durch die Feldstärke $\mathfrak{E}$ dividiert. Dabei wurden für $\mathfrak{E}$ die für konaxiale Zylinderelektroden geltenden Werte der Durchschlagfestigkeit der Luft als Funktion von r eingesetzt; dies ist zwar nicht streng richtig; denn da bei gekreuzten Stäben ein anders gestaltetes Feld vorhanden ist, hat die Durchschlagfestigkeit der Luft sicherlich andere Werte als bei konaxialen Zylindern. Immerhin aber dürfte der gemachte Fehler nicht sehr erheblich sein.

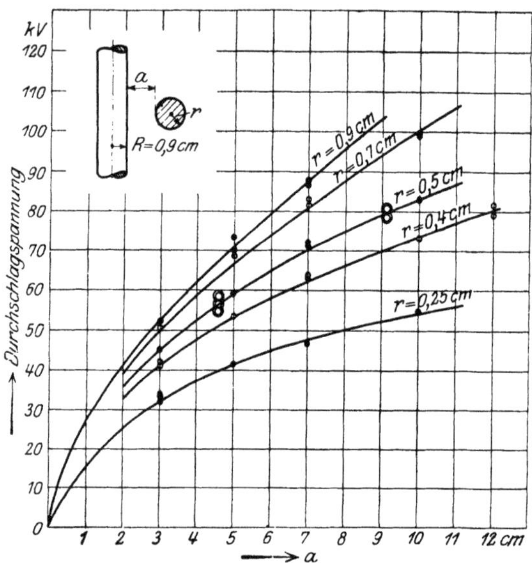

Abb. 75. Durchschlagspannung bei gekreuzten Stäben.

Wir tragen nunmehr die Werte von α aller derjenigen Anordnungen, welche dieselben Parameter

$$\left.\begin{aligned} q &= \frac{R}{r} \\ p &= \frac{r+a}{r} \end{aligned}\right\} \tag{87}$$

haben, abhängig vom Radius r des kleineren Zylinders in einem logarithmischen Koordinatensystem auf. Es zeigt sich dann, daß man auch hier wieder Geradenscharen erhält, und zwar für jedes q eine Schar mit dem Parameter p. Die einzelnen Geraden sind unter sich parallel und haben eine Neigung von 45^0 gegen die Achsen. In

Abb. 76 ist als Beispiel das Geradensystem für $q = 2$, das aus den Versuchen berechnet wurde, dargestellt; die aufgenommenen Punkte sind eingetragen.

In gleicher Weise, wie bei den anderen Anordnungen kann man auch hier die Ausnutzungsfaktoren berechnen. Für $q = 1$ beispielsweise erhält man für die Ausnutzungsfaktoren abhängig von p eine

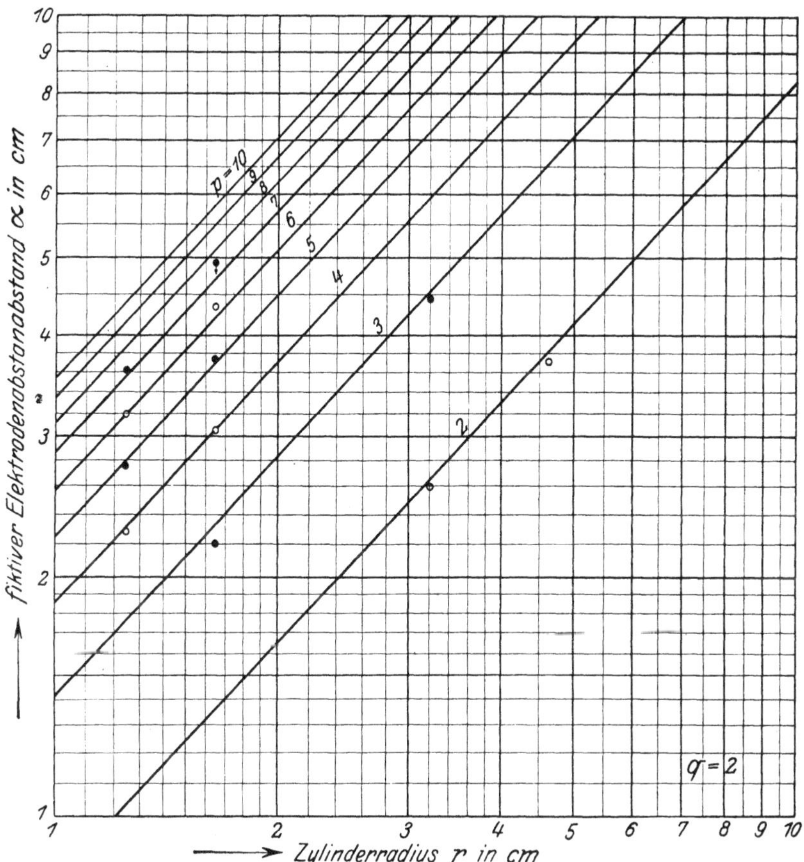

Abb. 76. Abhängigkeit des fiktiven Elektrodenabstandes vom Zylinderradius r bei gekreuzten Stäben.

Kurve, die sich sehr genau mit derjenigen zweier gleich großer Zylinder nebeneinander deckt. Daraus ist ersichtlich, daß zwei parallele und zwei beliebig gekreuzte Stäbe mit gleichen geometrischen Charakteristiken bei der gleichen Spannung überschlagen; dies trifft auch mit großer Annäherung zu, wie Abb. 16 zeigt.

Damit haben wir eine Methode kennen gelernt, wie man für jede beliebige Anordnung die Funktion $\eta = f(p)$ auf experimentellem Weg finden kann. Am bequemsten wäre es natürlich, hierbei ein Isoliermaterial zu benutzen, das dem Proportionalitätsgesetz gehorcht. Handelt es sich um sehr große Elektroden, deren Ausnutzungsfaktoren man finden will, dann kann man die Versuche an kleinen Elektroden vornehmen, die nach der Theorie der Modelle den großen Elektroden nachgebildet sind.

17. Die Randwirkungen.

Wir haben sowohl bei der Plattenanordnung als auch bei konaxialen Zylindern nur das Feld „gegen die Mitte zu" betrachtet, d. h. in genügendem Abstand von den Rändern, und die abgeleiteten Gleichungen sind auch nur dann richtig, wenn die Entladung an dieser Stelle erfolgt. In Wirklichkeit haben wir es aber stets mit Anordnungen zu tun, die endliche Dimensionen besitzen, wo also auch das Feld am Rand berücksichtigt werden muß. Wir wollen deshalb im folgenden das Feld an diesen Stellen berechnen, und zwar zunächst mit Hilfe einer Näherungsmethode und dann für die Plattenanordnung in exakter Weise.

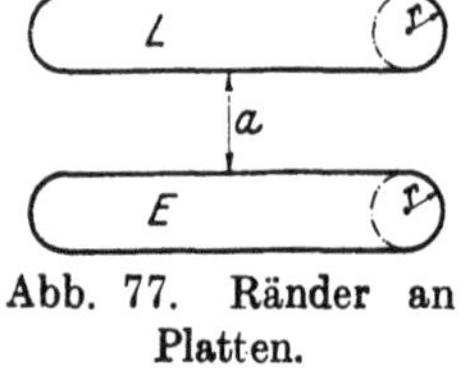

Abb. 77. Ränder an Platten.

Bei der Näherungsmethode gehen wir so vor; Abb. 77 zeigt zwei Platten E und L mit dem Abstand a voneinander. Die Ränder seien zylindrisch abgerundet, der Krümmungsradius r beider Ränder sei gleich groß.

Ist die Durchschlagfestigkeit des Isoliermaterials gleich $\mathfrak{E}_d$ kV · cm^{-1}, dann ist der Durchschlag in dem Teil, wo das Feld homogen ist, bei der Spannung

$$U_d = \mathfrak{E}_d a \text{ (kV)} \tag{88}$$

zu erwarten. Die gegenüberliegenden Ränder fassen wir näherungsweise als „zwei gleich große Zylinder nebeneinander" auf, wie dies in der Zeichnung angedeutet ist; am Rand wird dann der Durchschlag bei der Spannung

$$U_{dr} = \mathfrak{E}_d a \eta \text{ (kV)} \tag{89}$$

auftreten. Da nun η unter allen Umständen kleiner als Eins ist, muß sein

$$U_{dr} < U_d,$$

d. h. der Durchschlag erfolgt bei der Plattenanordnung unter allen Umständen am Rand; wir können sogar sagen, daß die Art und Form der Krümmung dabei ganz gleichgültig ist. Dabei ist allerdings vorausgesetzt, daß das Isoliermaterial dem Proportionalitätsgesetz folgt.

Anders liegen die Verhältnisse bei konaxialen Zylindern. Auch hier können wir den Rand als Teil eines Kreiszylinders auffassen. Wir haben gesehen, daß die Anordnung „Kreisring mit konaxialem Zylinder" zu behandeln ist wie „zwei gekreuzte Stäbe" und diese hinwiederum wie „zwei Zylinder nebeneinander".

Eines ist nun sofort klar, der Durchschlag muß hier unbedingt im Innern erfolgen, wenn wir den Krümmungsradius r Abb. 67 und 68 größer machen als den Radius r_i des konaxialen Zylinders. Dann geht nämlich die Entladung vom konaxialen Zylinder aus, und da an diesem die Feldstärke im Innern stets größer ist als am Rand, erfolgt der Durchschlag im Innern der Anordnung. Abb. 78 zeigt die Durchschlagspannung U_d als Funktion des Radius r des Wulstes für die Dimensionen $r_i = 1$ und $r_a = 10$ und die Durchschlagfestigkeit $\mathfrak{E}_d = 100\,\mathrm{kV\,cm^{-1}}$. Solange r kleiner als r_i ist, geht der Durchschlag vom Rand aus, bei der Berechnung müssen wir deshalb für die geometrische Charakteristik die Werte $q = \frac{r_i}{r}$ einsetzen. Wird aber r größer als r_i, dann müssen wir einsetzen $q = \frac{r}{r_i}$.

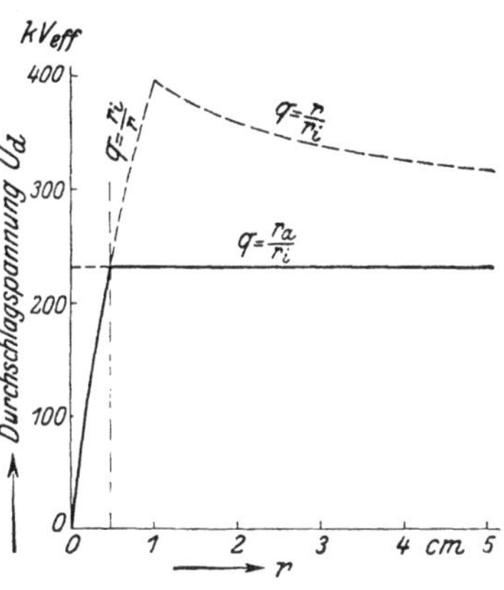

Abb. 78. Durchschlagspannung bei konaxialen Zylindern abhängig vom Radius des Randwulstes.

Für diese beiden Fälle erhalten wir je einen Ast der Kurve, wie das Bild zeigt. Dort ist außerdem auch noch die Durchschlagspannung gestrichelt eingetragen, wenn wir die Anordnung als zwei konaxiale Zylinder auffassen. Der Durchschlag erfolgt natürlich an der Stelle mit der kleinsten Durchschlagspannung, im linken Bereich der Kurven also am Rand und im rechten Teil im Innern der Anordnung. Damit ist die Aufgabe der Berechnung der Randwirkung im Prinzip gelöst.

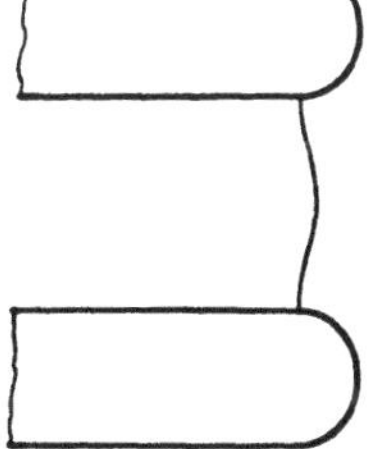
Abb. 79. Kraftlinienverlauf am Rand.

Wie gesagt, stellen diese beiden Berechnungen aber nur Näherungsmethoden dar, die zwar für praktische Fälle meist ausreichen. Wir haben dabei folgende Vernachlässigung gemacht. Wir haben angenommen, daß der Rand als „zwei Zylinder nebeneinander“ aufgefaßt werden kann. Bei dieser Anordnung ist die Verbindungslinie der einander zugewandten Scheitel eine Kraftlinie, längs welcher der Durchschlag erfolgt, und für diesen Fall ist unsere Rechnung streng richtig. Sind die Zylinder aber nur zur Hälfte vorhanden und schließen sie sich tangential an eine Ebene an, dann ist die Kraftlinie zwischen beiden Zylindern an dieser Stelle keine Gerade mehr, sie hat vielmehr etwa die in Abb. 79 angedeutete Form, und für diesen Fall gilt unsere Rechnung nicht mehr.

Wir wollen nunmehr an Hand der genauen Lösung für den

Rand einer Plattenanordnung näher untersuchen, ob es tatsächlich keine Elektrodenkrümmung gibt, bei der der Durchschlag nicht am Rand, sondern im Innern erfolgt; wir werden sehen, daß es tatsächlich solche Krümmungen gibt.

Maxwell hat das Feld einer Plattenanordnung exakt berechnet, und zwar unter der Annahme, daß einer unendlich großen Platte (Vollebene) eine andere Platte (Halbebene) gegenüberstehe, so wie Abb. 80 zeigt. Die Halbebene möge in Richtung senkrecht zur Zeichenebene unendlich ausgedehnt sein. Das Potential v der Vollebene sei gleich Null, das der Halbebene sei $v = V$. Das Koordinatensystem legen wir so fest, daß die X-Richtung mit der Vollebene, die Y-Richtung senkrecht hierzu, also in Richtung des Abstandes a fällt. Das Feld dieser Anordnung wird dann durch die Gleichungen beschrieben

$$\left.\begin{aligned} x &= A(\varphi + e^{\varphi}\cos\psi), \\ y &= A(\psi + e^{\varphi}\sin\psi). \end{aligned}\right\} \tag{90}$$

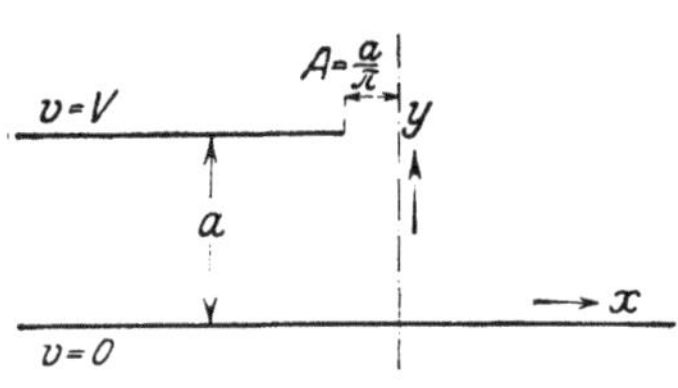

Abb. 80. Halbebene gegen Vollebene.

In diesen Gleichungen ist zur Abkürzung geschrieben

$$\left.\begin{aligned} \psi &= \frac{v}{V}\pi, \\ A &= \frac{a}{\pi}. \end{aligned}\right\} \tag{91}$$

Es bedeutet $\psi =$ konst. eine Niveaufläche und $\varphi =$ konst. eine Kraftlinie. An der Darstellungsweise der beiden Gleichungen ist ungewöhnlich, daß das Potential bzw. dessen Ersatzgröße nicht als Funktion von x und y erscheint, sondern umgekehrt.

Um das Feldbild mit Hilfe dieser Gleichungen zu finden, gehen wir so vor. Wir wählen für den Abstand a irgendeinen Wert, z. B. 94,23 mm und erhalten für A dann den bequemen Wert $A = 30$. Nun wählen wir für ψ einen Wert, z. B. $\psi = 0$, setzen diesen Wert in beide Gleichungen ein und rechnen die Werte für x und y aus, wenn φ nacheinander die Werte 2,0; 1,5; 1,0; 0,5; 0,0; $-0,5$; $-1,0$; $-1,5$; $-2,0$; ... annimmt.

Die gleiche Rechnung führen wir durch für $\psi = 0,1\,\pi$; dann für $\psi = 0,2\,\pi$ usf. bis $\psi = \pi$. Für jedes gewählte ψ erhalten wir eine Kurve, die eine Niveaulinie ist. Haben wir diese Niveaulinien alle gezeichnet, so können wir leicht deren Orthogonaltrajektorien einzeichnen, indem wir die Punkte $\varphi = 1,5$; $\varphi = 1,0$ usf. aller Kurven miteinander verbinden. In dieser Weise ist die Abb. 81 gefunden worden, mit deren Hilfe wir die gestellte Aufgabe beantworten können. Der Abstand zweier Niveaulinien ist ein Maß für die Feldstärke an der betreffenden Stelle. Wir untersuchen nun, wo die Feldstärke am größten ist. Ein Blick auf Abb. 81 lehrt uns, daß längs der der Halbebene zunächst liegenden Niveaulinien die Feldstärke am Rand der Halbebene am größten ist, längs der der Vollebene benachbarten Niveaulinien dagegen im Innern, d. h. im homogenen Teil des Feldes. Das Feldbild ändert sich nun nicht, wenn wir irgendeine der Niveauflächen mit Stanniol belegt denken und als Elektrode betrachten. Wählen wir hierbei die erstgenannten Niveauflächen, dann wird der Durchschlag am Rand der Elektrode erfolgen, wählen wir dagegen eine der letztgenannten Niveaulinien, dann wird der Durchschlag nicht mehr am Rand, sondern im Innern, d. h. im homogenen Feld erfolgen. Wir sehen also, daß entgegen den Ergebnissen der Näherungsrechnung Anordnungen möglich sind, wo der Durchschlag nicht am Rand erfolgt; allerdings müssen dabei die Ränder der Halbelektrode sehr sanft gekrümmt sein, wie Abbildung 81 zeigt. Dieses Bild können wir nun für jede Plattenanordnung verwenden, wir brauchen nur die Maße im Verhältnis des gewählten Abstandes a zum Abstand, der der Zeichnung zugrunde liegt, verändern und damit ist die gestellte Aufgabe in exakter Weise gelöst. Es sei noch daran erinnert, daß bei Isoliermaterialien, die dem Potenzgesetz folgen, der Rand wesentlich schärfer sein darf, weil die Durchschlagfestigkeit dieser Isoliermaterialien an gekrümmten Elektroden größer ist als bei Platten.

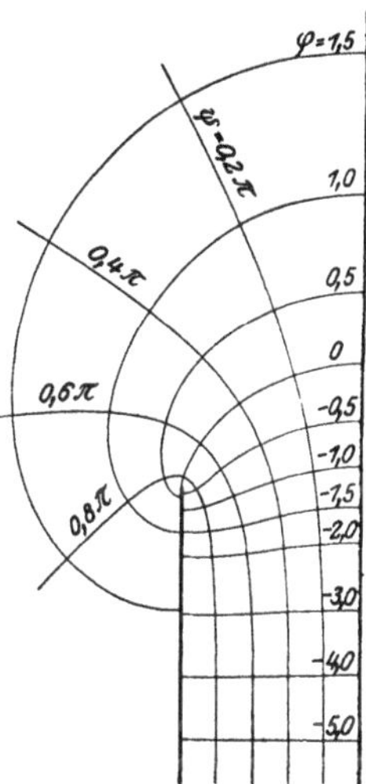

Abb. 81. Kraftlinienbild zweier Platten.

W. Rogowski hat dieses Problem noch weiter verfolgt, indem er die Feldstärke an den verschiedenen Stellen des Feldes berechnete und untersuchte, bei welcher Niveaufläche der Durchschlag gerade noch im Innern erfolgt. Es ergab sich folgendes.

Wir betrachten zwei benachbarte Niveauflächen mit dem Parameter ψ und $\psi + d\psi$ und wandern längs einer Kraftlinie $\varphi =$ konst. von einer Niveaufläche zur andern. Die partiellen Änderungen, denen dabei x und y unterliegen, erhalten wir durch partielle Differentiation der beiden Gleichungen (90). Es wird

$$dx = -A\, e^{\varphi} \sin\psi\, d\psi \tag{92}$$

und

$$dy = A\,(1 + e^{\varphi} \cos\psi)\, d\psi. \tag{93}$$

Die Weglänge ist

$$ds = \sqrt{dx^2 + dy^2} = A \sqrt{1 + e^{2\varphi} + 2\, e^{\varphi} \cos\psi\, d\psi} \tag{94}$$

oder unter Berücksichtigung der Gleichungen (92 und 93)

$$ds = a \sqrt{1 + e^{2\varphi} + 2\, e^{\varphi} \cos\psi \frac{dv}{V}}. \tag{95}$$

Nun ist aber $\frac{dv}{ds}$ die Feldstärke $\mathfrak{E}$ und $\frac{V}{a}$ die Feldstärke $\mathfrak{E}_0$ im homogenen Teil des Feldes; es ist also

$$\frac{\mathfrak{E}}{\mathfrak{E}_0} = \frac{1}{\sqrt{1 + e^{2\varphi} + 2\, e^{\varphi} \cos\psi}} \tag{96}$$

Für den kleinsten Wert des Radikanden R hat $\frac{\mathfrak{E}}{\mathfrak{E}_0}$ sein Maximum. Dieses wollen wir jetzt suchen. Zu diesem Zweck differentiieren wir den Radikanden und setzen den Differentialquotienten gleich Null und erhalten

$$e^{\varphi} = -\cos\psi . \tag{97}$$

Die linke Seite kann nur positive Werte haben und $\cos\psi$ kann nur dann negativ sein, wenn $\psi > \frac{\pi}{2}$ ist.

Der Minimalwert des Radikanden ist

$$1 - \cos^2\psi = \sin^2\psi \tag{98}$$

und wir erhalten demnach das Maximum von $\frac{\mathfrak{E}}{\mathfrak{E}_0}$ für

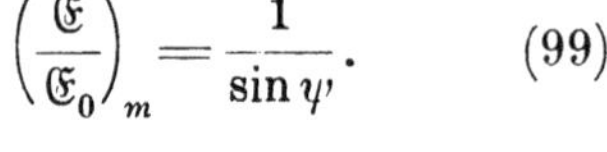

$$\left(\frac{\mathfrak{E}}{\mathfrak{E}_0}\right)_m = \frac{1}{\sin\psi} . \tag{99}$$

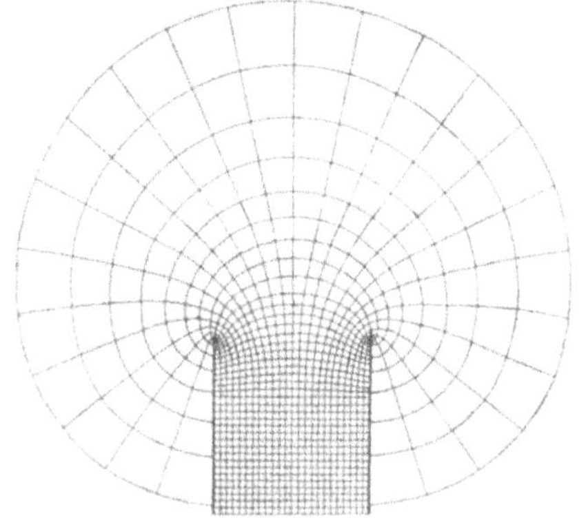

Abb. 82. **Kraftlinien und Niveauflächen am Rande eines Kondensators nach Maxwell.**

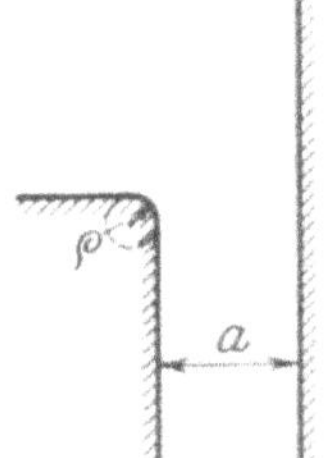

Abb. 83. Abgerundete Kante gegen Ebene.

Wir sehen daraus, daß erst von der Niveaufläche $\psi = \frac{\pi}{2}$ an die Feldstärken innerhalb des Kondensators größer werden als am Rand, und dies gilt für alle Niveauflächen, deren Parameter $\psi \leqq \frac{\pi}{2}$ ist.

Suchen wir zwei Halbebenen, bei denen der Durchschlag im Innern erfolgen soll, dann brauchen wir die Abb. 81 nur durch Hinzufügen des Spiegelbildes zu ergänzen (Abb. 82).

L. Dreyfus hat mit Hilfe der konformen Abbildung eine Reihe von Anordnungen untersucht, von denen uns hier besonders die Randwirkung bei einer Anordnung, wie sie in Abb. 83 eingezeichnet ist, interessiert. Rechnet man das Ergebnis der Untersuchungen für diese

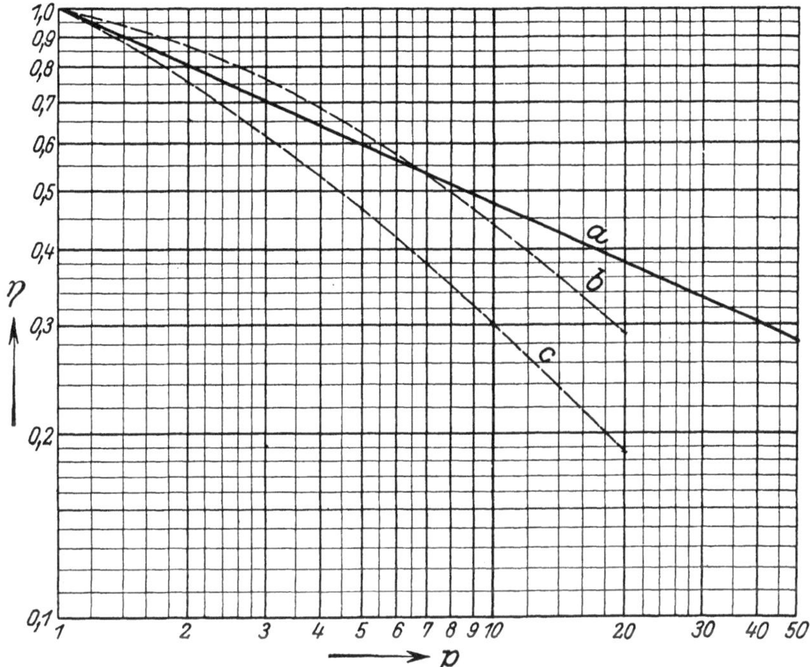

Abb. 84. $\eta = f(p)$ bei der Anordnung: abgerundete Kante gegen Ebene.

Anordnung so um, daß wir den Ausnutzungsfaktor η als Funktion von $p = \frac{\varrho + a}{\varrho}$ auftragen, so erhalten wir die Kurve a von Abb. 84. Zum Vergleich sind die η-Kurven für „zwei parallele Zylinder nebeneinander" (Kurve b) und für „Zylinder parallel zu einer Ebene" eingetragen (Kurve c).

Viertes Kapitel.

Spannungsverteilung auf influenzierte Elektroden.

18. Kapazität zweier Elektroden. — 19. Kondensatorreihen. — 20. Kondensatorketten mit einfacher Verkettung. — 21. Kondensatorketten mit doppelter Verkettung.

Die bisher betrachteten Anordnungen bestehen aus nur zwei Elektroden mit einem einheitlichen Dielektrikum. Die Anordnungen, die wir in diesem Abschnitt behandeln wollen, sind zusammengesetzt entweder aus zwei Elektroden und mehreren Isolierstoffen mit verschiedenen Dielektrizitätskonstanten, oder

aus mehr als zwei Elektroden und einem einheitlichen Isolierstoff, oder

aus mehr als zwei Elektroden und mehreren Isolierstoffen mit verschiedenen Dielektrizitätskonstanten.

Wir werden sehen, daß man zur Berechnung der Anordnungen mit nur zwei Elektroden und mehreren Isolierstoffen „Hilfselektroden" einführen muß, die man in den Trennschichten zwischen den einzelnen Isolierschichten annimmt. Dabei ist Voraussetzung, daß die Trennschichten auf Niveauflächen liegen. Man hat dann also auch bei diesen Anordnungen mehr als zwei Elektroden.

Als Elektroden kommen wieder in Frage: Platten, Zylinder, Kugeln oder Kombinationen derselben. Die Berechnung der Anordnungen auf elektrische Durchschlagbeanspruchung unterscheidet sich in nichts von den bisherigen Berechnungen. Während wir aber bei der Anordnung von nur zwei Elektroden stets wußten, wie groß die Spannung zwischen den Elektroden ist, kennen wir bei den zusammengesetzten Anordnungen meist nur die sog. Gesamtspannung U_g zwischen zwei an die Stromquelle angeschlossenen Elektroden, wir wissen aber nicht, wie sich diese Spannung auf die nicht angeschlossenen, influenzierten Elektroden verteilt.

Die Spannungsverteilung auf die influenzierten Elektroden zu berechnen, ist Aufgabe dieses Abschnittes. Ist diese Aufgabe gelöst, so erfolgt die Berechnung der Beanspruchung des Isoliermaterials zwischen je zwei Elektroden nach den im vorigen Abschnitt angegebenen Regeln.

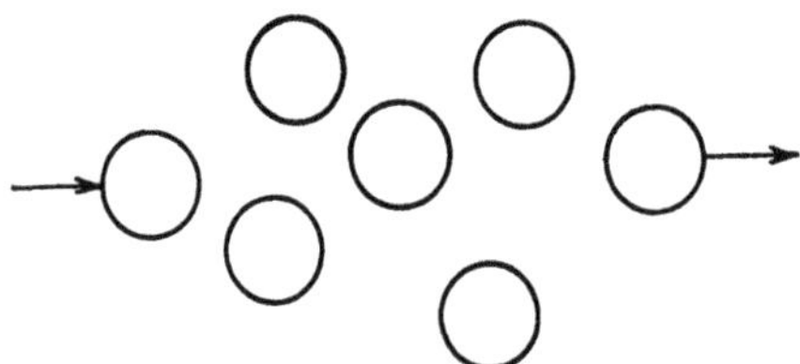
Abb. 85. Vielelektrodenanordnung.

Um an Bekanntes anzuknüpfen, betrachten wir zunächst folgenden Fall. Es seien mehrere Metallkörper, wir können z. B. an Metallkugeln denken, im Raume angeordnet. Ihre Lage zueinander sei beliebig, die einzige Bedingung, die wir stellen, ist die, daß sie gegeneinander isoliert seien (Abb. 85). Wir versenken nun dieses System in einen großen mit einem Elektrolyten gefüllten Trog und legen an zwei dieser Kugeln eine Spannung an. Bei der einen Kugel tritt dann der Strom in das System ein, verzweigt sich auf alle anderen Kugeln und tritt bei der anderen angeschlossenen Kugel wieder aus. Unsere Aufgabe ist es die Spannung zwischen den einzelnen Kugeln zu ermitteln.

Um diese Aufgabe zu lösen, müßte uns der Widerstand zwischen je zwei Kugeln bekannt sein, wir könnten dann den Strom berechnen, der zwischen den Kugeln fließt; und damit wäre die Spannung zwischen den einzelnen Elektroden bekannt. Von einem Widerstand zwischen zwei Kugeln schlechtweg kann man hier freilich nicht sprechen, weil die Strombahnen nicht auf nur eine Verbindungslinie zwischen zwei Kugeln konzentriert sind. Wir denken uns aber das wahre Strombild des Systems durch ein solches ersetzt, wo der Strom nur in den kürzesten Verbindungslinien fließt und schreiben diesen einen solchen Widerstand zu, daß sich dieselbe Spannungsverteilung ergibt wie beim wahren Strömungsbild.

Diese Überlegung übertragen wir auf die hier vorliegende Aufgabe. Hier ist das Körpersystem nicht in einem Elektrolyten, sondern in einem Dielektrikum eingebettet. Die Spannungsverteilung, die sich einstellt, wenn zwei Elektroden mit einer Stromquelle verbunden werden, ist jetzt im Ersatzbild nicht mehr durch die Widerstände, sondern durch die Größe der Kapazitäten zwischen den einzelnen Elektroden bestimmt.

Wie wir vorher die Widerstände kennen mußten, um die Spannungsverteilung im Elektrolyten zu ermitteln, müssen uns jetzt die Kapazitäten zwischen den Elektroden bekannt sein. Nun können wir aber die Kapazitäten zwischen zwei Elektroden berechnen, wenn es sich um Platten, Zylinder oder Kugeln handelt. Dabei ist allerdings vorausgesetzt, daß nur zwei Elektroden vorhanden sind und daß das Feld nur durch sie bestimmt wird. Sind mehr als zwei Elektroden vorhanden, wie in Abb. 85, dann ist das Feld zwischen je zwei Kugeln ein anderes, als wenn nur je zwei Kugeln allein vorhanden wären. Die Formeln, die wir für die Kapazität zwischen zwei Elektroden aufstellen, haben dann also keine Gültigkeit mehr. Nur in dem Fall, wo das Feld zwischen zwei Elektroden durch das Vorhandensein weiterer Elektroden nicht gestört werden kann, dürfen die Kapazitätsformeln ohne weiteres angewendet werden, also z. B. bei sich umhüllenden Kugelschalen, sich umhüllenden Zylindern usw.

Die Verhältnisse in der Praxis liegen aber immer so, daß die Lage der Elektroden nicht so unregelmäßig ist, wie in Abb. 85 dargestellt wurde. Es sind stets gewisse Symmetrien und Regelmäßigkeiten in der gegenseitigen Lage aufzufinden. Ferner liegen die Elektroden, deren Kapazitäten im wesentlichen die Stromverteilung bestimmen, immer so nahe bei einander, daß wir ohne allzu großen Fehler die für zwei Elektroden allein gefundenen Werte der Kapazitäten in Rechnung setzen dürfen. Wo dies nicht möglich ist, müssen wir die Rechnung durch das Experiment unterstützen.

Hinsichtlich der bei technischen Anordnungen stets vorhandenen Symmetrien unterscheiden wir folgende Fälle:

Kondensatorreihen. Hier sind die Elektroden so angeordnet, daß jede Elektrode nur gegen ihre Nachbarelektrode Kapazität hat. Eine solche Anordnung ist in Abb. 86a dargestellt, wo wieder der Einfachheit halber angenommen ist, daß die einzelnen Elektroden K Kugeln seien. Die erste und letzte Elektrode sind mit der Stromquelle verbunden. Stellen wir die Kapazitäten je zweier aufeinander folgenden Kugeln durch einen Kondensator C dar, so ergibt sich die in Abb. 86b dargestellte Ersatzschaltung für die Anordnung. Wir sehen, daß alle Kondensatoren in Reihe geschaltet sind, daher nennen wir die Anordnung „Kondensatorreihe".

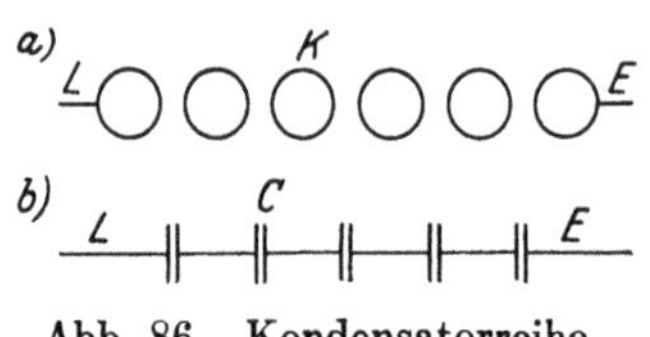

Abb. 86. Kondensatorreihe.

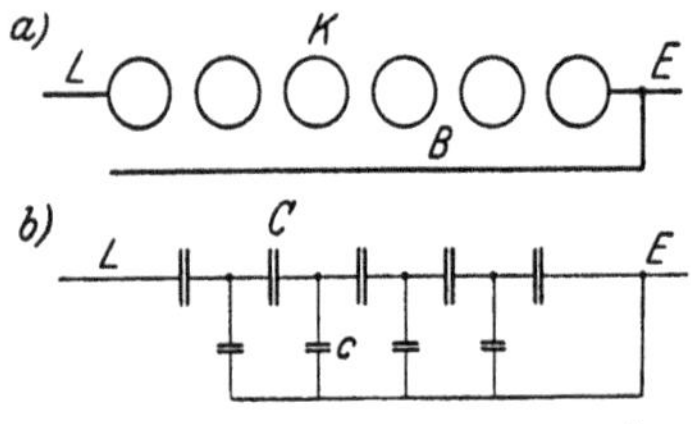

Abb. 87. Kondensatorkette mit einfacher Verkettung.

Kondensatorketten mit einfacher Verkettung. Abb. 87a zeigt eine Anordnung, bei der jede Elektrode nicht nur Kapazität gegen ihre Nachbarelektrode, sondern auch Kapazität gegen eine dritte gemeinsame Elektrode B hat; dabei ist angenommen, daß diese dritte Elektrode mit Erde verbunden ist. Durch diese gemeinsame Elektrode sind alle Elektroden soz. miteinander „verkettet". Manchmal ist diese dritte Elektrode die Erde selbst oder ein in der Nähe liegender, mit Erde verbundener Konstruktionsteil. Dieses Bild erinnert uns an das klassische Beispiel einer Kondensatorkette, den Rollenblitzableiter. Die Ersatzschaltung dieser Anordnung ist in Abb. 87b dargestellt.

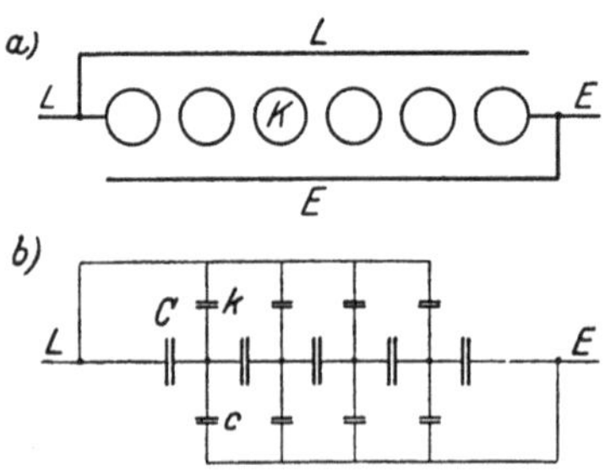

Abb. 88. Kondensatorreihe mit doppelter Verkettung.

Kondensatorketten mit doppelter Verkettung. Abb. 88a zeigt eine solche Anordnung; man sieht, daß alle Elektroden noch mit einer weiteren Elektrode, die meist mit Leitung verbunden ist, kapazitiv verkettet sind. Das Ersatzbild zeigt Abb. 88b.

Bevor wir nun zur Berechnung der Spannungsverteilung auf die einzelnen Elektroden solcher Anordnungen übergehen, müssen wir die Formeln für die Kapazitäten zwischen zwei Elektroden aufstellen.

18. Die Kapazität zweier Elektroden.

Aus der Elektrostatik ist bekannt, daß man die Ladung pro Potentialeinheit als Kapazität C (Fassungsvermögen an Elektrizität) der Anordnung bezeichnet. Es ist also

$$C = \frac{Q}{V}. \tag{1}$$

Die Kapazität C ist nur von den Dimensionen der Körper, deren Abstand und endlich von der Dielektrizitätskonstante des Isoliermaterials abhängig. Im elektrostatischen Maßsystem wird die Kapazität in Zentimeter gemessen. Als praktische Einheit gilt das Farad bzw. Mikrofarad. Es ist

$$1 \text{ Farad} = 9 \cdot 10^{11} \text{ cm};$$
$$1 \text{ Mikrofarad} = 9 \cdot 10^{5} \text{ cm}.$$

Für die verschiedenen Anordnungen ergeben sich folgende Formeln der Kapazität.

Zwei parallele Platten. Aus den früheren Darlegungen wissen wir, daß zwischen Potentialdifferenz und Ladung die Beziehung besteht

$$U = \frac{4\pi Q}{\varepsilon F} a;$$

wir bilden jetzt

$$\frac{Q}{U} = C = \frac{\varepsilon F}{4\pi a} \text{(cm)}. \tag{2}$$

Das ist die Formel für die Kapazität zweier paralleler Platten mit dem Abstand a voneinander.

Zwei konzentrische Kugeln. Für die Beziehung zwischen Potentialdifferenz und Ladung haben wir gefunden

$$Q = U \frac{\varepsilon r R}{R - r}. \tag{3}$$

Wir bilden

$$\frac{Q}{U} = C = \varepsilon r \frac{R}{R - r}. \tag{4}$$

Das ist die Gleichung für die Kapazität zweier konzentrischer Kugeln. Wir führen die geometrische Charakteristik p ein,

$$C = \varepsilon r \frac{p}{p - 1}. \tag{4a}$$

Wir nennen die Kapazität für $r = 1$ cm und $\varepsilon = 1$, also $C_{LE} = \frac{p}{p-1}$ Luft-Einheitskapazität, und erhalten demnach für die Kapazität C

$$C = \varepsilon r C_{LE}. \tag{4b}$$

Da die C_{LE} nur von p abhängt, können wir C_{LE} als Funktion von p auftragen und erhalten die in Tafel IX dargestellte Kurve.

Haben wir also die Kapazität einer konzentrischen Kugelanordnung zu berechnen, so bilden wir p, suchen hierzu die C_{LE} aus der Kurve und multiplizieren den gefundenen Wert mit dem Radius r und der Dielektrizitätskonstante ε der Anordnung.

Zwei konaxiale Zylinder. Hier haben wir die Beziehung zwischen U und Q gefunden

$$Q = U \varepsilon l \frac{1}{2 \operatorname{lgn} \frac{R}{r}}.$$

Es ist also

$$\frac{Q}{U} = C = \varepsilon l \frac{1}{2 \operatorname{lgn} \frac{R}{r}} = \varepsilon l \frac{1}{2 \operatorname{lgn} p}. \tag{5}$$

Das ist die Kapazität zweier konaxialer Zylinder. Hier erhalten wir für die C_{LE} pro 1 cm Zylinderlänge

$$C_{LE} = \frac{1}{2 \operatorname{lgn} p}. \tag{6}$$

Wir tragen C_{LE} als Funktion von p auf und erhalten die in Tafel IX dargestellte Kurve. Die Kapazität der Zylinderanordnung ist dann

$$C = \varepsilon l C_{LE}. \tag{6a}$$

Zwei Zylinder parallel nebeneinander. Die Beziehung zwischen U und Q lautet

$$U = \frac{2Q}{\varepsilon l} \operatorname{lgn} \frac{c^2 - (r-R)^2 + \sqrt{m}}{c^2 - (r-R)^2 - \sqrt{m}}.$$

Nach Einführung von p und q erhalten wir für C

$$\frac{Q}{U} = C = \varepsilon l \frac{1}{2 \operatorname{lgn} \frac{(p+q)^2 - (1-q)^2 + \sqrt{(q^2+1-(p+q)^2)^2 - 4q^2}}{(p+q)^2 - (1-q)^2 - \sqrt{(q^2+1-(p+q)^2)^2 - 4q^2}}}. \tag{7}$$

Für $\varepsilon = 1$ und die Zylinderlänge $l = 1$ cm erhalten wir

$$C_{LE} = \frac{1}{2 \operatorname{lgn} \frac{(p+q)^2 - (1-q)^2 + \sqrt{(q^2+1-(p+q)^2)^2 - 4q^2}}{(p+q)^2 - (1-q)^2 - \sqrt{(q^2+1-(p+q)^2)^2 - 4q^2}}}. \tag{7a}$$

Die Werte für C_{LE} sind als Funktion von p in Tafel IX dargestellt. Die geometrische Charakteristik q ist Parameter der Kurvenschar. Also erhalten wir für die Kapazität C

$$C = \varepsilon l C_{LE}. \tag{7b}$$

Sind die Zylinder gleich groß, so ist wie früher $q=1$. Für die Anordnung Zylinder gegen Ebene ist $q=\infty$.

Zwei sich umhüllende anaxiale Zylinder. In ähnlicher Weise erhalten wir für die Kapazität C

$$C=\frac{\varepsilon l}{2\lg n\dfrac{(r+R)^2-c^2+\sqrt{m}}{(r+R)^2-c^2-\sqrt{m}}}. \tag{8}$$

Für $\varepsilon=1$ und $l=1$ und unter Einführung von p und q erhalten wir für C_{LE}

$$C_{LE}=\frac{1}{2\lg n\dfrac{(1+q)^2-(q-p)^2+\sqrt{(q^2+1-(q-p)^2)^2-4q^2}}{(1+q)^2-(q-p)^2-\sqrt{(q^2+1-(q-p)^2)^2-4q^2}}}. \tag{8a}$$

Die Kurvenschar hierfür ist in Tafel IX dargestellt. Wir erhalten also für die Kapazität C

$$C=\varepsilon l C_{LE}. \tag{8b}$$

Wenn die Kapazität zweier konaxialer Zylinder bekannt ist, und diese ist ja leicht zu berechnen, so können wir daraus mit Hilfe der konformen Abbildung (s. Abschnitt 13) ohne weiteres auch die Kapazitäten der konformen Abbildungen berechnen. Die Transformation, die wir vorgenommen haben, liefert nämlich isogonale und in den kleinsten Teilen ähnliche Figuren. Bei solchen Transformationen haben die Bilder der z- und der Z-Ebene gleiche Kapazitäten.

Berechnen wir also aus einem angenommenen p_z zweier konaxialer Zylinder das p_Z von anaxialen Zylindern oder von Zylinder parallel zu einer Ebene, so haben die Anordnungen mit zusammengehörigen p_z und p_Z die gleiche Kapazität. Wir können also mit Hilfe der geometrischen Charakteristiken die Kapazitäten viel rascher berechnen als in der eben angegebenen Weise, wenn die Kapazitäten konaxialer Zylinder bekannt sind.

Zwei Kugeln nebeneinander. Zwischen den Ladungen Q_1 und Q_2 einerseits, den Potentialen und Kapazitätskoeffizienten α_{11}, α_{12} andererseits besteht ganz allgemein die Beziehung (s. alte Aufl.)

$$\left.\begin{aligned} Q_1 &= \alpha_{11} V_1 + \alpha_{12} V_2 \\ Q_2 &= \alpha_{12} V_1 + \alpha_{22} V_2. \end{aligned}\right\} \tag{9}$$

Da die Ladungen entgegengesetzt gleich sind, sind es auch die Potentiale, also $V_2=-V_1$ und die Spannung U zwischen den Kugeln ist also $U=2V_1$. Es ist daher

$$\frac{Q_1}{U}=\frac{1}{2}(\alpha_{11}-\alpha_{12})=C, \tag{9a}$$

hierbei ist

$$Q_1 = \Sigma q_i = q_1 (\mathfrak{R}_1 + \mathfrak{R}_2)$$

wobei $\mathfrak{R}_1$ die Reihe der positiven $(= \alpha_{11})$ und $\mathfrak{R}_2$ die Reihe der negativen Glieder $(= -\alpha_{12})$ ist (s. S. 94)

$$\alpha_{11} = r\left[1 + x^2 + x^8(1 - x^2)\frac{1 + x^6}{1 - x^6} + x^{24}(1 - x^2)\frac{1 + x^{10}}{1 - x^{10}} + \ldots\right]$$

$$-\alpha_{12} = r\left[\frac{r}{c} + x^3 + x^{11}\frac{(1 - x^2)(1 - x^{14})}{(1 - x^6)(1 - x^8)} + x^{29}\frac{(1 - x^2)(1 - x^{22})}{(1 - x^{10})(1 - x^{12})} + \ldots\right]$$

Setzen wir $r = 1$ (Luft-Einheitskapazität), so ist

$$x = \frac{c}{2} - \sqrt{\frac{c^2}{4} - 1}$$

und die geometrische Charakteristik p

$$p = c - 1\,.$$

Damit können wir die Luft-Einheitskapazitäten C_{LE} berechnen. Kirchhoff hat die Reihen ausgerechnet (Wiedem. Annalen Bd. 27, S. 678. 1886) für $c = 2{,}1$; $c = 2{,}5$ und $c = 4$, also für $p = 1{,}1$; $p = 1{,}5$ und $p = 3$ zu

$p =$	1,1	1,5	3
$\alpha_{11} =$	2,467484;	1,778394,	1,341059;
$-\alpha_{12} =$	2,021957;	0,699614;	0,289994.

Setzen wir diese Werte in Gl. (9a) ein, so erhalten wir die Werte der Luft-Einheitskapazitäten für zwei Kugeln nebeneinander bei den angegebenen Werten von p. Für höhere Werte von p hat der Verfasser die Reihen ausgewertet; das Ergebnis ist auf Tafel IX dargestellt.

Ist der Radius der Kugeln größer oder kleiner als 1 cm, so ist die Kapazität

$$C = \varepsilon\, r\, C_{LE} \qquad (9\text{b})$$

(ε ist die Dielektrizitätskonstante des Isoliermaterials).

Man sieht aus der Tafel, daß sich die Kurve für C_{LE} dem Werte 0,5 nähert, d. i. die Hälfte des Wertes für konzentrische Kugeln mit dem Radius $R = \infty$. Das ist klar; denn zwei Kugeln nebeneinander in sehr großer Entfernung $(a = \infty)$ stellen eine Reihenschaltung zweier konzentrischer Kugelpaare mit $R = \infty$ dar.

Kugel gegen Ebene. Die Luft-Einheitskapazität C_{LE} dieser Anordnung läßt sich leicht aus der eben berechneten ableiten. Bezeichnen wir für einen Augenblick die geometrischen Charakteristiken der Anordnung: „Kugel gegen Kugel“ mit p_a, die der Anordnung: „Kugel gegen Ebene“ mit p_b, so muß C_{LE} der letztgenannten Anordnung bei der Charakteristik $p_b = \frac{p_a + 1}{2}$ doppelt so groß sein, wie bei der erstgenannten Anordnung. Danach ist die Kurve auf Tafel IX berechnet. Hat die Kugel den Radius r und ist die Dielektrizitätskonstante gleich ε, so ist die Kapazität der Anordnung

$$C = \varepsilon r C_{LE}. \tag{9c}$$

Damit können wir die Kapazitäten aller wichtigen Anordnungen berechnen, ohne die umständlichen Formeln benützen zu müssen.

Im Anschluß hieran soll gezeigt werden, wie man die Spannung an den Klemmen eines Kondensators bei gegebenem Strom auf graphischem Wege finden kann.

Es ist bekannt, daß zwischen der Spannung U und dem Strom J eines Kondensators die Beziehung besteht

$$J = \omega C U$$

oder

$$U = \frac{J}{\omega C},$$

d. h die Spannung wächst proportional mit zunehmendem Ladestrom; die Beziehung zwischen Spannung und Ladestrom wird also durch eine Gerade dargestellt. Ihre Neigung φ gegen die Abszissenachse ist gegeben durch

$$\operatorname{tg} \varphi = \frac{1}{\omega C}; \tag{10}$$

dafür können wir auch schreiben

$$\operatorname{tg} \varphi = \frac{\frac{1}{\omega}}{C}. \tag{11}$$

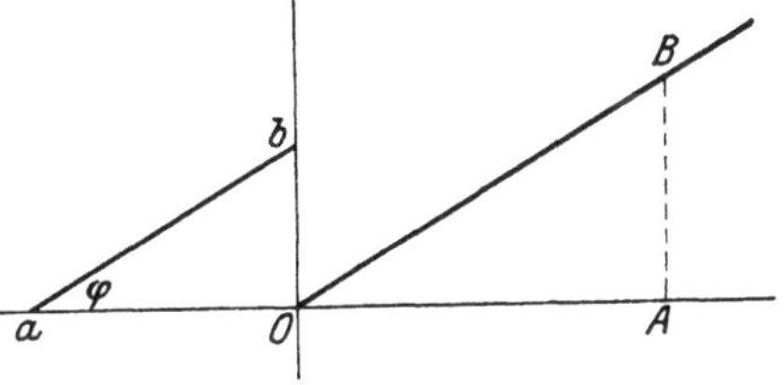

Abb. 89. Strom-Spannungscharakteristik eines Kondensators.

Trägt man in Abb. 89 auf der Abszissenachse nach links eine Strecke $Oa = C$ auf und macht man $Ob = \frac{1}{\omega}$, so hat die Gerade ab die Neigung φ gegen die Abszissenachse. Die Parallele zu dieser Geraden durch O stellt also die Abhängigkeit der Spannung U vom Strom J dar. Fließt beispielsweise der Strom OA durch den Kondensator, so herrscht an seinen Klemmen die Spannung AB.

19. Kondensatorreihen.

Wir betrachten als Beispiele für Kondensatorreihen die beiden Fälle, daß die in Reihe geschalteten Kapazitäten Plattenanordnungen oder konaxiale Zylinder sind.

Plattenförmige Anordnungen. Den einfachsten, aber sehr häufig vorkommenden Fall einer zusammengesetzten Anordnung stellt Abb. 90 dar. Sie besteht aus zwei Platten, zwischen denen zwei verschiedenartige Isolierstoffe mit den Dielektrizitätskonstanten ε_1 und ε_2 eingebettet sind. Die Schichtdicken der beiden Isolierstoffe seien a_1 bzw. a_2.

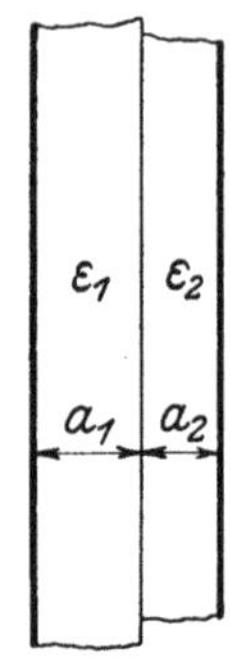

Abb. 90. Geschichtetes Material.

Die Grenzschicht zwischen den beiden Dielektriken liegt auf einer Niveaufläche; denn sie läuft parallel zwischen den beiden Belegungen. Wir denken uns da, wo die beiden Dielektriken zusammenstoßen, eine dünne Metallschicht eingebettet, wodurch an der Feldverteilung nichts geändert wird (influenzierte Elektrode). Die Spannung U sei an den beiden äußeren Elektroden angelegt. Die Anordnung stellt also zwei hintereinander geschaltete Plattenkondensatoren 1 und 2 dar, deren Kapazität wir nach den früheren Darlegungen angeben können. Es ist

$$C_1 = \frac{\varepsilon_1 F_1}{4\pi a_1} \tag{12}$$

und

$$C_2 = \frac{\varepsilon_2 F_2}{4\pi a_2}.$$

Wir nehmen an, daß die Flächen der Belegungen F_1, F_2 gleich groß sind, also

$$F_1 = F_2 = F.$$

Wir erhalten dann die Spannungsverteilung auf die beiden Kondensatoren, wenn wir die Werte für C_1 und C_2 in die folgende Gleichung einsetzen

$$\frac{U_1}{U_2} = \frac{C_2}{C_1}. \tag{13}$$

Nach einigen elementaren Umrechnungen ergibt sich

$$U_1 = U\frac{\varepsilon_2 a_1}{\varepsilon_1 a_2 + \varepsilon_2 a_1} \tag{14}$$

und

$$U_2 = U\frac{\varepsilon_1 a_2}{\varepsilon_1 a_2 + \varepsilon_2 a_1}.$$

Wir können nun leicht die Beanspruchung der Isolierstoffe berechnen; denn die beiden Kondensatoren stellen die einfachen Anordnungen „Zwei parallele Ebenen“ dar. Es ist

$$\mathfrak{E}_1 = \frac{U_1}{a_1} \tag{15}$$

und

$$\mathfrak{E}_2 = \frac{U_2}{a_2}$$

oder wenn man die Werte U_1 und U_2 einsetzt

$$\mathfrak{E}_1 = U \frac{\varepsilon_2}{\varepsilon_1 a_2 + \varepsilon_2 a_1} \tag{16}$$

und

$$\mathfrak{E}_2 = U \frac{\varepsilon_1}{\varepsilon_1 a_2 + \varepsilon_2 a_1}.$$

Dividieren wir die letzten beiden Gleichungen durcheinander, so wird

$$\frac{\mathfrak{E}_1}{\mathfrak{E}_2} = \frac{\varepsilon_2}{\varepsilon_1}, \tag{17}$$

d. h. die Feldstärken in den beiden Medien verhalten sich umgekehrt proportional wie die Dielektrizitätskonstanten.

Dies ist eine der wichtigsten Gleichungen der ganzen Festigkeitslehre. Sie lehrt — das folgende Beispiel wird das noch näher erläutern — die Schädlichkeit der Verwendung von Isoliermaterialien hoher Dielektrizitätskonstante neben solchen mit geringer Konstante.

Beispiel. Das Dielektrikum 1 sei Glas mit einer Durchschlagfestigkeit von etwa $500\ \mathrm{kV \cdot cm^{-1}}$ und einer Dielektrizitätskonstante $\varepsilon_1 = 10$; das Dielektrikum 2 sei Luft mit $\varepsilon_2 = 1$; a_1 sei $= a_2 = a$. Wir erhalten dann für die Feldstärken, wenn $U = 30$ kV ist

$$\mathfrak{E}_1 = 2{,}727\ \mathrm{kV \cdot cm^{-1}};$$
$$\mathfrak{E}_2 = 27{,}273\ \mathrm{kV \cdot cm^{-1}}.$$

Die Feldstärke in Luft kann je nach der Dicke der Luftschicht die Durchschlagfestigkeit bereits überschritten haben, so daß die Luftschicht durchgeschlagen wird. Allerdings ist der Durchschlag kein vollkommener Kurzschluß, weil zwischen den Elektroden noch die Glasplatte vorhanden ist.

Nimmt man das Glas heraus, so daß das Dielektrikum nur aus Luft besteht, dann erhalten wir für die Beanspruchung der Luft

$$\mathfrak{E} = 15\ \mathrm{kV \cdot cm^{-1}}.$$

Dieser Wert ist erheblich geringer als bei der vorigen Anordnung. Durch das Einschieben eines Dielektrikums mit hoher Konstante wurde also die Festigkeit der Anordnung verschlechtert und für technische Zwecke unbrauchbar gemacht, „trotz" der hohen Durchschlagfestigkeit des Glases. Gegen dieses Gesetz wird in der Praxis sehr viel gefehlt.

Von überaus großer Wichtigkeit ist der Fall, daß die Dicke a_2 des Dielektrikums mit der kleineren Dielektrizitätskonstante (Luft) verschwindend klein ist gegenüber der Dicke a_1 des Materials mit der größeren Konstante. Man erhält dann für die Beanspruchung des Materials mit der Dicke a_1

$$\mathfrak{E}_1 = \frac{U}{a_1}$$

und für die Beanspruchung der Luft

$$\mathfrak{E}_2 = \varepsilon_1 \, \mathfrak{E}_1 \, .$$

Befindet sich also z. B. innerhalb eines Materials eine dünne Luftschicht, so ist die Beanspruchung in dieser Schicht um so größer, je größer die Dielektrizitätskonstante des festen Isoliermaterials ist. Dies ist eines der wichtigsten Ergebnisse der elektrischen Festigkeitslehre. Es zeigt uns die Schädlichkeit des Vorhandenseins dünner Luftschichten, die in Reihe geschaltet sind mit festen Isoliermaterialien hoher Dielektrizitätskonstante. In der Luftschicht wird schon bei relativ geringen Spannungen der Anordnung die Durchschlagfestigkeit überschritten, es treten Glimmentladungen auf und diese bringen im Lauf der Zeit den vollständigen Durchschlag des festen Isoliermaterials zustande. Deshalb muß man in der Hochspannungstechnik mit außerordentlicher Sorgfalt darauf bedacht sein, auch die geringsten Spuren von Luft aus den festen Isoliermaterialien zu beseitigen. Aus diesem Grunde werden Konstruktionen, die in dieser Hinsicht besonders gefährdet sind, wie z. B. die Spulenisolation von Maschinen usw. im Vakuum mit Kompoundmasse getränkt, um jede Spur von Luft zu beseitigen. Es ist ein glückliches Zusammentreffen, daß die Luft in dünnen Schichten eine außerordentlich große Durchschlagfestigkeit besitzt, sonst hätte man wohl noch mehr unter Störungen zu leiden.

Die wichtige Gl. (17) und die daraus gezogenen Folgerungen gelten, wie an dieser Stelle erwähnt sei, nicht nur für die Plattenanordnung, sondern für alle beliebig gestalteten Elektroden.

Hat die Lufteinsprengung mehr kugelige Form oder verläuft die Schicht nicht quer zu den Verschiebungslinien, sondern parallel dazu, dann liegt nicht eine Reihenschaltung, sondern eine Parallelschaltung der Luftschicht vor, die Verschiebungslinien können jetzt um die Luftschicht herum verlaufen und nur ein geringer Teil wird sie durchsetzen

(Abb. 91). Infolgedessen ist jetzt die Beanspruchung der Luftschicht kleiner als in der Umgebung, es können also keine Überbeanspruchungen in der Luft auftreten. Dafür wird jetzt aber die Beanspruchung im festen Isoliermaterial um so größer, weil sich besonders in den die Luft begrenzenden Schichten die Linien zusammendrängen. Das Isoliermaterial ist also auch hier gefährdet, wenn auch nicht durch die Entladungen in der Luftschicht, so doch durch die eigene Überbeanspruchung.

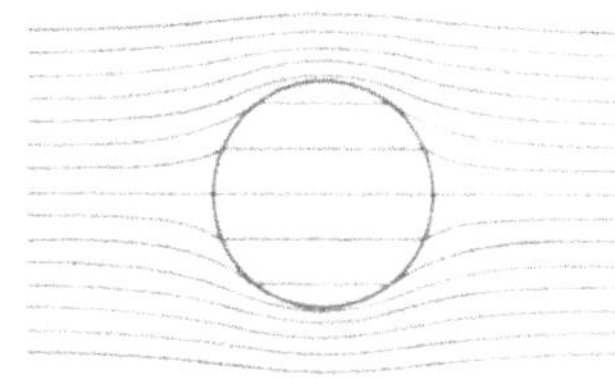

Abb. 91. Luftblase in einem Isoliermaterial.

Abb. 92. Randentladung bei geschichtetem Isoliermaterial.

Eine ganze Reihe von Erscheinungen, die bei Überbeanspruchung der Luft (oder des Öles) an den Rändern der Elektroden auftreten (Abb. 92), faßt man unter dem Namen Randentladungen zusammen. Die Randentladungen werden wir später eingehend besprechen; hier aber kann bereits erwähnt werden, daß alle Konstruktionen, bei denen die Elektroden in sanften Abrundungen vom Isoliermaterial „wegschleichen", schlecht sind, weil an der mit einem Pfeil bezeichneten Stelle Glimmentladungen auftreten. Diese greifen das Material an und leiten einen frühzeitigen Durchschlag ein. Falls die Konstruktion unter Öl gebracht wird, liegen die Verhältnisse insofern günstiger, daß erstens die Dielektrizitätskonstante des Öles größer ist als die der Luft, und zweitens das Öl eine wesentlich höhere Festigkeit als die Luft besitzt, zur Erzeugung von Glimmentladungen ist also eine höhere Feldstärke nötig.

Zylinderförmige Anordnungen. Während die Verwendung von Isoliermaterialien mit hoher Dielektrizitätskonstante bei plattenförmigen Anordnungen im allgemeinen schädlich wirkt, kann die Einführung solcher Isoliermaterialien bei zylinderförmigen Anordnungen sehr vorteilhaft sein. Wir haben gesehen, daß durch Einführung von Stoffen mit großem ε das Feld soz. weggedrängt wird; liegt also ein Bedürfnis vor, das Feld an Stellen mit großer Feldstärke zu schwächen, so braucht man dort nur solche Materialien anzuordnen.

Aus den Berechnungen der Anordnungen „Konaxiale Zylinder" ist uns bekannt, daß die Beanspruchung an der Oberfläche des inneren Zylinders am größten ist. Umgibt man den inneren Zylinder mit einer Isolierschicht mit großem ε, so kann man dort die Feldstärke vermindern. Hätte man Isoliermaterialien mit allen möglichen Dielektrizitätskonstanten zur Verfügung, so könnte man durch Abstufen der

Dielektrizitätskonstanten offenbar erreichen, daß die Feldstärken in allen Schichten gleich groß sind, man müßte nur die Reihenfolge der Isolierstoffe so wählen, daß die Dielektrizitätskonstante um so kleiner wird, je weiter man sich vom Innenleiter entfernt.

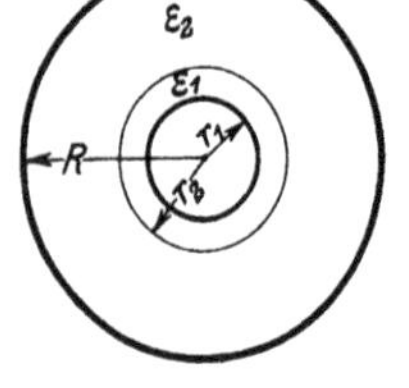

Abb. 93. Geschichtetes Isoliermaterial bei Zylinderanordnung.

Die Berechnung der Beanspruchung gestaltet sich wieder sehr einfach. In Abb. 93 ist der Querschnitt einer konaxialen Zylinderanordnung dargestellt. Um den Innenleiter ist zunächst eine Isolation mit der Konstanten ε_1 gelegt; auf diese folgt die Schicht mit der Konstanten ε_2. Wir denken uns den Zylinder mit dem Radius r_2 mit Metall belegt (Trennschicht); wir haben dann zwei konaxiale Zylinderanordnungen.

Nach den früheren Berechnungen ist die Kapazität der inneren Zylinderanordnung

$$C_1 = \frac{\varepsilon_1 l_1}{2 \operatorname{lgn} \frac{r_2}{r_1}}$$

und die der äußeren (18)

$$C_2 = \frac{\varepsilon_2 l_2}{2 \operatorname{lgn} \frac{R}{r_2}}$$

Die Größe dieser Kapazitäten können wir natürlich auch mit Hilfe der Kurven für die Luft-Einheitskapazität von konaxialen Zylindern berechnen. Wir wollen hier aber die Formeln in ihrer expliziten Form anschreiben.

Wir setzen die Längen

$$l_1 = l_2 = l.$$

Die beiden Kondensatorelemente sind hintereinandergeschaltet, also ist, wenn U wieder die Gesamtspannung bedeutet,

$$U_1 = U \frac{C_2}{C_1 + C_2} = U \frac{\varepsilon_2 \operatorname{lgn} \frac{r_2}{r_1}}{\varepsilon_1 \operatorname{lgn} \frac{R}{r_2} + \varepsilon_2 \operatorname{lgn} \frac{r_2}{r_1}}; \tag{19}$$

$$U_2 = U \frac{C_1}{C_1 + C_2} = U \frac{\varepsilon_1 \operatorname{lgn} \frac{R}{r_2}}{\varepsilon_1 \operatorname{lgn} \frac{R}{r_2} + \varepsilon_2 \operatorname{lgn} \frac{r_2}{r_1}}.$$

Für einen Punkt im inneren Isolationszylinder mit der Entfernung x_i vom Mittelpunkt erhält man die Beanspruchung zu

$$\mathfrak{E}_i = U \frac{\frac{\varepsilon_2}{x_i}}{\varepsilon_1 \lg n \frac{R}{r_2} + \varepsilon_2 \lg n \frac{r_2}{r_1}} \tag{20a}$$

und für einen Punkt des äußeren Zylinders mit der Entfernung x_a vom Mittelpunkt ergibt sich

$$\mathfrak{E}_a = U \frac{\frac{\varepsilon_1}{x_a}}{\varepsilon_1 \lg n \frac{R}{r_2} + \varepsilon_2 \lg n \frac{r_2}{r_1}}. \tag{20b}$$

Die Beanspruchungen verhalten sich also

$$\mathfrak{E}_i : \mathfrak{E}_a = \frac{\varepsilon_2}{x_i} : \frac{\varepsilon_1}{x_a}. \tag{21}$$

Die **größte** Beanspruchung ergibt sich für den Innenzylinder bei

$$x_i = r_1,$$

für den Außenzylinder bei

$$x_a = r_2,$$

also wird

$$\mathfrak{E}_{i\max} : \mathfrak{E}_{a\max} = \varepsilon_2 r_2 : \varepsilon_1 r_1. \tag{22}$$

Sollen beide Beanspruchungen gleich groß sein, so muß gemacht werden

$$\varepsilon_2 r_2 = \varepsilon_1 r_1$$

oder

$$\varepsilon_2 : \varepsilon_1 = r_1 : r_2, \tag{23}$$

d. h. **die Entfernungen der am meisten beanspruchten Stellen vom Mittelpunkt müssen sich umgekehrt wie die Dielektrizitätskonstanten verhalten.**

Will man eine vollständig gleichmäßige Spannungsverteilung auf den ganzen Querschnitt erreichen, so müssen sehr fein unterteilte Schichten gewählt werden, und es müssen sich verhalten

$$\varepsilon_1 : \varepsilon_2 : \varepsilon_3 : \cdots \varepsilon_n = r_n : r_{n-1} : \cdots r_3 : r_2 : r_1. \tag{24}$$

Hätte man den ganzen Zylinder nur mit Isoliermaterial der Dielektrizitätskonstante ε_2 ausgefüllt, so wäre die größte Beanspruchung

$$\mathfrak{E}_{\max} = \frac{U}{r_1 \lg n \frac{R}{r_1}}. \tag{25}$$

Bei der Anordnung zweier verschiedener Isolierstoffe ist die Beanspruchung an der Stelle r_1

$$\mathfrak{E}_1 = \frac{U \varepsilon_2}{r_1 \left(\varepsilon_1 \lg n \frac{R}{r_2} + \varepsilon_2 \lg n \frac{r_2}{r_1}\right)} \tag{26}$$

(für $\varepsilon_1 = \varepsilon_2$ werden beide Gleichungen identisch).

Es verhält sich also

$$\frac{\mathfrak{E}_{max}}{\mathfrak{E}_1} = \frac{\varepsilon_1 \lg n \frac{R}{r_2} + \varepsilon_2 \lg n \frac{r_2}{r_1}}{\varepsilon_2 \lg n \frac{R}{r_1}}. \tag{27}$$

Dieses Verhältnis ist größer als 1, wenn ε_1 größer als ε_2 ist, was nach Annahme immer der Fall ist, d. h. die Maximalbeanspruchung wird bei einer „geschichteten" Anordnung kleiner.

Wir vergleichen jetzt zwei Ausführungen von konaxialen Zylindern. Die eine soll mit einheitlichem Isoliermaterial, also als Einschichtenanordnung, ausgebildet sein; ihre geometrische Charakteristik p sei gleich $p_g = 2{,}718$. Die andere Anordnung soll mit geschichtetem Isoliermaterial ausgefüllt werden, so daß sich eine vollständig gleiche Beanspruchung in allen Schichten ergibt. Die höchst vorkommende Beanspruchung sei bei beiden Anordnungen gleich groß.

Die Durchschlagspannungen U_{d1} und U_{d2} der beiden Anordnungen ist dann bei gleicher Schichtdicke a

$$\left.\begin{aligned} U_{d1} &= \mathfrak{E}_d \cdot a\eta \\ U_{d2} &= \mathfrak{E}_d a, \end{aligned}\right\} \tag{28}$$

also verhalten sich

$$\frac{U_{d2}}{U_{d1}} = \frac{1}{\eta}. \tag{29}$$

Da nach früheren Darlegungen für $p_g = 2{,}718$

$$\eta = \frac{1}{p_g - 1} \tag{30}$$

ergibt sich

$$\frac{U_{d2}}{U_{d1}} = p_g - 1 = 1{,}718, \tag{31}$$

d. h. bei gleicher Schichtdicke hält die Anordnung mit gleichmäßiger Beanspruchung (Vielschichtenanordnung) eine um rund 72 % höhere Durchschlagspannung aus.

Wenn wir beide Anordnungen so ausführen, daß sie die gleiche Durchschlagspannung aushalten, dann wird natürlich der Verbrauch an Isoliermaterial für die Vielschichtenanordnung geringer. Setzen wir diesen der Oberfläche des Querschnittes proportional, so verhalten sich die Materialaufwande wie folgt

$$\frac{((r+a)^2-r^2)\pi}{((r+a\eta)^2-r^2)\pi}=\frac{p^2-1}{(1+(p-1)\eta)^2-1}=\frac{p^2-1}{3}=2{,}13. \quad (32)$$

D. h, bei .der Ausführung als Einschichtenanordnung ist der Materialverbrauch um 113 $^0/_0$ größer als bei der Vielschichtenanordnung. Vom wirtschaftlichen Standpunkt aus ist aber damit die Frage noch nicht restlos gelöst; es muß hier noch der Preis für das Isoliermaterial und für die Fabrikation berücksichtigt werden, und da kann es sich ergeben, daß trotz aller Vorzüge der Vielschichtenanordnung die Einschichtenanordnung die billigere ist.

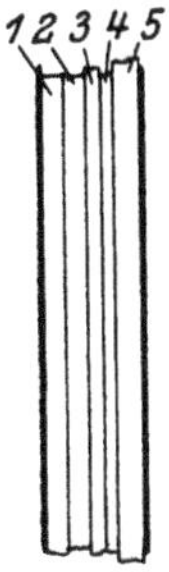

Abb. 94. Geschichtetes Isoliermaterial.

Wir haben bei unseren bisherigen Berechnungen angenommen, daß nur zwei verschiedene Dielektriken hintereinandergeschaltet sind. Sind mehr als zwei, also n Dielektriken vorhanden (Abb. 94), so rechnet man zunächst die Kapazität von $(n-1)$ Schichten aus und danach die Spannungsverteilung zwischen dem aus $(n-1)$ Schichten gebildeten und dem aus der $n$ten Schicht gebildeten Kondensator, genau wie wir es mit den Zweischichtenanordnungen getan haben. Ist dies bekannt, so kann man in ähnlicher Weise für den Kondensator $(n-2)$ Schichten und der zweitletzten Schicht verfahren usf., bis die Spannungsverteilung auf alle Schichten bekannt ist. Dann kann in bekannter Weise die Beanspruchung berechnet werden.

Auch auf graphischem Wege kann man mehrfach geschichtete Anordnungen berechnen. Wir ermitteln die Kapazitäten $C_1, C_2 \ldots C_5$ der Schichten von Abb. 94.

In einem beliebigen Maßstab machen wir in Abb. 95 die Strecken

$$EC_1 = C_1; \quad EC_2 = C_2;$$
$$EC_3 = C_3; \quad EC_4 = C_4 \quad \ldots$$

Die Punkte verbinden wir mit B. Wir nehmen an, daß an die beiden Endmetallplatten Gleichspannung angelegt wird. Alle Kondensatoren werden vom gleichen Strom durchflossen.

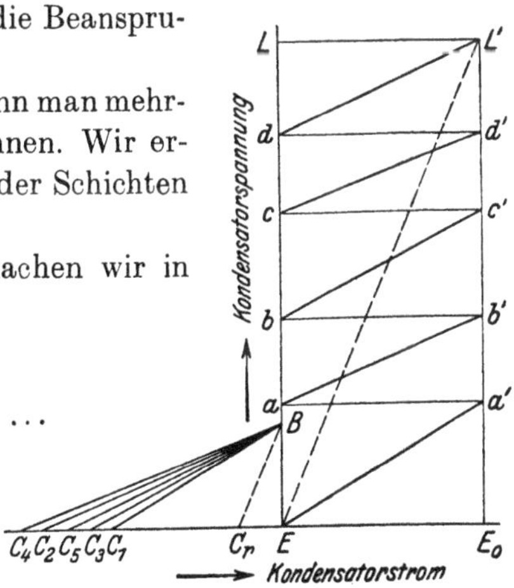

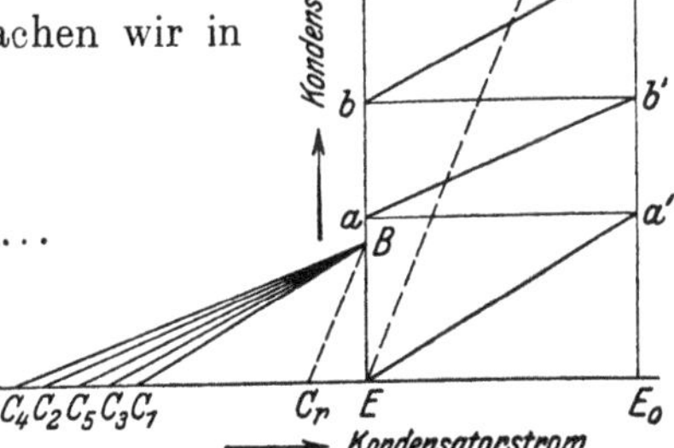

Abb. 95. Reihendiagramm.

Wir machen nun die Strecke EE_0 gleich dem beliebig gewählten. Strom i und errichten in E die Senkrechte zur Abszissenachse. Durch E ziehen wir die Parallele zu BC_1 und erhalten den Schnittpunkt a'

Dann ist nach unseren früheren Darlegungen $E_0 a'$ die Spannung der Schicht 1. In gleicher Weise können wir die Spannungen der anderen Schichten erhalten. Wir gehen jedoch besser so vor, daß wir die Spannung der zweiten Schicht über der über a' konstruieren. Zu diesem Zweck legen wir durch a' die Parallele aa' zur Abszissenachse und durch a die Parallele zu $C_2 B$. Wir erhalten dann den Schnittpunkt b'. Die Strecke $a'b'$ stellt die Spannung der zweiten Schicht dar. In dieser Weise setzen wir die Konstruktion fort. Die Strecke $E_0 L'$ stellt dann die Gesamtspannung dar an den Platten des Kondensators. Diese sei z. B. zu 10000 Volt gegeben. Wenn wir nun noch keine Annahmen betreffs des Ladestromes i gemacht haben, so können wir ohne weiteres die Strecke EL zu 10000 Volt annehmen und danach eichen. Wir können dann ablesen, wieviel Spannung auf die einzelnen Schichten trifft.

Man sieht, daß die graphische Lösung einfacher ist als die rechnerische. In gleicher Weise kann man natürlich auch die Spannungsverteilung von geschichteten Zylinderanordnungen u. dgl. auf graphischem Wege finden. Das Diagramm zeigt sehr deutlich, daß auf die Kondensatoren mit den kleineren Kapazitäten die größeren Spannungsanteile treffen.

Ordnet man im Isoliermaterial einer Anordnung Metalleinlagen an, und zwar so, daß zwei benachbarte Elektroden einen Kondensator bilden, und macht man die Kapazitäten aller dieser Kondensatoren unter sich gleich groß, dann verteilt sich die Spannung gleichmäßig auf die Metalleinlagen und damit auch auf das Isoliermaterial. Die Einlagen dienen dann als Potentialregelflächen. Das bekannteste Beispiel hierfür ist die Nagelsche Kondensatordurchführung, auf die wir später eingehend zu sprechen kommen.

20. Kondensatorketten mit einfacher Verkettung.

Wir betrachten zunächst Kondensatorketten mit einfacher Verkettung. Schematisch ist diese Anordnung in Abb. 87a dargestellt. Wir denken uns eine Reihe gleichgroßer Kugeln K nebeneinander angeordnet. Offenbar hat dann jede Kugel gegen die nächstfolgende Kapazität. Da wir die Kugeln zunächst als gleich groß annehmen, sind auch diese in Reihe geschalteten Kapazitäten C gleich groß. Neben der Kugelreihe sei noch ein Blech B angeordnet, das mit der ersten Kugel und mit Erde verbunden sei. Es hat nun natürlich jede Kugel auch gegen dieses Blech, also gegen Erde, Kapazität; wir können annehmen, daß diese Kapazitäten c ebenfalls unter sich gleich groß sind. Als Ersatzbild dieser Anordnung ergibt sich also Abb. 87b.

Es handelt sich nun darum, die Spannung jeder Kugel gegen ihre Nachbarkugel und gegen das geerdete Blech zu bestimmen, um die

Beanspruchung des Isoliermaterials zwischen je zwei Kugeln und zwischen Kugel und Erde berechnen zu können. Es ist zu erwarten, daß sich hier die Spannung in anderer Weise verteilt als vorher bei der Kondensatorreihe, und in der Tat werden wir sehen, daß hier die Spannung zwischen zwei Kugeln je nach ihrer Lage sehr verschieden voneinander ist. Auf die Erscheinung der ungleichmäßigen Spannungsverteilung längs der Kondensatorkette haben bereits Rushmore und Dubois bei Untersuchung des Rollenblitzableiters mit Vielfachfunkenstrecke aufmerksam gemacht. Bragstad und La Cour haben die Spannungsverteilung mit Hilfe der Differentialgleichung dieses Stromkreises unter Annahme einer unendlich feinen Unterteilung rechnerisch ermittelt. Später hat F. W. Peek eine genaue Theorie der Kettenisolatoren, die man zu dieser Gruppe zählt, entwickelt unter Anwendung von Kettenbrüchen. Rüdenberg hat das Problem der Spannungsverteilung bei Kettenisolatoren mit Hilfe einer Differenzengleichung gelöst. Der Verfasser hat eine graphische Methode angegeben, mit deren Hilfe man leicht die Spannungsverteilung finden kann. Petersen hat zum erstenmal in einwandfreier Weise die Spannungsverteilung einer der wichtigsten Kondensatorketten, nämlich an Kettenisolatoren gemessen und gezeigt, daß die Theorie die Verhältnisse richtig wiedergibt.

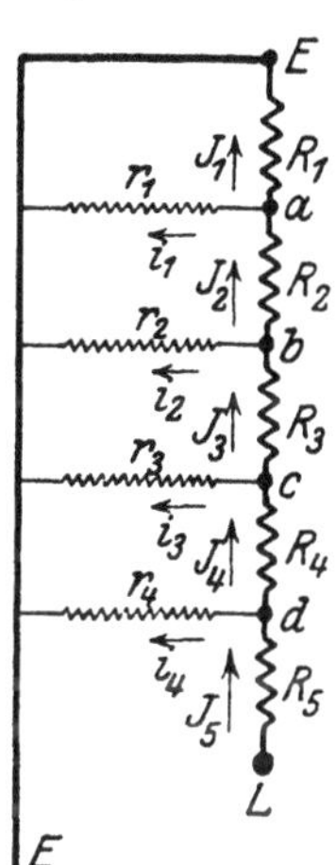

Abb. 96. Kettenschaltung von Widerständen.

Für den Anfänger mag es nützlich sein, das Hauptgesetz für die Spannungsverteilung an Kondensatorketten an einer Kette von Widerständen zu studieren, um von bekannten Erscheinungen auszugehen.

Wir nehmen an, daß fünf Widerstände R_1, R_2, R_3, R_4, R_5 hintereinandergeschaltet seien, in den Punkten a, b, c, $d \ldots$ mögen die Widerstände r_1, r_2, r_3, r_4 abgezweigt sein. Die Stromquelle, welche die Gruppenschaltung speist, ist bei L und E angeschaltet (Abb. 96).

Für die Durchrechnung des Beispiels nehmen wir an, daß alle Widerstände R unter sich gleich groß und gleich 10 Ohm seien; ebenso seien auch die Widerstände r gleich groß und gleich 100 Ohm. Statt mit Widerständen können wir auch mit den Leitwerten $\Lambda = \frac{1}{10}$ und $\lambda = \frac{1}{100}$ rechnen.

Wir nehmen nun an, der Widerstand R_1 führe den Strom von beispielsweise $J_1 = 10$ Amp. Dann ist die Spannung zwischen den Punkten E und a

$$u_{Ea} = 100 \text{ V}.$$

An dieser Spannung liegt auch der Widerstand r_1 mit dem Leitwert

9*

$\lambda = \frac{1}{100}$. Also ist der Strom in diesem Widerstand

$$i_1 = 1\ \mathrm{A}.$$

Der Widerstand R_2 führt die Summe dieser beiden Ströme, also ist

$$J_2 = J_1 + i_1 = 11\ \mathrm{A}.$$

Der Spannungsabfall in diesem Widerstand ist demnach

$$u_{ab} = 110\ \mathrm{V},$$

also größer wie u_{Ea}, weil eben der Strom J_2 größer ist als J_1.

Die Spannung zwischen E und b ist

$$u_{Eb} = 210\ \mathrm{V}.$$

An dieser Spannung liegt der Widerstand r_2; also fließt durch ihn der Strom

$$i_2 = 2{,}1\ \mathrm{A}.$$

In dieser Weise kann man die Rechnung fortsetzen und alle Ströme und Spannungen ermitteln.

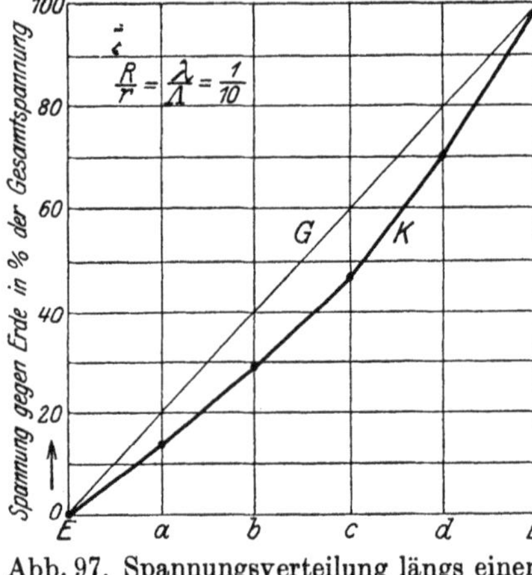

Abb. 97. Spannungsverteilung längs einer Kette.

Trägt man die so berechneten Spannungen auf, die an den Punkten $a, b, c \ldots$ gegen Erde E herrschen, und zwar in Prozenten der gesamten zwischen E und L vorhandenen Spannung, so erhält man die Spannungsverteilung längs der Widerstandskette, die Abb. 97 zeigt (*K*urve K).

Würden alle Widerstände R den gleichen Strom führen, dann ergäbe sich die Gerade G als Kurve für die Spannungsverteilung. Man sieht sehr deutlich, daß die wahre Spannungsverteilung sehr stark von dieser gleichmäßigen abweicht. Offenbar muß die Spannungsverteilung um so gleichmäßiger werden, je größer die Widerstände R gegenüber den Widerständen r sind; denn um so geringer sind die Abweichungen der Ströme J voneinander, die in den Widerständen R fließen. Für die Größe der Abweichung der Spannungsverteilung von der gleichmäßigen ist also das Verhältnis λ/Λ maßgebend. Je kleiner dieses ist, um so gleichmäßiger ist die Spannungsverteilung; für $\lambda/\Lambda = 0$ ist sie geradlinig

Statt der in Abb. 97 gewählten Darstellung können wir auch die auf die einzelnen Widerstände R entfallenden Spannungsanteile als Funktion der Nummern der Widerstände auftragen; der besseren Übersicht halber empfiehlt es sich, die Spannungsanteile in Prozenten der

Gesamtspannung aufzutragen. Wir erhalten dann die in Abb. 98 dargestellte Kurve.

Vielfach wird die auf die einzelnen Widerstände entfallende Spannung nicht in Prozenten der gesamten zwischen E und L herrschenden

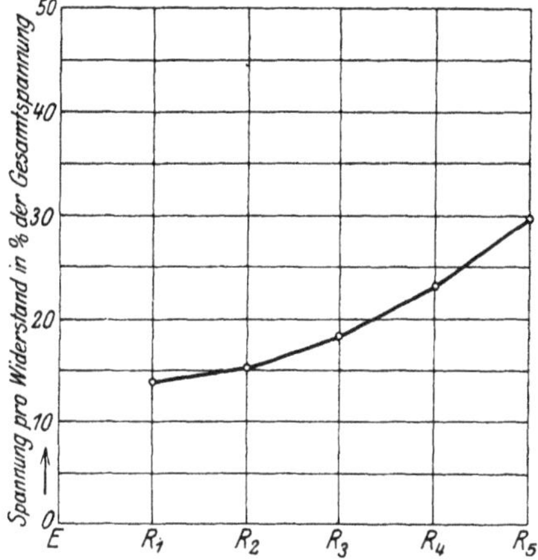

Abb. 98. Spannung pro Glied einer Kette in Prozenten der Gesamtspannung.

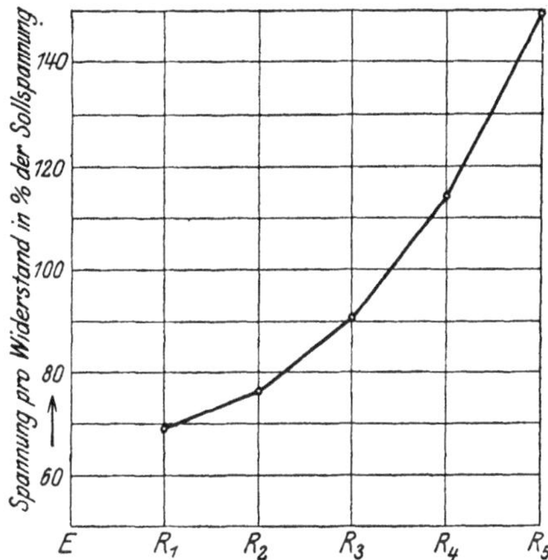

Abb. 99. Spannung pro Glied einer Kette in Prozenten der Sollspannung.

Spannung aufgetragen, sondern in Prozenten derjenigen Spannung, die an den einzelnen Widerständen vorhanden wäre, wenn sich die Spannung gleichmäßig auf die einzelnen Widerstände verteilen würde, also in Prozenten der „Sollspannung". Diese Darstellung zeigt Abb. 99.

Wir wenden uns nunmehr zur Kondensatorkette und verfolgen zunächst den Stromverlauf in der Ersatzschaltung Abb. 100. Der Strom trete bei L in den untersten Kondensator C_5 in die Kette ein und habe die Größe J_5. Im Punkt d verzweigt sich der Strom, ein Teil i_4 geht durch den Kondensator c_4 zur Stromquelle und durch den Kondensator C_4 fließt nur mehr der Strom $J_4 = J_5 - i_4$.

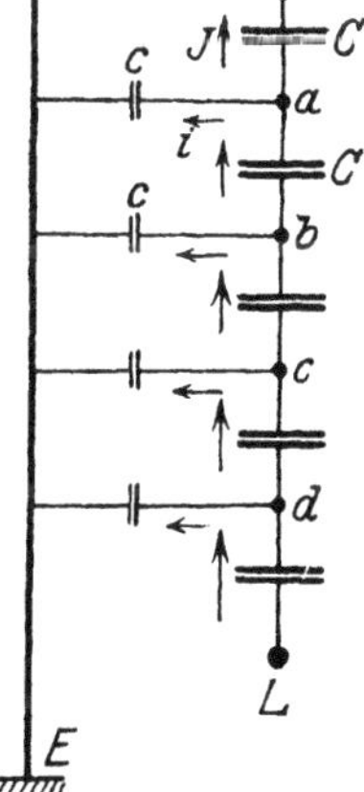

Abb. 100. Kondensatorkette mit einfacher Verkettung.

Im Punkt c verzweigt sich auch dieser Strom, ein Teil i_3 fließt durch den Kondensator c_3 zur Stromquelle zurück und durch den Kondensator C_3 fließt nur mehr der Strom J_3 usf.

Nun wollen wir die Spannungen in den Verzweigungspunkten d bis a gegen Erde berechnen. Wir beschränken uns dabei wie eben auf eine fünfgliederige Kette. Wie bei der Widerstandskette wollen wir uns dabei entgegen dem Stromverlauf bewegen, also beim obersten Kondensator C_1

beginnen. Für diesen Kondensator nehmen wir den Strom J_1 bzw. die Spannung an seinen Klemmen u_1 an. Bleiben wir bei der Annahme der Spannung u_1, so erhalten wir den Strom durch diesen Kondensator zu

$$J_1 = \omega C_1 u_1 .$$

Die Spannung U_a des Punktes a gegen Erde ist

$$U_a = u_1 .$$

An dieser Spannung liegt auch der Kondensator c_1; denn wie wir aus dem Schaltbild sehen, sind die beiden Kondensatoren C_1 und c_1 parallel geschaltet. Also ist der Strom i_1 bestimmt; er ist

$$i_1 = \omega c_1 U_a .$$

Der Strom im Kondensator C_2 ist

$$J_2 = J_1 + i_1 .$$

Da J_1 nach Annahme bekannt ist und i_1 eben berechnet wurde, ist uns der Strom J_2 auch bekannt; also ist die Spannung an den Klemmen des Kondensators C_2

$$u_2 = \frac{J_2}{\omega C_2}$$

und die Spannung gegen Erde des Punktes b ist

$$U_b = u_1 + u_2 .$$

An U_b liegt der Kondensator c_2; also ist sein Strom i_2

$$i_2 = \omega c_2 U_b .$$

Wir sehen, daß der Kondensator c_2 parallel geschaltet ist zur Gruppe

$$\left.\begin{matrix} C_1 \\ c_1 \end{matrix}\right\rangle\!\!-C_2 ,$$

der Strom im Kondensator C_3 ist also

$$J_3 = J_2 + i_2 .$$

Demnach ist die Spannung u_3 an den Klemmen dieses Kondensators

$$u_3 = \frac{J_3}{\omega C_3}$$

und die Spannung im Punkt c gegen Erde ist

$$U_c = U_b + u_3 .$$

An dieser Spannung liegt der Kondensator c_3; also ist der Strom i_3

$$i_3 = \omega c_3 U_c .$$

Der Kondensator c_3 ist parallel geschaltet zur Gruppe

$$\left.\begin{matrix}\left.\begin{matrix}C_1\\c_1\end{matrix}\right\rangle - C_2\\c_2\end{matrix}\right\rangle - C_3\,.$$

Der Strom im Kondensator C_4 ist

$$J_4 = J_3 + i_3,$$

also ist die Spannung an den Klemmen dieses Kondensators

$$u_4 = \frac{J_4}{\omega C_4}$$

und die Spannung U_d gegen Erde ist

$$U_d = U_c + u_4$$

usf.

Schließlich erhalten wir als Endresultat die gesamte zwischen Erde und Leitung L herrschende Spannung U_g. Wir rechnen jetzt alle Spannungen U und u in $^0/_0$ dieser Spannung aus und können dann für jede beliebige Spannung U_g die Werte der Spannungen der einzelnen Kondensatoren und der Spannungen der Abzweigpunkte gegen Erde in ihrer wahren Größe angeben.

Diese schrittweise Berechnung der Spannungsverteilung wird natürlich für sehr lange Ketten etwas umständlich. Wir wollen deshalb noch andere Verfahren kennen lernen und zwar zunächst das graphische Verfahren des Verfassers. Dieses graphische Verfahren stellt eine Erweiterung der graphischen Berechnung der Kondensatorreihen dar.

Wir tragen in einem Koordinatensystem (Abb. 101) wie dort die Kapazitäten C und c auf der Abszissenachse links von der Ordinatenachse auf und erhalten die Strecken EC und Ec; die Strecke EB machen wir gleich $\frac{1}{\omega}$. Auf der Abszissenachse nach rechts tragen wir die Kondensatorströme J und i auf. Die Maßstäbe für all diese Strecken sind beliebig; die einmal gewählten Maßstäbe müssen jedoch für die ganze Dauer der Konstruktion beibehalten werden. Auf der Ordinatenachse tragen wir wie früher die Spannungen an den Kondensatoren auf.

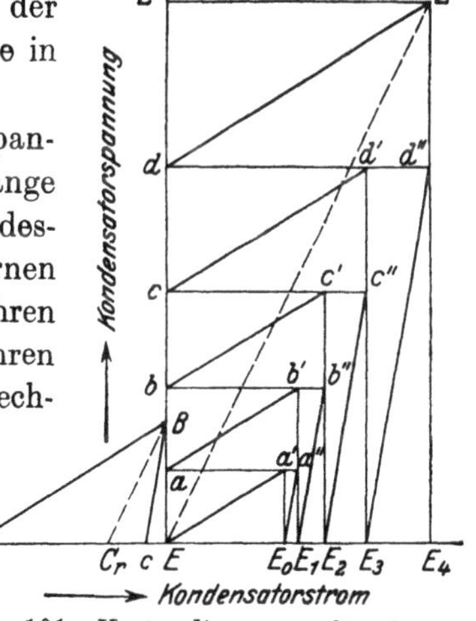

Abb. 101. Kettendiagramm für einfache Verkettung.

Bei der Konstruktion beginnen wir wieder mit dem Kondensator C_1. In E ziehen wir die Parallele zu CB. Der Strom im Kondensator C_1, den wir frei wählen, sei $J_1 = EE_0$. In E_0 errichten wir die Senkrechte zur Stromachse und erhalten den Schnittpunkt a' mit der durch E gelegten Parallelen zu CB. Durch diesen Schnittpunkt legen wir die Parallele zur Abszissenachse. Die Strecke $E_0 a'$ bzw. Ea stellt dann die Spannung u_1 des Kondensators C_1 dar, die zugleich die Spannung U_a des Knotenpunktes a gegen Erde ist.

Wie die Ersatzschaltung zeigt, liegt auch der Kondensator c_1 an dieser Spannung. Wir ziehen durch E_0 die Parallele zu cB und erhalten die Gerade $E_0 a''$. Die Strecke $E_0 E_1$ stellt dann den Strom i_1 im Kondensator c_1 dar. Wir haben diesen Strom i_1 gleich an den Strom J_1 angetragen, weil es uns auf die Summe dieser beiden Ströme $(J_1 + i_1)$, dargestellt durch die Strecke EE_1, ankommt.

Wie die Ersatzschaltung zeigt, fließt durch den Kondensator C_2 der Strom $J_2 = J_1 + i_1$. Wir ziehen in a die Parallele ab' zu CB. Die Strecke $b'a''$ stellt dann die Spannung u_2 im Kondensator C_2 dar. Wir haben u_2 über der Strecke u_1 aufgetragen, weil der Kondensator C_2 hinter die parallel geschalteten Kondensatoren $C_1 + c_1$ geschaltet ist. Die Spannungen u_1 und u_2 addiert ergibt also die Spannung $U_b = E_1 b' = Eb$ des Knotenpunktes b gegen Erde. Bei den Kondensatorreihen haben wir einfach C_2 hinter C_1 geschaltet. Hier ist C_2 hinter die Parallelschaltung der beiden Kondensatoren C_1 und c_1 geschaltet. Darin liegt die Erweiterung der Konstruktion gegenüber der reinen Reihenschaltung.

Aus der Ersatzschaltung ist zu ersehen, daß der Kondensator c_2 an der Spannung U_b liegt. Diese Spannung ist bekannt, sie ist gleich der Strecke $E_1 b'$ bzw. gleich der Strecke Eb. Wir zeichnen durch E_1 die Parallele zu cB, ergibt die Strecke $E_1 b''$. Die Strecke $E_1 E_2$ gibt dann den Strom i_2 im Kondensator c_2 an; denn $E_2 b''$ ist gleich U_b.

Durch den Kondensator C_3 fließt der Strom $J_3 = J_2 + i_2$, der durch die Strecke EE_2 bzw. bb'' dargestellt wird. Wir zeichnen durch b die Parallele bc' zu CB; $b''c'$ ist dann die Spannung u_3 am Kondensator C_3 und $E_2 c' = Ec$ ist die Spannung U_c des Knotenpunktes c gegen Erde.

Der Kondensator c_3 liegt an der Spannung U_c, also kann man seinen Strom $i_3 = E_2 E_3$ konstruieren und damit hat man wieder den Strom $J_4 = J_3 + i_3$ des Kondensators C_4 usf. Im Diagramm von Abb. 101 ist die Konstruktion für eine fünfgliedrige Kette durchgeführt. Man kann das Diagramm leicht weiterbauen für eine beliebige Zahl von Kettengliedern. Die Strecke EL stellt die Gesamtspannung U_g dar. Wir tragen U_a, $U_b \ldots$ in Prozenten der Spannung U_g als Funktion der Kondensatornummern auf und erhalten dieselbe Kurve, wie sie in Abb. 97 für eine Widerstandskette gefunden wurde. Man kann nun für jede beliebige Kettenspannung U_g die auf die einzelnen Glieder treffenden Spannungen oder die Spannungen der Abzweigpunkte gegen Erde angeben. Würde sich die Spannung gleichmäßig auf die einzelnen Kondensatoren verteilen, so würden wir die Gerade G als Kurve für die Spannungsverteilung erhalten.

Aus Rechnung und Konstruktion des Diagrammes erkennt man den physikalischen Grund für die ungleichmäßige Spannungsverteilung. Die Spannung u an den Klemmen eines Kondensators ist proportional dem Ladestrom. Je größer also der Ladestrom ist, um so größer ist unter sonst gleichen Umständen die Kondensatorspannung. Nun führen aber die einzelnen Kondensatoren C ganz verschiedene Ströme, weil Teilströme aus der Strombahn entweichen und durch die Kondensatoren c fließen; also müssen die Spannungen an den Kondensatoren C unter sich verschieden groß sein, die größte Spannung muß an dem Kondensator mit dem größten Strom herrschen und das ist in unserem Beispiel der Kondensator C_5.

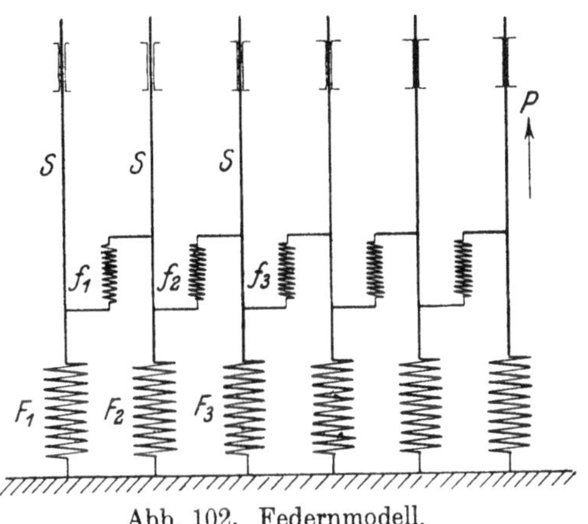

Abb. 102. Federnmodell.

Aus dieser Erkenntnis können wir auch schließen, daß die Spannungsunterschiede zwischen den einzelnen Kondensatoren um so größer sein müssen, je größer die Stromunterschiede sind, und diese hinwiederum sind um so größer, je größer die Kapazitäten c im Vergleich zu den Kapazitäten C sind. Also wird das Verhältnis $\frac{c}{C}$ ein Maß für die Ungleichmäßigkeit der Spannungsverteilung sein; wir nennen $\frac{c}{C}$ charakteristisches Kapazitätsverhältnis einer Kette.

Die Erkenntnis der Erscheinungen wird noch vertieft, wenn wir die Vorgänge an dem folgenden Federmodell näher studieren. Man kann die Kondensatorkette durch geeignete Federnkombinationen nachbilden. In Abb. 102 ist das Federnmodell für die Kette dargestellt. Die Stangen S sind in Geradführungen gelagert und miteinander durch die Federn f_1, f_2, f_3 ... gekuppelt; mit dem Boden sind die Stangen durch die Federn F_1, F_2, F_3 ... verbunden. Wenn man an der letzten Stange mit der Kraft P zieht, so werden dadurch sämtliche Stangen gehoben, jedoch nicht alle gleich hoch. Die der letzten am nächsten liegenden Stangen werden am höchsten gehoben und damit die zugehörigen Federn am meisten gespannt. Man sieht also, daß sich die Zugkraft P nicht gleichmäßig auf die einzelnen Federn F_1, F_2, F_3 verteilt. Bei näherem Zusehen erkennt man folgendes: Wir betrachten die Stange 1. Wird diese z. B. um 1 cm gehoben, so wird dadurch die Feder F_1 um 1 cm gedehnt, wozu eine gewisse Zugkraft u_1 nötig ist. Will man die Dehnung der Feder um 1 cm aufrecht erhalten, jetzt aber dadurch, daß man an der Stange 2 zieht, so muß die Stange 2 offenbar um mehr als 1 cm gehoben werden; denn die Feder f_1 muß die Zugkraft von der Stange 2 auf die Stange 1 übertragen, wird also ebenfalls gedehnt. Die Stange 2 muß demnach um die Dehnung der Feder f_1 höher gehoben werden als die Stange 1, die Feder F_2 wird also stärker gedehnt als die Feder F_1 usf. Konstruktiv wird die Spannungsverteilung bei diesem Modell ebenso ermittelt, wie bei der elektrischen Kette.

In diesem Modell entsprechen also die Federn F_1, $F_2 \ldots$ den Kondensatoren C und die Federn f_1, $f_2 \ldots$ den Kondensatoren c.

Bringt man an den einzelnen Stangen Zeiger und geeichte Skalen an, so kann man die Dehnung bzw. die Kräfte direkt ablesen; man kann das Modell also direkt als Rechenmaschine zur Lösung der Aufgabe, die Spannungsverteilung bei Ketten zu ermitteln, benutzen.

Wenn wir das Diagramm für die Kondensatorreihen (S. 129) mit dem vorliegenden Diagramm vergleichen, erkennen wir, daß das Diagramm für die Kondensatorkette sich mehr und mehr dem für Kondensatorreihen nähert, je kleiner die Kapazitäten c sind. Für $c_1, c_2 \ldots = 0$ geht das Kettendiagramm in das Reihendiagramm über.

Die graphische Methode der Ermittlung der Spannungsverteilung kann auch angewendet werden, wenn die einzelnen Kondensatoren C_1, $C_2 \ldots$ und c_1, $c_2 \ldots$ unter sich nicht mehr gleich groß sind. Darauf kommen wir später nochmals zurück.

Wir wollen nun mit Hilfe des Diagrammes eine Rechnung für eine zehngliedrige Kette anstellen. Wir setzen die Strecke $Ea' = u_1 = 1$. Wir erhalten dann für den Strom $J_1 = EE_0$

$$EE_0 = \frac{1}{\operatorname{tg} \varphi}, \quad \text{wenn} \quad \operatorname{tg} \varphi = \frac{EB}{EC}$$

und für den Strom $i_1 = E_0 E_1$

$$E_0 E_1 = \frac{1}{\operatorname{tg} \psi}, \quad \text{wenn} \quad \operatorname{tg} \psi = \frac{EB}{Ec}.$$

Der Strom $J_1 + i_1$ ist also

$$EE_1 = \frac{1}{\operatorname{tg} \varphi} + \frac{1}{\operatorname{tg} \psi},$$

also ist die Spannung $u_2 = a''b'$

$$a''b' = u_2 = \left(\frac{1}{\operatorname{tg}\varphi} + \frac{1}{\operatorname{tg}\psi}\right)\operatorname{tg}\varphi = 1 + \frac{\operatorname{tg}\varphi}{\operatorname{tg}\psi} = 1 + \frac{c}{C}. \tag{33}$$

Wir setzen

$$\frac{c}{C} = \chi. \tag{34}$$

Es ist dann

$$u_2 = 1 + \chi$$

und für U_b erhalten wir

$$\begin{aligned} U_b &= u_1 + u_2 = 1 + (1 + \chi) \\ &= 2 + \chi. \end{aligned}$$

In dieser Weise fahren wir fort und bestimmen der Reihe nach die Spannungen U_b, $U_c \ldots$ und finden

$$\begin{aligned}
U_a &= 1 \\
U_b &= 2 + 1\chi \\
U_c &= 3 + 4\chi + 1\chi^2 \\
U_d &= 4 + 10\chi + 6\chi^2 + 1\chi^3 \\
U_e &= 5 + 20\chi + 21\chi^2 + 8\chi^3 + 1\chi^4 \\
U_f &= 6 + 35\chi + 56\chi^2 + 36\chi^3 + 10\chi^4 + 1\chi^5 \\
U_g &= 7 + 56\chi + 126\chi^2 + 120\chi^3 + 55\chi^4 + 12\chi^5 + 1\chi^6 \\
U_h &= 8 + 84\chi + 252\chi^2 + 330\chi^3 + 220\chi^4 + 78\chi^5 + 14\chi^6 \\
&\quad + 1\chi^7 \\
U_i &= 9 + 120\chi + 462\chi^2 + 792\chi^3 + 715\chi^4 + 364\chi^5 + 105\chi^6 \\
&\quad + 16\chi^7 + 1\chi^8 \\
U_k &= 10 + 165\chi + 792\chi^2 + 1716\chi^3 + 2002\chi^4 + 1365\chi^5 \\
&\quad + 560\chi^6 + 136\chi^7 + 18\chi^8 + 1\chi^9 \\
&\ldots\ldots\ldots\ldots\ldots\ldots
\end{aligned} \tag{35}$$

Dieses Schema kann leicht für mehr als 10 Glieder erweitert werden. Wir schreiben die Koeffizienten der vertikalen Reihen in eine Zeile und bilden ähnlich wie beim Pascalschen Dreieck die Differenzen zwischen zwei nebeneinanderstehenden Zahlen. Für die erste Vertikalreihe erhalten wir

$$\begin{array}{ccccccccccccccc}
1 & 2 & 3 & 4 & 5 & 6 & 7 & 8 & 9 & 10 & 11 & 13 & 14 & \ldots \\
& 1 & 1 & 1 & 1 & 1 & 1 & 1 & 1 & 1 & 1 & 1 & 1 & \\
& & 0 & 0 & 0 & 0 & 0 & 0 & 0 & 0 & 0 & 0 & 0 &
\end{array}$$

Für die zweite Reihe erhalten wir

1	4	10	20	35	56	84	120	165	(220)
3	6	10	15	21	28	36	45	(55)	
3	4	5	6	7	8	9	10	(11)	
1	1	1	1	1	1	1	(1)		
0	0	0	0	0	0	0	(0)		

usf. Wir sehen, daß bei den Reihen, und das gilt für alle vertikalen Reihen des Systems die Differenzen schließlich 0 werden, wir können also leicht die Reihe der ersten Zeile von unten herauf ergänzen (eingeklammerte Zahlen).

Um den Gebrauch des Schemas zu zeigen, wollen wir folgendes Beispiel rechnen. Es sei die Spannung U_c des Knotenpunktes c einer sechsgliedrigen Kette in Prozenten der Gesamtspannung U_f zu berechnen. Wir bilden

$$\frac{U_c}{U_f} = \frac{3 + 4\chi + \chi^2}{6 + 35\chi + 56\chi^2 + 36\chi^3 + 10\chi^4 + \chi^5}.$$

Hat χ den Wert 0,1, so erhält man

$$U_c = 0{,}338\, U_f.$$

Ist z. B.

$$U_f = 100 \text{ kV},$$

so ist

$$U_c = 33{,}8 \text{ kV}.$$

In ähnlicher Weise kann man auch die Spannungen U_b und U_d berechnen und daraus

$$u_2 = U_c - U_b$$
$$u_3 = U_d - U_c.$$

Damit sind uns also alle Spannungen U und u bekannt. Am Ende des Buches sind Tabellen E zusammengestellt, die die Werte von U und u für verschiedene Werte von $\chi = \frac{c}{C}$ enthalten und zwar für zweigliedrige bis zehngliedrige Ketten.

Aus diesen Tabellen sind die Werte für $U = f(n)$ einer zehngliedrigen Kette für die einzelnen Glieder der Kette aufgetragen und zwar unter Annahme verschiedener Werte für χ. Man sieht hier sehr schön, wie mit größer werdendem χ die Spannung des letzten Gliedes immer größer wird.

Wir haben jetzt die interessante Tatsache festgestellt, daß sich bei einer einfach verketteten Kondensatorgruppe die Spannung nicht gleichmäßig auf die einzelnen Elektroden verteilt. Wir fragen uns nun: Welche Bedeutung hat diese Erscheinung?

Hierzu ist folgendes zu sagen. In der Hochspannungstechnik ist man manchmal in die Lage versetzt, daß man bei einer einfachen Zweielektrodenanordnung nicht so viel Isoliermaterial anhäufen kann, als die zwischen zwei Elektroden herrschende Spannung erfordert, ohne daß die Ausführung unwirtschaftlich wird. Man ist deshalb dazu übergegangen, das Isoliermaterial aufzuteilen und durch Anwendung mehrerer Elektroden die einzelnen Schichten „hintereinander" zu schalten. Dabei hat man aber entdeckt, daß man bei n hintereinandergeschalteten Isolierteilen nicht die n-fache Spannung isolieren kann, die ein Teil aushält, weil sich, wie wir jetzt wissen, die Spannung nicht gleichmäßig auf die einzelnen Glieder verteilt, falls außer den Kapazitäten C noch die Kapazitäten c wirksam sind. Die Aufteilung der Isolierstoffe und die Anwendung der Hintereinanderschaltung hat also in diesen Fällen nicht den erwarteten vollen Erfolg gebracht. Trotzdem ist man natürlich häufig zur Anwendung dieses Mittels gezwungen, wie die Einführung der Hängeisolatoren zeigt.

Steigert man die Spannung bei einer gegebenen Kette immer weiter, so tritt schließlich der Durchschlag ein, und zwar ist der Vorgang folgender. Zuerst wird natürlich das Glied der Kette durchschlagen, auf das die größte Spannung entfällt. Ob sich dann der Durchschlag durch die andere Kette durchfrißt, oder ob der „unvollständige" Durchschlag bestehen bleibt, sehen wir leicht aus den Tabellen. Wenn z. B. bei einer sechsgliedrigen Kette das sechste Glied durchschlägt, sind noch fünf Glieder übrig. Die Spannung auf das fünfte Glied ist nach dem Durchschlag des sechsten Gliedes größer als in der sechsgliedrigen Kette und größer als die Spannung des sechsten Gliedes war. Also müßte der Durchschlag weiterschreiten und der Reihe nach alle Glieder der Kette durchschlagen. Dies trifft aber vielfach nicht zu. Die Gründe dieser Erscheinung werden wir später kennen lernen.

Wenn wir auch mit Hilfe des Diagrammes einen klaren Einblick in die Verhältnisse bekommen haben, wollen wir doch einige wichtige Beziehungen mit Hilfe der Gleichung für die Spannungsverteilung ableiten.

Um die Gleichung der Kette aufstellen zu können, betrachten wir das $n$te, $(n+1)$te und das $(n-1)$te Glied der Kette, wobei wir die Zählung mit dem geerdeten Glied beginnen. Für diese gelten folgende uns bekannte Beziehungen

$$i_n = \omega c U_n \tag{36}$$

$$J_n = \omega C (U_n - U_{(n-1)}) \tag{37}$$

$$J_{(n+1)} = \omega C (U_{(n+1)} - U_n) \tag{38}$$

$$i_n = J_{(n+1)} - J_n . \tag{39}$$

Setzen wir die Gl. (36, 37 und 38) in Gl. (39) ein, so erhalten wir

$$\frac{c}{C} U_n = (U_{(n+1)} - U_n) - (U_n - U_{(n-1)}). \tag{40}$$

Durch diese Gleichung ist die Spannungsverteilung auf die Kette bestimmt. Man kann direkt diese Gleichung auch aus dem Kettendiagramm Abb. 101 ablesen. Der Form nach ist diese Gleichung eine Differenzengleichung, die in folgende Differentialgleichung übergeht, wenn man die Zahl der Glieder sehr groß und die Unterschiede der aufeinanderfolgenden Spannungen sehr klein annimmt

$$\frac{d^2 U}{d n^2} = \frac{c}{C} U. \tag{40'}$$

Wir wollen jedoch der Darstellung von Rüdenberg folgen und die Differenzengleichung beibehalten.

Es handelt sich nun darum, diejenige Funktion für U_n vom Argument n zu finden, die der Differenzengleichung genügt, und das ist folgende Exponentialfunktion

$$U_n = A e^{\gamma n}. \tag{41}$$

Hierin ist A eine Konstante und γ aus der Differenzengleichung zu bestimmen;

$$U_{(n+1)} = A e^{\gamma(n+1)} = e^{\gamma} A e^{\gamma n}; \tag{42}$$

und

$$U_{(n-1)} = A e^{\gamma(n-1)} = e^{-\gamma} A e^{\gamma n}. \tag{43}$$

Durch Einsetzen in Gl. (40) erhält man nach Vereinfachen

$$\frac{c}{C} = e^{\gamma} - 2 + e^{-\gamma} = (e^{\gamma/2} - e^{-\gamma/2})^2 = \left(2 \operatorname{Sin} \frac{\gamma}{2}\right)^2 \tag{44}$$

oder

$$\operatorname{Sin} \frac{\gamma}{2} = \frac{1}{2} \sqrt{\frac{c}{C}}. \tag{45}$$

Für kleines $\frac{c}{C}$ ist mit Annäherung

$$\gamma = \sqrt{\frac{c}{C}}. \tag{46}$$

Da positive und negative Werte von γ der Bedingungsgleichung (41) genügen, so ist die vollständige Lösung

$$U_n = A e^{\gamma n} + B e^{-\gamma n}. \tag{47}$$

Zur Bestimmung der Konstanten A und B müssen wir die Grenzbedingungen betrachten. Das nullte Glied ist geerdet; also ist für $n = 0$.

$$U_0 = A + B = 0. \tag{48}$$

In Gl. (47) eingesetzt, ergibt

$$U_n = A(e^{\gamma n} - e^{-\gamma n}) = 2A \operatorname{Sin} \gamma n. \tag{49}$$

Die Spannung am letzten Glied ist mit der Gesamtspannung U_g identisch. Sind z Glieder vorhanden, so ist

$$U_z = U_g = 2A \operatorname{Sin} \gamma z, \tag{50}$$

also wird

$$A = \frac{U_g}{2 \operatorname{Sin} \gamma z} \tag{51}$$

und wir erhalten

$$U_n = U_g \frac{\operatorname{Sin} \gamma n}{\operatorname{Sin} \gamma z}, \tag{52}$$

wobei U_g, γ und z gegeben sind. Die Kurven dieser Gleichung kennen wir bereits, sie sind in Abb. 103 für eine zehngliedrige Kette dargestellt.

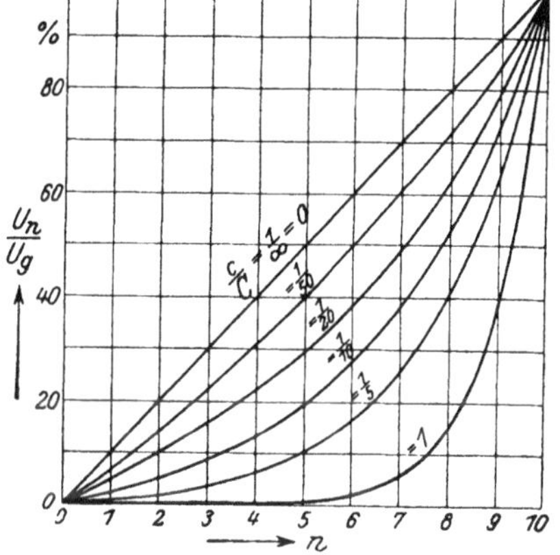

Abb. 103. Spannungsverteilung längs einer 10 gliedrigen Kette.

Wir wollen jetzt die Spannungen u berechnen, die auf die einzelnen Glieder der Kette treffen. Wir wissen, daß

$$u_n = U_n - U_{(n-1)} \tag{53}$$

also nach Gl. (52)

$$u_n = \frac{U_g}{\operatorname{Sin} \gamma z} (\operatorname{Sin} \gamma n - \operatorname{Sin} \gamma (n-1)) \tag{54}$$

nun ist

$$\operatorname{Sin} x - \operatorname{Sin} y = 2 \operatorname{Sin} \frac{x-y}{2} \cdot \operatorname{Cof} \frac{x+y}{2} \tag{55}$$

also ergibt sich

$$u_n = U_g \frac{2 \operatorname{Sin} \gamma/2}{\operatorname{Sin} \gamma z} \operatorname{Cof} \gamma \left(n - \frac{1}{2}\right). \tag{56}$$

Die Werte von u sind in den Tabellen am Schluß des Buches zusammengestellt. Am meisten interessiert uns natürlich die maximale Spannung u_z, d. i. die Spannung des letzten Gliedes. Sie ist

$$u_z = U_g \left(1 - \frac{\mathfrak{Sin}\, \gamma (z-1)}{\mathfrak{Sin}\, \gamma \cdot z}\right) \tag{57}$$

oder in anderer Form

$$u_z = 2\, U_g\, \mathfrak{Sin}\, \gamma/2\, \frac{\mathfrak{Cof}\, \gamma (z - \frac{1}{2})}{\mathfrak{Sin}\, \gamma z}. \tag{57'}$$

In Abb. 104 ist die Spannung u_z in Prozenten von U_g in Abhängigkeit von der Gliedzahl für verschiedene Werte von γ dargestellt.

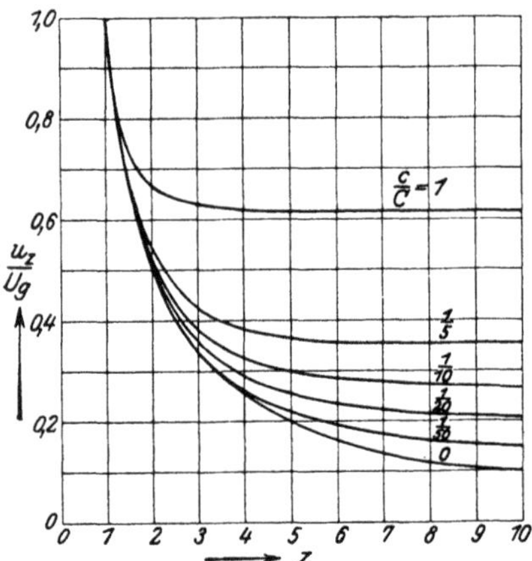

Abb. 104. Spannung am letzten Glied für verschieden lange Ketten.

Für sehr lange Kettenanordnungen nähert sich die Spannung u_z einem Grenzwert, der sich aus der letzten Gleichung leicht ergibt, wenn man für sehr großes z näherungsweise setzt

$$\mathfrak{Sin}\, \gamma z \simeq e^{\gamma z}, \tag{58}$$

dann wird

$$(u_z)_\infty = U_g (1 - e^{-\gamma}). \tag{59}$$

Da nun $(u_z)_\infty$ einen gewissen Wert nicht übersteigen darf, der durch die Durchschlagspannung (bzw. Überschlagspannung) des letzten Gliedes gegeben ist, kann man mit einer Kette, dessen γ einen gewissen Wert hat, nicht jede beliebige Spannung U_g erreichen, U_g wird um so niedriger liegen, je größer γ ist. Wir erhalten aus Gl. (59)

$$U_g = \frac{(u_z)_\infty}{1 - e^{-\gamma}}. \tag{60}$$

Wir sehen aus dieser Gleichung, daß man beispielsweise bei einer Kette mit $\frac{c}{C} = 0{,}1$ nicht weiter als bis zur vierfachen Spannung eines Gliedes kommt, so lang man auch die Kette macht.

Wir haben früher den Begriff „Ausnutzungsfaktor“ eingeführt und darunter das Verhältnis derjenigen Spannung verstanden, die eine Anordnung wirklich aushält zu der, die sie aushalten würde, wenn das Material in allen Schichten gleichmäßig beansprucht wäre, und zwar mit einer Feldstärke gleich der höchsten vorkommenden. Auch bei den Kondensatorketten können wir diesen Begriff einführen. Peek nennt η in der speziellen Anwendung auf Hängeketten „Kettenwirkungsgrad". Wir verstehen hier unter Ausnutzungsfaktor das Verhältnis der Spannung U_g, die die Kette bis zum Durchschlag des am meisten beanspruchten Gliedes aushält, zur Spannung $z \cdot u_z$, welche die Kette aushalten würde, wenn alle Glieder so hoch beansprucht wären wie das Glied Nr. z bei der Spannung U_g. Wir erhalten also

$$\eta = \frac{U_g}{z \cdot u_z}; \tag{61}$$

durch Einsetzen der Werte ergibt sich

$$\eta = \frac{1}{2\,z\,\mathfrak{Sin}\,\gamma/2} \frac{\mathfrak{Sin}\,\gamma z}{\mathfrak{Cos}\,\gamma\left(z - \frac{1}{2}\right)} \tag{62}$$

oder

$$\eta = \sqrt{\frac{C}{c}} \frac{\mathfrak{Sin}\,\gamma z}{z\,\mathfrak{Cos}\,\gamma\left(z - \frac{1}{2}\right)}. \tag{63}$$

In Abb. 105 ist die Abhängigkeit des Ausnutzungsfaktors η von der Länge der Kette (Gliedzahl) für verschiedene Werte von $\frac{c}{C}$ dargestellt. Man sieht auch hier wieder den ungünstigen Einfluß großer Werte von $\frac{c}{C}$. Wenn uns das Verhältnis $\frac{c}{C}$ einer Anordnung bekannt ist, können wir leicht die Durchschlagsspannung U_d der Kette berechnen; sie ist

$$U_d = u_d \cdot z \cdot \eta. \tag{64}$$

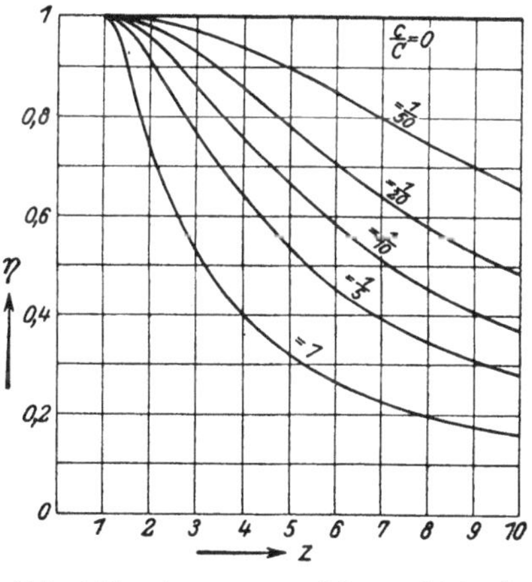

Zum Schluß dieser Betrachtung soll noch die Formel für die gesamte Kapazität C_g der Kette angegeben werden; sie ist

$$C_g = \sqrt{C \cdot c}\,\frac{\mathfrak{Cos}\,\gamma\left(z - \frac{1}{2}\right)}{\mathfrak{Sin}\,\gamma \cdot z}. \tag{65}$$

Abb. 105. Ausnutzungsfaktor abhängig von der Gliedzahl einer Kette.

Die resultierende Kapazität kann natürlich auch auf graphischem Weg mit Hilfe des Kettendiagramms gefunden werden, in dem man den Punkt L' mit E verbindet und hierzu eine Parallele durch B zieht; der Abschnitt dieser Parallelen auf der Abszissenachse stellt dann die resultierende Kapazität dar, wie in Abb. 101 eingezeichnet ist.

Wir betrachten jetzt eine andere Kondensatorkette, bei welcher die einzelnen Glieder nicht gegen eine gemeinsame Erdelektrode, sondern gegen eine gemeinsame Leitungselektrode Kapazität besitzen, wie Abb. 106a zeigt; in Abb. 106b ist die Ersatzschaltung dieser Anordnung dargestellt. Wir bezeichnen die Kapazitäten gegen die Nachbarelektroden wieder mit C und die gegen die Leitungselektrode mit k. Unter der Annahme, daß diese Kapazitäten je unter sich gleich groß sind, lautet die Differentialgleichung für diesen Stromkreis

$$\frac{d^2U}{dn^2} = \frac{k}{C}(U - U_g). \tag{66}$$

Integriert man diese Gleichung, so erhält man Kurven, wie sie in Abb. 107 dargestellt sind. Wir sehen, und das ist nach der Differentialgleichung ja auch zu erwarten, daß die Kurven das Spiegelbild der früher abgeleiteten sind; es gelten also hier

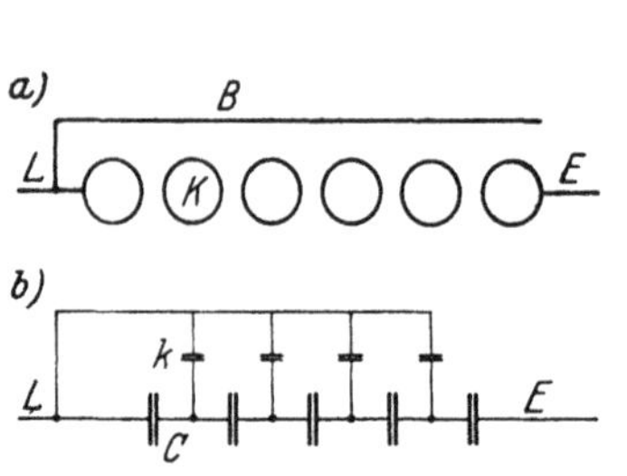

Abb. 106. Kondensatorkette mit Kapazität gegen die Leitungselektrode.

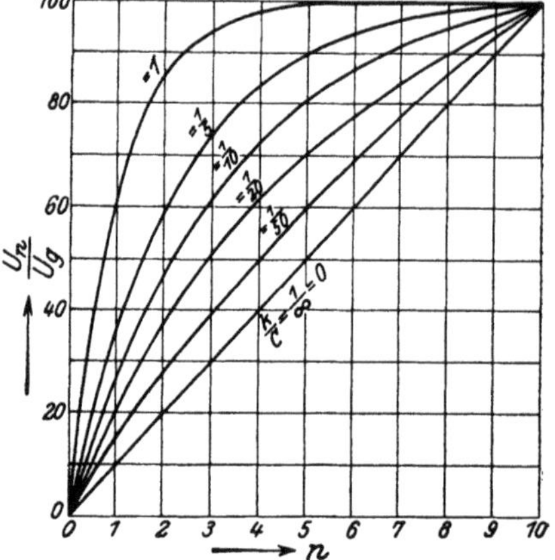

Abb. 107. Spannungsverteilung bei einer Kondensatorkette mit Kapazität gegen die Leitung.

ebenfalls die dort abgeleiteten Gesetze. Bei dieser Anordnung ist das am wenigsten beanspruchte Glied das letzte Glied, das der Leitung am nächsten liegt.

Nachdem wir nun über die Gesetze der Spannungsverteilung und über den Einfluß der Größe $\frac{c}{C}$ unterrichtet sind, besteht die Frage, durch welche Mittel bei diesen Anordnungen eine gleichmäßige Spannungsverteilung erzielt werden kann.

Natürlich ist als erstes Mittel zu nennen: Vergrößerung von C. Je größer man die Kapazitäten gegen die Nachbarelektroden macht, um so kleiner wird $\frac{c}{C}$, um so günstiger also die Spannungsverteilung. Im gleichen Sinn wirkt natürlich eine Verkleinerung von c.

Ein anderer Weg, der noch wirksamer ist und die Herstellung einer vollständig gleichmäßigen Spannungsverteilung ermöglicht, ist die Abstufung der Kapazitäten C. Wie die Kapazitäten abgestuft sein müssen, zeigt am besten das Kettendiagramm (Abb. 108). Wir nehmen an, daß die Kapazitäten c unter sich gleich groß und durch eine Veränderung von C nicht beeinflußt seien. Wir entwerfen das Diagramm, indem wir für C_1 des ersten Gliedes einen gewissen Wert annehmen. Wir erhalten dann in bekannter Weise die Spannung u_1.

Nun tragen wir diese Strecke so oftmals auf der Ordinatenachse auf, als die Kette Glieder besitzt und ziehen durch die so erhaltenen Punkte $a, b, c \ldots$ die Parallelen zur Abszissenachse. Jetzt ist also im Gegensatz zu vorher die Spannungsverteilung gegeben und wir suchen die Kapazitäten C, die diese Spannungsverteilung bedingen. Die Konstruktion ist in Abb. 108 durchgeführt. Eine nähere Erläuterung hierzu ist wohl nicht notwendig.

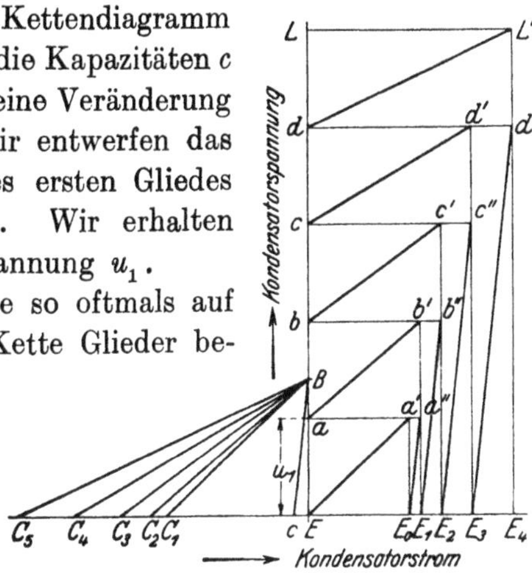

Abb. 108. Kettendiagramm für gleichmäßige Spannungsverteilung.

Hätten alle Glieder die Kapazität $C = C_1$ des ersten Gliedes, dann wäre die Spannungsverteilung, wie wir wissen, durch das Verhältnis $\frac{c}{C_1}$ charakterisiert. Es wurde nun die Abstufung der Kapazitäten C für gleichmäßige Spannungsverteilung auf graphischem Weg für verschiedene Werte $\frac{c}{C_1}$ ermittelt unter der Annahme, daß das Verhältnis $\frac{c}{C_1}$ des ersten Gliedes gegeben ist und die Kapazitäten c unter sich gleich groß sind. Die Werte der Kapazitäten C_2, C_3 im Verhältnis zur Kapazität C_1 des ersten Gliedes in Abhängigkeit von der Nummer des Gliedes sind für verschiedene Werte von $\frac{c}{C_1}$ in Abb. 109 dargestellt. Mit Hilfe dieser Kurven kann man für jede Kette die Abstufung der Kapazitäten bestimmen.

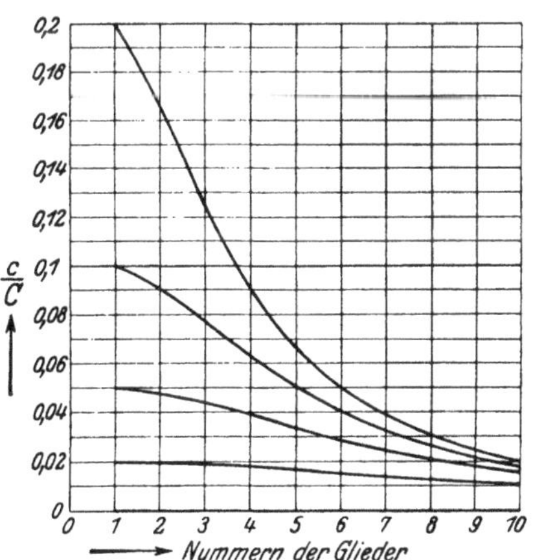

Abb. 109. Kapazitätsabstufung für gleichmäßige Spannungsverteilung.

Die Abstufung der Kapazitäten C zum Zwecke einer gleichmäßigen Spannungsverteilung kann natürlich auch ermittelt werden, wenn die Bedingung $c_1 = c_2 \ldots$ nicht mehr erfüllt ist. Auf die Mittel zur Vergrößerung der Kapazität C kommen wir später zu sprechen.

Man erkennt ohne weiteres, daß es nicht möglich ist, die gleichmäßige Spannungsverteilung bei gleich großen Werten von C lediglich durch Veränderung von c erzwingen zu wollen.

21. Kondensatorketten mit doppelter Verkettung.

Bei diesen Anordnungen weisen die einzelnen Elektroden außer der Kapazität C gegeneinander auch Kapazitäten c gegen eine gemeinsame Erdelektrode und Kapazitäten k gegen eine gemeinsame Leitungselektrode auf, wie Abb. 88a zeigt; die Ersatzschaltung ist in Abb. 88b dargestellt.

Wir gehen zunächst wieder von dem Fall aus, daß alle Kapazitäten C, c und k je unter sich gleich groß sind.

Die Spannungsverteilung dieser Kette wollen wir mit Hilfe der Differentialgleichung dieses Systems lösen. Wir haben die beiden Differentialgleichungen für die einfachen Verkettungen kennen gelernt

$$C\frac{d^2U}{dn^2} = cU \tag{40'}$$

und

$$C\frac{d^2U}{dn^2} = k(U - U_g). \tag{66}$$

Bei gleichzeitigem Vorhandensein von c und k erhalten wir

$$C\frac{d^2U}{dn^2} = cU + k(U - U_g). \tag{67}$$

Das ist die Differentialgleichung des Stromkreises.

Hierfür können wir schreiben

$$C\frac{d^2U}{dn^2} = (c+k)\left(U - \frac{k}{c+k}U_g\right). \tag{68}$$

Wir substituieren

$$v = U - \frac{k}{c+k}U_g \tag{69}$$

und erhalten dann

$$\frac{d^2v}{dn^2} = \frac{c+k}{C}v. \tag{70}$$

Damit haben wir die Gleichung auf eine uns bekannte Form gebracht; ihr Integral lautet

$$v = A e^{+\sqrt{\zeta} n} + B e^{-\sqrt{\zeta} n}, \tag{71}$$

wobei

$$\zeta = \frac{c + k}{C}. \tag{72}$$

Setzt man als Grenzbedingungen zur Ermittlung der Integrationskonstanten ein, daß für

$$\left.\begin{aligned} n &= 0; \quad U = 0 \\ n &= z; \quad U = U_g \end{aligned}\right\} \tag{73}$$

sein soll; schreiben wir ferner zur Abkürzung

$$\frac{c}{C} = \chi; \quad \frac{k}{C} = \varkappa; \quad \chi + \varkappa = \zeta, \tag{74}$$

so erhalten wir

$$U = \frac{U_g}{\zeta \mathfrak{Sin} \sqrt{\zeta} z} (\chi \mathfrak{Sin} \sqrt{\zeta} n + \varkappa \mathfrak{Sin} \sqrt{\zeta} (n - z) + \varkappa \mathfrak{Sin} \sqrt{\zeta} \cdot z). \tag{75}$$

Abb. 110 zeigt einige Kurven der Schar dieser Gleichung. Als Abszisse ist wieder die Gliednummer und als Ordinate das Verhältnis $\frac{U_n}{U_g}$ aufgetragen. Für $\chi = \varkappa$ erhält man die symmetrische Kurve ck; man sieht, daß bei dieser Spannungsverteilung das erste und letzte Glied gleich stark und am stärksten beansprucht sind. Läßt man $\varkappa$ gleich Null werden, so erhält man die bekannte Kurve c, welche der Gleichung gehorcht

$$U = U_g \frac{\mathfrak{Sin} \sqrt{\chi} n}{\mathfrak{Sin} \sqrt{\chi} \cdot z}.$$

Läßt man χ gleich Null werden, so erhält man die mit k bezeichnete Kurve, die der Gleichung gehorcht

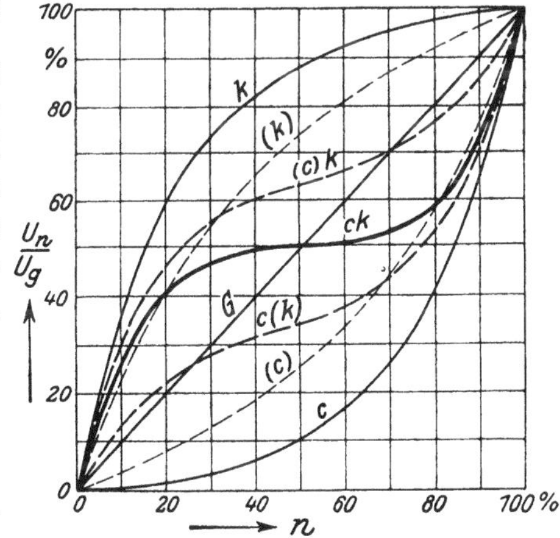

Abb. 110. Spannungsverteilung bei Kondensatorketten mit doppelter Verkettung.

$$U = U_g \frac{\mathfrak{Sin} \sqrt{\varkappa} (n - z) + \mathfrak{Sin} \sqrt{\varkappa} z}{\mathfrak{Sin} \sqrt{\varkappa} z}.$$

Zwischen diesen beiden Kurven verlaufen die anderen Kurven der Schar; es sind in Abb. 110 noch einige besonders charakteristische Kurven $c(k)$ und $(c) k$ eingezeichnet.

Die Berechnung der Kurven für die Spannungsverteilung nach Gl. (75) ist etwas umständlich. Man kann zwar die Spannungsverteilung auch mit Hilfe eines Kettendiagrammes auf graphischem Wege finden, es soll aber hierauf nicht näher eingegangen werden. Der Verfasser hat nämlich gefunden, daß man die ck-Kurven einfach durch Superposition von c- und k-Kurven erhalten kann. Die Anwendung der Superposition ist zwar prinzipiell hier nicht statthaft, der Fehler, der entsteht, ist aber so klein, daß die Superposition für die Fälle der Praxis ohne Bedenken angewendet werden kann. Wir werden also in Zukunft so vorgehen, daß wir zuerst die c-Kurve und die k-Kurve für die gegebenen Werte von χ und $\varkappa$ etwa mit Hilfe der Tabellen zeichnen. Ferner zeichnen wir die Gerade für die gleichmäßige Spannungsverteilung. Dann heben wir die c-Kurve um so viel, als die k-Kurve über der Geraden der gleichmäßigen Spannungsverteilung liegt.

Damit ist das Problem der Ermittlung der Spannungsverteilung bei den praktisch vorkommenden Kondensatorketten gelöst und es kann nunmehr die Beanspruchung des Isoliermaterials zwischen den Elektroden in bekannter Weise berechnet werden.

Die Anwendung der Superposition in Verbindung mit der graphischen Methode leistet sehr gute Dienste, wenn die Werte der Kapazitäten $C_1, C_2, C_3 \ldots$; $c_1, c_2, c_3 \ldots$; $k_1, k_2, k_3 \ldots$ nicht mehr unter sich gleich groß sind. Man zeichnet dann die Kettendiagramme für folgende Fälle: a) wenn nur die Kapazitäten $C_{1,2\ldots}$ und $c_{1,2\ldots}$ allein vorhanden wären und b) wenn nur die Kapazitäten $C_{1,2\ldots}$ und $k_{1,2\ldots}$ allein vorhanden wären. Man erhält dann zwei Kurven für die Spannungsverteilung, diese superponiert man schließlich nach dem oben angegebenen Verfahren und erhält dann die Spannungsverteilung längs der Kette.

Fünftes Kapitel.

Der unvollkommene Durchschlag

22. Der unvollkommene Durchschlag bei einfachen Anordnungen. — 23. Der unvollkommene Durchschlag bei Anordnungen mit influenzierten Elektroden.

Wir haben bei unseren bisherigen Berechnungen stets die Spannungen gesucht, bei denen die Beanspruchung $\mathfrak{E}_m$ der Isoliermaterialien an den am meisten beanspruchten Stellen gerade gleich der Durchschlagfestigkeit $\mathfrak{E}_d$ ist. Wir wissen, daß die so beanspruchten Stellen sehr dünne Schichten sein können; das ist sogar immer der Fall, wenn es sich um gekrümmte Elektroden handelt. Nur zwischen zwei parallelen Platten erreicht die Beanspruchung in allen Schichten gleichzeitig die Beanspruchung $\mathfrak{E}_d$. Hier ist also der Vorgang beim Durchschlag am leichtesten zu überblicken: Beim Erreichen der Beanspruchung $\mathfrak{E}_d$ in allen Schichten wird sofort der Durchschlag von Elektrode zu Elektrode auftreten. Diesen Durchschlag nennen wir vollständigen oder vollkommenen Durchschlag.

Wird die Beanspruchung $\mathfrak{E}_d$ bei gekrümmten Elektroden nur in der Schicht erreicht, die der gekrümmten Elektrode am nächsten liegt, so wird zunächst nur diese Schicht durchgeschlagen. Wir werden im folgenden erkennen, daß unter Umständen damit der Vorgang des Durchschlages beendet ist. In diesem Fall nennt man den Durchschlag unvollständigen oder unvollkommenen Durchschlag.

Die Spannung, bei der der Durchschlag einsetzt, sei es als vollkommener oder unvollkommener Durchschlag, nennt man Anfangsspannung. Bei der Plattenordnung sagt man: der vollständige Durchschlag fällt mit der Anfangsspannung zusammen. Bei gekrümmten Elektroden, bei denen unter gewissen Bedingungen der Durchschlag zunächst als unvollständiger Durchschlag einsetzt, liegt die Spannung, bei der der Durchschlag zum vollkommenen wird, wesentlich höher als die Anfangsspannung; man sagt in diesem Fall, daß die Spannung des vollkommenen Durchschlages (man nennt diese Spannung vielfach auch Funkenspannung) über der Anfangsspannung liegt.

Bei der Berechnung der Beanspruchung auf Durchschlag haben wir die Verhältnisse stets so zu wählen, daß die Anfangsspannung nicht überschritten wird. Würde man bei gekrümmten Elektroden eine Überschreitung der Anfangsspannung zulassen, dann würde zwar unter Umständen der vollständige Durchschlag nicht auftreten, ein Teil des Isoliermaterials wäre aber überbeansprucht. Da bis jetzt noch nicht erforscht ist, ob dies ohne Schaden für das Material zulässig ist, müssen wir an der Anfangsspannung als Grenzspannung festhalten, wie wir dies im zweiten Kapitel auch getan haben.

Im folgenden soll nun untersucht werden, wann der Durchschlag ein vollständiger und wann er ein unvollständiger ist.

22. Der unvollständige Durchschlag bei einfachen Anordnungen.

Als Beispiel für eine einfache Anordnung betrachten wir zwei konzentrische Kugeln. Die Spannung zwischen den Kugeln sei 100 kV; der Radius der kleinen Kugel sei $r = 1$ cm, der Radius der großen Kugel sei $R = 10$ cm.

Für diese Verhältnisse berechnen wir die Feldstärke in den einzelnen Schichten und tragen sie in Abhängigkeit vom Radius der betreffenden Schicht auf; wir erhalten dann die Kurve $\mathfrak{E}_1$ von Abb. 111. Nun nehmen wir an, der Radius r sei 2 cm; die übrigen Verhältnisse lassen wir ungeändert. Auch für diesen Fall rechnen wir die Verteilung der Feldstärke im Isoliermaterial aus und erhalten die Kurve $\mathfrak{E}_2$. Diese Rechnung wiederholen wir für $r = 3$ cm; $r = 4$ cm usw. Wir sehen, daß die maximalen Feldstärken jeweils in der nächsten Umgebung der kleinen Kugel auftreten; dies ist uns bereits von früher her bekannt. Bei $r = 5$ cm wird die maximale Feldstärke am kleinsten; auch dies ist uns bekannt; denn für diesen Radius wird die geometrische Charakteristik $p = p_g = 2{,}0$. Wir verbinden alle Maximalwerte durch eine Kurve $\mathfrak{E}_m$.

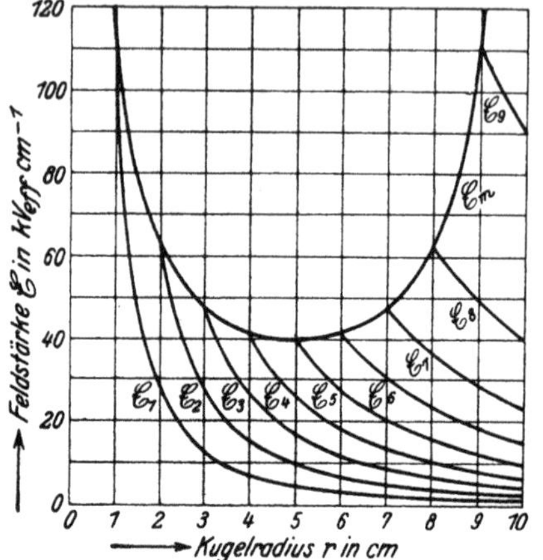

Abb. 111. Verteilung der Feldstärke zwischen zwei konzentrischen Kugeln.

In Abb. 112 sind die Kurven $\mathfrak{E}_m$ uud $\mathfrak{E}_1$ nochmals dargestellt. Wir nehmen nun an, daß die Durchschlagfestigkeit des Isoliermaterials 33 $\mathrm{kV \cdot cm^{-1}}$ sei. Wir sehen, daß die Kurve $\mathfrak{E}_1$ in allen Schichten bis zur Schicht mit dem Radius 1,8 cm über der Geraden $\mathfrak{E}_d$ liegt; also

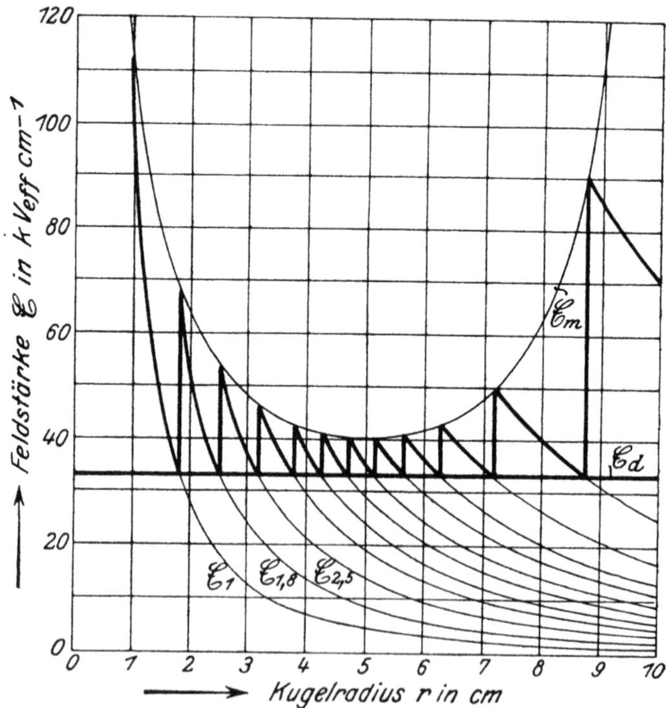

Abb. 112. Vorgang beim vollkommenen Durchschlag.

sind diese Schichten überbeansprucht, sie müssen durchgeschlagen werden. Wir nehmen an, daß dies der Fall sei und daß durch den Durchschlag die Schichten zwischen $r = 1$ cm und $r = 1{,}8$ cm leitend geworden seien. Dann ist durch den Durchschlag der Radius der kleinen Kugel soz. vergrößert worden und die Verteilung der Feldstärke wird jetzt dargestellt durch die Kurve $\mathfrak{E}_{1,8}$. Jetzt ist die Beanspruchung in den Schichten bis zum Radius 2,5 cm größer als $\mathfrak{E}_d$; der Durchschlag muß also bis zu diesem Radius weiterwachsen. Wenn auch diese Schicht

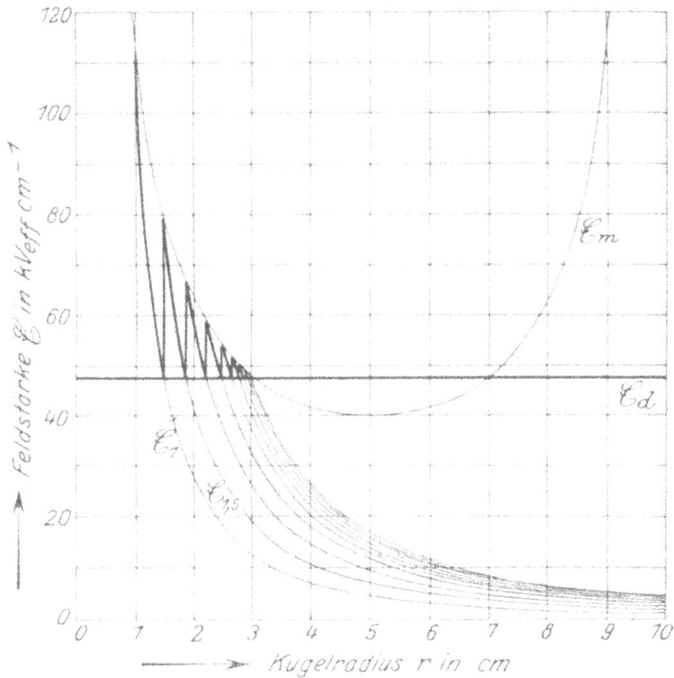

Abb. 113. Vorgang beim unvollkommenen Durchschlag.

leitend geworden ist, ist der Radius der kleinen Kugel soz. bis auf den Wert $r = 2{,}5$ vergrößert worden und es herrscht in den noch nicht durchgeschlagenen Schichten jetzt die Verteilung der Feldstärke nach Kurve $\mathfrak{E}_{2,5}$.

Führen wir die Betrachtung in der angegebenen Weise weiter, so sehen wir, daß sich der Durchschlag bis zur anderen Elektrode hindurchfrißt, es tritt also in diesem Fall der vollkommene Durchschlag auf.

In Abb. 113 ist angenommen, daß die Durchschlagfestigkeit des Materials 48 kV · cm^{-1} sei; die übrigen Verhältnisse sind ungeändert. Wir sehen, daß die Feldstärke jetzt bis zur Schicht mit dem Radius 1,5 größer ist als die Durchschlagfestigkeit des Materials; also ist das

Material bis zu dieser Schicht überbeansprucht, es wird zerstört und damit nach unserer Annahme leitend; der Radius der kleinen Kugel wird dadurch soz. bis zum Wert $r = 1{,}5$ cm vergrößert. Die Verteilung der Feldstärken wird danach durch die Kurve $\mathfrak{E}_{1,5}$ dargestellt. Nunmehr ist das Material noch bis zur Schicht mit dem Radius 1,8 cm überbeansprucht, der Durchschlag frißt sich also immer weiter, diesmal aber nur bis zur Schicht mit dem Radius 3 cm. Weiter kann der Durchschlag nicht gehen, weil in den anderen Schichten die Beanspruchung kleiner ist als die Durchschlagfestigkeit. Der Durchschlag ist diesmal also ein unvollständiger. Nehmen wir an, es handle sich um festes Isoliermaterial; nach außen hin kann man gar nicht wahrnehmen, daß sich der Durchschlag schon bis zur Schicht mit dem Radius von 3 cm hindurchgefressen hat, man wird vielmehr den Eindruck haben, als wenn noch nichts passiert wäre. Diese Meinung kann zu folgenschweren Irrtümern führen; denn gesetzt den Fall, es handle sich bei diesem Versuch darum, die Durchschlagfestigkeit des Materials zu ermitteln; der Beobachter wird dann, da er vom Durchschlag noch nichts gemerkt hat, die Spannung weiter steigern und zwar so lange, bis der vollständige Durchschlag eintritt. Aus der so beobachteten Durchschlagspannung wird er dann die Durchschlagfestigkeit des Materials berechnen und auf diese Weise natürlich einen viel zu hohen Wert herausbringen. Der Versuch, von einem Unkundigen durchgeführt, wird also das Material besser erscheinen lassen als es in Wirklichkeit ist.

Wir wollen den Fall, wo die Durchschlagfestigkeit $\mathfrak{E}_d$ die Kurve $\mathfrak{E}_m$ schneidet, nochmals betrachten, diesmal aber annehmen, daß der Radius der kleinen Kugel $r = 7$ cm sei. Dieser Fall ist in Abb. 114 dargestellt. Eine Erklärung des Vorganges in seinen Einzelheiten ist wohl nicht mehr nötig. Das Resultat ist, daß jetzt wieder der vollständige Durchschlag eintritt. Wir sehen also, daß auch die Größe des Radius r der kleinen Kugel eine große Rolle dabei spielt, ob der Durchschlag ein vollständiger oder unvollständiger ist.

Wäre die Durchschlagfestigkeit des Isoliermaterials $\mathfrak{E}_d = 40\,\text{kV}\cdot\text{cm}^{-1}$, so würde die $\mathfrak{E}_d$-Linie die $\mathfrak{E}_m$-Kurve im Punkt mit der Abszisse $r = 5$ cm gerade tangieren. Man sieht, daß bei einem Radius der kleinen Kugel $r < 5$ cm der Durchschlag gerade noch ein unvollständiger wäre. Für $r > 5$ cm dagegen ist auch hier der Durchschlag wieder ein vollständiger. Für einen Kugelradius $r = 5$ cm kann der Durchschlag ein unvollständiger oder ein vollständiger sein, der Durchschlag ist, wie man sagt, indifferent. Der Radius $r = 5$ cm teilt also das ganze Gebiet in zwei Teile; im Teil links davon ist der Durchschlag ein unvollständiger und bleibt bestehen. Man nennt dieses Gebiet deshalb auch stabiles Durchschlagsgebiet. Im Gebiet rechts davon wächst sich der

Durchschlag rasch zu einem vollständigen aus, ein unvollständiger Durchschlag kann nicht bestehen bleiben; man nennt deshalb dieses Gebiet labiles Gebiet. Für $r = 5$ cm ist die geometrische Charakteristik der Anordnung $p = p_g$. Der günstigsten geometrischen Charakteristik kommt also eine weitere sehr wichtige Bedeutung zu, sie teilt das Durchschlagsgebiet in zwei Teile mit unvollständigem und vollständigem Durchschlag. Natürlich kann man auch im stabilen Gebiet

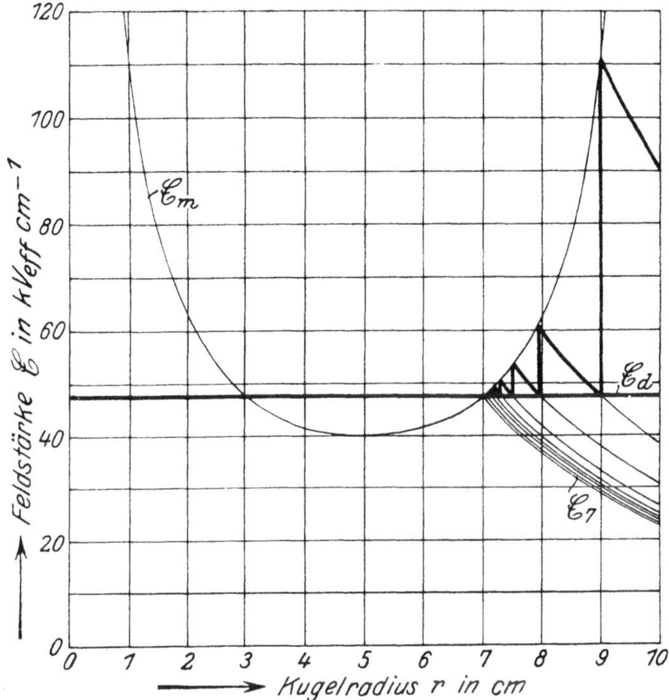

Abb. 114. Vorgang beim vollkommenen Durchschlag.

den vollständigen Durchschlag erreichen, wenn man die Spannung so hoch steigert, daß die $\mathfrak{E}_m$-Kurve in allen Teilen über der $\mathfrak{E}_d$-Linie liegt (Abb. 112).

Bisher haben wir stillschweigend angenommen, daß das Isoliermaterial dem Proportionalitätsgesetz folgt; dies kam dadurch zum Ausdruck, daß wir die $\mathfrak{E}_d$-Linie als parallele Gerade zur Abszissenachse gezeigt haben. In Abb. 115 sind die Verhältnisse beim Durchschlag dargestellt, wenn das Material dem Potenzgesetz folgt. Wir sehen, daß die Grenze zwischen vollständigem und unvollständigem Durchschlag etwas nach links rückt; prinzipielle Unterschiede gegenüber unseren bisherigen Betrachtungen aber sind nicht vorhanden.

Wie sieht nun der unvollständige Durchschlag eines Isoliermaterials aus? Am besten kann der unvollständige Durchschlag bei Luft als Isoliermaterial beobachtet werden, da hier die überbeanspruchten Schichten zu leuchten beginnen. Bei Anordnungen mit spitzen oder kantigen Elektroden fangen die Luftschichten in der unmittelbaren Umgebung der Elektroden schon bei niedrigen Spannungen zu leuchten an; deshalb ist hier der unvollkommene Durchschlag besonders deutlich ausgeprägt: Um die Elektroden bildet sich eine violett leuchtende Hülle,

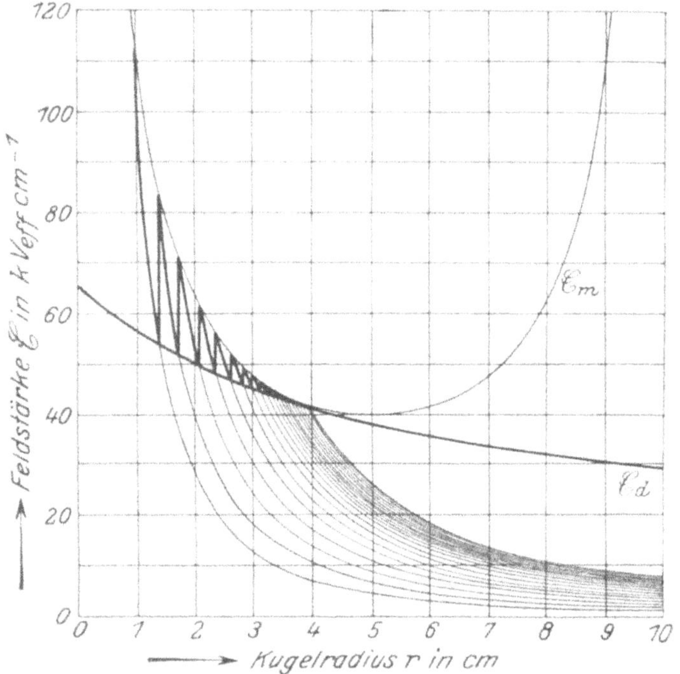

Abb. 115. Vorgang beim unvollkommenen Durchschlag.

das sog. Glimmlicht (Korona). Dort, wo die Beanspruchung unterhalb der Durchschlagfestigkeit bleibt, ist der Raum dunkel, man kann also sehr deutlich sehen, bis zu welcher Zone die Überbeanspruchung reicht.

Steigert man die Spannung bei solchen Elektroden immer weiter, dann wird die Korona immer größer, bis schließlich der ganze Zwischenraum zwischen den beiden Elektroden leuchtet; dann ist der vollständige Durchschlag erreicht. Welche Form dabei die Entladung hat, hängt von der zugeführten Stromstärke ab. Es ist nicht so, wie vielfach behauptet wird, daß der vollständige Durchschlag in Luft stets ein Funken- oder Lichtbogendurchschlag sein müsse; durch Vorschalten von großen Widerständen kann man dem vollständigen Luftdurchschlag die Form einer Glimm- oder Büschelentladung geben.

Für Luft trifft unsere Annahme, daß die durchgeschlagene Schicht leitend wird, ziemlich genau zu. Wenn man aber bei Luftentladungen die Dicke der Entladungshülle mißt, so fällt auf, daß sie wesentlich größer ist, als sie nach unserer Betrachtung sein sollte. Die Erklärung hierfür ist sehr einfach. Durch das Glimmen wird nämlich auch die Luft außerhalb der Glimmzone ionisiert, ihre Durchschlagfestigkeit wird wesentlich herabgesetzt. Sobald also eine Entladung einsetzt, gilt die ursprüngliche Kurve $\mathfrak{E}_d$ nicht mehr, die neue Kurve liegt wesentlich tiefer und das hat, wie wir wissen, eine Vergrößerung des Glimmradius zur Folge.

Auch bei den flüssigen Isoliermaterialien (Öl) kann man den unvollständigen Durchschlag beobachten. Wie diese Entladung im Öl aber zustande kommt, ist, soweit dem Verfasser bekannt ist, noch nicht aufgeklärt. Vielleicht sind es nur die an den Elektroden angelagerten Luftschichten, die zu glimmen beginnen oder die im Öl suspendierten Luftbläschen.

Wie sich in den festen Isoliermaterialien der unvollständige Durchschlag ausbildet, ist bis jetzt noch gänzlich unbekannt. Jedenfalls ist es noch nicht gelungen, die Wirkungen eines unvollständigen Durchschlages bei festen Isolierstoffen nachzuweisen. Wahrscheinlich spielt hier noch ein anderer Vorgang mit herein, der die Ausbildung des unvollständigen Durchschlages verhindert und zugleich bewirkt, daß das Material tatsächlich Überbeanspruchungen aushalten kann. Wie bereits erwähnt, sind die festen Isoliermaterialien keine absoluten Nichtleiter und der Durchschlag ist auf die früher geschilderten thermischen Vorgänge zurückzuführen. Um den labilen Strom beim Durchschlag ungehindert zufließen lassen zu können, dürfen keine stabilisierenden Widerstände vorgeschaltet sein. Wahrscheinlich wirken nun aber die nicht überbeanspruchten Schichten stabilisierend und unterbinden den labilen thermischen Durchschlagsvorgang.

Wie bereits erwähnt, erweckt es in diesen Fällen nach außen hin den Anschein, als ob der Durchschlag noch nicht eingetreten wäre. Bei gekrümmten Elektroden scheint also das Material mehr auszuhalten als bei Platten, und zwar sind die Unterschiede um so größer, je schärfer die Elektrodenkrümmung ist. Das mag der Grund sein, warum manche Beobachter bei ihren Versuchen herausmessen, daß auch die festen Isoliermaterialien eine vom Krümmungsradius der Elektroden abhängige Durchschlagfestigkeit zeigen und sonach dem Potenzgesetz zu folgen scheinen. Deshalb empfiehlt es sich, bei Versuchen zur Ermittlung der Durchschlagfestigkeit nur solche Anordnungen zu verwenden, wo der vollständige Durchschlag der Anfangsspannung folgt.

23. Der unvollständige Durchschlag bei Anordnungen mit influenzierten Elektroden.

Wir nehmen zunächst an, daß die einzelnen Elektroden die Form von Platten haben, die parallel nebeneinander aufgestellt seien. Wenn sich die Spannung gleichmäßig auf die einzelnen Elektroden verteilt, dann werden offenbar alle Isolierschichten beim Steigern der Spannung gleichzeitig eine Beanspruchung gleich ihrer Durchschlagfestigkeit erleiden, es muß also sofort der vollständige Durchschlag einsetzen, d. h. bei solchen Anordnungen folgt der vollständige Durchschlag der Anfangsspannung.

Wenn sich aber die Spannung nicht gleichmäßig auf die einzelnen Platten verteilt, so wird zunächst die am meisten beanspruchte Schicht durchgeschlagen. Es ist nun die Frage, ob dieser Zustand bestehen bleiben kann oder nicht. Dadurch, daß die erste durchgeschlagene Schicht kurzgeschlossen, also unwirksam geworden ist, muß sich die gesamte Spannung auf die noch nicht durchgeschlagenen Schichten verteilen. Auf jede dieser Schichten trifft also mehr als vorher. Nehmen wir an, die Anordnung stelle eine Kondensatorkette mit einfacher Verkettung dar. Offenbar muß dann auch die nächste Schicht durchgeschlagen werden, kurz, der Durchschlag frißt sich durch die ganze Kette durch, wenn eine Schicht durchgeschlagen ist. Sehr schön sieht man dies aus den Tabellen für diese Ketten, die am Ende dieses Buches angegeben sind. Man braucht nur die Spannungen beispielsweise von zehn- und neungliedrigen Ketten zu vergleichen unter der Annahme, daß auf beide Ketten die gleiche Gesamtspannung trifft. Man findet dann, daß auf die letzte Funkenstrecke der neungliedrigen Kette eine höhere Spannung entfällt als auf das letzte Glied einer zehngliedrigen Kette. Schlägt also das letzte Glied einer zehngliedrigen Kette durch, dann ist die Kette nur mehr neungliedrig, und auf das letzte Glied trifft jetzt mehr als vorher bei der zehngliedrigen Kette; also muß auch dieses Glied durchgeschlagen werden usw.

In Wirklichkeit beobachtet man aber bei solchen Ketten, daß sich entgegen dieser Theorie auch hier der unvollständige Durchschlag ausbilden kann. Es sei folgender Versuch beschrieben. Eine Kette bestand aus einer Reihe gleich großer Kugeln, die in gleicher Entfernung voneinander aufgestellt waren und für die nach Messung der Spannungsverteilung die Ersatzschaltung nach Abb. 87 galt. Die Spannung zwischen der ersten und letzten Kugel wurde nun so hoch gesteigert, bis eine Entladung auftrat; es zeigte sich, daß nur die letzte Funkenstrecke durchgeschlagen wurde und daß dieser Zustand bestehen blieb. Hierauf wurde die Zahl der Kugeln um eine Kugel vermehrt und die Spannung zwischen der ersten und letzten Kugel wieder so lange gesteigert, bis eine Entladung auftrat. Auch hier wurde die letzte Funkenstrecke allein durchgeschlagen. Dies wurde fortgesetzt und die Spannung, bei der jeweils die letzte Funkenstrecke ansprach, als Funktion der Zahl der Funkenstrecken dargestellt. Es ergab sich die Kurve *a* von Abb. 116.

Daraufhin wurde jeweils die Spannung so hoch gesteigert, bis alle Funkenstrecken durchgeschlagen waren. Auch diese Spannung ist als Funktion der Zahl der Funkenstrecken in Abb. 116 dargestellt (Kurve *b*). Kurve *a* stellt also die Anfangsspannung und Kurve *b* die Spannung des vollständigen Überschlages dar. Die Kurve *a* ist uns bereits bekannt. Wir haben ihre Gleichung auf S. 144 abgeleitet, ohne uns allerdings damals darum zu kümmern, wie der Durchschlag vor sich geht.

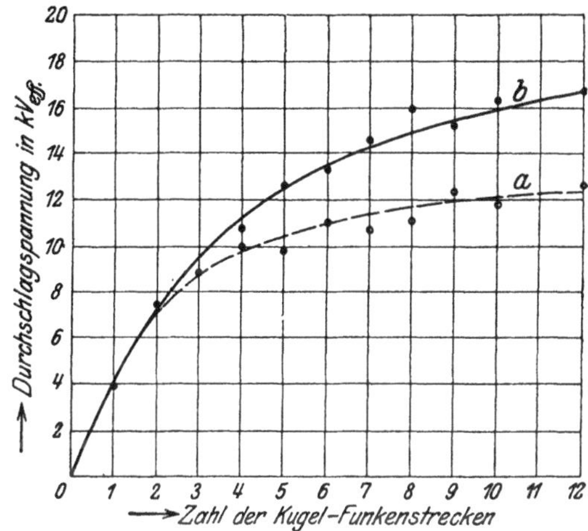

Abb. 116. Durchschlagspannung von Vielfachfunkenstrecken abhängig von der Zahl der Funkenstrecken.

Wir sehen also: Würde der Durchschlag dem von uns früher erkannten Gesetz folgen, dann gäbe es bei einer Kette nur vollkommene Durchschläge; in Wirklichkeit beobachtet man aber bei solchen Ketten ebenfalls unvollständige Durchschläge. Im folgenden soll nun untersucht werden, durch welche Einflüsse dieses abweichende Verhalten der Kette begründet ist.

In erster Linie ist der Spannungsabfall im Funken der zuerst durchgeschlagenen Schicht zu nennen. Wenn eine Funkenstrecke anspricht, dann stellt der Funke keinen reinen Kurzschluß dar, wie wir angenommen haben, er verzehrt vielmehr einen Teil der angelegten Spannung, so daß auf die anderen Funkenstrecken nicht die volle Spannung trifft, sondern weniger. Und diese reicht dann nicht aus, um auch die nächste Funkenstrecke zum Ansprechen zu bringen.

Eine weitere Ursache dürfte die Funkenverzögerung sein. Man kann sehr schön beobachten, daß die zuerst ansprechende Funkenstrecke intermittierend durchgeschlagen wird, indem der Funke bei jeder Periode zweimal zündet und löscht. Die Zeitdauer, während welcher auf den anderen Funkenstrecken die Überbeanspruchung währt, ist außerordentlich kurz, besonders auch, weil die Spannung als

Wechselspannung sofort wieder abnimmt. Diese Zeit reicht deshalb nicht aus, um den Ionisierungsvorgang bei den anderen Funkenstrecken einzuleiten, der dem Durchschlag vorausgehen muß.

Sind in der Kette nicht gasförmige, sondern feste Isoliermaterialien angeordnet, dann kann unter Umständen an Stelle der eben beschriebenen Erscheinungen eine andere treten, die vorher bereits erwähnt wurde. In diesem Fall wird die letzte Funkenstrecke überhaupt nicht bei der erwarteten Spannung ansprechen, weil der Widerstand der ihr vorgeschalteten Glieder, auf die ja nur wenig Spannung trifft, nicht so viel Strom hindurchläßt, als zur Hervorrufung des labilen thermischen Vorganges im Isoliermaterial der letzten Funkenstrecke notwendig wäre. Der Isolationswiderstand des weniger stark beanspruchten Isoliermaterials wirkt also stabilisierend. Dies kann man übrigens auch sehr schön bei der Luftvielfachfunkenstrecke beobachten. Legt man hier die Spannung direkt an die letzte Funkenstrecke an, so entsteht bei genügend hoher Spannung der Durchschlag in Form eines Lichtbogens mit sofortiger Kurzschlußwirkung. Innerhalb der Vielfachfunkenstrecke angeordnet dagegen hat der Durchschlag die Form eines ganz zarten Fünkchens, und man kann hier mit einem geeigneten Instrument noch eine sehr erhebliche Spannung zwischen den durchgeschlagenen Kugeln messen; die der letzten Funkenstrecke vorgeschalteten Funkenstrecken lassen eben nur so viel Strom durch, als der Kapazität entspricht (Verschiebungsstrom), und dieser Strom reicht nicht aus zur Ernährung eines kräftigen Funkens. In der Tat muß man die Spannung noch ganz erheblich steigern, um als Entladung einen kräftigeren Funken zu bekommen.

Daraus sieht man, daß man bei einer Vielfachanordnung den Eindruck gewinnt, die einzelnen Glieder hielten in der Kette mehr aus, als außerhalb der Kette Damit ist das scheinbar unstimmige Verhalten der Vielfachanordnungen aufgeklärt.

Endlich muß noch erwähnt werden, daß auch noch aus einem anderen Grund der Durchschlag bei einer Kette ein unvollständiger sein kann, nämlich dann, wenn zwei benachbarte Elektroden so beschaffen sind, daß sich bei ihnen schon allein, ähnlich wie vorher bei zwei konzentrischen Kugeln, ein unvollständiger Durchschlag ausbildet. Es ist dann sogar der Fall denkbar, daß wohl alle Funkenstrecken ansprechen, keine von ihnen wird aber vollständig durchgeschlagen.

II. Der Überschlag.

Wenn wir einen Rückblick auf unsere Untersuchungen über den Durchschlag werfen, erkennen wir, daß alle Berechnungen auf der Annahme aufgebaut sind, wonach der Durchschlag längs einer Kraftlinie erfolgt, die zwei Bedingungen erfüllt: sie ist erstens eine Gerade und zweitens fällt sie mit der kürzesten Verbindungslinie der Elektroden zusammen. In der Tat ist zu erwarten, daß der Durchschlag längs dieser Kraftlinie erfolgt, wenn das Isoliermaterial isotrop ist, d. h. nach allen Richtungen hin die gleiche Durchschlagfestigkeit besitzt, wie das bei Luft und Öl als Isoliermaterialien am vollkommensten erfüllt ist.

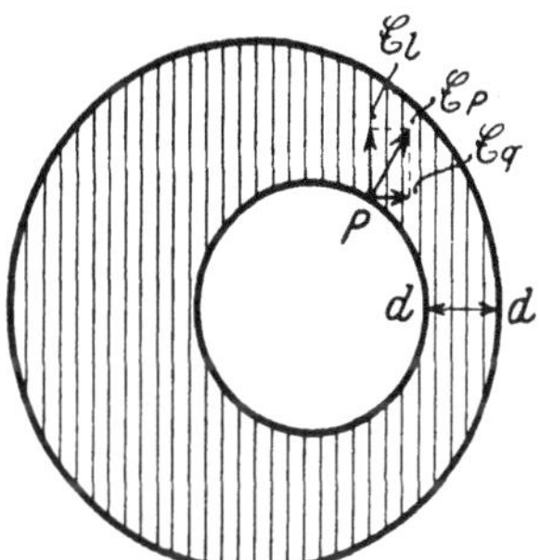

Abb 117. Anisotropes Isoliermaterial zwischen zwei Zylindern.

Ist jedoch zwischen den Elektroden ein elektrisch anisotropes Isoliermaterial angeordnet, also ein geschichtetes Isoliermaterial, wie beispielsweise Hartpapier, Mikarta usw., das in Richtung der Schichtung eine wesentlich kleinere Durchschlagfestigkeit besitzt, dann kann der Durchschlag auch in dieser Richtung erfolgen, selbst wenn in dieser Richtung nicht die gerade und kürzeste Kraftlinie liegt. Dieser Fall wird durch Abb. 117 dargestellt. Es ist angenommen, daß zwischen zwei sich umhüllenden anaxialen Zylindern ein geschichtetes Isoliermaterial angeordnet sei; die Richtung der Schichtung ist durch die Schraffur angedeutet. Die Durchschlagfestigkeiten des Materials seien senkrecht (quer) zur Schichtrichtung $\mathfrak{E}_d = 200\ \mathrm{kV \cdot cm^{-1}}$ und in Richtung der Schichtung $\mathfrak{E}_d' = 20\ \mathrm{kV \cdot cm^{-1}}$. Nach unseren bisherigen Annahmen sollte der Durchschlag längs der Geraden *dd* erfolgen. Im Punkt *P* ist nun beispielsweise die dort herrschende Feldstärke $\mathfrak{E}_P$ der Größe und Richtung nach eingetragen und in die beiden Komponenten $\mathfrak{E}_q$ und $\mathfrak{E}_l$ zerlegt. Die Feldstärke $\mathfrak{E}_q$ beansprucht das Isoliermaterial auf Durchschlag, diese Beanspruchung ist aber kleiner als längs der Geraden *dd*, also kann nach dieser Richtung in *P* der Durchschlag nicht einsetzen. Die Feldstärke $\mathfrak{E}_l$ beansprucht das Isoliermaterial in Richtung der Schicht. Auch diese Beanspruchung ist sicherlich kleiner als die längs der Geraden *dd*. Trotzdem aber kann hier der Durchschlag erfolgen, weil eben das anisotrope Isoliermaterial in dieser Richtung nur den zehnten Teil der Beanspruchung aushält. Tatsächlich beobachtet man auch in der Praxis solche Durchschläge; man nennt sie vielfach Längsdurchschläge.

Abb. 118 zeigt einen ähnlich gelagerten Fall. Hier ist zwar angenommen, daß das Isoliermaterial isotrop sei, es füllt aber den Zwischenraum zwischen den beiden Zylindern nicht vollständig aus, es sei vielmehr noch Luft vorhanden, wie das Bild zeigt. An welcher Stelle wird jetzt der Durchschlag erfolgen?

Offenbar sind hier drei Möglichkeiten vorhanden. Entweder erfolgt der Durchschlag längs der Geraden *dd*, oder durch die Luft, etwa an der Stelle *aa*, oder endlich gerade in der Trennschicht zwischen festem und luftförmigem Isoliermaterial. Wenn wir die Durchschlagfestigkeiten an diesen Stellen kennen, können wir voraussagen, wo der Durchschlag einsetzen wird. Wir werden im folgenden erfahren, daß die Durchschlagfestigkeit der Trennschicht außerordentlich klein ist, sie schwankt zwischen etwa 5 und 10 $\mathrm{kV \cdot cm^{-1}}$. Wir zerlegen nun die Feldstärke im Punkt *o* wieder in zwei Komponenten, von denen die eine quer durchs Isoliermaterial verläuft, während die andere in die Richtung der Trennschicht fällt. Die letztere nennen wir Tangentialfeldstärke. Wenn man die Spannung zwischen den Zylindern immer höher steigert, dann wird zuerst die Festigkeit der Trennschicht überschritten und es tritt der Längsdurchschlag längs der Oberfläche *oo* auf. Im vorliegenden Fall, wo der Längsdurchschlag in der Trennschicht zwischen einem festen und gasförmigen Isoliermaterial verläuft (oder auch in der Trennschicht zwischen einem festen und flüssigen Isoliermaterial), nennt man den Längsdurchschlag „Überschlag".

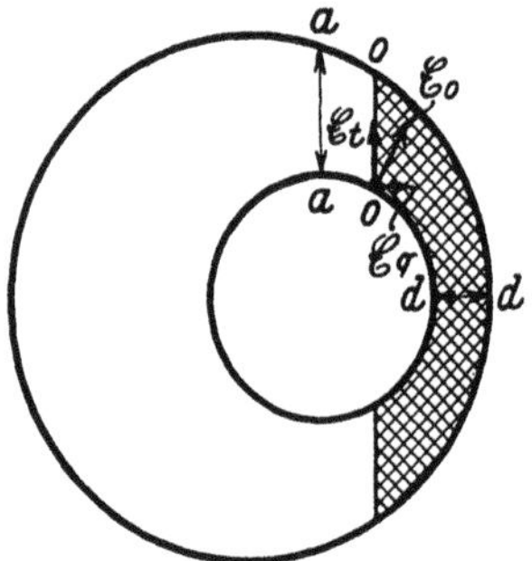

Abb. 118. Luft und festes Isoliermaterial zwischen zwei Zylindern.

Mit dieser Entladungserscheinung, dem Überschlag, wollen wir uns im folgenden Kapitel beschäftigen; dabei bleiben wir uns bewußt, daß die Lehre vom Überschlag zugleich auch die Lehre vom Längsdurchschlag in festen anisotropen Isoliermaterialien ist.

Für die Beanspruchung einer Konstruktion auf Überschlag ist also die Tangentialfeldstärke $\mathfrak{E}_t$ maßgebend; steigt diese über die Durchschlagfestigkeit der Trennschicht, die wir hinfort „Überschlagfestigkeit" nennen wollen, dann erfolgt der Überschlag.

Es gibt Anordnungen, wo die ganze Feldstärke, nicht bloß eine Komponente in Richtung der Trennschicht fällt. Dieser Fall ist in

Abb. 119 dargestellt. Die beiden Platten E und L, an denen die Spannung U liegt, mögen so groß sein, daß gegen ihre Mitte zu sicher ein homogenes Feld vorhanden ist. Der Isolationskörper J möge zylindrische Form haben, seine Oberfläche bildet also sozusagen eine Kraftröhre, ein Sphondiloid, weil in der Trennschicht Kraftlinien verlaufen. In diesem Fall ist offenbar die ganze Feldstärke zugleich Tangentialfeldstärke, und wir können leicht berechnen, bei welcher Spannung $U_ü$ der Überschlag erfolgt. Es ist

$$U_ü = \mathfrak{E}_ü \cdot l, \tag{1}$$

wenn l die Länge des Zylinders und $\mathfrak{E}_ü$ die Überschlagfestigkeit bedeutet.

Damit haben wir zwei charakteristische Fälle für die Beanspruchung auf Überschlag kennen gelernt. Es gibt in der Hochspannungstechnik keine Anordnung, die außer Luft oder Öl noch ein festes Isoliermaterial enthält und nicht zugleich auf Durchschlag und Überschlag beansprucht wäre. Manchmal ist freilich die Gefahr des Überschlages klein gegenüber der des Durchschlages; dann braucht man nur die Berechnung auf Durchschlag anzustellen; im anderen Fall, wo die Beanspruchung auf Durchschlag klein ist, braucht man nur die Beanspruchung auf Überschlag durchzurechnen.

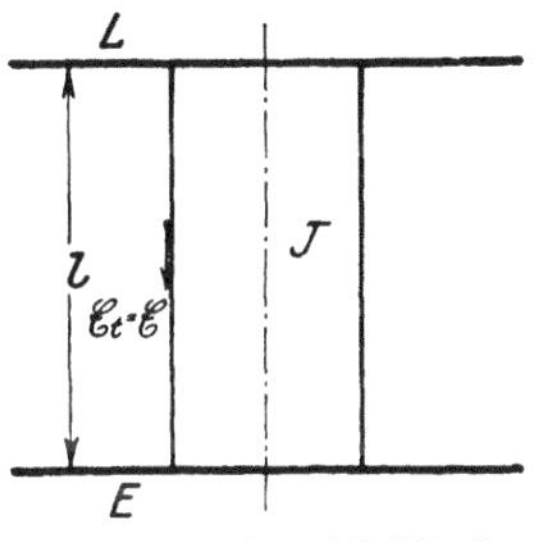

Abb. 119. Sphondiloidischer Isolator.

Früher hat man meist nur die Beanspruchung auf Durchschlag nachgerechnet, weil man den Überschlag für etwas Ungefährliches gehalten hat. Der Durchschlag ist ja auch insofern schädlicher als der Überschlag, weil mit dem Durchschlag stets eine Zerstörung des Isoliermaterials und damit der ganzen Konstruktion verbunden ist, während beim Überschlag die Trennschicht sich sofort selbsttätig erneuert. Heute denken wir allerdings, wie bereits erwähnt wurde, anders über den Überschlag, nachdem bekannt geworden ist, daß der Überschlag der gefährlichste Erreger von Überspannungen ist und dadurch außerordentlich häufig den Durchschlag irgendeines vielleicht weitab liegenden Teiles der Anlage im Gefolge hat. Deshalb ist man heute sehr darauf bedacht, vor allem die Überschläge zu vermeiden, und deshalb ist es gerechtfertigt, daß wir diese Entladungserscheinung eingehend studieren. Bevor wir zur Berechnung der Anordnungen auf Überschlag übergehen, wollen wir die Ergebnisse der Untersuchungen über die Überschlagfestigkeit der Isoliermaterialien kennen lernen.

Sechstes Kapitel.

Die Überschlagfestigkeit.

24. Die Überschlagfestigkeit im homogenen Feld. — 25. Die Überschlagfestigkeit im inhomogenen Feld.

24. Die Überschlagfestigkeit im homogenen Feld.

Nach den bisher geltenden Ansichten ist die Überschlagfestigkeit der Grenzschicht zwischen einem festen und gasförmigen bzw. zwischen einem festen und flüssigen Isoliermaterial vom sog. Oberflächenwiderstand des festen Isoliermaterials abhängig. Man denkt sich die Oberfläche der Isoliermaterialien mit einer schlecht leitenden Schicht bedeckt, die durch Adsorption von Staub und Feuchtigkeit entstanden ist. Der in dieser Schicht fließende Strom hängt nach dieser Annahme von der Größe der Spannung und dem Wert des Widerstandes ab. Man nennt diesen Strom Kriechstrom (Leckstrom) und den Pfad des Stromes Kriechweg. Von dieser Vorstellung ausgehend sieht man die Hauptaufgabe bei der Gestaltung der Oberfläche von Hochspannungskonstruktionen darin, den Kriechweg nach Möglichkeit zu ververgrößern und so ist man bei Isolatoren u. dgl. zur Anwendung von Rillen, Wulsten, Rippen usw. gekommen.

Infolge mancherlei Beobachtungen ist der Verfasser zur Vermutung gekommen, daß der Überschlag, also der Durchschlag der Trennschicht zwischen einem festen und gasförmigen Isoliermaterial nichts anderes ist als ein reiner Luftdurchschlag, und daß der Oberflächenwiderstand nicht die Hauptrolle spielt. Wenn diese Annahme richtig ist, dann müssen sich für die Überschlagfestigkeit ähnliche Gesetze ergeben, wie wir sie früher für die Durchschlagfestigkeit der Luft gefunden haben. Dies scheint nach den Versuchen von Dr. Wörner und dem Verfasser der Fall zu sein. Danach ist also zu erwarten, daß die Überschlagfestigkeit keine Materialkonstante ist; sie muß abhängig sein im homogenen Feld von der Länge des Überschlagweges und im inhomogenen Feld von der Konfiguration des Feldes, ferner vom Druck und der Temperatur der Luft.

Von den Versuchsergebnissen seien folgende mitgeteilt. Es wurden zylindrische Körper aus verschiedenen Isoliermaterialien hergestellt, nämlich aus Porzellan, Glas, Paraffin, Hartpapier, Bakelitpreßmasse und lackierte Porzellanzylinder. Bei Porzellan wurden Zylinder verwendet mit verschiedenen Durchmessern und Höhen, bei Glas und den übrigen Materialien wurde nur die Höhe der Zylinder variiert. Alle Zylinder wurden nun der Reihe nach zwischen Plattenelektroden angeordnet, so daß sich eine gleichmäßige Verteilung der zwischen den Elektroden liegenden Spannung auf die ganze Länge der Zylinder ergab. Durch Messung wurde gefunden, daß die Spannungsverteilung tatsächlich vollkommen linear war, d. h. in der Umgebung der Versuchskörper war ein homogenes Feld vorhanden. Bei jedem Versuch wurde nun die Spannung an den Elektroden so hoch gesteigert, bis

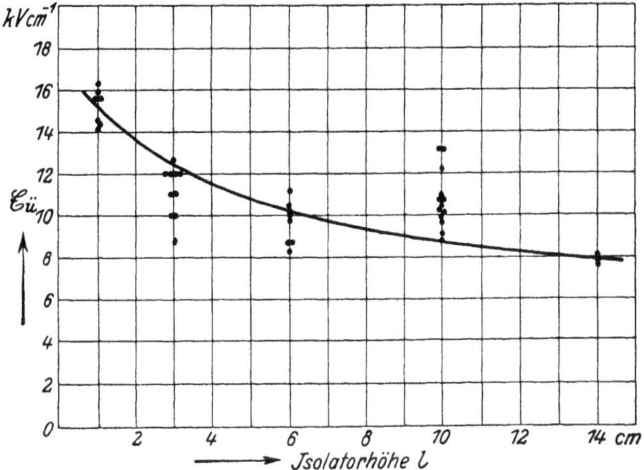

Abb. 120. Überschlagfestigkeit von Porzellan abhängig von der Isolatorhöhe (rel. Feuchtigkeit 30%).

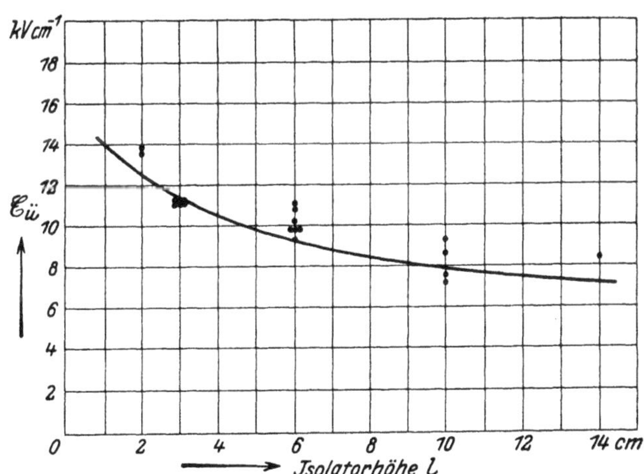

Abb. 121. Überschlagfestigkeit von Porzellan abhängig von der Isolatorhöhe (rel. Feuchtigkeit 40%).

der Überschlag eintrat, was in allen Fällen ohne besondere Vorentladungen in Form eines krachenden Funkens und Lichtbogens geschah. Ist die Überschlagspannung $U_ü$, so erhält man bei gegebener Länge l des Isolators die Überschlagfestigkeit $\mathfrak{E}_ü$ zu

$$\mathfrak{E}_ü = \frac{U_ü}{l},$$

also genau so, wie früher die Durchschlagfestigkeit.

Für Porzellan wurde folgendes gefunden. In den Abb. 120 bis 123 sind die aus den Überschlagspannungen berechneten Werte für die Überschlagfestigkeiten als Funktion der Zylinderlänge l auf-

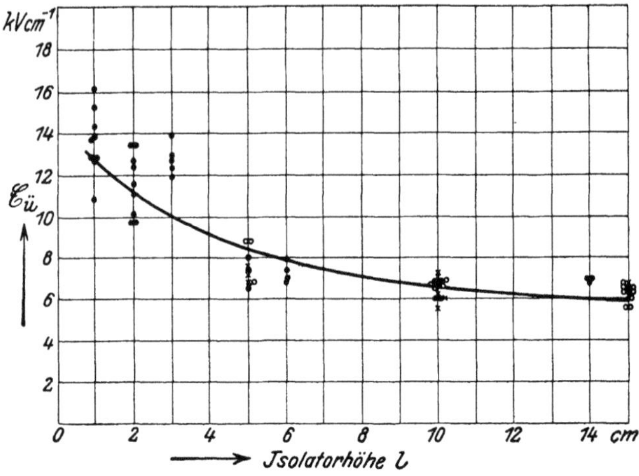

Abb. 122. Überschlagfestigkeit von Porzellan abhängig von der Isolatorhöhe (rel. Feuchtigkeit 60%).

getragen, und zwar gilt jede Kurve für eine andere relative Feuchtigkeit der umgebenden Luft. Wäre die Überschlagfestigkeit eine Materialkonstante, dann müßten alle Kurven parallele Gerade zur Abszissen

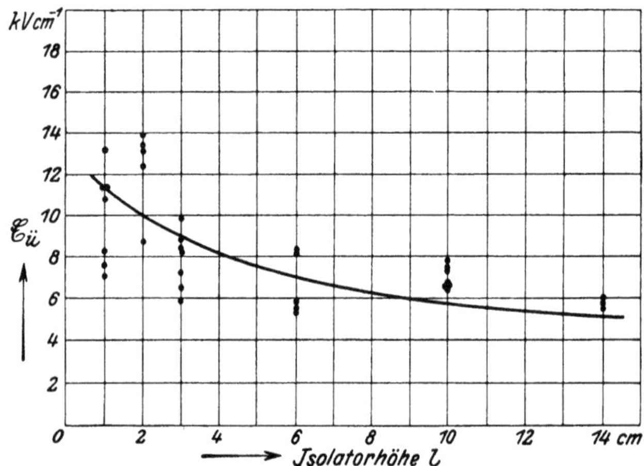

Abb. 123. Überschlagfestigkeit von Porzellan abhängig von der Isolatorhöhe (rel. Feuchtigkeit 90%).

achse sein, das ist aber nicht der Fall, wir stellen vielmehr unzweideutig eine Abhängigkeit von der Isolatorhöhe fest, und zwar nimmt die Festigkeit mit zunehmender Isolatorlänge ab.

Die Abnahme der Überschlagfestigkeit mit zunehmender Isolatorhöhe könnte nun vielleicht so erklärt werden: Die Oberfläche des Porzellans ist nicht vollkommen gleichmäßig; je mehr Fehler vorhanden sind, um so niedriger liegt die Überschlagspannung. Da die Wahrscheinlichkeit des Vorkommens von Fehlern bei hohen Isolatoren wegen ihrer größeren Oberfläche größer ist als bei niedrigen, nimmt die Überschlagspannung mit zunehmender Isolatorhöhe ab.

Um diese Hypothese zu prüfen, wurden auch Porzellanzylinder mit größeren Durchmessern untersucht (5 cm und 10 cm Durchmesser). Wenn der Einwand richtig ist, müssen unter gleich hohen Zylindern, die mit größerem Durchmesser wegen ihrer größeren Oberfläche eine niedrigere Überschlagspannung ergeben. In die Abb. 122 sind die Versuchsergebnisse mit diesen Zylindern eingetragen, und zwar sind Ergebnisse mit den 5 cm dicken Zylindern mit Kreuzchen und die mit den 10 cm dicken Zylindern mit kleinen Kreisen bezeichnet. Man sieht, daß ein wesentlicher Unterschied nicht besteht, die Hypothese reicht also nicht zur Erklärung der Erscheinung aus. Wir dürfen vielmehr schließen, daß sich der Einfluß der Luftdurchschlagfestigkeit, die mit zunehmender Luftstrecke abnimmt, beim Überschlag bemerkbar macht.

Wenn wir die Absolutwerte der Überschlagfestigkeiten $\mathfrak{E}_{ü}$ mit denen der Durchschlagfestigkeiten gleich großer Luftstrecken vergleichen, fällt auf, daß die Überschlagfestigkeiten wesentlich niedriger liegen als die Durchschlagfestigkeiten. Es ist zu vermuten, daß die Oberflächenbeschaffenheit des Porzellans sich hier bemerkbar macht, insbesondere wird wohl die die Oberfläche bedekkende Feuchtigkeitsschicht die Überschlagfestigkeit herunterdrücken.

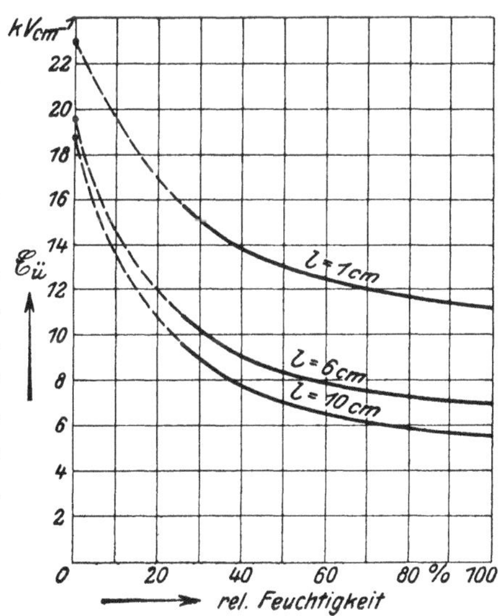

Abb. 124. Überschlagfestigkeit von Porzellan abhängig von der relativen Feuchtigkeit.

Dies sehen wir deutlich, wenn wir die Überschlagfestigkeit abhängig von der Feuchtigkeit für eine festgehaltene Zylinderhöhe auftragen, was in Abb. 124 geschehen ist. Daraus folgt, daß die Überschlagfestigkeit mit abnehmender Feuchtigkeit zunimmt. Für die Feuchtigkeit 0% wurden die Durchschlagfestigkeiten der gleich großen Luftstrecken eingetragen. Man sieht, daß die Kurven auf diese Werte zuzulaufen scheinen.

Damit ist erwiesen, daß die Feuchtigkeit der Isolatoroberfläche die Ursache ist für die numerische Abweichung zwischen den Überschlagfestigkeiten und Durchschlagfestigkeiten.

Es drängt sich nun als nächste Frage auf, ob durch die Feuchtigkeit der Oberflächenwiderstand so stark geändert wird, daß dadurch die Überschlagfestigkeit wesentlich beeinflußt wird, oder ob sich der Einfluß der Feuchtigkeit etwa in anderer Weise bemerkbar machen kann.

Es wurde bereits erwähnt, daß heute vielfach die Ansicht herrscht, der sogenannte „Oberflächenwiderstand" eines Isoliermaterials sei für den Überschlag allein maßgebend und man bewertet die Güte eines Isoliermaterials hinsichtlich seines Verhaltens beim Überschlag geradezu nach der Größe seines Oberflächenwiderstandes. Über den Oberflächenwiderstand von Isoliermaterialien liegen zahlreiche Messungen vor; unter anderen hat H. L. Curtis (Bull. of Bur. of Standard, Bd. 8) die Abhängigkeit des Oberflächenwiderstandes mehrerer Isoliermaterialien von der relativen Feuchtigkeit untersucht. In Abb. 125 sind die für Porzellan und Paraffin gefundenen Kurven wiedergegeben.

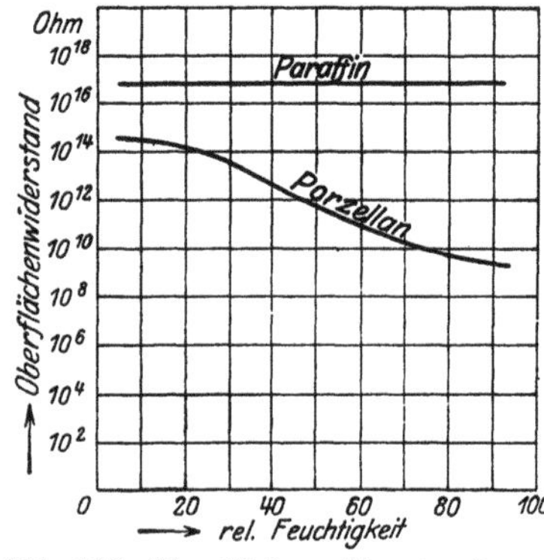

Abb. 125. Oberflächenwiderstand von Paraffin und Porzellan.

Man sieht, daß der Oberflächenwiderstand des Porzellans in Abhängigkeit von der Feuchtigkeit einem ähnlichen Gesetz zu folgen scheint wie die Überschlagfestigkeit, so daß man in der Tat geneigt sein könnte, beide Größen in Abhängigkeit voneinander zu bringen.

Von diesem Gesichtspunkt aus betrachtet, war es nun interessant, die Überschlagfestigkeit des Paraffin bei verschiedenen Feuchtigkeiten zu untersuchen. Wie die Abb. 125 zeigt, ist der Oberflächenwiderstand des Paraffins von der Feuchtigkeit unabhängig. Wenn nun der Oberflächenwiderstand die Überschlagfestigkeit bestimmen würde, müßte auch die Überschlagfestigkeit des Paraffin unabhängig von der Feuchtigkeit sein. Zur Untersuchung dieser Frage wurden kreisförmige Paraffinzylinder mit verschiedenen Höhen hergestellt und in der gleichen Anordnung wie vorher das Porzellan geprüft. Es ergab sich dabei beispielsweise für den 8,5 cm hohen Paraffinzylinder die in Abb. 126 dargestellte Abhängigkeit der Überschlagfestigkeit von der Feuchtigkeit. Man sieht, daß auch beim

Paraffin die Überschlagfestigkeit mit abnehmender Feuchtigkeit zunimmt. Wenn wir die von Curtis aufgenommenen Kurven als richtig annehmen dürfen, folgt aus diesen Versuchen, daß der Oberflächenwiderstand jedenfalls nicht die für die Überschlagfestigkeit maßgebende Größe ist.

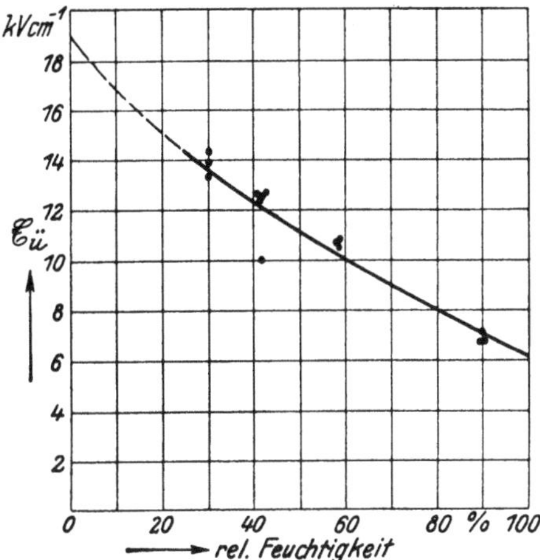

Abb. 126. Überschlagfestigkeit von Paraffin abhängig von der relativen Feuchtigkeit.

Als Ergebnis unserer bisherigen Betrachtung können wir feststellen, daß die Überschlagfestigkeit ebenso wie die Durchschlagfestigkeit in Luft von der Länge der Luftstrecke abhängig ist, und daß die Feuchtigkeit auf der Oberfläche der Isoliermaterialien die Überschlagfestigkeit im Vergleich zur Durchschlagfestigkeit stark herabdrückt. Aber die Frage ist noch offen, wie wir uns den Einfluß der Feuchtigkeit zu denken haben. Auch hierüber lassen die Versuchsergebnisse gewisse Schlüsse zu.

Es liegt die Annahme nahe, daß das Isoliermaterial von einer Feuchtigkeitshaut bedeckt wird, und daß diese die Größe der Über-

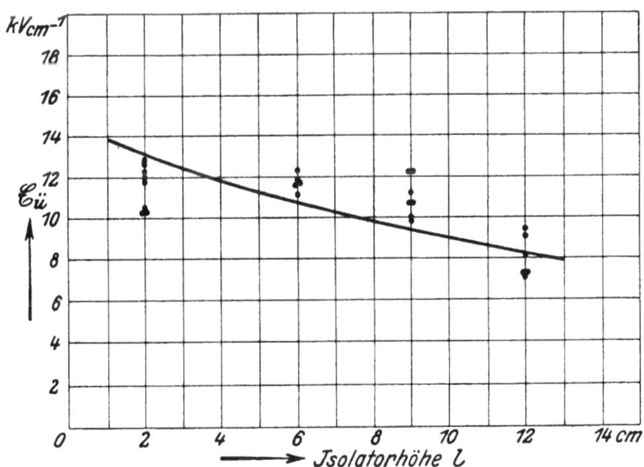

Abb. 127. Überschlagfestigkeit von Glas abhängig von der Isolatorhöhe (rel. Feuchtigkeit 30 %).

schlagfestigkeit beeinflußt. Denn nur so läßt es sich erklären, daß die Kurven für die Überschlagfestigkeit der verschiedenen Isoliermaterialien hinsichtlich der numerischen Werte, trotz der Verschiedenheit ihrer sonstigen elektrischen Eigenschaften, zusammenfallen. Dabei muß man allerdings bedenken, daß sich diese Wasserhaut nicht bei allen Materialien in gleicher Weise ausbilden kann. Eine eigent-

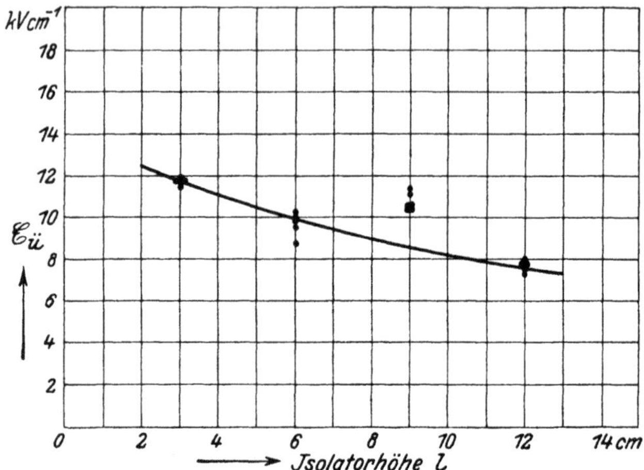

Abb. 128. Überschlagfestigkeit von Glas abhängig von der Isolatorhöhe (rel. Feuchtigkeit 40 %).

liche Haut kann sich bekanntlich nur auf solchen Materialien ausbilden, die von Wasser benetzt werden können. Es spielt hier also die Adhäsion zwischen flüssigen und festen Körpern herein. Nun

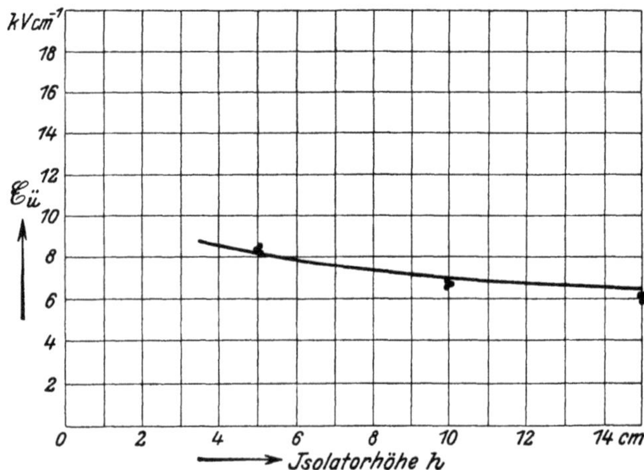

Abb. 129. Überschlagfestigkeit von Lack abhängig von der Isolatorhöhe (rel. Feuchtigkeit 30 %).

wissen wir, daß das Porzellan von Wasser benetzt werden kann, während bei Paraffin eine Benetzung nicht möglich ist, da die Adhäsion zwischen Paraffin und Wasser geringer ist als die Kohäsion des Wassers, bei Paraffin tritt Tropfenbildung ein, d. h. auf Paraffin kann sich keine zusammenhängende Wasserhaut ausbilden.

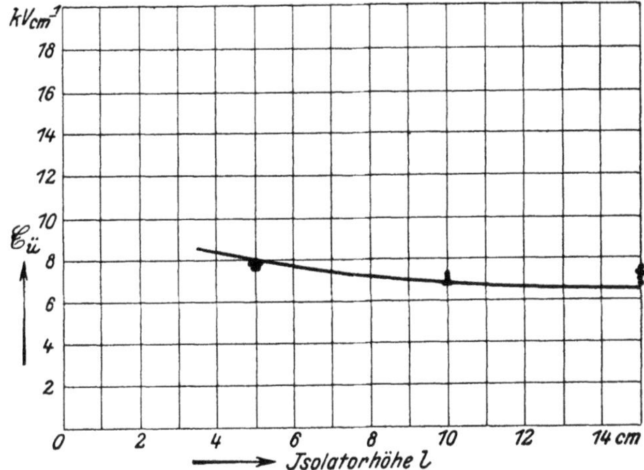

Abb. 130. Überschlagfestigkeit von Lack abhängig von der Isolatorhöhe (rel. Feuchtigkeit 40%).

Vergleichen wir daraufhin nochmals die Versuchsergebnisse bei Porzellan und Paraffin, so fällt, wie bereits früher erwähnt wurde, auf, daß die Versuchsergebnisse bei Porzellan unter sonst gleichen Versuchs-

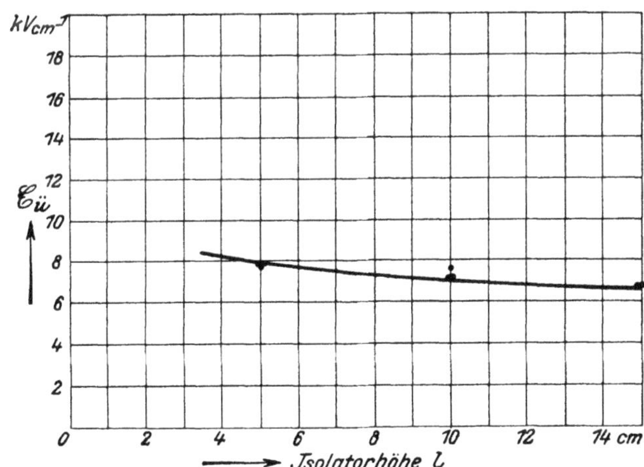

Abb. 131. Überschlagfestigkeit von Lack abhängig von der Isolatorhöhe (rel. Feuchtigkeit 60%).

bedingungen viel unregelmäßiger liegen als bei Paraffin. Dies scheint jetzt auch ohne weiteres verständlich; denn die Wasserschicht ist bei benetzbaren Oberflächen viel unregelmäßiger ausgebildet als bei tropfenbildenden, es müssen dort also auch die Versuchsergebnisse unregelmäßiger sein als hier.

Um zu prüfen, ob dieses Versuchsergebnis nicht vielleicht ein mehr zufälliges ist, wurden noch zwei andere Materialien untersucht, Glas und Lack, von denen das eine benetzbar (Glas) und das andere tropfenbildend ist (Lack). Aus den Versuchsergebnissen mit diesen Materialien sind die Kurven (Abb. 127 bis 131) herausgegriffen. Man sieht auch hier wieder sehr schön den gleichsinnigen Unterschied in der Regelmäßigkeit der Versuchsergebnisse wie bei Porzellan und Paraffin. Es dürfte also die oben angegebene Erklärung bzw. die Bildung einer Wasserhaut und deren Einfluß auf die Überschlagfestigkeit ihre Richtigkeit haben.

Schließlich wurden auch noch Zylinder aus Hartpapier (Carta) und Preßmasse (Durax) untersucht. Durch Behandlung mit Glaspapier wurde bei einigen dieser Körper auch noch die Rauhigkeit verändert. Es ergaben sich für die Überschlagfestigkeiten ähnliche Kurven wie für die anderen Materialien; bemerkenswert ist, daß die Rauhigkeit keinen wesentlichen Einfluß auf die Überschlagfestigkeit auszuüben scheint.

Wir sehen also, daß der Überschlag im homogenen Feld alle Merkmale des Luftdurchschlages im homogenen Feld zeigt.

25. Die Überschlagfestigkeit im inhomogenen Feld.

Die Untersuchungen der Überschlagfestigkeit im inhomogenen Feld, die sich nur auf einige technische Isolatoren erstreckt hat, hat ergeben, daß auch die Form des Feldes von Einfluß ist, und zwar ist die Überschlagfestigkeit um so größer, je stärker die Änderungen der Feldstärke längs der Oberfläche sind. Außerdem liegen die Werte höher als die im homogenen Feld gewonnenen. Es sollen hier aber keine Zahlen genannt werden, da die Versuche in dieser Richtung noch nicht vollständig genug sind.

Daß die Überschlagfestigkeit vom Luftdruck abhängig ist, ist eine bekannte Erscheinung. In der Praxis hat man seit langem beobachtet, daß die Überschlagspannung an ein und demselben Isolator um so geringer ist, je höher der Ort über dem Meere liegt, wo er Verwendung findet. Nach Messungen von Peek nimmt die Überschlagspannung proportional mit dem Luftdruck zu.

Die Überschlagfestigkeit der Trennschicht zwischen einem festen und flüssigen Isoliermaterial (Öl) ist noch nicht erforscht. Nach einigen Versuchen des Verfassers scheint die Überschlagfestigkeit annähernd gleich der Durchschlagfestigkeit des Oeles zu sein, wenn der feste Körper im Öl lange Zeit ausgekocht ist, so daß die anhaftenden Luft-

und Feuchtigkeitsschichten von der Oberfläche entfernt sind. Ist das nicht der Fall, so kann man mit einer Überschlagfestigkeit von höchstens 30 kV·cm^{-1} rechnen. Natürlich richtet sich diese Zahl sehr stark nach der Beschaffenheit des Öles. Die angegebene Zahl gilt für ein Öl mit einer Durchschlagfestigkeit von etwa 70 kV·cm^{-1}.

Man sieht, daß unsere Kenntnisse auf diesem wichtigen Gebiet noch recht mangelhaft sind und noch ein weites Feld der Forschung offen steht.

Siebentes Kapitel.

Berechnung einfacher Anordnungen.

26. Homogene Felder. — 27. Inhomogene Felder.

26. Homogene Felder.

Zu diesen Konstruktionsformen rechnen wir die, deren Elektroden Platten sind. Wir unterscheiden dabei zwei Arten von Anordnungen:

erstens solche, deren Oberflächen von Kraftlinien begrenzt werden; diese Körper nennen wir sphondiloidische Körper oder Kraftröhrenkörper, weil ihre Begrenzungsfläche soz. eine Kraftlinienröhre in großem Maßstab bildet;

zweitens solche, deren Oberfläche von den Kraftlinien durchstoßen wird.

Es ist bemerkenswert, daß man in der Literatur häufig der Ansicht begegnet, ein guter Isolator, der eine große Überschlagspannung besitzen soll, müsse ein sphondiloidischer Körper sein. Besonders in Amerika wird dieser Standpunkt neuerdings vielfach vertreten und dieser Idee verdankt der „Faradoid"-Isolator seine Entstehung; auf diese Isolatortype werden wir bei der Besprechung der Isolatoren zurückkommen. Unsere Untersuchung wird sofort zeigen, inwieweit diese Ansicht richtig ist. Nicht unerwähnt soll bleiben, daß in der Literatur auch die Forderung zu finden ist, die Oberfläche eines guten Isolators müsse auf einer Niveaufläche (!) liegen. Aus der Tatsache, daß sich die Forderungen geradezu diametral gegenüberstehen, kann man schon ersehen, daß auf diesem Gebiet noch viel Unklarheit herrscht.

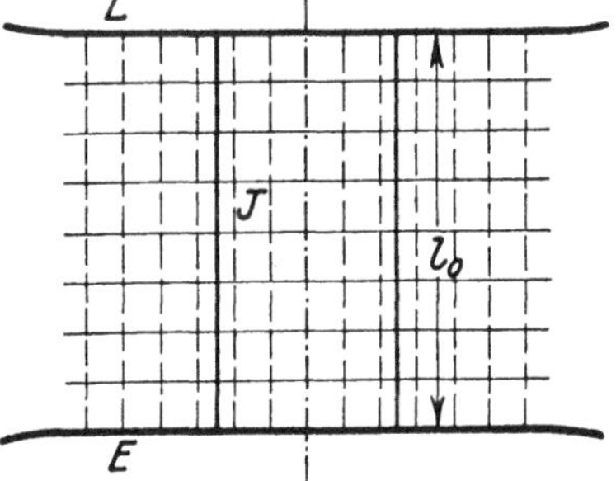

Abb. 132. Zylinder im homogenen Feld.

In Abb. 132 bedeuten E und L zwei kreisrunde Platten aus Metall. Sie sollen eine solche seitliche Ausdehnung besitzen, daß gegen die

Mitte zu sicher ein homogenes Feld vorhanden ist. In der Mitte sei ein Isolationskörper J mit zylindrischer Form angeordnet. Die Länge der Erzeugenden des Zylinders sei l_0 cm; das ist zugleich auch der Abstand der beiden Platten voneinander. An den Platten liegt die Spannung U, und es ist nun die Frage, bei welcher Spannung der Überschlag des Zylinders erfolgt.

Diese Aufgabe ist leicht zu lösen. Die Kraftlinien sind Gerade und stehen senkrecht auf der Oberfläche der Metallplatten; der Isolationskörper ist also ein Sphondiloid. Die Feldstärke im homogenen Feld ist

$$\mathfrak{E} = \frac{U}{l_0}. \tag{1}$$

Dies ist zugleich die für den Überschlag maßgebende tangentiale Komponente der Feldstärke. Wird diese Feldstärke gleich der Überschlagfeldstärke $\mathfrak{E}_{ü}$ der Grenzschicht, so wird die Überschlagspannung $U_{ü}$

$$U_{ü} = \mathfrak{E}_{ü} \cdot l_0. \tag{2}$$

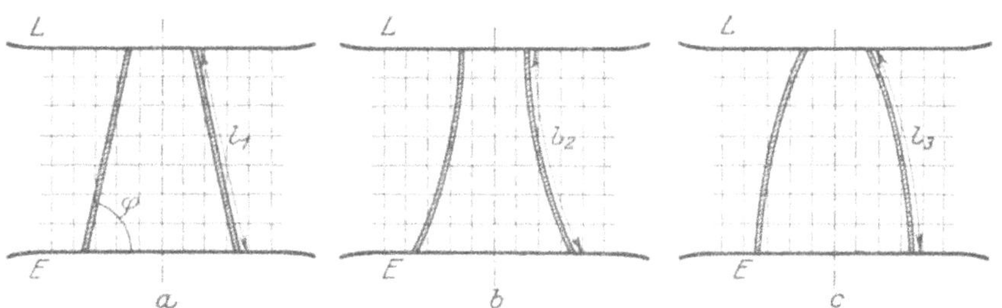

Abb. 133. Isolatoren im homogenen Feld.

Die Werte von $\mathfrak{E}_{ü}$ sind für die verschiedenen Isoliermaterialien bekannt, also kann man die Überschlagspannung berechnen. Ist beispielsweise der Isolator 10 cm hoch und die Überschlagfeldstärke gleich 5 kV·cm^{-1}, so ist die Überschlagspannung $U_{ü} = 50$ kV.

Wie liegen nun die Verhältnisse, wenn der Isolationskörper kein Sphondiloid ist? Dieser Fall ist in Abb. 133 a, b und c dargestellt. Offenbar durchsetzen jetzt die Kraftlinien bzw. Verschiebungslinien die Oberflächen der Isolatoren. Hat das Isoliermaterial der Isolatoren eine andere Dielektrizitätskonstante wie das umgebende Medium (Luft, Öl), so ist mit der Durchdringung der Linien gleichzeitig auch noch eine Brechung der Linien verbunden. Diesen Fall wollen wir vorerst außer acht lassen, wir nehmen hier vielmehr an, die beiden Dielektrizitätskonstanten seien gleich; es findet dann keine Brechung der Kraftlinien statt.

Es ist nützlich, die Kraftlinien und Niveauflächen einzuzeichnen; das ist in den Abbildungen geschehen.

Abb. a. Hier bildet der Isolator[1]) einen Kegel mit einer Geraden als Erzeugende. Jetzt ist die Feldstärke $\mathfrak{E}$ im umgebenden Medium nicht mehr gleich der Tangentialfeldstärke auf der Trennschicht; die Tangentialkomponente ist nunmehr

$$\mathfrak{E}_t = \mathfrak{E} \cdot \sin \varphi , \tag{3}$$

wobei φ der Neigungswinkel der Erzeugenden gegen die Platte E ist. Die Feldstärke $\mathfrak{E}_t$ ist also kleiner geworden, aber immer noch längs der Oberfläche konstant geblieben. Bei gleicher Spannung zwischen den Elektroden ist jetzt die Beanspruchung auf Überschlag kleiner als beim zylindrischen Isolator; dieser Isolator schlägt also erst bei einer höheren Spannung über.

Der Überschlag erfolgt dann, wenn die Tangentialfeldstärke gleich der Überschlagfestigkeit $\mathfrak{E}_ü$ wird. Die Länge des Überschlagweges ist l_1 und wir erhalten für die Überschlagspannung $U_ü$

$$U_ü = \mathfrak{E}_ü \, l_1 . \tag{4}$$

Da l_1 größer ist als l_0, erhalten wir eine größere Überschlagspannung, wie bereits erwähnt wurde. Im homogenen Feld ist es demnach sehr günstig, den Isolator kegelförmig zu machen; je größer die Basis des Kegels im Vergleich zu seinem Kopf gemacht wird, um so günstiger wird die Überschlagspannung. Wir erinnern uns, daß diese Betrachtung nur für den Fall gleicher Dielektrizitskonstanten gilt. Näherungsweise ist die Betrachtung aber auch noch richtig, wenn bei verschiedenen Dielektrizitätskonstanten der Isolator als Hohlkörper mit sehr geringer Wandstärke ausgeführt wird, wie Abb. 133 zeigt.

Anders liegen die Verhältnisse bei den Isolatoren der Abb. b und c. Auch hier ist zwar die Feldstärke $\mathfrak{E}$ der Luft nicht mehr gleichzeitig Tangentialfeldstärke, im Gegensatz zu vorher ist die Tangentialfeldstärke aber an allen Stellen verschieden groß. Steigert man die Spannung allmählich, dann wird an der Stelle mit der höchsten Beanspruchung zunächst eine Entladung erfolgen. Wir wollen uns zunächst nicht um die Form der Entladung selbst kümmern, sondern berechnen, bei welcher Spannung die Entladung an der am meisten beanspruchten Stelle einsetzt. Wir gehen dabei so vor:

Wir strecken die Erzeugende der krummen Kegelflächen zu einer Geraden aus und tragen sie als Abszissenachse auf. Gleichzeitig markieren wir die Punkte, wo die Erzeugende durch die Äquipotentialfläche geschnitten wird. Über diesen Punkten tragen wir als Ordinaten die Spannungen der betreffenden Punkte gegen die geerdete Elektrode E auf und zwar am besten in Prozenten der gesamten zwi-

[1]) Das Wort „Isolator" ist hier und im folgenden in seiner allgemeinen Bedeutung gebraucht und nicht etwa für Leitungsisolatoren.

schen den Elektroden herrschenden Spannung. Die so erhaltenen Punkte verbinden wir durch eine Kurve K und erhalten damit die Spannungsverteilung längs der Erzeugenden des Kegels (Abb. 134).

Wir sehen aus dieser Kurve, daß sich die Spannung ungleichmäßig auf den Isolator verteilt. Würde sich die Spannung gleichmäßig verteilen, dann würden wir die Gerade G als Kurve für die Spannungsverteilung erhalten.

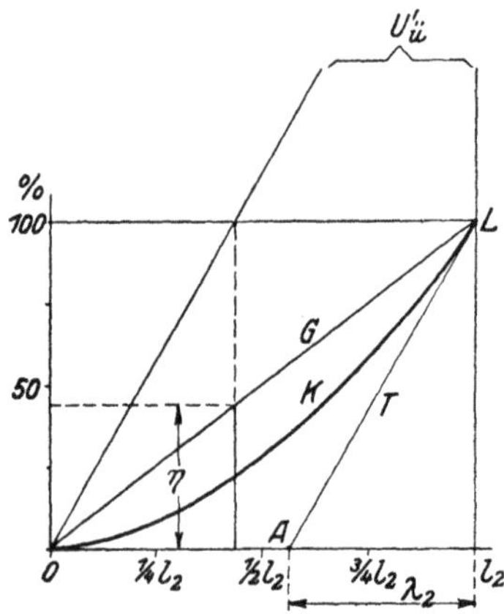

Abb. 134. Spannungsverteilung längs der Oberfläche eines Kegelisolators.

An der Stelle, wo das Spannungsgefälle am größten ist, tritt bei einer Steigerung der Spannung natürlich zuerst eine Entladung auf. Wir wollen nun berechnen, bei welcher Spannung dies der Fall ist. Wir legen zu diesem Zweck an den Punkt der Kurve, wo das Spannungsgefälle am größten ist, also im Punkte L, die Tangente T an die Kurve. Diese schneidet die Abszissenachse im Punkt A; die Länge der Subtangente bezeichnen wir mit λ_2. Wir können nun die Tangente T als eine Spannungsverteilungskurve betrachten und so sagen: Wäre der Isolator λ_2 cm lang, so würde er wegen der gleichmäßigen Spannungsverteilung entsprechend der Geraden T bei der Spannung überschlagen

$$U_ü = \mathfrak{E}_ü \cdot \lambda_2 . \tag{5}$$

Bei dieser Spannung beginnt aber offenbar auch die Entladung an der Stelle des Tangentenpunktes, wenn die Erzeugende des Isolators l_2 cm lang und die Spannung nach der Kurve K verteilt ist. Denn bei dieser Spannung wird an der genannten Stelle die zulässige Beanspruchung überschritten. Allerdings braucht dabei der Überschlag noch kein vollständiger zu sein. Aber darum kümmern wir uns vorerst noch nicht, wir wollen hier nur wissen, bei welcher Spannung die Entladung einsetzt.

Der Vergleich der beiden Längen l_2 und λ_2 ist für uns ein Maß für die Ausnutzung der Oberfläche des Isolators und wir setzen

$$\frac{\lambda_2}{l_2} = \eta_2 \tag{6}$$

so daß wir die Gl. (5) auch in der Form schreiben können

$$U_ü = \mathfrak{E}_ü \, l_2 \, \eta_2 . \tag{7}$$

In ähnlicher Weise erhalten wir für den Isolator c die Überschlagspannung

$$U_{ü} = \mathfrak{E}_{ü}\,\lambda_3 \tag{8}$$

oder

$$U_{ü} = \mathfrak{E}_{ü}\,l_3\,\eta_3\,. \tag{9}$$

Wir können also ganz allgemein für die Überschlagspannung die Formel anschreiben

$$U_{ü} = \mathfrak{E}_{ü}\cdot\lambda \tag{10}$$

bzw.

$$U_{ü} = \mathfrak{E}_{ü}\,l\,\eta\,. \tag{11}$$

Damit hat die „Überschlagformel" eine Form angenommen, die uns wohlbekannt ist. Wir nennen λ die fiktive Länge des Überschlagweges bzw. der Erzeugenden des Isolators und definieren sie als diejenige Länge, die ein Isolator mit gleichmäßiger Spannungsverteilung haben müßte, um bei derselben Spannung überzuschlagen wie der Isolator mit der ungleichmäßigen Spannungsverteilung.

Den Ausnutzungsfaktor η können wir auch direkt in der Abbildung darstellen. Wir zeichnen in Abb. 134 durch den Koordinatenanfangspunkt die Parallele zur Tangente T und verlängern die Endordinate bis zum Schnittpunkt $U_{ü}'$ mit dieser Parallelen. $U_{ü}'$ wäre dann diejenige Spannung, die der Isolator von der Höhe l_2 aushalten würde, wenn die Spannung längs der ganzen Oberfläche gleichmäßig verteilt wäre. Der Ausnutzungsfaktor ist dann auch definiert durch

$$\eta = \frac{U_{ü}}{U_{ü}'}\,. \tag{12}$$

Da wir die Spannung in Prozenten der Gesamtspannung aufgetragen haben, wird der Ausnutzungsfaktor durch die Strecke dargestellt, die in der Abbildung mit η bezeichnet ist, was wohl nicht näher bewiesen zu werden braucht.

Wenden wir diese Betrachtung sinngemäß auch auf die Kurve für die gleichmäßige Spannungsverteilung an, die bekanntlich eine Gerade ist, so ergibt sich, daß für diese Isolatoren die fiktive Länge λ_1 gleich der wahren Länge l_1 ist, für diese Isolatoren wird also der Ausnutzungsfaktor gleich Eins.

Ganz allgemein gilt also folgendes. Die Gl. (11) ist die allgemeine Gleichung zur Berechnung der Überschlagspannung von Isolatoren. Ist die Spannungsverteilung gleichmäßig, dann ist der Ausnutzungsfaktor gleich Eins, ist die Spannungsverteilung ungleichmäßig, dann ist der Ausnutzungsfaktor kleiner als Eins. Wir erkennen also, daß die gleichmäßige Spannungsverteilung die günstigste unter allen ist. Die **ungleichmäßige** Spannungsverteilung ist **ungünstiger**, weil die Beanspruchung an vielen Stellen noch weit unter der zulässigen sein kann, wenn sie an anderen Stellen schon überschritten ist. Es sind also nicht alle Schichten gleich gut ausgenützt.

Wir sehen, daß für das homogene Feld die Forderung richtig ist, daß der Mantel des Isolators mit Kraftlinienbahnen zusammenfallen soll. Allerdings sind auch die Formen von Abb. 133a ebenso günstig, trotzdem der Mantel nicht von Kraftlinien bedeckt ist.

Es sei noch erwähnt, daß man solche Flächen, auf denen Kraftlinien liegen, längs deren Bahnen die Feldstärke konstant ist, **Minimalflächen** nennt. Die Oberfläche des Isolators Abb. 132 ist demnach eine Minimalfläche. In Zukunft wollen wir Isolatoren mit **gleichmäßiger** Spannungsverteilung „**ausgeglichene**" Isolatoren oder, entsprechend einem bei magnetischen Feldern gebräuchlichen Ausdruck „**isodynamische**" Isolatoren, d. h. Isolatoren mit konstanter (Tangential-)Feldstärke nennen.

27. Inhomogene Felder.

Wir wenden uns numehr zu den **inhomogenen** Feldern, und zwar wollen wir zunächst die Anordnung „**zwei konzentrische Kugeln**" näher betrachten.

Abb. 135 stellt den Querschnitt der beiden konzentrischen Kugelschalen dar, an denen die Spannung U liegt. Ein Teil des Zwischenraumes zwischen den beiden Kugeln sei mit festem Isoliermaterial ausgefüllt, der übrige Teil mit Luft oder Öl. Wir wissen, daß die Kraftlinien bei dieser Anordnung als radiale Strahlen verlaufen; soll der Isolationskörper ein Sphondiloid sein, dann muß er offenbar die Form eines **Rotationskegels** haben, dessen Spitze im Zentrum liegt und dessen Erzeugende eine Gerade ist. Diese Bedingung erfüllt der in Abbildung 135 dargestellte Isolator, der wieder ein Stützer ist. Das Kraftlinienbild wird durch den festen Körper nicht gestört, es gelten also für die Feldstärke die früher abgeleiteten Formeln.

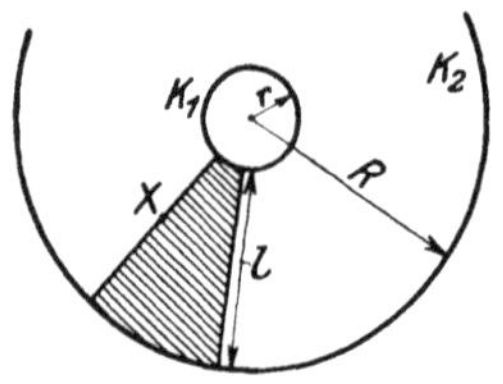

Abb. 135. Isolator im Kugelfeld.

Die Feldstärke in einem Punkt X mit der Entfernung x vom Zentrum ist nach bekannten Formeln

$$\mathfrak{E}_x = U \frac{rR}{(R-r)x^2}.$$

Der Punkt X kann auch auf der Trennschicht zwischen festem und luftförmigen (flüssigen) Isoliermaterial liegen. Die größte Feldstärke ist in der unmittelbaren Umgebung der **kleinen** Kugel vorhanden; sie ist

$$\mathfrak{E}_m = U \frac{R}{(R-r)r}.$$

Wird diese Feldstärke gleich der Überschlagfestigkeit $\mathfrak{E}_ü$, dann erhalten wir für die Überschlagspannung $U_ü$

$$U_ü = \mathfrak{E}_ü \frac{(R-r)r}{R} \tag{13}$$

Dafür können wir in bekannter Weise schreiben

$$U_ü = \mathfrak{E}_ü r \frac{p-1}{p} \tag{14}$$

oder wenn wir die fiktive Länge λ der Erzeugenden einführen, wobei

$$\lambda = r \frac{p-1}{p}, \tag{15}$$

erhalten wir

$$U_ü = \mathfrak{E}_ü \cdot \lambda \tag{16}$$

oder unter Benutzung des Ausnutzungsfaktors

$$U_ü = \mathfrak{E}_ü \cdot l \cdot \eta, \tag{17}$$

wobei

$$\eta = \frac{1}{p}. \tag{18}$$

Die Überschlagspannung berechnen wir also in genau gleicher Weise wie die Durchschlagspannung; nur haben wir statt der Durchschlagfestigkeit die Überschlagfestigkeit der Trennschicht in die Gleichung einzusetzen. Während wir beim homogenen Feld den Ausnutzungsfaktor mit Hilfe des Kraftlinienbildes gefunden haben, sind wir hier in der Lage, η zu **berechnen** (Tabelle D).

Damit ist die Aufgabe der Berechnung der Überschlagspannung eines sphondiloidischen Körpers im Kugelfeld gelöst. Wir wissen, daß hier unter allen Umständen der Ausnutzungsfaktor η **kleiner** als Eins ist. Die Anordnung ist demnach **ungünstiger** als die Zylinderanordnung im homogenen Feld.

Es besteht nun die Frage, ob es überhaupt eine Anordnung im **Kugelfeld** gibt bei der der Ausnutzungsfaktor gleich **Eins** werden kann. Diese Frage ist zu bejahen, wie die folgende Rechnung zeigt.

Wir nehmen an, im Punkt M sei die Ladung $+Q$ vorhanden; in Abb. 136 sind einige Niveauflächen eingezeichnet, deren Potentialdifferenz konstant sei. Eine dieser Niveauflächen gehe durch den Punkt P_1 hindurch. Wir betrachten einen zweiten Punkt P_2 mit der Entfernung l_0 von P_1. Die Strecke $P_1 P_2$ schließe mit dem Strahl durch P_1 den Winkel φ ein; das Potential im Punkt P_2 ist

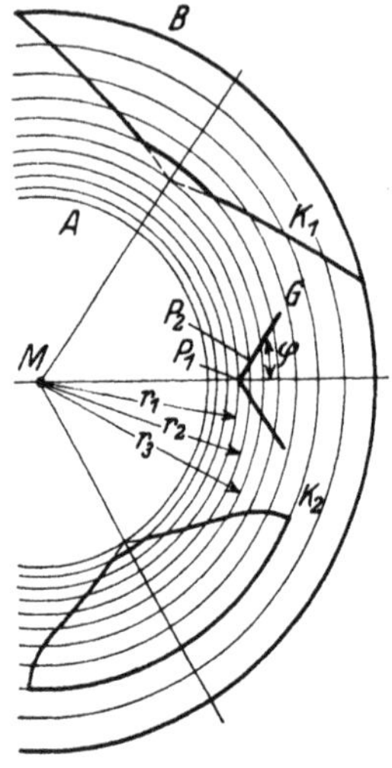

Abb. 136. Isodynamische Isolatoren im Zylinderfeld.

$$V_1 = \frac{Q}{\sqrt{l_0^2 + r_1^2 + 2\, l_0 r_1 \cos\varphi}} \tag{19}$$

und das Potentialgefälle in der Richtung von l_0 ist

$$\frac{dV}{dl_0} = \frac{-Q\,(l_0 + r_1 \cos\varphi)}{\sqrt{(l_0^2 + r_1^2 + 2\, l_0 r_1 \cos\varphi)^3}}. \tag{20}$$

Wir stellen nun die Forderung, das Potentialgefälle $\frac{dV}{dl_0}$ soll konstant sein. Setzen wir in die rechte Seite der Gleichung statt r_1 die Radien $r_2\; r_3 \ldots$ der anderen Äquipotentialflächen ein, so erhalten wir jeweils einen andern Winkel φ für die Lage von l_0. Reihen wir alle diese Fortschreitungsrichtungen aneinander, so erhalten wir die Kurven $K_1\; K_2 \ldots$, deren Parameter die gewählte Größe von $\frac{dV}{dl_0}$ bzw. von l_0 ist. Diese Kurven können wir als die Erzeugenden von Kegeln betrachten, die alle die gemeinsame Eigenschaft aufweisen, daß die Feldstärke längs der Erzeugenden konstant ist. Der Ausnutzungsfaktor aller dieser Kegelisolatoren ist gleich Eins, die Isolatoren sind isodynamische Isolatoren.

Es ist interessant, daß es unter dieser Schar von Erzeugenden eine gibt, die eine Gerade ist. Um die Lage dieser Geraden zu finden, differenzieren wir Gl. (20) nochmals nach l_0 und erhalten

$$\left.\begin{aligned} \frac{d^2 V}{dl_0^2} &= \frac{1}{(l_0^2 + r_1^2 + 2\, l_0 r_1 \cos\varphi)^2} \\ &\Big[-\frac{Q}{2}(l_0^2 + r_1^2 + 2\, l_0 r_1 \cos\varphi)\Big(2\,(l_0^2 + r_1^2 + 2\, l_0 r_1 \cos\varphi)^{-\frac{1}{2}} - \\ &- \tfrac{1}{2}(2 l_0 + 2 r_1 \cos\varphi)(l_0^2 + r_1^2 + 2 l_0 r_1 \cos\varphi)^{-\frac{3}{2}}(2 l_0 + 2 r_1 \cos\varphi)\Big) + \\ &+ \frac{Q}{2}(l_0^2 + r_1^2 + 2\, l_0 r_1 \cos\varphi)^{-\frac{1}{2}}(2\, l_0 + 2\, r_1 \cos\varphi)^2\Big]. \end{aligned}\right\} \tag{21}$$

Wollen wir den Wert des zweiten Differentialquotienten im Punkt P_1 selbst kennen, so setzen wir $l_0 = 0$ und erhalten

$$\frac{d^2 V}{d l^2} = \frac{Q}{r_1^{\,3}} (3 \cos^2 \varphi - 1) . \tag{22}$$

Soll das Potentialgefälle linear sein, so haben wir die rechte Seite gleich Null zu setzen; es ergibt sich

$$\frac{Q}{r_1^{\,3}} (3 \cos^2 \varphi - 1) = 0 \tag{23}$$

oder

$$3 \cos^2 \varphi = 1$$

und finden

$$\varphi = 54^0\, 45' . \tag{24}$$

Die Richtung $\varphi = 54^0\, 45'$ ist unabhängig von den Radien r, sie ist für alle Radien konstant; d. h. auf einer unter dem Winkel $54^0\, 45'$ liegenden Geraden ist die Feldstärke konstant.

Diese Gerade können wir wieder als die Erzeugende eines Kegels mit der Spitze in P_1 und dem Öffnungswinkel von $109^0\, 30'$ betrachten und erhalten damit auch für das Kugelfeld einen geradlinig begrenzten Kegelisolator mit einem Ausnutzungsfaktor $\eta = 1$. Diesen Kegelisolator können wir natürlich auch ins homogene Feld stellen, ohne daß seine Spannungsverteilung geändert wird.

Diese eben besprochenen ausgeglichenen Kegelisolatoren sind keine sphondiloidischen Körper. Im Kugelfeld sind also die sphondiloidischen Körper hinsichtlich der Überschlagspannung ungünstiger; denn ihr Ausnützungsfaktor ist kleiner als Eins.

Die in Abb. 136 gezeichneten Kurven hätten wir auch auf graphischem Weg finden können. Wir nehmen die Länge l_0 in den Zirkel und gehen von P_1 aus; wir schlagen mit der gewählten Zirkelöffnung einen Kreis, der die nächste Äquipotentialfläche in P_2 schneidet. Dann setzen wir den Zirkel in P_2 ein, schlagen wieder einen Kreis; dieser trifft die nächste Äquipotentialfläche in P_3 usf. Für jede Zirkelöffnung finden wir eine andere Kurve. Aus dem Umstand, daß die einen Kurven konvex, die anderen konkav verlaufen, können wir schließen, daß es eine geben muß, die eine gerade Linie ist. Die so gefundenen Kurven sind alle Erzeugende mit konstanter Feldstärke; denn die Potentialdifferenz zweier benachbarter Äquipotentialflächen und die Länge l_0 sind konstant. So hätten wir also auch durch Probieren auf die durch Rechnung gefundenen Kegelisolatoren kommen können. Von dieser graphischen Methode wollen wir in Zukunft immer Gebrauch machen.

Die in Abb. 136 dargestellten Formen von Kegelisolatoren für Kugelfelder haben praktisch keine große Bedeutung; denn die Elektroden, mit denen wir es in der Praxis meist zu tun haben, haben nur in ganz seltenen Fällen die Form von konzentrischen Kugelschalen. Trotzdem sind wir hier näher auf diese Isolatoren eingegangen, weil sich hier die Verhältnisse sehr leicht überblicken lassen.

Durch Einführung der fiktiven Isolatorhöhe und des Ausnutzungsfaktors haben wir die Aufgabe der Berechnung der Überschlagspannung auf die uns bekannten Methoden der Berechnung der Durchschlagspannung zurückgeführt. Wir können auch hier die dort aufgestellten Tabellen und Kurven zur Berechnung des Ausnutzungsfaktors als Funktion der geometrischen Charakteristik ohne weiteres benutzen.

Das was oben von den Isolatoren im Kugelfeld gesagt wurde, gilt in gleicher Weise für die Isolatoren im Zylinderfeld, so daß wir uns jetzt sehr kurz fassen können.

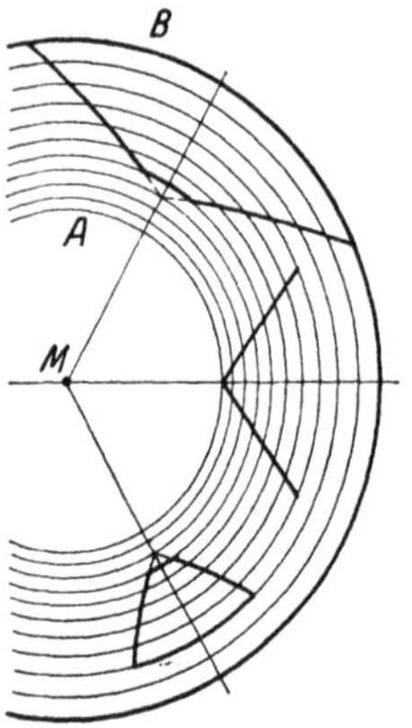

Abb. 137. Isodynamische Isolatoren im Zylinderfeld.

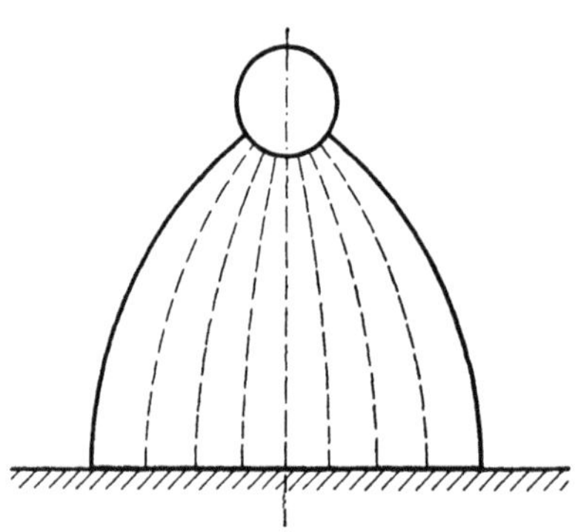

Abb. 138. Sphondiloidischer Isolator zwischen Zylinder und Ebene.

In Abb. 137 bedeuten die beiden Kreise A und B die Spuren zweier konaxialer Zylinder. Der sphondiloidische Körper bildet hier ein Dieder. Zur Berechnung der Überschlagspannung benützen wir die Gleichung

$$U_{ü} = \mathfrak{E}_{ü}\, l\, \eta, \tag{25}$$

die Werte von η als Funktion der geometrischen Charakteristik p entnehmen wir der bekannten Tabelle D. Bei diesen Isolatoren ist natürlich der Ausnutzungsfaktor kleiner als Eins.

Wir können aber auch hier, genau wie im Kugelfeld, Flächen konstanter Feldstärke einzeichnen, deren Erzeugende im allgemeinen krumme Linien sind. Eine unter diesen Erzeugenden ist besonders ausgezeichnet, sie bildet eine Gerade. Abb. 137 zeigt diese Erzeugenden.

Praktisch wichtiger ist die Anordnung „Zwei Zylinder nebeneinander" bzw. „Zylinder parallel zu einer Ebene". Einer dieser beiden Fälle ist in Abb. 138 dargestellt. Die Anordnung von Abb. 138 kommt in der

Praxis besonders häufig vor, wir brauchen nur an die Sammelschienen in Schaltanlagen zu denken, wo die Wand bzw. der Boden die leitende Ebene bildet. Auch hier können wir den Ausnutzungsfaktor leicht berechnen, da uns die Lage der Äquipotentialflächen bekannt ist. Natürlich ist auch hier die Ausnutzung schlechter als Eins. Immerhin aber sind bei dieser Anordnung die Werte für die Ausnutzungsfaktoren sehr hoch; denn diese Anordnungen (Zylinder gegen Ebene, Zylinder gegen Zylinder) sind ja, wie uns bekannt ist, diejenigen mit den besten Ausnutzungsfaktoren. Dies deckt sich auch mit den Erfahrungen in der Praxis; denn die Stützer mit annähernd parabolischer Form der Oberfläche haben sich sehr gut bewährt.

Man kann natürlich auch für dieses Feld isodynamische Isolatoren entwerfen.

Es ist hier noch zu bemerken, daß bei der Zylinderanordnung die Isolatoren keine Rotationskörper sind, sondern viereckigen Querschnitt besitzen müßten. Aus technischen Gründen werden aber auch diese Isolatoren als Rotationskörper ausgeführt.

Die übrigen Zylinderanordnungen (anaxiale Zylinder, verschieden große Zylinder nebeneinander) können wir hier umgehen, da ihre Betrachtung nichts Neues bietet und ihre Verwendung in der Technik wohl außerordentlich selten sein dürfte.

Die bisher betrachteten Anordnungen gehören sämtliche zur Gruppe der Stützer. Wir wollen im folgenden noch einige der strengen Berechnung zugängliche Durchführungsisolatoren betrachten.

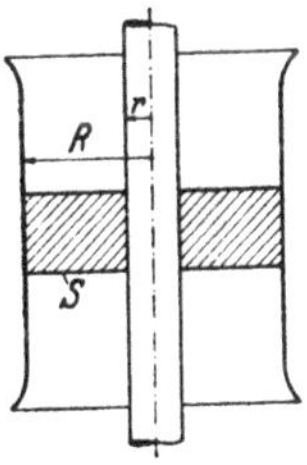

Für Durchführungen eignen sich in erster Linie die Elektroden „zwei konaxiale Zylinder", wie sie in Abb. 139 dargestellt sind. Die Anordnung ist uns von der Durchschlagsberechnung her bekannt. Man kann nun auch hier ein festes Isoliermaterial so anordnen, daß seine Oberfläche eine sphondiloidische Gestalt hat. Wir erhalten dann die in Abb. 139 eingezeichnete Scheibe S, deren Dicke beliebig sein kann.

Abb. 139. Sphondiloidische Durchführung.

Die Überschlagspannung dieser Anordnung wird genau so berechnet wie die Durchschlagspannung, nur haben wir hier für die Feldstärke die Werte der Überschlagfestigkeit einzuführen. Wir erhalten

$$U_{ü} = \mathfrak{E}_{ü}\, r \lg n \frac{R}{r}$$

oder

$$U_{ü} = \mathfrak{E}_{ü}\, r \lg n\, p \qquad (26)$$

oder

$$U_{ü} = \mathfrak{E}_{ü}\, l\, \eta = \mathfrak{E}_{ü}\, \lambda$$

wobei der Ausnutzungsfaktor η als Funktion der geometrischen Charakteristik p wieder der Tabelle D entnommen werden kann. Wir sehen auch hier, daß beim sphondiloidischen Körper der Ausnutzungsfaktor kleiner als Eins ist.

Auch hier können wir die Oberfläche eines Isolators mit annähernd gleicher Dielektrizitätskonstante, wie sie das umgebende Medium hat, so formen, daß die Tangentialfeldstärke längs der Erzeugenden konstant ist.

Die Form der Fläche können wir auf analytischem oder graphischem Wege finden; wir schlagen den letzteren ein. In Abb. 140 sind die Spuren der Äquipotentialflächen mit gleicher Potentialdifferenz eingezeichnet. Wir gehen nun wieder mit konstanter Zirkelöffnung von

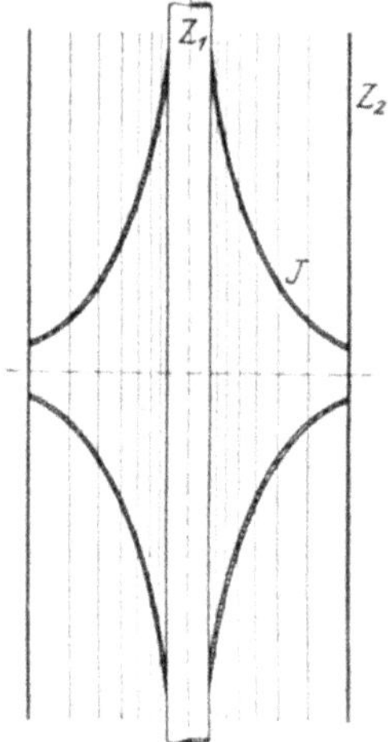

Abb. 140. Isodynamische Durchführung.

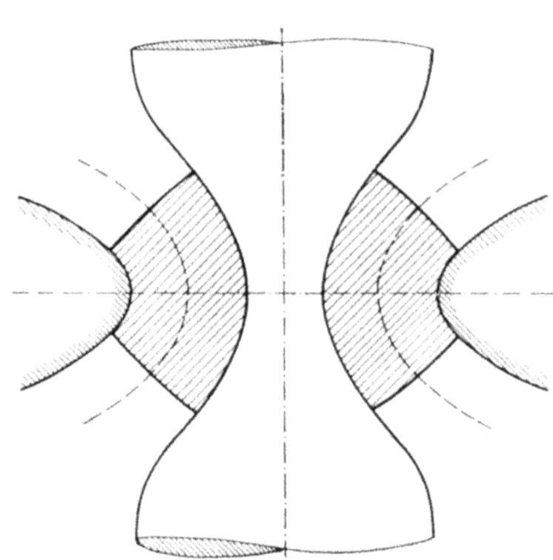

Abb. 141. Katenoid-Durchführung.

einer Äquipotentialfläche zur anderen und finden so die eingezeichnete Erzeugende (Isodyname). Je nach der gewählten Zirkelöffnung wird diese Kurve mehr oder weniger schlank. Damit haben wir die Form der Oberfläche kennen gelernt, für welche die Feldstärke konstant ist, die also eine gleichmäßige Spannungsverteilung aufweist. Die Überschlagspannung findet man einfach, indem man den Oberflächenweg, also die Länge der Erzeugenden mit der Überschlagfestigkeit der Trennschicht multipliziert. Der Ausnutzungsfaktor dieser Anordnung ist Eins.

Natürlich gilt diese Form des Isolators bei abweichender Dielektrizitätskonstante der Wandung auch noch annähernd, wenn die Wandung des Isolators sehr dünn ist, wie in Abb. 140 angedeutet ist.

Für sehr hohe Spannung läßt sich diese Durchführung leider nicht verwenden, weil das Verhältnis der Zylinderradien sehr groß gemacht werden müßte, damit sich keine Entladung durch die Luft von Zylinder zu Zylinder ausbilden kann.

Außerordentlich interessant ist eine andere, von Spielrein angegebene Durchführung, wo die beiden Elektroden konaxiale Katenoiden bilden. Wir haben diese Anordnung hinsichtlich der Beanspruchung auf Durchschlag bereits untersucht. Hier können wir den Durchführungsisolator als sphondiloidischen Körper ausbilden, wie Abb. 141 zeigt. Wegen der uns bereits bekannten Eigenschaft der Katenoiden ist hier die Feldstärke längs der Erzeugenden konstant, die Oberfläche bildet also eine Minimalfläche ebenso wie die zylindrische Oberfläche eines Stützers im homogenen Feld. Genau trifft dies hier allerdings nicht zu, weil die beiden Erzeugenden nicht als homothetische Kurven ausgeführt werden können.

Leider ist diese theoretisch so interessante Durchführung für hohe Spannungen praktisch nicht zu verwerten, da die Dimensionen gegenüber anderen Ausführungen unvergleichlich groß werden.

Eine von Bolliger angegebene Abart dieser Durchführung werden wir später kennen lernen.

Achtes Kapitel.

Schwierigere Probleme.

28. Die Kraftlinienmethode. — 29. Die experimentelle Methode.

28. Die Kraftlinienmethode.

In der Einleitung haben wir die Grundlagen für den Entwurf von Kraftlinienbildern kennen gelernt. Wir wollen im folgenden diese Methode anwenden, um die Felder komplizierterer Konstruktionen, die der Rechnung nicht mehr zugänglich sind, zu ermitteln.

Alle praktisch vorkommenden Anordnungen, deren elektrische Beanspruchungen mit Hilfe der Flußbilder berechnet werden sollen, können wir in zwei große Gruppen teilen:

1. solche Anordnungen, bei welchen alle Schnittebenen parallel zur Zeichnungsebene kongruente Bilder liefern („ebene Felder“, „parallelebene Felder“);

2. solche Anordnungen, bei welchen parallele Schnitte zur Zeichenebene keine kongruenten Bilder liefern.

In die letzte Gruppe fallen die in der Technik häufig vorkommenden räumlichen Felder, welche eine Symmetrieachse haben; in diesem Fall sind alle Niveauflächen Rotationsflächen um die Symmetrieachse. Die Meridianlinien der Rotationsflächen bilden in jeder Meridianebene eine Schar von Niveaulinien; wir nennen solche Felder „meridianebene Felder“.

Im folgenden sollen diese beiden Gruppen von Feldern näher betrachtet werden.

Als parallelebenes Feld wählen wir eine einfache Plattenanordnung mit Luft als Isoliermaterial. Hier treten zwar keine Beanspruchungen auf Überschlag, sondern nur solche auf Durchschlag auf, aber an Hand dieses Beispieles kann die Methode des Entwurfes von Kraftlinienbildern am einfachsten dargelegt werden. Gegenüber einer ebenen Platte 1 sei eine Platte 2, deren Rand nach einem Kreisbogen gekrümmt ist, angeordnet (Abb. 142).

Bekannt ist, daß die Oberflächen der beiden Platten Niveauflächen darstellen. Wir zeichnen nun eine dritte Niveaufläche NN probeweise so, daß die Potentialdifferenz der beiden Platten durch sie hälftig geteilt wird. Offenbar muß eine solche Niveaufläche zwischen den Platten, wo das Feld sicher homogen ist, parallel zu den Ebenen verlaufen und die Spur der Niveaufläche muß die Mittellinie zwischen den beiden Platten sein. Gegen den Rand zu muß die Niveaufläche sicher nach aufwärts gebogen sein. Es wird sich nun sofort zeigen, ob die so gewählte Niveaufläche richtig ist.

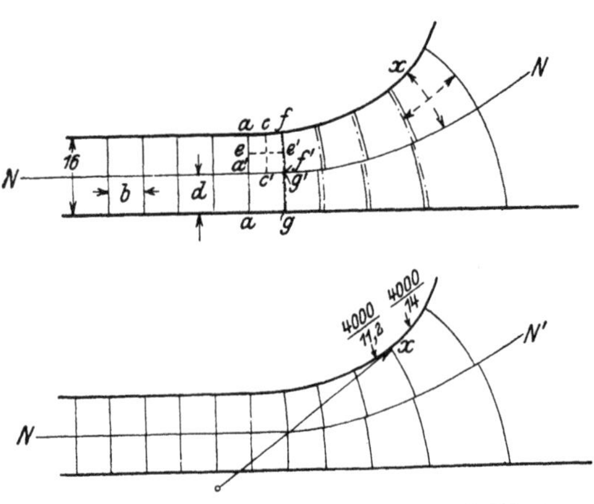

Abb. 142. Kraftlinienbild zwischen zwei Platten.

Wir nehmen den Abstand der Niveaufläche d in den Zirkel und ziehen zwei Parallele senkrecht zu den Niveaulinien im Abstand $b = d$ voneinander. Damit haben wir eine Einheitsröhre gewonnen. In ähnlicher Weise konstruieren wir eine ganze Schar von Röhren in dem Raum, der von den parallelen Ebenen begrenzt ist. Wir erhalten dann lauter Einheitsröhren, welche untereinander kongruent sind.

Diese Röhren sind sicher richtig, denn die Induktionslinien stehen senkrecht auf den Metallflächen und der Niveaufläche NN und haben den Widerstand 1.

Zur Erklärung des Konstruktionsverfahrens nehmen wir an, wir hätten die Induktionslinien bis aa richtig konstruiert. Für die nächste benachbarte Röhre haben wir drei Seiten: 1. die Seite $a'a$ der Lage und Größe nach; 2. die auf den Niveauflächen: obere Platte und Fläche NN liegenden Seiten; diese aber nur der Lage nach. Wir nehmen nun probeweise die Strecke cc' in den Zirkel und machen ee' gleich cc'. Durch e'

ziehen wir eine Induktionslinie, und zwar so, daß die Tangenten an ihre Fußpunkte senkrecht auf den genannten Niveauflächen stehen. Wir können nunmehr schon erkennen, ob diese Röhre ungefähr richtig ist, denn die durch die Kurven ee' und cc' gebildeten kleinen Vierseite sollen quadratische Zellen sein.

Nunmehr müssen wir die darunterliegende Röhre zeichnen. Wir verfahren dabei ebenso wie vorher und finden die vierte Seite der Röhre zu gg'. Nun sollen natürlich gg' und ff' miteinander eine kontinuierliche Kurve bilden. Das ist nicht der Fall, also ist die Lage der Niveaufläche NN nicht richtig angenommen; wie man leicht erkennt, sollte sie etwas höher liegen. Wir korrigieren aber ihre Lage jetzt noch nicht, sondern zeichnen eine mittlere Induktionslinie, die zwischen den beiden Kurven ff' und gg' liegt (strichpunktierte Kurve).

Nun konstruieren wir in der gleichen Weise die nächste Röhre usf., wie in der Abbildung angedeutet ist. Damit erhalten wir eine größere Anzahl mittlerer Induktionslinien. Nach diesen mittleren Induktionslinien korrigieren wir die Niveaulinie NN und erhalten eine neue Linie, deren Lage offenbar schon richtiger sein muß, wie die der Linie NN.

Mit dieser neuen Niveaufläche beginnen wir die Konstruktion wieder von vorn und werden als zweites Bild den Verlauf der Induktionslinien schon wesentlich genauer erhalten. Dieses Verfahren setzt man so lange fort, bis man ein möglichst genaues Bild erhält.

Auf den ersten Blick scheint dieses Verfahren sehr langwierig zu sein. Wenn man jedoch einige Übung erlangt hat, geht die Konstruktion ziemlich rasch vor sich. Meist ist es auch nicht notwendig, ein möglichst genaues Bild zu erhalten; in vielen Fällen genügt es schon, den Induktionsfluß nur ungefähr zu kennen.

Hat man das Induktionslinienbild entworfen, so kann man die Beanspruchung an jeder Stelle leicht angeben. An der Stelle X ist z. B.

$$\mathfrak{E}_x = \frac{\Delta U}{d},$$

wobei im vorliegenden Falle $\Delta U = \frac{1}{2} U$ ist. (U ist die Potentialdifferenz der beiden Platten, z. B. 4000 Volt.)

Treten die Induktionslinien von einem Medium mit der Konstanten ε_1 in ein solches mit der Konstanten ε_2 über, so zeichnet man zunächst die Linien so, als wenn ε konstant wäre. An der Eintrittstelle in das andere Medium konstruiert man die Brechungswinkel nach dem Brechungsgesetz. Allerdings kann man dann keine Einheitsröhren (quadratische Röhren) mehr konstruieren, wenn ε größer als 1 ist.

Die Art und Weise des Entwurfs der Induktionslinienbilder meridianebener Felder unterscheidet sich im Prinzip nicht von der für ebene Anordnungen. Nur die Berechnung des dielektrischen Widerstandes der Röhren wird hier etwas umständlicher.

Für meridianebene Felder ist der dielektrische Widerstand nach Abb. 143

$$W = \frac{EF}{GH \cdot 2\pi \cdot JK}. \tag{1}$$

Wir können also hier nicht mehr mit Einheitsröhren arbeiten und dadurch wird der Entwurf etwas umständlicher.

Mit dem Entwurf von Kraftlinienbildern für Durchführungen hat sich besonders Kuhlmann eingehend beschäftigt. Es sei hier auf seine Arbeit verwiesen. Zu den Kraftlinienbildern selbst wird folgendes bemerkt. Kuhlmann nimmt an, daß das Feld zwischen geerdeter Fassung und Innenleiter der Durchführung als zylindrisches Feld („Zwei konaxiale Zylinder") aufgefaßt werden kann. Diese Annahme ist zulässig, wenn die axiale Länge der Fassung groß ist im Vergleich zur Schichtdicke des Isoliermaterials zwischen Fassung und Innenleiter. Das trifft bei den untersuchten Anordnungen nicht immer zu; es ist also anzunehmen, daß das Feld an dieser Stelle nicht rein zylindrisch sein kann.

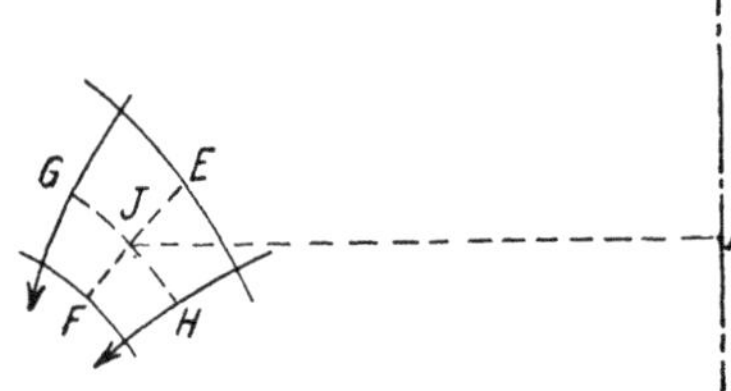

Abb. 143. Schnitt durch ein meridianebenes Feld.

Es ist nicht zu leugnen, daß die Kraftlinienmethode unter allen Umständen zum Ziele führt; es läßt sich das Feld jeder beliebigen Anordnung auf diese Weise ermitteln. Wer sich aber mit dieser Methode schon eingehender beschäftigt hat, wird erfahren haben, daß der Entwurf von Kraftlinienbildern besonders bei meridianebenen Feldern ein sehr langwieriges Geschäft ist. In der Praxis wird diese Methode wohl auch nicht in großem Umfang verwendet, höchstens als Näherungsmethode, wobei aber meist mehr das Gefühl als die Rechnung zur Ermittlung des Linienverlaufes herangezogen wird.

29. Die experimentelle Methode.

Eine in der Physik seit langem bekannte Methode zur Ermittlung von Feldern besteht darin, daß man das elektrische Feld durch ein Strömungsbild in einem Elektrolyten nachahmt und hier die Potentialverteilung auf experimentellem Weg mißt. Estorff hat auf diese

Weise das Feld zwischen zwei Kugeln ermittelt. Es wurden zu diesem Zweck zwei Metallkugeln in eine stromleitende Flüssigkeit gebracht und mit den Polen einer Wechselstromquelle verbunden. Es fließt dann durch den Elektrolyten von Kugel zu Kugel ein Strom, der sich im ganzen Elektrolyten ausbreitet; die sich so bildenden Stromfäden sind ein getreues Abbild der Verschiebungslinien. Mit Hilfe einer Sonde mißt man nunmehr die Spannungsverteilung im Elektrolyten. Das Schaltbild ist in Abb. 144 dargestellt. Es ist angenommen, daß das Feld zweier Kugeln untersucht werden soll; die Sonde besteht aus einem Stift, welcher bis auf eine weiter unten hervorstehende Spitze von Isoliermaterial umgeben ist. Die Schaltung ist eine normale Brückenschaltung mit einem Telephon als Meßgerät. Man bringt die Sonde an irgendeine Meßstelle und verändert die Widerstände R_1 und R_2 der Brückenzweige so lange, bis am Telephon ein Tonminimum wahrzunehmen ist. Die Sonde führt dann keinen Strom mehr und die Spannungen Kugel — Sonde und Sonde — Kugel verhalten sich wie die Widerstände R_1 und R_2.

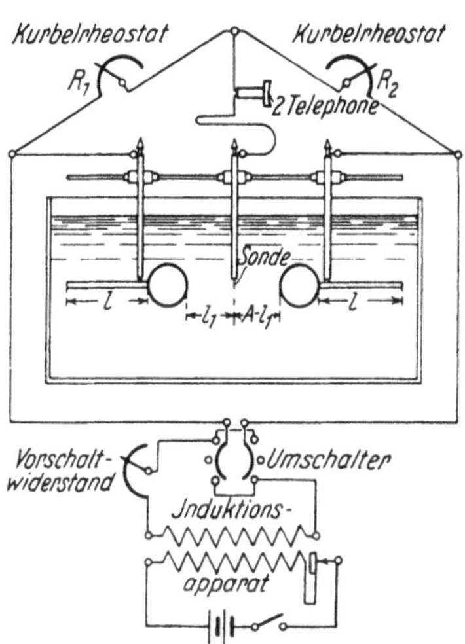

Abb. 144. Vorrichtung zur Ermittlung des Strömungsbildes zwischen 2 Kugeln.

Man kann auf diese Weise auch die Spannungsverteilung an Isolatoren messen. Zu diesem Zweck macht man eine Nachbildung des Isolators aus einem schlecht leitenden Stoff, dessen Leitfähigkeit zu der des Elektrolyten im gleichen Verhältnis steht wie die Dielektrizitätskonstanten des Isolators und des ihn umgebenden Mediums. Diesen Körper bringt man mit seinen Elektroden in das Bad und mißt in gleicher Weise wie vorher die Spannungsverteilung.

Ein großer Nachteil dieser Methode ist, daß man ziemlich große Wannen für das Bad braucht, damit die Wände des Behälters die Stromverteilung nicht wesentlich stören. Außerdem ist natürlich die jeweilige Anfertigung der Isolatormodelle eine recht umständliche Sache.

Der Verfasser war deshalb bestrebt, ein Meßverfahren zur direkten Messung der Spannungsverteilung an den Isolatoren selbst zu finden. Nagel hat bei der Nachmessung der Spannungsverteilung der von ihm angegebenen Durchführung ein Verfahren zur Messung der Spannungsverteilung angewendet, das sehr einfach, aber nicht sehr genau ist.

In Abb. 145a ist ein Isolator J mit den beiden Elektroden E und L dargestellt, dessen Spannungsverteilung ermittelt werden soll. An der Meßstelle hat Nagel einen sehr dünnen Draht D um den Isolator geschlagen. Da er auf einer Äquipotentialfläche liegt, wird durch ihn die Spannungsverteilung nicht gestört. Zwischen E und D wurde dann eine sehr kleine Meßfunkenstrecke F angeschaltet und die Spannung U an den Elektroden so hoch gesteigert, bis an der Meßfunkenstrecke eine Entladung wahrnehmbar war. Da die Funkenstrecke vorher geeicht wird, kennt man die Spannung zwischen E und D, ferner die gesamte Spannung U, man kann also angeben, wieviel Prozente der gesamten Spannung zwischen E und D liegen. Wiederholt man die Messung für verschiedene Höhenlagen, so kann man die Spannungsverteilung längs der Erzeugenden der Oberfläche angeben.

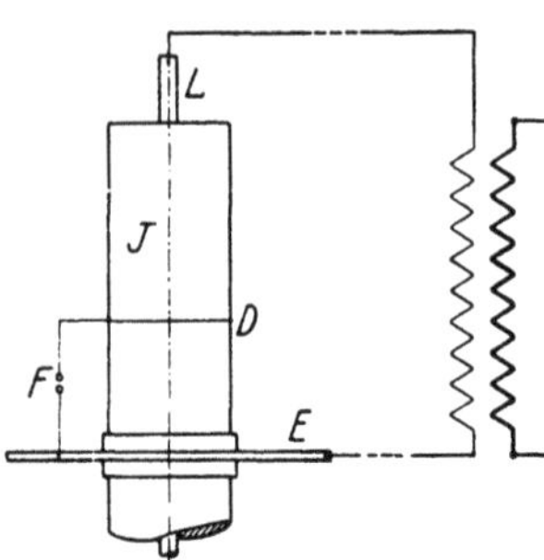

Abb. 145a. Messung der Spannungsverteilung mit Kugelfunkenstrecke.

Durch das Anschalten der Meßfunkenstrecke wird natürlich die Spannungsverteilung gestört; denn zum Teil ED des Isolators liegt jetzt noch eine, wenn auch kleine Kapazität parallel, nämlich die der Meßfunkenstrecke. Die gemessene Kurve der Spannungsverteilung wird dadurch natürlich verzerrt. Man kann nun eine zweite Meßreihe aufstellen, bei der die Funkenstrecke parallel zu LD, also zum oberen Teil des Isolators angeordnet ist. Auch diese Spannungsverteilung ist verzerrt. Es ist nun zu vermuten, daß die wahre Kurve für die Spannungsverteilung dazwischen liegen wird. Diese Vermutung kann, braucht aber nicht unbedingt zutreffen. Dieses Meßverfahren wird auch heute noch viel angewendet, besonders bei der Ermittlung der Spannungsverteilung längs Hängeisolatorketten. Bei Isolatoren mit sehr großer Eigenkapazität ergibt diese Messung hinreichend genaue Resultate. Bei Schlingenisolatoren dagegen macht sich der eben beschriebene Fehler bereits bemerkbar. Manchmal geht man auch so vor, daß man die Kapazität der Funkenstrecke variiert und dann die wahre Spannungsverteilung für die Kapazität Null extrapoliert.

Die Amerikaner messen die Spannungsverteilung neuerdings in folgender Weise. Zu EL wird der Widerstand einer großen Wassersäule parallel geschaltet in Form eines langen Wasserschlauches. Der Meßstelle D wird eine Spitze gegenübergestellt, die mit irgendeinem Punkt des Wasserschlauches leitend verbunden ist. Hat dieser Punkt ein anderes Potential als die Meßstelle, dann entsteht ein Funke zwischen Spitze und Meßdraht. Durch Wandern mit dem Anschlußpunkt der Wassersäule kann man den Punkt des gleichen Potentials heraussuchen. Das Verhältnis der Längen des durch den Anschlußpunkt geteilten Wasserschlauches ist gleich dem Verhältnis der Spannungen der Meßstelle *D* und *E* bzw. *D* und *L*. Auch dieses Verfahren ist nicht sehr genau, weil die Feststellung, ob die Spitze noch funkt oder nicht, sehr ungenau ist.

Statt des Widerstandes des Wasserschlauches kann man auch eine Kondensatorreihe mit bekannter Spannungsverteilung oder einem Dreiplattenkondensator mit verschiebbarer Mittelplatte anwenden und zur Feststellung der Potentialgleichheit ein Hochspannungstelephon (Böning). Die letztgenannten Methoden sind nur dann einigermaßen genau, wenn die Kapazität des Anschlußdrahtes zwischen Kondensator und Meßstelle verschwindend klein ist.

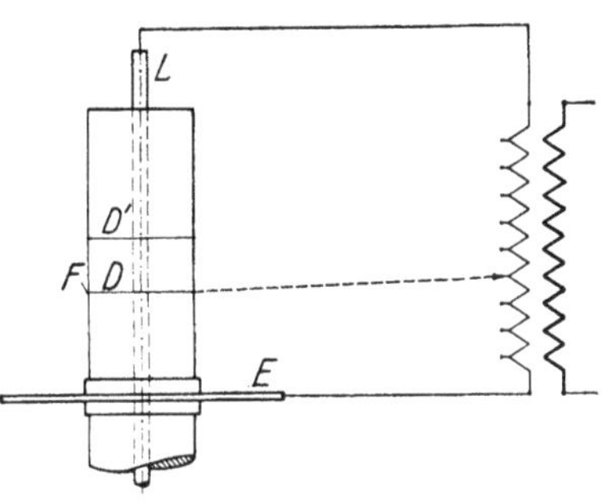

Abb. 145b. Messung der Spannungsverteilung mit Elektroskop.

Der Verfasser hat vor mehreren Jahren ein anderes Verfahren angegeben, das sehr einfach in der Anwendung und wohl auch das genaueste ist. Er hat die Meßmethode „Elektroskopmethode" genannt. In Abb. 145b ist wieder der Isolator dargestellt. An dem Meßdraht *D* wird ein kleines Fähnchen *F*, das Elektroskop, angebracht, das entweder ein kleiner Lammettastreifen, Glas-, Seide- oder Baumwollfaden ist. Wird an die Elektroden *E* und *L* eine Spannung angelegt, dann bewegt sich das Elektroskop unter der Einwirkung des elektrischen Feldes. Der Ausschlag des Elektroskopes wird mit einem Fernrohr mit Skaleneinteilung beobachtet. Daraufhin verbindet man den Meßdraht mit irgendeiner Spule des Transformators; dabei ist vorausgesetzt, daß der Transformator ein Lufttransformator, mit zugänglichen Spulenverbindungen ist. Wird wieder eingeschaltet, dann wird sich das Elektroskop wieder bewegen. Ist die Anschlußstelle des Transformators richtig erraten worden, dann ist der Ausschlag der gleiche wie vorher. Durch Abzählen der Spulen des Transformators kann man leicht feststellen, welches die Spannung der Meßstelle ist. Dieses Verfahren wiederholt man an verschiedenen Stellen des Isolators und erhält so die Kurve der Spannungsverteilung. Das Elektroskop braucht übrigens nicht am Meßdraht zu sitzen, man kann es auch auf einem Nebenring *D'* anordnen und auf diese Weise den Einfluß des Anschlußdrahtes ermitteln.

Natürlich bringt auch hier der Anschlußdraht eine Störung des elektrischen Feldes herein. Durch Nachmessen bekannter Felder hat sich aber gezeigt, daß der Fehler recht gering ist. Jedenfalls genügt die Meßgenauigkeit vollkommen für praktische Zwecke.

Im folgenden sollen die Ergebnisse von Messungen über die Spannungsverteilung an Durchführungen und Stützern mitgeteilt werden.

Um die Ergebnisse unserer Messungen leichter überblicken und auswerten zu können, wollen wir uns vorher noch eine Hilfsvorstellung über das Zustandekommen der verschiedenen Formen der Spannungsverteilung zurechtlegen. Wir haben früher und im vorigen Abschnitt gelernt, die Spannungsverteilung für Anordnungen zu berechnen, die Kondensatorketten bilden und deren allgemeine Ersatzschaltung in Abb. 88 dargestellt ist. Sind beispielsweise die Kondensatorgruppen C und c besonders stark ausgebildet, während die Gruppe der Kondensatoren k als klein vernachlässigt werden können, dann erhalten wir eine Spannungsverteilung nach der Kurve c von Abb. 110, wir wissen, daß diese Kurve um so mehr durchsackt, je größer der Wert des charakteristischen Verhältnisses $\frac{c}{C}$ ist.

Sind die Kapazitäten C und k besonders ausgeprägt, dann erhalten wir die Spannungsverteilung nach Kurve k; diese Kurve wird in gleicher Weise gefunden wie die c-Kurve, man kann sie aber auch dadurch erhalten, daß man die c-Kurve um 180^0 in der Zeichenebene dreht. Auch hier ist die Abweichung von der Geraden um so größer, je größer der Wert des charakteristischen Verhältnisses $\frac{k}{C}$ ist.

Zwischen diesen beiden Kurven verlaufen alle anderen, bei denen die Kapazitäten c und k neben C gleichzeitig vorhanden sind. Sind z. B. die Werte von c und k gleich groß, dann erhalten wir die Kurve ck für die Spannungsverteilung. Wir wissen, daß diese Kurve durch Superposition der c-Kurve und k-Kurve gewonnen werden kann und zwar in der Weise, daß man die c-Kurve um so viel hebt, als die k-Kurve über der Geraden G liegt.

Sind die Werte von c und k nicht gleich groß, dann erhalten wir die Kurven $c(k)$ und $(c)k$, die sich um so mehr der c-Kurve oder k-Kurve anschmiegen, je mehr die Werte von k bzw. c als verschwindend klein betrachtet werden dürfen.

Die Messungen an vielen technischen Isolatoren haben nun ergeben, wie wir im Nachfolgenden sehen werden, daß die Kurven für die Spannungsverteilungen ähnliche Formen aufweisen wie die eben beschriebenen Kurven. Diese Tatsache legt nun den Gedanken nahe, nach einer Vorstellung zu suchen, durch die die Spannungsverteilung an Isolatoren auf die Schaltung von Abb. 88, die wir „allgemeine Ersatzschaltung der Isolatoren“ nennen, zurückgeführt wird. Es muß aber ausdrücklich betont werden, daß es sich dabei nicht darum handelt, eine physikalische Erklärung des Zustandekommens der Spannungsverteilung zu geben; die Theorie soll vielmehr nur eine Hilfsvorstellung sein, die uns die Möglichkeit gibt, rasch zu überblicken und zu beurteilen, welchen Erfolg irgendwelche Maßnahmen konstruktiver Natur hinsichtlich der Spannungsverteilung haben werden. Im folgenden soll nun gezeigt werden, wie man die Ersatzschaltung auf die Isolatoren übertragen kann.

Abb. 146 stellt im Prinzip eine Durchführung dar. Es bedeutet L die gegen Erde E zu isolierende Leitung, J ist der als Zylinder angenommene Isolationskörper. Es ist die Frage, wie sich die Spannung längs der Oberfläche dieses Isolators verteilen wird. Wir stellen uns nun vor, die Oberfläche sei mit Elementarbelägen versehen, die aus Metallringen R mit der axialen Länge dl bestehen und sehr gut voneinander isoliert seien. Diese Ringe bilden dann die Beläge von Elementarkondensatoren, und zwar hat jeder Belag Kapazität C gegen seinen Nachbarbelag; außerdem hat aber jeder Ring noch Kapazität gegen die Leitung L, die wir mit k bezeichnen. Endlich hat jeder Ring noch Kapazität gegen die Erdelektrode E, die wir mit c bezeichnen. Diese Kapazitäten sind in Abb. 146 angedeutet. Wir sehen, daß bei einer Durchführung die Gruppe k der Elementarkondensatoren besonders stark ausgeprägt ist; denn erstens sind die Abstände zwischen den Ringen R und der Leitung L klein und zweitens hat das Isoliermaterial, das als Dielektrikum dient, eine größere Dielektrizitätskonstante als die Luft, die das Dielektrikum der Kondensatoren c bildet. Es ist deshalb eine Spannungsverteilung nach der Kurve $(c)k$ zu erwarten.

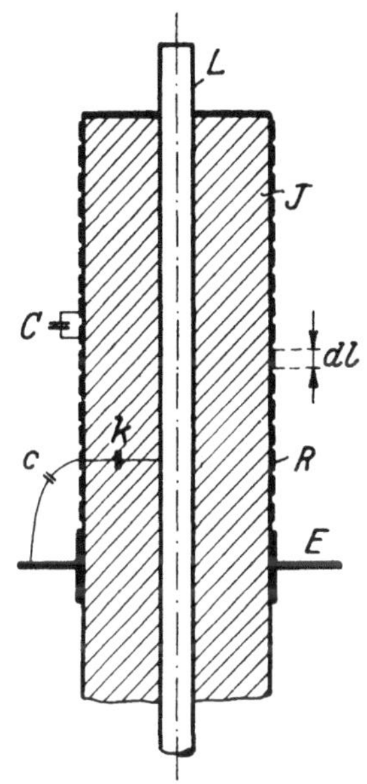

Abb. 146. Elementarkondensatoren einer Durchführung.

Bei einem Freileitungsisolator mit der in Abb. 147 dargestellten prinzipiellen Anordnung, wo E die geerdete Stütze bedeutet, die am Kopf vom Leitungsbund umhüllt wird, und J den Isolationskörper, liegen die Verhältnisse gerade umgekehrt, wie man sich leicht überzeugen kann; es sind hier also besonders die Kapazitäten c sehr stark ausgeprägt, weshalb eine Spannungsverteilung nach Kurve $c(k)$ zu erwarten ist.

Abb. 148 endlich zeigt einen Stützer mit den gleich großen plattenförmigen Elektroden E und L. Man sieht, daß hier die beiden Gruppen c und k der Kapazitäten gleichwertig sind; es ist deshalb hier eine symmetrische Kurve für die Spannungsverteilung zu erwarten von der Form der Kurve *ck* von Abb. 110.

Das ist die Hilfsvorstellung mit den Elementarbelägen. Statt von Elementarbelägen zu sprechen, kann man die einzelnen Oberflächenelemente mit ringförmiger Form und der Höhe dl selbst als Elementarbeläge ansehen. Wir werden im folgenden oft Gelegenheit haben, von dieser Hilfsvorstellung und der Ersatzschaltung Gebrauch zu machen zur Erklärung irgendwelcher Einflüsse auf die Spannungsverteilung.

Mit Hilfe der oben beschriebenen Meßmethode wurde nun das elektrische Feld der Durchführungsisolatoren systematisch erforscht und folgendes gefunden.

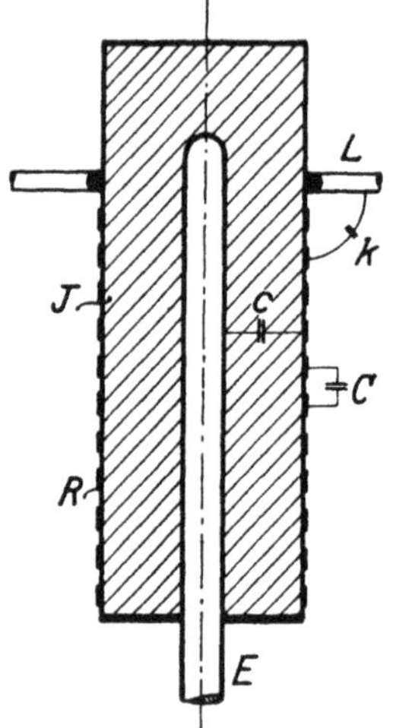

Abb. 147. Elementarkondensatoren eines Freileitungs-Stützisolators.

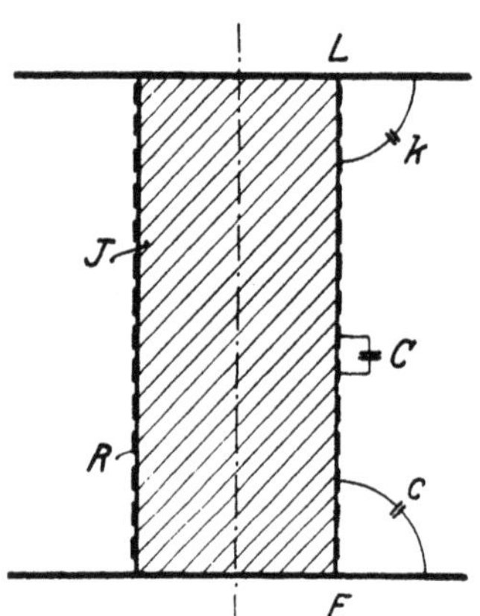

Abb. 148. Elementarkondensatoren eines Stützers.

Einfluß des Durchmessers. Es wurde eine Reihe zylindrischer Luftdurchführungen hergestellt, deren Dimensionen alle gleich waren mit Ausnahme des Durchmessers D (Abb. 149). Die Durchführungen bestanden aus einem Cartarohr von geringer Wandstärke, das in der Mitte mit einer geerdeten Blechmanschette gefaßt war. Die Blechmanschette selbst war mit einer Blechscheibe verbunden. Durch das Rohr ging ein Messingstab, der mit der Leitung verbunden war. Am Kopf der Durchführung war eine Blechscheibe angeordnet. An diesen Durchführungen wurde nun die Spannungsverteilung gemessen; es ergaben sich die über der Durchführung in Abb. 149 aufgetragenen Kurven. Die Durchmesser der Durchführungen sind in der Abbildung angegeben.

Wie man sieht, ist bei kleinen Werten von D der Spannungsanstieg an der Fassung, bei größeren Werten der Spannungsanstieg am Kopf am größten. An diesen Stellen muß also bei genügend hoher

Spannung die Entladung beginnen. Wir werden später sehen, daß wir uns um die Beanspruchung am Kopf der Durchführungen nicht zu kümmern brauchen, da diese leicht auf jedes gewünschte Maß gemildert werden kann. An der Manschette wird der Spannungsanstieg und damit die Beanspruchung um so geringer, je größer der Durchmesser D ist. Es ist also günstig, den Durchmesser D einer Durchführung mög-

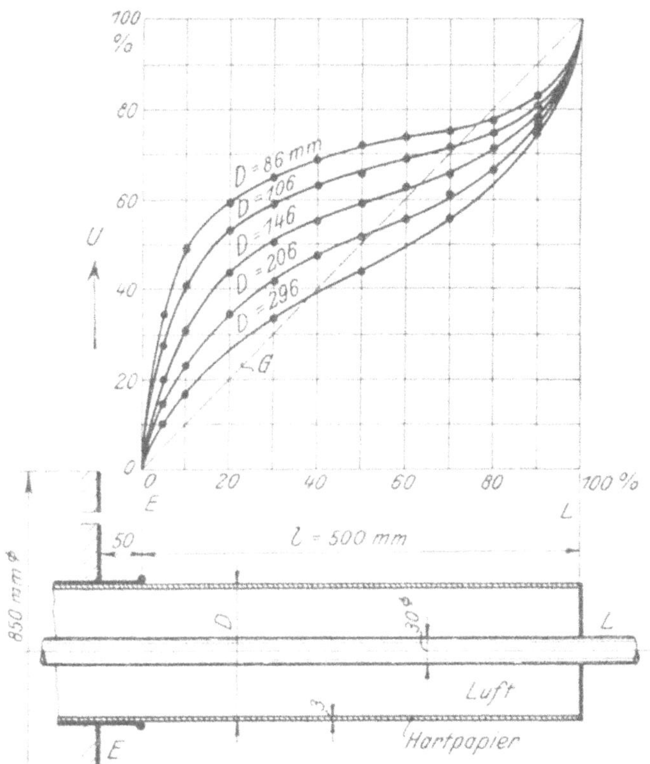

Abb. 149. Spannungsverteilung längs einer Durchführung abhängig vom Außendurchmesser der Durchführung.

lichst groß zu machen. Das ist eine bekannte Tatsache; leider sind aber aus konstruktiven Rücksichten meist kleine Durchmesser erwünscht. Die vorher entwickelte Hilfsvorstellung gestattet, den Verlauf der Kurven zu erklären. Je größer der Durchmesser der Durchführung ist, um so kleiner werden die Kapazitäten k, bis schließlich bei sehr großen Durchmessern die Kapazitäten c überwiegen und die Kurven sehr stark herabziehen. Bei diesen Durchführungen tritt diese Erscheinung besonders deutlich hervor, weil das Dielektrikum der Kondensatoren k ebenfalls Luft ist.

Beim nächsten Versuch blieben sämtliche Dimensionen unverändert bis auf die Dimension des Leitungsdurchmessers d. Es ergaben sich die in Abb. 150 dargestellten Kurven für die Spannungsverteilung. Man sieht, je kleiner der Durchmesser d ist, um so günstiger ist die Beanspruchung. Für die Erklärung dieser Erscheinung gilt das eben Gesagte. Aber auch diese Tatsache kann man meist nicht ausnützen, weil dadurch die Beanspruchung auf Durchschlag ungünstiger

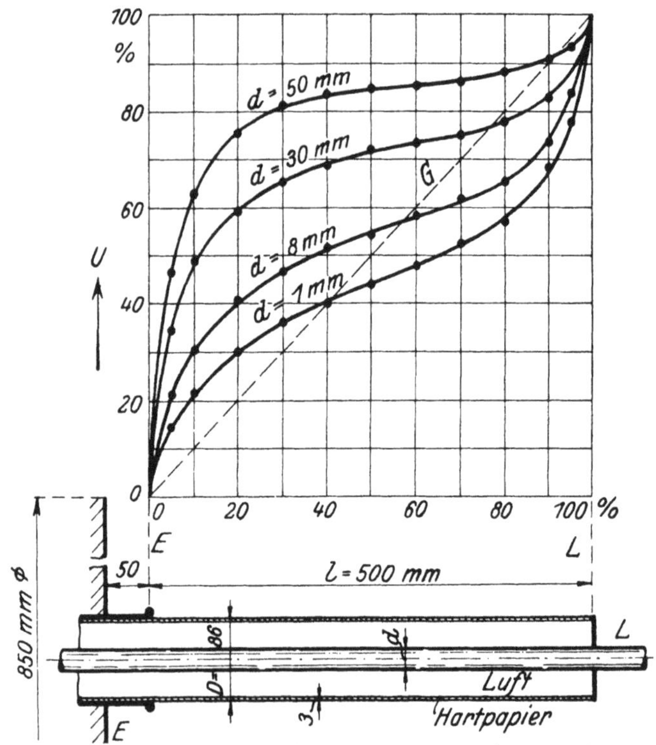

Abb. 150. Spannungsverteilung längs einer Durchführung abhängig vom Durchmesser des Innenleiters.

wird. Diese Beobachtung werden wir überhaupt noch öfters machen, daß Vorkehrungen, die für die Beanspruchung auf Überschlag günstig sind, sehr ungünstig für die Beanspruchung auf Durchschlag wirken und umgekehrt.

Beim dritten Versuch wurde die Länge l der Durchführung geändert (Abb. 151), während alle übrigen Dimensionen unverändert blieben. Es zeigt sich die merkwürdige Tatsache, daß die Beanspruchung an der Manschette von der Länge der Durchführung unabhängig ist. Die Entladung an dieser Stelle wird also stets bei derselben Spannung einsetzen, gleichgültig, wie lange die Durchführung ist. Eine Typenreihe von Durchführungen für verschiedene Spannungen kann man also nicht in der Weise herstellen, daß man einfach die Länge der Durchführungen ändert. Diese Erscheinung war nach unserer Theorie zu erwarten; denn durch Veränderung der Länge des Isolators wird an den Kapazitätsverhältnissen in der Umgebung der Fassung nichts geändert.

Nunmehr wurde die Form der Durchführung geändert, und zwar wurde ein nach oben sich verjüngender Isolator durchgemessen. Es

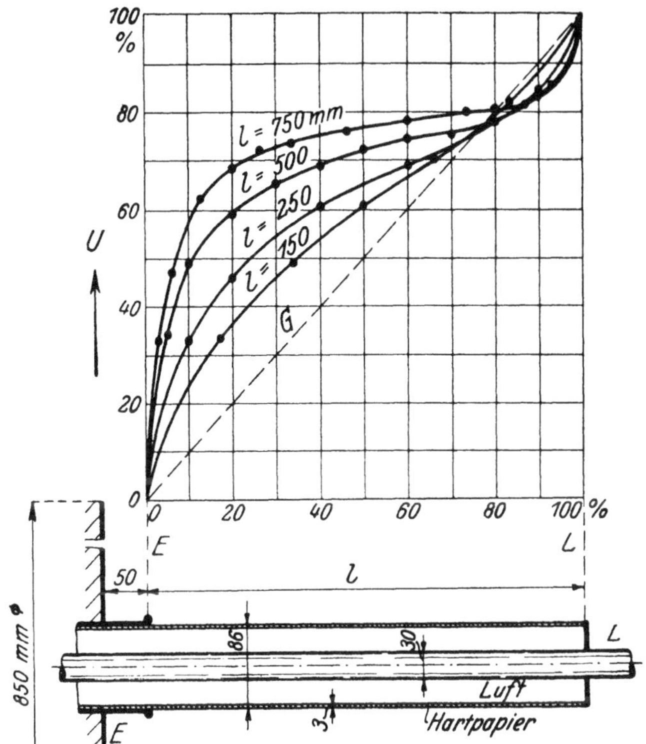

Abb. 151. Spannungsverteilung längs einer Durchführung abhängig von der Länge der Durchführung.

ergab sich die Kurve a (Abb. 152); zum Vergleich ist die Kurve der Spannungsverteilung eines zylindrischen Isolators eingetragen (Kurve b), der denselben Durchmesser D hatte wie die konische Klemme an der Manschette. Es zeigt sich, daß durch Änderung der Form des Isolators die Beanspruchung an der Fassungsstelle nicht wesentlich verändert wird; dagegen verläuft die Kurve in ihrem oberen Teil etwas günstiger als bei der zylindrischen Form. Die Erklärung für diese Erscheinung ist die gleiche wie vorher.

Die folgenden Abbildungen zeigen den Einfluß der Elektrodenformen. Zunächst wurde die Elektrode verändert, indem ein aus

Metall gefertigter Trichter N an die Elektrode angesetzt wurde. Es ergab sich die Kurve a von Abb. 153; die Kurve b gilt für die Spannungsverteilung ohne Trichter. Man sieht, daß durch den Trichter die Spannungsverteilung an der Fassung verbessert wird, allerdings nicht in dem Maß, daß man dieses Mittel als eine endgültige Lösung zur Verbesserung der Spannungsverteilung betrachten könnte. Daß das Heraufziehen der Erdelektrode günstig wirken muß, ist klar; denn

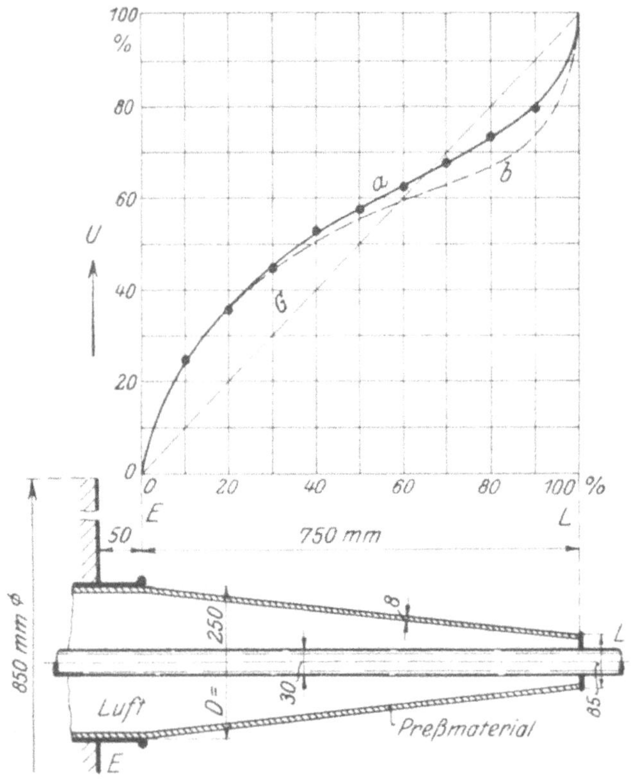

Abb. 152. Spannungsverteilung einer konischen Durchführung.

es wird dadurch die Kapazität c der Oberflächenelemente vergrößert. Allerdings ist das Maß der Verbesserung sehr beschränkt; wir können nämlich nur erreichen, daß die c-Kurve, über welche die k-Kurve superponiert wird, bis zur Abszissenachse herabgedrückt wird. Aber selbst in diesem Fall liegt die $(c)\,k$-Kurve noch stark über der Geraden G, weil am Bund die k-Kurve ihren steilsten Anstieg hat.

Wesentlich wirkungsvoller ist eine Veränderung der Leitungselektrode. Abb. 154 zeigt die Spannungsverteilung, wenn eine Sprühkappe aufgesetzt und mit der Leitung verbunden wird. Kurve b gilt für die Anordnung ohne Sprühkappe. Wir sehen, daß die Beeinflussung der Spannungsverteilung am Kopf der Durchführung tatsächlich keine Schwierigkeit bereitet. Durch die Sprühkappe wird die Wirkung der Erdelektrode auf den Kopf des Isolators vollständig ausgeschaltet.

Kurve *a* von Abb. 155 zeigt die Spannungsverteilung, wenn am Kopf die Elektrode trichterförmig nach innen gezogen wird. Zum

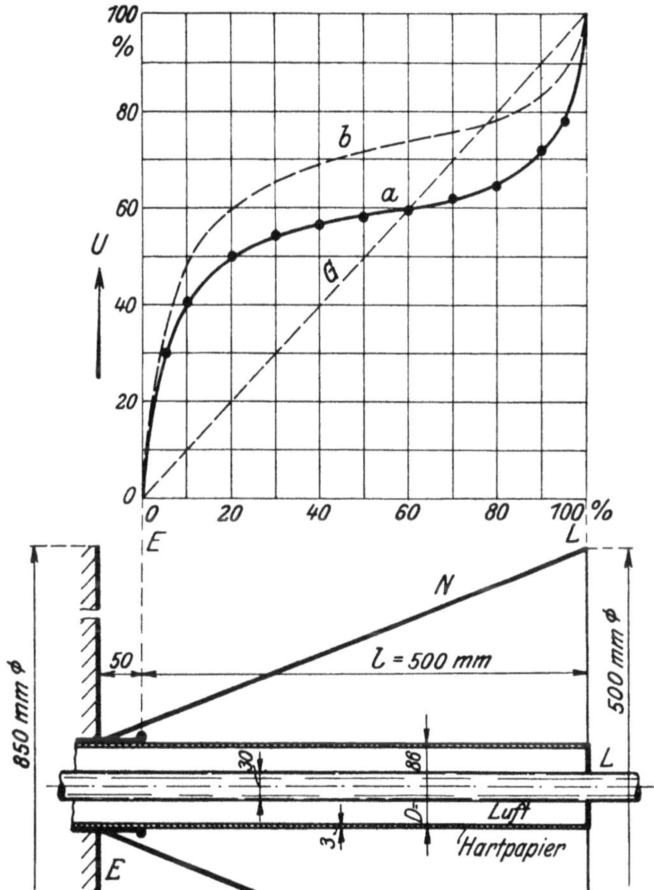

Abb. 153. Spannungsverteilung einer Durchführung mit emporgezogener Erdelektrode.

Vergleich ist wieder die Kurve *b* für die Durchführung ohne diese Veränderung eingezeichnet. Man kann also auch auf diese Weise die Spannungsverteilung am Kopf der Durchführung verbessern.

Macht man die Leitungselektrode nicht zylindrisch, sondern doppeltrichterförmig, dann erhält man die Spannungsverteilung Kurve *a* von Abb. 156. Auch hier ist die ursprüngliche Kurve *b* der Spannungsverteilung zum Vergleich eingezeichnet. Trotz dieser kräftigen Änderung

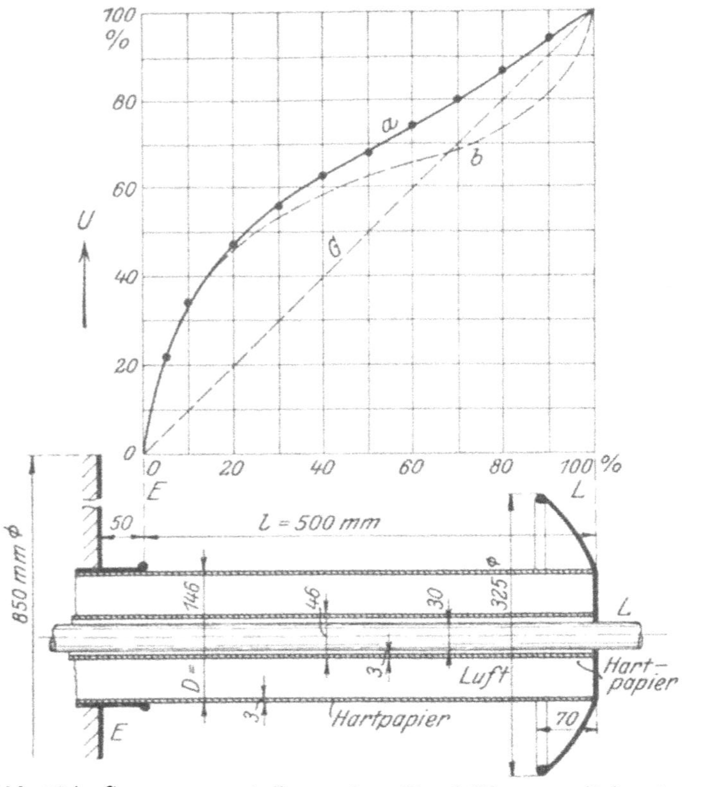

Abb. 154. Spannungsverteilung einer Durchführung mit herabgezogener Leitungselektrode.

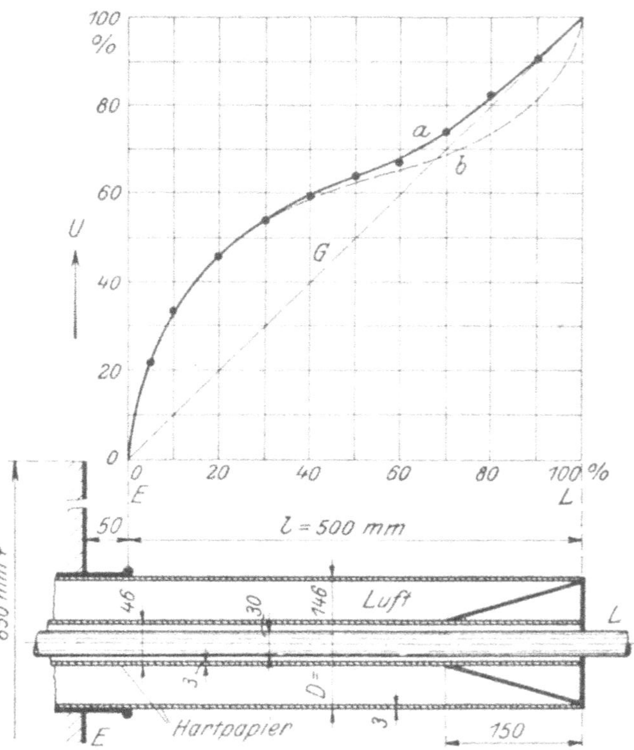

Abb. 155. Spannungsverteilung einer Durchführung mit nach innen gezogener Leitungselektrode.

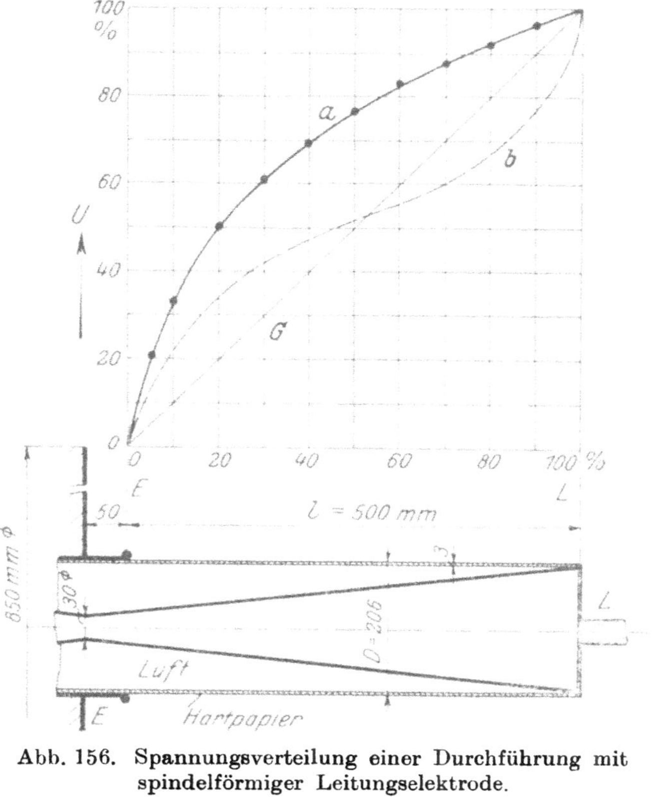

Abb. 156. Spannungsverteilung einer Durchführung mit spindelförmiger Leitungselektrode.

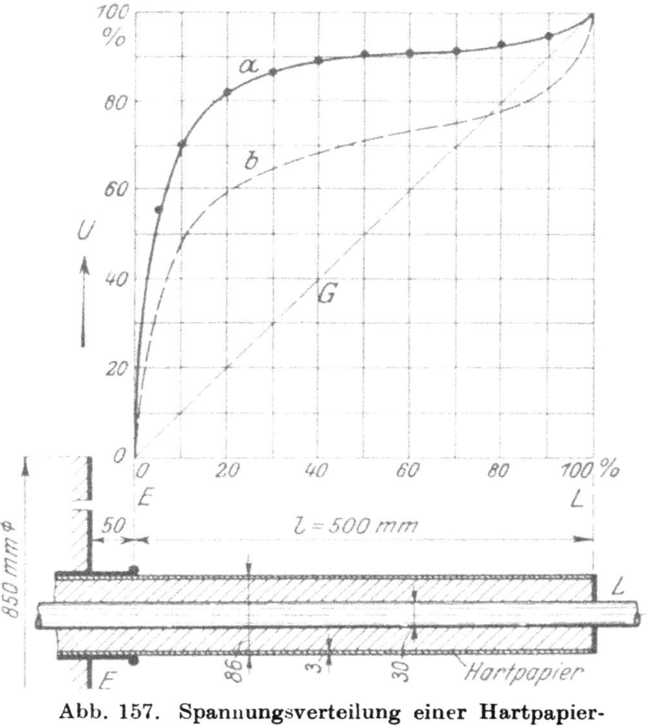

Abb. 157. Spannungsverteilung einer Hartpapier-Durchführung.

der Leitungselektrode ist die Spannungsverteilung an der Fassung nicht wesentlich geändert, was nach unserer Theorie auch verständlich ist.

Wir kommen nunmehr zu einer zweiten Gruppe von Versuchen. Die eben beschriebene Versuchsreihe wurde wiederholt, diesmal jedoch waren die Isolatoren nicht hohl, sondern massiv, der Hohlraum war mit Hartpapier ausgefüllt. Dieses Material hat eine Dielektrizitätskonstante von $\varepsilon = 4{,}5$ bis 5, und es sollte durch diese Versuche der

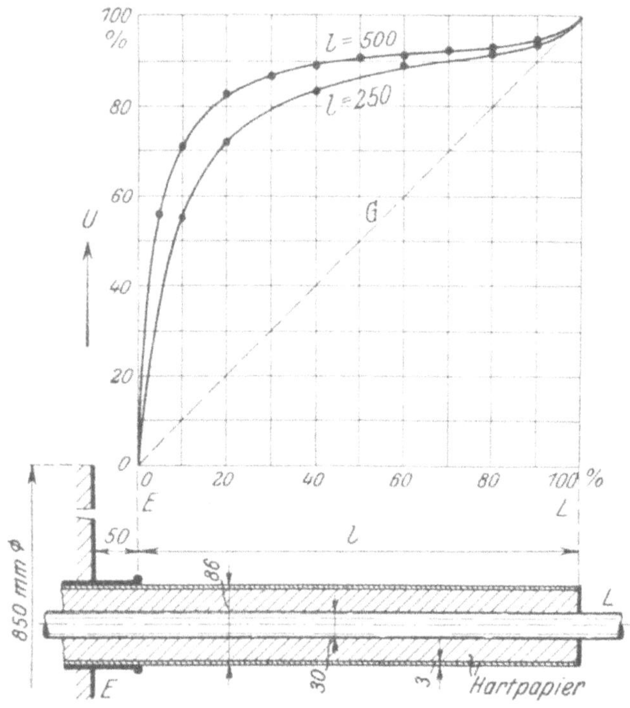

Abb. 158. Spannungsverteilung einer Hartpapier-Durchführung abhängig von der Isolatorlänge.

Einfluß der Dielektrizitätskonstanten untersucht werden. Von dieser Versuchsreihe seien die folgenden Ergebnisse mitgeteilt.

Abb. 157 zeigt die Spannungsverteilung einer gefüllten Durchführung. Man sieht, daß auch hier die Beanspruchung an der Fassung noch größer wird. Durch Vergleich mit Abb. 149 stellen wir fest, daß die Spannungsverteilung wesentlich ungleichmäßiger, also ungünstiger geworden ist. Die Anwendung von Isoliermaterialien mit großer Dielektrizitätskonstante wirkt also bei Durchführungen sehr ungünstig. Es werden eben die Kapazitäten k dadurch noch wesentlich vergrößert.

In Abb. 158 ist die Abhängigkeit von der **Isolatorlänge** dargestellt. Wir bemerken, daß auch hier die Beanspruchung an der Fassung von der Länge der Durchführung **unabhängig** ist.

Über den Einfluß der Elektrodenform gibt Abb. 159 Aufschluß. Kurve *a* gilt für den Isolator mit dem trichterförmigen Ansatz an der

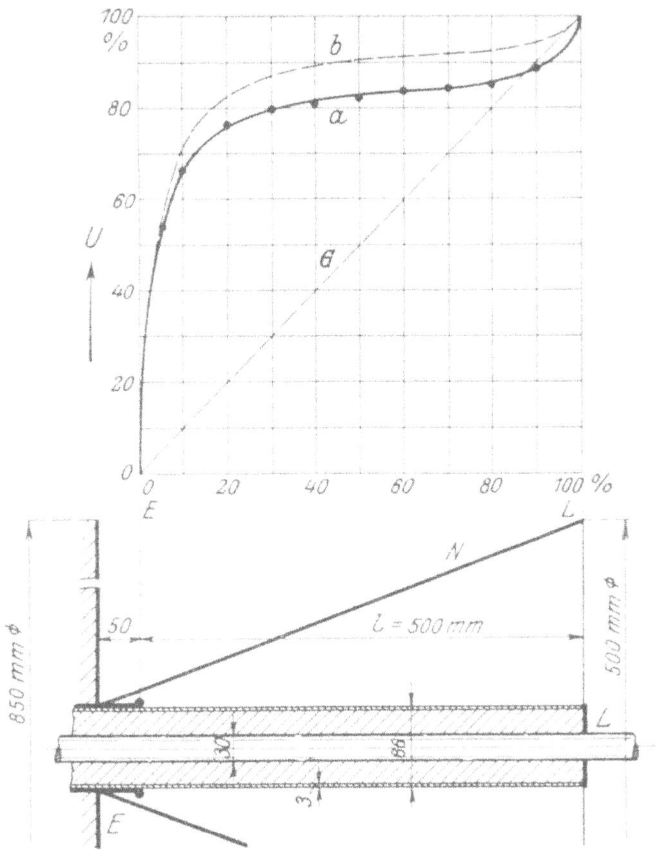

Abb. 159. Spannungsverteilung einer Hartpapier-Durchführung mit emporgezogener Erdelektrode.

Fassung, Kurve *b* für den ungeänderten Isolator. Wir sehen, daß hier der Einfluß des Trichters noch geringer ist wie vorher; dies ist erklärlich; denn die Kapazitäten *k* sind sehr groß.

Bei der dritten Versuchsreihe wurde das Isoliermaterial **geschichtet**, es wurden Materialien mit verschiedenen Dielektrizitätskonstanten gleichzeitig angeordnet. In Abb. 160 ist der Fall dargestellt, daß die Schichtung **radial** angeordnet ist, und zwar so, daß einmal das Material mit hoher Dielektrizitätskonstante am inneren, das andere

Mal am äußeren Zylinder sitzt. Die Kurven sind wohl ohne weitere Erklärung verständlich. Wir wissen von unseren Betrachtungen über den Durchschlag, daß die Anordnung eines Isoliermaterials mit großer Dielektrizitätskonstante in der Umgebung des inneren Zylinders für die Beanspruchung auf Durchschlag günstig wirkt, die umgekehrte Anordnung dagegen ungünstig. Für die Beanspruchung auf Überschlag ist gerade das Gegenteil richtig; hier ist es günstiger, außen das

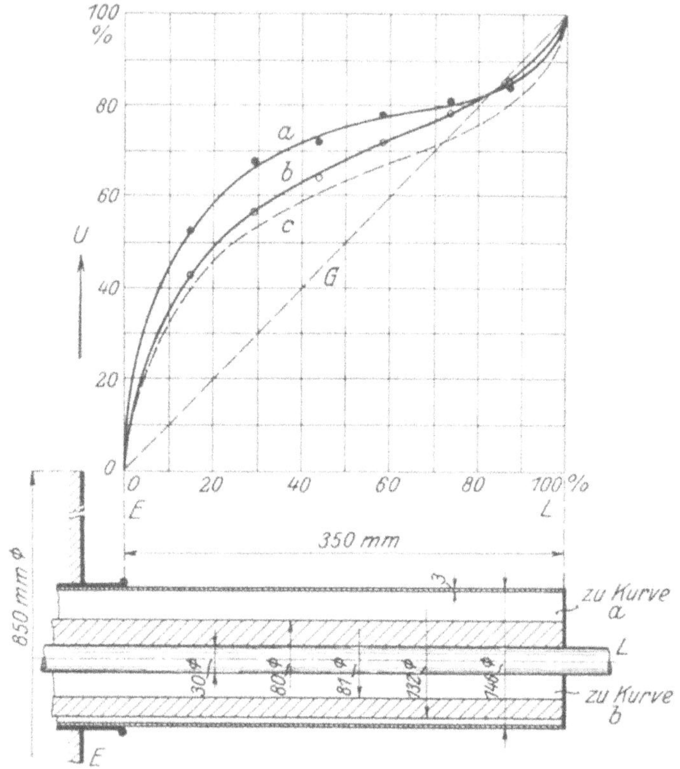

Abb. 160. Spannungsverteilung einer Durchführung bei radialer Schichtung des Isoliermaterials.

Material mit großer und innen das mit kleiner Dielektrizitätskonstante anzuwenden. Kurve *c* zeigt zum Vergleich die Spannungsverteilung bei reiner Luftfüllung.

Bei den Anordnungen von Abb. 161 sind die Dielektrizitätskonstanten axial geschichtet. Dadurch wird die Spannungsverteilung am Kopf sehr verbessert, die Beanspruchung an der Manschette bleibt fast unverändert.

Die Tatsache, daß die Beanspruchung an der Fassung die Güte einer Durchführung bestimmt und daß diese Beanspruchung bei unveränderter Dielektrizitätskonstante nur von den Dimensionen D und d abhängig ist, gestattet, eine Kurve für die Berechnung der Spannung aufzustellen, bei der die Entladungen an dieser Stelle beginnen. Es wurde zu diesem Zweck aus den Kurven in früher angegebener Weise die fiktive Länge λ der Durchführungen ermittelt, die, wie wir gesehen haben, von der wahren Länge l unabhängig ist. Es handelt sich nun, eine Beziehung zwischen dieser fiktiven Länge und den

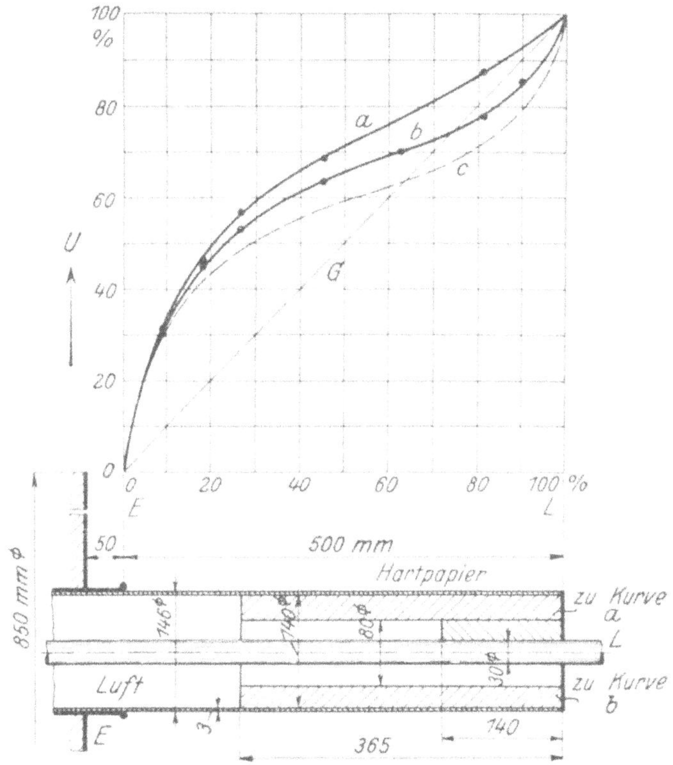

Abb. 161. Spannungsverteilung einer Durchführung bei axialer Schichtung des Isoliermaterials.

Dimensionen D und d zu finden. Wir wissen von früher her, daß die Feldstärke der äußersten Schicht der Anordnung „zwei konaxiale Zylinder“ von D und d abhängig ist. Ist die Spannung zwischen den beiden Zylindern U, dann ist die Feldstärke in der Umgebung des größeren Zylinders

$$U = \mathfrak{E} \cdot R \lg n\, p\,. \tag{2}$$

Wir nennen den Ausdruck

$$R \lg n\, p = \alpha_R \tag{3}$$

„fiktiven" Abstand der Elektroden bezogen auf die Beanspruchung in der Umgebung des äußeren Zylinders. Es ist nun zu vermuten, daß auch die Tangentialfeldstärke in einer gewissen Beziehung zu dieser radialen Feldstärke steht und damit auch in einer gewissen Beziehung zu dem genannten fiktiven Abstand α_R. Es wurde deshalb der Wert von α_R für die einzelnen Durchführungen, deren Spannungsverteilung

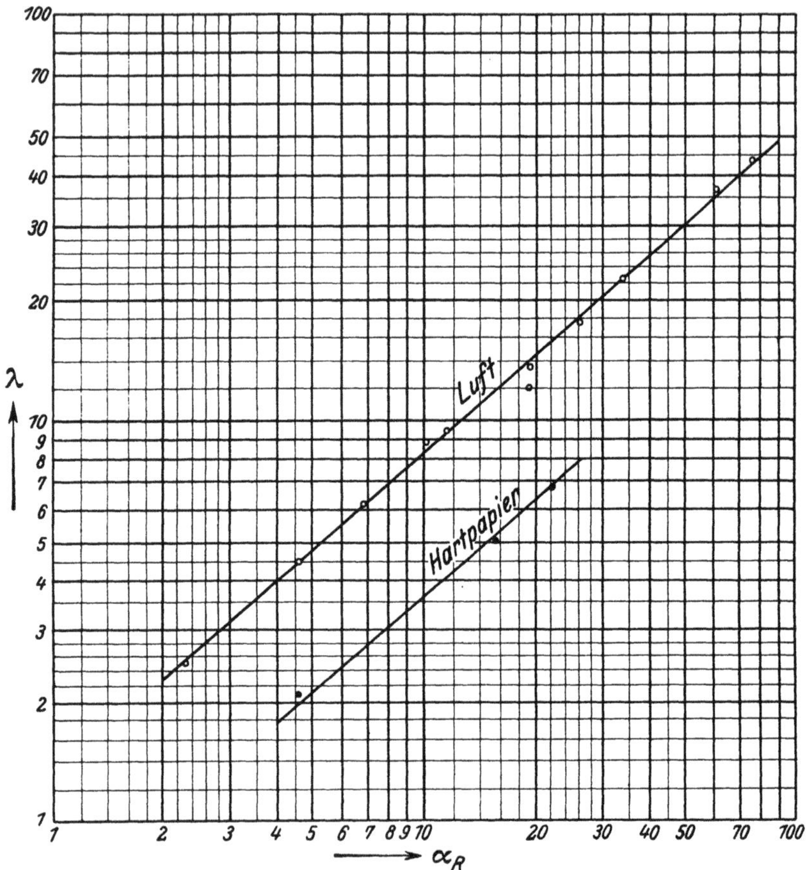

Abb. 162. Fiktive Länge einer Durchführung abhängig von α_R.

wir besprochen haben, berechnet und die fiktive Länge λ der einzelnen Durchführungen abhängig von dem zugehörigen α_R aufgetragen, und zwar wurde ein Koordinatensystem mit logarithmischer Einteilung gewählt. Es ergaben sich die in Abb. 162 eingetragenen Punkte, die, wie man sieht, ziemlich gut auf einer Geraden liegen, und zwar sowohl für die Luftdurchführung als auch für die Volldurchführungen.

Mit Hilfe dieser Kurven können wir jetzt sehr leicht die Überschlagspannung berechnen, bei der die Entladung beginnt. Es sei beispielsweise von einer Durchführung gegeben: $R = 10$ cm; $r = 2$ cm. Isoliermaterial Luft. Wir berechnen die geometrische Charakteristik p zu 5 und suchen nunmehr in Abb. 48 die Gerade mit dem Parameter 5. Zur Abszisse $R = 10$ dieser Geraden gehört die Ordinate $\alpha_R = 16{,}1$. Nun suchen wir in Abb. 162 den Wert von λ, der zu $\alpha_R = 16{,}1$ gehört und finden $\lambda = 12$ cm. Die Überschlagspannung (Anfangspannung) ergibt sich demnach zu

$$U_{\ddot{u}} = \mathfrak{E}_{\ddot{u}} \cdot 12\ (\mathrm{kV}).$$

Nehmen wir für $\mathfrak{E}_{\ddot{u}}$ den Wert von 7 kV·cm^{-1} an, so wird $U_{\ddot{u}} = 84$ kV.

Wie bereits bemerkt wurde, gehören auch die Freileitungsisolatoren zur Gruppe der Durchführungen, sie bilden soz. das Spiegelbild der Durchführungen, indem die Elektroden vertauscht sind. In Abb. 147 ist die prinzipielle Anordnung eines Freileitungsisolators dargestellt. Die geerdete Stütze ES ist jetzt die eingehüllte Elektrode und die Leitung L die Hüllelektrode. Alle Betrachtungen, die wir für die Durchführungen angestellt haben, gelten infolgedessen sinngemäß auch hier. Die Kurven für die Spannungsverteilungen brauchen wir nur „auf den Kopf" zu stellen und haben damit schon die Kurven für die Spannungsverteilung der Freileitungsisolatoren. Freilich finden wir in der Praxis keine so einfachen Formen; der „Deltaisolator" bzw. der „Faradoidisolator" haben wesentlich kompliziertere Formen, vor allem „stören" die Mäntel und Wulste das elektrische Feld. Einer besonderen Betrachtung bleibt es vorbehalten, diese Konstruktionsformen und ihren Einfluß auf die Spannungsverteilung zu studieren. Das gleiche gilt auch für die Durchführungen, soweit sie Mäntel, Rippen u. dgl. aufweisen.

Wir wenden uns nunmehr zu den Stützisolatoren. Die in der Praxis verwendeten Innenraumstützer weichen sowohl hinsichtlich der Form des Isolators als auch der Elektroden stark von dem in Abb. 148 dargestellten Stützer ab. Messungen mit Hilfe der Elektroskopmethode haben folgendes ergeben.

Abb. 163 zeigt die Spannungsverteilung an einem Hartpapierstützer, dessen Dimensionen aus der Skizze zu ersehen sind. Das Hartpapierrohr wurde der Reihe nach zwischen zwei gleich große Blechscheiben von 100 mm (Kurve *a*) und 250 mm (Kurve *b*) angeordnet und jeweils die Spannungsverteilungen gemessen. Die größte Beanspruchung tritt am Kopf und Fuß des Isolators auf, die beide bei genau symmetrischer Anordnung gleich groß sind. Allerdings sind die Abweichungen von der ausgeglichenen Spannungsverteilung nicht so groß wie bei den Durchführungen. Durch Vergrößern der Bleche wird aber sofort die Spannungsverteilung verbessert, und zwar kann man sie beliebig nahe an die gleichmäßige Spannungsverteilung heranbringen. Bei sehr großen Platten hat man eben ein nahezu homogenes

Feld und dies ergibt eine gleichmäßige Spannungsverteilung. Im Vergleich zur Durchführung sind also hier die elektrischen Felder durch die Elektrodenform viel leichter zu beeinflussen.

Abb. 164 zeigt die Spannungsverteilung an einem dickwandigen Stützer aus Hartpapier. Die Blechscheiben sind gleich groß, und außerdem groß im Vergleich zur Höhe und zum Durchmesser des Isolatorkörpers, wie die eingeschriebenen Maße zeigen. Infolgedessen ist die

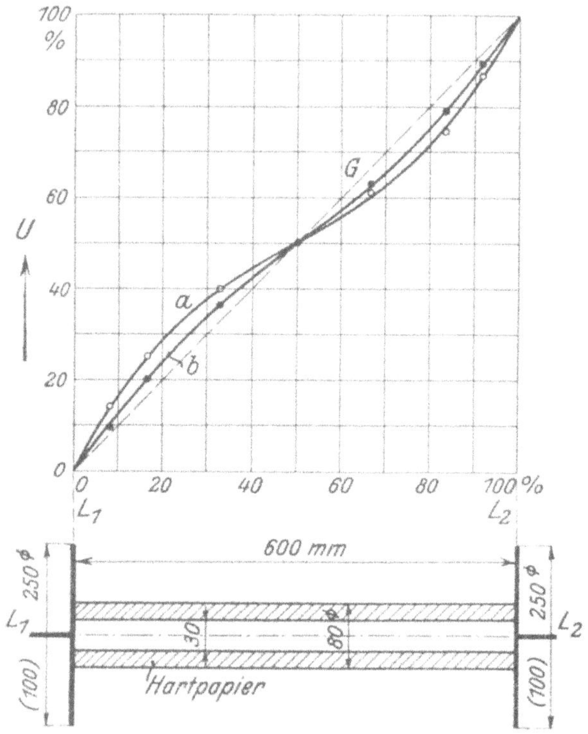

Abb. 163. Spannungsverteilung an einem Hartpapierstützer mit symmetrischen Elektroden.

Spannungsverteilung ziemlich geradlinig. Durch Erdung des unteren Bleches wird die Spannung etwas nach abwärts gezogen.

Wenn man bei der gleichen Anordnung den Fuß des Isolators konisch ausbohrt und an der ausgebohrten Stelle mit Metall belegt, das mit Erde verbunden ist, dann erhält man die in Abb. 165 dargestellte Spannungsverteilung. Man erkennt, daß dadurch die Kapazität der Oberflächenelemente im unteren Teil des Isolationskörpers gegen Erde vergrößert wird, deshalb müssen diese Teile ungefähr das Erdpotential annehmen.

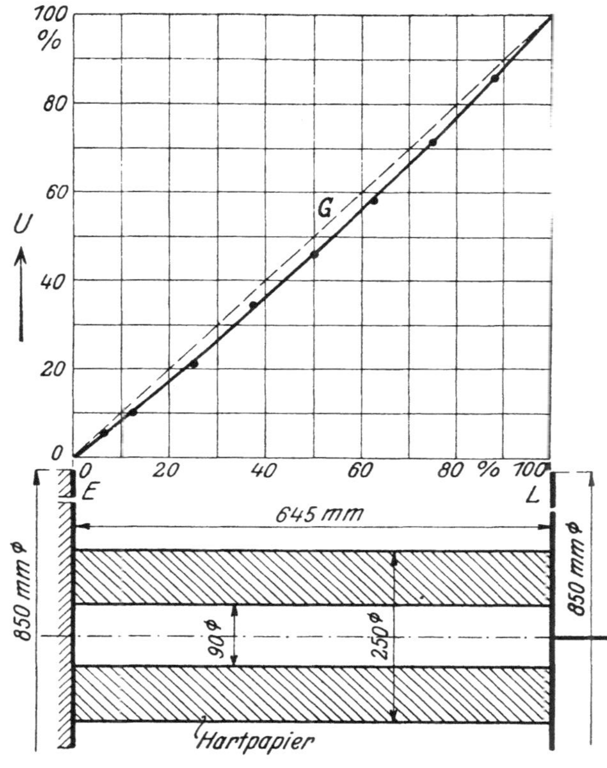

Abb. 164. Spannungsverteilung an einem dickwandigen Stützer.

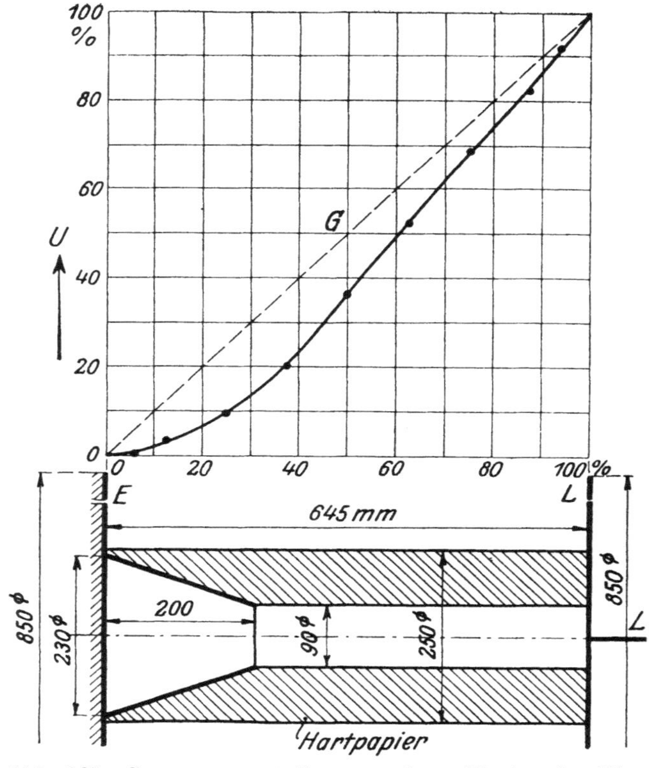

Abb. 165. Spannungsverteilung an einem Hartpapierstützer mit im Innern emporgezogener Erdelektrode.

Mit diesem Ergebnis kann folgendes verglichen werden. Bei demselben Isolator ohne die konische Bohrung wurde die obere Elektrode kleiner als die untere gemacht, also eine unsymmetrische Anordnung der Elektroden hergestellt. Dadurch wird die Kapazität der Oberflächenelemente gegen Erde größer gemacht als die gegen Leitung, die Kurve der Spannungsverteilung wird deshalb nach unten gezogen werden, was auch der Versuch bestätigt. Vergleicht man dieses Er-

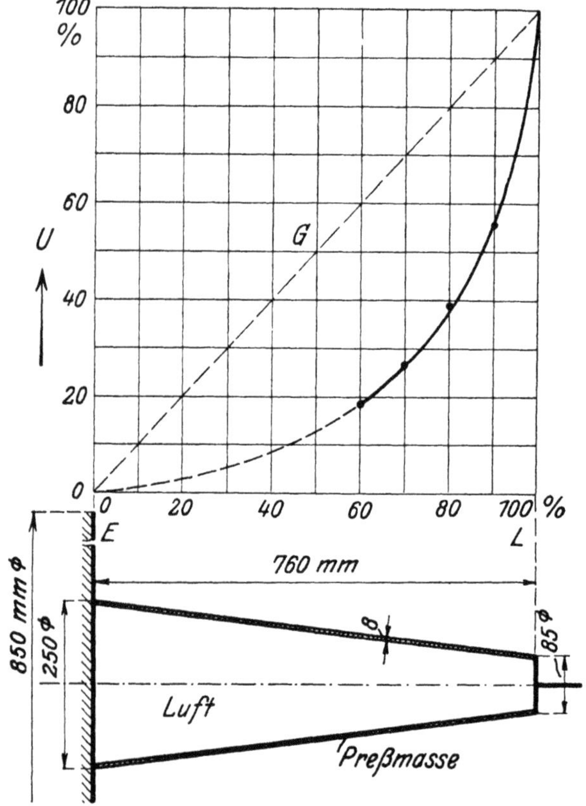

Abb. 166. Spannungsverteilung an einem konischen Stützer.

gebnis mit dem vorigen, so findet man folgendes. Im zweiten Fall wird die Spannung am Fuß des Isolators nicht so stark herabgezogen wie im ersten Fall; das ist verständlich; denn die Kapazitäten gegen Erde sind im zweiten Fall kleiner als im ersten, weil die Verschiebungsströme durch Luft mit der Dielektrizitätskonstanten 1 gehen müssen, während im ersten Fall die Dielektrizitätskonstante vier- bis fünfmal so groß ist. Dagegen sackt im zweiten Fall die Kurve im oberen Teil mehr durch; das ist auf die kleine Kapazität der Elemente gegen Leitung zurückzuführen (kleinere Elektrode).

Um den Einfluß der Form des Stützers zu finden, wurde noch die Spannungsverteilung an einem konischen Rohr gemessen. Die Abmessungen desselben und der Elektroden ist aus Abb. 166 zu ersehen; darüber ist die gemessene Spannungsverteilung aufgetragen. Man sieht, daß die Kurve sehr stark durchsackt; das ist erstens auf die Unsymmetrie der Elektroden zurückzuführen, zweitens aber auch noch auf die größere Kapazität der ringförmigen Oberflächenelemente am unteren Teil des Stützers, die durch den größeren Umfang bedingt ist.

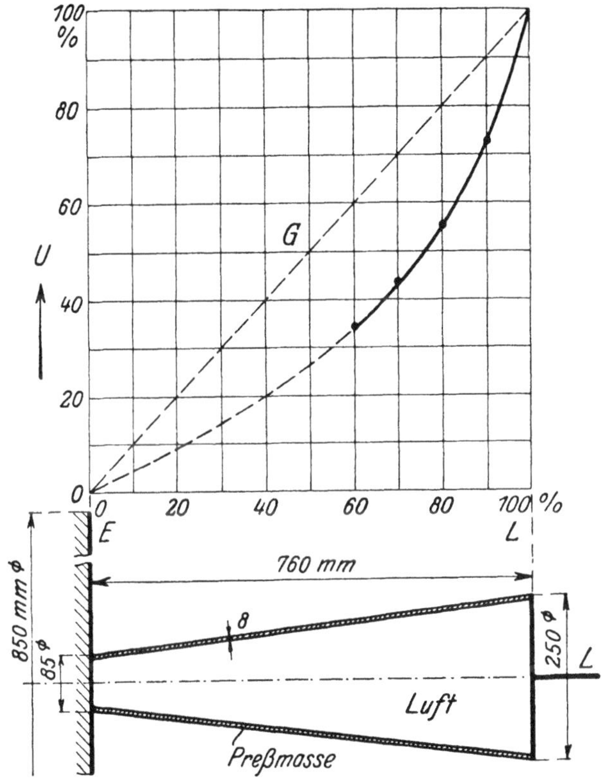

Abb. 167. Spannungsverteilung an einem gestürzten konischen Stützer.

Daraus können wir sofort schließen, daß beim gestürzten Isolator, d. h. wenn der dickere Teil des Stützers oben ist, die Spannungsverteilung eine bessere sein muß. Die Richtigkeit dieser Schlußfolgerung bestätigt der Versuch, Abb. 167 zeigt die Kurve der Spannungsverteilung für diesen Fall. Mißt man die Überschlagspannung eines Stützers, so findet man in der Tat, daß der „richtig aufgestellte" Stützer eine kleinere Überschlagspannung hat wie der gestürzte. Auf diese Erscheinung hat wohl der Verfasser zum erstenmal aufmerksam gemacht.

Aus diesen wenigen Versuchen erkennen wir, daß bei Stützeranordnungen erstens die Spannungsverteilung von Haus aus nicht so ungleichmäßig ist wie bei Durchführungen und zweitens, daß sie durch einfache Mittel leichter zu beeinflussen und auszugleichen ist. Diese Erkenntnis ist noch nicht Allgemeingut geworden; denn man findet in der Praxis viele Stützeranordnungen oder Konstruktionen, die in die Klasse der Stützer gehören mit verkümmerten Elektroden. Man darf sich dann aber auch nicht wundern, wenn die Überschlagspannung viel kleiner ist, als nach der Länge des Stützers zu erwarten wäre. Dem Verfasser sind manche Fälle bekannt, wo die frühzeitigen Entladungen dann auf ein angeblich schlechtes Isoliermaterial geschoben wurden. Ferner findet man in der Praxis manche Konstruktionen, die sich bequem als Stützerkonstruktionen ausführen lassen, aber als Durchführungen ausgebildet sind. Aus Unwissenheit ist also statt einer elektrisch guten eine schlechtere Elektrodenanordnung gewählt worden.

Wir finden auch hier den früher gefundenen Satz bestätigt, daß Anordnungen mit umhüllten Elektroden hinsichtlich der Beanspruchung auf Überschlag *ungünstiger* sind als Anordnungen mit Elektroden „nebeneinander“.

Neuntes Kapitel.

Spannungsverteilung auf influenzierte Elektroden.

30. Spannungsverteilung auf influenzierte Elektroden.

30. Spannungsverteilung auf influenzierte Elektroden.

Bringen wir zwischen zwei Kugeln einer Vielfachfunkenstrecke ein Isoliermaterial mit *großer* Durchschlagfestigkeit wie Abb. 168 zeigt, dann wird beim Steigern der Spannung nicht der Durchschlag des Isoliermaterials, sondern der *Überschlag* längs der Oberfläche des

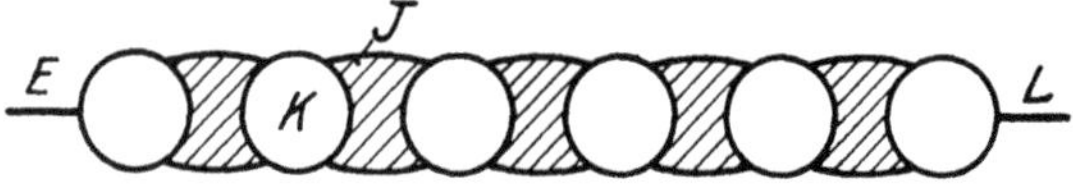

Abb. 168. Viel-Elektrodenanordnung.

Materials eintreten. Um die Spannung berechnen zu können, bei der dies eintritt, ist es notwendig, die Spannungsverteilung auf die einzelnen Kugeln zu kennen. Diese finden wir nach den im Kapitel 4 abgeleiteten Gesetzen; *die dort gefundenen Gesetze können ohne weiteres auch auf die Berechnung des Überschlages übertragen werden und zwar sowohl für Kondensatorreihen als* auch für Kondensatorketten. Hierauf braucht also an dieser Stelle nicht mehr näher eingegangen zu werden. Es soll jedoch hier auf eine, nach unseren Definitionen als falsch zu bezeichnende Redewendung aufmerksam gemacht werden. Man spricht nämlich in der Praxis von einem „Überschlag" einer Funkenstrecke, wo wir den exakteren Ausdruck „Durchschlag" verwenden, wie man überhaupt jeden Luftdurchschlag, beispielsweise auch bei Hörnerüberspannungsapparaten, als „Überschlag" bezeichnet. Wir halten aber daran fest, daß ein Überschlag nur dann vorliegt, wenn die Entladung längs einer Trennschicht zwischen einem festen und gasförmigen oder flüssigen Isolierstoff erfolgt.

Vielfach sind bei Anordnungen, die auf Überschlag beansprucht sind, die influenzierten Elektroden in das Isoliermaterial eingebettet, wie Abb. 169 zeigt. Hier erfolgt dann der Überschlag nicht von Metall zu Metall, sondern längs der Oberfläche von L nach E. Bei der Berechnung der Spannungsverteilung solcher Anordnungen gehen wir so vor, daß wir zunächst die Spannungsverteilung auf die influenzierten Elektroden berechnen und dann annehmen, daß jede Stelle s der Oberfläche die Spannung der unter ihr liegenden Elektrode annimmt.

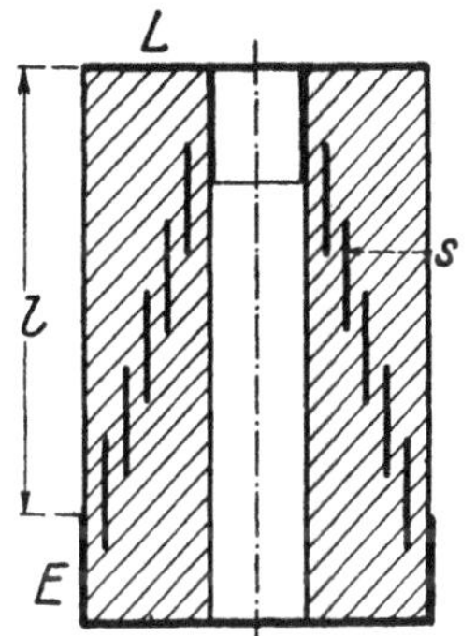

Abb. 169. Eingebettete Viel-Elektrodenanordnung.

Die Anordnung von Abb. 169 lehrt dann, daß man mit Hilfe von ins Isoliermaterial eingebetteten Elektroden (Metalleinlagen) die Spannungsverteilung längs der Oberfläche regeln kann; man braucht nur die Kapazitäten der einzelnen Einlagen so zu wählen, daß sich eine gewollte Spannungsverteilung ergibt. Die influenzierten Elektroden sind dann Potentialregelflächen.

Die Verwendung influenzierter Elektroden als Potentialregelflächen hat zum erstenmal R. Nagel in die Hochspannungstechnik eingeführt; das sog. Metallprinzip, an sich deshalb paradox, weil man durch Einführung von Metall die Isolationsfähigkeit einer Anordnung erhöht, muß als eine der glänzendsten Erfindungen in der Hochspannungstechnik bezeichnet werden.

Meist kann man die Metalleinlagen gleichzeitig dazu verwenden, um auch die Spannungsverteilung innerhalb des Isoliermaterials zu regeln und so die Durchschlagspannung heraufzusetzen.

Die Isolatoren, bei denen dieses Prinzip angewendet ist, nennt man vielfach auch Isolatoren nach dem Kondensatorprinzip. Bei der Beschreibung der einzelnen Ausführungsformen kommen wir auf diese Isolatoren nochmals zurück.

Bei manchen Anordnungen mit influenzierten Elektroden tritt gegenüber dem Ergebnis unserer bisherigen Betrachtungen über Kondensatorketten ein ganz neues Moment in Erscheinung. Bei der Berechnung der Durchschlagspannung haben wir angenommen, daß die Feldverteilung zwischen je zwei Elektroden an der Stelle der größten Beanspruchung genau so ist, als wenn die übrigen Elektroden nicht vorhanden wären. Diese Annahme dürfen wir auch bei einigen auf Überschlag beanspruchten Anordnungen machen, wie wir eben gesehen haben.

Es gibt aber in der Hochspannungstechnik sehr wichtige Konstruktionen, bei denen diese Annahme nicht mehr zulässig ist. In Abb. 170 ist ein Isolator dargestellt, der in Hochspannungsanlagen als Glied einer Hängekette zur Isolierung der Hochspannungsleitung gegen Erde dient. Man nennt diese Type Kappenisolator, wie wir später noch sehen werden. Die Metallkappe hat eine Vorrichtung, um den Isolator am Mast aufhängen zu können, die Kappe ist also geerdet. An dem Klöppel wird die Leitung, ebenfalls mit einer besonderen Vorrichtung, aufgehängt, wenn man als Isolator nur ein einziges Glied benützen will. Sollen mehrere Glieder untereinander angeordnet werden, dann wird der Klöppel des ersten Gliedes (wir zählen die Glieder von oben nach unten) in die Kappe des zweiten Gliedes eingehängt usf.

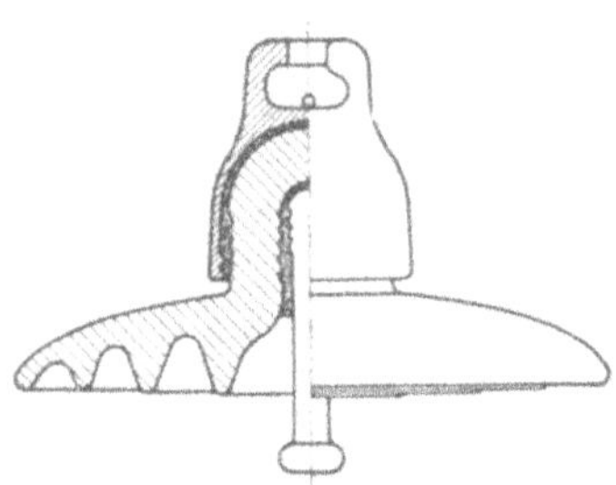

Abb. 170. Kappen-Hängeisolator.

Hängt man nun in dieser Weise eine größere Zahl von Gliedern, eine ganze Kette am Mast auf, mißt man dann die Spannungsverteilung auf die Metallarmaturen der einzelnen Glieder, dann findet man, daß sich die Spannung wieder Erwarten nicht gleichmäßig auf die einzelnen Glieder verteilt, sondern sehr ungleichmäßig und zwar trifft auf das unterste, der Leitung am nächsten liegende Glied meist die größte Spannung. Analysiert man die Kurve für die Spannungsverteilung, so findet man, daß sie durch eine hyperbolische Funktion dargestellt werden kann. (S. viertes Kapitel.) Diese Funktion gibt aber das Gesetz der Spannungsverteilung an für eine Kondensatorkette mit einfacher Verkettung, deren Ersatzschaltung Abb. 87 zeigt. Wir können also sagen, daß auch die Hängeisolatorkette eine Kondensatorkette mit einfacher Verkettung hinsichtlich der Erdelektrode darstellt. Die Ersatzschaltung einer Isolatorkette wird also durch Abb. 87 angegeben. Physikalisch stellt man sich vor, daß von den Metallarmaturen der Kette Verschiebungsströme zu dem parallel mit der Kette angeordneten Mast gehen, deren Größe man durch Einführung der Kapazitäten c berechnet.

Kennen wir die Spannungsverteilung auf die Metallarmaturen, dann können wir, so sollte man meinen, die Überschlagspannung berechnen, soweit sie der Anfangsspannung folgt. Es sei beispielsweise für eine Kette das Verhältnis $\frac{c}{C}$ zu 0,1 gefunden; auf den zweiten Isolator einer zweigliedrigen Kette trifft dann nach der Tabelle F eine Spannung von 52,4 % der Gesamtspannung. Die Anfangsspannung des einzelnen Gliedes sei bekannt zu 20 kV. Das untere Glied der Kette wird dann zu glimmen beginnen, wenn auf ihm eine Spannung von 20 kV, auf der ganzen Kette also die Spannung von 38,2 kV liegt. Damit wäre die Anfangsspannung einer zweigliedrigen Kette bestimmt. In gleicher Weise geht man bei einer dreigliedrigen, viergliedrigen usf.

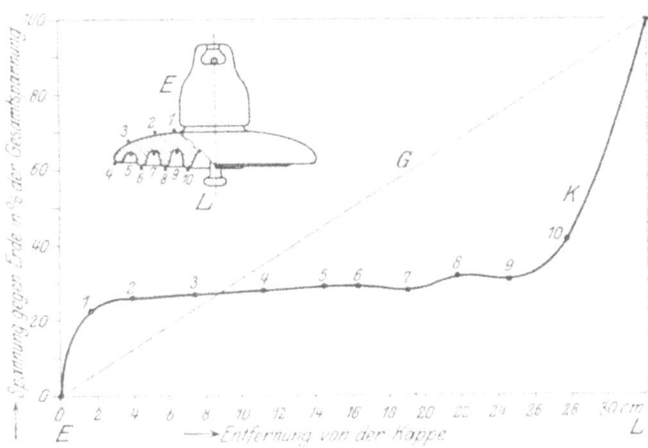

Abb. 171. Spannungsverteilung an einem Kappen-Hängeisolator.

Kette vor und erhält dann für die Anfangsspannung der Ketten abhängig von der Gliedzahl eine ähnliche Kurve wie Abb. 116 zeigt.

Der Versuch lehrt aber, daß diese Rechnung nicht mit der Erfahrung übereinstimmt, die Anfangsspannung der Ketten liegen wesentlich tiefer als hier berechnet wurde. Die Ursache dieser Erscheinung kann nur in einer Änderung der Spannungsverteilung auf dem Porzellan der Isolatoren sein, die sich einstellt, wenn man den Isolator in einer Kette einordnet. Dies können wir durch die Messung leicht bestätigen.

Abb. 171 zeigt die Spannungsverteilung an einem einzelnen Kappenisolator. Hängt man zwei solcher Isolatoren untereinander und mißt man jetzt die Spannungsverteilung, so erhält man die in Abb. 172 dargestellte Kurve. Die gestrichelte Linie gibt wieder die ideale Spannungsverteilung an.

Zunächst stellen wir fest, daß auf den ersten Isolator eine kleinere Spannung trifft, als auf den zweiten Isolator. Das ist nach den obigen Darstellungen erklärlich, die beiden Isolatoren stellen eben eine Kondensatorkette dar.

Was aber am meisten überrascht, das ist, daß die Porzellanoberflächen eine andere Spannungsverteilung zeigen wie vorher, wo sie außerhalb der Kette, jeder für sich, waren. Merkwürdigerweise aber sind die Spannungsverteilungen der beiden Isolatoren in

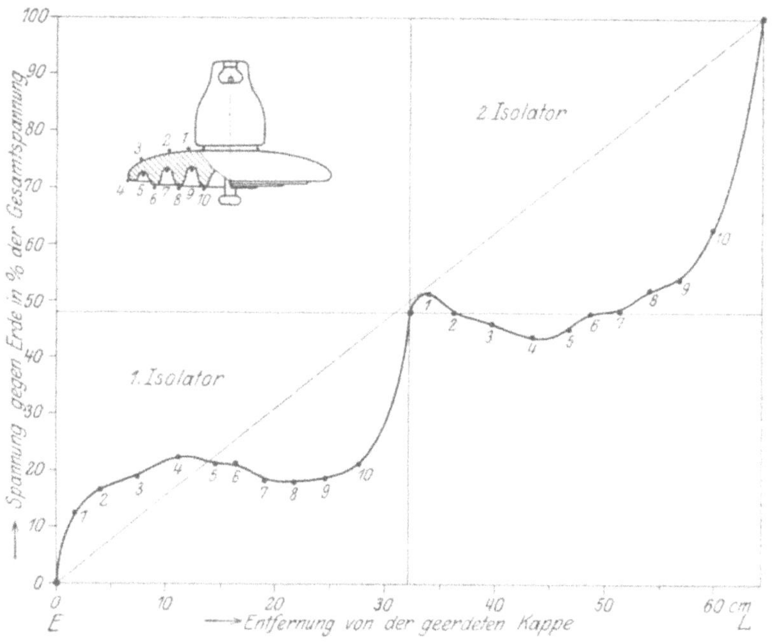

Abb. 172. Spannungsverteilung an einer 2gliedrigen Hängekette.

der Kette auch unter sich nicht mehr gleich. Die Isolatoren haben also, in der Kette angeordnet, ganz andere Eigenschaften als außerhalb der Kette, und auch verschiedene Eigenschaften je nach ihrer Stellung in der Kette. Noch ausgeprägter ist dies an einer dreigliedrigen Kette wie Abb. 173 zeigt. Wir sehen, daß zwischen der Metallarmatur eines Isolators und einem Punkt der Porzellanoberfläche eine wesentlich größere Spannung vorhanden ist als gegenüber der anderen Metallarmatur. Außerdem ist der Spannungsanstieg an der Stelle des stärksten Anstieges wesentlich größer als außerhalb der Kette. Daraus sehen wir schon, daß sich die Entladungen auf dem Porzellan beim Isolator innerhalb der Kette ganz anders abspielen müssen als außerhalb der Kette und vor allem haben wir jetzt auch eine Erklärung dafür, daß die Anfangsspannung des am meisten beanspruchten Isolators in der Kette tiefer liegt als beim Isolator außerhalb der Kette, und es ist klar, daß der Isolator unter diesen Umständen in der Kette früher glimmt als außerhalb.

Es liegen hier also ganz neuartige Erscheinungen vor, neu im Vergleich zu den Ergebnissen unserer Betrachtungen im vierten Kapitel. Leider müssen wir feststellen, daß damit unsere Berechnung der Anfangsspannung von Isolatorketten über den Haufen geworfen ist.

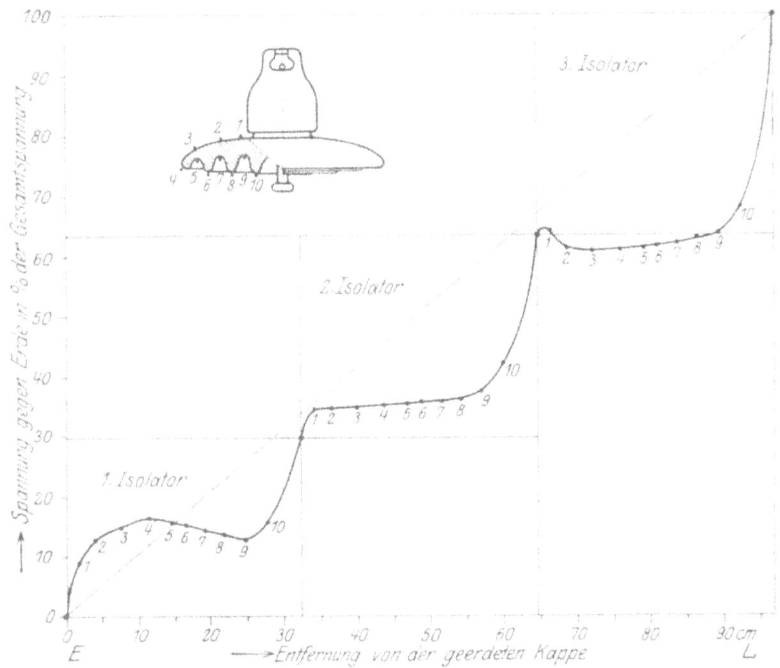

Abb. 173. Spannungsverteilung an einer 3gliedrigen Hängekette.

Wir haben uns jetzt die Frage vorzulegen, welche physikalische Erscheinungen hier wirksam sind. Würden, wie wir zuerst angenommen haben, die Verschiebungsströme gegen Erde von den Metallarmaturen und auch von der Isolatoroberfläche direkt, also in horizontaler Richtung zum Mast fließen, so wäre kein Grund vorhanden, warum die Spannungsverteilung auf dem Porzellan in der Kette eine andere ist, und eine andere, je nach der Stellung des Isolators in der Kette. Es ist also zu prüfen, ob die Verschiebungsströme tatsächlich auf dem kürzesten Weg zum Mast gehen. Der Verfasser hat eine Isolatorkette in einen geerdeten Metallkäfig zylindrischer Form eingeschlossen und zwar so, daß die Kette in der Achse des Zylinders hing. Der Metallkäfig sollte die Rolle des Mastes übernehmen; diese Anordnung wurde deshalb getroffen, um ein meridianebenes Feld zu erhalten und Einflüsse der Unsymmetrie auszuschalten. Der Durchmesser des Metallkäfigs konnte nach Belieben verändert werden. Es wurde nun die Spannungsverteilung auf die Metallarmaturen gemessen und zwar bei verschiedenen Durchmessern des Käfigs. Überraschenderweise stellte sich nun heraus, daß die Spannungsverteilung ganz unverändert blieb, wie sehr man auch den Käfigdurchmesser variierte. Erst bei ganz engem Käfig machte sich eine Verschlechterung der Spannungsverteilung bemerkbar; praktisch scheidet aber dieser Fall aus, weil so kleine Entfernungen vom Mast niemals vorkommen.

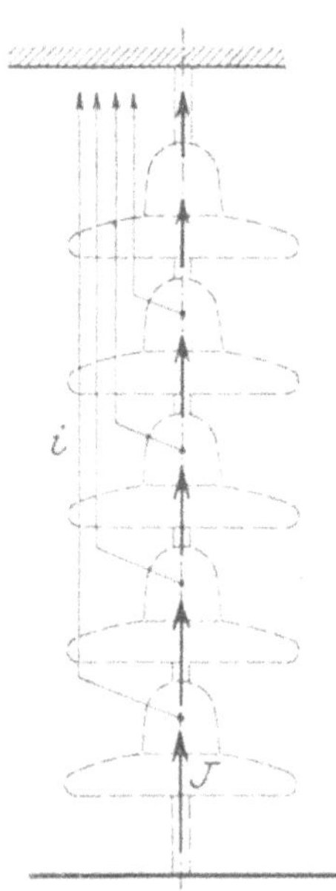

Abb. 174. Bild der Verschiebungsströme in einer Kette.

Wir stellen also fest, daß von den Isolatoren gar keine Verschiebungsströme zum Mast fließen, wie man sich das gewöhnlich vorstellt und wie es die Ersatzschaltung vermuten läßt. Wenn also auch die Ersatzschaltung dem Rechnungsergebnis nach stimmt, physikalisch ist sie sicher nicht richtig.

Daß aber die einzelnen Isolatorglieder verschieden starke Ströme führen, steht fest, sonst könnte sich keine ungleichmäßige Spannungsverteilung auf die einzelnen Glieder einstellen. Es ist jetzt nur die Frage, wie die „Streuströme" tatsächlich verlaufen. In Abb. 174 sind die Ströme der Kette schematisch eingezeichnet, wie sie in Wirklichkeit fließen dürften. Wir sehen, daß alle Isolatoren ein gewisser Strom J der Reihe nach durchfließt; außer diesem Strom fließen aber noch Streuströme i von den einzelnen Isolatoren zum obersten Glied und von da zum geerdeten Mast. Diese Ströme nehmen ihren Weg durch die Luft und die Porzellanscheiben der einzelnen Isolatoren. Luft und Porzellan sind für diese Ströme in Reihe geschaltet. Wir sehen jetzt auch ein, warum die Streuströme nicht horizontal zum Mast verlaufen, sondern in axialer Richtung; der dielektrische Widerstand dieses Weges ist viel geringer wegen der außerordentlich guten dielektrischen Leitfähigkeit des Porzellans.

Die Richtigkeit dieser Überlegung kann man leicht auf experimentellem Wege prüfen. Man läßt beispielsweise die Gliedzahl einer Kette unverändert, verlängert aber die Metallklöppel, so daß die Länge der Kette zunimmt. Würden die Verschiebungsströme horizontal zum Mast verlaufen, dann müßte bei länger werdender Kette die Spannungsverteilung schlechter werden, weil durch die verlängerten Klöppel die Kapazitäten c vergrößert werden. In Wirklichkeit tritt aber gerade das Gegenteil ein, die Spannungsverteilung wird besser und besser, je länger man die Kette macht. Das ist jetzt auch erklärlich; der dielektrische Widerstand für die Streuströme wird wegen Verlängerung des Luftweges größer, die Streuströme werden also schwächer. Von einer gewissen Länge ab wird allerdings die Spannungsverteilung plötzlich schlechter. Auch das ist erklärlich; die Streuströme springen aus ihren axialen Bahnen heraus und nehmen plötzlich einen horizontalen Verlauf zum Mast hin, weil jetzt dies der Weg des kleinsten dielektrischen Widerstandes ist. Von jetzt ab gilt dann die Ersatzschaltung nach Abb. 87.

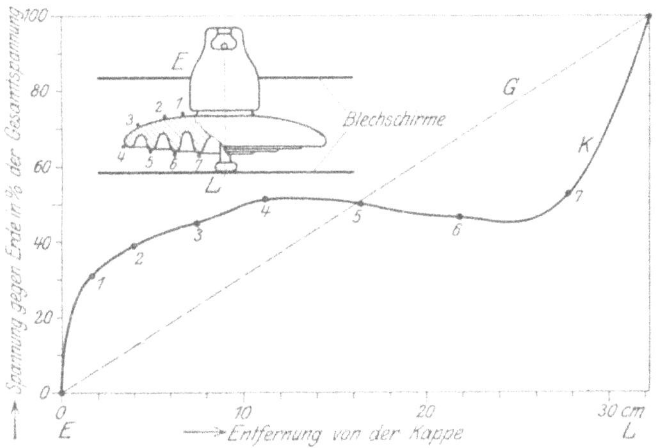

Abb. 175. Spannungsverteilung an einem geschirmten Hängeisolator.

Aus diesem Versuch können wir umgekehrt schließen, daß es hinsichtlich der Spannungsverteilung schlecht ist, die Ketten durch Verkürzen der Metallarmaturen zusammenzudrängen.

Ein anderer Versuch: Man ordnet zwischen je zwei Isolatoren einen größeren Metallschirm an, wie Abb. 175 zeigt. Dadurch werden die Porzellanteile der einzelnen Isolatoren soz. in einen, wenn auch unvollkommen geschlossenen Käfig eingeschlossen. Der Verlauf der Kraftlinien zwischen je zwei Metalltellern ist dann derselbe, gleichgiltig, ob der Isolator allein oder in einer Kette angeordnet ist. Dies haben auch die Versuche vollkommen bestätigt. In der Kette angeordnet ergab sich die gleiche Kurve.

Dies gilt aber nur so lange, als die Metallteller als groß gelten können im Vergleich zur axialen Länge des Isolators. Ist diese Bedingung nicht mehr erfüllt, dann drängen sich die Kraftlinien wieder an das Porzellan heran und durchsetzen es. Die Spannungsverteilung wird dann eine andere sein, wenn der Isolator in einer Kette angeordnet ist. Abb. 176 zeigt einen Doppelkappenisolator mit sehr langem Porzellanteil. Im gleichen Bild ist die Spannungsverteilung dargestellt. Abb. 177 zeigt die Spannungsverteilung einer viergliedrigen Kette solcher Isolatoren. Man sieht, daß der Metallschirm nicht groß genug ist, um die Streuströme vom Porzellan abzuhalten, die Kurven der Spannungsverteilung auf den Isolatoren in der Kette sind etwas verschieden von der außerhalb der Kette.

Wir haben jetzt also festgestellt, daß die Streuströme die Porzellankörper der Isolatoren durchsetzen, weil sie ihren Weg axial von unten nach oben nehmen. Es ist deshalb erklärlich, daß die Spannungsver-

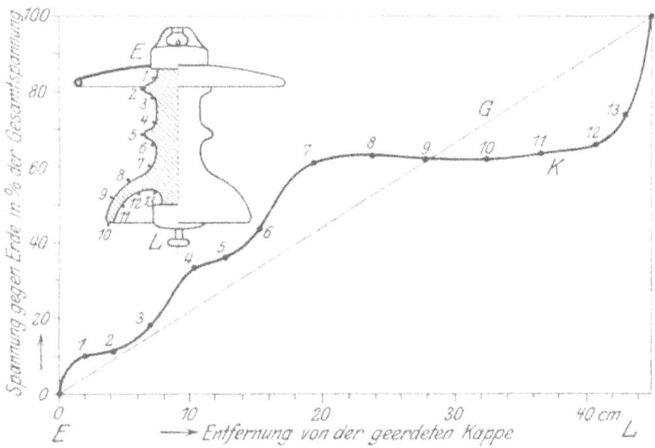

Abb. 176. Spannungsverteilung an einem Doppelkappenisolator.

teilung auf dem Porzellan eine andere sein muß, wenn diese Streuströme vorhanden sind (Isolator in der Kette) als wenn sie nicht vorhanden sind. Damit haben wir die Erklärung für dieses Phänomen gefunden.

Wir erkennen jetzt, warum wir bei der Berechnung der Überschlagspannung nicht von derjenigen eines einzelnen Gliedes ausgehen dürfen. Wollen wir also die Anfangsspannung einer solchen Kette wissen, dann bleibt nichts anderes übrig, als die Kurve der Spannungsverteilung der ganzen Kette zu ermitteln und daraus die Anfangsspannung zu berechnen. Natürlich kann man die Anfangsspannung auch durch Steigern der Spannung bis zum Eintritt des ersten Glimmens bestimmen; aber über den Verlauf der Entladungen und über das Verhalten der Kette erhalten wir erst Aufschluß durch Kenntnis der Spannungsverteilung. Hierauf kommen wir im nächsten Kapitel zu sprechen.

Wir stellen jetzt die Frage, ob diese Erscheinung auch bei Kondensatorreihen auftreten kann. Die Anordnungen, die wir bisher betrachtet haben, waren ja Kondensatorketten. Diese Frage ist zu verneinen; denn wären bei einer Gruppenanordnung von Elektroden auch Verschiebungsströme vorhanden, die von einer Elektrode auch zu einer anderen als zur Nachbarelektrode gehen, dann wäre ja die Gruppenanordnung keine Kondensatorreihe mehr, sondern eine Kondensatorkette.

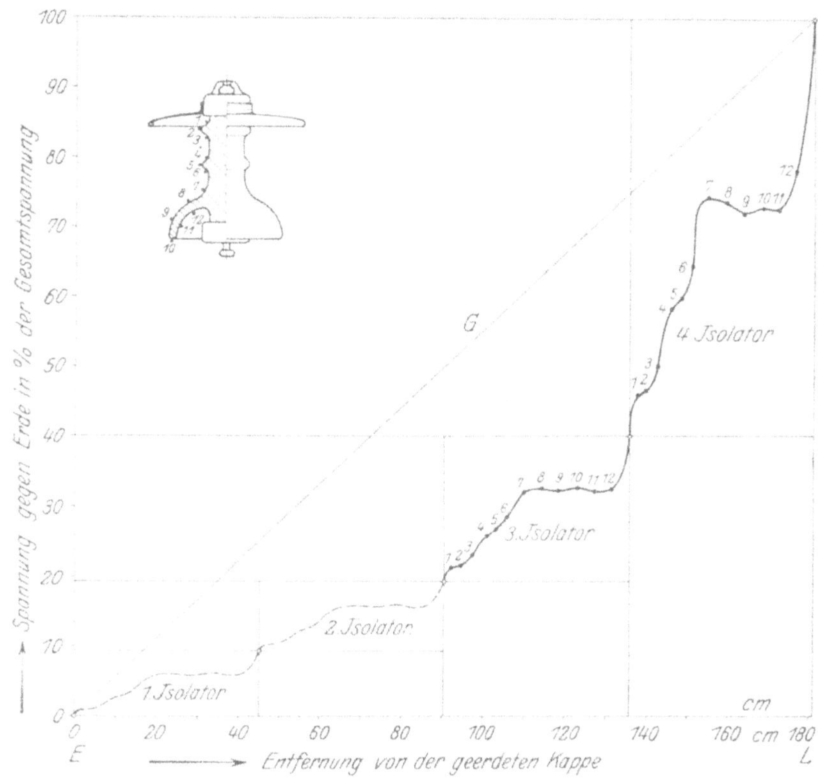

Abb. 177. Spannungsverteilung an einer 4gliedrigen Doppelkappenkette.

Andererseits dürfen wir aber aus dieser Betrachtung auch nicht schließen, daß bei allen Kondensatorketten das eben besprochene Phänomen beobachtet werden kann, nämlich daß die Spannungsverteilung auf der Oberfläche eines Gliedes verschieden ist, je nachdem das betreffende Glied innerhalb oder außerhalb einer Kette angeordnet ist. Durch flüchtiges Skizzieren der Verschiebungsströme kann man aber meist sofort entscheiden, ob man die beschriebene Erscheinung zu erwarten hat oder nicht.

Zehntes Kapitel.

Der unvollkommene Überschlag.

31. Die Bedingungen des vollständigen und unvollständigen Überschlages. 32. Der Einfluß der Stromstärke auf die Überschlagspannung.

Bei der Betrachtung der Durchschlagsvorgänge haben wir zwischen vollständigem und unvollständigem Durchschlag unterschieden und die Bedingungen untersucht, unter denen die eine oder andere Durchschlagsform auftritt und welchen Gesetzen der unvollständige Durchschlag gehorcht. Wir haben damals erkannt, daß eine Vorrichtung (beispielsweise zwei konaxiale Zylinder), bei der die Anfangsspannung überschritten ist und der unvollständige Durchschlag begonnen hat, noch die volle Spannung aushält. Ja, will man den vollständigen Durchschlag erzwingen, dann muß man die Spannung erheblich über die Anfangsspannung hinaus steigern. Eine Anordnung, bei welcher der vollständige Durchschlag nicht der Anfangsspannung folgt, ist also günstiger, als eine solche, bei welcher der vollständige Durchschlag der Anfangsspannung folgt, weil sie eine größere Spannung aushält. Leider kann man beim Durchschlag den Vorteil des unvollständigen Durchschlags nicht ausnützen, weil zu befürchten ist, daß die festen und flüssigen Isolierstoffe bei länger dauernden Überbeanspruchungen, wie sie beim unvollständigen Durchschlag in einzelnen Schichten auftreten, Schaden leiden. Darum hatte bei der Berechnung der Durchschlagspannung für uns nur die Anfangsspannung Bedeutung, und wir untersuchten meist gar nicht, ob diese Anfangsspannung mit dem vollständigen oder unvollständigen Durchschlag zusammenfällt.

Ganz anders liegen die Verhältnisse beim Überschlag. Auch hier unterscheiden wir zwischen vollständigem und unvollständigem Überschlag; da sich der Überschlag aber in der Luft (Flüssigkeit) abspielt und keine dauernde Zerstörung des Isoliermaterials herbeiführt und da die Oberfläche der meisten Isolierstoffe (Porzellan, Glas, Glimmer, guter Lack usw.) Glimm- und Büschelentladungen ohne Schaden längere Zeit aushält, darf man den unvollständigen Überschlag ruhig zulassen und kann dessen Vorteile voll ausnutzen. Deshalb verlangt man bei der Beanspruchung auf Überschlag in den meisten Prüfvorschriften nur, daß bei der vorgeschriebenen Prüfspannung kein Lichtbogenüberschlag auftritt, Glimmentladungen läßt man aber meist ohne weiteres zu. Wir sehen, daß deshalb unsere bisherigen Berechnungen, die sich lediglich darauf beschränkten, die Anfangsspannung zu berechnen, noch nicht ausreichen, wir müssen vielmehr noch zu berechnen lernen, bei welcher Spannung der Funkenüberschlag (Lichtbogenüberschlag) auftritt.

Die Frage, die wir im folgenden zu beantworten haben, lautet: Bei welcher Spannung und unter welchen Umständen tritt der Überschlag in Form eines Funkens (Lichtbogens) auf, so daß die Oberfläche des Isoliermaterials kurzgeschlossen ist?

Die Antwort lautet:

Eine Funkenentladung als Lichtbogen kann nur dann auftreten erstens, wenn der Überschlag die Form des vollständigen Überschlags hat und zweitens, wenn der Entladung genügend Strom zufließen kann.

Ist eine dieser beiden Bedingungen nicht erfüllt, dann ist eine Lichtbogenentladung nicht möglich. Im folgenden sollen diese beiden Bedingungen näher besprochen werden.

31. Die Bedingungen des vollständigen und unvollständigen Überschlags.

Im folgenden wollen wir die Bedingungen dieser beiden Durchschlagsarten betrachten und zwar getrennt für Einzelisolatoren und für Isolatorketten. Wenn dabei meist auch nur von „Isolatoren" schlechtweg die Rede ist, so gelten doch alle Darlegungen sinngemäß ebenso gut für andere Hochspannungsanordnungen.

Einzelisolatoren. Wir wollen zunächst eine kurze theoretische Überlegung vorausschicken. Im großen und ganzen gelten für den Überschlag dieselben Gesetze, die wir beim Durchschlag entwickelt haben. So können wir sofort einen Fall nennen, wo nur der vollständige Überschlag möglich ist, und das sind die Anordnungen mit isodynamischer Spannungsverteilung. Da hier beim Erreichen der Anfangsspannung die zulässige Beanspruchung an allen Stellen des Isolators zu gleicher Zeit überschritten wird, muß die Entladung an allen Stellen gleichzeitig einsetzen, und das ist der vollkommene Überschlag.

Man sollte nun meinen, daß bei allen Anordnungen mit ungleichmäßiger Spannungsverteilung zunächst der unvollständige Überschlag einsetzen müßte, da hier ja nur an einzelnen Stellen beim Erreichen der Anfangsspannung die zulässige Beanspruchung überschritten wird. Hier gilt ebenfalls das beim Durchschlag Gesagte; auch bei ungleichmäßiger Spannungsverteilung kann sofort der vollständige Überschlag einsetzen, wenn auch nur an einer Stelle die Überschlagfestigkeit überschritten ist. Es soll hier nochmals die Erklärung für diesen Vorgang kurz wiederholt werden.

Wenn beispielsweise an einem Stützisolator beim Überschreiten der Anfangsspannung Glimmentladungen auftreten, also der unvollständige Überschlag, so ist dies ein Zeichen, daß mindestens am Rande der Glimmentladungszone die Feldstärke kleiner ist als sie vorher an der Stelle der Entladung war. Denn wäre sie nicht geringer, dann würde der Überschlag weiterschreiten. Betrachten wir nochmals kurz den Durchschlag zwischen zwei konaxialen Zylindern mit Luftisolation. Durch den Eintritt der Glimmentladung, die wir in Annäherung als Kurzschluß der betroffenen Schicht auffassen können, ist eine Vergrößerung des Durchmessers des inneren Zylinders bewirkt worden und am Umfang dieses größeren Zylinders ist bei gleicher Spannung natürlich die Feldstärke geringer, als sie vorher beim Zylinder ohne Glimmlichthülle war. Gleichzeitig ist mit der Vergrößerung des Durchmessers eine Verringerung der Schlagweite verursacht worden, also eine Verschlechterung der Anordnung hinsichtlich der Durchschlagspannung. Die beiden Erscheinungen widerstreiten sich; überwiegt der Einfluß der Feldverbesserung den Einfluß der Schlagweitenverkürzung, dann bleibt der unvollständige Durchschlag bestehen, überwiegt aber der Einfluß der Verkürzung der Schlagweite, dann kann der unvollständige Durchschlag nicht bestehen bleiben, die Entladung wächst sich sofort zum vollständigen Durchschlag aus, trotzdem die Spannungsverteilung von Haus aus keine isodynamische war.

Genau so ist es beim Überschlag. Auch hier sind streng zwei Erscheinungen zu unterscheiden, eine Verbesserung der Anordnung durch Milderung des Feldes am Rand der Entladungszone und eine Verschlechterung der Anordnung durch Verkürzung des Überschlagweges. Je nach dem ob die eine oder andere Erscheinung das Übergewicht hat, tritt der unvollständige Überschlag auf.

Ein Unterschied ist allerdings beim Überschlag vorhanden. Während nämlich der unvollständige Durchschlag, also beispielsweise die Korona um den inneren Zylinder der vorher erwähnten Anordnung die Form des inneren Zylinders nicht verändert, sondern nur die Größe dieses Zylinders, wird beim unvollständigen Überschlag der Charakter der Anordnung geändert. Das sehen wir deutlich bei der Anordnung „sphondiloidischer Stützer im Zylinderfeld", die Abb. 178 zeigt. Die Anfangsspannung dieser Anordnung haben wir zu berechnen gelernt. Beim Erreichen der Anfangsspannung wird zunächst eine Entladung auf der Oberfläche des Stützers in der nächsten Umgebung des inneren Zylinders auftreten. Dagegen wird die Luft, die den übrigen Teil des Zylinders umgibt, nicht zum Glimmen kommen; denn die Überschlagfestigkeit auf dem Isolator ist kleiner als die Durchschlagfestigkeit der Luft. Be-

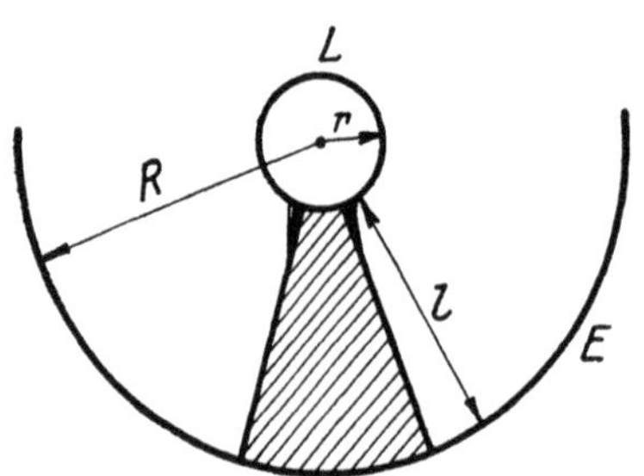

Abb. 178. Entladung an einem Isolator im Kugelfeld.

trachten wir wieder die Glimmhülle als einigermaßen gut leitend, so erkennen wir, daß jetzt durch die Entladung eine Verzerrung der Elektrodenform bewirkt wurde, die Elektrode hat ihre zylindrische Form verloren.

Dieser Unterschied gegenüber dem Durchschlag muß wohl beachtet werden; für uns ist diese Erscheinung insofern unangenehm, weil uns die neue Form der Elektrode nicht bekannt ist und wir verlieren dadurch die Möglichkeit, die Erscheinung vom Beginn des Glimmens an rechnerisch zu verfolgen. Wir können also jetzt schon sagen, daß von einer eigentlichen Berechnung des Verlaufes des unvollständigen Überschlages keine Rede sein kann.

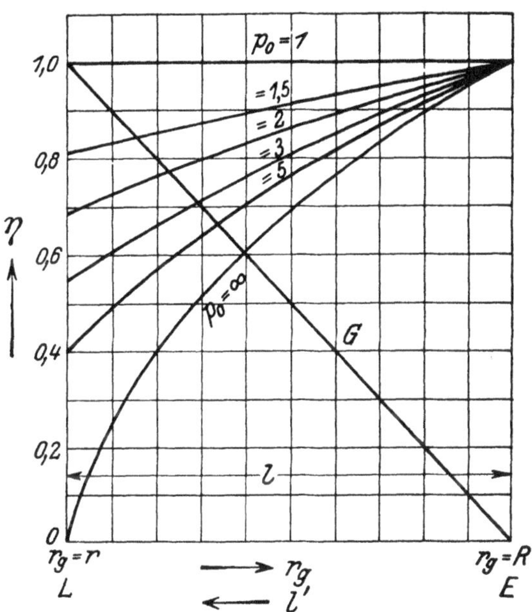

Abb. 179. Ausnutzungsfaktoren bei glimmenden Isolatoren.

Wir wollen uns aber zunächst über diesen Unterschied hinwegsetzen und gerade an Hand dieses Stützers verfolgen, wie sich der Überschlag abspielen würde, wenn beim Überschreiten der Anfangsspannung sich die Glimmhülle gleichmäßig am ganzen Zylinder ausbilden würde. Dieser Fall hat sogar praktisches Interesse; denn wäre die Oberfläche des Isolators absolut trocken und sauber, dann wäre die Überschlagfestigkeit der Schicht gleich groß wie die Durchschlagfestigkeit der Luft.

Bei dieser kurzen Berechnung wählen wir einen anderen Weg als den, welchen wir bei der Betrachtung des Durchschlages eingeschlagen haben, um das Problem wieder von einer anderen Seite zu beleuchten.

Wir tragen auf der Abszissenachse die Länge l der Oberfläche des Isolators (Erzeugende) auf und berechnen zunächst die Ausnutzungsfaktoren η unter der Annahme, daß durch die zylindrische Glimmhülle, die von L bis E allmählich weiterwachsen möge, ein immer größer werdender Teil der Oberfläche bedeckt werde. Diese Werte der Ausnutzungsfaktoren tragen wir auf der Ordinatenachse als Funktion des

Glimmhüllenradius r_g auf, oder was dasselbe ist, als Funktion der Lage des Glimmzonenrandes auf der Oberfläche. Wir erhalten dann die in Abb. 179 dargestellte Kurvenschar. Parameter dieser Kurvenschar ist die geometrische Charakteristik p_0, die die Anordnung vor dem Eintritt der Entladung hatte. Wir sehen aus dem Verlauf der Kurven dieser Schar, daß die Güte des Isolators mit fortschreitender Entladung wächst.

Außerdem tragen wir die von der Entladung noch nicht betroffene Länge l' des Isolators in Prozenten der Gesamtlänge auf und erhalten die Gerade G.

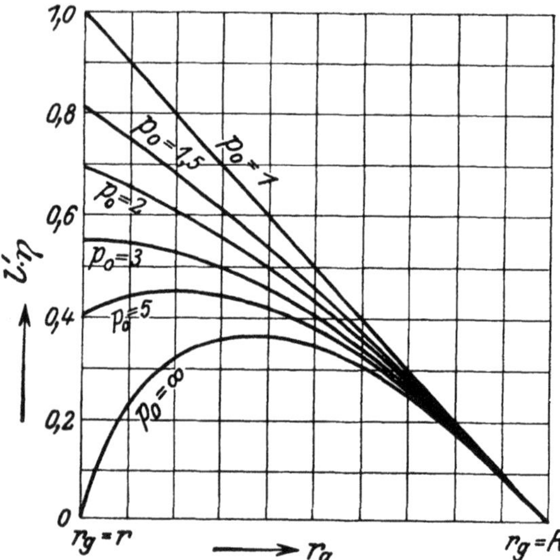

Abb. 180. Fiktive Isolatorlänge bei glimmenden Isolatoren.

Nunmehr bilden wir das Produkt $l' \cdot \eta$ und erhalten damit die Kurvenschar von Abb. 180. Für konstantes $\mathfrak{E}_{ü}$ stellen diese Kurven in einem anderen Maßstab zugleich die Überschlagspannung $U_{ü}$ dar. Der Verlauf der Kurven ist sehr interessant. Wir sehen, daß bei den unteren Kurven der Schar die Überschlagspannung mit beginnender Entladung zuerst wächst, ein Maximum erreicht und dann erst abfällt. Wenn sich also die ersten Entladungen bei einer gewissen Spannung einstellen, dann muß man, um die Entladungen weiter zu treiben, die Spannung zunächst steigern und kommt schließlich zu einem Maximalwert der Spannung. Wird dieses Maximum überschritten, dann tritt selbst bei einer abnehmenden Spannung ein vollständiger Überschlag ein. Die Maxima der Kurven sind also die Grenze zwischen dem unvollständigen und dem vollständigen Überschlag. Die Gerade G stellt den Vorgang bei konaxialen Zylindern mit unendlich großen Radien dar (homogenes Feld); man sieht, daß hier nur der vollständige Überschlag möglich ist, was wir oben schon erkannt haben. Ebenso ist bei Anordnungen, die den Kurven ohne Maximum folgen, nur der vollständige Überschlag möglich, trotzdem ihr Feld inhomogen ist.

Bei dieser Art der Darstellung sieht man sehr schön den oben erwähnten sich widerstreitenden Einfluß der beiden Vorgänge: Feldverbesserung (η-Kurven) und Isolatorverkürzung (Gerade G). Damit haben wir das wichtigste Gesetz für das Zustandekommen beider Arten von Überschlägen kennen gelernt. Allerdings haben wir bisher angenommen, daß die Entladung einen vollständigen Kurzschluß der davon betroffenen Schicht darstellt.

Wir wollen nun diese Annahme fallen lassen und der Entladehülle einen Spannungsabfall zuschreiben. Der Erfolg ist der gleiche wie beim Durchschlag. Das Maximum der Kurven rückt weiter nach rechts, der unvollständige Überschlag hält sich länger als vorher. Liegt das Maximum einer Kurve links von der Ordinatenachse, dann kann es durch die Wirkung des Spannungsabfalles der Glimmzone so weit nach rechts verschoben werden, daß das Maximum noch in den rechten Quadranten zu liegen kommt; dann ist auch bei dieser Anordnung der unvollständige Überschlag möglich, obwohl er nach der Größe der geometrischen Charakteristik nicht zu erwarten wäre.

Bei diesen Betrachtungen haben wir angenommen, daß auch nach Überschreiten der Anfangsspannung noch das elektrostatische Feld vorhanden ist. Dies trifft in Wirklichkeit nicht zu; denn durch die wandernden geladenen Elementarteilchen tritt eine Verzerrung des elektrischen Feldes ein und die Gesetze des elektrostatischen Feldes haben keine exakte Gültigkeit mehr. Dadurch kann aber das Auftreten des unvollständigen Überschlags begünstigt werden oder nicht und zwar ist hier maßgebend, ob die Feldverzerrung ein Anwachsen des Stromes zur Folge hat oder nicht. Welcher dieser beiden Fälle eintritt, hängt im wesentlichen von Abstand und Form der Elektroden ab. Auf diese Erscheinung wurde bereits früher anläßlich der Untersuchung der Durchschlagvorgänge in Luft hingewiesen. Solange diese Erscheinung aber nicht der Rechnung oder zuverlässigen Abschätzung zugänglich sind, können wir sie nicht berücksichtigen; bei den Versuchen muß man sich aber wohl bewußt bleiben, daß durch sie die Grenze zwischen vollständigem und unvollständigem Überschlag verschoben werden kann.

Wir wenden uns nunmehr zu den Meßergebnissen. Für die Messungen wurde eine zylindrische Durchführung gewählt, bei der das Glimmen besonders stark ausgeprägt war und die einen großen Spannungsbereich zwischen Anfangsspannung und Spannung des vollständigen Überschlags aufwies. Die Messungen wurden in der folgenden Weise durchgeführt. Zunächst wurde die Spannungsverteilung bei einer ganz geringen Spannung, bei der eine Glimmentladung sicher nicht vorhanden war, gemessen; dann wurde die Verteilung bei höheren Spannungen, nämlich bei 20 kV, 30 kV, 39 kV und 50 kV gemessen. Bei diesen Spannungen waren Entladungen vorhanden. Wurde die Spannung über 50 kV hinaus gesteigert, dann trat sofort der vollständige Überschlag auf. Leider war es nicht möglich, die Spannungsverteilung in der glimmenden Zone selbst zu messen, da das Elektroskop hier zu unruhig war. Aber aus dem Verlauf der Kurven in dem der Messung zugänglichen Bereich können die Einflüsse der Entladungen ebenfalls erkannt werden.

Die Abmessungen der Durchführung und die Kurven für die Spannungsverteilungen, die alle in Prozenten der Gesamtspannung auf-

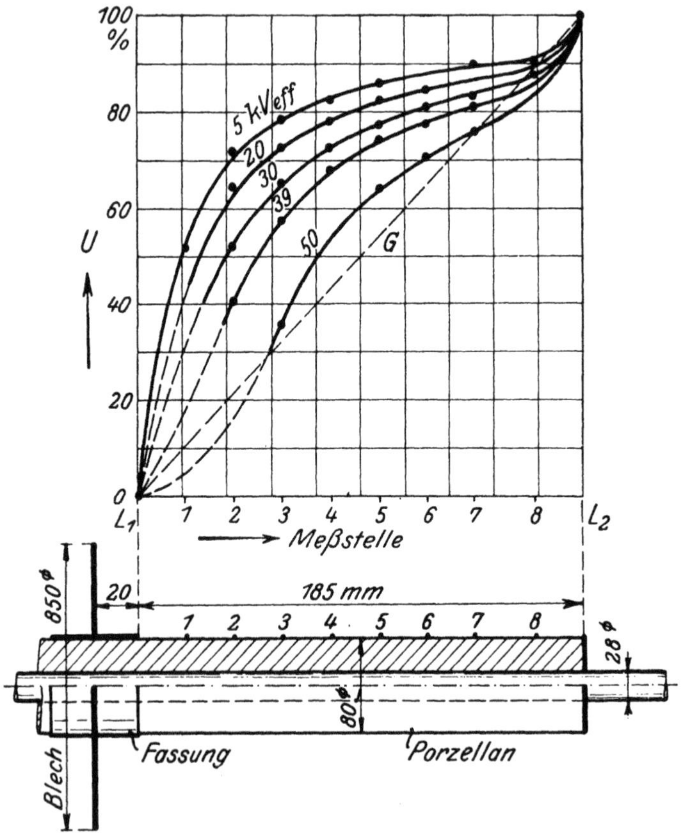

Abb. 181. Spannungsverteilung an einer glimmenden Durchführung.

getragen sind, zeigt Abb. 181. In dem der Messung unzugänglichen Bereich sind die Kurven gestrichelt gezeichnet. Wir sehen auf den ersten Blick, daß die Kurven mit zunehmender Spannung, also mit zunehmenden Entladungen, immer gleichmäßiger werden. Damit ist unsere Theorie bestätigt, daß sich die Entladungen nur halten können, wenn die Spannungsverteilung durch die Entladungen besser wird.

Wir wollen nun noch feststellen, wie die Verbesserung der Spannungsverteilung zustande kommt. Zu diesem Zweck versuchen wir, die durch die 50 kV-Kurve dargestellte Spannungsverteilung auf der nichtglimmenden Durchführung nachzubilden. Wir gehen dabei so vor. Der Zone, die vorher von der Entladung bedeckt war, erteilen wir jetzt zwangsweise eine Spannungsverteilung, wie sie der gestrichelte Teil der Kurve *a* zeigt (Abb. 182; diese Kurve ist die in Abb. 181 dargestellte 50 kV-Kurve). Das Aufzwingen der Spannung geschieht in der Weise, daß wir mehrere dünne Drahtringe anbringen und diese mit den entsprechenden Spulen des Transformators verbinden. An der Stelle 3 ist der oberste und letzte Ring, der in dieser Weise mit dem Transformator verbunden ist; dieser Ring erhält eine Spannung von 35% der Gesamtspannung aufgedrückt. Nunmehr messen wir die Spannungsverteilung auf dem oberen Teil der Durchführung und erhalten die Kurve *b* von Abb. 182. Wir sehen, daß sich diese Kurve nicht mit der Kurve *a* deckt; die Spannungsverteilung nach Kurve *a* ist noch wesentlich günstiger. Man könnte nun meinen, der Unterschied rühre davon her, daß bei der glimmenden Durchführung die Spannungsverteilung in der Glimmzone anders verläuft als der gestrichelte Teil der Kurve angibt und daß wir deshalb der Durchführung soz. eine falsche Spannung aufgedrückt haben. Um dies zu untersuchen, wurde der Durchführung ein anderer Spannungsverlauf aufgedrückt, und zwar wurde angenommen, daß die Kurve im gestrichelten Teil sehr lange mit der Abszissenachse verläuft. Die Meßergebnisse auf dem oberen Teil der Durchführung ändern sich dabei aber nur um wenige Prozente. Wir müssen also annehmen, daß die gute Spannungsverteilung der 50 kV-Kurve auf eine vollständige Umgestaltung des elektrischen Feldes durch die Glimmentladung zurückzuführen ist.

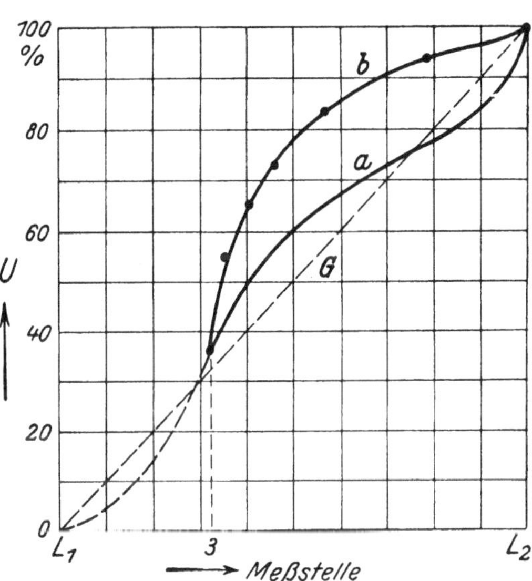

Abb. 182. Spannungsverteilung an einer Durchführung.

Nun bleibt uns noch übrig, eine Deutung zu versuchen, in welcher Weise die Glimmentladung diese Feldverbesserung hervorbringen kann. Wir betrachten nochmals die Kurve von Abb. 153 und sehen, daß besonders durch eine hochgezogene Erdelektrode die Spannungsverteilung auf dem oberen Teil der Durchführung herabgezogen und verbessert werden kann. Noch auffallender ist diese Erscheinung, wenn wir die Durchführung mit einem zylindrischen Blech umhüllen und dieses mit Erde verbinden; das Ergebnis dieses Versuches ist in Abb. 183 dargestellt; Kurve a gilt für die nackte Durchführung; Kurve b für die mit Blech umhüllte Durchführung. Noch besser wäre

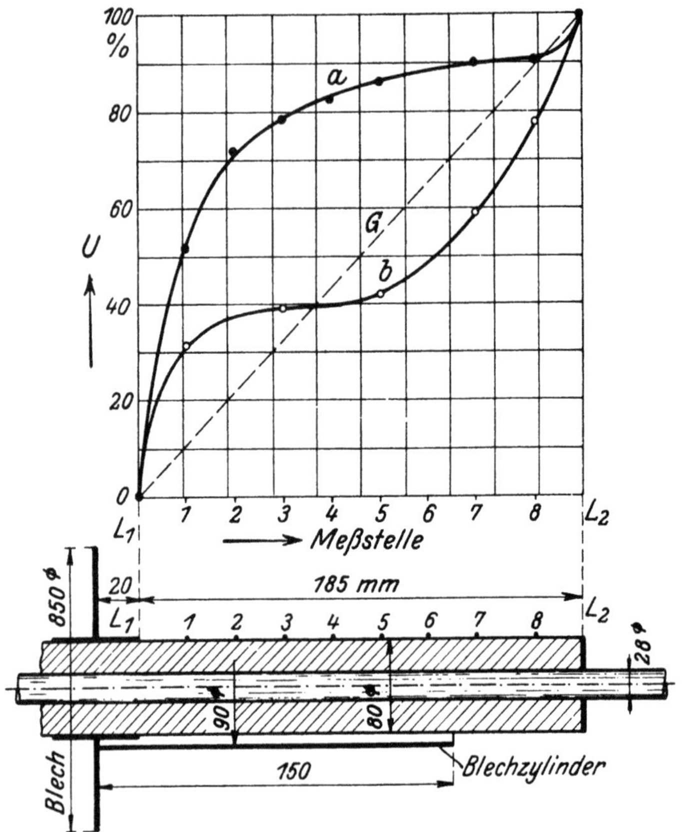

Abb. 183. Spannungsverteilung an einer Durchführung mit hochgezogener Erdelektrode.

es, wenn wir den Zylinder nicht direkt mit Erde verbinden würden, sondern wenn wir den oberen Teilen desselben eine höhere Spannung erteilen könnten, denn wir sehen, daß der Blechzylinder, wenn er direkt mit Erde verbunden wird, schon zu stark wirkt.

Wir haben uns also vorzustellen, daß die Entladungen um die Durchführung herum eine Hülle ionisierter Luft erzeugen. In dem unteren Teil der Hülle ist die Ionisation so stark, daß die Hülle glimmt. Durch den Spannungsabfall in diesem Teil wird die Form der Kurve bis etwa zur Meßstelle 3 bestimmt. Auf dem oberen Teil der Durchführung wirkt die Hülle mehr als Elektrodenänderung und macht so die Spannungsverteilung gleichmäßiger. Damit haben wir uns eine Vorstellung über die Wirkungsweise der Entladungen verschafft.

In Abb. 184 ist das Modell eines Kappenhängeisolators dargestellt. Um die Vorgänge nicht zu trüben, sind an dem Modell keine Rippen angebracht worden. Abb. 184 zeigt die zugehörigen Kurven für die Spannungsverteilung im nichtglimmenden (Kurve *a*) und im glimmenden (Kurve *b*) Zustand des Isolators. Auch hier stellen wir eine bedeutende Verbesserung der Spannungsverteilung durch die Entladungen fest.

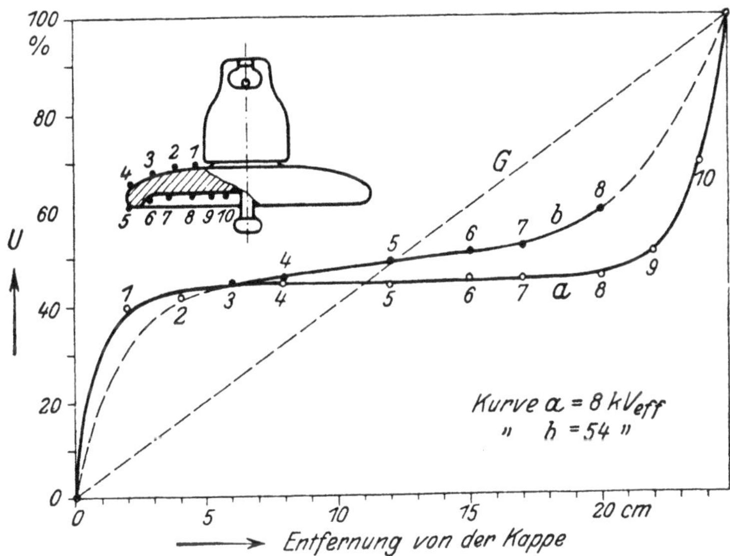

Abb. 184. Spannungsverteilung an einem Kappenisolator ohne Rippen.

Die Deltafreileitungs-Isolatoren stellen, wie wir wissen, das Spiegelbild der Durchführungsisolatoren dar. Das für die Durchführungen Gesagte gilt deshalb in gleicher Weise auch für diese Isolatoren. Auf die Wirkung der Dächer und Zwischendächer speziell kommen wir nachher noch zu sprechen.

Die Innenraumstützisolatoren zeigen meist eine unverhältnismäßig bessere Spannungsverteilung als alle anderen Isolatoren. Deshalb sind hier die Vorentladungen meist wesentlich schwächer ausgebildet und der Spannungsbereich zwischen Anfangsspannung und Überschlagspannung ist viel geringer als beispielsweise bei den Durchführungen. Immerhin aber gehorchen auch diese Isolatoren prinzipiell den hier abgeleiteten Gesetzen.

Isolatorketten. Die Isolatorketten, beispielsweise die Hängeisolatoren, bestehen, wie wir wissen, aus einer mehr oder weniger großen Zahl von Einzelisolatoren, deren Metallarmaturen fest oder gelenkig miteinander verbunden sind. Es handelt sich im folgenden zunächst nicht darum, das Verhalten der Einzelisolatoren im elektrischen Feld zu untersuchen, sondern das Verhalten der ganzen Kette als solche, und die Frage, die uns zunächst interessiert, lautet wie bei den Einzelisolatoren: Tritt der Überschlag einer Kette in Form des vollständigen oder unvollständigen Überschlags ein?

Um alle Nebenerscheinungen, die vielleicht durch die Formen der Einzelisolatoren bedingt sein könnten, auszuschalten, wollen wir ein möglichst einfaches Modell einer Isolatorkette untersuchen, die Vielfachfunkenstrecke, die wir bereits beim Durchschlag eingehend besprochen haben. Wir haben damals gefunden, daß prinzipiell nur der vollkommene Durchschlag der Kugelfunkenstrecke möglich ist. Denn wenn beim Steigern der Spannung die am meisten beanspruchte Funkenstrecke durchgeschlagen ist, trifft auf die nächstfolgende eine höhere Spannung als auf die getroffen hat, die zuerst durchgeschlagen wurde. Es muß also auch die nächste Funkenstrecke durchschlagen usw., der Durchschlag wird sich durch die ganze Funkenstrecke hindurchfressen. Dies konnten wir auch auf rein analytischem Wege finden. Wir haben damals auch eingehend den Einfluß des Spannungsabfalles studiert und gefunden, daß dieser den Durchschlag zu einem unvollständigen gestalten kann.

Diese Ergebnisse können wir ohne weiteres auch auf das Überschlagsproblem anwenden. Wir bringen zwischen je zwei Kugeln ein Stück Isoliermaterial mit sphondiloidischer Form, und zwar möge der Abstand je zweier Kugeln und die Form des Isoliermaterials so gewählt sein, daß auf dem einzelnen Isolierstück nur der vollständige Überschlag möglich ist. Diese Überschlagsfunkenstrecke ist in Abb. 168 dargestellt.

Also auch hier ist zu erwarten, daß der Überschlag nur ein vollständiger sein kann. Um dieselbe Darstellungsweise zu gewinnen, wie bei den Einzelisolatoren, tragen wir in einem Koordinatensystem auf der Abszissenachse die Funkenstrecke auf und darüber als Ordinaten diejenige Spannung (in Prozent), die jeweils zum Weitertreiben des Überschlags von der ersten Funkenstrecke auf die zweite, dritte, vierte usw. notwendig ist, wobei wir die Überschlagspannung einer einzelnen Funkenstrecke als bekannt annehmen. Wir erhalten dann die Kurve a von Abb. 185. Die Krümmung dieser Kurve hängt natürlich von dem charakteristischen Verhältnis c/C der Kette ab; die Kurve läßt sich leicht berechnen. Nach den früheren Betrachtungen braucht auf die Berechnung aber wohl nicht mehr näher eingegangen zu werden.

Wir sehen, daß die Kurve in der Tat einen ständig abfallenden Charakter besitzt und daraus können wir schließen, daß nur ein vollständiger Überschlag möglich ist.

In Wirklichkeit beobachtet man aber auch bei den Isolatorketten und selbst bei dem beschriebenen einfachen Modell einen unvollständigen Überschlag. Wir wollen nun untersuchen, ob diese Erscheinung auf eine Änderung des Feldes infolge der Entladung oder auf den Spannungsabfall im Funken zurückzuführen ist. Mißt man die Spannungsverteilung auf der Kette (Modell), wenn die erste oder einige Funkenstrecken angesprochen haben, so können wir feststellen, daß sich das

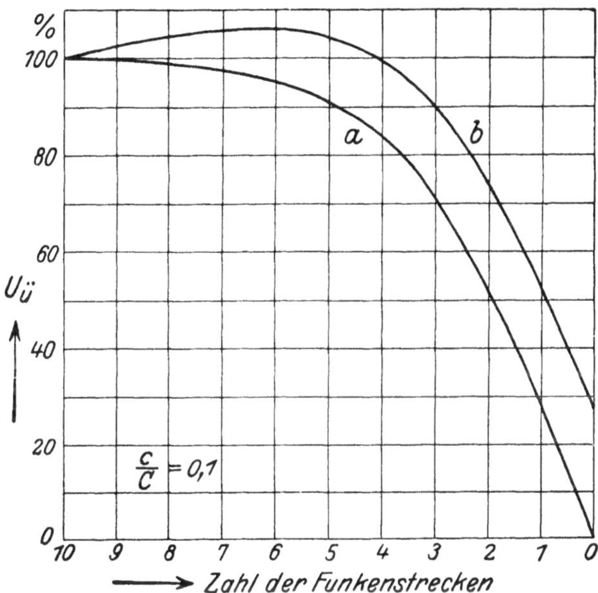

Abb. 185. Überschlagspannung einer Vielfach-Funkenstrecke.

Verhältnis c/C der Kette nicht geändert hat. Eine Verbesserung der Form des Feldes findet also nicht statt. Es bleibt demnach noch die Wirkung des Spannungsabfalls im Funken. Nehmen wir probeweise den Spannungsabfall im Funken jeder Funkenstrecke als konstant an und berechnen wir jetzt die Spannungen, die zum Überschlagen bzw. Weitertreiben des Funkens nötig sind, so erhalten wir die Kurve b von Abb. 185. Wir sehen, daß diese Kurve ein Maximum aufweist, ähnlich wie die in Abb. 180 gezeichneten Kurven für die Einzelisolatoren. Übertragen wir die dort gefundenen Ergebnisse auch auf diese Isolatorkette, so kommen wir zu dem Resultat, daß auch bei den Isolatorketten ein unvollständiger Durchschlag möglich ist, nämlich solange die Kurve b anwächst. Wird der Überschlag so weit getrieben, daß das Maximum der Spannung überschritten ist, und kommen wir auf den abfallenden Teil der Kurve, so ist nur mehr der vollständige Überschlag möglich. Dieses Ergebnis können wir auch experimentell bestätigen; denn der Versuch zeigt, daß es bei allmählicher Steigerung der Spannung zwar gelingt, eine Funkenstrecke nach der anderen zum Ansprechen zu bringen. Ist der Überschlag aber eine gewisse Strecke weit getrieben worden, dann setzt mit einem Male der vollständige Überschlag ein.

Untersucht man nun wirkliche Isolatoren, so findet man den unvollständigen Überschlag in noch viel stärkerem Maße ausgebildet als man nach den bisherigen Betrachtungen zu erwarten hätte. Zur Wirkung des Spannungsabfalles kommt hier noch eine neue Wirkung, der sog. Selbstschutz der Kette. Wie stark sich die Wirkung des Selbstschutzes ausprägt, hängt allerdings von der Form der Isolatoren ab, aus denen die Kette zusammengesetzt ist, wie wir noch sehen werden.

Der Selbstschutz der Isolatoren kommt in folgender Weise zustande. Wenn sich auf einem Isolator der Kette ein unvollständiger Überschlag ausbildet, der etwa von den Armaturen des Isolators ausgeht, so stellen die Entladungen auf dem Isolator soz. eine Vergrößerung der Oberfläche der Elektroden dar. Damit ändert sich aber die Eigenkapazität C der Isolatoren, sie wird größer. Dies hat aber wieder eine Änderung des charakteristischen Verhältnisses c/C und damit eine Verbesserung der Spannungsverteilung zur Folge. Die Verbesserung der Kapazitäten C der einzelnen Isolatoren können wir experimentell nachweisen. Wir schalten den zu untersuchenden Isolator in Reihe mit einer Vergleichskapazität. Zur Vergleichskapazität ist ein elektrostatisches Voltmeter parallel geschaltet. An diese Reihenschaltung legen wir eine Spannung an, deren Höhe wir ebenfalls messen. Danach können wir leicht berechnen, welche Spannung auf den zu untersuchenden Isolator entfällt. Wir steigern nun die Gesamtspannung immer weiter, bis auf dem zu untersuchenden Isolator Entladungen auftreten. Bei jeder Spannung bestimmen wir die Teilspannungen der Vergleichskapazität und des Isolators. Wir werden dann finden, daß dieses Verhältnis nur so lange konstant bleibt, als keine Entladungen auf dem Isolator vorhanden sind. Treten Entladungen auf, dann ändert sich das Verhältnis der beiden Spannungen, und da der Vergleichskondensator keine Entladungen zeigt, kann die Änderung des Verhältnisses nur von der Änderung der Kapazität des Isolators herrühren. Solche Messungen wurden mit einem Kappenisolator (Abb. 170 S. 214), einem Schlingenisolator (Abb. 331, S. 382) (Hewlettisolator) und einem Doppelkappenisolator (Abb. 330, S. 382) der Motor-A.-G. (Baden, Schweiz) durchgeführt. Das Ergebnis der Messungen ist in Abb. 186 dargestellt. Durch die Schraffur ist die Spannung angedeutet, bei der hör- oder sichtbare Entladungen auftreten. Aus den Kurven ist ersichtlich, daß bei den Schlingenisolatoren die stärksten Kapazitätsänderungen auftreten, bei den Kappenisolatoren sind sie nicht so stark und beim Motorisolator endlich sind sie am geringsten.

Wir betrachten jetzt eine Kette, beispielsweise aus Hewlettisolatoren bestehend und steigern an dieser Kette die Spannung so hoch, bis Entladungen auftreten. Dies ist zuerst am untersten (letzten) Glied der Fall. Damit ändert sich dessen Kapazität, und zwar wird sie größer. Die Kette besteht jetzt also aus Isolatoren mit verschieden großen Eigenkapazitäten C. Die Spannung am untersten Isolator wird dadurch weggedrückt, wie wir leicht mit Hilfe des Kettendiagramms fest-

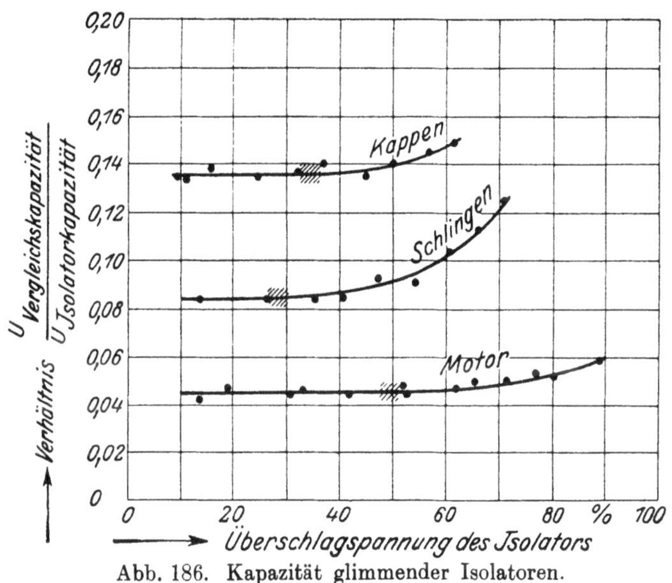

Abb. 186. Kapazität glimmender Isolatoren.

stellen können. Es entfällt demnach auf die darüberhängenden Glieder eine größere Spannung als vorher. Es wird also auch der zweite Isolator zu glimmen beginnen, auch seine Kapazität wird größer und ein Teil der Spannung von ihm weggedrückt. Dies setzt sich, wenn nur die Gesamtspannung genügend hoch gesteigert wird, durch die ganze Kette fort und das Resultat ist, daß die ganze Kette eine gleichmäßigere Spannungsverteilung besitzt als im nichtglimmenden Zustand, und damit wächst auch die Spannung des vollständigen Überschlags. Dabei brauchen natürlich nicht alle Glieder gleiche Eigenkapazitäten zu besitzen; wahrscheinlich sind sogar die Kapazitäten der untersten (letzten) Glieder größer als die der oberen.

Wir sehen, daß sich die Isolatoren soz. selbst gegen Eintritt des Überschlags schützen, indem sie ihre Eigenkapazität vergrößern. Der

Verfasser hat deshalb diese Erscheinung Selbstschutz der Ketten genannt. Manche Autoren sind sogar der Meinung, daß kurz vor dem vollständigen Überschlag der Selbstschutz so weit gediehen sei, daß auf der Kette eine gleichmäßige Spannungsverteilung herrscht.

Bei einer Kette, die aus Doppelkappenisolatoren besteht, ist diese Erscheinung nicht oder doch nur in ganz geringem Maße zu erwarten, da hier die Vergrößerung der Kapazität vielleicht erst kurz vor dem Überschlag bemerkbar wird. Abb. 187 zeigt die Spannungsverteilung einer solchen Kette mit vier Gliedern. Die mit Punkten bezeichneten Werte wurden bei niedrigen Spannungen gemessen, die anderen Werte dagegen mit höheren Spannungen, wobei der unterste Isolator bereits starke Entladungen zeigte. Man sieht, daß hier in der Tat keine nennenswerten Änderungen der Spannungsverteilungen festzustellen sind. Nun zeigt sich aber, daß auch bei diesen Isolatoren die Überschlagspannungen der Ketten nicht geringer sind als die gleich langer Ketten mit anderen Isolatoren. Es ist deshalb anzunehmen, daß bei diesen Isolatoren noch eine weitere Erscheinung wirksam ist, die die Überschlagspannung heraufsetzt; diese werden wir im nächsten Abschnitt kennen lernen.

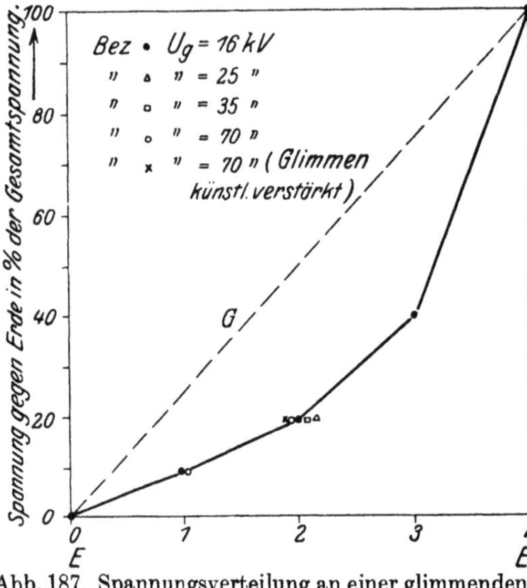

Abb. 187. Spannungsverteilung an einer glimmenden Isolatorkette.

Nehmen wir an, daß bei Ketten der vollständige Überschlag dann erfolgen würde, wenn die Überschlagspannung des untersten Gliedes überschritten wird und tragen wir für diesen Fall die Überschlagspannung der ganzen Kette als Funktion der Gliedzahlen auf, so erhalten wir die gestrichelte Kurve von Abb. 188. Aus dieser Kurve können wir entnehmen, welches die Überschlagspannungen von Ketten verschiedener Gliedzahlen sind. Wir nennen deshalb diese Kurve Überschlagscharakteristik. Die gestrichelte Kurve gilt für das charakteristische Verhältnis $c/C = \frac{1}{12}$. Wir sehen, daß wir mit solchen Ketten nur mäßige Spannungen isolieren könnten und daß eine Vermehrung der Gliedzahlen über eine gewisse Grenze hinaus keinen Zweck hat; denn eine wesentliche Steigerung der Überschlagspannung tritt nicht mehr ein. Je größer das charakteristische Verhältnis c/C ist, desto weniger Vorteile bietet die Anwendung einer Kette.

Der Erfinder der Hängeketten ist wohl von dem Gedanken ausgegangen, daß durch Hintereinanderschalten zweier Isolatoren die doppelte, bei drei Isolatoren die dreifache usw. Spannung isoliert werden könnte. In diesem Gedankengang liegt ein großer Irrtum, weil sich, wie wir wissen, die Spannung nicht gleichmäßig auf die Kette verteilt, was eine Überschlagscharakteristik nach Kurve *a* bedingt. Wären die „Nebenerscheinungen“, also die Wirkung des Spannungsabfalles, des Selbstschutzes und einer anderen Erscheinung, die wir im nächsten Abschnitt zu besprechen haben, nicht vorhanden, dann wäre die Anwendung von Kettenisolatoren unsinnig. Also erst die Wirkung der Nebenerscheinungen hat die Idee der Hintereinanderschaltung von Isolatoren lebensfähig gemacht. Wie groß der Einfluß dieser Nebenerscheinungen ist, zeigt die experimentell ermittelte Kurve von Abb. 188, die die wirkliche Überschlagscharakteristik darstellt. Sie wurde in der Weise gewonnen, daß bei Ketten der gewöhnlichen Kappentype mit 1, 2, 3, 4 ... Gliedern die Spannung so hoch gesteigert wurde, bis der vollständige Überschlag in Form eines Lichtbogens auftrat. Aus dem Vergleich der Kurven erkennt man den großen Spannungsbereich, der zwischen Anfangsspannung und Spannung des vollständigen Überschlages herrscht.

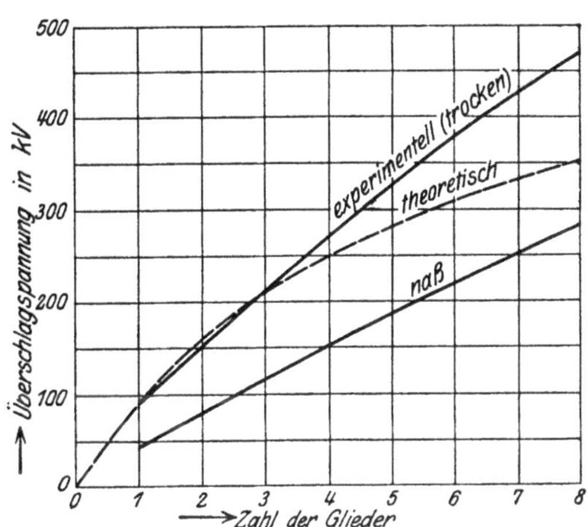

Abb. 188. Überschlagscharakteristik.

Es ist bemerkenswert, daß man sich lange Zeit den Unterschied zwischen der vollständigen Überschlagspannung und der Anfangsspannung nicht erklären konnte.

32. Der Einfluß der Stromstärke auf die Überschlagspannung.

Wir wissen jetzt, unter welchen Bedingungen der vollständige und unvollständige Überschlag auftreten und haben jetzt zu untersuchen, welchen Einfluß die Stromstärke auf die Form der Entladung beim vollständigen Überschlag hat. Wir wissen, daß der vollständige Überschlag an sich nicht verpönt ist, sondern nur der vollständige Überschlag in Form eines **Lichtbogens** oder starken Funkens, weil erst hierbei der **Kurzschluß** des Isolators eintritt. Daß die Form der Entladung, ob der Überschlag als schwacher Funke oder als kräftiger Lichtbogen entsteht, von der zur Verfügung stehenden Stromstärke abhängt, ist eine bekannte Erscheinung. Es sei hier nur an den Hörnerüberspannungsschutz erinnert oder an den Erdschlußlichtbogen; je größer die Leistungen der Maschinen sind, die dahinter sitzen, um so größer ist der Strom der Entladung, um so größer und kräftiger sind die Lichtbögen.

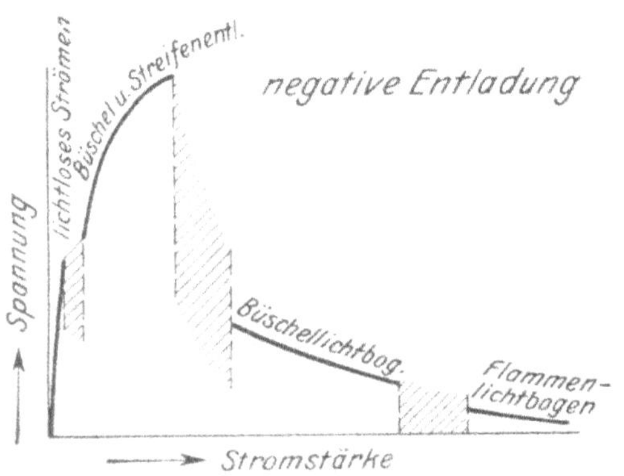

Abb. 189. Entladungscharakteristiken.

In erster Linie interessiert uns, in welcher Weise die Überschlagspannung von der Größe der **Stromstärke** abhängt. Hier liegen Versuche von **Toepler** vor, der die Spannung gemessen hat, die eine Funkenstrecke (stumpfe Spitze gegen Platte) aushält, wenn man den Strom bei der Entladung variiert. Die Versuche wurden mit einer Elektrisiermaschine ausgeführt und haben das in Abb. 189 dargestellte Resultat ergeben. Daraus ist zu ersehen, daß die Spannung, die eine Funkenstrecke aushält, zunächst mit zunehmendem Strom wächst, ein Maximum erreicht und beim Übergang zu den Büschellichtbögen und Flammenlichtbögen auf Null sinkt. Durch Abdrosseln des Stromes kann man also die Überschlagspannung einer Anordnung **erhöhen**, wenn man dadurch den Lichtbogen unterdrückt und die Entladungen in das Gebiet der Glimmentladungen drängt.

Rückschauend stellen wir folgendes fest: Bei ungleichmäßiger Spannungsverteilung können wir erstens dadurch, daß wir den Überschlag zu einem unvollständigen machen und die Erscheinungen des unvollständigen Überschlages (Feldverbesserung, Spannungsabfall) ausnützen, die Spannung des vollständigen Überschlags von der Anfangsspannung wegdrängen auf einen höheren Wert der Spannung. Zweitens finden wir jetzt, daß wir durch Stromentzug diejenige Spannung des vollständigen Überschlags, der die Form eines Lichtbogens hat, von der Spannung des vollständigen Überschlags wegdrängen können auf einen noch höheren Wert der Spannung. Aus diesem Grund ist die Stromfrage für die Überschlagspannung so überaus wichtig.

Bei der praktischen Ausnützung dieser Erscheinung taucht nunmehr sofort die Frage auf: Auf welche Weise kann man den Strom einer Entladung drosseln?

Die einfachste Methode besteht darin, daß man vor die Anordnung einen genügend großen Widerstand schaltet. Hiervon wird jedoch bis jetzt in der Hochspannungstechnik kein Gebrauch gemacht. Ein anderes Mittel zur Drosselung des Stromes ist die Einschaltung eines Kondensators mit sehr geringem Verschiebungsstrom. Das ist eines der wichtigsten Mittel, das sehr häufig verwendet wird, wenn auch meist unbewußt. Ein drittes Mittel ist endlich die Vermeidung größerer Stromdichten, wie sie z. B. bei Spitzen auch bei sehr geringen Strömen auftreten.

Im folgenden wollen wir die beiden letztgenannten Mittel und die Güte ihrer Wirkung näher studieren und zwar bei Einzelisolatoren und bei Kettenanordnungen.

Einzelisolatoren. In die Klasse der Kondensatoren als Stromdrossel gehören die Wulste, Rippen, Dächer usw., die auf den Isolatoren oder sonstigen Apparaten aufgarniert werden. Wohl auf keinem Gebiet herrscht so viel Unklarheit und wohl kein Konstruktionselement ist so häufig angewendet und so wenig erforscht, wie die Rippen und Wulste. Meist hört man noch die alte Vorstellung, daß die Wulste den Kriechweg vergrößern oder den Überschlagweg verlängern. Ja, bei der Neukonstruktion von Isolatoren ist man vielfach sehr darauf bedacht, daß man die „Volt pro cm Oberflächenweg", wobei die Oberfläche der Rippen eingerechnet wird, nicht größer macht als an erprobten Isolatoren. Und doch kann man sich Wulste vorstellen, die keine Vergrößerung des Oberflächenweges darstellen und doch sehr gut wirken, wie es auch Wulste gibt, die äußerlich zwar eine Vergrößerung des Oberflächenweges vortäuschen, elektrisch aber den Isolator sogar verkürzen. Im folgenden soll nun versucht werden, die Grundzüge einer Theorie der Wulste aufzustellen, und zwar wollen wir unterscheiden zwischen Rippen, deren Oberflächen auf Äquipotentialflächen liegen und solchen, bei denen dies nicht der Fall ist. Es wird dabei zweckmäßig sein, nach Möglichkeit genau definierte

Felder zu betrachten, und hier wollen wir wieder unterscheiden zwischen den Wulsten in homogenen und solchen in inhomogenen Feldern.

Über die Wirkungsweise von Rippen, die Äquipotentialflächen bilden, im homogenen Feld können wir uns leicht durch ein einfaches und sehr instruktives Experiment unterrichten. Wir setzen zwei Porzellan-

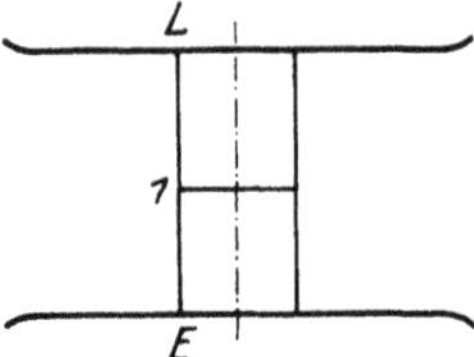

Abb. 190. Stützer ohne Rippen im homogenen Feld.

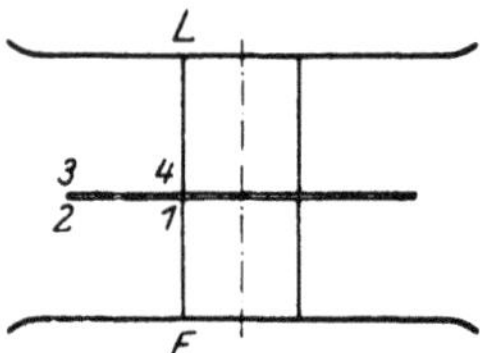

Abb. 191. Stützer mit Rippe im homogenen Feld.

zylinder, jeder etwa 5 cm hoch und ebenso dick, aufeinander und bringen sie in ein homogenes Feld, wie Abb. 190 zeigt. Die Isolatoren bilden dann Sphondiloide; ihre Spannungsverteilung wird deshalb durch eine Gerade dargestellt. Steigert man die Spannung zwischen E und L, so setzt beim Überschreiten der Anfangsspannung sofort der vollständige Überschlag in Form eines Lichtbogens ein. Bei den angegebenen Maßen war dies bei ca. 60,5 kV der Fall.

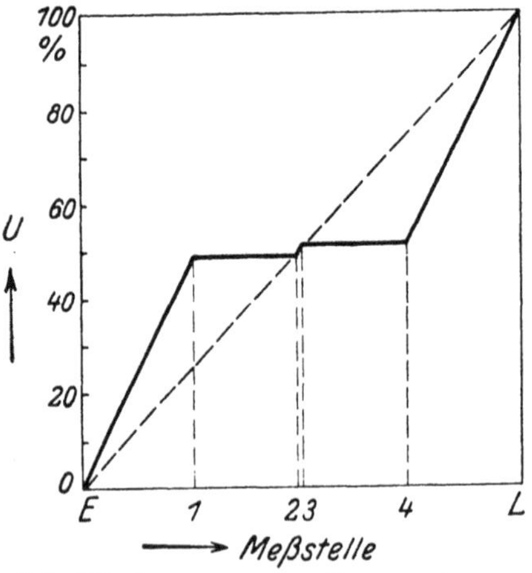

Abb. 192. Spannungsverteilung am Stützer Abb. 191.

Nun bringen wir zwischen die beiden Porzellanzylinder eine Glasplatte von 2 mm Dicke und einem Durchmesser von 20 cm, wie Abb. 191 zeigt. Durch diese Platte wird das homogene Feld nicht gestört; denn die obere und untere Oberfläche bilden Äquipotentialflächen. Zeichnen wir jetzt die Spannungsverteilung auf, so erhalten wir die gebrochene Linie von Abb. 192. Die eingeschriebenen Zahlen beziehen sich auf die Meßstellen, die in Abb. 191 angegeben sind. Da die Oberflächen der Glasplatte Äquipotentialflächen bilden, können wir die Platte als Kondensator auffassen, dessen Beläge allerdings nicht körperlich ausgebildet sind. Würden wir aber die Oberfläche mit Stanniol belegen, dann würde sich an der Spannungsverteilung nichts ändern (von der Randwirkung sehen wir hier natürlich ab).

Wir steigern jetzt bei dieser Anordnung die Spannung und beobachten dabei folgendes. Bis zur Spannung 60,5 kV bleibt der Isolator ohne Entladungserscheinungen, es setzt aber dann sofort der vollständige Überschlag ein, diesmal jedoch nicht in Form eines Lichtbogens, sondern als Glimmentladung. Die Oberflächen der Glasplatte bleiben vollkommen frei von Entladungen. Wir sehen also, daß die Glasplatte den Strom drosselt, sie läßt nur so viel Strom durch, als sie selbst als Verschiebungsstrom führen kann. Wir steigern nun die Spannung weiter. Die Glimmlichthülle, die die Porzellanoberflächen umgibt, wird immer intensiver; schließlich treten bei ca. 75 kV die ersten Gleitfunken auf den Zylindern auf. Diese schließen die Oberflächen der beiden Porzellanzylinder kurz; sofort beginnen jetzt auch auf der Glasplatte die Entladungen, weil fast die ganze Spannung nunmehr auf der Glasplatte ruht. Wir müssen also die Spannung von 75 kV als Überschlagspannung des Porzellanisolators bezeichnen. Durch die Stromdrosselung wurde die Überschlagspannung demnach um rund 25% erhöht.

Rechnen wir die Glasplatte auch als Bestandteil des Isolators, so müssen wir, um die Überschlagspannung des gesamten Isolators, d. h. der Porzellanzylinder und der Glasplatte, zu erhalten, die Spannung noch weiter steigern. Wir stellen dann fest, daß der Überschlag des gesamten Isolators bei ca. 81 kV eintritt. Die Rolle, welche die Glasplatte in dem Spannungsbereich von 75 kV bis 81 kV spielt, können wir leicht überblicken. Bei 75 kV sind die beiden Porzellanzylinder durch die Gleitfunken kurzgeschlossen. Wir können sie uns deshalb durch zwei ebenso dicke und hohe Metallklötze ersetzt denken, zwischen denen die Glasplatte angeordnet ist; auf diese trifft jetzt die gesamte Spannung. An den Stellen des starken Spannungsanstieges müssen natürlich sofort Entladungen einsetzen und die Glasplatte, die bisher nur als Stromdrossel gewirkt hat, wird von der Spannung von 75 kV an zum selbständigen Isolator, der allerdings eine sehr schlechte Spannungsverteilung aufweist. Deshalb ist seine Überschlagspannung auch nur $81 - 75 = 6$ kV über der Überschlagspannung der Porzellanzylinder. Nebenbei sei bemerkt, daß die Beanspruchung der Glasplatte auf Durchschlag bei dieser Anordnung sehr hoch wird. Damit haben wir die Wirkung der Glasplatte im homogenen Feld kennen gelernt.

Nehmen wir an, der in Abb. 190 dargestellte Stützisolator bestünde aus einem Stück, ebenso der in Abb. 191 dargestellte, und die Platte sei nicht aus Glas, sondern aus Porzellan und auf den Zylinder aufgarniert, dann haben wir im ersten Fall einen glatten Stützer und im zweiten Fall einen Stützer mit einer Rippe. Unser Versuch hat uns also über die Wirkung einer Rippe, die eine Äquipotentialfläche bildet, im homogenen Feld unterrichtet. Es sei wiederholt: Die Wirkung einer derartigen Rippe ist eine zweifache; erstens wirkt sie als Stromdrossel und setzt dadurch die Überschlagspannung der reinen Zylinderfläche stark in die Höhe; zweitens wirkt sie wie ein kurz nach dem Überschlag des zylindrischen Teiles eingeschalteter zusätzlicher Isolator und setzt dadurch die Überschlagspannung des ganzen Isolators noch weiter in die Höhe. Allerdings ist die Wirkung als zusätzlicher Isolator bei unserem Versuch nicht so stark gewesen, wie die Wirkung als Stromdrossel. Man könnte nun auf den ersten Blick meinen, man könnte die Wirkung der Rippe als zusätzlichen Isolator beliebig steigern. Wir wissen aber, daß dies nicht möglich ist; denn die Spannungsverteilung auf der Glasplatte würde sich nicht wesentlich ändern, wenn wir auch den Durchmesser der Glasplatte wesentlich vergrößern würden.

In Wirklichkeit sind natürlich diese beiden eben beschriebenen Wirkungen der Rippe nicht so scharf getrennt, wie wir es beschrieben haben; der Übergang von der Wirkung als Stromdrossel zu der als zusätzlicher Isolator wird vielmehr allmählich erfolgen, also schon etwas früher als bei 75 kV.

Aus unseren Betrachtungen können wir sofort einige wichtige Folgerungen ableiten über den Einfluß der Zahl, Größe und Lage der Rippen. Wir erkennen, daß die Wirkung der Stromdrosselung um so günstiger ist, je größer wir die Zahl der Rippen wählen; denn da die Rippen als Kondensatoren wirken, die in Reihe geschaltet sind, wird der Verschiebungsstrom um so kleiner, je mehr Rippen angeordnet sind. Außerdem wird die Beanspruchung auf Durchschlag der Rippen selbst günstiger. Über den Einfluß der Größe der Wulste sind wir bereits unterrichtet; wir wissen, daß die Überschlagspannung nur mehr wenig zunimmt, wenn man auch den Durchmesser der Wulste noch so sehr vergrößert. Die Lage der Wulste ist im homogenen Feld vollständig gleichgültig, da keine Stelle des Feldes vor der anderen bevorzugt ist.

Wir wenden uns jetzt zu den Äquipotentialwulsten im inhomogenen Feld. Am besten gehen wir dabei wieder von den Isolatoren mit bekannten Feldern aus, und zwar wählen wir einen sphondiloidischen Stützer im Zylinderfeld nach Abb. 193. Da die Rippen Äquipotentialflächen bilden sollen, müssen ihre Oberflächen konaxiale Zylinderschalen sein. Die Spannungsverteilung können wir wieder leicht aufzeichnen; sie ist in Abb. 194 dargestellt und wir sehen auch hier wieder das charakteristische horizontale Stück der Äquipotentialfläche.

Je nach der Wahl der geometrischen Charakteristik p wird nach Überschreiten der Anfangsspannung sofort der vollständige Überschlag ($p < 2{,}718$) oder der unvollständige Überschlag einsetzen ($p > 2{,}718$).

Im erstgenannten Fall bildet die Rippe genau wie im homogenen Feld eine Stromdrossel und einen zusätzlichen Isolator. Hier stellen wir fest, daß die Wirkung der Rippen etwas von ihrer Lage auf dem Isolator abhängt. Bei gleicher Dicke und Ausladung ist nämlich die Kapazität der Rippe um so größer, je tiefer sie liegt; also ist auch ihr Verschiebungsstrom größer und ihre Wirkung als Stromdrossel geringer. Es wäre deshalb falsch, nur ganz unten eine Rippe anzubringen. Aber immerhin bleibt die Anordnung mehrerer Rippen günstiger als die einer einzigen Rippe auf dem oberenTeil des Isolators.

Tritt der vollständige Überschlag ein, so ist die Frage, wie sich die Entladung um den oberen Zylinder, oder allgemein gesprochen, um die obere Elektrode ausbildet. Bewirkt sie eine gleichmäßige Vergrößerung des Durchmessers, dann bleibt die Rippe Äquipotential-

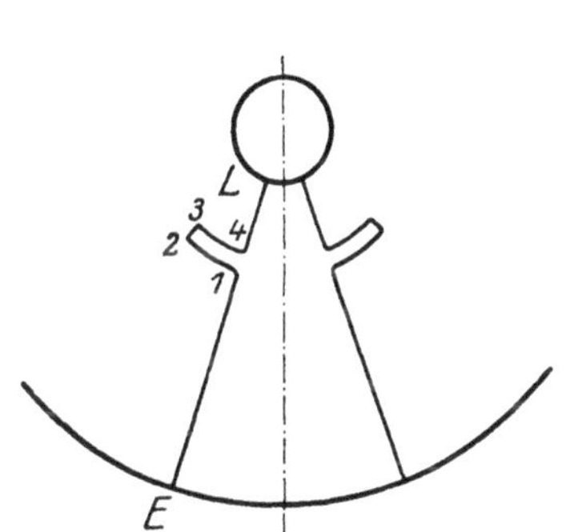

Abb. 193. Stützer mit Äquipotentialwulst.

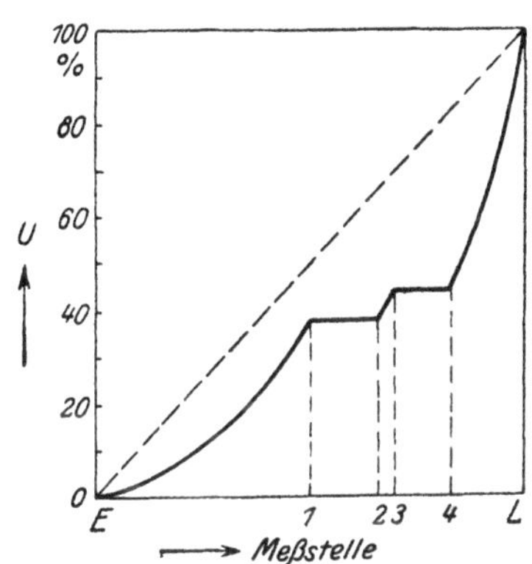

Abb. 194. Spannungsverteilung am Stützer Abb. 193.

fläche und behält die bekannten Eigenschaften als Stromdrossel und zusätzlicher Isolator bei. Für die Zahl und Lage der Rippen gilt dann das beim vollständigen Überschlag Gesagte. Die Größe der Rippen spielt bei der Wirkung als zusätzlicher Isolator die gleiche Rolle wie im homogenen Feld.

Wird durch die Glimmentladung eine Verzerrung der oberen Elektrode hervorgerufen, dann ist die Rippe keine Äquipotentialfläche mehr; diesen Fall werden wir nachher besprechen.

Damit haben wir die wichtigsten Eigenschaften und die Wirkungsweise der Äquipotentialwulste kennen gelernt. Schon aus diesen kurzen Darlegungen erkennen wir, daß man die Wirkungsweise dieses Konstruktionselementes nicht mit kurzen Worten abtun kann; sie ist eine sehr verschiedene, je nach Art des Feldes. Es wird auch aufgefallen sein, daß die Form der Äquipotentialwulste im inhomogenen Feld eine ganz andere ist, als man sie in der Praxis meist findet. Diese

Form ist aber nicht etwa eine Eigentümlichkeit der von uns gewählten Felder. Auch bei den in der Praxis verwendeten Isolatoren sollen die Wulste nach oben gekrümmt sein, also gerade entgegengesetzt als es üblich ist, wenn sie Äquipotentialflächen bilden sollen. Abb. 195 zeigt beispielsweise Äquipotentialwulste einer mit Öl gefüllten Durchführung.

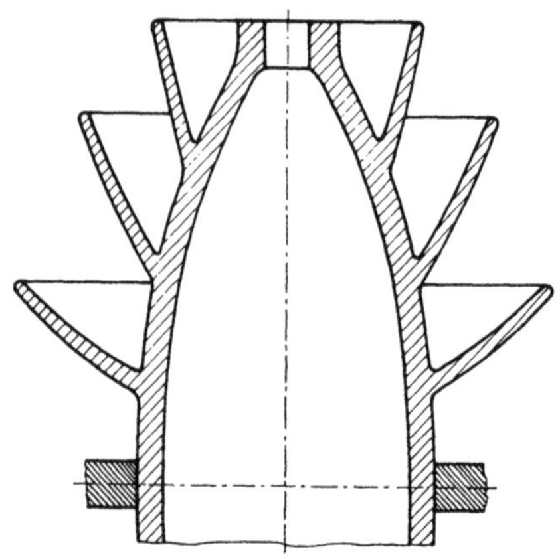

Abb. 195. Durchführung mit Äquipotentialwulsten.

Bis jetzt wissen wir freilich noch nicht, ob die Äquipotentialwulste die günstigste Form der Wulste darstellen und ob nicht vielleicht Wulste besser wirken, wenn ihre Oberflächen nicht auf Äquipotentialflächen liegen. Das werden wir nachher zu untersuchen haben.

Es wurde vorher bereits auf das Charakteristische der Kurven für die Spannungsverteilung hingewiesen, nämlich auf das horizontale Stück, das auf das Vorhandensein einer Äquipotentialfläche hinweist. Wenn wir eine solche Kurve sehen, können wir aber nicht daraus schließen, daß auf dem Isolator ein Äquipotentialwulst vorhanden sein müßte. Es gibt vielmehr vollständig glatte Isolatoren, die ebenfalls Kurven mit horizontalen Stücken aufweisen; es sei hier nur auf die Kurven der Durchführungen Abb. 158 hingewiesen. Trotzdem wirkt natürlich der Teil des Isolators, der eine Äquipotentialfläche ist, wie ein Äquipotentialwulst. Wir sehen also, daß die Äquipotentialwulste nicht immer körperlich ausgeprägt sein müssen. Außerdem erkennen wir, daß in diesem Fall die Angabe des Wirkungsgrades bzw. Ausnutzungsfaktors des Isolators allein ein falsches Bild von der Güte des Isolators gibt. Nach dem Ausnutzungsfaktor zu schließen, müßte die Überschlagspannung des Isolators sehr niedrig sein, in Wirklichkeit ist sie aber höher bei Vorhandensein der Äquipotentialfläche, als sie wäre, wenn diese Fläche nicht vorhanden wäre, trotzdem dann der Ausnutzungsfaktor größer wäre. Wir sehen, daß der Ausnutzungsfaktor für die Beurteilung der Überschlagspannung bei Isolatoren mit unvollständigem Überschlag nicht maßgebend ist. Seine Bedeutung zur Ermittlung der Anfangsspannung bleibt jedoch bestehen.

Wir haben bei unseren bisherigen Betrachtungen auf die Verschiedenheit der Dielektrizitätskonstanten von Luft und festem Isoliermaterial keine Rücksicht genommen. Da die Dielektrizitätskonstante von Glas und Porzellan wesentlich größer ist als die der Luft, sind natürlich die eben beschriebenen Wulste keine reinen Äquipotentialwulste; denn durch sie wird das Feld etwas verzerrt. Immerhin ist aber die Verzerrung wohl so gering, daß wir sie ohne großen Fehler als Äquipotentialwulste ansehen können.

Wir betrachten nun Wulste, deren Oberflächen mit Kraftlinienbahnen zusammenfallen. Im Gegensatz zu den Äquipotentialwulsten nennen wir diese Wulste Sphondiloidwulste.

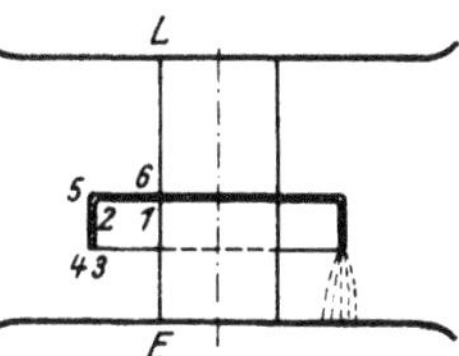

Abb. 196. Stützer mit Sphondiloidwulst im homogenen Feld.

Um bei den folgenden Betrachtungen auf die Verschiedenheit der Dielektrizitätskonstante keine Rücksicht nehmen zu müssen, nehmen wir vorerst zur Vereinfachung der Untersuchung an, das feste Isoliermaterial habe die gleiche Dielektrizitätskonstante wie die Luft. Wir ordnen jetzt einen sphondiloidischen Wulst auf einem isodynamischen Isolator im homogenen Feld an und erhalten die in Abb. 196 dargestellte Form des Wulstes. Das Horizontalstück dieses Wulstes ist eine Äquipotentialfläche, das vertikale Stück dagegen eine sphondiloidische Fläche. Wir erkennen sofort, daß rein sphondiloidische Wulste nicht möglich sind, es ist stets ein nichtsphondiloidisches Stück vorhanden. Die Spannungsverteilung dieses Isolators ist in Abb. 197 dargestellt. Wir sehen, daß die Kurve eine Einsattelung besitzt; dies ist eine Eigentümlichkeit aller „hinterdrehten" Wulste.

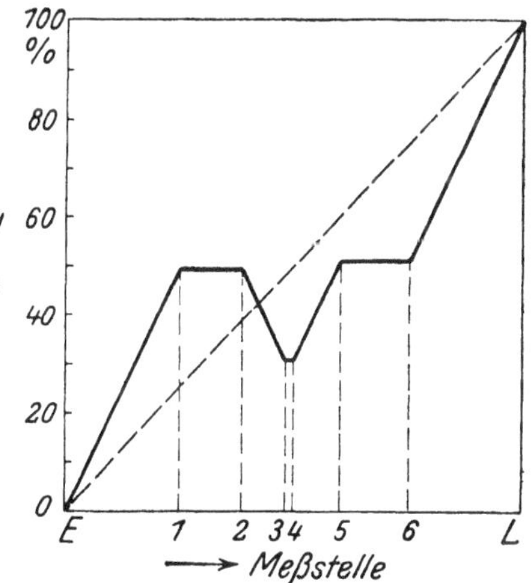

Abb. 197. Spannungsverteilung am Stützer Abb. 196.

Da wir gleiche Dielektrizitätskonstanten angenommen haben, stört dieser Wulst das homogene Feld nicht. Steigern wir nun die Spannung, dann treten zunächst auf dem zylindrischen Teil des Isolators und auf der Äquipotentialfläche alle die Erscheinungen auf, die wir vorher untersucht haben. Da auf dem Teil 2 bis 3 und 4 bis 5 des Wulstes die gleiche Feldstärke vorhanden ist, wie auf dem zylindrischen Teil des Isolators, sollen hier sich im wesentlichen die gleichen Entladungsvorgänge abspielen, wie auf dem zylindrischen Isolator. So müssen beispielsweise die Entladungen zur gleichen Zeit einsetzen. Allerdings ist ein wesentlicher Unterschied vorhanden, die Entladungen auf dem sphondiloidischen Wulst sind bedeutend stromschwächer als auf dem Zylinder; denn der Strom muß hier von den Kanten 4 und 5 und den benachbarten Teilen der Oberfläche durch die Luft zur unteren Elektrode (siehe rechte Seite von Abb. 196, wo die Strombahnen angedeutet sind), oder wenn diese Elektrode sehr weit entfernt ist, durch die Luft zum zylindrischen Teil des Isolators fließen. Die Luft stellt aber einen hohen dielektrischen Widerstand dar, sie drosselt den Strom. Man kann sehr schön beobachten, wie bei einem Isolator der Zylinder längst kräftige Entladungen zeigt, während der Wulst nur mit einer Glimmhülle bedeckt ist. Nebenbei sei bemerkt, daß von dem Augenblick des Entstehens der Entladungen an das Feld in der Umgebung des Wulstes nicht mehr homogen ist, sondern durch die Bahnen des Verschiebungsstromes gestört wird.

Steigert man die Spannung weiter, so wird schließlich der zylindrische Teil des Isolators durch die Gleitfunken kurzgeschlossen, es beginnen in diesem Augenblick die Entladungen auf der horizontalen Platte, die ebenfalls sehr bald in Gleitfunken übergehen. In diesem Zustand des Wulstes liegt fast die ganze Spannung auf dem vertikalen Teil (Rand) des Wulstes und der Rand wirkt von da ab nur mehr wie eine Vergrößerung einer horizontalen Platte und wird jetzt leicht übergeschlagen. Wir sehen, daß mit dieser Ausgestaltung des Wulstes nicht viel gewonnen sein kann gegenüber dem Äquipotentialwulst.

Wir lassen jetzt die Annahme fallen, daß die Dielektrizitätskonstanten der Luft und des festen Isoliermaterials gleich seien; praktisch trifft dies ja auch niemals zu, die Dielektrizitätskonstante des festen Isoliermaterials ist 4 bis 5 mal größer als die der Luft. Offenbar wird dann das Feld von Haus aus gestört, der Wulst ist kein Sphondiloid mehr, und wenn die Ausladung desselben nicht groß ist, wird dadurch auch noch das Feld des zylindrischen Teiles des Isolators gestört.

Wenn man nun auch die Verhältnisse ohne Aufzeichnen der Kraftlinienbilder oder ohne Aufnahme der Spannungsverteilung nicht mehr überblicken kann, so darf man wohl mit Sicherheit behaupten, daß solche Wulste den Isolator nicht verbessern. Dies bestätigt auch ein Versuch, der folgendes ergeben hat. Ein glatter zylindrischer Isolator im homogenen Feld zeigte eine Überschlagspannung von 42 kV. Durch Einfügen einer Glasplatte als Äquipotentialwulst stieg die Überschlagspannung auf 55,5 kV; wurde ein Wulst nach Abb. 196 angeordnet mit gleichem Durchmesser, wie vorher die Platte, dann betrug die Überschlagspannung nur mehr 51 kV. Man kann bei einem solchen Versuch alle einzelnen Phasen des Vorganges, so wie er eben beschrieben wurde, sehr schön verfolgen.

Wir haben eben gesehen, daß durch einen ungeeigneten Wulst ein vorher homogenes, also gutes Feld inhomogen, also verschlechtert wird. Diese Erscheinung legt die Frage nahe, ob es nicht möglich ist, ein vorher ungünstiges Feld durch Anordnen eines Wulstes zu verbessern, also gleichmäßiger zu gestalten. Wie Versuche des Verfassers gezeigt haben, ist dies tatsächlich möglich. Wir wollen Wulste, die diese Aufgabe erfüllen, die also das Feld verbessern, Feldregelwulste nennen.

In Abb. 198 ist eine einfache zylindrische Durchführung dargegestellt. Die Spannungsverteilung unterhalb der Anfangsspannung zeigt die Kurve *a* von Abb. 199, und zwar gehören zur glatten Durchführung die mit Zahlen bezeichneten Meßstellen. Man sieht, daß die Spannungsverteilung in der nächsten Umgebung der Fassung am ungünstigsten ist, eine Erscheinung, die uns längst bekannt ist. Wir versuchen nun, daß Feld an dieser Stelle durch einen Wulst zu verbessern. Dem Wulst geben wir die in Abb. 198 angedeutete Form und Lage. Die Meßstellen auf dem Wulst sind mit Buchstaben gekennzeichnet. Die Messung der Spannungsverteilung hat die Kurve *b* von Abbildung 199 ergeben. Wir sehen aus dem Vergleich der beiden Kurven, daß der Spannungsanstieg durch Anbringen des Wulstes wesentlich günstiger geworden ist. Durch den Wulst wird also die Anfangsspannung dieses Isolators wesentlich erhöht, wie man leicht aus der Kurve herausmessen kann (vgl. die Neigungen der beiden eingezeichneten Tangenten).

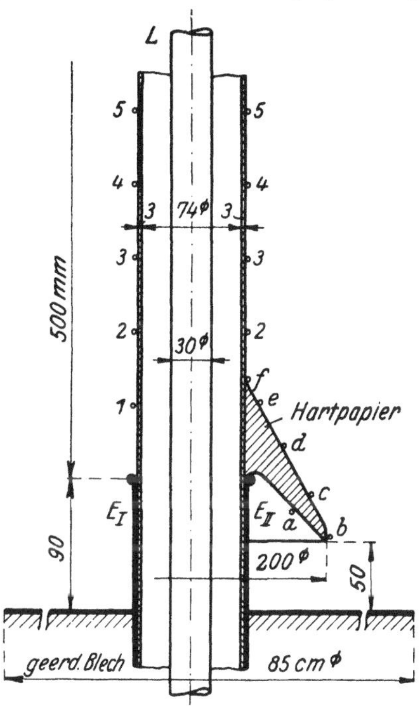

Abb. 198. Durchführung mit Feldregelwulst.

Außerdem sehen wir, daß dieser Wulst gleichzeitig auch noch als Stromdrossel wirkt; denn ein großer Teil der Oberfläche ist annähernd eine Äquipotentialfläche.

Man könnte nun vielleicht sagen, daß durch die Anbringung des Wulstes eben die Oberfläche vergrößert, bzw. der Überschlagsweg verlängert worden und der Isolator aus diesem Grunde verbessert ist. Das ist aber nicht zutreffend, wie man leicht nachweisen kann. Lassen wir nämlich den Wulst weg und machen wir dafür den Isolator um soviel länger, als vorher der Wulst ausgemacht hat, so wird dadurch der Anstieg der Spannung an der Fassung nicht beeinflußt, was uns ja auch von früher her bekannt ist.

Allgemeine Regeln über die Form, die Wulste erhalten müssen, damit sie feldregelnd wirken, kann man nicht aufstellen. Die richtige Lage der Wulste ist, wie wir gesehen haben, der Ort der größten Feldstärke.

Vielfach wird den Wulsten noch eine weitere Wirkung zugeschrieben, die bisher noch nicht erwähnt wurde. Sie sollen nämlich auch die Fähigkeit haben, bei Entladungen die Ionen in ihrem Flug aufzuhalten und abzubremsen. Dadurch wird verhindert, daß die über dem Wulst liegende Luft ionisiert wird, und dies hat eine Heraufsetzung der Überschlagspannung zur Folge. Ob diese Annahme zutrifft und

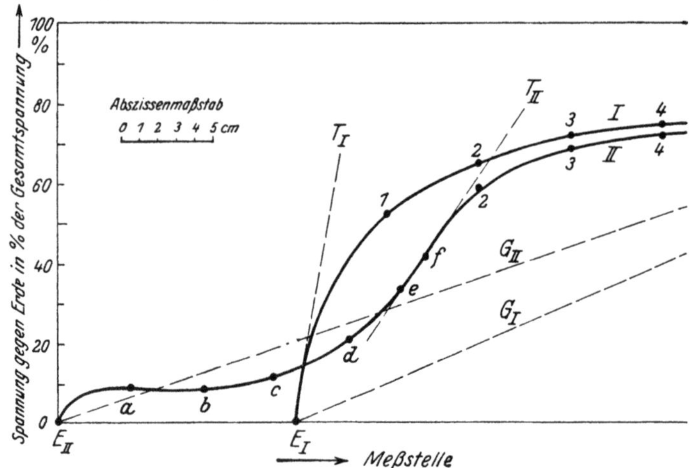

Abb. 199. Spannungsverteilung zur Durchführung Abb. 198.

vor allem, ob dadurch eine wirksame Erhöhung der Überschlagspannung erreicht wird, ist noch nicht untersucht worden. Vorderhand müssen wir annehmen, daß die Verschlechterung, die ein ungeeigneter Wulst zur Folge hat, größer ist als die Verbesserung der Überschlagspannung infolge der Verhinderung der Ionisierung.

Wenn man eine Durchführung, beispielsweise nach Abb. 198, jedoch ohne hochgezogene Erdelektrode, unter Spannung setzt, so beginnt an der Fassung das Glimmen. Steigert man die Spannung weiter, dann wird die Glimmzone verlängert bis schließlich unter die Achsel des Wulstes; vielleicht treten dann auch schon Gleitfunken auf. Diese scheinen dann geradezu an der Rippe abzuprallen. Das ist auch natürlich; denn sobald Gleitfunken entstehen, wird die Fassung bis zum Wulst hin kurzgeschlossen, die Erdelektrode also soz. heraufgezogen. Dadurch wird die Spannungsverteilung geändert, wie Abb. 199 zeigt. Der Spannungsanstieg auf dem Wulst wird sehr gemildert, die

Entladung kann also nicht weiterschreiten. Erst wenn die Spannung so hoch gesteigert wird, daß der Spannungsanstieg höher wird als die Überschlagfestigkeit, wächst die Entladung. Durch die ursprüngliche Entladung wird also der Isolator verbessert; d. h. die Entladung vereitelt sich selbst die Möglichkeit, weiterzuwachsen. Dieses Bild der abprallenden Entladungen mag die Vorstellung der durch den Wulst „abgebremsten Ionen" hervorgerufen haben.

Die Stromzerstreuung. Ein weiteres bis jetzt nur wenig beachtetes und bewußt angewendetes Mittel zur Verhinderung stromstarker Entladungen fassen wir unter dem Namen der Stromzerstreuung zusammen.

Eine Anordnung, z. B. der in Abb. 190 dargestellte Stützer im homogenen Feld möge bei reiner Glimmentladung einen ganz bestimmten Strom führen; die Glimmentladung selbst sei vollständig gleichmäßig auf die ganze Oberfläche des Porzellans verteilt. Bringen wir an irgendeiner Stelle der Oberfläche ein dünnes und ganz kurzes Drähtchen oder sonst irgendeine Unebenheit an, dann konzentrieren sich dort sofort die Entladungen und es ist deutlich der Ansatz des Büschellichtes zu erkennen. Steigern wir die Spannung etwas weiter, so nehmen gerade an dieser Stelle die Gleitfunken und damit auch der Überschlaglichtbogen ihren Anfang. Beseitigen wir die Unebenheit wieder, so werden wir feststellen, daß der Isolator bei der gleichen Spannung, bei der er vorher bereits übergeschlagen wurde, die Glimmentladung beibehalten hat. Der Gesamtstrom des Isolators hat sich in beiden Fällen nicht geändert, sondern nur die Stromdichte an einer einzelnen Stelle. Wir sehen also, daß bei genügender Stromdichte trotz gleichbleibendem Gesamtstrom eine Entladungsform in die nächste stromstärkere übergeführt werden kann. Umgekehrt muß man, wenn an einer Stelle Gleitfunken auftreten, durch Zerstreuen des Stromes an dieser Stelle die stromstarke Gleitfunkenentladung auf die Glimmentladung zurückführen können. Gelingt dies, so hat man die Möglichkeit gewonnen, durch Zerstreuen des Stromes die Überschlagspannung zu steigern; denn die Glimmentladung vermag eine größere Spannung aufzunehmen als die stromstarken Entladungen, wie aus den Töplerschen Kurven hervorgeht.

Sehr einfach anzustellen, aber wenig bekannt ist folgender Versuch. Man bringt in ein homogenes Feld folgende Anordnung. Auf eine Elektrode E wird ein zylindrischer Porzellanisolator gestellt; darauf wird eine Glasplatte als Stromdrossel gelegt und darüber wird wieder ein zylindrischer Porzellankörper angeordnet, der Durchmesser dieses Zylinders sei aber wesentlich kleiner als der des unteren Zylinders. Als obere Elektrode wird eine große, gut abgerundete Metallplatte gelegt (Abb. 200).

Nun steigert man die Spannung; bei der Anfangsspannung beginnen beide Porzellanzylinder zu glimmen, es tritt sofort der vollständige Überschlag auf. Ein Funkenüberschlag kann sich zunächst wegen der Wirkung der Stromdrossel nicht ausbilden. Nun vergleichen wir die beiden Zylinder hinsichtlich der Stärke der Entladungen und wir werden feststellen, daß sie beim dünneren Zylinder kräftiger ist als beim dicken Zylinder. Steigern wir die Spannung weiter, so werden wir beobachten, daß auf dem dünnen Zylinder sehr bald die Gleitfunken einsetzen, während der untere dicke Zylinder noch ausgesprochene Glimmentladung zeigt. Diese Erscheinung ist jetzt leicht zu erklären. Beide Zylinder führen den gleichen Strom; denn sie sind hintereinandergeschaltet. Auf dem Zylinder mit dem kleineren Durchmesser ist aber die Stromdichte größer als auf dem dicken Zylinder, die Entladungen sind also stromstärker und infolgedessen kräftiger.

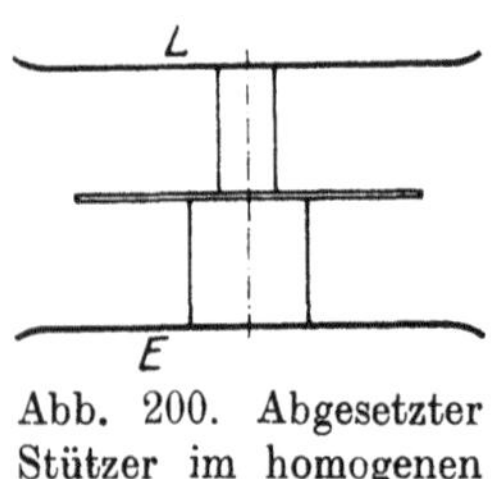

Abb. 200. Abgesetzter Stützer im homogenen Feld.

Daraus können wir folgern: Wenn wir an irgendeiner Stelle eines Isolators stromstarke Entladungen beobachten, können wir sie durch Verdicken des Isolators in stromschwache Entladungen umformen. Von diesem Mittel wird in der Praxis viel Gebrauch gemacht, wenn auch meist unbewußt. In einem inhomogenen Feld ist es zweckmäßig, an den Stellen großer Feldstärke den Isolator dicker zu machen als an den Stellen geringer Feldstärke; man kommt auf diese Weise zur konischen Form der Isolatoren. Allerdings finden wir viele Isolatoren, bei denen es gerade verkehrt gemacht ist, wo also der Isolator im starken Feld dünn und im schwachen Feld dick ausgeführt ist; dadurch wird natürlich die Überschlagspannung heruntergesetzt.

Sehr schön kann man die durch das Experiment oben beschriebene Erscheinung bei den sog. Rillenisolatoren beobachten. Diese Isolatoren, meist Innenraumstützer, haben eine stark gewellte Oberfläche. Steigert man die Spannung immer weiter, so sieht man bald die Rillen mit Glimmlicht bedeckt, während die Verdickungen noch ohne Entladungen sind.

Ein anderes Mittel zur Stromzerstreuung ist bei der von Crämer angegebenen Glimmdurchführung der A.E.G. angewendet. Hier wird an möglichst vielen Stellen gleichzeitig eine Entladung hervorgerufen, so daß sich der Strom auf viele Stellen verteilen muß. Zu diesem Zweck ist um die Fassung ein Ring mit einer messerscharfen Schneide herumgelegt, die bei Überschreiten einer gewissen Spannung zu glimmen beginnt. Der Ring liegt nicht auf der Oberfläche der Durchführung an, sondern ist in einiger Entfernung angebracht, wie

Abb. 201 zeigt. Der Ring ist mit R bezeichnet. In einiger Entfernung davon ist auf der Oberfläche noch ein Wulst angebracht (in Abb. 201 nicht gezeichnet), der als Stromdrossel wirkt. In Abb. 201 ist die Spannungsverteilung an einem Modell dieser Durchführung bei verschiedenen Spannungen aufgenommen. Es ist sehr interessant, diese Kurven mit denen von Abb. 181 zu vergleichen; in beiden Fällen

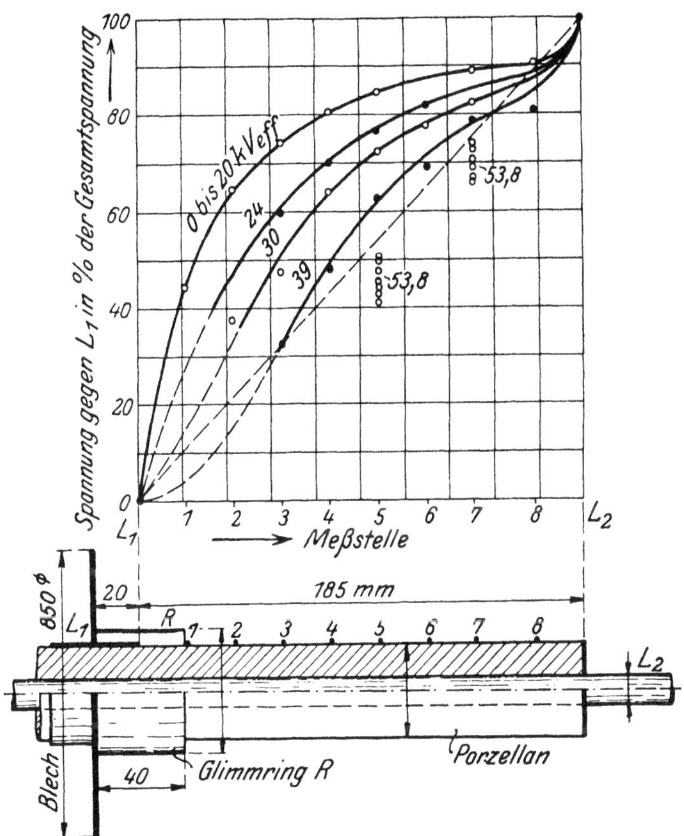

Abb. 201. Spannungsverteilung an einer Durchführung mit Glimmring (Glimmring $\phi = 100$ mm, Porzellan $\phi = 80$ mm, Leitungs $\phi = 28$ mm).

hat dasselbe Modell als Versuchsobjekt gedient. Man sieht, daß bei der Glimmklemme die Verbesserung der Spannungsverteilung schon bei einer viel geringeren Spannung beginnt, weil die Glimmentladungen früher einsetzen. Die bei 53 kV gemessenen Punkte sind unsicher; so viel aber steht fest, daß sie unterhalb der Geraden G liegen. Der Überschlag hat bei einer geringen Steigerung der Spannung über diesen Wert hinaus eingesetzt. Wir sehen also, daß die Spannung des vollständigen Überschlags in Form eines Lichtbogens h ö h e r liegt als bei der nackten Durchführung, trotzdem die Anfangsspannung niedriger ist wie dort. Besonders interessant ist es, daß die Kurve der Spannungsverteilung kurz vor dem Überschlag unterhalb der Geraden G liegt. Die Kurve der Spannungsverteilung muß also durch die Gerade G hindurchgegangen sein, wobei aber noch nicht gesagt ist, daß sie beim Durchgang eine Gerade gewesen sein muß. Wenn sie aber keine Gerade war, also eine kleinere fiktive Länge λ hatte, so ist zu schließen, daß bei der Glimmdurchführung die Überschlagspannung höher ist als bei einer Durchführung mit geradliniger Spannungsverteilung, gleiche Überschlagfestigkeit der Oberfläche vorausgesetzt. Nun ist aber die Überschlagfestigkeit bei glimmender Oberfläche wahrscheinlich wesentlich geringer als bei einer von Entladungen freien Oberfläche. Aus diesem Grunde ist natürlich die Überschlagspannung einer Durchführung mit geradliniger Spannungsverteilung und nichtglimmender Oberfläche doch höher als bei der Glimmdurchführung. Über das Zustandekommen der Kurven für die Spannungsverteilung ist das früher Gesagte gültig.

Die Glimmdurchführung ist ein interessantes Beispiel für die praktische Bedeutung der Stromdichte hinsichtlich der Entladungsform und der Höhe der Überschlagspannung. Es ist sehr schön, zu sehen, wie kurz vor dem Überschlag die ganze Durchführung in ein blauviolettes Glimmlicht getaucht ist, ohne daß der Überschlag in Form eines Lichtbogens einsetzt.

Steigert man bei gleichbleibender Spannung die Frequenz des Wechselstromes, so wächst der Ladestrom und man kann sehr schön beobachten, wie die Glimmentladung immer heftiger wird und zum Schluß die Gleitfunken einsetzen, trotzdem die Spannung unverändert bleibt. Es ist dies wieder ein Beweis, daß für die Entladungen, ob Glimmentladung oder Gleitfunkenentladung, nur der Strom maßgebend ist.

Isolatorketten. Im folgenden haben wir zu untersuchen, ob auch bei den Isolatorketten eine Stromdrosselung stattfindet. Zunächst sei nochmals daran erinnert, daß die Spannungsverteilung an Isolatorketten meist nicht gleichmäßig ist; infolgedessen sind stets ein oder mehrere Glieder stärker beansprucht als es bei gleichmäßiger Spannungsverteilung der Fall wäre. Wir haben erkannt, daß an sich bei solchen Ketten stets der vollständige Überschlag nach Überschreiten der Anfangsspannung einsetzen müßte. Wegen des Spannungsabfalles, den die Entladung aber verursacht, folgt der unvollständige Überschlag der Anfangsspannung.

Nur bei Ketten mit vollständig gleichmäßiger Spannungsverteilung werden alle Glieder der Kette gleich stark beansprucht, hier tritt auch sofort nach Überschreiten der Anfangsspannung der vollständige Überschlag ein. Bei solchen Ketten ist bis jetzt noch keine Erhöhung der Überschlagspannung durch das Mittel der Stromdrosselung versucht worden, sie scheiden also bei der nachfolgenden Betrachtung aus.

Wird bei Ketten mit ungleichmäßiger Spannungsverteilung die Anfangsspannung überschritten, so wird zunächst ein Glied überschlagen, bei Hängeketten das unterste mit der Leitung verbundene Glied. Wir verfolgen nun den Strom, der die Entladung speist. Er kommt von der Leitung, geht über das unterste übergeschlagene Glied und muß sich dann als Verschiebungsstrom durch die darüber hängenden Glieder einerseits und von den einzelnen Gliedern zur Erde andererseits fortsetzen. Die über dem übergeschlagenen Isolator hängenden Glieder wirken also wie eine Vorschaltkapazität und infolgedessen drosseln sie den Strom. In der Tat ist es nicht möglich, in einer Kette einen einzelnen Isolator durch einen Lichtbogen zu überschlagen; es können nur Glimmentladungen oder Gleitfunken erzeugt werden. Wir sehen also, daß bei den Isolatorketten von Haus aus eine Stromdrosselung vorhanden ist. Diese wird um so wirksamer sein, je geringer die Eigenkapazität C des einzelnen Gliedes ist. Je kleiner aber C ist, um so ungleichmäßiger ist die Spannungsverteilung einer Kette. Ketten mit sehr ungleichmäßiger Spannungsverteilung weisen also eine starke Stromdrosselung auf.

Nun wissen wir aber, daß mit der Stromdrosselung eine Vergrößerung der Überschlagspannung verknüpft ist und es ist deshalb zu erwarten, daß sich diese Erhöhung der Überschlagspannung am meisten bei den Ketten mit sehr ungleichmäßiger Spannungsverteilung zeigen wird.

Früher hat man geglaubt, daß nur durch Verbesserung der Spannungsverteilung die Überschlagspannung erhöht werden könne. Jetzt sehen wir aber, daß auch Isolatorketten mit sehr ungleichmäßiger Spannungsverteilung dank der Wirkung der Drosselung eine sehr starke Verbesserung der Überschlagspannung erfahren. Die Versuche haben die Richtigkeit dieser Überlegungen bestätigt. In Abb. 202 zeigt die Kurve a die Spannungsverteilung einer Hängekette, die aus 8 normalen Kappenisolatoren zusammengesetzt ist; Kurve b zeigt die Spannungsverteilung einer gleich langen Kette, die aus vier Isolatoren der Motortype zusammengesetzt ist. Aus Abb. 186 erkennen wir, daß die Kapazität C dieser Isolatoren nur ein Bruchteil derjenigen der Kappenisolatoren ist; daher ist es erklärlich, daß die Spannungsverteilung an diesen Ketten wesentlich ungleichmäßiger ist. Abb. 203 zeigt die Überschlagscharakteristiken dieser beiden Kettentypen, d. h. die Abhängigkeit der Überschlagspannung von der Länge der Ketten. Wir sehen, daß tatsächlich die Motorketten (Kurve b) ungefähr die gleiche Zunahme der Überschlagspannung mit zunehmender Kettenlänge aufweisen wie die Kappenisolatorkette (Kurve a).

Man könnte nun glauben, daß vielleicht die Kette mit ungleichmäßigerer Spannungsverteilung einen besseren Selbstschutz besitze. Abb. 186 zeigt aber, daß die Kapazität C dieser Isolatoren fast gar nicht mit zunehmender Entladung wächst; das günstige Ergebnis ist also allein der Wirkung der Stromdrosselung zuzuschreiben.

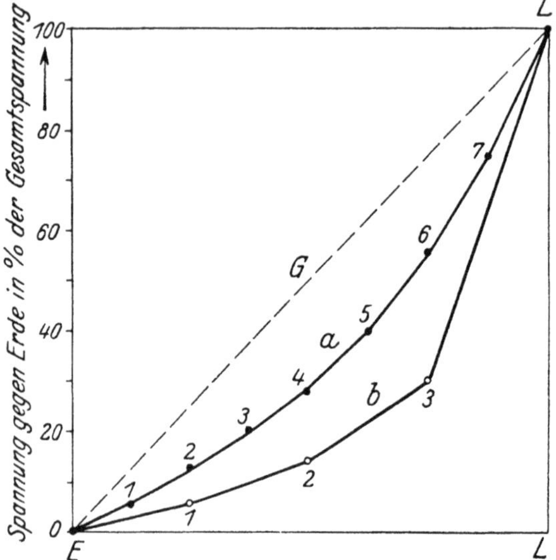

Abb. 202. Spannungsverteilung an Hängeketten.

Aus dieser Erscheinung ergibt sich die außerordentlich wichtige Schlußfolgerung, daß ein Glied einer solchen Kette, die eine starke Stromdrosselung besitzt, innerhalb der Kette eine höhere Überschlagspannung aushält als außerhalb der Kette, gerade so wie ein Stützer mit Glasplatte als Äquipotentialwulst eine höhere Überschlagspannung zeigt als der glatte Stützer.

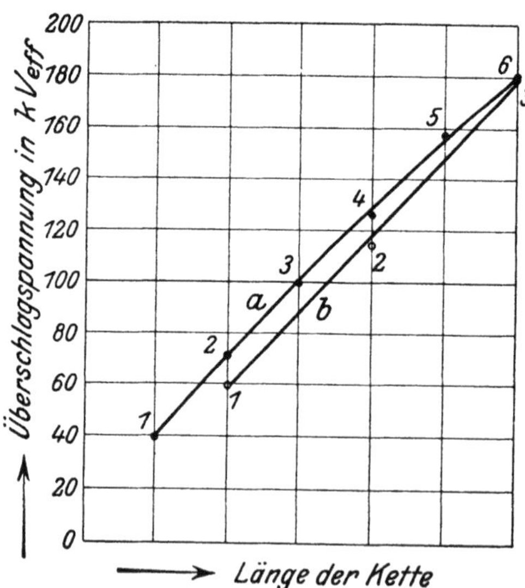

Abb. 203. Überschlagscharakteristiken der beiden Hängeketten Abb. 202.

Nun fordert man von jedem Isolator, daß er bei Spannungssteigerung nicht durch- sondern überschlägt; die Überschlagspannung soll also niedriger sein als die Durchschlagspannung eines Isolators. Nehmen wir an, die Durchschlagspannung eines Isolators wäre etwa 20% höher als seine Überschlagspannung; der Isolator würde dann bei der Einzelprüfung, also außerhalb der Kette, die Prüfung bestehen. Nun nehmen wir weiter an, die Überschlagspannung des gleichen Isolators in der Kette sei 30%

höher als außerhalb der Kette infolge der Wirkung der Stromdrosselung. Daraus würde sich ergeben, daß der Isolator in der Kette eine geringere Durchschlagspannung besitzt als seine Überschlagspannung beträgt. Es wäre also nicht zu verwundern, wenn solche Isolatoren in der Kette bei Überspannungen durchgeschlagen würden.

Das Ergebnis unserer Betrachtungen ist das: Will man bei Isolatorketten von der Erhöhung der Überschlagspannung durch Stromdrosselung ausgiebig Gebrauch machen, so kann dies nur geschehen, wenn die Einzelglieder der Kette eine Durchschlagspannung besitzen, die wesentlich höher ist als ihre Überschlagspannung. Das trifft beispielsweise bei den mehrfach erwähnten Motorisolatoren zu, die zu durchschlagen wohl überhaupt nicht möglich ist.

Wenn man diesen Gedanken weiter verfolgt, so kommt man zur Anordnung „kombinierter Ketten", die aus verschiedenartigen Isolatoren zusammengesetzt sind und zwar derart, daß oben Glieder größerer Kapazität und unten Glieder kleiner Kapazität angeordnet werden. Die Glieder kleiner Kapazität müssen aber durchschlagsicher sein (D.R.P. a). Beispielsweise kann man oben Kappenisolatoren und unten Motorisolatoren verwenden. Man kann dann leicht erreichen, daß auf die unteren Isolatoren 70—80 % der gesamten Spannung entfallen. Bei Überspannungen werden zuerst die unteren Glieder Entladungen zeigen; solange dies aber Glimmentladungen sind, wird die ursprüngliche Spannungsverteilung nicht wesentlich geändert, die glimmenden Isolatoren nehmen vielmehr noch die volle ursprüngliche Spannung auf. Erst wenn Gleitfunken auftreten, erhalten die anderen Isolatoren höhere Spannungen. Die Einrichtung muß nun so getroffen werden, erstens, daß die unteren Isolatoren möglichst lange Glimmentladungen zeigen und zweitens, daß beim Auftreten von Gleitfunken auf den unteren Isolatoren sofort der vollständige Überschlag der ganzen Kette auftritt. Versuche haben ergeben, daß dies möglich ist. Wirtschaftlich ist diese Anordnung dann gerechtfertigt, wenn die kombinierte Kette billiger ist als Ketten, die nur aus durchschlagsicheren Isolatoren bestehen oder wenn bei höherem Preis der kombinierten Kette eine höhere Sicherheit erzielt wird.

Damit haben wir die Erscheinungen des unvollständigen Überschlags und seine Bedeutung für den heutigen Isolatorbau kennen gelernt. Wie wir gesehen haben, sind wir bis jetzt noch weit davon entfernt, die Vorgänge beim unvollständigen Durchschlag auf rechnerischem Wege verfolgen zu können. Hierzu fehlt uns vor allem auch noch die Kenntnis der Überschlagfestigkeit der Luft im glimmenden Zustand.

So wichtig nun auch die Vorgänge beim unvollständigen Überschlag heute noch sein mögen, so dürfen wir doch nicht vergessen, daß auch für den Überschlag die geradlinige Spannungsverteilung das unübertroffene Ideal darstellt und daß die Isolatoren mit einer solchen Spannungsverteilung jeder anderen Anordnung mit ungleichmäßiger Spannungsverteilung und unvollständigem Überschlag unbedingt vorzuziehen sind.

Die Tatsache, daß man Ketten mit fast gleichmäßiger Spannungsverteilung und mit sehr ungleichmäßiger Spannungsverteilung bauen kann, die beinahe die gleiche Überschlagspannung besitzen, hat vielfach zur Schlußfolgerung geführt, daß die Spannungsverteilung bei Kettenisolatoren gar nicht so wichtig sei. Man stützt sich dabei auch auf die Statistiken von Werken, welche ergeben haben, daß die unteren Glieder der Ketten nicht häufiger durchgeschlagen werden wie die anderen, im Gegenteil, meist ist die Häufigkeit des Durchschlages sogar bei den obersten Gliedern am größten.

Diese Beweisführung und Behauptung scheint dem Verfasser nicht stichhaltig zu sein; im Gegenteil, die Statistik scheint dem Verfasser geradezu zu beweisen, daß die Spannungsverteilung auf die Ketten eine sehr wichtige Rolle spielt. Wird nämlich das unterste oder mehrere untere Glieder überschlagen, dann trifft fast die volle Spannung auf die darüber hängenden Glieder, diese werden also überbeansprucht, während die unteren Glieder durch den Überschlag sozusagen ausgeschaltet sind. Es ist also verständlich, daß diese dabei durchschlagen werden können, besonders auch deshalb, weil sie wegen der intermittierenden Entladungen auf den unteren Gliedern Stoßbeanspruchungen erleiden (hierüber siehe später).

III. Beispiele aus der Hochspannungstechnik.

Elftes Kapitel.

Die Funkenstrecken.

33. Die Meßfunkenstrecken. — 34. Die Prüffunkenstrecken. — 35. Die Schutzfunkenstrecken.

33. Die Meßfunkenstrecken.

Die Meßfunkenstrecken, deren Dielektrikum Luft ist, dienen zur Ermittlung des Scheitelwertes der Wechselspannung. Da man zur Messung sehr hoher Spannungen (es kommen heute Spannungen bis zu 1000 kV in Laboratorien zur Verwendung) noch keine direkt zeigenden Meßinstrumente hat, sind die Meßfunkenstrecken überhaupt das einzige Meßgerät für sehr hohe Spannungen. Natürlich darf man nicht, wie das so häufig geschieht, vom gemessenen Scheitelwert direkt auf den Effektivwert der Spannung schließen, wenn die Kurvenform der Spannungswelle nicht bekannt ist.

An eine Meßfunkenstrecke stellt man verschiedene Anforderungen.

1. Das Feld der Funkenstrecke soll genau definiert und der Rechnung zugänglich sein.

2. Das Feld der Funkenstrecke soll störungsfrei sein, d. h. die Umgebung soll die Durchschlagspannung nicht beeinflussen.

3. Die Entladung soll möglichst exakt einsetzen; d. h. die Funkenspannung soll Anfangsspannung sein.

4. Manchmal ist erwünscht, daß die Kapazität der Funkenstrecke sehr klein sei.

5. Erwünscht ist endlich, daß die Dimensionen der Funkenstrecke nicht zu groß sind, damit sie nicht zu viel Raum beansprucht.

Die erste Forderung erfüllen alle Funkenstrecken, die aus Anordnungen bestehen, deren Feld wir im ersten Abschnitt berechnet haben. Die zweite Forderung erfüllen nur die Anordnungen in vollkommener Weise, bei denen die eine Elektrode die andere umhüllt (konzentrische, konaxiale Anordnungen). Die Forderung 3. kann nur dann erfüllt werden, wenn die Schlagweite (Abstand a) der Elektroden ein gewisses Maß nicht überschreitet. Dadurch wird natürlich der Meßbereich der einzelnen Elektroden sehr stark eingeschränkt; denn kleine Abstände ergeben kleine Durchschlagspannungen. Die vierte Forderung erfüllt am besten die Nadelfunkenstrecke. Die fünfte Forderung erfüllen am besten die Anordnungen mit größtem Ausnützungsfaktor η. Denn diese ergeben bei gleicher Schlagweite die größte Durchschlagspannung. Die an sich gute Anordnung „zwei parallele Platten" ist als Meßgerät leider sehr ungeeignet; denn bei größeren Entfernungen der beiden Platten, also bei größeren Spannungen, macht sich der Einfluß der Ränder bemerkbar, außer man macht die Platten sehr groß, und die Ränder sehr flach.

Abb. 204. Meßfunkenstrecke.

Über die Genauigkeit der Messung mit Funkenstrecken darf man sich keinen Täuschungen hingeben. Die in den Tabellen angegebenen Werte sind Mittelwerte; selbst bei sorgfältiger Messung kommen Abweichungen von ± 1 bis $2\,\%$ vor.

Die Kugelfunkenstrecke besteht im Prinzip aus zwei nebeneinander angeordneten Kugeln, von denen eine verschiebbar ist. An einem Maßstab mit feiner Einteilung kann die Entfernung der Kugeln abgelesen werden. Eine praktische Ausführungsform dieser Funkenstrecke zeigt Abb. 204 (S. S. W.). Für Messung hoher Spannungen empfiehlt es sich, die Funkenstrecke horizontal (Kugelführung auf hohen Stützern) anzuordnen.

Bei ortsveränderlichen Funkenstrecken soll man mit der Schlagweite nicht wesentlich über $a =$ zweimal Kugelradius hinausgehen, weil sonst die Umgebung der Funkenstrecke Einfluß auf die Durchschlagspannung gewinnt. Bei ortsfesten Funkenstrecken kann man über diese Schlagweite hinausgehen, muß dann aber die Funkenstrecke für die größeren Schlagweiten eichen.

In der Tabelle G sind die Anfangsspannungen für verschiedene Kugeldurchmesser und Schlagweiten nach Schumann angegeben, und zwar gelten die Werte, wenn beide Kugeln isoliert aufgestellt sind. Wird eine der beiden Kugeln geerdet, dann gilt Tabelle H für die Durchschlagswerte.

Die Zylinderfunkenstrecke. Petersen schlägt als Normalfunkenstrecke zwei sich umhüllende parallele Zylinder vor. Diese Funkenstrecke hat den großen Vorteil der vollständigen Störungsfreiheit. Petersen empfiehlt für die Dimensionen, die Länge des äußeren Zylinders zweimal so groß zu machen wie den Innenradius R des Außenzylinders und die Länge des inneren Zylinders zweimal so groß wie den Außenzylinder.

Bei dieser Funkenstrecke sind die Bedingungen für den vollständigen Durchschlag sehr genau bekannt, endlich ist die Durchschlagfestigkeit lediglich eine Funktion des Radius r des inneren Zylinders und zwar auch bei anaxialer Lage des inneren Zylinders, die Berechnung der Eichkurve ist also sehr bequem und zuverlässig.

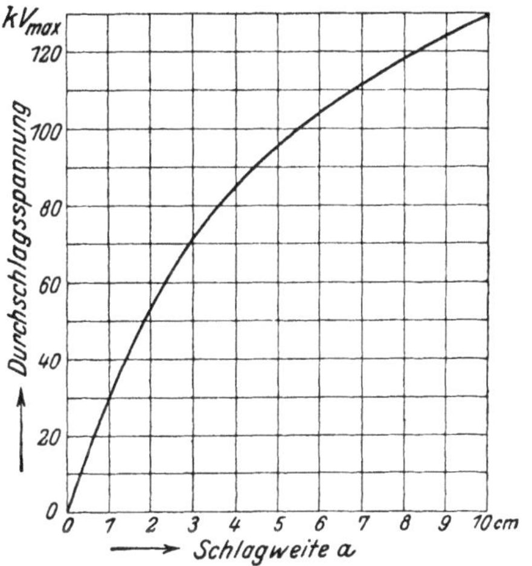

Abb. 205. Durchschlagspannung (Anfangsspannung) einer Zylinderfunkenstrecke ($R = 12$ cm, $r = 2$ cm) abhängig von der Schlagweite a.

Die Meßeinrichtung ist so, daß der äußere Zylinder feststeht, der innere Zylinder dagegen kann parallel zu sich selbst verschoben werden, so daß der Abstand von der inneren Wand des äußeren Zylinders verändert werden kann. Das Feld dieser Anordnung ist genau berechenbar, solange der Durchschlag nicht am Rand erfolgt, was leicht verhindert werden kann, wenn man den Rand sanft abrundet. Eine berechnete Eichkurve dieser Funkenstrecke ($r = 2$ cm, $R = 12$ cm) zeigt Abb. 205. Mit Hilfe der Tabelle für den Ausnutzungsfaktor dieser Anordnung und der Tafel für die Durchschlagfestigkeit der Luft an Zylindern kann man leicht Eichkurven für andere Dimensionen berechnen.

Für die Abmessungen der Anordnung empfiehlt Petersen folgende Werte

Meßbereich bei	r	R
56 kV_{eff}	2 cm	6 cm
50 kV_{eff}	1 cm	6 cm
104 kV_{eff}	4 cm	12 cm
92 kV_{eff}	2 cm	12 cm
200 kV_{eff}	9 cm	26 cm
200 kV_{eff}	5 cm	28 cm

Man sieht, daß man für relativ niedrige Spannungen schon auf große Dimensionen kommt.

Die Nadelfunkenstrecke. In Amerika wird als Normalfunkenstrecke vielfach die Nadelfunkenstrecke (Spitzenfunkenstrecke) verwendet. Da die Anfangsspannung sehr stark von der Schärfe der Spitzen abhängt, die sich mit jeder Entladung ändert, ist diese Funkenstrecke für genaue Messungen im allgemeinen ungeeignet.

Bei größeren Schlagweiten und sehr feinen Spitzen ist die Funkenspannung zugleich Glimmgrenzspannung und sehr unregelmäßig. Erst bei größeren Öffnungswinkeln bildet sich ein richtiges Büschel aus, die Funkenspannung ist Büschelgrenzspannung und wird für Messungen geeignet, wenn es nicht auf besonders große Genauigkeit ankommt. Weicker empfiehlt die Anwendung nur für Spannungen von 60 bis 70 kV_{eff} und Schlagweiten von 20 cm an aufwärts mit einem Öffnungswinkel der Spitzen von 25 bis 40 Grad (vorderes Ende etwas abgefeilt, um die Abnützung durch die Entladungen zu mildern). Weicker gibt für diese Funkenstrecke die Abhängigkeit zwischen effektiver Durchschlagspannung (Büschelgrenzspannung) und Schlagweite a die Gleichung an

$$U_d = 30 + (a - 6)(2{,}8 + 0{,}06\,f)$$

(f = absolute Feuchtigkeit in g/cbm).

Gebrauch der Funkenstrecken. Hinsichtlich des Gebrauches dieser Funkenstrecken ist einige Vorsicht geboten. Jede Funkenstrecke stellt in ihrer Anordnung mit dem Transformator einen Schwingungskreis mit Funkenentladung dar. Beim Ansprechen der Funkenstrecke darf man unter keinen Umständen die Niederspannungsseite des Transformators plötzlich abschalten, um die Funkenstrecke zu löschen; denn die gesamte im Transformator vorhandene Feldenergie muß sich sonst auf der Hochspannungsseite ausgleichen, was mit Überspannungen und damit mit einer Gefährdung des Transformators verknüpft ist. Zweckmäßig ist es, in den Stromkreis der Funkenstrecke einen großen Widerstand zu schalten, um die Stärke des Lichtbogens zu beschränken und ferner um etwa auftretende oszillatorische Entladungen kräftig zu dämpfen. Als Faustregel wird empfohlen, pro 1 V Spannung je 1 Ω Vorschaltwiderstand vorzusehen.

Praktische Bedeutung der Funkenstrecken. Bis vor kurzem war man, wie wir gesehen haben, der Meinung, daß auch für die Beanspruchung der festen und flüssigen Isoliermaterialien der Maximalwert der Spannung maßgebend sei. Deshalb legte man bei der Prüfung von Hochspannungskonstruktionen gerade der Ermittlung des Scheitelwertes der Spannung so große Bedeutung bei. Seitdem wir aber wissen, daß für die Beanspruchung dieser Isoliermaterialien im Gegensatz zur Luft der Effektivwert der Spannung maßgebend ist, interessiert uns bei der Prüfung nur mehr dieser Wert der Spannung. Damit hat die Meßfunkenstrecke mit einem Schlag ihre frühere Bedeutung verloren. Es entsteht nun von neuem die Frage, wie man die Spannung bei der Prüfung von Apparaten messen soll. Der Verfasser geht so vor, daß er mit einem elektrostatischen Instrument die Spannung einer oder einiger Spulen der Hochvoltseite mißt und die Ablesung mit der Zahl der Spulen oder Spulengruppen multipliziert. Vorher muß man sich natürlich überzeugen, ob die Spulen die gleiche Spannung führen. Zur Feststellung, ob nicht Resonanzspannungen an einzelnen Teilen des Transformators auftreten, kann man Meßfunkenstrecken vorsehen, die etwas höher eingestellt sind, als der Scheitelwert der Prüfspannung beträgt.

Bei der Durchführung einer Prüfung von Hochspannungsmaterial können sich nun sehr merkwürdige Verhältnisse ergeben, die wohl bis jetzt noch nicht genügend beachtet worden sind. Jede Hochspannungskonstruktion wird auf Durchschlag und Überschlag beansprucht. Für die Beanspruchung der festen Isolierstoffe ist, wie gesagt, der Effektivwert der Spannung maßgebend, für Beanspruchung auf Überschlag in Luft dagegen der Maximalwert der Spannung. Nehmen wir an, es sei in einem speziellen Fall eine Prüfspannung von U_{eff} kV vorgeschrieben. Die Spannung des Transformators möge eine sehr spitze Kurvenform besitzen. Stellt man nun die Prüfspannung nach dem Effektivwert ein, dann ist die Anordnung auf Überschlag überbeansprucht, weil der Scheitelwert der Spannung viel höher ist, als durch die sinusförmig angenommene Prüfspannung vorgeschrieben ist. Nehmen wir an, die Verhältnisse lägen so ungünstig, daß sogar der Überschlag eintritt. Man ist dann geneigt, zu behaupten, daß die Prüfung ein ungünstiges Resultat ergeben habe, während in Wirklichkeit, wenn der richtige Scheitelwert eingestellt würde, die Konstruktion vielleicht nicht übergeschlagen hätte, also als gut zu bezeichnen wäre. Stellt man aber andererseits den richtigen Scheitelwert $\sqrt{2}\,U_{\mathrm{eff}}$ mit einer Meßfunkenstrecke ein, dann ist die Konstruktion auf Durchschlag zu wenig beansprucht, weil der Effektivwert kleiner wird als die vorgeschriebene Prüfspannung beträgt.

Umgekehrt: Ist die Kurvenform der Prüfspannung sehr flach, dann ist beim Einstellen des Effektivwertes wohl das feste Isoliermaterial richtig beansprucht, die Beanspruchung auf Überschlag ist aber zu gering. Stellt man den richtigen Scheitelwert der Spannung ein, dann wird das feste Isoliermaterial auf Durchschlag überbeansprucht und schlägt vielleicht durch, während es die Prüfung mit rein sinusförmiger Spannung noch ausgehalten hätte.

Aus diesen Überlegungen erkennt man, daß bei verzerrten Kurven, und mit solchen hat man wohl stets zu rechnen, die Gefahr der unrichtigen Beurteilung eines Prüfergebnisses vorhanden ist, wenn man mit den Verhältnissen nicht wohl vertraut ist. Man wird nun einwenden, daß bei der Berechnung so viel Sicherheit vorgesehen sein muß, um das Eintreten der geschilderten Vorgänge zu vermeiden. Man muß aber bedenken, daß die Prüfbedingungen für Apparate hoher Spannungen außerordentlich scharf sind und man muß manchmal aus Gründen des Preises oder vorgeschriebener Dimensionen mit der Beanspruchung bis nahe an die Grenze gehen. Liegen nun dazu auch noch die Verhältnisse bzgl. der Kurvenform recht ungünstig, dann ist es nicht ausgeschlossen, daß bei der Prüfung ungewollte Überbeanspruchungen auftreten, die zu Entladungen führen, wie oben geschildert wurde.

34. Die Prüffunkenstrecken.

Die Durchschlagfestigkeit der Isoliermaterialien kann bekanntlich nur auf experimentellem Wege ermittelt werden. Man bringt zu diesem Zweck das zu untersuchende Material zwischen zwei geeignete Elektroden, legt an diese die Stromquelle und steigert deren Spannung bis zum Durchschlag.

Ist die Durchschlagspannung U_d auf diese Weise ermittelt, dann berechnet man aus den Dimensionen der Prüfanordnung und der Durchschlagspannung die Durchschlagfestigkeit $\mathfrak{E}_d$ des Materials aus und damit ist dann die Aufgabe, die Durchschlagfestigkeit zu ermitteln, gelöst.

Im folgenden handelt es sich nun darum, zu untersuchen, welche Elektroden man dabei am besten benützt. Hat man Isoliermaterialien zu untersuchen, die dem Potenzgesetz folgen, dann ist die Elektrodenfrage sofort gelöst, man muß nämlich in diesem Fall das Material mit allen möglichen Elektroden untersuchen, also mit Platten, Zylindern, Kugeln usw., weil man für jede Elektrodenform eine andere Durchschlagfestigkeit erhält. Das klassische Beispiel hierfür ist die Luft. Hat man dagegen Isoliermaterialien zu untersuchen, die dem Proportionalitätsgesetz folgen, dann genügt es, die Untersuchung mit nur einem Elektrodenpaar auszuführen und daraus die Durchschlagfestigkeit zu berechnen. Welche Elektroden man dabei wählt, ist an sich gleichgültig; denn alle müssen die gleiche Durchschlagfestigkeit ergeben. Allerdings werden wir sehen, daß die Wahl geeigneter Elektroden bei diesen Materialien doch nicht ganz einfach ist. In der Praxis verwendet man fast meist Plattenelektroden. Diese Elektroden werden auch in Büchern meist für die Prüfung empfohlen. Wir werden aber sehen, daß die Verwendung von Plattenelektroden bei dieser Gruppe von Isoliermaterialien zu Irrtümern Veranlassung geben kann.

Meist liegen die Verhältnisse bei den auszuführenden Untersuchungen so, daß wir von vornherein gar nicht wissen, welchem

Gesetz das zu prüfende Material folgt, wie wir ja überhaupt bei den festen Isoliermaterialien über deren Gesetz noch ganz im unklaren sind. In diesem Falle muß man eben mehrere Elektroden wählen und aus den Versuchsergebnissen das Durchschlagsgesetz ermitteln. Solche Untersuchungen sind nicht einfach; denn wir werden sehen, daß vielfach die Gefahr vorliegt, den Versuchsergebnissen eine unrichtige Deutung zu geben.

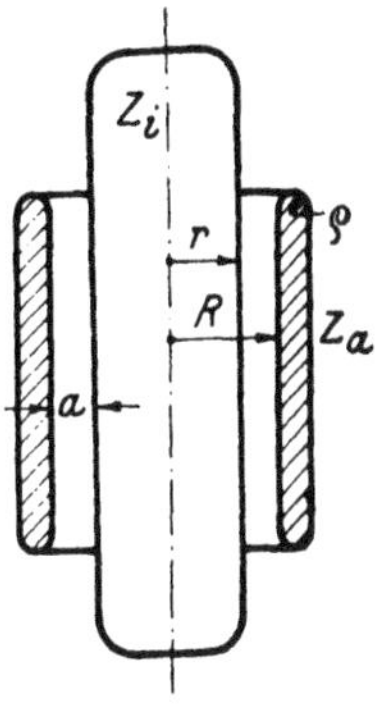

Abb. 206. Zylinderfunkenstrecke.

Mit diesen Fragen nun wollen wir uns im folgenden näher beschäftigen. Wir werden hauptsächlich die Elektroden untersuchen: Zwei konaxiale Zylinder, Zwei gleichgroße Kugeln (bzw. Kugel gegen Platte) und endlich Zwei gleichgroße Platten.

Zylinderelektroden. Dieses Prüfgerät ist besonders zur Untersuchung von gasförmigen und flüssigen Isolierstoffen geeignet; feste Isolierstoffe können mit diesen Elektroden nur dann untersucht werden, wenn sie Röhrenform haben. Bei der Prüfung von gasförmigen und flüssigen Isolierstoffen verwendet man zwei Metallzylinder Z_i und Z_a (Abb. 206), die durch eine geeignete Konstruktion in konaxialer Lage zueinander gehalten werden. Zweckmäßigerweise führt man die Konstruktion so aus, daß man beide Zylinder gegen andere mit anderen Durchmessern auswechseln kann, so daß man die geometrische Charakteristik der Anordnung nach Belieben ändern kann. Die in Abb. 206 eingeschriebenen Zeichen dürften ohne weiteres verständlich sein.

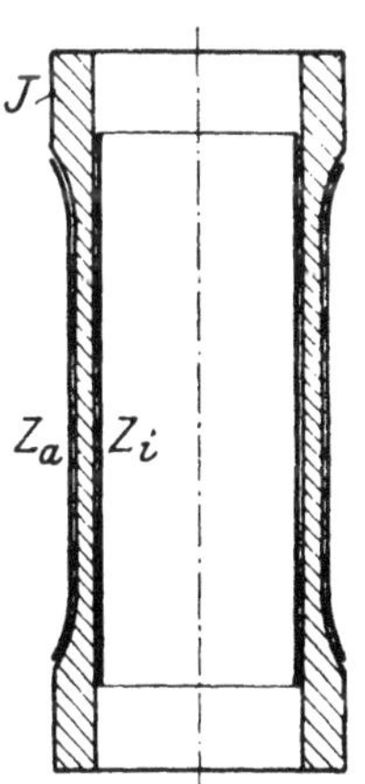

Abb. 207. Prüfanordnung für feste Isoliermaterialien in Röhrenform.

Bei der Prüfung von festen Isoliermaterialien, die in Röhrenform gegeben sind, belegt man die Isolierrohre innen und außen mit Stanniol. Zweckmäßig ist es, die zu belegenden Stellen vorher mit Graphit oder einem anderen leitenden Material gut einzureiben, damit keine Luftschichten an der Prüfstelle vorhanden sind. Um den Durchschlag an den Stanniolrändern, also im unkontrollierbaren Feld zu vermeiden, bearbeitet man die Isolierrohre vorher auf der Drehbank so, daß die Ränder des Stanniols an den verdickten Enden des Rohres zu liegen kommen, wie Abb. 207 zeigt. J bedeutet das Isolierrohr, Z_i und Z_a sind die beiden Stanniolbeläge.

Bei der Wahl der Zylinderelektroden hat man darauf zu achten, daß der Krümmungsradius des Wulstes groß genug gemacht wird, um sicher zu sein, daß der Durchschlag nicht gegen den Rand der Elektroden zu erfolgt. Hierüber haben wir bereits im dritten Kapitel Näheres erfahren.

Die Schichtdicke des Isoliermaterials. Nachdem wir die Bedingungen kennen, unter denen der Durchschlag im zylindrischen Feld erfolgt, wollen wir den Durchschlag in diesem Feld bei verschiedenen Materialdicken a näher untersuchen. Wir gehen dabei in folgender Weise vor: Wir nehmen die Schichtdicke a als konstant an, beispielsweise zu 0,01 cm und variieren den Radius r des inneren Zylinders Z_i. Durch das Festhalten der Materialdicke a ist damit auch der Radius R des Zylinders Z_a jeweils mitbestimmt. Ist diese Rechnung durchge-

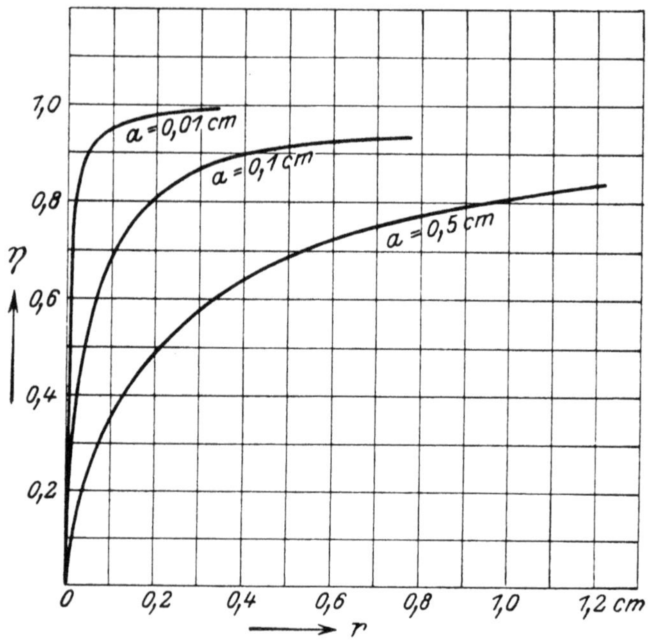

Abb. 208. Ausnutzungsfaktoren η bei der Zylinderfunkenstrecke abhängig vom Innenradius r.

führt, so wiederholen wir sie für eine andere Schichtdicke. In Abb. 208 ist das Ergebnis solcher Rechnungen dargestellt und zwar wurde für die Schichtdicke gewählt: $a = 0{,}01$; $a = 0{,}1$; $a = 0{,}5$ cm. Als Ordinaten kann man die sich ergebenden Werte der fiktiven Schichtdicke α auftragen, oder aber, wie es in Abb. 208 geschehen ist, die Ausnutzungsfaktoren. Als Abszissen sind die Radien r des inneren Zylinders gewählt. Die Kurven müssen hierbei dem gleichen Endwert 1 zustreben, weil bei immer weiter getriebener Vergrößerung von r die Anordnung übergeht in „zwei parallele Platten", für welche der Ausnutzungsfaktor gleich 1 ist.

Wir unterscheiden nun die beiden bekannten Fälle:

Das Isoliermaterial besitzt eine konstante Durchschlagfestigkeit. In diesem Falle stellen die Ordinaten in Abb. 208 in einem anderen

Maßstab (jede Kurve erhält einen anderen Maßstab) auch die Durchschlagspannungen U_d dar.

Wir sehen daraus, daß die Durchschlagspannungen mit zunehmendem Krümmungsradius r zunehmen, trotzdem die Materialdicke konstant ist. Aus ähnlichen Versuchen ist schon der falsche Schluß gezogen worden, daß die Durchschlagfestigkeit des Materials mit

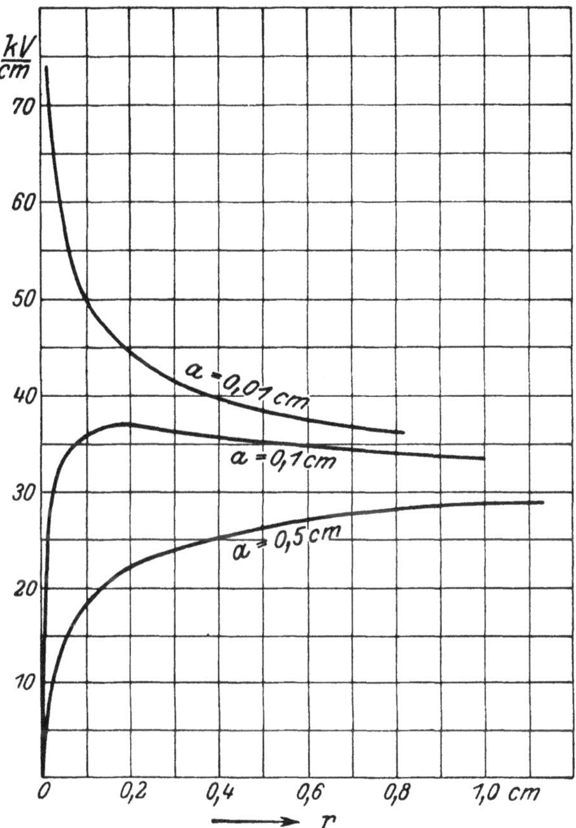

Abb. 209. Scheinbare Durchschlagfestigkeit von Isoliermaterial im Zylinderfeld.

zunehmendem Radius wachse, also nicht konstant sei. Noch auffallender werden die Verhältnisse im folgenden Fall:

Das Isoliermaterial folgt dem Potenzgesetz. Wir wählen wieder die Luft als Beispiel, weil wir deren Durchschlagspannung abhängig vom Radius r am besten kennen. Anstatt, wie eben, eine konstante Durchschlagfestigkeit in die Rechnung einzusetzen, haben wir jetzt die Werte von $\mathfrak{E}_d$ je nach dem vorhandenen Radius r einzusetzen. Wir erhalten dann die Durchschlagspannungen U_d als Funktion des Radius r

für die verschiedenen Schichtdicken a. Wir wollen aber, um die Kurven in Richtung der Ordinaten etwas besser zusammenzudrängen, nicht die Durchschlagspannungen, sondern die Werte $\frac{U_d}{a}$ auftragen. Es ist ja leicht, daraus die Durchschlagspannungen U_d auszurechnen (Abb. 209).

Es ergibt sich hier das scheinbar sehr merkwürdige Resultat, daß nur bei sehr dünnen Schichten die Durchschlagspannungen mit abnehmenden Radien r wachsen, ein Maximum erreichen und dann sehr steil abfallen auf den Wert Null. (Bei der obersten Kurve ist dieser steile Abfall auf Null nicht eingezeichnet.) In der Literatur sind schon mehrfach solche Kurven veröffentlicht worden, ohne diesen Verlauf deuten zu können. Wir kommen hierauf später nochmals zurück.

Damit haben wir ein wichtiges Merkmal kennen gelernt, um entscheiden zu können, ob ein Material dem Potenzgesetz folgt. Man darf aber nicht übersehen, daß man die Schichten sehr dünn wählen muß, um das erwähnte Charakteristikum zu erhalten. Bei dicken Schichten erhält man, wie die Kurven zeigen, einen Verlauf der Durchschlagspannung abhängig vom Radius r ganz ähnlich wie bei den Materialien, die dem Proportionalitätsgesetz folgen.

Im fünften Kapitel wurde dargelegt, daß die Durchschläge vollkommen oder unvollkommen sein können. Die Bedingungen für das Auftreten der einen oder anderen Durchschlagsform haben wir dort kennen gelernt.

Wenn man ein Isoliermaterial mit Elektroden prüft, deren Abmessungen den unvollständigen Durchschlag bedingen, dann merkt der Beobachter äußerlich nichts von dem unvollständigen Durchschlag. Er wird also der Meinung sein, er müsse die Spannung noch weiter steigern, um den Durchschlag zu erzwingen, und das wird er so lange tun, bis endlich der vollständige, nach außen hin sichtbare Durchschlag eintritt. Wir sehen, daß sich auf diese Weise für die Durchschlagfestigkeit Werte ergeben müssen, die unbedingt zu hoch sind. Deshalb müssen wir alle Prüfergebnisse mit solchen Versuchsanordnungen von vornherein ablehnen. Es müssen die Dimensionen so gewählt werden, daß der Durchschlag sicher ein vollständiger ist.

Das Ergebnis unserer Betrachtungen über die Zylinderprüfanordnung können wir dahin zusammenfassen, daß diese Anordnung zur Ermittlung der Durchschlagfestigkeiten aller Arten von Isoliermaterialien geeignet ist, wenn man die Abmessungen so wählt, daß erstens kein Randdurchschlag und kein Teildurchschlag auftreten kann. Gegen diese beiden Bedingungen wird in der Prüfpraxis viel gefehlt, und so kommt es, daß viele Versuchsergebnisse als unsicher und unzuverlässig bezeichnet werden müssen.

Die Kugelelektroden. Wir unterscheiden hierbei die beiden Anordnungen: eingebettete und nicht eingebettete Elektroden.

Eingebettete Elektroden. Als Prüfgerät kommen hier folgende Anordnungen in Frage:

1. Zwei gleichgroße Kugeln nebeneinander (Abb. 210),
2. Kugel gegen Ebene (Abb. 211),
3. Zwei konzentrische Kugeln.

Die in die Bilder eingeschriebenen Bezeichnungen dürften ohne weitere Erklärung verständlich sein.

Die Anordnung 1. eignet sich besonders zur Prüfung von flüssigen Isolierstoffen, also z. B. von Transformatorenöl. Sie ist der Zylinderprüfanordnung vorzuziehen, weil man leichter Radius und Abstand der Elektroden verändern kann; auch im Aufbau ist die Kugelanordnung einfacher (s. Prüfnormalien).

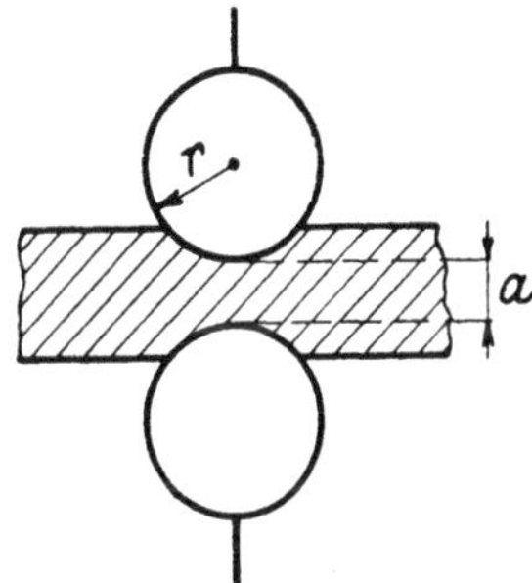

Abb. 210. Eingebettete Kugelelektroden.

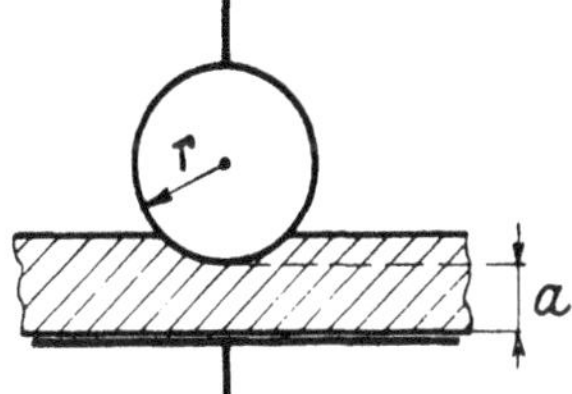

Abb. 211. Eingebettete Kugel gegen Ebene.

Die Anordnung 2. benutzt der Verfasser als Prüfgerät für feste Isolierstoffe, die in Plattenform gegeben sind. Mit Hilfe geeigneter Fräser fräst man in die Platte auf der einen Seite Kugelmulden ein, die, wie die Rückseite der Isolierplatte, mit Graphit eingerieben werden, um Luftschichten zu vermeiden. Beide Seiten werden dann mit Stanniol beklebt; in die Kugelmulde kann man statt dessen auch Quecksilber als Elektrode eingießen. Diese Anordnung hält der Verfasser zur Prüfung der festen Isolierstoffe sehr geeignet. Denn es ist hierbei die Feldstärke an der Durchbruchstelle genau berechenbar, Randwirkungen treten nicht auf und auch sonstige Nebenerscheinungen, auf die wir bei den nichteingebetteten Elektroden noch zu sprechen kommen, sind ausgeschlossen. Der Verfasser empfiehlt, diese beiden Elektrodenformen auch für die festen Isoliermaterialien als „Normalprüfgerät“ aufzustellen.

Kugelradius. Die bei der Zylinderanordnung angestellten Betrachtungen können hier fast wörtlich wiederholt werden. Alle Erscheinungen, die wir dort besprochen haben, treten auch hier auf mit Ausnahme des Randdurchschlages. Sogar die numerischen Werte der fiktiven Abstände, abhängig vom Kugelradius bei verschiedenen Schichtdicken beider Anordnungen, weichen nicht stark voneinander ab.

Über die Bedingungen des vollkommenen und unvollkommenen Durchschlages bei Kugelelektroden sind wir unterrichtet.

Um den Einfluß der Dicke des Isoliermaterials auf den Verlauf der Durchschlagspannung zu erhalten, berechnen wir in bekannter Weise die Werte für die fiktive Materialdicke α unter Annahme eines konstanten Kugeldurchmessers in Abhängigkeit von der Materialdicke a (Schlagweite). Wir erhalten dabei beispielsweise für die Anordnung

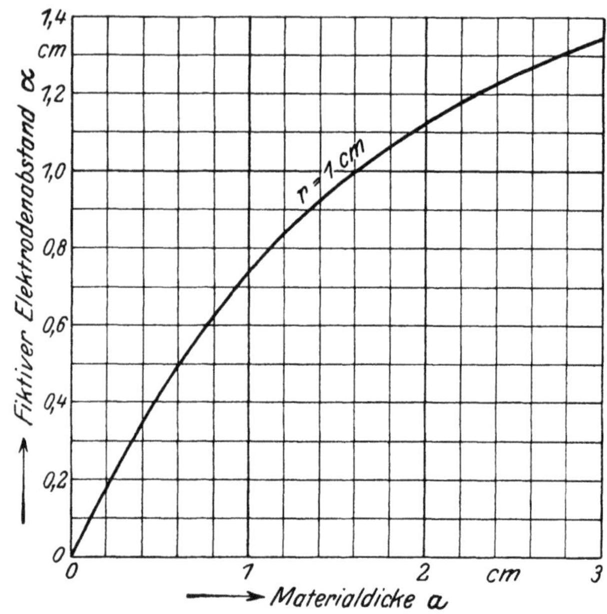

Abb. 212. Fiktiver Abstand der Anordnung Abb. 210 abhängig vom wahren Abstand.

nach Abb. 210 die in Abb. 212 dargestellte Kurve. Ähnliche Kurven erhält man natürlich auch für die Zylinderanordnung, wie man aus Abb. 208 (für konstantes r) leicht ersehen kann. Für die Isoliermaterialien, die dem Proportionalitätsgesetz folgen, stellen die Ordinaten in einem anderen Maßstab zugleich die Durchschlagspannungen dar. Wir sehen also, daß die Durchschlagspannung nicht proportional mit der Schichtdicke anwächst, sondern langsamer, „obwohl" das Isoliermaterial dem Proportionalitätsgesetz folgt. Das ist an sich nichts Merkwürdiges, sondern so zu erwarten gewesen. Die Kurven sind aber aus folgendem Grund abgeleitet worden. In der Prüfpraxis werden meist Plattenelektroden zur Ermittlung der Durchschlagspannung verwendet. Wenn nun die Platten kleine Scheiben sind, die noch dazu eine „sanfte" Abrundung besitzen, dann ist das Feld unter den Platten natürlich nicht mehr im entferntesten homogen, die Elektroden ergeben vielmehr ein Feld, das nicht viel verschieden sein kann von dem zweier Kugeln, und das um so mehr, je kleiner der Durchmesser der Platten, je sanfter die Abrundung und je dicker das Isoliermaterial ist. Es ist deshalb nicht zu verwundern, daß solche Elektroden eine ähnliche Kurve für die Durchschlagspannung abhängig von der Materialdicke ergeben, wie Kugelelektroden. Da nun die Beobachter das Feld solcher Anordnungen als homogenes Feld betrachten und behandeln, wird ein Verhalten des Isoliermaterials nach dem Potenzgesetz vorgetäuscht, während es in Wirklichkeit dem Proportionalitätsgesetz folgt.

In der Prüfpraxis werden manchmal Kugelanordnungen mit nicht eingebetteten Elektroden benützt, deren Verhalten von dem eben beschriebenen abweicht.

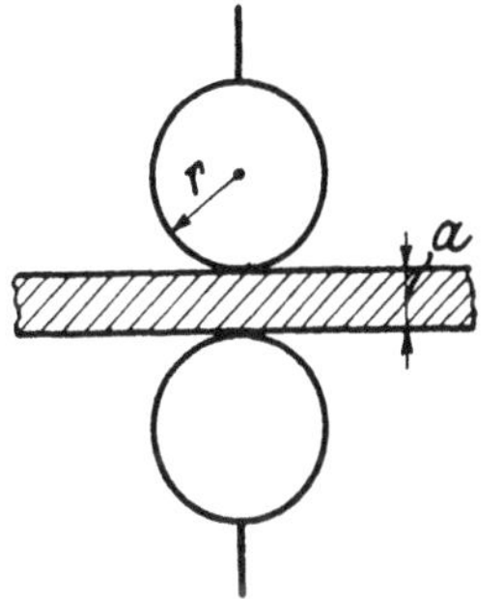

Abb. 213. Zwei nicht eingebettete Kugelelektroden.

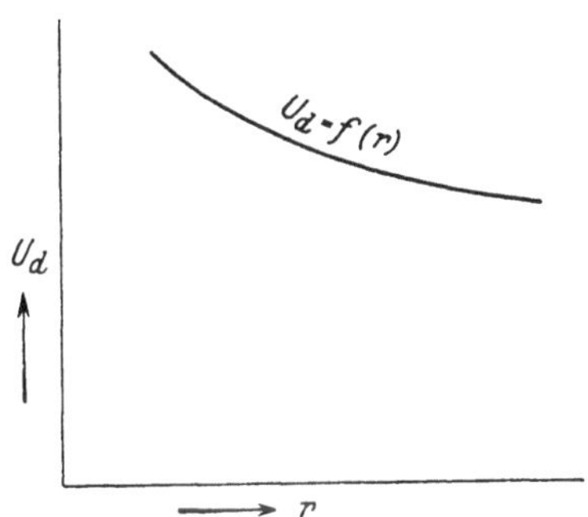

Abb. 214. Durchschlagspannung abhängig vom Kugelradius bei konstanter Schichtdicke a (Anordnung nach Abb. 213).

Die auf das Isoliermaterial aufgesetzten Kugeln sind in Abb. 213 dargestellt. Nimmt man bei dieser Anordnung die Durchschlagspannung als Funktion des Kugelradius bei festgehaltener Materialdicke a auf, so erhält man Kurven wie die in Abb. 214 dargestellte. Wie ist der Verlauf dieser Kurve zu erklären? Abb. 215 zeigt die Ausnutzungsfaktoren bei der Kugelanordnung nach 1. abhängig vom Kugelradius bei festgehaltenen Materialdicken von $a = 0{,}01$ cm; $a = 0{,}1$ cm und $a = 0{,}5$ cm, ähnlich wie sie in Abb. 208 für Zylinderelektroden dargestellt sind. Folgt das Material dem Proportionalitätsgesetz, so stellen die Ordinaten zugleich auch (in einem anderen Maßstab) die Durchschlagspannungen dar. Folgt das Material aber dem Potenzgesetz, so ergeben sich Kurven von der Form der in Abb. 209 dargestellten, wie man sich leicht überzeugen kann, wenn man die Kurven für Luft nachrechnet. Daraus wäre zu schließen, daß die oben angegebene Kurve (Abb. 214) Potenzcharakter hat. Diese Schlußfolgerung ist nicht richtig. Der Durchschlag erfolgt nämlich bei nicht eingebetteten Elektroden nicht unter dem Auflagepunkt der Kugeln, sondern in einiger Entfernung davon. Der Durchschlag geht also nicht allein durch das Isoliermaterial, sondern nimmt seinen Weg auch durch die Luft. Wir haben also hier zwei Isoliermaterialien hintereinander geschaltet, von denen eines dem Potenzgesetz und das andere dem Proportionalitätsgesetz folgen. Es dürfte also wohl in diesem Fall nicht verwunderlich sein, daß in der Durchschlagskurve auch das Potenzgesetz zum Ausdruck kommt. Physikalisch spielt sich der Vorgang folgendermaßen ab. Durch die Verschiedenheit der Dielektrizitätskonstanten von Luft und Isoliermaterial wird die Feldstärke in den Luftschichten stark ver-

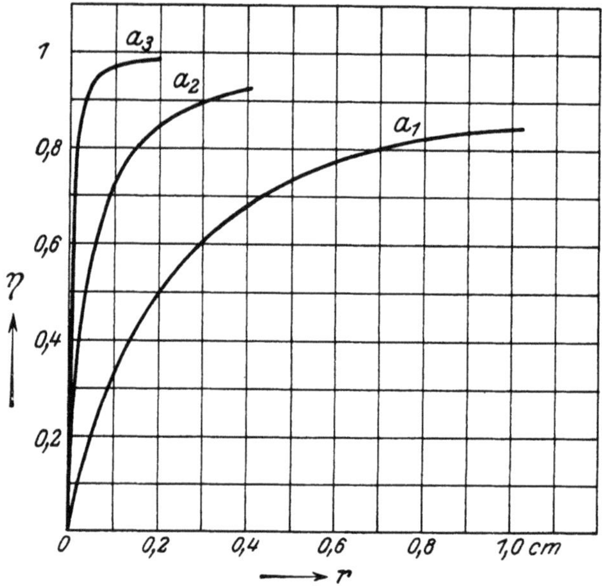

Abb. 215. Ausnutzungsfaktoren abhängig vom Kugelradius bei konstanter Schichtdicke a (Anordnung nach Abb. 210).

größert, die Luft kommt also schon bei niedrigen Spannungen zur Entladung. Diese Anfangsspannungen folgen in ihrer Abhängigkeit vom Kugelradius natürlich dem Potenzgesetz. Durch die Entladungen wird aber das Isoliermaterial angegriffen und stark geschwächt, so daß ein vorzeitiger Durchschlag des Isoliermaterials eingeleitet wird. Dies natürlich um so mehr, je größer der Kugeldurchmesser ist, weil hier die Entladungen früher einsetzen; also muß das feste Isoliermaterial um so eher durchschlagen, je größer der Kugelradius ist

Außerdem kann man den Nachweis erbringen, daß die Beanspruchung auf Durchschlag neben den Elektroden größer werden kann als unter den Elektroden, so daß schon aus diesem Grund der Durchschlag neben den Elektroden erfolgt.

Der Verfasser hat es versucht, gerade aus dem Einsetzen und Verlauf dieser Luftentladungen Schlüsse zu ziehen über das Verhalten des Isoliermaterials im elektrischen Feld; denn die Entladungen werden von den Eigenschaften des Isoliermaterials, z. B. von der Oberflächenleitfähigkeit usw. stark beeinflußt. Zahlenmäßig haben sich aber diese Versuche noch nicht auswerten lassen. Für die Praxis ist es sehr wichtig zu wissen, wie sich die Isoliermaterialien gegen Vorentladungen auf ihrer Oberfläche verhalten. Es besteht bei manchen Isoliermaterialien Meinungsverschiedenheit darüber, ob sie beispielsweise durch Glimmentladungen angegriffen werden oder nicht. So vermutet man vom Porzellan, daß es durch die Glimmentladungen nicht angegriffen wird. Andererseits aber hat man beobachtet, daß Luftbläschen im Porzellan infolge der dort auftretenden Entladungen zur Zerstörung des Porzellans führen. Zur Entscheidung dieser wichtigen Frage dürfte sich folgende Prüfanordnung empfehlen. Man bringt im Isoliermaterial Kugelmulden an, versenkt aber die Kugelelektrode nicht vollständig in das Material, sondern so, daß noch ein kleiner Zwischenraum von einigen Zehntel Millimetern ist. Beim Steigern der Spannung fängt dann die Luftschicht sehr bald zu glimmen an, und es muß sich dann zeigen, ob die Durchschlagspannungen bei Zulassung von Vorentladungen kleiner geworden sind oder nicht. Der Vorzug dieser Anordnung vor der mit aufgesetzten Elektroden, bei der ja auch Vorentladungen auftreten, ist der, daß man hier auch trotz der Vorentladungen das Feld genau kennt; denn unter Vernachlässigung des Spannungsabfalles in der Glimmschicht kann man nach wie vor annehmen, daß die ganze Spannung auf das Isoliermaterial wirkt.

Plattenelektroden als Prüfgerät sind in Abb. 216 dargestellt. In dem einen Fall sind die Elektroden in das Isoliermaterial eingebettet, im anderen Fall liegen sie auf der Oberfläche auf.

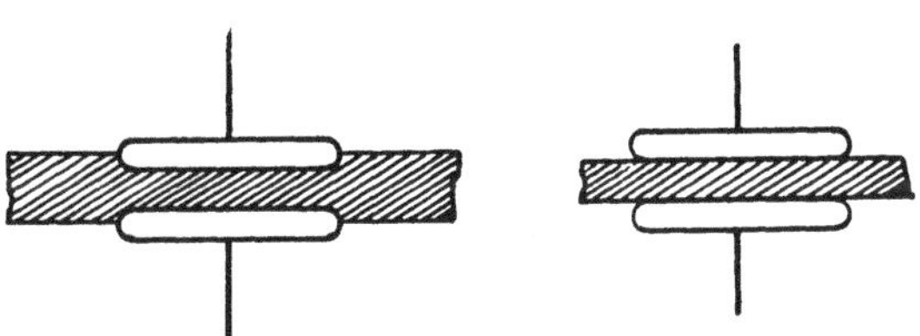

Abb. 216. Eingebettete und nicht eingebettete Plattenelektroden.

Über die Randwirkung bei den eingebetteten Elektroden sind wir aus dem dritten Kapitel genau unterrichtet. Wir wissen, daß nur bei außerordentlich sanften Randabrundungen der Durchschlag im homogenen Feld erfolgt. Praktisch kann man solche Elektroden wohl kaum als Prüfgerät benutzen. Bei den für Durchschlagzwecke meist verwendeten Elektroden sind jedenfalls die Ränder wesentlich schärfer abgerundet, so daß man den Durchschlag wohl stets am Rand zu erwarten hat. Welche Durchschlaggesetze hat man nun von solchen, irrtümlich als Plattenelektroden bezeichneten Anordnungen zu erwarten?

Wenn wir uns an unsere Betrachtungen über die Zylinder- und Kugelanordnung erinnern, dann können wir ohne weitere Rechnung folgende Gesetze aussprechen. Bei konstantem Krümmungsradius des Wulstes kann die Durchschlagspannung nicht proportional mit der Schichtdicke wachsen, sie nimmt vielmehr langsamer zu. Das verleitet zu der irrtümlichen Schlußfolgerung: Also folgt das Isoliermaterial dem Potenzgesetz.

Mit zunehmendem Krümmungsradius des Wulstes muß die Durchschlagspannung wachsen. Es gibt einen günstigsten Krümmungsradius ($p = p_g$), bei welchem die Durchschlagspannung ein Maximum wird. Je nachdem die geometrische Charakteristik des Wulstes größer oder kleiner als dieser Wert ist, hat man den unvollkommenen oder vollkommenen Durchschlag zu erwarten. Das indifferente Gebiet dieser Anordnung ist besonders groß; wir sehen also, daß die Vorgänge unterm Rand der Elektroden außerordentlich verwickelt und schwer zu übersehen sein können, wodurch sich auch, wenigstens zum Teil, die großen Differenzen in den Versuchsergebnissen der einzelnen Beobachter erklären lassen.

Auf den ersten Blick möchte man die Plattenelektroden als die einfachste Prüfvorrichtung bezeichnen, sowohl hinsichtlich des Aufbaues, als auch hinsichtlich der Berechnung der Durchschlagfestigkeit, und allgemein besteht die Ansicht, man brauchte nur die Krümmung des Randes sanft genug zu machen, dann müsse der Durchschlag im homogenen Feld erfolgen. In Wirklichkeit ist aber gerade das Gegenteil richtig, die Plattenprüfvorrichtung ist die komplizierteste Prüfanordnung, die Berechnung der Durchschlagfestigkeit ist wegen der Randdurchschläge nicht möglich und die Randdurchschläge sind unvermeidlich.

Wenn das Isoliermaterial dem Potenzgesetz folgt, dann kann der Durchschlag in der Tat im homogenen Feld erfolgen, man braucht nur einen geeigneten Krümmungsradius für den Rand zu wählen. Daß der Durchschlag bei Luft unter Verwendung von Platten gegen die Mitte der Platten zu erfolgen kann, ist eine bekannte Erscheinung. Weil man sich bei den Luftdurchschlägen an diese Erscheinung, die mit dem Auge sehr gut verfolgt werden kann, gewöhnt hat, hat man, ohne sich weiter darüber Rechenschaft zu geben, auch bei den festen und flüssigen Isoliermaterialien den Durchschlag im homogenen Feld als möglich angenommen.

Darnach ist es klar, daß man die Plattenelektroden gerade als Prüfstein verwenden kann, um oberflächlich und rasch festzustellen, ob das Isoliermaterial dem Proportionalitäts- oder dem Potenzgesetz folgt.

Die nicht eingebetteten Plattenelektroden werden in der Prüfpraxis noch häufiger verwendet als die eingebetteten.

Hinsichtlich der Randentladungen erinnern wir uns hier an das bei den aufgesetzten Kugelelektroden Gesagte. Auch hier sind zwei Isoliermaterialien am Rand hintereinandergeschaltet, von denen das eine, die Luft, dem Potenzgesetz, das andere, das feste Isoliermaterial, dem Proportionalitätsgesetz folgt. Wir haben hier also die gleichen Erscheinungen zu erwarten, wie bei den aufgesetzten Kugeln, es werden ebenfalls Vorentladungen der Luft mit all den geschilderten Begleiterscheinungen auftreten, was auch der Versuch bestätigt.

Im Zusammenhang damit müssen wir noch eine große Streitfrage erwähnen, über die in der Literatur viel geschrieben wurde. Es ist oftmals beobachtet worden, daß die Durchschlagspannung mit zunehmendem Durchmesser der Plattenelektroden abnimmt. Dies zeigt z. B. eine von Farmer (der sich mit dieser Frage eingehend beschäftigt hat) aufgenommene Kurve Abb. 217. Hierzu ist folgendes zu bemerken:

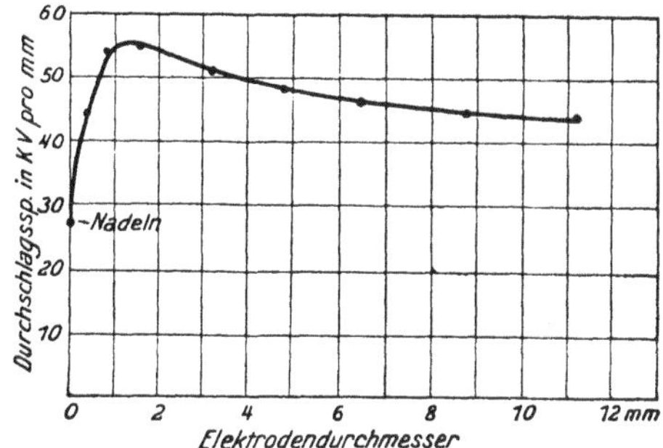

Abb. 217. Scheinbare Durchschlagfestigkeit abhängig vom Elektrodendurchmesser (Platten).

Die von Farmer verwendeten kleinen Elektroden von einigen Millimetern Durchmesser können nicht mehr als Plattenelektroden bezeichnet werden. Ihr Feld wird sich wohl vielmehr dem von kleinen Kugelelektroden nähern. Bei Betrachtung der Kugelelektroden haben wir aber gefunden, daß wegen der Wirkung der Luft eine Abnahme der Durchschlagspannung mit zunehmendem Radius zu erwarten ist.

Ferner spielen noch eine Reihe von Einflüssen mit, die allerdings keiner Gesetzmäßigkeit unterliegen. So weiß man, daß große Elektroden schlechter aufliegen als kleine; bei den großen Elektroden sind also Luftschichten zwischen Elektroden und Isoliermaterial vorhanden, die zu Glimmentladungen mit ihren Folgeerscheinungen Veranlassung geben.

Endlich ist bekannt, daß kleine Elektroden durchschnittlich eine größere Durchschlagspannung ergeben, weil damit schlechte Stellen des Isoliermaterials schwerer getroffen werden als bei großen Elektroden, es sei denn, daß man mit den kleinen Elektroden um so vielmal mehr Durchschlagversuche macht, als ihre Fläche kleiner wie die Fläche der größten Elektrode.

Aus all diesen Gründen ist es verständlich, daß die Größe der Elektroden Einfluß auf die Durchschlagfestigkeit haben muß. Man sollte eigentlich nur solche Elektroden als Plattenelektroden bezeichnen, bei denen keine Abhängigkeit vom Durchmesser festzustellen ist, wenn man ihre Fläche noch weiter vergrößert.

Wir wollen jetzt das Ergebnis zusammenfassen. Die Plattenelektroden sind nur zur Untersuchung der Isoliermaterialien geeignet, welche dem Potenzgesetz folgen. Bei der Untersuchung anderer Materialien geben sie zu Täuschungen über das Verhalten der Isoliermaterialien Veranlassung.

Nach einem Vorschlag des Verfassers kommen die Plattenelektroden für die Prüfung fester Isolierstoffe nur dann in Frage, wenn man die Untersuchungen unter Öl ausführt, das die gleiche Dielektrizitätskonstante, aber eine größere Durchschlagfestigkeit besitzt wie das zu untersuchende Isoliermaterial. Leider haben wir nicht so große Auswahl unter den Ölen, daß man für jedes Isoliermaterial das geeignete aussuchen könnte, darum ist diese Prüfung nur in Einzelfällen anwendbar.

35. Die Schutzfunkenstrecken.

Die Schutzfunkenstrecken haben den Zweck, Überspannungen aufzunehmen und so von Maschinen und Transformatoren fernzuhalten.

Am bekanntesten ist der Hörnerschutzapparat. Von unserm Standpunkt aus betrachtet, stellt er die Anordnung „zwei parallele Stäbe nebeneinander“ dar. Die Spannung, bei der der Luftdurchschlag zwischen den Hörnern erfolgt, ermittelt man am besten durch Eichung; denn wegen des Einflusses der Umgebung ist das Feld gestört, also kein reines Zylinderfeld mehr.

Die Dicke der Hörner wählt man meist nur mit Rücksicht auf die Erwärmung durch den Lichtbogen; die Stäbe fallen dabei ziemlich dünn aus. Bei der geforderten Einstellung des Abstandes läßt es sich dann nicht vermeiden, daß die Funkenstrecke im Gebiet des unvollkommenen Durchschlages arbeitet. Dies hat gewisse Nachteile; denn die Funkenstrecke arbeitet im Gebiet des vollkommenen Durchschlages exakter und wohl auch mit wesentlich geringerer Funkenverzögerung.

Statt der Hörner verwendet man auch „zwei Kugeln nebeneinander“. Dieser Funkenstrecke, deren Durchschlagspannung leicht zu berechnen ist, wird nachgerühmt, daß sie ohne Funkenverzögerung arbeitet. Dies gilt aber wohl nur im labilen Durchschlagsbereich.

Der Rollenüberspannungsschutz besteht aus einer Reihe nebeneinander angeordneter Metallzylinder (Abb. 218), deren erster mit der zu schützenden Leitung und deren letzter mit der Erde verbunden ist. Zwischen je zwei Zylindern ist ein Luftzwischenraum. Die Rollen haben wie der Hörnerüberspannungsschutz die Aufgabe, auftretende

Überspannungen auszugleichen. Das geschieht in folgender Weise: Die Rollen werden so eingestellt, daß bei der normalen Spannung die Luftstrecke nicht durchschlagen wird. Bei auftretenden Überspannungen, also bei Spannungen, die größer als die Normalspannung sind, werden die Luftstrecken durchgeschlagen, die Überspannung kann sich über den sich bildenden Lichtbogen ausgleichen. Das Ansprechen des Rollenableiters geht dabei in folgender Weise vor sich. Bei gleichem Rollenabstand wird die der Leitung am nächsten liegende Rolle wegen der ungleichmäßigen Spannungsverteilung am meisten beansprucht, hier wird also bei einer Überspannung zuerst Funkenentladung auftreten. Erwünscht ist aber, daß sofort der vollkommene Durchschlag auftritt. Da in dem dadurch entstehenden Lichtbogen eine ziemlich große Masse an Metall mit ausgezeichnetem Wärmeleitvermögen eingeschaltet ist, wird dem Lichtbogen sehr viel Wärme und dadurch die Existenzbedingung entzogen, er verlischt sehr rasch. Tatsächlich kann man auch beobachten, daß beim Rollenapparat immer nur sehr kurze, klatschende Funken auftreten, beim Hörnerableiter dagegen viel länger dauernde kräftige Lichtbogen.

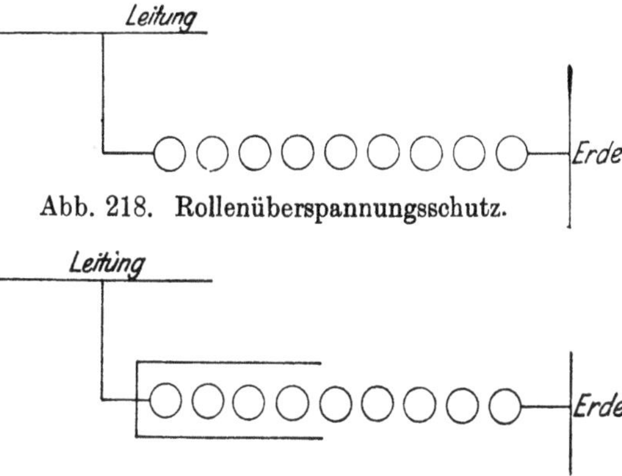

Abb. 218. Rollenüberspannungsschutz.

Abb. 219. Abgedeckter Rollenüberspannungsschutz.

Um die Spannungsverteilung auf die Rollen nach Bedarf zu beeinflussen, werden verschiedene Mittel angewandt. Vielfach werden, um die Kapazität c zu beeinflussen, Metallplatten, sog. Schilder, in der Nähe einiger Rollen angeordnet (Abb. 219), oder die Luftstrecken zwischen den Rollen werden verschieden groß eingestellt.

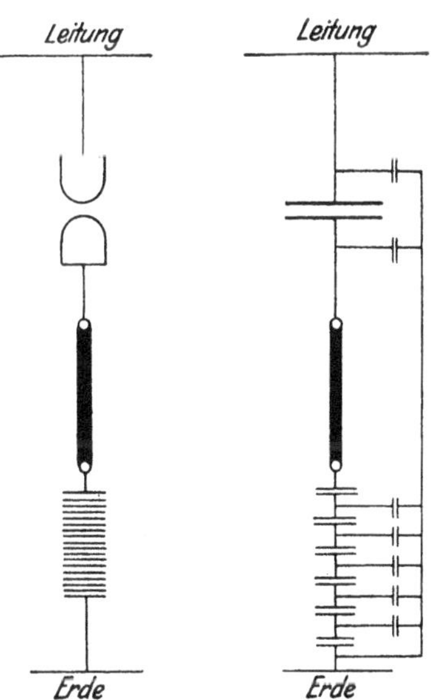

Abb. 220. Gilesches Ventil.

Die Spannungsverteilung läßt sich in all den genannten Fällen mit Hilfe der Kettendiagramme leicht berechnen.

Kennt man die Spannung zwischen zwei Rollen, so kann man die Beanspruchung der Luftschicht und damit die Überschlagspannung leicht berechnen, denn je zwei Rollen stellen die Anordnung dar „zwei parallele Zylinder in kleiner Entfernung voneinander".

Das Gilesche Ventil gehört ebenfalls zur Gruppe der Kondensatorketten. Es hat wie der Rollenüberspannungsschutz die Aufgabe, auftretende Überspannungen auszugleichen. Das Ventil besteht aus mehreren parallel geschalteten Säulen; eine solche ist in Abb. 220 schematisch dargestellt. Eine Hauptfunkenstrecke ist mit einem Widerstand und einer größeren Anzahl kleiner Plattenfunkenstrecken in Reihe geschaltet. Es ergibt sich für die Anordnung das Ersatzschema Abb. 220. Auch hier kann leicht die Verteilung der Spannung auf die einzelnen Funkenstrecken gefunden werden, falls die Größe der Kapazitäten C und c bekannt ist.

Zwölftes Kapitel.

Die elektrischen Leitungen.

36. Das Hochspannungskabel.

Aus der Entwicklungsgeschichte des Hochspannungskabels sei folgendes mitgeteilt. Bis zum Jahre 1890 hatte sich die Kabeltechnik, abgesehen von einigen Starkstromkabeln für niedrige Spannungen nur mit der Herstellung von Telephon- und Telegraphenkabeln beschäftigt. Die hauptsächlich verwendeten Isoliermaterialien waren Gummi und Guttapercha. Entsprechend den Forderungen der Schwachstromtechnik war vor allem der Isolierwiderstand maßgebend für die Güte des Kabels.

Die Frage, hochgespannte Ströme in unterirdischen Kabeln fernzuleiten, wurde zum erstenmal brennend, als in Deptford eine Zentrale errichtet wurde, von der aus der Westen Londons mit Strom versorgt werden sollte. Es war Wechselstrom von 5 kV zur Übertragung vorgesehen. Versuche mit isolierten Freileitungen und mit Kabeln, die nach den bisherigen Erfahrungen gebaut waren, scheiterten einerseits daran, daß die induktive Wirkung auf die benachbarten Telegraphenanlagen groß war, wodurch der Telegraphenbetrieb gestört wurde, andererseits daran, daß die Isolation der Kabel schon bei ganz niedriger Spannung durchschlug.

Aus dieser Zwangslage fand Ferranti einen Ausweg. Nach seinem Vorschlag wurden Kupferröhren mit einer starken Schicht Papier umwickelt, das mit Erdpech getränkt war. Die einzelnen

Stücke dieses Kabels waren 5 m lang. Zum Schutz gegen Beschädigungen wurde das ganze Kabel mit einer Eisenhülle umgeben. Dieses Kabel, das als erstes Hochspannungskabel und zugleich als erstes Hochspannungspapierkabel anzusehen ist, genügte vollauf den gestellten Anforderungen und war lange Zeit im Betrieb.

Zwar hat man in der Folgezeit zunächst das Papier wieder als Isoliermaterial fallen lassen und hat es mit vulkanisiertem Gummi und Guttapercha versucht; aber wie wir sehen werden, kehrte man später wieder zum Papier als Isoliermaterial zurück. Die Fortschritte, die gegenüber dem ersten Kabel erzielt wurden, liefen neben den Vorteilen, die die allmähliche Erschließung der Kabeltheorie brachte, darauf hinaus, die zur Verwendung kommenden Papiere und Tränkmassen zu verbessern.

Die Entwicklung der Kabel für Hochspannung ist durch folgende Zahlen gekennzeichnet:

Um	1900	Betriebsspannung	10 kV
um	1910	„	25 kV
um	1914	„	35 kV
um	1922	„	80 kV.

Diese Zahlen gelten für Einleiterkabel; bei Dreileiterkabeln geht man heute bis 40 kV.

Wie bereits erwähnt wurde, hat man in den ersten Jahren der Kabeltechnik das Papier wieder verlassen. Mit der Einführung immer größerer Spannungen und dem damit verbundenen Anwachsen der radialen Isolationsdicke wurden aber die Kosten für die Isolation so hoch, daß man allein schon aus wirtschaftlichen Gründen auf die Idee Ferrantis zurückkam und zur Isolation wieder getränktes Papier benutzte. In der Zwischenzeit hatte man auch immer mehr die vorzüglichen Eigenschaften des getränkten Papiers erkannt. Das Papier hat nämlich die Fähigkeit, bei höheren Temperaturen getrocknet, sehr leicht Imprägniermassen aufzusaugen. Diese Imprägniermassen, für die besonders pflanzliche und mineralische Öle sowie Harze und Fette in Betracht kommen, sind es, die mit ihrer großen elektrischen Festigkeit dem Kabelpapier erst seine vorzüglichen Eigenschaften geben. Das Papier, das an sich eine viel geringere Durchschlagfestigkeit besitzt als die Tränkmasse, dient eigentlich nur als Träger für die Tränkmasse. Gegenüber der Baumwolle oder Seide, die vielleicht noch als Isoliermittel mit besseren mechanischen Eigenschaften in Frage kommen können, hat es den Vorzug, daß es die aufgesogene Flüssigkeit infolge der dichten Lage seiner Fasern leichter festhält und so dem Eindringen der Feuchtigkeit größeren Widerstand entgegensetzt. Neben der Beschaffenheit des Papiers, das natürlich möglichst gleichmäßig dick und ohne Fehler hergestellt sein muß, bestimmen die Eigenschaften der Tränkmasse die Qualität des Kabels.

Die Anforderungen, die an die Tränkmasse gestellt werden, sind folgende. Sie muß eine hohe elektrische Festigkeit besitzen, möglichst trocken und leicht flüssig sein und darf bei Temperaturen unter Null Grad nicht fest werden, damit die Kabelverlegung im Winter nicht behindert wird. Als Grundstoffe dafür kommen heute in Frage: Öle, Kolophonium, Paraffin, Ceresin, Vaselin usw.

Besonders interessant ist die Rolle, die der Isolationswiderstand bei der Entwicklung des Kabels spielte. Bis Ende des vorigen Jahrhunderts faßte man nämlich, wie schon früher erwähnt wurde, das Dielektrikum nur als Material mit sehr großem spezifischem Widerstand auf und glaubte, daß die Materialien um so widerstandsfähiger gegen den Durchschlag seien, je größer ihr Isolationswiderstand ist. Die Kabelfabriken mußten bei ihren Lieferungen stets einen sehr hohen Widerstand garantieren und sahen sich deshalb genötigt, Tränkmassen mit hohem Widerstand zu verwenden. Dies kann man ohne Schwierigkeiten erreichen, indem man den Tränkmassen Harze beimischt. Dadurch wird aber die Tränkmasse zäh und dickflüssig, die Kabel wurden hart und brüchig und empfindlich gegen mechanische Beschädigungen. Kabeldurchschläge kamen deshalb sehr häufig vor. Es ist das Verdienst O'Gormans, hier aufklärend gewirkt zu haben, indem er die Gesetze des elektrischen Feldes auf das Kabel anwandte und die richtigen Schlußfolgerungen zog. Heute spielt der Isolationswiderstand nur noch eine untergeordnete Rolle. Kabel moderner Ausführung zeigen einen Isolationswert von einigen Tausend Megohm pro km.

Dagegen bilden heute die dielektrischen Verluste einen wichtigen Maßstab zur Beurteilung der Güte eines Kabels. Nach Versuchen vieler Autoren beträgt der Verlustwinkel erstklassiger Fabrikate etwa 0,01. Die Durchschlagfestigkeit einer guten Kabelisolation dürfte 150 bis 250 $\mathrm{kV \cdot cm^{-1}}$ erreichen. Mit der Beanspruchung geht man nach Angabe bis 40 bis 50, ja bis 60 $\mathrm{kV \cdot cm^{-1}}$.

Das Papier wird zu schmalen Bändern geschnitten und spiralförmig aufgewickelt. Dabei muß darauf geachtet werden, daß die einzelnen Lagen nicht zu stark aufeinander gepreßt werden, einerseits um das Kabel biegsam zu erhalten, andererseits um für die Imprägniermasse Raum und Zugang zu lassen. Die fertig gesponnenen Einzelleiter werden unter Beigabe von Juteschnüren verseilt und dann nochmals mit Papier umwickelt. Damit ist dann die einzelne Kabelseele fertig. Sie wird nun sorgfältig getrocknet und dann mit Öl usw. getränkt. Zum Schutz gegen die Feuchtigkeit wird um das Kabel ein Bleimantel gepreßt und je nach dem Verwendungszweck bzw. der Verlegungsart darüber noch eine Eisendraht- oder Bandarmierung angebracht.

Die Theorie des Einleiterkabels ist sehr einfach. Wir haben die Anordnung „zwei konaxiale Zylinder“, die uns bekannt ist. Der günstigste Wert der Charakteristik liegt bei $p_g = 2{,}718$; d. h. wir erhalten bei gegebenem Außendurchmesser die höchste Durchschlagspannung, wenn der Radius R des äußeren Zylinders $R = 2{,}718\, r$ ist. Wir haben dann zwischen Spannung U, Beanspruchung $\mathfrak{E}$ und Radius die Beziehung

$$U = \mathfrak{E}\, r\,. \qquad (1)$$

Berechnet man nach dieser Regel ein Kabel, indem man vom Radius r des Innenleiters ausgeht, dann erhält man meist für die Durchschlagspannung einen zu geringen Wert; denn der Radius des Innenleiters wird durch die Rücksichten auf den Spannungsabfall und auf die Erwärmung des Kabels bemessen. Von diesen Gesichtspunkten müssen wir bei der Dimensionierung der Hochspannungskabel abweichen. Die Spannung U ist gefordert und die zulässige Beanspruchung $\mathfrak{E}$ ist gegeben, wenn wir uns für eine gewisse Isolationsmasse entschieden haben; daraus können wir dann den Radius r des Innenleiters berechnen. Das ergibt naturgemäß höhere Werte, als sie mit Rücksicht auf die Erwärmung und auf den Spannungsabfall nötig sind. Um nun nicht unnötig viel Kupfer für den Innenleiter aufwenden zu müssen, wählen wir so viel Kupfer, als mit Rücksicht auf die Erwärmung und den Spannungsabfall notwendig ist und verteilen es auf den mit Rücksicht auf die elektrische Festigkeit notwendigen Zylinderradius. Dadurch erhält man einen Hohlzylinder für den Innenleiter. Im Innern dieses Hohlzylinders ordnet man nun eine

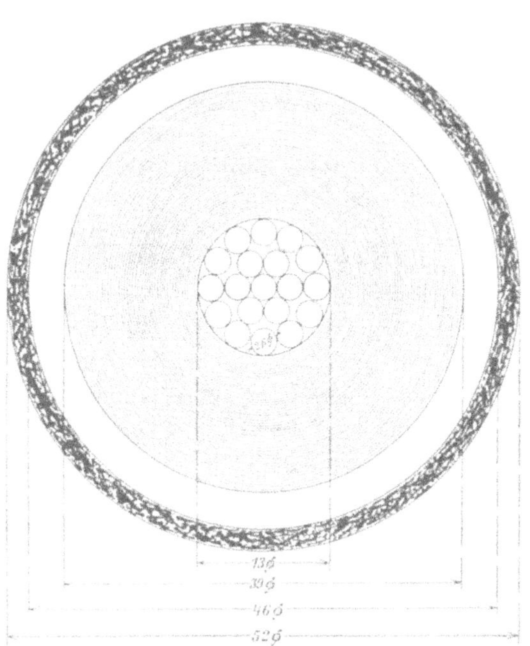

Abb. 221. Einleiter-Hochspannungskabel.

Hanfseele oder eine Eisenspiralfeder an, so daß der Kupfermantel eine feste Auflage hat. Man kann auch den Kupfermantel als Seil ausführen, wie Abb. 221 zeigt.

Den Durchmesser des Innenleiters kann man aber noch in anderer Weise künstlich vergrößern. Man kann beispielsweise Kupfer- und Eisendrähte miteinander verspinnen oder aber man verwendet als Leiter Materialien mit geringerem Leitvermögen, die einen größeren Querschnitt erfordern als Kupfer. Als solche kommen Aluminium und Zink oder auch Eisen in Frage.

Bei Verwendung von verseilten Innenleitern geht allerdings ein Teil des durch Vergrößern des Leiters gewonnenen Vorteils wieder verloren, da unsere Betrachtungen nur für Zylinder mit glatten Mänteln gelten. Hierauf kommen wir später nochmals zurück. Welches von den angegebenen Mitteln jeweils verwendet werden soll, ist eine rein wirtschaftliche Frage.

Es ist uns bekannt, daß die Feldverteilung zwischen zwei konaxialen Zylindern selbst bei der Wahl der günstigsten geometrischen Charakteristik noch sehr ungünstig ist. Würde sich das Feld gleichmäßig auf alle Schichten verteilen, dann könnte man mit derselben Schichtdicke eine 2,718 fache Spannung im Vergleich zur Anordnung mit günstigstem Ausnutzungsfaktor isolieren. Es ist deshalb verständlich, daß man seit der Erkenntnis der Theorie des Hochspannungskabels bestrebt war, Mittel zur Erzwingung einer gleichmäßigen Spannungsverteilung zu ersinnen.

O'Gorman hat vorgeschlagen, die Dielektrizitätskonstanten der einzelnen Schichten des Kabels so abzustufen, daß sich eine möglichst gleichmäßige Spannungsverteilung ergibt. Wir wissen, daß die inneren Schichten dann eine höhere Dielektrizitätskonstante haben müssen, wie die äußeren. Auf der Ausstellung zu Düsseldorf 1902 konnte ein solches Kabel gezeigt werden, das den Anforderungen des Betriebes von 50 kV entsprach, und anläßlich der Mailänder Ausstellung vom Jahre 1906 wurde ein Kabel für 100 kV Betriebsspannung vorgeführt.

Nach einem anderen Vorschlag sollen metallische Schichten in das Isoliermaterial eingebettet und diese an Hilfskapazitäten angeschlossen werden, so daß die Kapazitäten der einzelnen Schichten einschließlich der Hilfskapazitäten einander gleich werden. Auf die gesamten hintereinandergeschalteten Kapazitäten würde sich dann die Spannung geradlinig verteilen.

Ferner dachte man daran, die eingebetteten metallischen Zwischenlagen an verschiedene Spannungsstufen des Transformators anzuschließen nnd zwar im umgekehrten Verhältnis der Kapazitäten. Aber keines dieser angedeuteten Mittel hat eine praktische Bedeutung erlangt.

Es liegt das daran, daß das Aufeinanderschichten von Stoffen mit verschiedener Dielektrizitätskonstante oder das Einbringen metallischer Zwischenlagen mit großen Fabrikationskosten verknüpft ist.

Um den Durchmesser künstlich zu vergrößern, außerdem aber auch um die Biegsamkeit des Kabels zu erhöhen, führt man den Innenleiter des Kabels als Seil aus, wie bereits erwähnt wurde. Die Oberfläche des inneren Zylinders ist also keine glatte Fläche mehr. Die Feldstärke in der Umgebung des Seiles ist infolgedessen eine andere als bei einer Zylinderoberfläche. Da die Krümmungsradien der an die Oberfläche des Seiles tretenden Einzelleiter wesentlich kleiner sind als beim glatten Zylinder, ist auch die Feldstärke beim verseilten Kabel unter sonst gleichen Umständen größer als im Falle des glatten Zylinders.

Die rechnerische Behandlung dieses Problems ist etwas umständlich. Prof. Mie hat das Problem der Erwärmung eines Kabels mit verseiltem Innenleiter gelöst. Diese Lösung läßt sich ohne weiteres auch auf die Ermittlung der Beanspruchung des Isoliermaterials in der Umgebung des Seiles übertragen. Dies hat Deutsch (ETZ 1911) getan und folgende Formel angegeben

$$\mathfrak{E}_r = \frac{U n R_1 (A^2 - 1)}{(A - R_1)(A R_1 - 1)\, 2{,}3\, r \log \frac{A - R_1}{A R_1 - 1}}. \tag{2}$$

Hierin bedeutet n die Zahl der Drähte in der obersten Lage, r den Radius des Innenleiters, R die lichte Weite des Bleimantels; A und R_1 sind Hilfsgrößen, die bedeuten

$$R_1 = \left(\frac{r}{R}\right)^n;$$

$$A = N + \sqrt{N^2 - 1};$$

hierin ist wieder

$$N = \frac{R_1}{2}\left(1 - n \sin\frac{\pi}{n}\right) + \frac{1}{2 R_1}\left(1 + n \sin\frac{\pi}{n}\right).$$

Ist R_1 so klein, daß es gegen $1/R_1$ vernachlässigt werden kann, was meistens der Fall ist, und nennen wir

$$\frac{1 + n \sin\frac{\pi}{n}}{\sin\frac{\pi}{n}} = \lambda,$$

so lautet die Formel einfacher

$$\mathfrak{E}_r = \frac{U \lambda}{2{,}3\, r \left(\log\frac{\lambda}{n} + n \log\frac{R}{r}\right)}. \tag{3}$$

Für Drahtzahlen über $n = 6$ wird schließlich

$$\mathfrak{E}_r = \frac{0{,}572\, U n}{r\left(0{,}119 + n \log \frac{R}{r}\right)}. \tag{4}$$

Mit Hilfe dieser Formel hat Deutsch verseilte Kabel verschiedenster Abmessungen berechnet und das Resultat in Form von Kurven aufgetragen, die in Abb. 222 dargestellt sind. In Richtung der X-Achse ist das Verhältnis r/R und in Richtung der Ordinatenachse die Er-

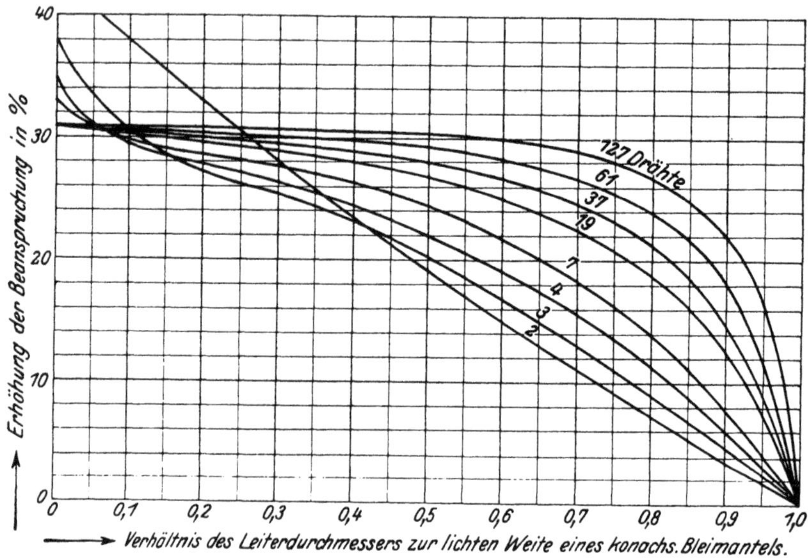

Abb. 222. Erhöhung der Beanspruchung bei Seilkabel gegenüber eindrähtigem Leiter.

höhung der Beanspruchung der innersten Schicht gegenüber einer glatten Oberfläche aufgetragen. Parameter der Kurvenschar ist die Zahl der Drähte des Kabels. An dieser Formel ist merkwürdig, daß sie für $n = \infty$ nicht in die für einen glatten Zylinder übergeht. Deutsch gibt als Erklärung, daß bei $n = \infty$ die Oberfläche immer wellig bleibe. Diese Erklärung erscheint aber nicht als plausibel.

Wir sehen aus diesen Kurven, daß das Verseilen des Innenleiters die elektrischen Verhältnisse des Kabels wesentlich verschlechtert. Man ist deshalb bestrebt, für kleine Querschnitte nach Möglichkeit Vollleiter zu nehmen, solange die Biegsamkeit des Kabels noch erhalten bleibt. Für größere Querschnitte müssen verseilte Leiter genommen werden; man muß dann eben die Isolation genügend verstärken, um die verlangte Durchschlagspannung zu erreichen. Ein Hilfsmittel, die verschlechternde Wirkung der Verseilung aufzuheben, besteht darin, den Leiter mit **Blei** zu umpressen, um eine glatte Oberfläche zu erhalten.

Nach **Messungen** von **Atkinson** sind die maximalen Feldstärken bei einem 7drähtigen Seil 18 bis 26% und bei einem 19drähtigen Seil 20 bis 22% größer als beim glatten Leiter.

Abb. 221 zeigt den Querschnitt eines **Einleiterkabels**, das zur Energieübertragung der Einphasenbahn **Dessau-Bitterfeld** mit 60 kV Betriebsspannung verwendet ist. Während des Betriebes ist die Spannung jedes Kabels 30 kV; wird ein Pol geerdet, so erhält eines der beiden Kabel vorübergehend die doppelte Spannung. Die Prüfspannung des Innenleiters gegen Mantel betrug 50 kV.

Als Leiter dient eine **Aluminiumlitze** von 100 mm² Querschnitt, als Dielektrikum getränktes Papier, 13 cm stark; auf den Bleimantel ist eine Lage gegerbter Jute und darüber ein Asphalt- und Kalkanstrich. Der zulässige Strom von 240 A ruft eine Übertemperatur von 25° C hervor. Die Beanspruchung des Isoliermaterials am Leiterumfang beträgt 4,2 kV·cm^{-1}; bei Verwendung von Kupferleitern gleichen Widerstandes wäre dieser Wert um 14% größer geworden. Die Dielektrizitätskonstante des Dielektrikums wurde zu $\varepsilon = 3{,}35$ gemessen.

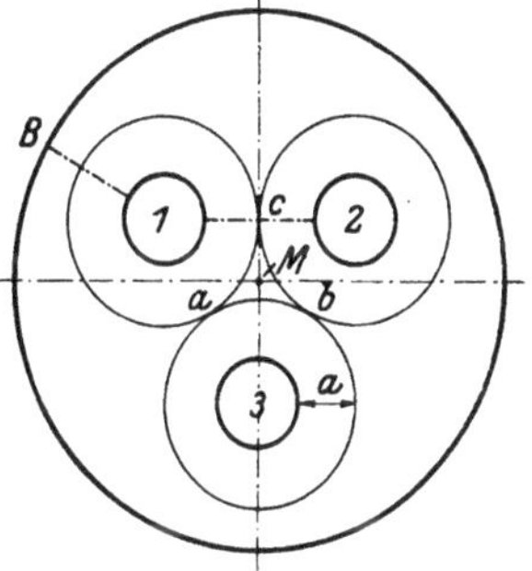

Abb. 223. Drehstromkabel.

Die **Theorie des Drehstromkabels** ist außerordentlich verwickelt, weshalb man in der Praxis zu Näherungsmethoden greifen muß. Abb. 223 zeigt ein Drehstromkabel mit kreisförmigen Leitern.

Als **erste Annäherung** kann man die Beanspruchung längs der Linie 1 bis 2 berechnen, indem man hier das Kabel als Anordnung „zwei gleich große Zylinder nebeneinander" auffaßt. Es ist vielfach die Meinung verbreitet, daß das Drehstromkabel an dieser Stelle wesentlich **ungünstiger** beansprucht ist als ein entsprechendes konzentrisches Kabel; das ist aber **nicht** richtig, wie uns bekannt ist. Das Gegenteil ist der Fall; denn zwei gleich große Zylinder nebeneinander gehören zu den günstigsten Anordnungen. Längs der Linie 1—B kann man die Anordnung als zwei anaxiale, sich umhüllende Zylinder auffassen und darnach die Beanspruchung berechnen.

Daß diese Berechnungsmethode nur eine grobe Annäherung ist, sieht man aus den Kraftlinienbildern für das Drehstromkabel. Abb. 224 zeigt Drehstromkabel mit kreisförmigen und sektorförmigen Leitern und die zugehörigen Kraftlinienbilder, die von W. M. **Thornton** und O. J. **William** mit Hilfe der **Hele-Shaw**-Methode gewonnen wurden. Bei den Bildern a und b hatte der eine Leiter die Spannung Null und die anderen die Spannungen $\pm\sqrt{\frac{3}{4}}\,U_{max}$ gegen den geerdeten Mantel; bei den Bildern *c* und *d* dagegen hatte der eine Leiter die Spannung U_{max} und die anderen die Spannung $-\frac{1}{2}U_{max}$. Man sieht, daß die Kraftlinienbilder gegenüber denjenigen der einfachen, der Rechnung zugrunde gelegten Anordnungen stark verzerrt sind.

Atkinson hat die Feldverteilung eines Drehstromkabels durch Versuche ermittelt; er benutzte hierzu ein elektrolytisches Kabelmodell. Dieses bestand aus einem kreisrunden metallenen Trog, in dem 3 zylindrische Metallelektroden isoliert angeordnet waren. Der

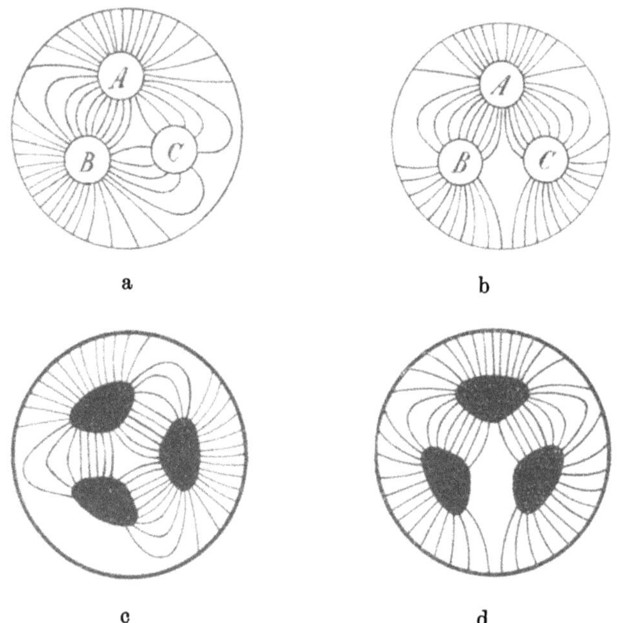

Abb. 224a—d. Kraftlinienbilder von Drehstromkabeln nach Thornton.

Zwischenraum war mit einem Elektrolyten ausgefüllt. Die Größenverhältnisse waren so gewählt, daß der Querschnitt den Kabelquerschnitt nachbildete, wobei der Tank dem Kabelmantel entsprach, die Elektroden den Leitern. Legt man an diese Anordnungen Spannungen, so entspricht die Verteilung der Strömung im Elektrolyten der Verteilung des elektrischen Feldes im Dielektrikum des Kabels.

Das Hauptergebnis der Messungen ist in folgender Tabelle dargestellt. Dabei bedeutet δ das Verhältnis der Dicke der Isolierschicht a um einen Leiter zum Leiterdurchmesser. Die Werte unter der Rubrik A bedeuten die Feldstärken bezogen auf die mittlere Feldstärke zwischen Leiter und Kabelmittelpunkt M. Die Werte unter B und C bedeuten die Feldstärken bezogen auf die maximale bzw. minimale Feldstärke in einem konzentrischen Kabel, dessen Isolierschicht ebenso dick ist, wie die Schicht zwischen Leiteroberfläche und Kabelmitte des Drehstromkabels.

	δ	A	B	C
Maximale Feldstärke an der Leiteroberfläche auf der Linie Leitermitte—Kabelmitte	0,625 0,288	1,71 1,43	1,01 1,04	2,65 1,88
Feldstärke im Kabelzentrum	0,625 0,288	0,65 0,69	0,39 0,5	1,01 0,90
Feldstärke in der Mitte der geraden Verbindungslinie zwischen 2 Leitermitten in Richtung dieser Linie	0,625 0,288	0,92 1,18	0,55 0,86	1,42 1,55
Radiale Feldstärke am äußeren Rande der Isolierschicht um einen Leiter, gemessen auf der Linie Leitermitte—Kabelmitte	0,625 0,288	0,77 0,83	0,46 0,60	1,19 1,09
Tangentiale Feldstärke an derselben Stelle . .	0,625 0,288	0,51 0,52	0,30 0,28	0,79 0,69

Wir können darnach folgende Sätze aufstellen:

1. Die größten Feldstärken treten an der Leiteroberfläche längs der Verbindungslinie Leitermittelpunkt—Kabelmittelpunkt und in der Verbindungslinie der Leitermitten auf.

2. Im Innern des Dreiecks, das von den Verbindungslinien der Leitermitten begrenzt wird, ist die Feldverteilung nahezu unabhängig vom Manteldurchmesser.

3. Die Feldverteilung an der engsten Stelle zwischen Mantel und Leiter ist so gut wie unabhängig vom Vorhandensein der anderen Leiter.

4. Die maximale Feldstärke in einem Dreileiterkabel ist in allen praktisch wichtigen Fällen etwa gleich der maximalen Feldstärke eines mit der Phasenspannung betriebenen konzentrischen Einleiterkabels mit dem gleichen Leiterdurchmesser und einer Isolationsstärke gleich dem Abstand der Leiteroberfläche vom Zentrum des Dreileiterkabels.

5. Die Feldstärke im Kabelzentrum ist praktisch gleich dem Minimum der Feldstärke eines Einleiterkabels von den gleichen Abmessungen wie unter 4.

Für sektorförmige Kabel fand Atkinson, daß die maximale Feldstärke im allgemeinen etwas geringer ist als in dem entsprechenden Kabel mit runden Leitern; doch hängt sie wesentlich von der Gestalt der Leiter ab und kann in gewissen Fällen auch größer sein als im Runddrahtkabel.

Nach diesen Angaben kann man nun leicht ein Drehstromkabel bei gegebener Spannung berechnen; denn die ganze Rechnung ist auf die des Einleiterkabels zurückgeführt.

Ein Nachteil des Sektorkabels ist, daß sich sehr kleine Krümmungsradien nicht vermeiden lassen. Es können deshalb große Beanspruchungen auf Durchschlag auftreten; man muß dann in solchen Fällen die Isolierschichtdicke verstärken und der Gewinn an Ausnutzung des Raumes infolge der günstigen Leiterform geht wieder verloren. Leider ist auch das Sektorkabel einer strengen Lösung nicht zugänglich und man ist ganz auf das Experiment angewiesen. Es liegen aber hier noch wenige exakte Versuche vor. Der Verfasser beabsichtigt, zur Erforschung der Feldverteilung bei den Drehstromkabeln die Elektroskopmethode anzuwenden.

Aus der Praxis hat sich ergeben, daß Kabel mit sektorförmigen Leitern zweckmäßigerweise für Spannungen bis zu 1 kV Verwendung finden; denn hier ist die Beanspruchung des Isoliermaterials, das in diesem Fall mit Rücksicht auf die mechanische Festigkeit dimensioniert werden muß, sehr gering. Die durch die Wahl der Leiterform erzielte Raumersparnis kann also voll und ganz ausgenützt werden. Bei Sektorkabeln für 30 kV ist ein Unterschied im Querschnitt im Vergleich mit dem Runddrahtkabel kaum mehr wahrnehmbar. Deutsch gibt als Grenze für Anwendung sektorförmiger Kabel die Spannung von etwa 3 kV an.

Die „Normen für die Prüfung isolierter Leitungen und Kabel“ vom Juli 1922 (ETZ 1922, S. 298) schreiben für die Prüfung der Kabel im Werk eine Prüfspannung gleich der doppelten Betriebsspannung plus 1 kV vor. Dort sind auch die näheren Bedingungen für die Prüfung angegeben.

Da die Kabel beim Transport zur Verwendungsstelle und bei der Verlegung verletzt werden können und auch die Möglichkeit besteht, daß die Kabelmuffen und Endverschlüsse Fehler aufweisen, muß man auch die fertig verlegten Kabel einer Prüfung unterziehen. Handelt es sich nun um größere Strecken und hohe Spannungen, so ist für die Prüfung eine erhebliche Leistung notwendig. Um z. B. ein Kabel von 30 km Länge und 20 kV Betriebsspannung zu prüfen, ist bereits eine Scheinleistung von ca. 600 kVA notwendig. Dabei ist meist die Prüfung mit der Erzeugeranlage nicht möglich, weil die Spannung der Generatoren nicht so hoch gesteigert werden kann. Eine transportable Prüfeinrichtung für die genannte Scheinleistung würde etwa 15 t wiegen und demnach erhebliche Transportschwierigkeiten verursachen.

Um diese Schwierigkeiten zu vermeiden, ist man der Frage näher getreten, Kabelnetze mit Gleichstrom zu prüfen; der Gleichstrom soll dabei durch Gleichrichten des Wechselstromes mit Hilfe des Delonschen Gleichrichters erfolgen.

Die Delonsche Prüfeinrichtung besteht im wesentlichen aus einer stabförmigen Elektrode, die isoliert auf der Achse eines Synchronmotors aufgebracht ist und mit der Achse einen rechten Winkel bildet. Im Raume fest sind schneidenförmige Elektroden angeordnet, an denen die Stabelektrode (auch Nadel genannt) vorbeirotiert. Zwischen Stabelektrode und feststehenden Elektroden ist ein Luftraum von nur einigen Millimetern vorhanden.

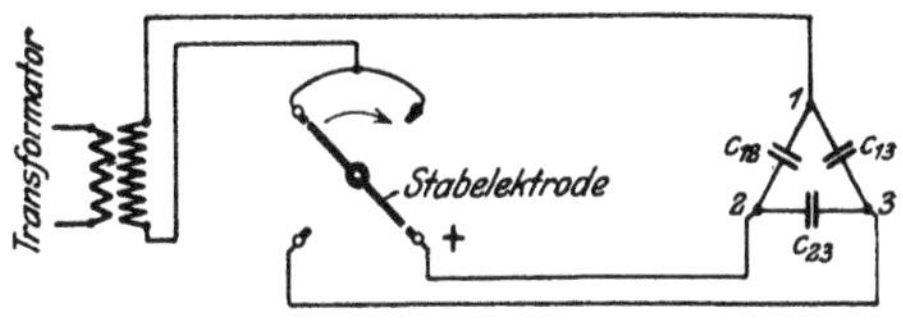

Abb. 225. Delonscher Gleichrichter mit 4 Schneidenelektroden.

Läßt man nun den Motor synchron mit dem Generator rotieren, dessen Spannung man als Prüfspannung benutzt, so kann man es durch Verstellen der sonst feststehenden Elektroden erreichen, daß die Nadel ihnen gerade in dem Augenblick gegenübersteht, wo die Spannung des Generators ihren Maximalwert hat. Die Spannung durchschlägt in diesem Augenblick die kleine Luftstrecke und es wird auf diese Weise je nach der Größe der schneidenförmigen Elektrode ein kleineres oder größeres Stück des Maximums der Spannungswelle soz. abgeschnitten. Man erhält also Gleichstromspannungsstöße von ungefähr rechteckiger Form mit dem Maximalwert $\sqrt{2}U$.

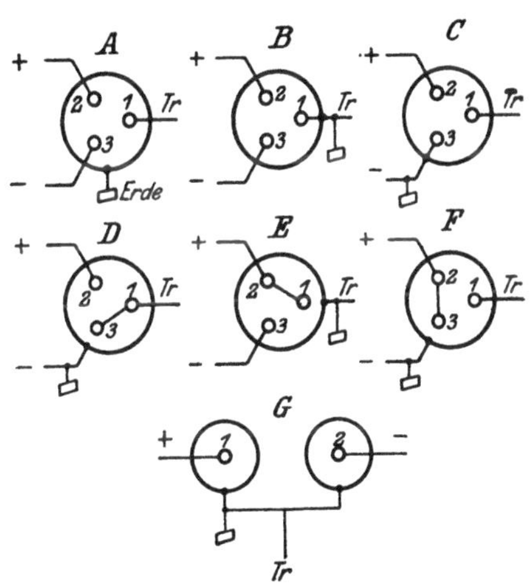

Abb. 226. Schaltungen für Kabelprüfung.

Abb. 225 zeigt die Delonsche Anordnung mit vier Schneidenelektroden zur Prüfung eines Drehstromkabels. Die Kapazität der drei Leiter gegeneinander ist durch drei Kondensatoren angedeutet.

Die Nadel befinde sich gerade in der gezeichneten Stellung in dem Augenblick, wo die Spannung ihr positives Maximum hat; dem andern Elektrodenpaar möge die Nadel gerade in dem Augenblick gegenüberstehen, wo die Spannung ihr negatives Maximum hat, also nach 180 elektrischen Graden. Verfolgen wir während einer Umdrehung den Ladevorgang, so sehen wir, daß der Leiter 2 stets positiv, und der Leiter 3 stets negativ, der Leiter 1 dagegen bald positiv bald negativ geladen wird. Die Potentialdifferenz zwischen 2 und 3 ist also theoretisch $2 \cdot \sqrt{2} \cdot U$.

In einer Arbeit von Weiset sind noch folgende Schaltmöglichkeiten angegeben, die die praktische Durchführung der Kabelprüfung unter Umständen wesentlich erleichtern (Abb. 226). Neben der Prüfung zweier Leiter gegen einen dritten wird in der Regel auch eine Prüfung der Leiter gegen den Mantel verlangt. Hier ist die Schaltung *C* sehr zweckmäßig, weil ein Leiter gleichzeitig gegen einen zweiten und gegen den Bleimantel die volle Spannung hat. Einleiterkabel prüft man zweckmäßig nach Schaltung *G*.

Bei den Prüfungen genügt es nicht, nur die Spannung auf der Wechselstromseite des Gleichrichters zu messen und diesen Wert mit $2 \cdot \sqrt{2}$ bzw. mit 2 zu multiplizieren; denn nach den Untersuchungen von Weiset ist die Gleichspannung wesentlich von den Verlusten im Kabel und von der Kontaktdauer abhängig. Im allgemeinen stellt sich eine Spannung vom 2,3- bis 2fachen des Wechselstromeffektivwertes ein.

Es ist nun noch die Frage, wie hoch man die Gleichstromspannung zu wählen hat. Vorgeschrieben ist die Wechselstromprüfspannung. Würde man die Gleichspannung ebenso hoch wählen, dann wäre das Isoliermaterial weniger scharf geprüft. Denn bei der Prüfung mit Gleichstrom sind keine Verluste der dielektrischen Hysterese vorhanden, also ist die Wärmeentwicklung im Kabel geringer, die Temperatur niedriger. Da die Durchschlagfestigkeit der Isolierstoffe stark von der Temperatur abhängt, und zwar mit zunehmender Temperatur schlechter wird, wäre der Fall denkbar, daß das Kabel die vorgeschriebene Prüfung wohl bei Gleichstrom, nicht aber bei Wechselstrom aushält.

Weiset schlägt vor, die Gleichstromprüfspannung etwa 2,5 mal so hoch zu wählen wie die verlangte Wechselstromprüfspannung und geht dabei von der Annahme aus, daß die Durchschlagfestigkeit des Kabelmaterials bei Gleichstrom etwa 2,5 mal höher liegt als bei Wechselstrom.

Die Aufladung der Kabel mit Gleichstrom erfordert natürlich einige Zeit, die mit zunehmender Kabellänge wächst. Bei einem 3 km langen Kabel muß man mit einer Ladedauer von etwa einer halben Stunde rechnen.

Einer besonderen Erwähnung bedarf noch die sog. Ionisierungsspannung von Kabeln. Aus vielen Untersuchungen ist uns bekannt, daß die Verluste in einem Kabel, die sich aus den Stromwärmeverlusten und den Verlusten der dielektrischen Hysterese zusammensetzen, mit dem Quadrat der Spannung steigen. Die Größe des Verlustwinkels wurde oben bereits angegeben.

Steigert man nun bei der Verlustmessung eines Kabels die Spannung immer weiter, dann beobachtet man, daß von einer gewissen Spannung ab die Verluste wesentlich stärker anwachsen als mit dem Quadrat der Spannung, von einer noch höheren Spannung ab nimmt dann allerdings der Exponent wieder etwas ab und nähert sich wieder mehr der Zahl 2.

Bei der kritischen Spannung, von der ab das quadratische Gesetz nicht mehr gilt, scheint das elektrisch schwächste Material der Kabelisolation plötzlich seine Eigenschaften zu ändern und man hat Grund isolation plötzlich seine Eigenschaften zu ändern und man hat Grund zur Annahme, daß dieses schwächste Material im Kabel die eingeschlossenen Luftbläschen und Luftschichten sind. Die Luft ist ja schwächer als die Kabelmasse hinsichtlich der Durchschlagfestigkeit, es besitzt auch die kleinste Dielektrizitätskonstante und wird deshalb am stärksten beansprucht. Es liegt also in der Tat nahe, anzunehmen, daß bei der kritischen Spannung die eingeschlossene Luft durchgeschlagen, ionisiert wird. Man nennt deshalb die kritische Spannung vielfach „Ionisierungsspannung“ des Kabels.

Man hat sich nun vorzustellen, daß bei der Überschreitung der Ionisierungsspannung zunächst die Luftteilchen durchgeschlagen werden, welche die größte Beanspruchung aufzunehmen haben. Bei Annahme gleichgroßer Luftteilchen würden also zunächst die am inneren Leiterumfang liegenden glimmen. Bei weiterer Steigerung der Spannung werden immer mehr und mehr Luftbläschen ionisiert, bis schließlich die ganze im Kabel eingeschlossene Luft ionisiert ist und soz. ein Sättigungszustand eintritt, worauf die Abnahme des Exponenten hindeutet. Man hält es für wahrscheinlich, daß schließlich wieder das quadratische Gesetz für die Verluste gilt.

Für die Kabeltechnik ist diese Erkenntnis sehr wichtig. Ionisierung der Luft bedeutet nämlich Bildung von freiem Sauerstoff, Ozon und Stickstoffverbindungen, und es steht fest, daß diese Gase, in genügender Menge vorhanden, den Papierstoff angreifen und das Imprägniermaterial oxydieren. Die Überschreitung der Ionisierungsspannung ist also für das Kabel gefährlich. Außerdem aber haben einwandfreie Untersuchungen ergeben, daß ionisierungsfreie Kabel eine niedrigere Temperatur aufweisen als andere, und drittens hat man festgestellt, daß sich ein Kabel mit genügend hoher Ionisierungsspannung von den Folgen einer etwaigen Überlastung leichter erholt (regeneriert) als ein Kabel mit niedriger Ionisierungsspannung. Aus diesem Grunde muß man bei Kabeln nicht nur auf eine möglichst hohe Durchschlagspannung, auf geringe Verluste, sondern, wenn nicht sogar in erster Linie, auf eine möglichst große Ionisierungsspannung sehen.

Nehmen wir die Dicke einer Luftschicht zu 0,01 mm an, so würde sich bei einer Durchschlagfestigkeit dieser Schicht von rd. $100\,\mathrm{kV_{eff}\,cm^{-1}}$ eine Feldstärke von etwa $30\,\mathrm{kV \cdot cm^{-1}}$ ergeben für die Dielektrizitätskonstante 3,35, ganz unabhängig davon, welche Form die Leiter haben oder ob es sich um ein Drehstrom- oder Einleiterkabel handelt, ob die Leiter verseilt oder massiv sind. Will man an der Forderung festhalten, daß die Betriebsspannung unterhalb der Ionisierungsspannung liegen soll, dann ist der Bau von Kabeln für hohe Spannungen mit Rücksicht auf die Ionisierungsspannung lediglich eine Frage möglichst niedriger Dielektrizitätskonstanten.

Als Beispiel eines ausgeführten Drehstrom-Hochspannungskabels sei auf Abb. 227 verwiesen. Dieses Kabel der Zentrale Oberspree mit einem Querschnitt der Leiter von 3 mal 50 mm² wird mit 30 kV betrieben. Die einzelnen Leiter bestehen aus 19 Kupferleitern von 1,84 mm Durchmesser und sind gegen den Bleimantel durch eine 14,6 mm dicke Papierschicht isoliert. Der Durchmesser über Ader ist 23,8 mm, unter Blei 67,5 mm. Das Kabel wurde eine halbe Stunde lang mit 75 kV Drehstrom geprüft. Bei 250 kV konnte ein Stück des Kabels durchgeschlagen werden.

Abb. 227. Drehstromkabel für 30 kV 3×50 qmm (1/2 nat. Größe).

Neuerdings geht man dazu über, bei Drehstromkabeln Metalleinlagen zu verwenden, um die Unsymmetrien der Felder zu beseitigen. Die S. S. W. belegen die Oberflächen von $a - b$; $b - c$; $c - a$ (Abb. 223) mit Stanniol, so daß der innere Teil des Kabels durch das Stannioldreieck abc feldfrei wird und in den einzelnen Adern an diesen Stellen nur mehr rein radiale Beanspruchungen auftreten (DRP. 283621).

M. Höchstädter umgibt jede Ader vollständig mit einer Stanniol- (oder Metall-) Hülle, so daß das Drehstromkabel eine Zusammenfassung von drei reinen Einleiterkabeln bildet (DRP. 288858).

37. Die Hochspannungs-Freileitungen.

Die Dimensionierung der Niederspannungsfreileitungen erfolgt mit Rücksicht auf den Spannungsabfall, die Erwärmung und mechanische Festigkeit. Bei Freileitungen für höchste Spannungen müssen die Querschnitte und Abstände der Leitungsdrähte außerdem auch noch mit Rücksicht auf die Durchschlagsbeanspruchung der die Drähte umgebenden Luft bemessen werden.

Bei den relativ kleinen Drahtdurchmessern und großen Abständen der Leitungsdrähte ist beim Überschreiten der Anfangsspannung U_d zunächst nur der unvollkommene Durchschlag in Form der Glimmentladung, die sog. Koronabildung zu erwarten. Dieser Durchschlag könnte wohl an sich zugelassen werden, wenn damit nicht Verluste verknüpft wären, welche die Betriebskosten der Anlage vergrößern und damit die Wirtschaftlichkeit herabsetzen.

Beim Entwurf von Freileitungen für höchste Spannungen hat man also die Wahl: Man kann Querschnitt und Abstände der Leitungsdrähte voneinander so groß wählen, daß man mit Sicherheit unterhalb der Anfangsspannung bleibt; dies erhöht die sog. indirekten Betriebskosten infolge Vergrößerung der Anlagekosten. Oder aber man wählt den Querschnitt und die Abstände kleiner, so daß bei der Betriebsspannung der unvollkommene Durchschlag, die Korona, auftritt; dann werden zwar die indirekten Betriebskosten kleiner, dafür aber wachsen die direkten Betriebskosten infolge Vergrößerung der Verluste. Tatsächlich muß man diejenige Ausführungsform wählen, bei der die Summe beider Kosten ein Minimum ist. Um dies entscheiden zu können, muß man die Abhängigkeit der Anfangsspannung und Verluste vom Querschnitt und Abstand der Leitungsdrähte kennen, und die Gesetze hierfür sollen im folgenden abgeleitet werden.

Zunächst soll die Anfangsspannung für verschiedene Leitungsanordnungen berechnet werden, d. h. jene Spannung, bei der die Leitungsdrähte gerade zu glimmen beginnen. Die Betriebsspannung muß unterhalb dieser Spannung bleiben, wenn man die Koronaverluste vermeiden will. Zum Vergleich sollen folgende Anordnungen untersucht werden:

Draht in einem konaxialen Käfig („zwei konaxiale Zylinder"). Diese Anordnung spielt allerdings für den Bau von Freileitungen keine Rolle. Man kann aber gerade an dieser Anordnung Messungen sehr leicht ausführen und die Ergebnisse dann auf die anderen Anordnungen übertragen.

Zwei gleich dicke Drähte nebeneinander (Einphasenleitung).

Drei gleich dicke Drähte an den Ecken eines gleichseitigen Dreieckes oder in einer Ebene untereinander mit gleichen Abständen angeordnet (Drehstromleitung).

Zwei konaxiale Zylinder. Die Formel zur Berechnung der Anfangsspannung lautet bekanntlich

$$U_d = \mathfrak{E}_d \, r \lg n \frac{R}{r} \tag{5}$$

oder

$$U_d = \mathfrak{E}_d \, a \, \eta \, . \tag{5'}$$

Für die Durchschlagsfestigkeit $\mathfrak{E}_d$ der Luft haben wir die zu den betreffenden Drahtradien gehörigen Werte einzusetzen. Bei der Berechnung der Anfangsspannung gehen wir so vor, daß wir den Radius des inneren Zylinders ändern, den Abstand a von der Innenfläche des äußeren Zylinders aber konstant halten. Diese Rechnung führen wir dann für mehrere Abstände a durch. Wenn wir bei der Berechnung die zweite der eben genannten Gleichungen benützen wollen, müssen wir zunächst die Werte von η für verschiedene geometrische Charakteristiken p berechnen, da in der Tabelle D die Ausnutzungsfaktoren nur bis $p = 20$ angegeben sind, womit man sonst meist auskommt.

Für höhere Werte von p, wie sie bei Freileitungen vorkommen, gilt folgende Tabelle:

p	η	p	η
30	0,1173	500	0,0125
40	0,0946	600	0,0107
50	0,0798	700	0,0094
70	0,0616	800	0,0084
100	0,0465	900	0,0076
200	0,0266	1000	0,0069
300	0,0191	10000	0,00092
400	0,0150	100000	0,00012

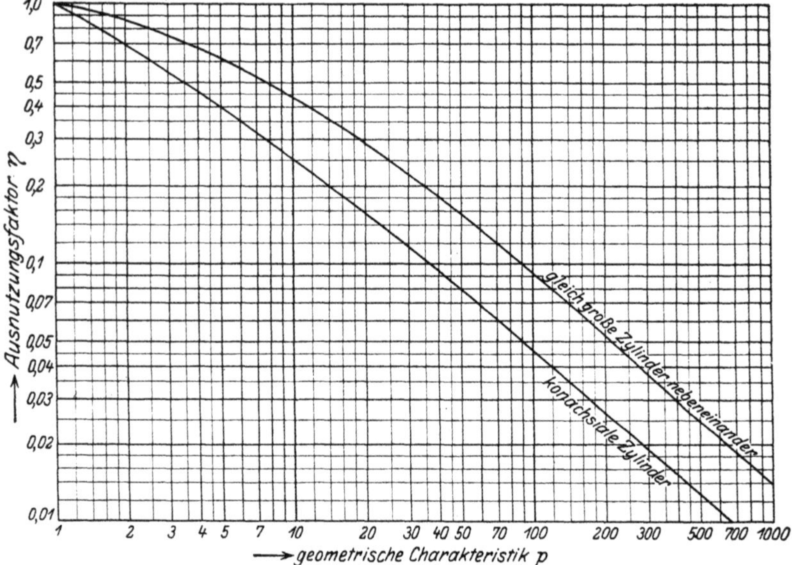

Abb. 228. **Ausnutzungsfaktor η abhängig von der geometrischen Charakteristik p für konaxiale Zylinder und Zylinder nebeneinander.**

Dieses Ergebnis ist auch in Abb. 228 graphisch dargestellt. Wir können nun die Anfangsspannung als Funktion des Drahtradius leicht berechnen; die sich ergebenden Kurven sind in Abb. 229 dargestellt (Anordnung A). Die Kurven gelten für 760 mm Hg und 20 Grad Cels.

Aus diesen Kurven sehen wir, daß bei einer erheblichen Steigerung der Spannung über 100 kV hinaus schon sehr große Leiterdurchmesser notwendig sind, wenn man unterhalb der Anfangsspannung bleiben will. Für die Wahl des Querschnittes ist dann nicht mehr der Spannungsabfall oder die Erwärmung, sondern lediglich die Anfangsspannung maßgebend. Natürlich kann man diese Querschnitte praktisch nicht mehr als Volldraht ausführen, sondern man muß sog. Hohlleiter wählen.

Hier können wir noch eine sehr wichtige Frage entscheiden: Was ist zur Vermeidung der Glimmentladungen wirkungsvoller, die Vergrößerung des Leiterdurchmessers oder die Vergrößerung des Abstandes a?

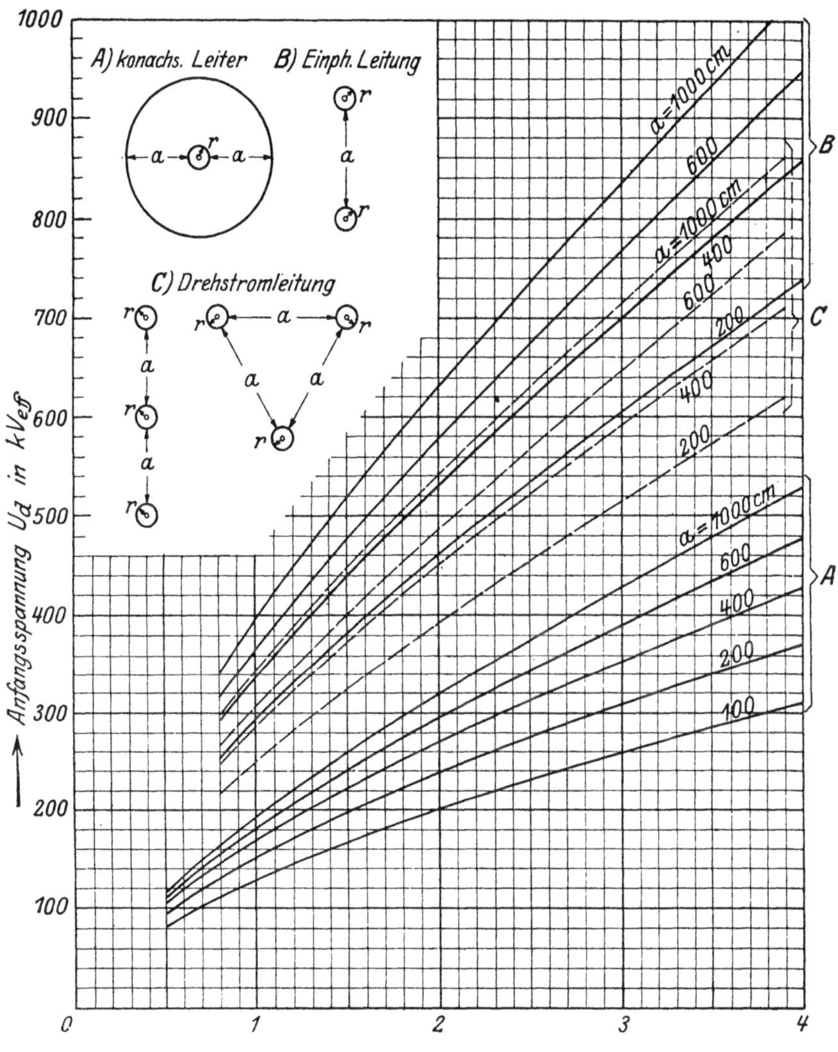

Abb. 229. Anfangsspannungen von Hochspannungsleitungen bei verschiedenen Anordnungen abhängig vom Leiterradius r.

Ein Blick auf die Kurven gibt hierüber Aufschluß; vergrößert man bei $a = 100$ cm den Leiterdurchmesser beispielsweise von 2 cm auf 4 cm, also um 100%, dann wächst die Anfangsspannung von 200 kV auf ca. 300 kV, also um 50%. Vergrößert man beim Leiterdurchmesser von 2 cm den Abstand um 100%, dann nimmt die Anfangsspannung nur um 20% also wesentlich weniger zu. Für die Heraufsetzung der Anfangsspannung kommt also praktisch in der Hauptsache die Vergrößerung des Leiterdurchmessers in Frage.

Die Einphasenanordnung. Die Anfangsspannung berechnen wir wieder nach den gleichen Gesichtspunkten wie vorher. Für die Durchschlagfestigkeiten $\mathfrak{E}_d$ haben wir den jedem Drahtradius entsprechenden Wert einzusetzen; wir wissen, daß sich diese Durchschlagfestigkeiten nicht sehr viel von denen für konaxiale Zylinder unterscheiden. Zur Berechnung der Anfangsspannung benutzen wir die Gleichung

$$U_d = \mathfrak{E}_d a \eta , \tag{5'}$$

wobei für η der zu dem betreffenden p gehörige Wert einzusetzen ist. Diese Werte können leicht aus denen der eben angegebenen Tabelle mit Hilfe der Gesetze berechnet werden, die wir in dem Kapitel über die konformen Abbildungen kennen gelernt haben. Die sich hierbei ergebenden Werte sind ebenfalls in Abb. 228 eingetragen.

Da bei Einphasenleitungen der Abstand a der Drähte voneinander sehr groß ist im Vergleich zum Drahtradius, kann man auch von der früher abgeleiteten Näherungsgleichung Gebrauch machen

$$U_d = \mathfrak{E}_d \, 2 r \lg n \frac{R}{r} , \tag{6}$$

d. h. die Anfangsspannungen bei Einphasenleitungen sind etwa doppelt so groß wie bei der konaxialen Anordnung. Es ergeben sich die mit B bezeichneten Kurven in Abb. 229. Bezüglich des Einflusses des Durchmessers bzw. des Abstandes auf die Anfangsspannung gilt auch hier das vorher Gesagte.

Die praktisch wichtigste Anordnung ist die Drehstromfreileitung. Man kann die Durchschlagformel für die Drehstromleitung in folgender Weise berechnen, und zwar gilt die Rechnung sowohl für die im Dreieck als auch in einer Ebene angeordneten Drähte.

Die Augenblickswerte der Ladungen auf den Drähten sind

$$\begin{aligned} q_a &= Q_0 \sin \omega t \\ q_b &= Q_0 \sin \left(\omega t - \frac{2\pi}{3}\right) \\ q_c &= Q_0 \sin \left(\omega t - \frac{4\pi}{3}\right) \end{aligned} \tag{7}$$

und die von diesen Ladungen herrührenden Augenblickswerte der Potentiale

$$V_a = -\frac{2Q_0}{l}\sin\omega t \lg n\, x_a + \text{konst.}$$

$$V_b = -\frac{2Q_0}{l}\sin\left(\omega t - \frac{2\pi}{3}\right)\lg n\, x_b + \text{konst.} \tag{8}$$

$$V_c = -\frac{2Q_0}{l}\sin\left(\omega t - \frac{4\pi}{3}\right)\lg n\, x_c + \text{konst.}$$

Im Punkt X herrscht das resultierende Potential

$$V_x = V_a + V_b + V_c\,. \tag{9}$$

Wir setzen die Werte ein, entwickeln die Winkelfunktionen nach bekannten Regeln und erhalten

$$V_x = \frac{Q}{l}\left[\lg n\frac{x_b\cdot x_c}{x_a^2}\sin\omega t + \sqrt{3}\lg n\frac{x_b}{x_c}\cos\omega t\right] + \text{konst.} \tag{10}$$

Nun legen wir den Punkt X zuerst auf die Oberfläche des Drahtes A, indem wir setzen

$$x_a = r;\quad x_b = a + r;\quad x_c = a + r; \tag{11}$$

dann verlegen wir den Punkt X auf die Oberfläche des Drahtes B, indem wir setzen

$$x_a = a + r;\quad x_b = r;\quad x_c = a + r; \tag{12}$$

ferner schreiben wir wieder

$$\frac{a + r}{r} = p\,. \tag{13}$$

Die Augenblickswerte der Potentiale auf den Drähten A und B sind dann

$$V_A = \frac{2Q_0}{l}\lg n\, p\cdot\sin\omega t + \text{konst.} \tag{14}$$

$$V_B = \frac{2Q_0}{l}\lg n\, p\cdot\sin\left(\omega t - \frac{2\pi}{3}\right) + \text{konst.} \tag{15}$$

Die Potentialdifferenz

$$U = V_A - V_B \tag{16}$$

wird ein Maximum für

$$\omega t = \frac{4\pi}{3} \tag{17}$$

also

$$U_{\max} = 2\sqrt{3}\,\frac{Q_0}{l}\lg n\, p\,. \tag{18}$$

Die Komponente der Feldstärke in Richtung von x_a ist

$$\mathfrak{E}_{x_a} = -\frac{\partial V_a}{\partial x_a} - \frac{\partial V_b}{\partial x_b}\cdot\frac{d x_b}{d x_a} - \frac{\partial V_c}{\partial x_c}\cdot\frac{d x_c}{d x_a}. \tag{19}$$

Beschränken wir uns nur auf die nächste Umgebung des Drahtes A, dann braucht nur das erste Glied dieser Gleichung berücksichtigt zu werden und es wird

$$\mathfrak{E}_{x_a} = -\frac{d V_a}{d x_a} = +\frac{2 Q_0}{l}\sin\omega t\cdot\frac{1}{x_a} \tag{20}$$

und wenn wir den Wert für die Ladung einsetzen

$$\mathfrak{E}_{x_a} = \mathfrak{E}_d = \frac{U_{\max}}{x_a\sqrt{3}\,\mathrm{lgn}\,p}. \tag{21}$$

Nach dieser Gleichung sind die Anfangsspannungen für die Drehstromleitungen in Abb. 229 berechnet. Wir sehen, daß die Drehstromleitung ungünstiger ist als die Einphasenleitung, was ja auch zu erwarten war. Beim Bau einer Leitung für 220 kV verkettete Spannung müßte man also für $a = 2$ m einen Leitungsdurchmesser von etwa 16 mm wählen, wenn die Leitung nicht glimmen soll; bei einer Leitung für 220 kV Spannung gegen Erde wächst der notwendige Leitungsdurchmesser auf etwa 40 mm. Das sind außerordentlich hohe Werte; natürlich würde man auch diese Leiter als Hohlleiter ausbilden. Diese Rechnungen gelten für blanke Drähte; sind die Drähte verschmutzt, dann tritt das Glimmen erfahrungsgemäß schon bei Spannungen auf, die um 20 bis 25% niedriger sind als die berechneten Werte.

In Anbetracht der großen Durchmesser der Leitungen und der dadurch bedingten großen Kosten für die Leitung taucht, wie bereits erwähnt wurde, die Frage auf, ob es wirtschaftlich nicht günstiger ist, kleinere Leitungsdurchmesser zu wählen und dafür Verluste durch die Koronabildung zuzulassen. Um dies entscheiden zu können, müssen wir die Größe der Verluste abhängig von der Spannung wissen. Hierüber ist folgendes bekannt.

Die Verluste bei konaxialen Zylindern sind von Weidig und Jaensch gemessen worden. Als äußerer Zylinder wurde ein Drahtkäfig von 1 m Durchmesser verwendet, in dessen Achse der zu messende Draht ausgespannt war. Draht und Käfig hatten eine Länge von 25 m, und es waren zwei derartige Anordnungen hintereinander geschaltet. Die Verluste wurden auf der Niederspannungsseite des Transformators gemessen und zwar zunächst ohne angeschaltete Käfiganordnung, und darauf mit Käfiganordnung. Die

Differenz beider Messungen ergibt die Verluste des glimmenden Drahtes. Außer glatten Drähten wurden auch Drahtseile gemessen, und zwar ein siebendrähtiges Seil mit einem Gesamtdurchmesser von 8,46 mm und einem Drahtdurchmesser von 2,82 mm; ferner ein neunzehndrähtiges Seil mit einem Gesamtdurchmesser von 10,95 mm

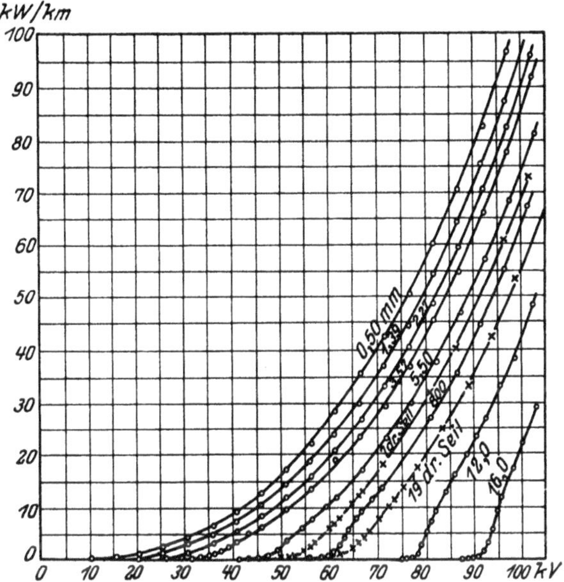

Abb. 230. Glimmverluste bei Freileitungen abhängig von der Spannung für verschiedene Drahtstärken.

und einem Drahtdurchmesser von 2,19 mm. Die Meßergebnisse, auf 1 km Leitungslänge umgerechnet, sind in Abb. 230 dargestellt; man sieht daraus, daß die Verluste sehr stark mit der Spannung anwachsen und Werte annehmen, die nicht mehr zu vernachlässigen sind.

Peek gibt für die Verluste folgende Formel an

$$N = 344 \frac{1}{\delta} f \sqrt{\frac{r}{D}} (U - U_0)^2 \cdot 10^{-5} \frac{\text{kW}}{\text{km}}. \tag{22}$$

N bedeutet die Verluste pro Draht; ferner bedeutet

$$\delta = \frac{3{,}92\, b}{273 + t} \tag{23}$$

die Luftdichte, b den Barometerstand in mm Hg, t die Temperatur, U die effektive Spannung gegen Erde, f die Frequenz; ferner ist

$$U_0 = 21{,}2\, m_0\, \delta\, r \lg n \frac{D}{r} \tag{24}$$

die Spannung, bei der die Verluste eintreten (also die Anfangsspannung); m ist ein Unregelmäßigkeitsfaktor, der für polierte Drähte gleich Eins ist, für gewöhnliche Drähte 0,98 bis 0,93, für Seile 0,87 bis 0,83 wird; $D = a + 2r$.

Nach den Messungen der genannten Autoren sind die Verluste sehr stark von der Kurvenform der Spannung in der Nähe des Scheitelwertes abhängig. Außerdem nehmen die Verluste zwar linear, nicht aber proportional mit der Frequenz zu; man kann also von der Peekschen Formel, die Proportionalität mit der Frequenz voraussetzt, keine allzu große Genauigkeit erwarten.

Vergleicht man die Verlustkurven der Drähte mit verschiedenen Durchmessern miteinander, so fällt auf, daß die Kurven für größere Durchmesser viel steiler ansteigen als die für kleinere Durchmesser. Wir sehen dabei von den Unregelmäßigkeiten des Kurvenbeginnes ab, die wahrscheinlich durch die Rauhigkeit und Verschmutzung der Drähte verursacht wird. Dieser steile Anstieg gerade bei den großen Durchmessern ist natürlich sehr unwillkommen; denn man erkennt, daß schon bei geringen Überschreitungen der Anfangsspannung sehr große Verluste zu erwarten sind, oder mit anderen Worten: auch bei Zulassung von Koronaverlusten gewinnt man keine wesentliche Erhöhung der Übertragungsspannung, so daß mindestens bei sehr dicken Drähten die Koronaverluste stets unwirtschaftlich sein werden.

Es ist interessant, zu untersuchen, welches der physikalische Grund für das steile Anwachsen der Koronaverluste bei dicken Drähten ist. Je größer der Durchmesser des Drahtes ist, um so flacher verläuft die Kurve, welche die Verteilung der Feldstärke zwischen dem Draht und Käfig längs des Abstandes a angibt. Es sei hier an die Kurven erinnert, welche im 22. Abschnitt für die Verteilung der Feldstärke bei konzentrischen Kugeln berechnet wurden. Halten wir hier die Anfangswerte der Kurven für die Feldstärke und für die Durchschlagfestigkeit fest, dann wird das von der Entladung betroffene Gebiet um so größer, je flacher die Kurve für die Verteilung der Feldstärke verläuft. Ganz ähnlich ist der Verlauf der Kurven für konaxiale Zylinder. Je größer aber das von der Entladung betroffene Gebiet ist, um so größer sind die Verluste. Es ist also klar, daß bei großen Drahtdurchmessern die Verluste sehr rasch mit der Spannung anwachsen müssen. Man muß demnach bei dicken Drähten unterhalb der Anfangsspannung bleiben.

Wie liegen nun die Verhältnisse bei Seilen? Hier haben wir offenbar eine Kombination der Erscheinungen an dicken und dünnen Drähten zu erwarten; denn das Seil besteht aus Drähten kleinen Durchmessers, die zu einem großen Durchmesser verseilt sind. Das

Feld in der unmittelbaren Umgebung des Seiles wird durch die dünnen Drähte bestimmt. Es ist deshalb zu erwarten, daß die Verluste bei Seilen langsamer zunehmen als bei glatten Drähten, dafür aber unter Umständen bei niedrigeren Spannungen beginnen. Das sieht man auch sehr schön aus den Kurven von Abb. 230, wo die Kurven für

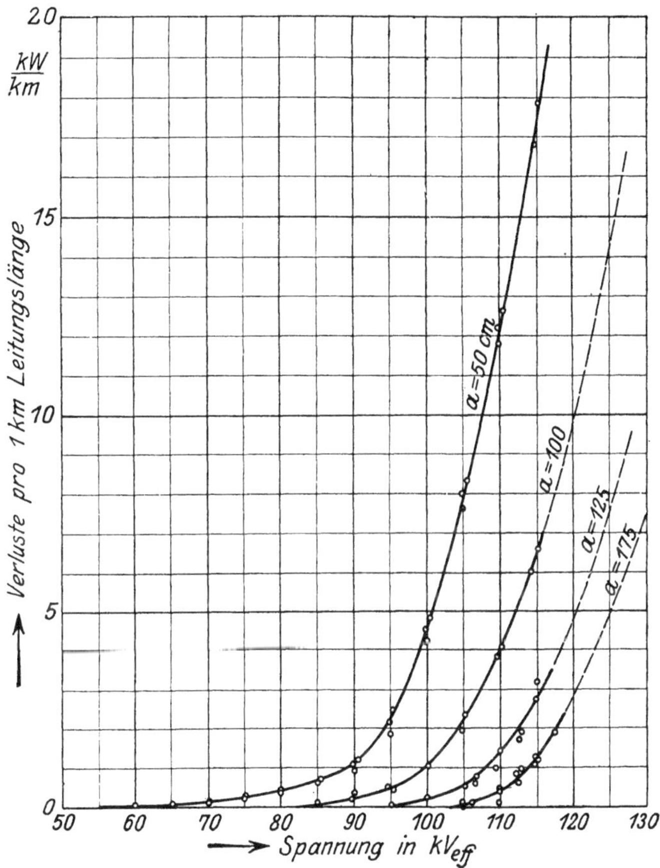

Abb. 231. Koronaverluste auf einer Doppelleitung.

Seil 7×6 qmm
Seilabstand $= a$

Barometerstand 750 mm
Temperatur 17° C.

die Seile die der glatten Drähte kreuzen. Es ist noch die Frage, ob es vielleicht gelingt, diese Eigenschaft der Seile, daß die Verluste sehr langsam anwachsen, noch stärker auszuprägen und vielleicht auch die Anfangsspannung noch hinaufzurücken. Diese Frage dürfte bei Anwendung sehr hoher Übertragungsspannungen noch eine gewisse Rolle spielen.

Für das bereits erwähnte siebendrähtige Seil haben Goerges, Weidig und Jaensch die Verluste in der Zweidrahtanordnung für verschiedene Drahtabstände a gemessen und das in Abb. 231 dargestellte Resultat erhalten. Aus diesen Kurven sehen wir zunächst, daß hier die Verluste wesentlich geringer sind als bei der konaxialen Anordnung. Das ist auch klar, weil bei derselben Spannung die Feldstärke am Draht etwa nur halb so groß ist.

Nehmen wir an, daß bei gleichen Feldstärken an der Oberfläche der Drähte die Verluste pro Draht bei beiden Anordnungen gleich groß sind, so muß die Einphasenleitung bei etwa der doppelten Spannung ungefähr die gleichen Verluste pro Draht, im ganzen also die doppelten Verluste aufweisen wie die konaxiale Anordnung. Ganz genau stimmt dies aber nicht, wie ein Vergleich der Kurven zeigt. Diese Unstimmigkeit kann verschiedene Gründe haben. Erstens ist die Durchbruchfeldstärke bei parallelen Leitungen etwas kleiner als bei der konaxialen Anordnung, was eine Vergrößerung der Verluste bedeutet. Zweitens aber müssen wir bedenken, daß das Feld um den Draht bei beiden Anordnungen ganz verschieden ausgeprägt ist; deshalb ist zu erwarten, daß sich bei parallelen Drähten zunächst die Korona nur an den sich zugekehrten Teilen der Oberfläche ausbildet. Das würde geringere Verluste bedingen. Dazu kommt aber noch, daß das Feld bei der Einphasenanordnung weniger rasch mit der Entfernung vom Draht abnimmt, als bei der konaxialen Anordnung; dies bedingt, wie wir bereits oben gesehen haben, eine größere Glimmzone. Alles in allem genommen aber kann man sagen, daß die Verluste bei der Zweidrahtanordnung ungefähr doppelt so groß sind als bei der konaxialen Anordnung und der halben Spannung.

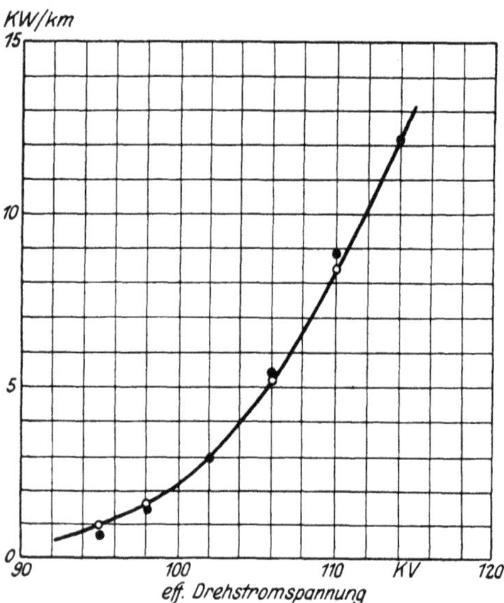

Abb. 232. Koronaverluste auf einer Drehstromfreileitung.

Seil 7 × 6 qmm Barometerstand 750 mm
Seilabstand 1,75 m Temperatur 17° C.

Über die Verluste bei **Drehstromleitungen** liegen keine exakten Verlustmessungen für hohe Spannungen vor. Man kann aber die Verlustkurven für Drehstrom aus den Kurven für Einphasenleitungen ableiten. Nehmen wir an, daß auch hier bei gleichen Feldstärken an den Drähten die Verluste gleich groß sind; es verhalten sich dann die Spannungen mit gleichen Verlusten pro Draht der Einphasen- und Drehstromleitung wie $2 : \sqrt{3}$. Da man aber bei Drehstrom 3 Drähte hat, sind die Verluste hier gegenüber denen bei Einphasenstrom im Verhältnis 3 : 2 größer. Beim siebendrähtigen Seil erhält man also für die Drehstromanordnung die Verlustkurven von Abb. 232, die in der angegebenen Weise aus Abb. 231 berechnet wurden. Dabei ist natürlich vorausgesetzt, daß die Durchschlagfestigkeit bei der Drehstromanordnung die gleiche sei, wie bei parallelen Drähten und daß der Einfluß der anders ausgebildeten Feldform vernachlässigbar ist. Man sieht daraus, daß die Verluste bei Drehstrom wesentlich geringer sind, als die eines Drahtes, der in einem Käfig angeordnet ist. Allerdings bedürfen diese Kurven für Drehstrom noch der experimentellen Bestätigung, und besonders wichtig erscheint es, die Verlustkurven auch für sehr hohe Spannungen noch zu ermitteln.

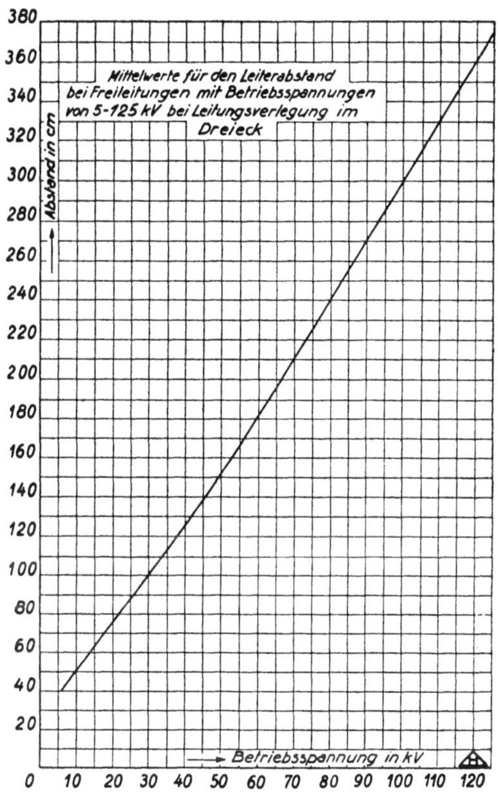

Abb. 233.

In Abb. 233 ist der Abstand der Drähte bei Drehstromleitungen mittlerer Hochspannungen als Funktion der Spannung dargestellt, und zwar stellt die Kurve Mittelwerte zahlreicher ausgeführter Anlagen dar.

Dreizehntes Kapitel.

Hochspannungswicklungen.

38. Maschinenwicklungen. — 39. Transformatorwicklungen.

38. Maschinenwicklungen.

Über den heutigen Stand der Isolierung von Maschinenwicklungen hat W. Zederbohm im ersten Band der Siemens-Zeitschrift eingehend berichtet.

Die Isolierung der Einzelleiter hängt von deren Spannung gegeneinander ab. Da die Klemmenspannung der Maschine gegeben ist, ist lediglich die Zahl der Windungen für die Höhe der sog. Lagenspannung maßgebend. Diese wird selten höher als 80 V sein und diese Spannung hält jede Drahtisolierung (Baumwolle und Papier) ohne weiteres aus, da die Isolationsdicke schon aus mechanischen Gründen ziemlich stark gewählt werden muß.

Früher hat man auch bei Hochspannungsmaschinen die Wicklungen vielfach in die Ankernut eingefädelt. Dadurch wird aber leicht die Isolation beschädigt; man ist deshalb fast allgemein zur sog. Träufelwicklung übergegangen; dabei werden die Spulen, die in zwei Nuten eingelegt werden sollen, vorher auf einer Schablone mit den richtigen Abmessungen hergestellt und die Drähte werden dann einzeln durch den Nuten- und Hülsenschlitz in die Nut eingebracht (eingeträufelt). Dadurch wird der Draht außerordentlich geschont. Allerdings ist die Träufelwicklung für Hochspannungsmaschinen nur dann mit Vorteil anwendbar, wenn für die Wicklung nicht Runddraht, sondern Flachdraht verwendet wird. Bei Verwendung von runden Drähten liegen die Leiter in der Nut wild durcheinander (Abb. 234 a) und es kann leicht vorkommen, daß gerade die Drähte mit der größten Spannungsdifferenz, die 300 bis 800 V betragen kann, nebeneinander liegen. Bei Anwendung von Flachdraht (Abb. 234 b) können dagegen die Drähte in der gewollten Reihenfolge nebeneinander gelegt werden.

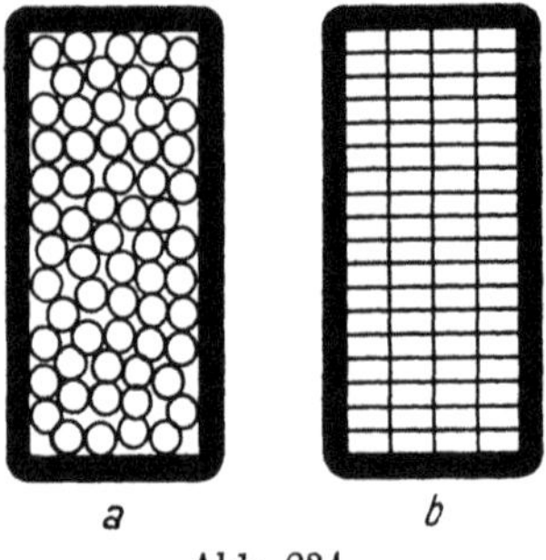

Abb. 234.
a) Runddrahtwicklung.
b) Flachdrahtwicklung.

Nun besteht bei Hochspannungsmaschinen die Gefahr, daß die unvermeidlichen Luftzwischenräume zwischen den Drähten und der Nutenwand überbeansprucht werden, so daß sie zum Glimmen kommen. So ist beispielsweise bei einer Maschine für 10 kV die Spannung des letzten Drahtes gegen die Nutenwand 10 kV; besteht die Nutenisolation aus einer Glimmerhülse von 3,5 mm Wandstärke, so ist die Feldstärke in der Nutenisolation rund 29 kV·cm^{-1}. Da die Dielektrizitätskonstante der Glimmerhülse zu mindestens 5 angenommen werden muß, ergibt sich in einer Luftschicht neben der Hülsenwand eine Feldstärke von 145 kV·cm^{-1}. Bei dieser Feldstärke treten sogar in ganz dünnen Luftschichten von etwa ein Hundertstel Millimeter lebhafte Entladungen auf. Noch größer ist natürlich diese Gefahr in Luftschichten in den Ecken der Spulenhülse, weil dort die Feldstärken wegen der Drahtkrümmungen noch wesentlich größer sind.

Nach Versuchen der S. S. W. leiden tatsächlich die Isolierungen der Drähte besonders in feuchten Räumen sehr stark unter diesen Entladungen, ebenso auch Lackpapier. Dagegen scheint Mikanit hier-

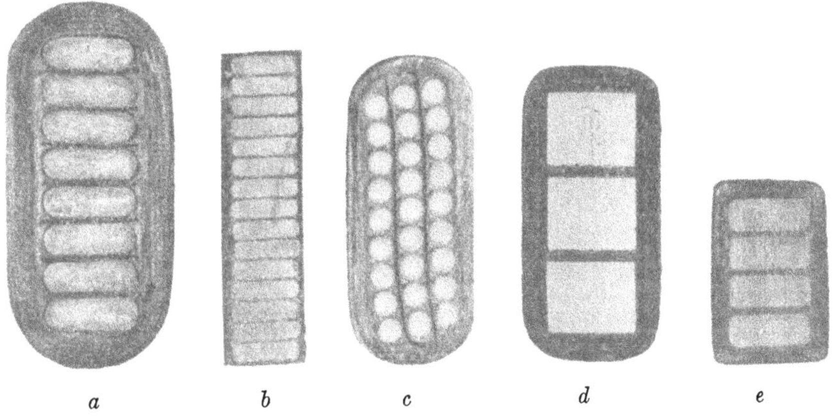

Abb. 235a—e. Querschnitte von gebackenen Spulen.

gegen unempfindlicher zu sein, d. h. es wird nicht so rasch zerstört wie andere Isoliermaterialien. Es müssen also Vorkehrungen getroffen werden, daß sich solche Entladungen nicht ausbilden können, d. h. es muß jede Spur von Luft aus der Spule entfernt werden. Zu diesem Zwecke werden die Spulen asphaltiert oder kompoundiert oder gebacken, wie diese Verfahren heißen. Bei diesen Prozessen werden Isoliermassen, die im heißen Zustand flüssig sind, in die Nutenwicklungen gepreßt, so daß sie alle vorhandenen Lufträume ausfüllen. In Abb. 235 sind die Querschnitte einiger gebackener Spulenwicklungen dargestellt (aus: Richter, die Ankerwicklungen).

Für die Isolation der Wicklungen gegen die Nut werden Hartpapiere, Mikanit oder Glimmer verwendet. Die geringste Wandstärke der Nutisolation wird zu 2 mm, für Maschinen mit 10 kV zu 3,5 mm gewählt.

Durch die neuen Verbandsvorschriften für die Prüfung von Maschinen kann die Beanspruchung der Nutisolation sehr hoch werden. Ein Beispiel soll dies zeigen. Für eine 10 kV-Maschine sei die Nutisolation zu 3,5 mm gewählt. Der Krümmungsradius des Flachdrahtes in der Spulenecke sei 2 mm. Der äußere Krümmungsradius der Spulenhülse sei 5,5 mm. An dieser Stelle können wir die Anordnung als „konaxiale Zylinder" betrachten und finden dann bei der vorgeschriebenen Prüfspannung von 25 kV eine maximale Beanspruchung des Isoliermaterials von 125 kV·cm^{-1}. Diese Beanspruchung ist selbst bei Verwendung von Mikanit sehr hoch, da die Durchschlagfestigkeit etwa bei 150 kV·cm^{-1} liegen dürfte. An der Wand der Spulenhülse ist die Beanspruchung allerdings nur 70 bis 80 kV·cm^{-1}. Wir sehen also, daß die Prüfvorschriften außerordentlich scharf sind; wohl bei keiner anderen Hochspannungsanordnung geht man mit der Beanspruchung so hoch.

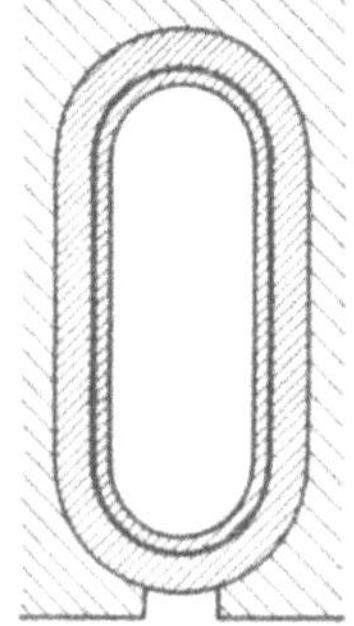
Abb. 236. Spulenhülse mit Metalleinlage.

Die Maschinenfabrik Örlikon hat eine ausgezeichnete Lösung für die Nutisolierung angegeben. Abb. 236 zeigt den Querschnitt einer Nutwicklung. In die Hülse ist eine metallische Schicht eingebettet, die mit einem der Leiter in der Nut in Verbindung steht. Dadurch wird gewährleistet, daß infolge der scharfen Krümmungen der Wicklungsdrähte keine Überbeanspruchungen in der Hülse auftreten, da ja die Spannung der Drähte gegen diese Einlage sehr gering ist. Andererseits wird dadurch aber auch die Beanspruchung zwischen Einlage und Nutenwand sehr heruntergesetzt, weil die Einlage einen sehr großen Krümmungsradius erhalten kann. Die Beanspruchung an der Krümmung wird dann nicht viel größer als an der glatten Nutenwand. Diese Anordnung sollte man wenigstens für die Eingangsspulen von Hochspannungsmaschinen anwenden. Sie hat allerdings den Nachteil, daß in der Metallhülse durch das Nutenquerfeld Wirbelströme induziert werden, wodurch die Metallhülse stark erwärmt werden kann.

Noch manche Unklarheit herrscht hinsichtlich der Beanspruchung der Spulenköpfe auf Überschlag. Die Spulenköpfe stellen da, wo sie aus dem Ankereisen austreten, Durchführungen dar. Es ist deshalb begreiflich, daß die Tangentialkomponente der elektrischen Feldstärke längs der Hülsenoberfläche gerade an der Austrittstelle außerordentlich groß ist, viel größer als bei Durchführungsisolatoren, weil die Wandstärke der Hülse wesentlich dünner ist als die Isolationsstärke bei Durchführungen. Deshalb muß an dieser Stelle schon bei geringen Spannungen eine Entladung (Glimmen) auftreten. In der Praxis spricht man von Kriechströmen. Man will sie gelegentlich dadurch vermeiden, daß man die Spulenköpfe umbandelt. Einen gewissen Vorteil dürfte dieses Verfahren haben, nämlich den, daß man die Entladungen nicht mehr sieht, denn sie werden nun im wesentlichen unter der Umbandelung auftreten. Auch gibt es gewisse Regeln für die Länge der Spulenköpfe abhängig von der Maschinenspannung; es herrscht aber offenbar die Meinung, daß die Beanspruchung längs der Spulenkopfoberfläche auf Überschlag um so geringer ist, je länger man die Spulenköpfe macht. Wie wir wissen, ist dies nicht der Fall. Bereits auf den ersten Millimetern an der Austrittstelle der Wicklung sitzt die gesamte Spannung. Zur Vermeidung der Glimmentladungen gibt es eine Reihe von Mitteln; es sei hier auf das

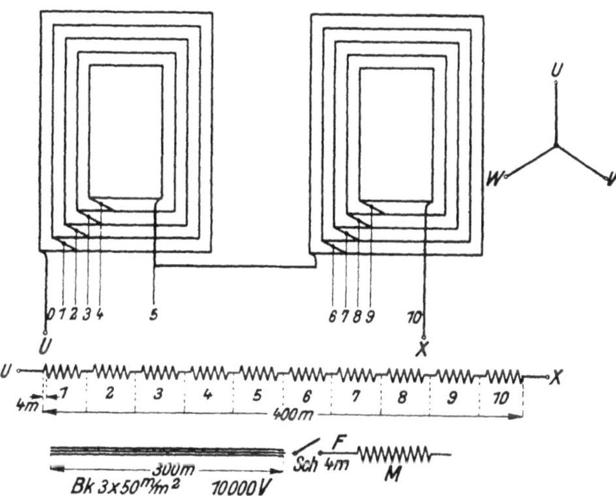

Abb. 237. Prüfanordnung für die Messung des Spannungsverlaufes in der Maschinenwicklung.

Bk = Bleikabel. *F* = Freileitung. *Sch* = Ölschalter. *M* = Motor.

14. Kapitel verwiesen, wo diese Mittel bei den Durchführungen besprochen werden. Die Beanspruchung der Oberfläche auf Überschlag kann man näherungsweise mit Hilfe der Kurven von Abb. 162 berechnen.

Besonders gefährlich für die Isolation sind die im Betrieb auftretenden Beanspruchungen durch Wanderwellen. Die S. S. W. haben diese Beanspruchungen an einem Drehstrommotor mit einer Leistung von 1100 kW bei 5 kV eingehend untersucht. Die Ergebnisse dieser Untersuchungen hat Zederbohm im ersten Heft der Siemens-Zeitschrift (1. Jahrgang) veröffentlicht. Der Motor hatte in jeder Phase 2 Spulen mit je 5 Nuten für eine Spulenseite, so daß sich im ganzen 10 einzelne Spulen ergaben. In jeder Spule waren 10 Leiter hintereinandergeschaltet. Die Leiter selbst waren so gut isoliert, daß die einzelnen Windungen erst bei 40 kV durchschlugen. Die Prüfanordnung zeigt Abb. 237. An der Stromquelle waren 300 m Kabel angeschlossen, ferner ein Ölschalter und dann vom Schalter bis zum Motor etwa 4 m Freileitung. An dem Anfang der Wicklung, an der ersten Windung und an dem Ende einer jeden einzelnen der 10 Spulen wurden Prüfdrähte angebracht. Zwischen diese Prüfdrähte wurde eine geeichte Funkenstrecke geschaltet und mit dieser die beim Schalten zwischen den einzelnen Windungsstrecken auftretenden Spannungen gemessen. Zur Verhinderung des Entladeverzuges und Erzielung genauer Ergebnisse wurde die Funkenstrecke mit Bogenlicht bestrahlt. Die Messungen wurden so vorgenommen, daß die Spannungen festgestellt wurden, bei welchen bei fünfzigmaligem Schalten ein einmaliger Überschlag an der Funkenstrecke erfolgte. Dann wurde die Funkenstrecke um 250 V höher eingestellt und wieder fünfzigmal geschaltet. Trat bei diesem nochmaligen Schalten kein Überschlag auf, so wurde der letzte Überschlag als Spannungswert festgelegt.

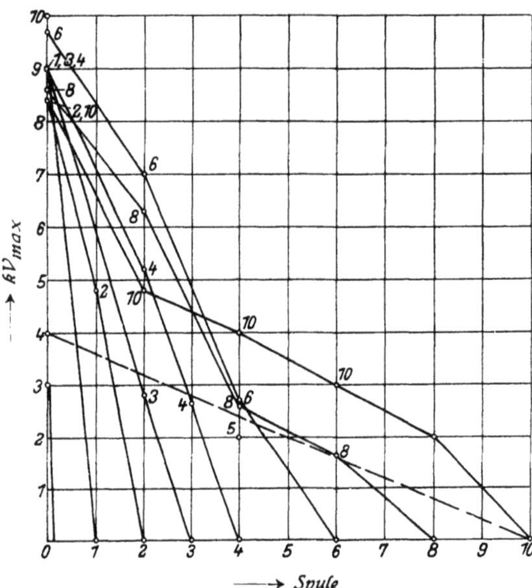

Abb. 238. Verlauf der Überspannungswelle beim Einschalten. Läufer offen, ohne Schutzwiderstand. ---- stationäre Spannung.

Der Verlauf, der aus den einzelnen Messungen zwischen Anfang und Ende einer jeden Spule und zwischen Anfang und Ende der einzelnen Spulen, beispielsweise 1 bis 2, 3 bis 4 ... ermittelten Spannungswelle wurde über der Windungslänge aufgetragen (Abb. 238). Das Bild zeigt, daß zwischen Anfang und Ende der ersten Windung beim Einschalten ohne Schutzwiderstand eine höchste Spannung von 3000 V auftritt, zwischen Anfang und Ende der ersten Spule eine solche von 9000 V. Man sieht deutlich, daß die Spannungswelle nicht in ihrer ursprünglichen Form durch die Wicklung läuft, sondern daß sie sich allmählich verflacht und verändert. Im Bild ist die stationäre Spannung als punktierte Linie gezeichnet. Die Spannungswerte sind alle als Höchstwerte aufge-

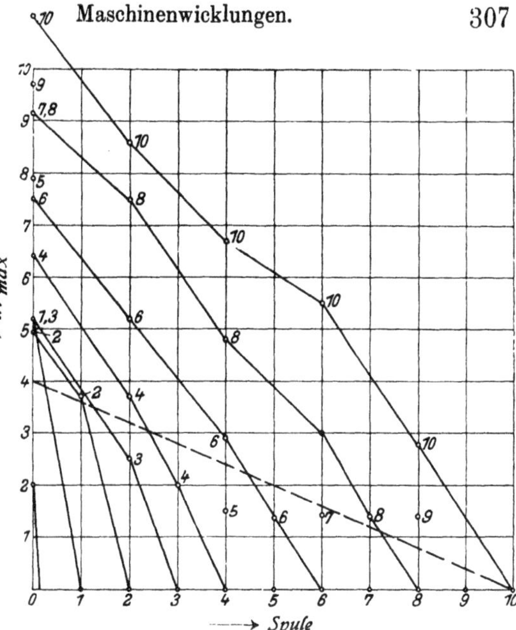

Abb. 239. Verlauf der Überspannungswelle beim Auschalten. Läufer offen, ohne Schutzwiderstand. ---- stationäre Spannung.

tragen, die in der Praxis üblichen Effektivwerte sind um $\frac{1}{\sqrt{2}}$ kleiner. Die Spannung in der ersten Windung ist also 70 Prozent des stationären Wertes der Netzspannung.

Ganz ähnlich gestaltet sich der Verlauf (Abb. 239) beim Ausschalten. Die Spannungswerte sind in der ersten Windung 2 kV, in der ersten, zweiten und dritten Spule etwa 5 kV, in der vierten etwa 6,3 kV usw.

Die Messungen wurden dann mit Schutzwiderstand wiederholt und nacheinander verschiedene Widerstände von 20, 70 und 320 Ohm eingeschaltet. Es ist deutlich die stark dämpfende Wirkung des Schutzwiderstandes erkennbar (Abb. 240). Bereits bei 20 Ohm Schutzwiderstand geht die Spannung in der ersten Windung von 3 auf weniger als 1,5 kV herunter, in der ersten Spule von 9 auf 6,3 kV. In den nächsten Spulen ist ein Einfluß bei 20 Ω Schutzwiderstand nicht mehr zu bemerken. Bei 70 Ω Schutzwiderstand ist die Spannung zwischen Anfang und Ende der ersten Spule von 9 auf nur noch 3,3 kV, in der zweiten Spule von 9,5 auf 6,5 kV heruntergegangen. In der dritten und folgenden Spule ist der Einfluß wieder gering. Durch weitere Vergrößerung des Schutz-

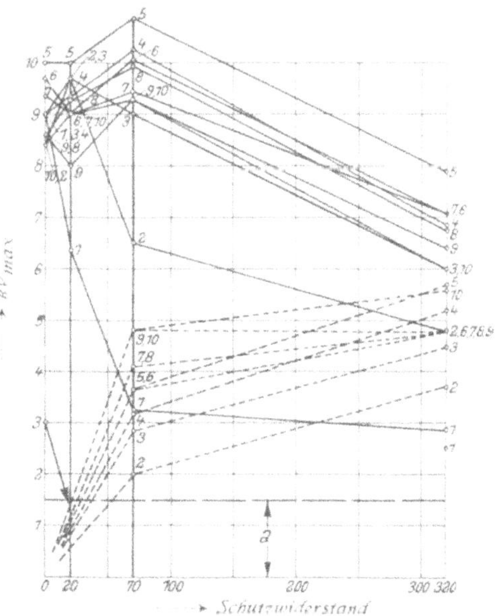

Abb. 240. Einfluß des Schutzwiderstandes auf die Höhe der Überspannung, gemessen zwischen Anfang der Wicklung und Ende jeder Spule (1 bis 10).
—— Einschalten. ---- Kurzschließen des Schutzwiderstandes. *a* mit der Funkenstrecke nicht meßbar.

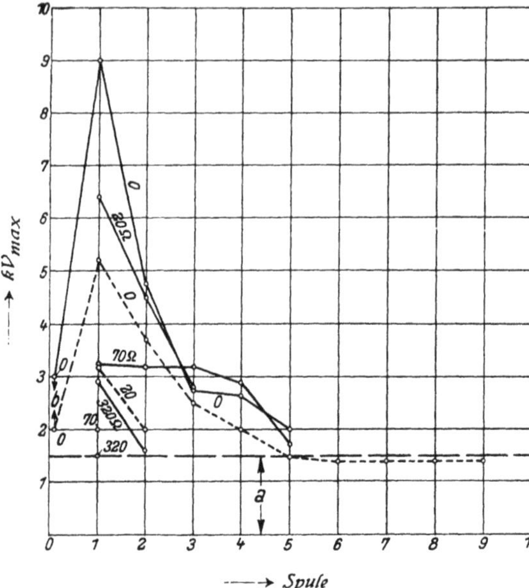

Abb. 241. Überspannung zwischen Anfang und Ende einer jeden Spule (1 bis 10) bei verschiedenen Widerständen.
— — Einschalten. - - - - Ausschalten. *a* mit der Funkenstrecke nicht meßbar.

widerstandes wird ein wesentlicher Vorteil nicht mehr erreicht. Es werden nur die Spannungen in den letzten Spulen noch weiter heruntergesetzt, was aber nicht von allzu großer Bedeutung ist. Beim Kurzschließen des Schutzwiderstandes treten dann ebenfalls noch gewisse Überspannungen auf, die beispielsweise zwischen Anfang und Ende der zweiten Spule etwa 2 kV betragen und bei 320 Ohm etwas höher sind. Der Wert der Schutzwiderstände in den normalen Ölschutzschaltern beträgt für einen solchen Motor für 5 kV etwa 125 Ω.

Von besonderer Wichtigkeit ist noch die Spannung an den *einzelnen Spulen* selbst. Beim Einschalten (Abb. 241) ohne Schutzwiderstand beträgt die Spannung an der ersten Windung 3, an der ersten Spule 9 kV. Zwischen Anfang und Ende der zweiten Spule geht die Spannung herunter auf 4,8 kV, an der dritten Spule auf 2,8 kV und wird an den folgenden Spulen dann noch kleiner. Beim Vorschalten von Schutzwiderstand sinkt die Spannung an der ersten Spule von 9 auf 6,3 kV bei 20 Ω, auf 3,2 kV bei 70 Ω und auf 2,9 kV bei 320 Ω. An der zweiten Spule sinkt die Spannung von 4,8 auf 4,5 kV beim Einschalten von 70 Ω und auf 1,6 kV beim Einschalten von 320 Ω. An den hinteren Spulen wird die Spannung bereits ohne Schutzwiderstand allmählich kleiner und ungefährlich; beim Ausschalten

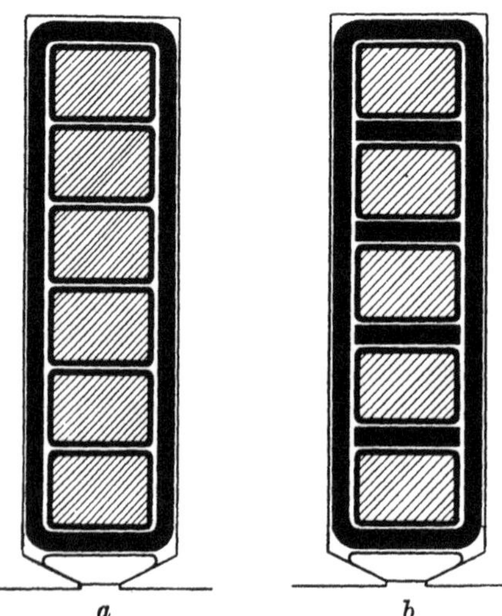

Abb. 242.
a) Innenspule. b) Eingangsspule.

ergeben sich ähnliche Werte. Man sieht aus diesem Bild deutlich die hohe Beanspruchung der ersten Windung und den stark dämpfenden Einfluß des Schutzwiderstandes auf die Spannungshöhe gerade in den ersten Spulen.

Diese Versuche lehren, daß man die ersten Spulen von Maschinen stärker isolieren muß als die übrigen Windungen. Gewöhnlich werden etwa 10 % der Wicklungslänge mit verstärkter Isolation ausgeführt. Der für die erhöhte Isolation notwendige Raum in der Nut wird durch Weglassen eines oder mehrerer Leiter gewonnen, wie Abb. 242 zeigt. Zwischen die einzelnen Leiter werden innerhalb der Nut ausreichende Preßspan- oder Glimmerzwischenlagen gelegt.

39. Transformatorwicklungen.

Die Isolation der Drähte der Transformatorwicklungen besteht gewöhnlich aus einer zweifachen Umspinnung mit Baumwolle. Die Durchmesserzunahme ist durch die Isolation etwa 0,35 bis 0,5 mm. Bei Lufttransformatoren für höhere Spannungen müssen diese Draht-

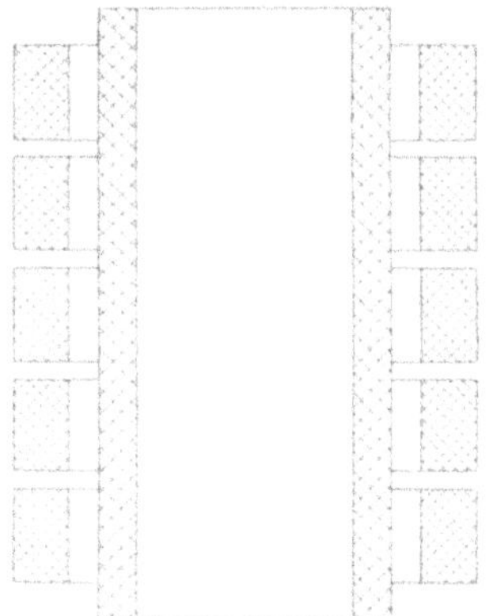

Abb. 243a. Zylinderwicklung.

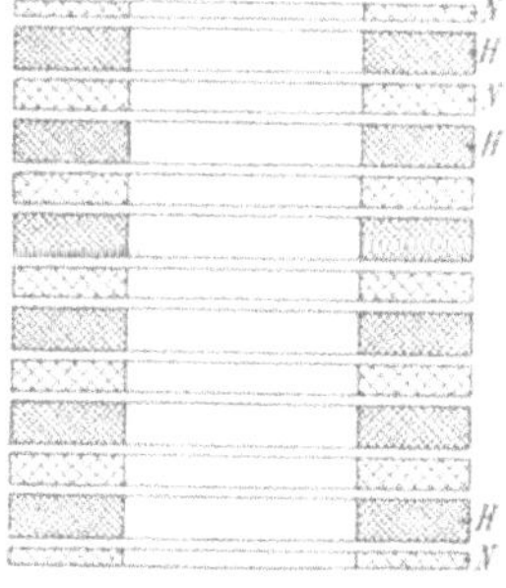

Abb. 243b. Scheibenwicklung.

isolationen imprägniert werden. Bei Öltransformatoren werden vielfach Drähte mit Papierisolation verwendet. Die einzelnen Wicklungslagen werden voneinander durch Papier isoliert.

Hinsichtlich der Form der Spulen und ihrer Anordnung auf dem Transformator unterscheidet man die konzentrische Wicklung und die Scheibenwicklung; beide Wicklungsarten sind in Abb. 243 dargestellt. Für Transformatoren sehr hoher Spannung kommt nur mehr die sog. konzentrische Wicklungsart in Frage. Die Hochvolt- und die Niedervoltwicklung bilden hier zwei konaxiale Zylinder. Man nennt diese Wicklungsart deshalb auch Zylinderwicklung. Wir wollen im folgenden unsere Betrachtungen auf diese Wicklung allein beschränken.

Die Durchschlagbeanspruchung der Isolierstoffe bei dieser Wicklungsart für normalen Betrieb bzw. für die Prüfspannung ist sehr leicht zu berechnen. Die zwei auf benachbarten Schenkeln angeordneten Hochspannungswicklungen stellen die Anordnung „zwei gleich große Zylinder nebeneinander“ dar. Wird der Nullpunkt herausgeführt, so stellt der Leiter, der vom Nullpunkt zum Deckel führt, im Verein mit der Zylinderwicklung die Anordnung „zwei verschieden große Zylinder nebeneinander“ dar. Die Hochvoltwicklung im Verein mit der von ihr umschlossenen Niedervoltwicklung stellt die Anordnung „zwei konaxiale Zylinder“ dar. Die Hochvoltwicklungen im Verein mit der Wand des Ölkastens stellt die Anordnung „Zylinder gegen Ebene“ dar. Alle diese Anordnungen sind uns bekannt, wir brauchen hier nicht mehr näher darauf einzugehen. Als Isoliermaterial kommt Luft (Lufttransformator) oder Öl (Öltransformator) in Frage.

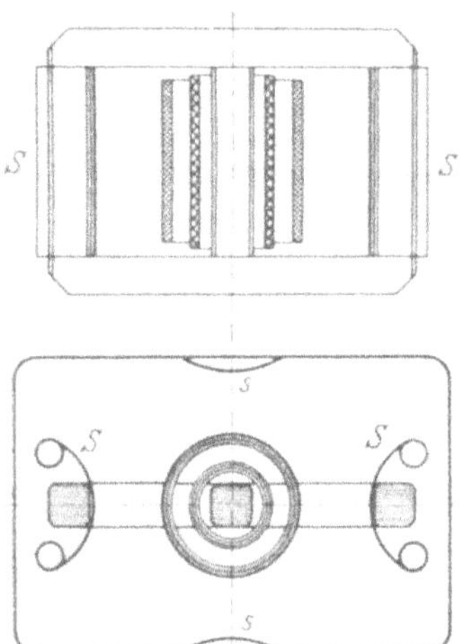

Abb. 244. Manteltransformator mit abgedeckten Kernen.

Bei Manteltransformatoren steht die Hochspannungswicklung unbewickelten Schenkeln gegenüber. Hier empfiehlt es sich, die unbewickelten Kerne mit Metallschildern S zu versehen, wie Abb. 244 zeigt, und zwar gibt man den Schildern eine zylindrische Form, so daß die Anordnung entsteht „zwei gleich große Zylinder nebeneinander“. Bei Öltransformatoren baucht man zweckmäßigerweise die Wände s des Ölkessels nach innen, so daß auch hier die gleiche Anordnung entsteht, die wesentlich günstiger ist, als Zylinder gegenüber Ebene (D.R.P. a.).

Bei sehr hohen Spannungen bereitet die Isolierung zwischen Hochvolt- und Niedervoltwicklung die größte Schwierigkeit. Die Westinghouse Co. hat bei Prüftransformatoren für sehr hohe Spannungen diese Schwierigkeit dadurch überwunden, daß sie zwischen beiden Wicklungen Isoliermaterial mit Metalleinlagen nach dem Nagelschen Prinzip anordnet, wie Abb. 245 zeigt. Die Einlagen und das Isoliermaterial sind abgestuft, jede Einlage ist mit einer entsprechenden Anzapfung der Hochvoltwicklung verbunden, so daß zwangsweise eine gleichmäßige Spannungsverteilung auf die einzelnen Lagen und damit auf den ganzen Zwischenraum zwischen den beiden Wicklungen hergestellt wird. Man sieht im Bilde auch den unteren Teil der Durchführung durch den Transformatorendeckel, die ebenfalls mit Metalleinlagen versehen ist; auch diese Einlagen sind mit entsprechenden Anzapfungen des Transformators verbunden. Die Anordnung hat also keine influenzierten

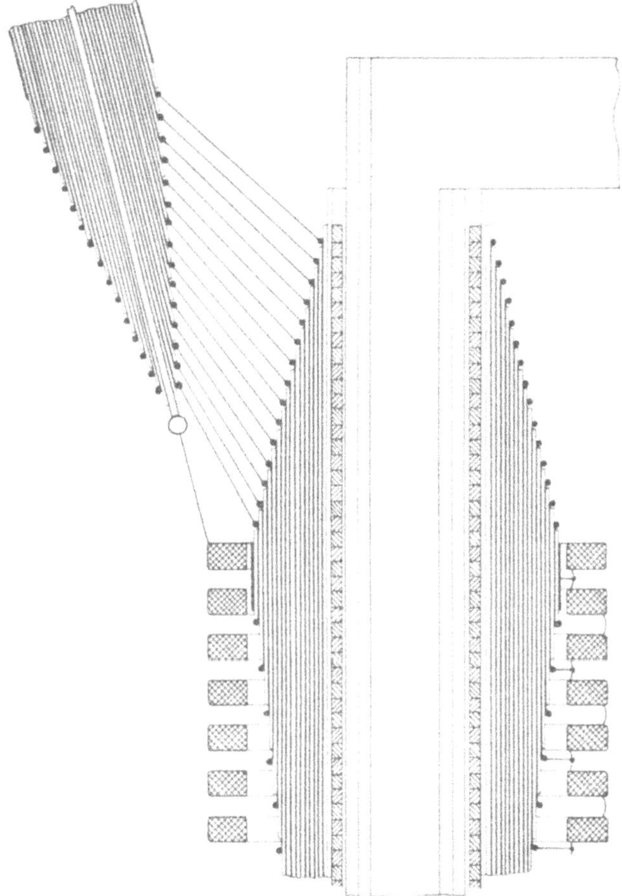

Abb. 245. Anordnung der Hochspannungswicklung nach dem Nagel-Prinzip.

Elektroden, alle Elektroden sind vielmehr angeschlossen, so daß zwangsweise eine bestimmte Spannungsverteilung hergestellt wird.

Wie man leicht nachrechnen kann, können Lufttransformatoren für sehr hohe Spannungen nicht hergestellt werden, wenn man nicht sehr große Dimensionen mit in Kauf nehmen will, wodurch natürlich der Transformator sehr teuer wird. Rechnen wir mit einer Beanspruchung von $10\,\mathrm{kV}\cdot\mathrm{cm}^{-1}$ für Luft, so müßte der Zwischenraum zwischen Hochvolt- und Niedervoltwicklung bei einem 300 kV-Transformator etwa 40 bis 50 cm sein, was natürlich einen sehr großen Kupferaufwand für die Hochvoltwicklung bedingt. Transformatoren für so hohe Spannungen führt man deshalb besser als Öltransformatoren aus, wenn man nicht von der Reihenschaltung mehrerer Transformatoren Gebrauch machen will, auf die wir später noch zu sprechen kommen.

Bei den Öltransformatoren will man die Isolation zwischen den beiden Wicklungen nicht dem Öl allein überlassen. Man ordnet deshalb in dem Zwischenraum noch Zylinder aus Hartpapier (Carta, Pertinax, Geax usw.) an. Wird bei einer Überspannung die Festigkeit des Öles überschritten, so kann wenigstens kein vollkommener Durchschlag zustande kommen, da hieran der Hartpapierzylinder hindert. Wir haben hier also die Anordnung mit geschichteten Isoliermaterialien vor uns.

Natürlich wird durch Anordnung eines Zylinders aus festem Isoliermaterial die Beanspruchung in Öl erhöht, wenn die Dielektrizitätskonstante des festen Materials wesentlich größer ist als die des Öles, was immer der Fall sein wird. Hierbei kommt es natürlich sehr wesentlich auf die Dicke des Hartpapierzylinders an. Immerhin muß die Wandstärke desselben so groß gewählt werden, daß er bei einem Öldurchschlag die ganze Spannung aufnehmen kann.

Wir kommen nunmehr zur Abstützung der Wicklungen gegen das Joch. Bei der Dimensionierung der Abstützung ist auf die mechanische Beanspruchung der Wicklungen bei Kurzschlüssen und auf die elektrische Beanspruchung der Abstützung gegen Überschlag Rücksicht zu nehmen. Eine in elektrischer Hinsicht sehr gute Lösung stellt die in Abb. 245 dargestellte Ausführung der Westinghouse Co. dar. Hier wird durch die Einlagen eine vollständig gleichmäßige Spannungsverteilung längs der Abstützung erreicht. Andere Lösungsmethoden bestehen darin, daß man zwischen Wicklung und Joch Porzellanstützer anordnet. Manche Firmen verwenden gut ausgetrocknetes und in Öl ausgekochtes Hartholz. Faßt man die Abstützung als Durchführungsproblem auf, wobei der Eisenkern den Innenleiter darstellt, dann kann man auch hier alle Mittel zur Vergleichmäßigung der Spannungsverteilung anwenden, die wir bei den Durchführungsisolatoren im vierzehnten Kapitel noch näher kennen lernen werden.

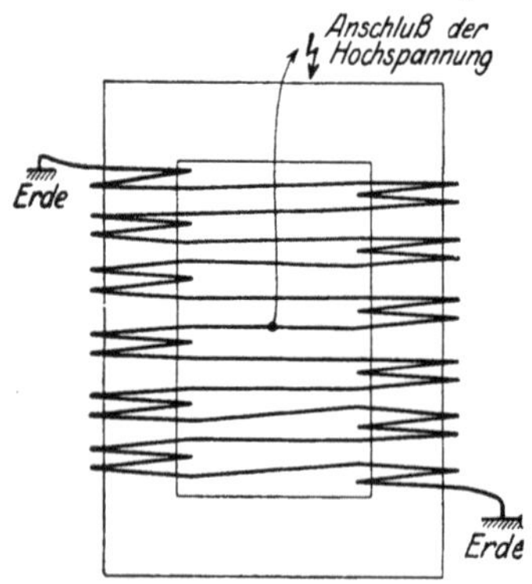

Abb. 246. Transformator mit nur einem Ausführungsisolator.

Eine sehr radikale Lösung dieser Frage hat A. Palme angegeben. Die Hochspannungswicklung wird dauernd geerdet, so daß also nur ein Ausführungsisolator notwendig ist. Die Totalwindungszahl der

Hochvoltspule erhält die doppelte Zahl von Windungen als nach dem Übersetzungsverhältnis notwendig wäre. Diese beiden Wicklungshälften werden parallel geschaltet, wobei die Durchführung an die Mitte der Wicklung angeschlossen ist, wie Abb. 246 zeigt. Hier ist also gar keine elektrische Abstützung gegen das Joch notwendig.

Wie bei den Maschinen, so liegt auch bei den Transformatoren die Gefahr der Überbeanspruchung der ersten Spulen durch Sprungwellen vor. Man kann die Wicklungen eines Transformators schematisch durch die Ersatzschaltung von Abb. 247 und 248 darstellen. Die eingezeichneten Kondensatoren bedeuten die Kapazitäten der einzelnen Windungen gegeneinander und gegen Erde. Wenn eine Sprungwelle auf die Wicklung trifft, dann fließt ein Ladestrom quer durch die Wicklung, also nicht dem Draht entlang, sondern vom Draht durch die Isolation hindurch zum nächsten Draht usw. Der Ladestrom verläuft also gerade so, als wenn die Spulen nicht miteinander verbunden wären. Man kann also die Spannungsverteilung auf die einzelnen Windungen und Spulen messen, indem man ihre Verbindungen miteinander löst, den Transformator an Spannung legt und dann die Spannung zwischen je zwei Spulen mißt. Solche Messungen hat der Verfasser durchgeführt und für einen Transformator von 10 kVA, dessen Hauptabmessungen in Abb. 249 dargestellt sind (32 kV, 32 Hochspannungsspulen, pro Kern 16 Spulen) die Spannungsverteilung von Abb. 250 gefunden. Wir sehen daraus, daß auf die Eingangsspule etwa 20% der gesamten Spannung treffen. Auf die gegen die Mitte zu liegenden Spulen trifft im ersten Augenblick nur ein geringer Teil der gesamten Spannung. An einer Spule war eine Unregelmäßigkeit feststellbar; es konnte aber nicht ermittelt werden, wodurch diese verursacht ist, ohne den Transformator auseinander zu bauen.

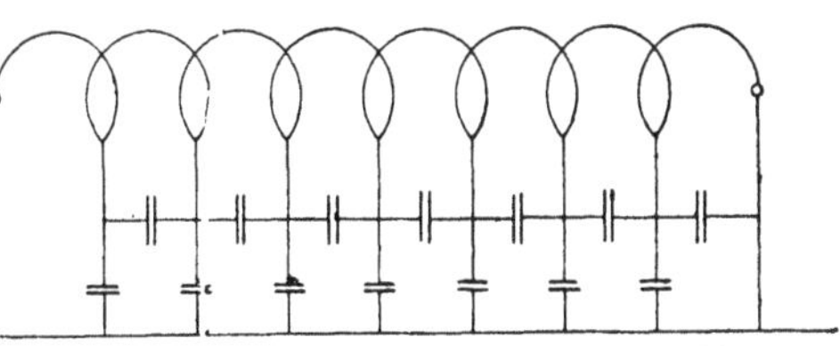

Abb. 247. Ersatzschaltung für eine Transformatorenwicklung.

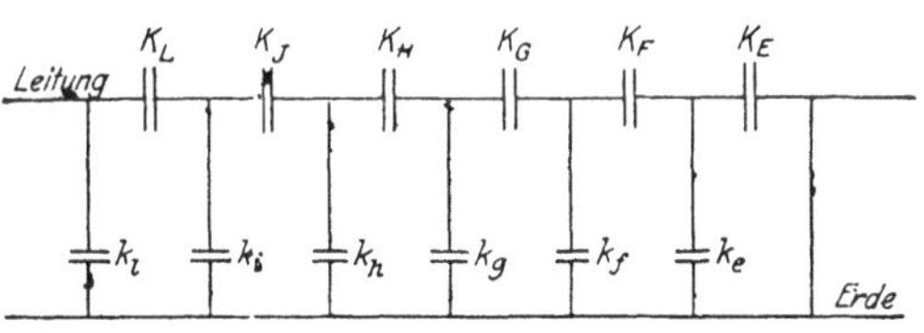

Abb. 248. Ersatzkondensatoren für eine Transformatorenwicklung.

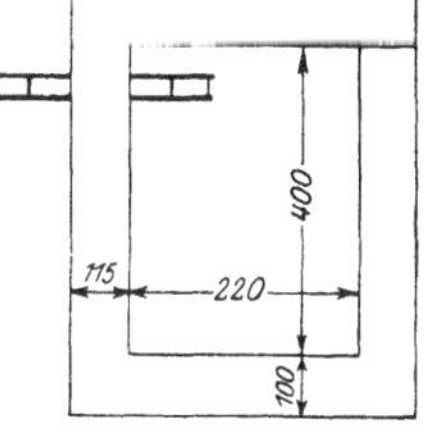

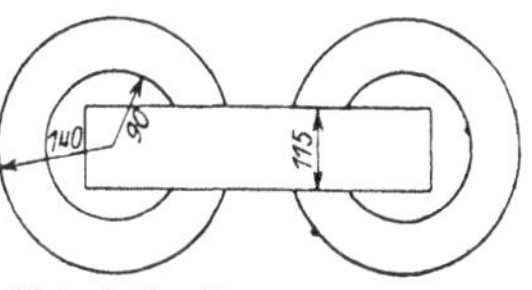

Abb. 249. Abmessungen des Versuchstransformators.

Diese Spannungsverteilung kann man sofort gleichmäßiger machen, indem man über den ersten Spulen einen Schirm aus Metall anordnet, den man mit der Leitung verbindet. Dadurch wird die Kapazität der einzelnen Spulen gegen die Leitung erhöht, die Kurve für die Spannungsverteilung also gehoben und gleichmäßiger gemacht.

In den B.B.C.-Mitteilungen vom August 1922 sind ebenfalls Messungen über die Beanspruchung der Wicklung von Transformatoren durch Sprungwellen mitgeteilt. An einer Freileitung war ein Transformator angeschlossen. An verschiedenen Stellen der Freileitung, also

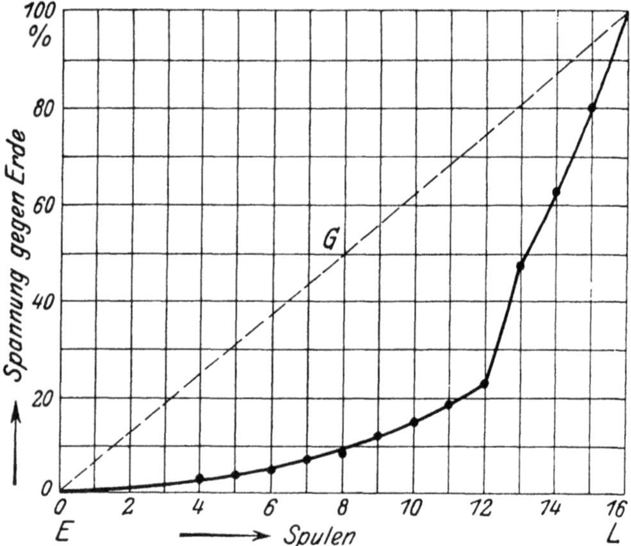

Abb. 250. Spannungsverteilung längs der Wicklung des Transformators nach Abb. 249.

in verschiedener Entfernung vom Transformator wurden nun Erdschlüsse mit Hilfe einer Kugelfunkenstrecke erzeugt; zwischen den einzelnen Spulen des Transformators konnten ebenfalls Meßfunkenstrecken angeordnet und damit die auf die einzelnen Spulen treffenden Spannungen gemessen werden. In Abb. 251 ist ein Ergebnis dieser Messungen dargestellt. Auf der Abszissenachse sind die Spulennummern und auf der Ordinatenachse die gemessenen Sprungspannungen pro Spule in Prozenten der Sprungwellenhöhe aufgetragen; Parameter der Kurvenschar ist die Entfernung des Erdschlusses vom Transformator bzw. die Länge der Freileitung, die dem Transformator vorgeschaltet ist.

Man sieht, daß die ersten Spulen tatsächlich sehr stark beansprucht sind. Gegen die Mitte des Transformators zu nimmt die Beanspruchung der Wicklung ab. Eine Ausnahme zeigt die Kurve für 300 m Freileitung. Hier tritt eine starke Beanspruchung auch gegen die Mitte der Wicklungen zu auf. Offenbar vollführen die Spulen hier Eigenschwingungen, die durch das oftmalige Aufprallen der Sprungwellen angeregt sind.

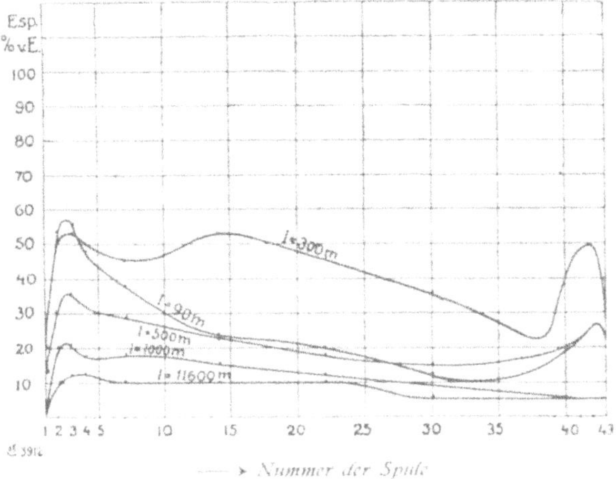

Abb. 251. Verteilung der Sprungspannung *Esp* pro Spule über die Wicklung einer Transformatorensäule abhängig von der Spulennummer bei verschiedenen Entfernungen *l* zwischen Transformator und Erdschlußstelle. (*E* ist die Höhe der Sprungwelle.)

Mit der Erforschung dieser Erscheinungen und der Höhe der zu erwartenden Beanspruchungen stehen wir erst am Anfang. Immerhin aber steht fest, daß es zweckmäßig ist, die Anfangswindungen mit erhöhter Isolation auszuführen. In der Regel dehnt man diese Maßnahme auf 10% der Spulen aus.

In vielen Prüffeldern ist heute schon Bedarf nach Transformatoren für 1000 kV. Diese Spannungen kann man in einem einzelnen Transformator nicht mehr erzeugen, ohne zu unwirtschaftlichen Ausführungen zu kommen. Man kann nun die Schwierigkeit der Isolation von Wicklungen so hoher Spannungen dadurch umgehen, daß man beispielsweise zwei Transformatoren à 500 kV gegen Erde baut und diese hintereinanderschaltet. Zwischen den beiden Klemmen der Transformatoren herrscht dann eine Spannung von 1000 kV, wobei die Isolation gegen Erde nur für 500 kV vorgesehen werden muß.

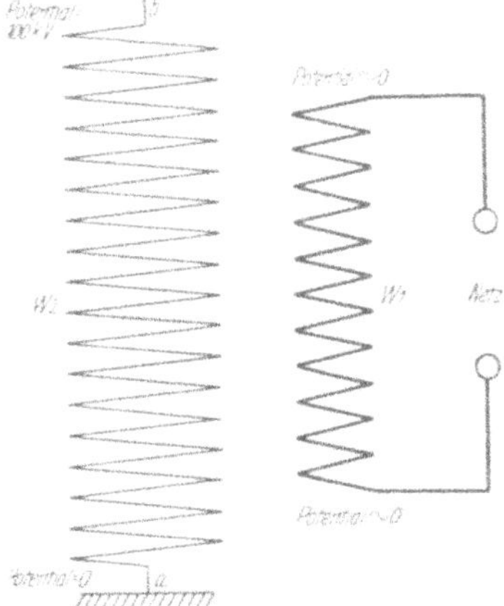

Abb. 252. Potentiale von Transformatorwicklungen.

F. Dessauer hat eine andere Möglichkeit zur Erzeugung sehr hoher Spannungen gefunden. Abb. 252 zeigt einen Transformator für beispielsweise 100 kV mit einem geerdeten Hochspannungspol. Die Niederspannungswicklung muß von der Hochvoltwicklung isoliert sein, und zwar für eine Spannung von 100 kV. Speist man aber die Niederspannungswicklung von einer gegen Erde isolierten Stromquelle, wie Abb. 253 zeigt, und verbindet man ihren Mittelpunkt mit demjenigen der Hochvoltwicklung, dann braucht die Isolation zwischen beiden Wicklungen nur für 50 kV vorgesehen zu werden. Die von Erde isolierte Stromquelle kann durch einen Transformator mit dem Übersetzungsverhältnis 1:1 gebildet werden, dessen beide Wicklungen für 50 kV gegeneinander und gegen den Eisenkern isoliert sind.

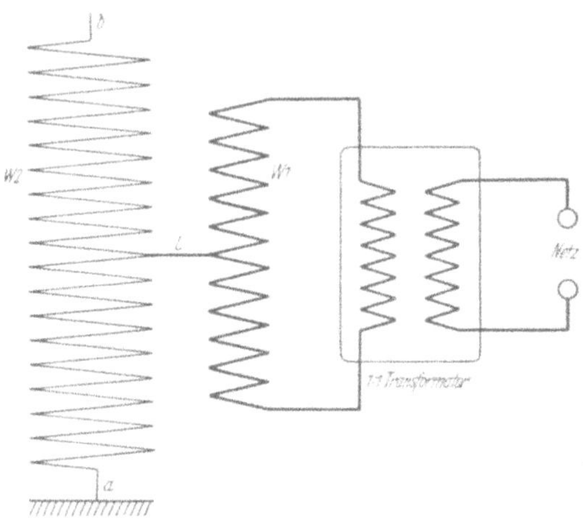

Abb. 253. Prinzip der Dessauer-Schaltung.

Dieses von F. Dessauer angegebene Prinzip ist von W. Petersen und E. Welter weiter entwickelt worden. In der Schaltung von Abb. 254 wird beispielsweise ein Transformator für 100 kV von der Stromquelle gespeist. An der nicht geerdeten Stelle der Hochvoltwicklung ist eine dickdrähtige Wicklung angeschlossen, die über demselben Eisenkern liegt. Diese Wicklung für sich betrachtet ist weiter nichts anderes als der Ersatz für den 1:1-Transformator von Abb. 253. Aber sie hat die Spannung des Hochspannungswicklungsendes gegen Erde. Diese Hilfswicklung speist die Unterspannungsspule des nächsten Transformators, dessen Gestell gegen Erde isoliert ist. Die Spannung dieses Transformators addiert sich zu derjenigen des ersten Transformators, so daß

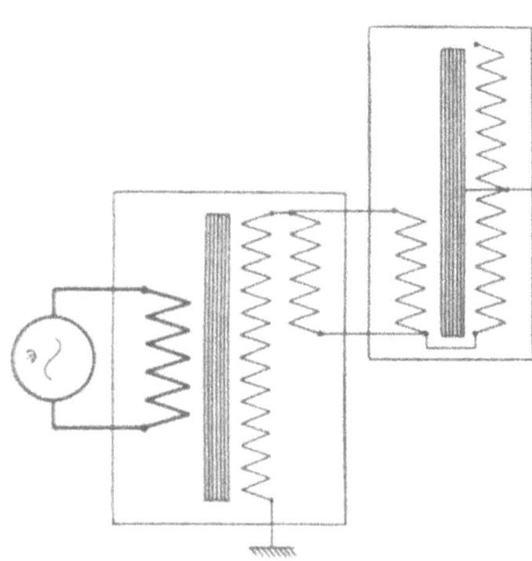
Abb. 254. Dessauer-Schaltung.

man jetzt eine Spannung von 200 kV gegen Erde hat, und zwar ohne in der ganzen Anordnung für eine höhere Spannung als 100 kV isolieren zu müssen. In dieser Weise kann man beliebig viele Glieder aneinanderreihen und so jede Spannung gegen Erde erzeugen. Die Schwierigkeit der Streuung infolge der unsymmetrischen Anordnung der Hilfswicklung auf dem Eisenkern kann durch Anwendung der vom Eppsteinapparat her bekannten Schubwicklung beseitigt werden. Nach diesem Prinzip sind bereits eine Reihe von Transformatoranlagen für sehr hohe Spannungen gebaut worden.

Vierzehntes Kapitel.

Die Hochspannungsisolatoren.

40. Die Durchführungen. — 41. Die Freileitungsisolatoren. — 42. Die Innenraumstützer. — 43. Prüfung der Isolatoren.

Mit dem Namen Hochspannungsisolatoren bezeichnet man in der Praxis alle jene Konstruktionen, die zur Isolierung von Leitungen gegen Erde dienen. Sie gehören zu den kompliziertesten Konstruktionen der Hochspannungstechnik; ihre elektrischen Felder waren bisher noch am wenigsten erforscht und die ganze Entwicklung derselben erfolgte zunächst auf rein empirischem Wege. Erst ziemlich spät hat sich auch die Theorie mit diesen Anordnungen beschäftigt, und neuerdings ist durch die Messung der Spannungsverteilung die Möglichkeit geschaffen worden, die Vorgänge an diesen Isolatoren eingehend zu studieren.

Die Isolatoren nehmen unter den Hochspannungskonstruktionen eine ganz besondere Stellung ein: Bei ihnen spielt die Beanspruchung auf Überschlag die Hauptrolle; denn für alle Isolatoren wird als Grundsatz aufgestellt, daß sie eher überschlagen als durchschlagen müssen. So selbstverständlich und leicht erfüllbar diese Forderung auf den ersten Blick erscheint, so werden wir doch im folgenden sehen, daß sie in manchen Fällen geradezu unerfüllbar ist.

Aber auch noch in anderer Hinsicht unterscheiden sich die Isolatoren von allen anderen Hochspannungskonstruktionen: Sie (die Freileitungsisolatoren) müssen die Überschlagbeanspruchung unter sehr schweren Bedingungen ertragen, nämlich im trockenen und im nassen Zustand. Hauptsächlich um diese Forderungen zu erfüllen, sind die Formen dieser Isolatoren so kompliziert geworden. Aber gerade jetzt macht sich das Bestreben geltend, auch hier die Rücksicht auf das elektrische Feld in erster Linie maßgebend sein zu lassen.

Wir unterscheiden drei Arten von Isolatoren: Durchführungen, Freileitungsisolatoren und Innenraumstützer. Diese wollen wir im folgenden der Reihe nach betrachten.

40. Durchführungen.

Den Zweck und die wesentlichen Bestandteile der Durchführungsisolatoren haben wir bereits kennen gelernt. Sie gehören zu jenen Konstruktionen, bei denen die Dimensionierung mit Rücksicht auf Durchschlag und Überschlag für die heute in Frage kommenden Spannungen bereits Schwierigkeiten bereitet. Wohl mit keiner anderen Anordnung der Hochspannungstechnik hat sich denn auch der Erfindergeist so beschäftigt, wie gerade mit den Durchführungen. Vergleicht man die auf Grund von theoretischen Überlegungen entstandenen Durchführungen hinsichtlich ihrer äußeren Formen, so findet man geradezu extreme Forderungen verwirklicht. Der eine Autor stellt als Regel auf, daß die Theorie eine möglichst starke Ausbauchung des Isolators an der Fassungsstelle verlange, ein anderer dagegen schlägt die an der Fassung taillenartig eingeschnürte Form vor. Nach der einen Forderung soll die Oberfläche zwischen Fassung und Kopf nach Art eines Paraboloides gekrümmt sein; Untersuchungen anderer dagegen haben ergeben, daß die Erzeugende dieser Oberfläche eine konkav gekrümmte Kurve sein soll. Schon von diesem Gesichtspunkt aus betrachtet, verdient die Durchführung unser größtes Interesse.

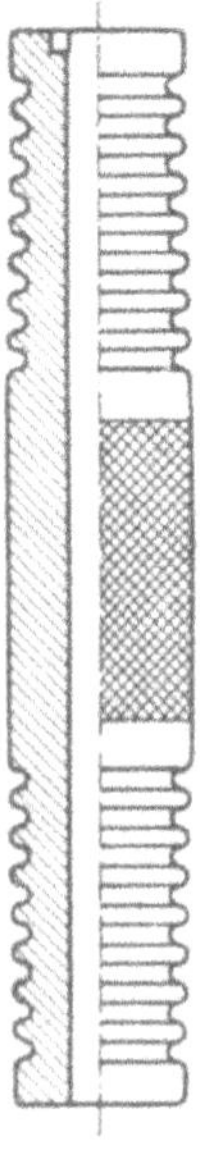

Abb. 255. Rillendurchführung.

Wir stellen zunächst die Frage, welche Forderung man an eine Hochspannungsdurchführung stellen muß. Diese Frage ist sehr leicht beantwortet: Jede Durchführung soll so geformt sein, daß sie an allen Stellen im Innern gleich stark auf Durchschlag, und ferner, daß sie an allen Stellen der äußeren Oberfläche gleich stark auf Überschlag beansprucht wird. Wir fordern also eine gleichmäßige Spannungsverteilung im Innern und auf der Oberfläche. Es sei hier betont, daß manche diesen Forderungen nicht restlos zustimmen. Wohl wird die radiale gleichmäßige Spannungsverteilung als richtig anerkannt, nicht aber die axiale. Man hört sogar vielfach die Meinung ausgesprochen, daß die Spannungsverteilung auf der Oberfläche nicht die große Bedeutung habe, die ihr der Verfasser zuerkennt. Gerade hier aber werden wir Gelegenheit haben, diese Frage eingehend zu überlegen.

Die ursprüngliche Form der Durchführung war sehr einfach. Es wurde über die zu isolierende Leitung ein gewöhnlicher Porzellanzylinder gestülpt und damit war die Durchführung fertig. Im Laufe der Zeit hat man dann an diesen zylindrischen Röhren zahlreiche Rillen angebracht, um den „Kriechweg“ zu vergrößern. Solche Durchführungen zeigen die Abb. 255

und 256. Zur Zeit des Baues dieser Rillendurchführungen war von der Theorie der Durchführungen noch nichts bekannt. Die Typenreihe der Rillenisolatoren ist also auf rein empirischem Weg gefunden worden. Es ist außerordentlich interessant, diese Typenreihe nunmehr theoretisch zu untersuchen.

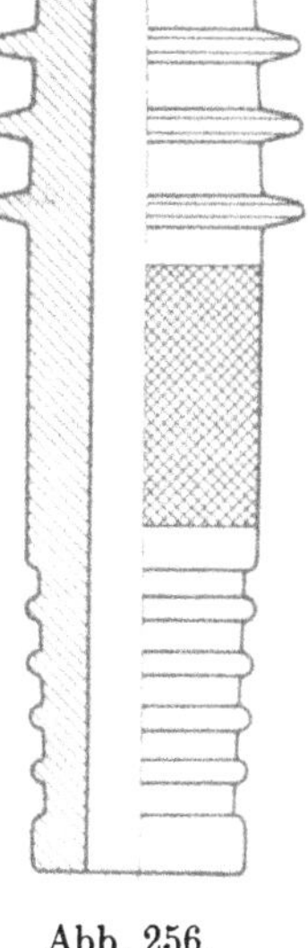

Abb. 256. Rillendurchführung.

Wir wollen zunächst das Ergebnis unserer Untersuchungen vom 9. Kapitel kurz wiederholen. Wir haben unter anderem gefunden, daß die Beanspruchung auf Überschlag bei den Durchführungen

erstens an der Fassungsstelle ein Maximum ist,

zweitens von der Länge des Isolators bei festgehaltenem Durchmesser an der Fassungsstelle gänzlich unabhängig ist und endlich

drittens bei festgehaltener Länge mit zunehmendem Durchmesser D abnimmt.

Das zweite Ergebnis stellt das Resultat der Untersuchungen des Verfassers dar. Wir haben daraus gefolgert, daß man eine Typenreihe von Durchführungen nicht einfach dadurch herstellen kann, daß man die Länge der Durchführung proportional mit zunehmender Spannung vergrößert, man muß vielmehr auch den Radius R an der Fassung vergrößern.

Der Verfasser hat nun die Typenreihen der Rillendurchführungen nach den Listen verschiedener Porzellanfirmen untersucht und folgendes gefunden. Alle Rillenisolatoren sind so konstruiert, daß das Porzellan die ganze Isolation auf Durchschlag aufnehmen muß; die Isolatoren sind also im Innern nicht mit einer Isolationsmasse ausgegossen. Als erstes interessiert uns die Frage: Wie groß ist die geometrische Charakteristik an der Fassungsstelle, wo der Isolator als Anordnung „zwei konaxiale Zylinder“ aufgefaßt werden kann. Die Nachrechnung hat ergeben, daß bei den meisten Durchführungen dieser Art die geometrische Charakteristik zwischen 2,7 und 2,8 schwankt, also in der Nähe der günstigsten Charakteristik liegt. Daraus können wir schon schließen, daß die Dimensionierung des Durchmessers an der Fassungsstelle lediglich mit Rücksicht auf die Durchschlagsbeanspruchung erfolgt ist. Diese Beanspruchung bei der normalen Betriebsspannung U_B ist zu 20 bis 24 $\mathrm{kV \cdot cm^{-1}}$ gewählt; bei einer Prüfspannung, die etwa gleich der doppelten Betriebsspannug ist, ergibt sich also eine Beanspruchung von 50 $\mathrm{kV \cdot cm^{-1}}$. Da $p = p_g$, muß sein

$$U_B = \mathfrak{E} \cdot r \quad \text{oder} \quad r = \frac{U_B}{\mathfrak{E}},$$

d. h. der Radius der Porzellanbohrung muß proportional mit der Betriebsspannung wachsen. Wir stellen aus den Listen tatsächlich fest, daß in dem Bereich von 20 bis 40 kV die Rillendurchführungen an der Fassung lediglich mit Rücksicht auf die Beanspruchung auf Durchschlag, nicht aber mit Rücksicht auf den Überschlag dimensioniert sind. Hätte man auch die Vergrößerung des Radius als Mittel zur Erhöhung der Überschlagspannung herangezogen, so müßte der Radius rascher wachsen als es die Rücksicht auf die Durchschlagbeanspruchung verlangt.

Wir wollen jetzt untersuchen, wie die Länge der Durchführung mit zunehmender Betriebsspannung wächst. Wir stellen aus den Listen fest, wenn wir uns wieder auf den Bereich von 20 bis 40 kV beschränken, daß die Länge der Durchführung wesentlich rascher als die Betriebsspannnng anwächst. Bei 20 kV ist die freie Länge etwa 12 cm, bei 40 kV dagegen schon etwa 36 cm, das ergibt für die doppelte Betriebsspannung die dreifache Länge.

Wir sehen also, daß diese Typenreihe tatsächlich einfach durch Vergrößern der freien Isolatorlänge zustande gekommen ist, eine Maßnahme, die der unter 2 ausgesprochenen Erkenntnis widerspricht. Es scheint hier also ein Widerspruch zwischen Theorie und Praxis zu sein und auf Grund dieses praktischen Ergebnisses behaupten eben manche, daß es offensichtlich doch nicht auf die Spannungsverteilung auf der Oberfläche ankomme.

Diese scheinbare Unstimmigkeit ist aber auf Grund unserer Betrachtungen vom zehnten Kapitel leicht aufzuklären. Die Forderung nach einem möglichst großen Durchmesser wurde gestellt unter der Voraussetzung, daß die Betriebs- bzw. die Prüfspannung des Isolators unterhalb der A n f a n g s s p a n n u n g liegen müsse. Bei den Rillendurchführungen aber wird bei der Prüfung die Anfangsspannung überschritten. Da ihre Spannungsverteilung sehr ungleichmäßig ist, tritt nach Überschreiten der Anfangsspannung nicht der vollständige Überschlag, sondern der unvollständige auf. Diesen unvollständigen Überschlag läßt man nun für die Prüfspannung zu und ist zufrieden, wenn nur bei der Betriebsspannung keine Entladungen auftreten. Nun betrachten wir die Kurven von Abb. 151 und 158 nochmals. Wir sehen daraus, daß die Kurven für die Spannungsverteilung bei zylindrischen Durchführungen gegen den oberen Teil fast parallel zur Abszissenachse verlaufen, ein großer Teil der Oberfläche ist also annähernd eine Äquipotentialfläche. Dieser Teil der Oberfläche ist um so größer, je länger die Durchführung ist. Wir erinnern uns nun an unsere Betrachtungen über die Rippen an Isolatoren, die auf Äquipotentialflächen liegen; wir haben damals erkannt, daß solche Rippen als Stromdrosseln wirken und die Spannung des vollkommenen Überschlages wesentlich heraufsetzen.

Ebenso wirken natürlich auch diese Teile der Oberfläche und daher kommt es, daß die Durchführungen mit zunehmender Länge eine größere Überschlagspannung aushalten, trotzdem oder selbst wenn die Beanspruchung auf Überschlag in der Nähe der Fassung unverändert bleibt. Im übrigen nimmt ja auch der Durchmesser der Durchführungen mit zunehmender Spannung etwas zu, so daß außerdem noch mit zunehmender Länge der Fassung die maximale Beanspruchung auf Überschlag etwas gemildert wird. Wir verstehen jetzt auch, warum diese Durchführungen nur bis zu Spannungen von etwa 40 kV gebaut werden. Für höhere Spannungen würde die Betriebsspannung unbedingt über der Anfangsspannung liegen, wenn die Ausführung noch wirtschaftlich bleiben soll; es würden also schon bei der Betriebsspannung Entladungen in Form von Glimmentladungen auftreten, solche Durchführungen will man aber im Betrieb nicht haben.

Durch welche Mittel gelingt es nun, auch für höhere Spannungen brauchbare Durchführungen zu bauen? Diese Frage soll im folgenden an Hand praktischer Ausführungsformen beantwortet werden.

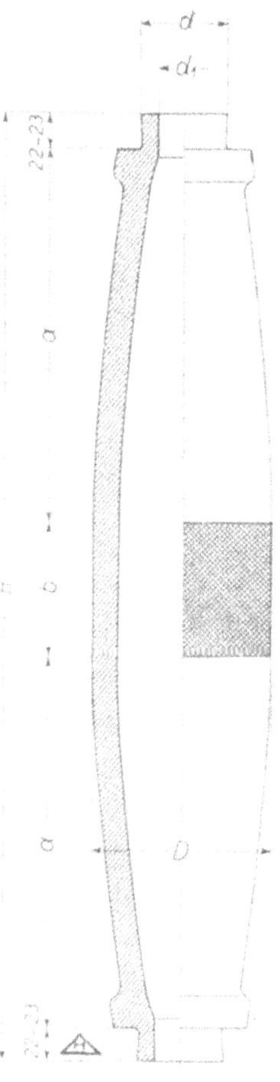

Abb. 257. Genormte Durchführung.

Wahl einer günstigen Isolatorform. Kuhlmann hat wohl zum erstenmal darauf aufmerksam gemacht, daß die Überschlagspannung eines Isolators erhöht werden kann, wenn sein Durchmesser an der Fassung vergrößert wird. Ferner erkannte er auch, daß die Dielektrizitätskonstante des Materials, das zwischen Leitung und Fassung angeordnet wird, möglichst klein sein soll. Er stellte die Forderung auf, daß das Porzellan bei den Durchführungen soz. nur die Haut bilden soll für das Füllmaterial (Öl, Kabelmasse) mit kleiner Dielektrizitätskonstante. Kuhlmann hat bekanntlich diese Erkenntnis gewonnen auf Grund seiner Studien mit Kraftlinienbildern. So entstanden die bauchigen Durchführungsisolatoren für hohe Spannungen, wie sie in Abb. 257 und 258 dargestellt sind (Maße siehe Tabelle J).

Daß der Gedanke Kuhlmanns richtig ist, haben wir durch unsere Messungen bestätigt. Freilich haben sich dabei unsere Betrachtungen in der Hauptsache auf zylindrische Isolatoren beschränkt, weil wir erkannt haben, daß für die Beanspruchung an der Fassung nur der

Durchmesser des Isolators an dieser Stelle maßgebend ist, nicht aber die Form des Isolators zwischen Elektrode und Kopf. Abb. 152 zeigt uns, daß durch die nach oben verjüngte Form des Isolators die Spannungsverteilung auf dem oberen Teil der Durchführung besser wird. Deshalb ist natürlich die verjüngte Form des Isolators etwas besser als die zylindrische, zwar nicht für die Anfangsspannung, wohl aber für den Verlauf der Entladungen nach Überschreiten der Anfangsspannung. Auch aus wirtschaftlichen Gründen ist die verjüngte Form etwas besser; es wird Material gespart. Wir stellen also fest, daß das Gute an den Kuhlmann-Isolatoren in erster Linie die Anwendung einer Füllmasse mit geringem ε und die Vergrößerung des Fassungsdurchmessers ist, nicht aber die parabolische Form des Isolators. Darüber muß man sich klar sein.

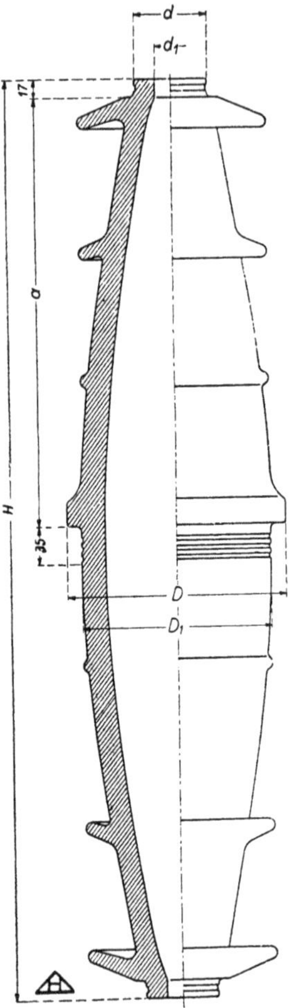

Abb. 258. Durchführung nach Kuhlmann.

Die Kuhlmann-Durchführungen werden von allen Porzellanfirmen listenmäßig geführt. Wir wollen nun die charakteristischen Werte dieser Durchführungen mit denen der Rillendurchführungen vergleichen. Aus den Listen stellen wir fest, daß auch hier der Durchmesser an der Fassung in erster Linie mit Rücksicht auf den Durchschlag festgesetzt ist; die Beanspruchung des Isoliermaterials beträgt bei der Betriebsspannung bis 23 $\text{kV} \cdot \text{cm}^{-1}$. Daraus können wir schließen, daß man in der Praxis von dem Mittel, den Außendurchmesser sehr groß zu machen, keinen Gebrauch macht; man wählt die Dimensionen der Fassung lediglich mit Rücksicht auf die Durchschlagbeanspruchung. Das muß natürlich seinen Grund haben, warum man auf dieses Hilfsmittel verzichtet. Dieser Grund ist sehr leicht einzusehen. Die Dimensionen des Isolators an der Fassungsstelle wird mit Rücksicht auf die Durchschlagbeanspruchung schon so groß, daß eine weitere Vergrößerung mit Rücksicht auf die Verwendung des Isolators als Durchführung bei Transformatoren usw. aus konstruktiven Gründen unerträglich erscheint.

Darnach wird also die ganze Verbesserung lediglich durch Anwendung einer Füllmasse mit kleiner Dielektrizitätskonstante erreicht.

Gino Campos hat eine andere Form des Durchführungsisolators angegeben. Hier ist die Forderung erfüllt, daß der Durchmesser an der Fassung nur mit Rücksicht auf die Durchschlagfestigkeit gewählt wird, um möglichst kleine Dimensionen an dieser Stelle zu haben; gleichzeitig aber ist auch die Forderung erfüllt, den Durchmesser an der Stelle der größten Überschlagbeanspruchung möglichst groß zu machen; endlich ist auch eine Füllmasse mit kleiner Dielektrizitätskonstante angewendet. Der Isolator ist in Abb. 259 dargestellt; eine Erläuterung hierzu ist wohl nicht notwendig. Auffallend ist, daß die Erzeugende dieses Isolators konkav gekrümmt ist, also gerade entgegengesetzt wie beim Kuhlmannschen Isolator. Wir kommen hierauf beim folgenden Isolator zu sprechen.

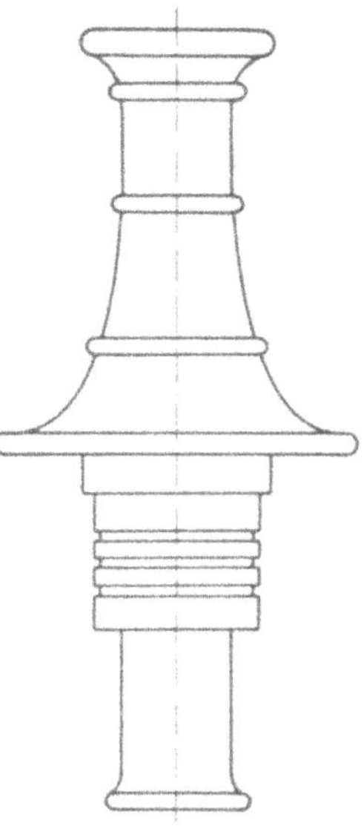

Abb. 259. Durchführung nach Gino Campos.

Durch D.R.P. 293632 vom 10. 12. 1912 ist der Firma BBC eine ähnliche Form des Isolators geschützt; sie ist dadurch gekennzeichnet, „daß der Isolatorkörper als Rotationskörper mit der Kontur einer Hohlkehle ausgebildet ist, daß der größte Durchmesser des durch Metallteile weder abgeschirmten noch durchbrochenen Isolatorkörpers sich in der Nähe der Fassungsstelle befindet, während an der Fassung selbst der Durchmesser wieder verengt ist zum Zwecke, den Überschlag nicht längs der Oberfläche des Isolators, sondern durch Luft erfolgen zu lassen“. Der Isolator ist in Abb. 260 dargestellt.

Wir vergleichen nun die Spannungsverteilungen an diesen beiden Arten von Durchführungen, die an ausgeführten Isolatoren durch Messung gewonnen wurden. In Abb. 261 ist die Spannungsverteilung an einem Kuhlmann-Isolator dargestellt; man sieht, daß der starke Anstieg an der Fassung tatsächlich weggedrängt ist. Die Kurve sackt aber im oberen Teil stärker durch und weist nunmehr am Kopf die stärkste Beanspruchung auf, die man aber leicht wegbringen kann. In Abb. 262

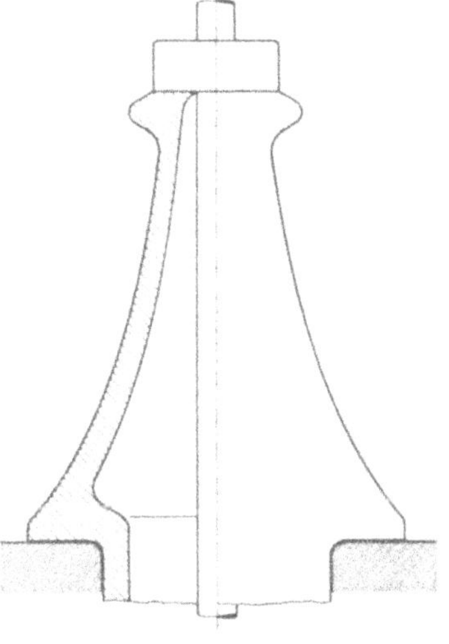

Abb. 260. BBC-Durchführung.

ist die unter gleichen Bedingungen an einer Durchführung mit Hohlkehle aufgenommene Spannungsverteilung dargestellt. Der Verlauf dieser Kurve ist im oberen Teil etwas gleichmäßiger. Im großen und ganzen kann man wohl sagen, daß beide Isolatoren hinsichtlich der Spannungsverteilung ungefähr gleichwertig sind. In beiden Fällen war als Füllmaterial Luft vorhanden, die Verhältnisse liegen also besonders günstig, weil die Luft die niedrigste Dielektrizitätskonstante hat. Haefely will neben festem Isoliermaterial sogar betriebsmäßig eine Luftschicht als Isoliermaterial verwenden, wie Abb. 263 und 264 zeigen (D.R.P. 322687 vom 25. 7. 1914).

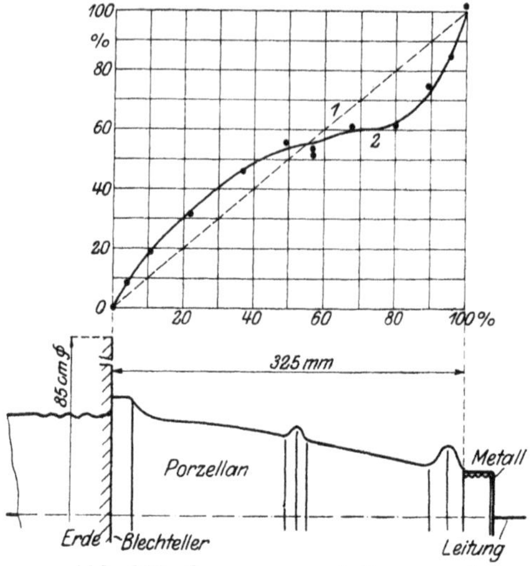

Abb. 261. Spannungsverteilung an einer Kuhlmannschen Durchführung.

Von dem Gedanken ausgehend, daß die äußere Haut dieser Durchführungen fast nicht mehr auf Durchschlag beansprucht wird, verwendet man neuerdings statt des teueren Porzellans manchmal Steinzeugisolatoren.

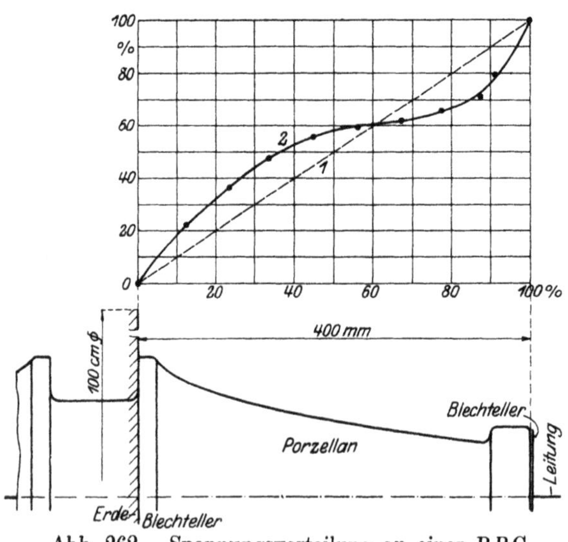

Abb. 262. Spannungsverteilung an einer BBC-Durchführung.

Abb. 265 zeigt einige Kuhlmann-Isolatoren für kleine und sehr hohe Spannungen. Die Abb. 266 zeigt einen ausgeführten Isolator für hohe Spannungen. Man sieht hier, um welch gewaltige Dimensionen es sich handelt und man versteht, daß der Preis dieser Isolatoren die Kosten der Transformatoren, Schalthäuser usw. wesentlich beeinflußt.

Verzichtet man auf die Anwendung von Füllmassen, die natürlich keine angenehme Beigabe sind, und führt man dafür den Gedanken, den Durchmesser möglichst groß zu machen, konsequent durch, dann kommt man auf die in Abb. 267 dargestellte scheibenartige Form der

Durchführung. Dieser Isolator als Durchführung ist theoretisch außerordentlich interessant. Wir sehen, die Dimension l ist jetzt auf die Dicke der Scheibe zusammengeschrumpft, d. h. sie ist hinsichtlich der

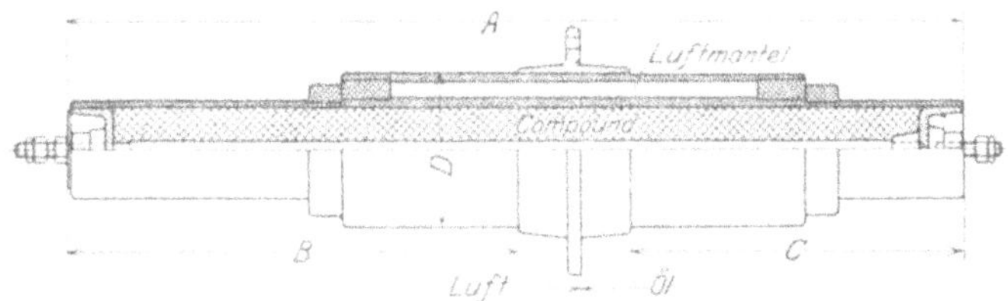

Abb. 263. Haefely-Durchführung.

Beanspruchung auf Überschlag überhaupt verschwunden. Die Beanspruchung auf Überschlag nimmt hier die **radiale** Abmessung auf;

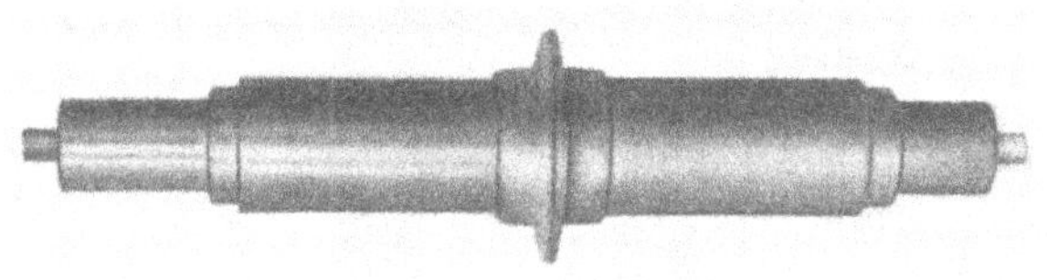

Abb. 264. Haefely-Durchführung.

diese Art der Durchführung fällt überhaupt nicht mehr unter das Durchführungsproblem, sie gehört, obwohl noch Durchführung, dennoch

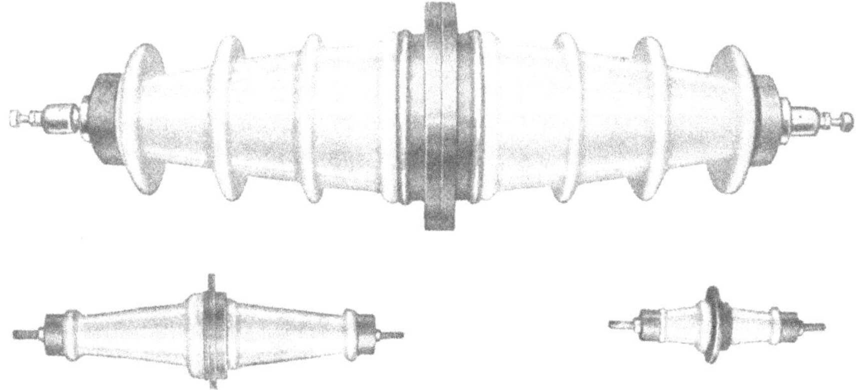

Abb. 265. Durchführungen nach Kuhlmann.

zum **Stützerproblem**. Dort fürchten wir die Beanspruchung auf Überschlag nicht so sehr, da wir die Spannungsverteilung längs der Oberfläche sehr leicht beeinflussen und geradlinig machen können. Wir brauchen beispielsweise der Scheibe nur die gestrichelt angedeutete

Abb. 266. Durchführung für 100 kVolt Betriebsspannung.

Form zu geben. Hier bei dieser Ausartung des Zylinders in eine Scheibe verstehen wir am besten, warum die Vergrößerung des Durchmessers so wirksam ist.

Leider können wir diese extreme Form in der Praxis nur in ganz seltenen Fällen verwenden. Den Grund hierfür erkennen wir sofort aus einer einfachen Rechnung. Nehmen wir an, es soll eine Durchführung für eine Prüfspannung von 300 kV nach diesem Prinzip gebaut werden; unter der Voraussetzung, daß sogar eine vollständig gleichmäßige Spannungsverteilung erreicht werden kann, wird der Durchmesser der Scheibe bei einer Überschlagbeanspruchung von 5 kV $\cdot$ cm^{-1} etwa 130 cm. So groß müssen auch die Löcher für die Durchführung werden, wogegen sich natürlich der Konstrukteur von Transformatoren usw. sträuben wird. Interessant ist, daß bei diesem Isolator die Beanspruchung auf Durchschlag als verschwindend klein von jedem beliebigem Isoliermaterial ertragen werden könnte.

Zur Gruppe dieser Isolatoren gehört auch die von C. Lorenz A.G. angegebene Ausführungsform nach D.R.P. 258802 vom 16. 11. 1911 dadurch gekennzeichnet, „daß zwecks Vergrößerung des Kraftlinienweges unter gleichzeitiger Verkleinerung der räumlichen Ausdehnung die gleichmäßig starke Wandung des Isolators eine wellige Form erhält“, wie sie in Abb. 268 dargestellt ist. Wir sehen, daß auch die

Hochfrequenztechnik das Durchführungsproblem zu lösen hat; sie befindet sich sogar in einer noch schwierigeren Lage als die Starkstromtechnik, weil bei den hohen Frequenzen die Ladeströme sehr groß werden.

Damit verlassen wir diese Isolatoren, bei denen durch Vergrößern des Radius an der Fassung bzw. durch Verwendung von Ausgußmassen mit kleiner Dielektrizitätskonstante eine Verbesserung der Spannungsverteilung erreicht wird und betrachten nun die Isolatoren, bei denen durch die Formgebung allein eine gleichmäßige Spannungsverteilung angestrebt wird. Das Ideal der Spannungsverteilung ist natürlich die isodynamische, und diesem Ideal kommt die von Spielrein angegebene Durchführung nahe. Wir haben bereits das Feld der Katenoidelektroden kennen gelernt und gesehen, daß es im Idealfall an allen Stellen die gleiche Feldstärke aufweist. Isoliert man nun beide Elektroden durch ein festes Isoliermaterial voneinander, ferner, macht man die Oberfläche des Isolators zu einem Sphondiloid, wie Abb. 141 zeigt, so erhält man eine Durchführung mit nahezu linearer Spannungsverteilung. Was zwei parallele Platten als Elektroden bei Stützisolatoren sind, sind bei Durchführungen die Katenoiddurchführungen. Leider läßt sich die ausgezeichnete Idee Spielreins nicht für Isolatoren mit sehr hoher Spannung verwenden, weil die Ausmessungen des Isolators zu groß werden.

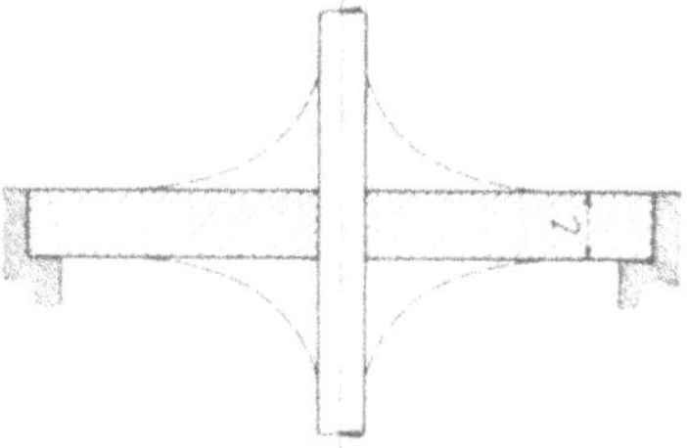

Abb. 267. Scheibendurchführung.

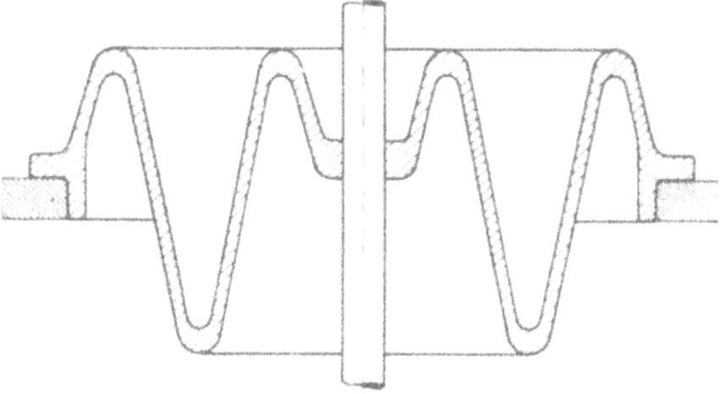

Abb. 268. Durchführung nach Lorenz.

Hier ist auch die Durchführung von Bolliger zu erwähnen. Bolliger hat das Feld zweier Elektroden mit Hilfe des Kraftlinienbildes untersucht; die eine der beiden Elektroden (Leitung L) hat die Form einer Doppelspindel, die andere (Erde E) ist ein wulstförmiger Ring um die Leitungselektrode. Abb. 269 zeigt die beiden Elektroden und das von Bolliger gezeichnete Kraftlinienbild. Sucht man nun solche Flächen im Bild, längs deren Oberfläche die Tangentialkomponente der elektrischen Feldstärke konstant ist, dann erhält man Rotationsflächen T, deren Querschnitt eine henkelförmige Gestalt hat.

Eine solche Fläche macht man zur Oberfläche des Isolators und erhält dann die in Abb. 270 dargestellte Durchführung. Hier bedeutet P den Porzellankörper, der mehrteilig ausgeführt ist, K ist eine Kappe aus Isolationsmaterial (Glimmer), R sind Metallflächen, auf deren Bedeutung wir später zu sprechen kommen. Dieser Isolator ist der Porzellanfabrik Kahla patentiert (D.R.P. 316706 vom 5. 1. 1917) und dadurch gekennzeichnet, „daß ein als Doppelspindel ausgebildeter Leiter

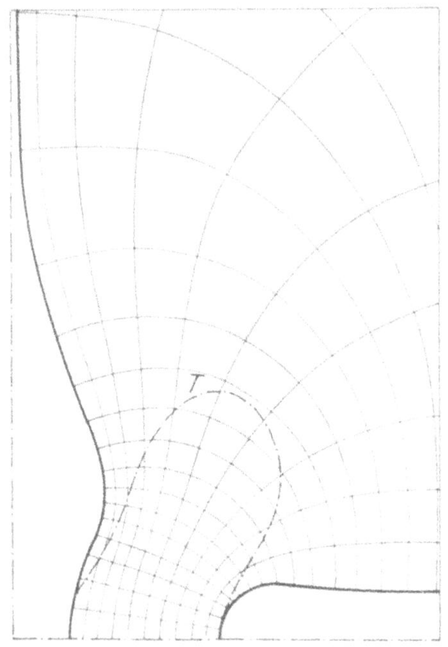

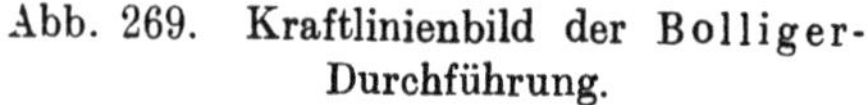
Abb. 269. Kraftlinienbild der **Bolliger**-Durchführung.

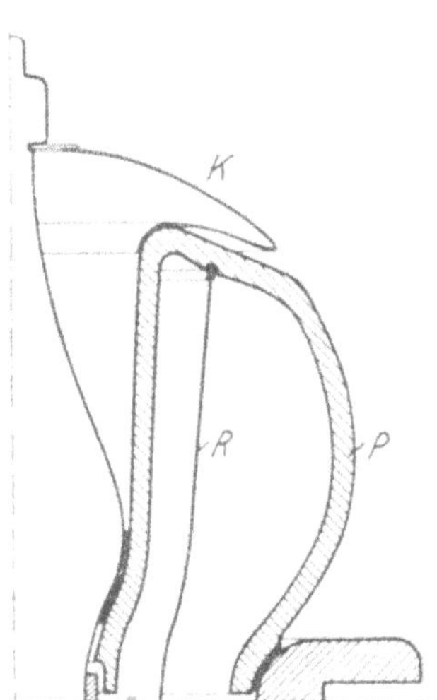

Abb. 270. **Bolliger**-Durchführung.

mit einer an sich bekannten Einschnürung von solcher Form, daß die Niveauflächen in der Gegend der Durchführungsstelle nahezu gleichen Abstand besitzen, von einem Isolierkörper umhüllt wird, der zum Zweck ungefähr gleich hoher Beanspruchung der Oberfläche durch Gleitfunken im Mittelschnitt durch Kurven konstanter Feldstärke begrenzt und in seiner Einschnürung von der Fassung gehalten wird". Dieser Isolator ist in mancher Hinsicht sehr interessant. Erstens treffen wir hier zum erstenmal eine in sich zurückkehrende Oberfläche; zweitens ist soz. die gegenteilige Forderung der Kuhlmann-Isolatoren erfüllt, der Isolator ist an der Fassung dünner als in seinem oberen Teil. Praktisch hat dieser Isolator keine Bedeutung erlangt.

Damit haben wir wohl alle Vertreter von Durchführungsisolatoren kennen gelernt, bei denen durch die Formgebung ein günstiges Feld angestrebt wird. Das Ergebnis ist, daß man nur durch geeignete Formgebung das gesteckte Ziel einer möglichst gleichmäßigen Spannungsverteilung nicht erreichen kann.

Im Anschluß hieran soll noch eine wichtige Neuerung besprochen werden, die Crämer-Durchführung der A.E.G., durch die ein weiterer Vorstoß zur Lösung des Problems gemacht ist. Wir haben die Wirkungsweise dieser Durchführung bereits untersucht. Im Zusammenhang mit den vorliegenden Betrachtungen kann man den Grundgegedanken dieser Durchführung so darstellen. Bei allen bis jetzt betrachteten Durchführungen kann eine gleichmäßige Spannungsverteilung längs der Oberfläche nicht erreicht werden; also ist es ausgeschlossen, den

Abb. 271. Glimmdurchführung.

vollkommenen Überschlag mit der Anfangsspannung zusammenfallen zu lassen. Man muß also zugeben, daß die Glimmspannung mit der Anfangsspannung zusammenfällt. Durch ein geeignetes Mittel (Vergrößerung des Durchmessers an der Fassung, Anwendung niedriger Dielektrizitätskonstanten) kann man aber stets erreichen, daß die Anfangsspannung oberhalb der Betriebsspannung U_B liegt, ohne daß die Abmessungen der Isolatoren unwirtschaftlich werden. Das Wichtigste ist jetzt nur noch, daß man den vollkommenen Überschlag in Form eines Lichtbogens auf eine solche Spannung verlegt, die oberhalb der Prüfspannung der Durchführung liegt, d. h. daß man die Überschlagspannung möglichst weit von der Anfangsspannung wegrückt. Die bisher besprochenen Durchführungen weisen ja auch schon zum Teil Vorrichtungen auf, die den gleichen Zweck verfolgen, nämlich die Rippen.

Bei der Crämerklemme ist ein anderes Mittel angewandt, es wird durch die Anbringung eines messerscharfen Glimmringes eine

Stromzerstreuung herbeigeführt und dadurch die Ausbildung einer Lichtbogen- oder Gleitfunkenentladung verhindert. Außerdem wird durch eine Rippe die Entladung am unbegrenzten Weiterwachsen gehindert. Nach Angabe der A.E.G. wird durch den Glimmring die Überschlagspannung um 50 bis 60 % hinaufgesetzt. Die Abb. 271 u. 272 zeigen die Crämerklemme. Der Mantel des Isolators ist aus Geax; als Ausgußmasse ist dickflüssiges Öl verwendet; das Ausdehnungsgefäß für das Öl ist gleichzeitig als Fassungselektrode ausgebildet.

Es muß hier die Frage berührt werden, wie sich Isolatoren mit Glimmringen bei hochfrequenten Beanspruchungen verhalten. Bei hohen Frequenzen wird der Ladestrom so groß, daß sofort Gleitfunken auftreten ohne vorherige Glimmentladungen.

Wir haben früher gesehen, daß die Wirkung des Glimmringes bei hochfrequenten Beanspruchungen verloren geht. Um den Überschlag auch hierbei auf hohe Spannungen zu bringen, wird auf der Durchführung eine Rippe angeordnet. Wie eine Rippe bei Entladungen wirkt, wurde bereits behandelt.

Abb. 272. Glimmdurchführung ins Freie.

Es ist eine interessante Frage, ob man bei dieser Klemme eine Überschlagspannung erreichen kann, wie sie ein isodynamischer Isolator aufweisen würde. Prinzipiell kann diese Frage wohl nicht verneint werden, wie folgende Überlegung zeigt. Bei einem isodynamischen Isolator gelingt es, durch Anwendung von stromdrosselnden Einrichtungen den vollkommenen Überschlag als Glimmentladung herbeizuführen, so daß der ganze Isolator, von Elektrode zu Elektrode in eine Glimmwolke getaucht ist. Dabei hält der Isolator noch die volle Spannung aus und man muß diese ganz erheblich steigern, wenn man den Lichtbogenüberschlag herbeiführen will. Gelingt es, die Wirkung des Glimmringes bei der Crämerklemme so kräftig zu machen, daß schließlich zwar der vollkommene Überschlag eintritt, aber in Form einer Glimmentladung, dann wird schließlich auch bei diesem Isolator der gleiche Spannungszustand herrschen wie bei einem isodynamischen mit gedrosselter Stromzufuhr. Allerdings bedarf diese Überlegung noch der experimentellen Bestätigung.

Eine eigenartige Form der Stromdrosselung weist die Durchführung der General Electric Co. auf, die durch das D.R.P. 384118 vom 12. 5. 1922 geschützt ist; sie ist dadurch gekennzeichnet, „daß ihre Oberfläche abwechselnd sowohl in Richtung mehrerer Kraftlinien von verschiedenem Potentialgefälle als auch in Richtung mehrerer Äquipotentialflächen verschiedenen Potentials verläuft"; sie ist in Abb. 273 dargestellt. Nach der Patentbeschreibung ist diese Anordnung getroffen zur Vergrößerung des Kriechweges. Wir sprechen aber nach den Darlegungen im 10. Kapitel die toten Flächen, die im Bild durch Pfeile angedeutet sind, als stromdrosselnde Einrichtungen an, die ebenso wirken wie die Äquipotentialrippen.

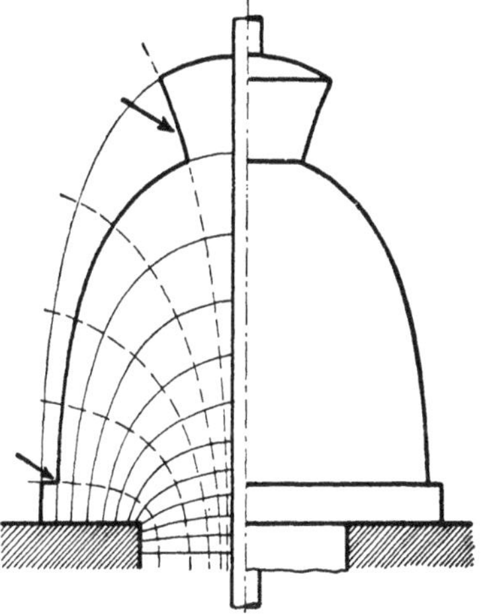
Abb. 273. Durchführung der General Electric Company.

Zum Schluß sei noch erwähnt, daß hinsichtlich der Verwendung von Hartpapier und Porzellan als Isolierstoff der Grundsatz gilt, daß Hartpapier nicht im Freien verwendet werden soll, weil es den Einflüssen der Witterung nicht so gut standhält wie das Porzellan.

Damit haben wir wohl diese Gruppe von Durchführungsisolatoren erschöpfend behandelt.

Im folgenden soll der Einfluß der Elektrodenformen auf die Spannungsverteilung besprochen werden. Wir haben dabei jeweils zu unterscheiden, ob die Elektroden außerhalb des Isoliermaterials oder teilweise auch innerhalb desselben verlaufen.

Das in Abb. 153 dargestellte Ergebnis der außerhalb des Isolators hochgezogenen Erdelektrode E hat uns gelehrt, daß auf diese Weise die Spannungsverteilung an der Fassung kaum beeinflußt werden kann. Wir konnten uns dies auch leicht erklären; denn die Kapazität eines Oberflächenelementes, das sich in der Nähe der Fassung befindet, gegen die Elektrode E wird durch die hochgezogene Elektrode nicht wesentlich geändert, weil zwischen der Erdelektrode und dem Oberflächenelement Luft als Dielektrikum vorhanden ist. Nur wenn auch im Innern des Isolators Luft vorhanden ist und ferner wenn der Durchmesser der Durchführung groß ist, so daß auch die Kapazität des Oberflächenelementes gegen die Leitung L klein wird, dann wirkt die heraufgezogene Elektrode sehr günstig. Leider sind aber Luftdurchführungen für höhere Spannungen nicht anwendbar, weil schon sehr bald an der Leitung L Entladungen auftreten. Um dies zu vermeiden, müßte man den Durchmesser der Durchführung schon sehr groß machen. Dies ist aber nicht erwünscht. Das amerikanische Patent 888901 schützt diese trichterförmig hochgezogene Elektrode E.

Wir wenden uns nun zu den Anordnungen, bei denen die Erdelektrode teilweise im Innern des Isoliermaterials verläuft. Hier treffen wir eine außerordentlich große Mannigfaltigkeit von Ausführungsformen an. Wenn wir der historischen Entwicklung folgen, ist zunächst das D.R.P. 258803 der C. Lorenz A. G. zu erwähnen. Die Durchführung ist in Abb. 274 dargestellt und dadurch gekennzeichnet, „daß der elektrische Kraftfluß im Isolator Q durch Anbringung geeigneter Metallflächen A' (Zwischenpole) innerhalb des Isolatorkörpers abgeschirmt wird". Auf die sich ergebende Spannungsverteilung kommen wir später zu sprechen.

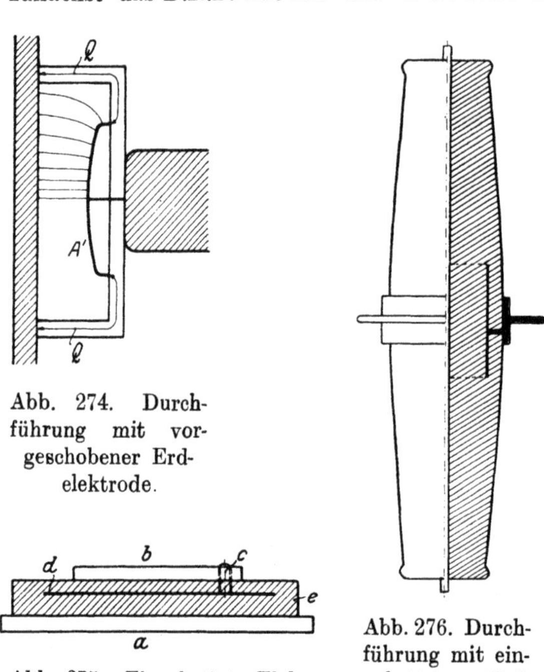

Abb. 274. Durchführung mit vorgeschobener Erdelektrode.

Abb. 275. Eingebettete Elektrode (Meirowsky).

Abb. 276. Durchführung mit eingebetteter Erdelektrode.

Ein Verfahren, eine solche Elektrode im Innern des Isolierkörpers anzubringen, ist den S. S. W durch das D.R.P. 293224 vom 4. 5. 1913 geschützt.

In diesem Zusammenhang muß das D.R.P. 298181 vom 23. 5. 1913 der Meirowsky & Co. A.G. erwähnt werden, durch das die vorgeschobene Elektrode ganz allgemein geschützt ist. In Abb. 275 ist der Erfindungsgedanke dargestellt; es bedeuten a und b zwei Elektroden, e ist das Dielektrikum, d ist die Metalleinlage im Isoliermaterial, das durch c mit b verbunden ist. Die Metalleinlage d soll nach der Patentbeschreibung „dicht unter der Oberfläche" angeordnet sein; die Anordnung ist dadurch gekennzeichnet, „daß in das homogene Isoliermaterial in einem durch die Spannung gegebenen Abstand von der metallbelegten Oberfläche eine Schicht leitenden Materials eingelegt ist, welche eine größere seitliche Ausdehnung besitzt als die äußere Metallauflage und mit dieser elektrisch verbunden ist, zum Zwecke, das durch Brechung der elektrischen Kraftlinien veranlaßte Glimmen an den Rändern der metallischen Fassungsteile zu unterdrücken“.

K. Fischer hat einige Konstruktionen von Durchführungen angegeben, bei denen dieser Erfindungsgedanke angewendet ist. So zeigt Abb. 276 eine Durchführung mit solchen vorgeschobenen Elektroden; in Abb. 277 ist eine plattenförmige Durchführung mit Metalleinlagen dargestellt und Abb. 278 endlich zeigt eine Kombination dieser beiden Anordnungen.

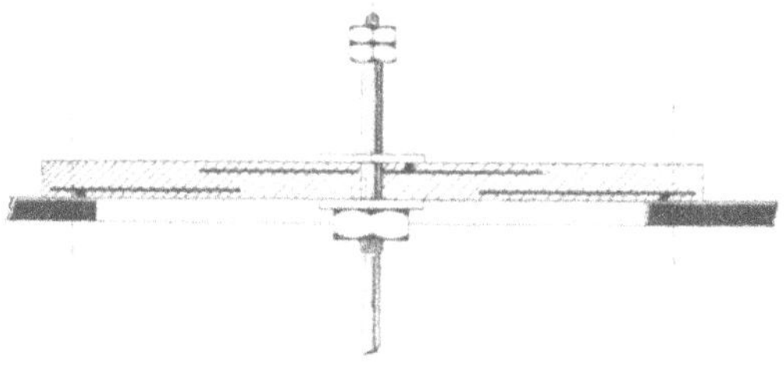

Abb. 277. Scheibenförmige Durchführung mit eingebetteten Elektroden.

Durch das D.R.P. 299943 vom 13. 6. 1913 ist der A.E.G. eine Durchführung nach Abb. 279 geschützt, die dadurch gekennzeichnet ist, „daß der im Innern liegende Ansatz der Fassung

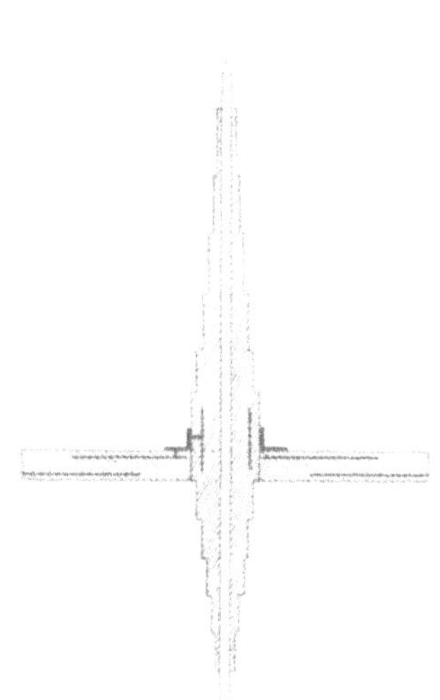

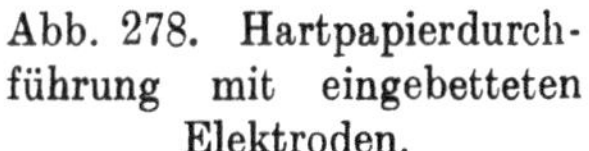

Abb. 278. Hartpapierdurchführung mit eingebetteten Elektroden.

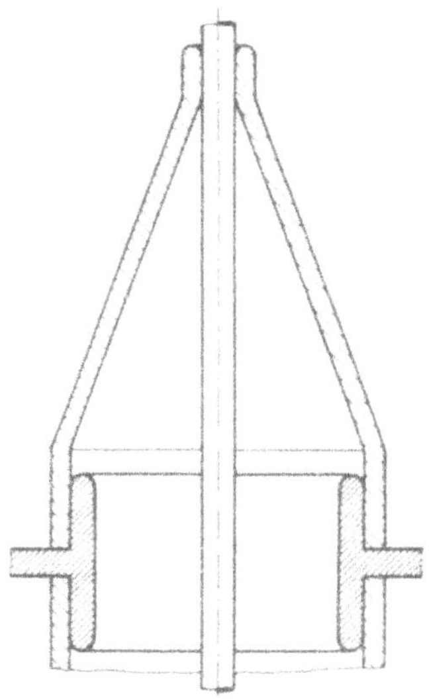

Abb. 279. Konische Durchführung mit vorgeschobener Erdelektrode.

als ein in Richtung der Durchführung verlaufender, den äußeren Fassungsteil überragender Hohlzylinder ausgebildet ist, so daß die am äußeren Fassungsteil befindliche Luft (nach dem bekannten Metallprinzip) von den statischen Kraftlinien entlastet ist, Gleitfunken ver-

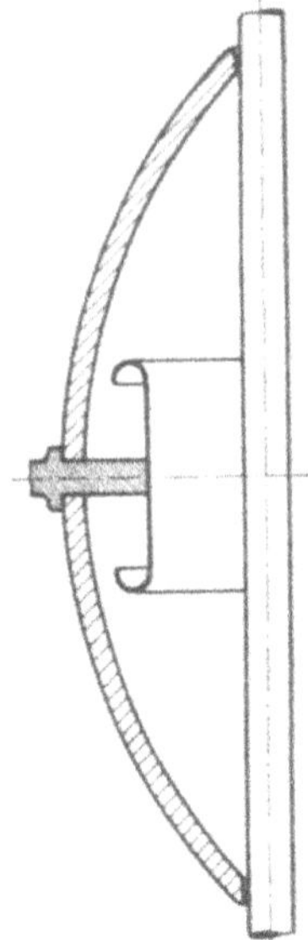

Abb. 280. Durchführung mit konaxialer Zylinderelektrode.

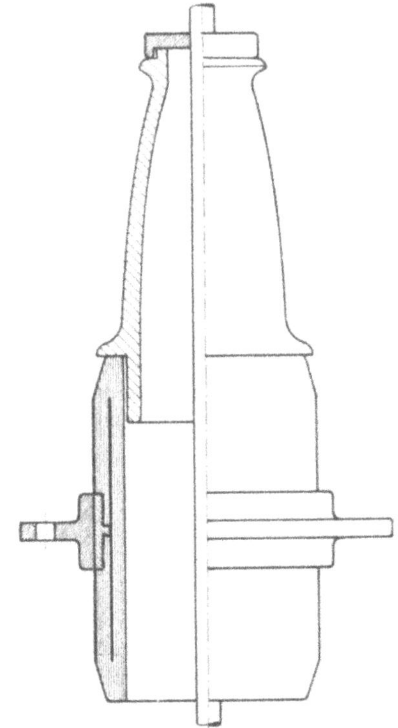

Abb. 281. Bergmann-Durchführung.

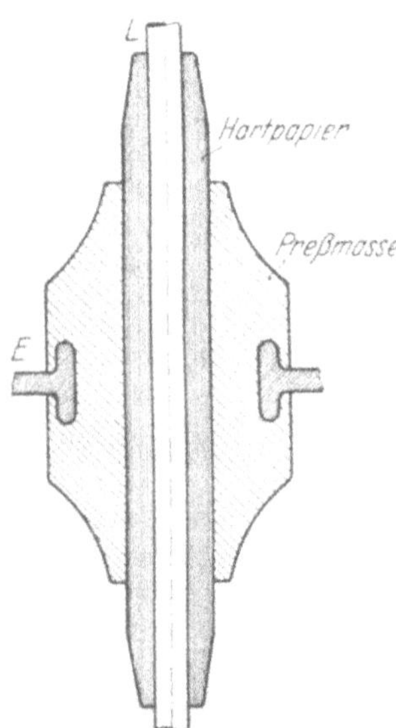

Abb. 282. BBC-Durchführung mit Hohlkehle.

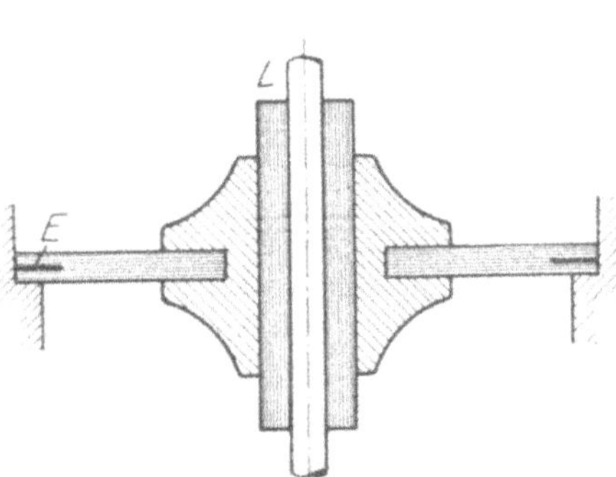

Abb. 283. Scheibenförmige BBC-Durchführung.

mieden werden und die Durchschlagspannung heraufgesetzt wird". In dem Zusatzpatent D.R.P. 304418 vom 9. 9. 1913 ist die Ausführung nach Abb. 280 geschützt. Es hat sich nämlich gezeigt, daß bei der vorher genannten Anordnung auch im Innern Gleitfunken auftreten, wenn die vorgeschobene Elektrode der Innenfläche des Porzellans zu nahe kommt; das soll durch die in Abb. 280 dargestellte Anordnung vermieden werden.

Abb. 281 zeigt einen Isolator der Bergmann Elektrizitätswerke (Schweizer Patent 67318 vom 26. 1. 1914), dadurch gekennzeichnet, „daß zwischen Fassung und Leiter eine in isolierende Masse eingeschlossene Schutzhülle angeordnet ist, die mit der Fassung in leitender Verbindung steht".

Durch eine Reihe von Patenten sind auch der B.B.C.-A.G. Durchführungen mit vorgeschobenen Erdelektroden geschützt; in einigen dieser Patente ist gleichzeitig auch die Anwendung auf die Hohlkehlenform des Isolators geschützt. Es seien hier die folgenden Patente genannt:

Schweizer Patent 74562 vom 2. 10. 1916, dadurch gekennzeichnet, „daß der gepreßte Teil der Durchführung nach einer Hohlkehle gebildet ist, so daß die gesamte Kontur sich einer Hohlkehle mit Absätzen anschmiegt". Abb. 282 und 283 zeigen diese Durchführungen mit vorgeschobenen Elektroden. In Abb. 282 ist die Erdelektrode E in rein axialer Richtung und in Abb. 283 in rein radialer Richtung ins Isoliermaterial eingebettet. (Vgl. D.R.P. 293632.)

Durch das D.R.P. 297179 vom 26. 4. 1914 ist die Anwendung von Preßmaterial bei Hohlkehlenisolatoren in Verbindung mit geschichtetem Isoliermaterial geschützt. Die Form der Durchführung an der Fassung läßt aber erkennen, daß auch die Erdelektrode in das Innere vorgeschoben ist.

Die D.R.P. 297462 vom 28. 7. 1914 und 305897 sind Zusatzpatente zu D.R.P. 293623. D.R.P. 342416 vom 9. 11. 1919 ist ein Zusatzpatent zu D.R.P. 297179. Abb. 284 zeigt diese Durchführung mit eingebetteter Elektrode; sie ist dadurch gekennzeichnet, daß „derjenige Teil der Fassung, der in Richtung der stärksten Schwindkontraktion der Isoliermasse liegt, aus schmiegsamer Metallfolie hergestellt ist, deren Ränder in an sich bekannter Weise mit Metallwulsten versehen sind".

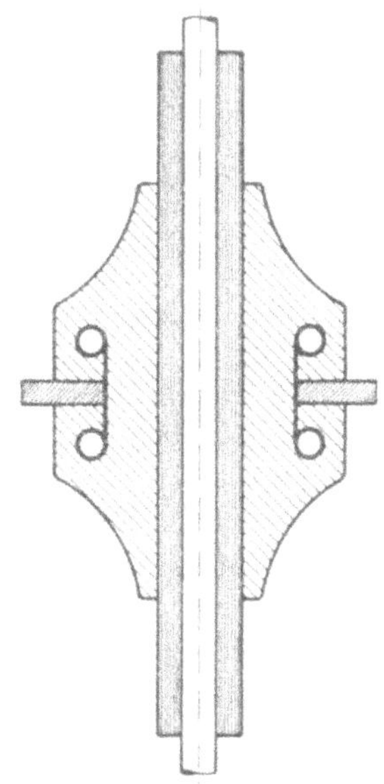

Abb. 284. BBC-Durchführung mit nachgiebiger Metalleinlage.

Nach einer Anmeldung der Jaroslaw ersten Glimmerwarenfabrik wird die vorgeschobene axial verlaufende Elektrode in eine besondere über den Isolator geschobene Isolierhülle (aus Glimmer) eingebettet.

Abb. 285 zeigt einen Isolator der Porzellanfabrik Kahla; er ist dadurch gekennzeichnet, „daß die äußere Elektrode nach innen zu als wulstförmiger Ring ausgebildet und gegen die innere Elektrode hin so weit vorgeschoben ist, daß der die Elektroden verbindende Isolierkörper in allen Teilen außerhalb der Stelle des starken Feldes bleibt".

In Abb. 286 ist eine Durchführung mit vorgeschobener Erd- und Leitungselektrode dargestellt, welche durch das britische Patent 151022

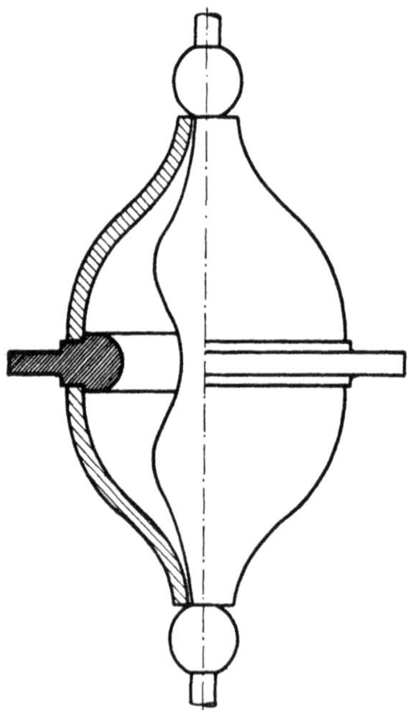

Abb. 285. Teleo-Durchführung der Porzellanfabrik Freiberg.

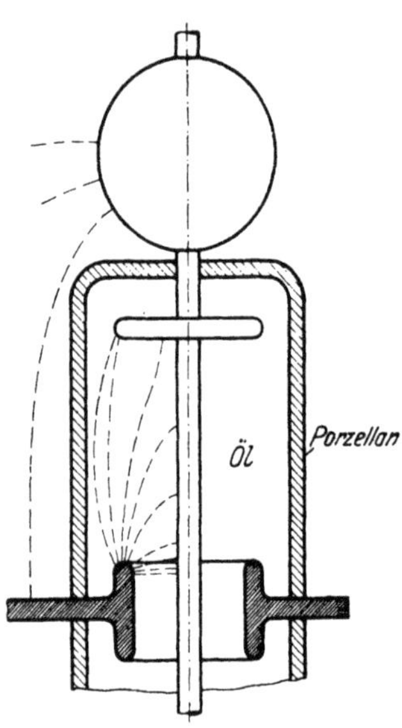

Abb. 286. Durchführung mit vorgeschobener Erd- und Leitungselektrode.

geschützt ist (5. 12. 1917). Der Isolator ist mit Öl gefüllt. Die eingezeichneten Kraftlinien lassen erkennen, daß beabsichtigt ist, die Stelle mit der stärksten Beanspruchung in das Innere zu verlegen.

Auch durch das französische Patent Nr. 525387 vom 31. 12. 1919 ist eine axial vorgeschobene Erd- und Leitungselektrode geschützt.

Damit haben wir wohl alle wichtigen Konstruktionen mit vorgeschobenen Elektroden kennen gelernt. Der Verfasser hat nun die Wirksamkeit der einzelnen Konstruktionen durch Messung der Spannungsverteilung experimentell untersucht und folgendes gefunden.

In Abb. 287 zeigt die Kurve *a* die Spannungsverteilung einer gewöhnlichen zylindrischen Durchführung, Kurve *b* die Spannungsver-

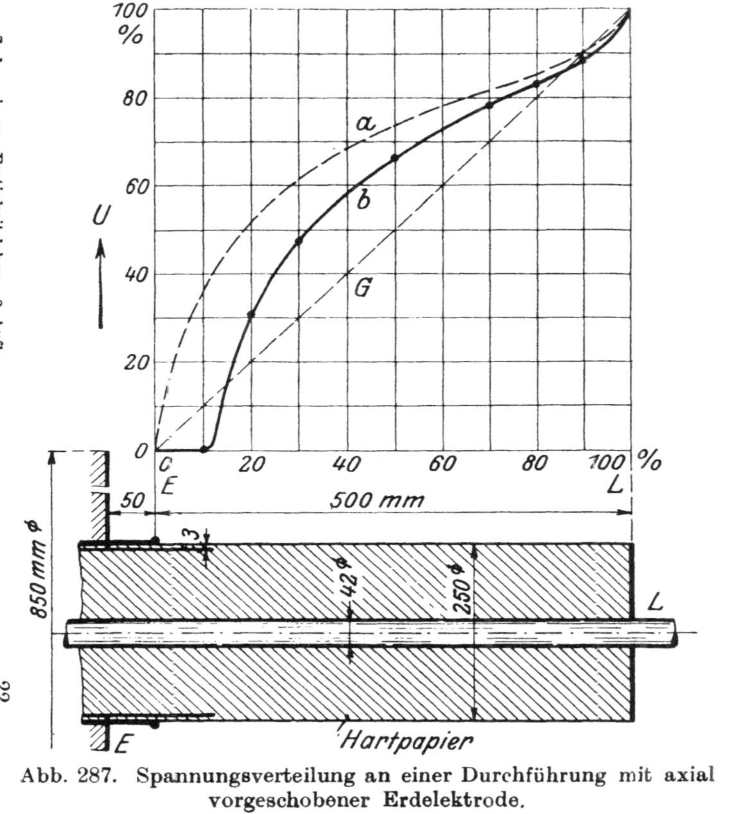

Abb. 287. Spannungsverteilung an einer Durchführung mit axial vorgeschobener Erdelektrode.

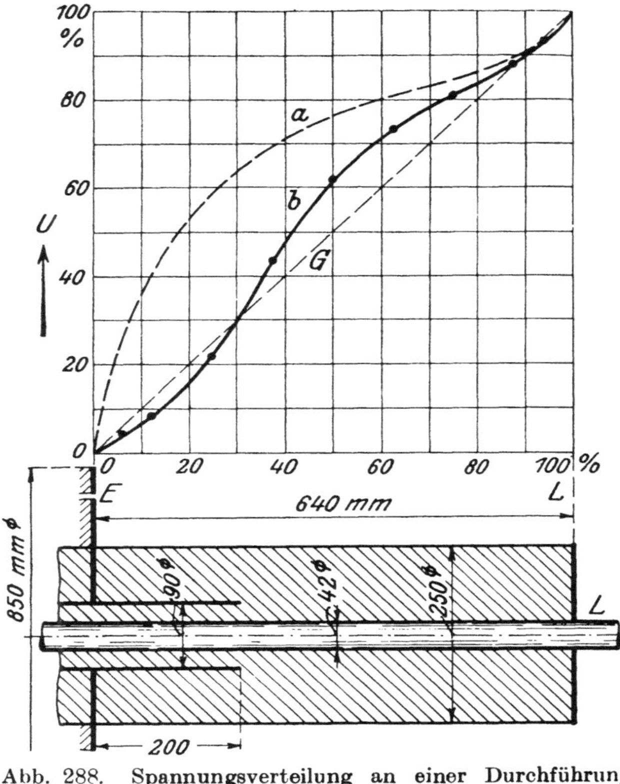

Abb. 288. Spannungsverteilung an einer Durchführung mit axial vorgeschobener Erdelektrode.

teilung, wenn dicht unter der Oberfläche eine axial verlaufende, mit Erde verbundene Elektrode vorgeschoben wird. Wir sehen, daß der steile Spannungsanstieg zwar von der Fassung weggedrückt wird, aber in derselben Form dort auftritt, wo die eingebettete Elektrode aufhört. Die Anfangsspannung muß also in beiden Fällen die gleiche sein; dagegen dürfte die Spannung des vollkommenen Überschlages wesentlich in die Höhe gerückt sein, weil der Entladungsstrom durch die dünne Isolierschicht gedrosselt wird; Gleitfunken werden also erst sehr spät entstehen.

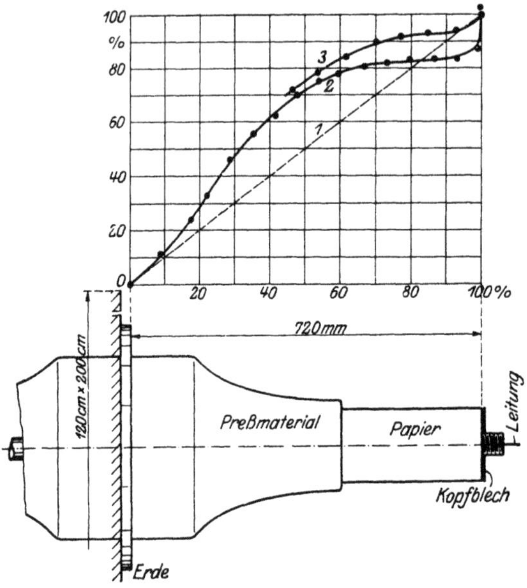

Abb. 289. Spannungsverteilung an einer BBC-Durchführung für 100 kV.

Will man durch axial vorgeschobene Elektroden eine wesentliche Verbesserung der Spannungsverteilung erreichen, dann muß man die vorgeschobene Elektrode sehr tief einbetten. Dies zeigt Abb. 288; die Kurve *b* gilt für die Anordnung mit tief eingebetteter Elektrode.

In Abb. 289 ist die Spannungsverteilung einer BBC-Durchführung dargestellt. Man sieht, daß der Spannungsanstieg zunächst der Geraden 1 folgt, dann aber wesentlich steiler wird. Am Kopf ist die Spannungsverteilung mit (Kurve 3) und ohne Kopfblech (Kurve 2) dargestellt.

Sehr interessant ist auch das Ergebnis der Untersuchungen über radial vorgeschobene Elektroden. Abb. 290 zeigt die Spannungsverteilung einer Durchführung ohne und mit vorgeschobener Elektrode. Man sieht, daß die Wirkung nicht erheblich ist; jedenfalls ist die axial vorgeschobene Elektrode wesentlich wirksamer. Die Spannungsverteilung für einen Isolator mit Hohlkehlenform und radial vorgeschobener Elektrode zeigt Abb. 262. Diese Kurve haben wir bereits besprochen; die Einschnürung an der Fassung wirkt natürlich wie eine radial vorgeschobene Elektrode.

Es liegt nun nahe, die Form der vorgeschobenen Elektrode so zu gestalten, daß eine möglichst geradlinige Spannungsverteilung zustande kommt. Der Verfasser hat versucht, dies mit Hilfe einer eingebetteten konischen Elektrode zu erreichen. Abb. 291 zeigt das Ergebnis der

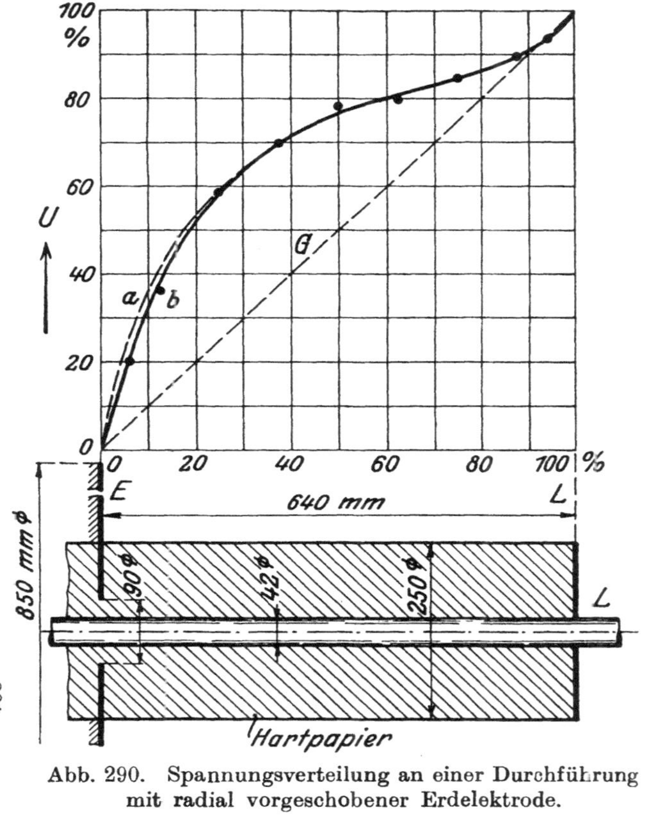

Abb. 290. Spannungsverteilung an einer Durchführung mit radial vorgeschobener Erdelektrode.

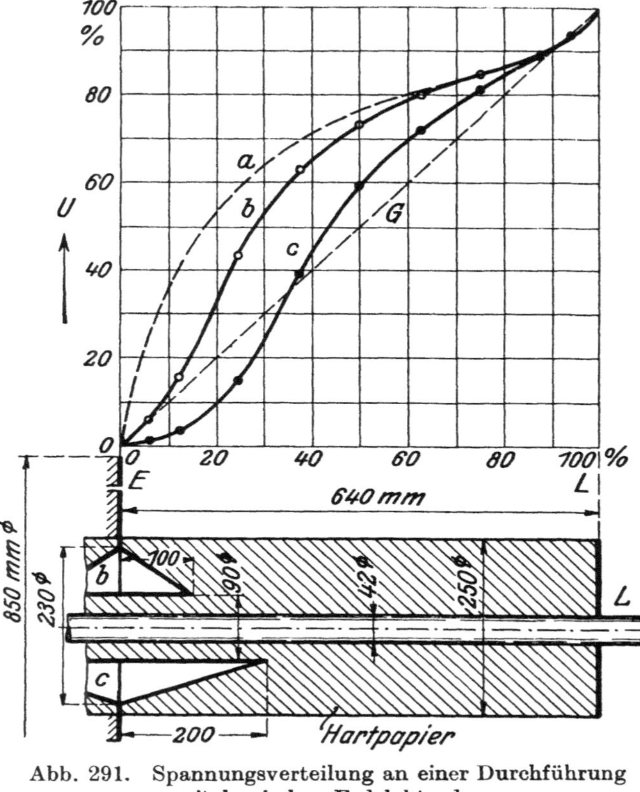

Abb. 291. Spannungsverteilung an einer Durchführung mit konischer Erdelektrode.

Untersuchungen. Kurve *a* gilt für den gewöhnlichen Isolator, Kurve *b* bei Anordnung der trichterartigen Elektrode *b*; Kurve *c* gilt für die Form *c* der Elektrode. Wir sehen hier sehr schön, daß die Form dieser Elektrode wesentlich wirksamer ist als die bisher besprochenen Arten von Elektroden.

Als wesentlicher Nachteil aller dieser Anordnungen mit Elektroden, die in das Isoliermaterial vorgeschoben sind, gleichgültig ob axial, radial oder konisch, muß bezeichnet werden, daß die Beanspruchung des Isoliermaterials an der Fassung auf Durchschlag wesentlich vergrößert wird. Umgekehrt will man eine gewisse Beanspruchung nicht überschreiten, dann muß man den Durchmesser der Durchführung an der Fassung vergrößern. Wie aber schon öfter betont wurde, will man ja dies vermeiden; denn wäre die Größe des Durchmessers nebensächlich, dann könnte man durch Wahl eines genügend großen Durchmessers auf alle Fälle eine gute Spannungsverteilung erzielen. Wir sehen also, daß das Vorschieben der Erdelektrode zwar eine Verbesserung der Spannungsverteilung bewirkt, wenn man der Elektrode die richtige Form gibt, daß aber diese Methode der Verbesserung der Spannungsverteilung noch keine befriedigende Lösung des Durchführungsproblems darstellt.

Den Einfluß der Form der Leitungselektrode am Kopf des Isolators haben wir früher studiert und erkannt, daß es ein leichtes ist, durch geeignete Sprühkappen dem Spannungsanstieg am Kopf des Isolators die gewünschte Form zu geben. Diese Erfahrung hat man auch in der Praxis gemacht; dies sehen wir auch daraus, daß in nur wenigen Patenten diese Frage behandelt ist.

Unsere bisherigen Betrachtungen haben gezeigt, daß eine nach jeder Richtung hin befriedigende Lösung des Durchführungsproblems durch die bis jetzt beschriebenen Mittel nicht erreicht wird. R. Nagel gebührt das Verdienst, erkannt zu haben, daß durch Einbetten von Metallflächen in das Isoliermaterial, die in ihrer gegenseitigen Wirkung eine Kondensatorgruppe bilden, eine befriedigende Lösung gefunden werden kann. Wir nennen solche Flächen nach unserer früheren Definition „influenzierte Elektroden". Das Prinzip der Anwendung von Metallflächen zur Regelung der Spannungsverteilung nennt man in der Praxis vielfach auch „Metallprinzip".

Der Sinn und die Wirkungsweise der Metalleinlagen sind folgende: Jede Metalleinlage bildet mit ihrer Nachbareinlage und je nach der Anordnung auch noch mit einer oder mehreren gemeinsamen Elektroden Kondensatoren; durch geeignete Dimensionierung der Einlagen hat man es in der Hand, den so entstehenden Kondensatoren eine gewünschte Kapazität zu erteilen, und je nach der Größe der Kapazität stellt sich dann eine gewisse Spannungsverteilung auf die Elektroden ein und damit auch eine gewisse Spannungsverteilung auf die Schichten oder Höhenlagen, wo sich die Metalleinlagen befinden.

Wir unterscheiden nun im folgenden, wie früher, zwei Arten von Anordnungen, nämlich Kondensatorreihen und Kondensatorketten. Die Nagelsche Erfindung stellt eine Kondensatorreihe dar.

In Abb. 292 ist eine Durchführung im Schnitt mit Einlagen nach Nagel dargestellt. L bedeutet die zu isolierende Leitung, J das Isoliermaterial und E die Erdelektrode. S sind die Metalleinlagen (meist Stanniol), die die zylindrische Leitung L konaxial umschließen. Die axialen Längen der Einlagen sind nach der Kurve H abgestuft. Die ganze Anordnung einschließlich der Leitung L und der Erdelektrode E stellt eine Reihenschaltung konaxialer Zylinder dar; es gilt hierfür die Ersatzschaltung von Abb. 86.

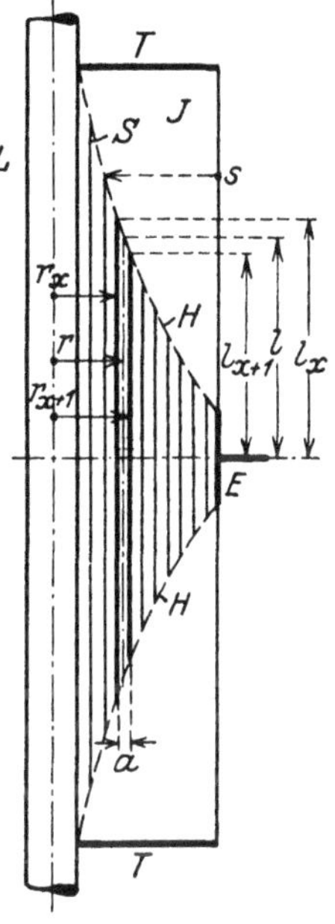

Abb. 292. Kondensatordurchführung nach R. Nagel.

Wählt man nun die Abstände a je zweier Schichten voneinander gleich groß und stuft man die Längen l der einzelnen Einlagen so ab, daß alle in Reihe geschalteten Einzelkondensatoren die gleiche Kapazität erhalten, dann verteilt sich die Spannung zwischen L und E gleichmäßig auf die einzelnen Schichten, d. h. wir erhalten in radialer Richtung eine gleichmäßige Beanspruchung des Isoliermaterials auf Durchschlag. Die Anordnung ist also, trotzdem sie gekrümmte Elektroden besitzt, hinsichtlich der Durchschlagbeanspruchung der besten Anordnung, der Plattenanordnung, gleichwertig, ihr Ausnutzungsfaktor ist 100 vH.

Nehmen wir an, daß jede Stelle s der Oberfläche der Durchführung dieselbe Spannung gegen Erde oder Leitung habe, wie das darunter liegende Ende einer Metalleinlage (siehe Pfeil im Bild), und das trifft nach den Messungen des Verfassers auch zu, dann wird durch die Metalleinlagen auch der Oberfläche eine gewisse Spannungsverteilung aufgedrückt.

Aus diesen kurzen Betrachtungen erkennen wir die Fruchtbarkeit des Nagelschen Kondensatorprinzipes, das durch das D.R.P. 177667 vom 29. 8. 1905 den S. S. W. patentiert ist. Der ungefähre Wortlaut des Patentes ist folgender:

Anordnung zur Verminderung der Randentladungen an kondensatorartigen Apparaten.

Bei allen Kondensatoren oder Einrichtungen, bei denen kondensatorartige Wirkungen auftreten, finden an den Belagrändern bei höherer

Beanspruchung schädliche Randentladungen statt. Sie äußern sich entweder durch Glimmen oder gar durch Funken und verursachen eine örtliche Erwärmung des Dielektrikums an den Belagenden, die besonders deshalb nachteilig ist, weil in der Regel die Durchschlagfestigkeit mit der Erwärmung stark abnimmt. Auch können die Funken den Isolierstoff schädigen. In der Tat erfolgen auch fast alle Durchschläge des Dielektrikums in der Nähe der Belagränder.

Für die elektrotechnische Praxis kommen solche Erscheinungen vornehmlich bei Wechselfeldern in Frage. Die Randentladungen entstehen hier dadurch, daß die ganze nicht vom Belag bedeckte Fläche des Dielektrikums — und eine solche muß vorhanden sein, um einen Überschlag zwischen den Belägen zu verhindern — von den Belagrändern aus durch Oberflächenströme geladen werden muß.

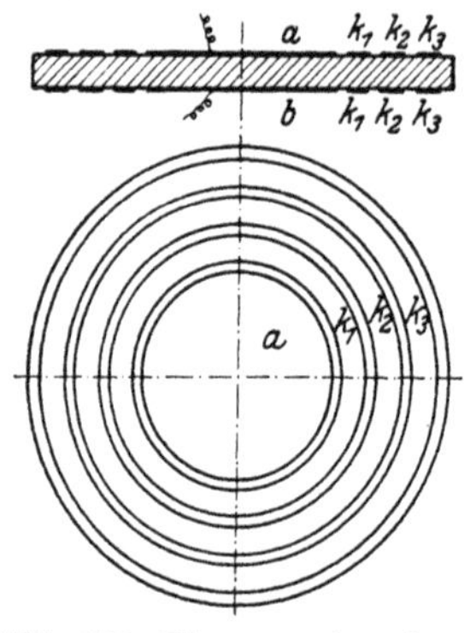

Abb. 293. Elementarkondensatoren.

Dieses freie Dielektrikum ist nämlich als eine Reihe von Elementarkondensatoren aufzufassen, die durch ein ganz schlecht leitendes Material, die Oberfläche des Dielektrikums, untereinander und mit dem eigentlichen Kondensator parallel geschaltet sind. Bei dem in Abb. 293 dargestellten Plattenkondensator stellen je zwei einander entsprechende, zu beiden Seiten des Dielektrikums liegende Ringe $k_1\,k_2\,k_3\ldots$, die parallel zu den Belagrändern verlaufen, solche Elementarkondensatoren vor. Alle diese Kondensatoren werden durch Oberflächenströme, die von den Belagrändern ausgehen, geladen. Die Ladespannung dieser Elementarkondensatoren ist verschieden; bei den unmittelbar an die Beläge grenzenden ist sie gleich der Spannung zwischen den Belägen, bei den am äußersten Rande des Dielektrikums liegenden fast gleich Null, sie nimmt also von den Belagrändern nach außen zu ab. Diese Abnahme ist aber nicht proportional der Entfernung vom Belagrande, sondern in der Nähe der Beläge unverhältnismäßig viel größer als in größerer Entfernung.

Der Grund hierfür ist folgender:

Der Spannungsabfall auf der Oberfläche in der Richtung der Ladeströme ist gleich dem Produkte aus Oberflächenstromstärke und Oberflächenwiderstand. Der über die Stirnfläche irgendeines Belages fließende Strom ist gleich der Summe aller Ladeströme, die für die außerhalb dieses Belages liegenden Elementarkondensatoren erforderlich sind. An den Belagrändern entsteht also ein unverhältnismäßig großer Spannungsabfall oder eine große elektrische Feldstärke, die als Ursache der schädlichen Randentladungen anzusehen ist. Um sie zu beseitigen, muß man die Spannung gleichmäßig über die unbelegte Oberfläche des Dielektrikums in Richtung senkrecht zu den Belagrändern verteilen.

Bei der neuen Anordnung wird dies auf nachfolgend beschriebene Weise erreicht.

In dem Dielektrikum befinden sich in gewissen Abständen beliebig viele gut leitende Schichten $S_1\ S_2\ S_3\ldots$ (Abb. 294), die sich nahe an die beliebig gestaltete unbelegte Oberfläche des Dielektrikums erstrecken oder daraus hervorragen. Die leitenden Schichten bewirken, daß sich die Spannungsverteilung auf der freien Oberfläche und die Spannungsverteilung innerhalb des Dielektrikums einander anpassen. Mit Hilfe dieser Schichten kann man nun offenbar eine beliebige Spannungsverteilung längs der unbelegten Oberfläche vornehmen, indem man durch angemessene Wahl des Abstandes der leitenden Schichten und durch geeignete Profilierung des unbelegten Dielektrikums zwischen dessen Oberflächenteilen einen bestimmten Spannungsabfall herstellt. Man kann also auch die durch eine gleichmäßige Spannungsverteilung verursachten Randentladungen an den Belagrändern vermindern.

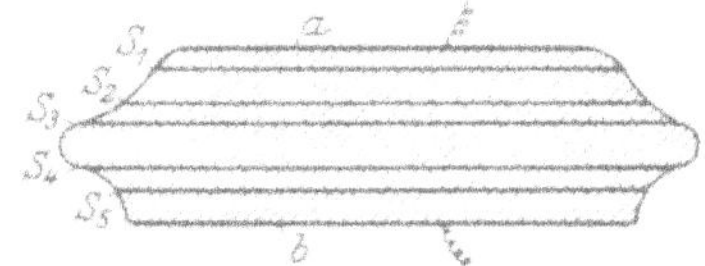

Abb. 294. Kondensator mit Metalleinlagen.

Die beschriebene Anordnung hat bei Anwendung auf gekrümmte Dielektrika noch einen besonderen Vorteil im Gefolge. Jede Dielektrikumschicht bildet bei der neuen Anordnung mit den beiderseitigen leitenden Zwischenlagen gleichsam einen Kondensator für sich. Der ganze in Abb. 294 dargestellte Kondensator kann also als eine Reihe hintereinandergeschalteter Einzelkondensatoren betrachtet werden. Die Spannung an den Einzelkondensatoren verteilt sich umgekehrt proportional zu den Kapazitäten. Die Kapazität läßt sich bei gegebener Schichtdicke und gegebenem Dielektrikum durch die seitliche Ausdehnung der Beläge und des dazwischen befindlichen Dielektrikums verändern. Je nach der seitlichen Ausdehnung der leitenden Zwischenschichten $S_1\ S_2\ S_3\ldots$ und der dazwischen befindlichen Dielektrikumschicht kann man bei der neuen Anordnung eine beliebige Spannungsverteilung innerhalb des Gesamtdielektrikums erreichen, ohne an die einzelnen leitenden Zwischenschichten von außen her eine Spannung anzulegen. Dies ist besonders wichtig bei gekrümmten Isolierkörpern. Dort wächst die elektrische Feldstärke beträchtlich nach der konkaven Seite zu. Man ist hier durch die neue Anordnung imstande, eine nahezu gleichmäßige Verteilung der elektrischen Feldstärke innerhalb des Dielektrikums und damit eine bessere Ausnutzung des Isolierstoffes zu erreichen.

Die Neuerung ist natürlich nicht auf eigentliche Kondensatoren beschränkt, sondern läßt sich sinngemäß auf alle Apparate anwenden, bei denen dielektrische Beanspruchungen auftreten, beispielsweise auf Durchführungen; bei diesen werden beide Vorteile der Neuerung zugleich ausgenutzt.

Patentanspruch. Elektrische Kondensatoren oder Apparate von kondensatorartiger Wirkung, gekennzeichnet durch leitende Zwischenschichten im Dielektrikum mit verschiedener seitlicher Ausdehnung zu dem Zwecke, das elektrische Feld im Innern des Dielektrikums und auf seiner unbelegten Oberfläche zu verändern.

Es soll nun im folgenden gezeigt werden, wie man die Nagelsche Kondensatordurchführung berechnet und bis zu welchem Grad sich eine gleichmäßige radiale und axiale Spannungsverteilung erreichen läßt.

Bei der Berechnung der Einlagen geht man in der Praxis meist so vor. Als Einlage Nr. 0 betrachtet man die Leitung L mit dem Radius r_0. Will man beispielsweise 20 Einlagen anwenden, dann teilt man die Strecke $(R - r_0)$ in 20 Teile und legt in jede sich so ergebende Schicht eine Einlage (R ist der Außenradius der Durchführung). Die axiale Länge der Einlage Nr. 1 wählt man frei, aber natürlich so, daß sie ganz im Isolierkörper verläuft. Dann berechnet man die Kapazität des aus dieser Einlage und der Leitung gebildeten Kondensators. Dabei kann man den Kondensator als Plattenkondensator auffassen und muß dann die Formel verwenden

$$c = \frac{\frac{1}{2}(r_0 + r_1)\pi}{2\pi a} \cdot \frac{l_0 + l_1}{2} = \frac{(r_0 + r_1)\cdot(l_0 + l_1)}{8a}$$

oder man sieht die Anordnung als zwei konaxiale Zylinder an; dann gilt die Formel

$$c = \frac{(l_0 + l_1)}{4 \lg n \frac{r_1}{r_0}}.$$

Den numerischen Wert dieser Kapazitäten kann man leicht mit Hilfe der Tafel der Einheitskapazitäten berechnen.

Von der nächsten Einlage kennen wir den Radius der Schicht, in die sie zu liegen kommt; außerdem wissen wir, daß die Kapazität gegen den Belag mit der Länge l_1 ebenso groß sein muß wie die Kapazität des ersten Kondensators. Mit Hilfe der einen der beiden Formeln kann man deshalb leicht die Länge dieser Einlage berechnen. In dieser Weise fahren wir fort und erhalten so die Längen der einzelnen Einlagen. Unter Verwendung der Tafel für die Einheitskapazitäten geht diese Rechnung ziemlich rasch vor sich. Je nach der Wahl der Länge l_1 der ersten Einlage erhalten wir verschiedene Ausführungsformen für die Einlagen.

Wenn auch diese Rechnung an sich sehr einfach ist, so ist sie doch insofern nicht befriedigend, als man den Einfluß der Länge der ersten Einlage und der Zahl der Einlagen nicht übersehen kann. Außerdem läßt sich zeigen, daß eine Berechnung der Kapazitäten überhaupt überflüssig ist, man kann die Stufung der Einlagen auch in anderer Weise finden.

Wir stellen uns im folgenden die Aufgabe, die Einhüllende H der Einlagen (Abb. 292) ganz allgemein zu berechnen.

In einer Kondensatorklemme seien die Einlagen irgendwie verteilt; ihre Längen seien aber so gewählt, daß die Kapazitäten aller hintereinander geschalteten Kondensatoren gleich groß seien. Die Abstände der Einlagen bezeichnen wir mit a, wobei a variabel sein kann, je nach der gewünschten Spannungsverteilung. Die Einlagen zählen wir wieder fortlaufend von der Leitung L aus, die die Nummer Null erhalten soll.

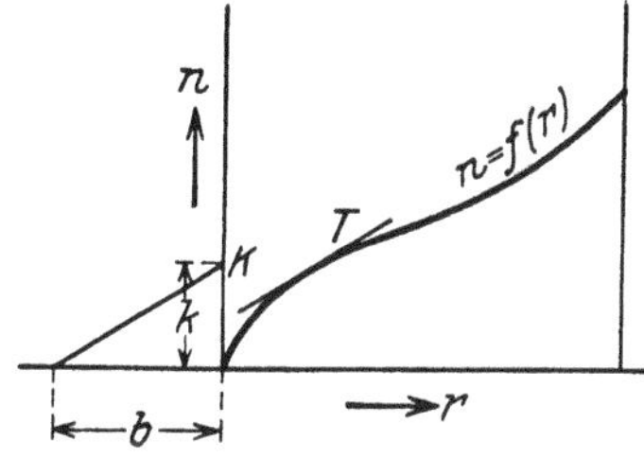

Abb. 295. Summe der Einlagen bis zum Radius r.

In einem Koordinatensystem tragen wir die Zahl n der Einlagen, die wir bis zu einer Schicht mit dem Radius r gezählt haben, über diesem Radius auf. Wir erhalten dann die Kurve $n = f(r)$, die in Abb. 295 dargestellt ist. Legen wir in einem Punkt die Tangente T an die Kurve und zeichnen wir im beliebig gewählten Punkt K die Parallele hierzu, so gilt offenbar die Beziehung

$$\frac{dn}{dr} = \frac{k}{b}. \tag{1}$$

Der Differentialquotient gibt die Zunahme der Zahl der Einlagen beim Fortschreiten um das Stück dr an. Es ist klar, daß diese Kurve um so steiler ansteigt, je dichter die Einlagen an einer Stelle beieinander liegen, je kleiner also an dieser Stelle der Abstand zweier Beläge voneinander ist im Vergleich zu den anderen Abständen. Lassen wir alle Parallelen zu den Tangenten durch den Punkt K gehen, dann ist offenbar die Strecke b ein Maß für den Abstand der zwei Beläge an dieser Stelle. Wir können schreiben

$$b = m \cdot a, \tag{2}$$

wobei m eine Konstante ist. Wir erhalten dann

$$\frac{dn}{dr} = \frac{k}{ma}. \tag{3}$$

Die Strecke k können wir offenbar beliebig wählen; wir wollen den Punkt K wählen, daß $\frac{k}{m} = 1$ wird und erhalten dann

$$\frac{dn}{dr} = \frac{1}{a}. \tag{4}$$

Das ist die allgemeine Differentialgleichung für die Stufung der Kondensatoreinlagen. Hierin kann $\frac{1}{a}$ auch als Zahl der Einlagen pro Längeneinheit aufgefaßt werden.

Wir gehen nunmehr zu dem speziellen Fall über, daß sich die Spannung auf die einzelnen Schichten gleichmäßig verteilen soll. Wir erhalten dann das Maximum der Durchschlagspannung. Diese Forderung ist erfüllt, wenn die Einlagen in radialer Richtung gleichmäßig verteilt sind, also wenn

$$\frac{dn}{dr} = \text{konst.}, \tag{5}$$

also auch wenn

$$a = \text{konst.}, \tag{6}$$

d. h. die Abstände je zweier Einlagen müssen gleich groß sein. Auf dieses Ergebnis sind wir vorher auf einem einfacheren Weg gekommen; trotzdem wurde dieser etwas umständlichere Weg gewählt, weil wir die Differentialgleichung später noch öfters gebrauchen.

Wir können nun zwei Wege einschlagen; wir können annehmen, daß zwei benachbarte Kondensatoren einen Plattenkondensator bilden oder daß sie einen Zylinderkondensator bilden. Es ergibt sich dann folgendes.

Plattenkondensator. Die Kapazität zweier Einlagen (Abb. 292) ist nach der Formel für den Plattenkondensator unter Vernachlässigung der Randwirkung

$$c = \frac{rl}{2a}. \tag{7}$$

Die Dielektrizitätskonstante brauchen wir nicht zu berücksichtigen, da sie für alle Lagen dieselbe ist. Da a konstant ist, erhalten wir

$$rl = \text{konst.} \tag{8}$$

Das ist die Gleichung einer gleichseitigen Hyperbel. Wir erhalten also das einfache Resultat, daß die Einhüllende H der Stannioleinlagen eine Hyperbel ist, wenn wir die Kondensatoren als Plattenkondensatoren auffassen. Diese Einhüllende wollen wir aufzeichnen. Dabei stellen wir uns die Aufgabe, die Kurve so darzustellen, daß sie für Durchführungen beliebiger Dimensionen verwendbar ist.

Als Abszissenachse wählen wir die Radien der Schichten, in die die Einlagen zu liegen kommen. Den Radius r_0 der Leitung wählen wir dabei zu $r_0 = 1$ cm. Offenbar stellen dann die Werte der Abszissen zugleich auch die Vielfachen des Radius r_0 dar, d. h. die geometrische Charakteristik p. Als Ordinaten tragen wir die Längen der Einlagen auf; dabei bezeichnen wir die Länge der Leitung h, soweit sie von

Isoliermaterial bedeckt ist, mit 100, die Längen der anderen Einlagen sind also in Prozent dieser Einlagen gemessen. Wir erhalten dann die in Abb. 296 dargestellte Hyperbel. Auf die Anwendung dieser Hyperbel für die Berechnung der Längen der Einlagen kommen wir später zurück.

Zylinderkondensatoren. Die Kapazität eines Kondensators ist

$$c = \frac{l}{2 \lg n \frac{r_x + a}{r_x}}. \tag{9}$$

Diese Gleichung lösen wir nach a auf

$$a = r_x \left(e^{l/2c} - 1\right); \tag{10}$$

a soll konstant sein. Wir bestimmen die übrigen Konstanten so, daß für $r_x = r_0 = 1$ die Länge $l_0 = 100$ ist und erhalten dann die Gleichung

$$a = r_x[(a + 1)^{0{,}01\,l} - 1]. \tag{11}$$

Diese Gleichung stellt die Abhängigkeit zwischen der Länge l der Einlagen und den Radien r_x dar. Wir sehen, daß wir jetzt eine Kurvenschar mit dem Parameter a erhalten, während sich vorher nur eine Kurve, die Hyperbel, ergeben hat. In Abb. 296 sind zwei Kurven dieser Schar dargestellt und zwar mit den Parametern $a = 1{,}0$ cm und $a = 0{,}5$ cm. Je kleiner a im Vergleich zu r_0 ist, um so größer ist die Zahl der Einlagen. Man sieht, daß die Kurven um so näher bei der Hyperbel liegen, je kleiner a ist; die Hyperbel gilt theoretisch für unendlich kleines a; denn nur in diesem Fall darf man die Kondensatoren als Plattenkondensatoren ansehen.

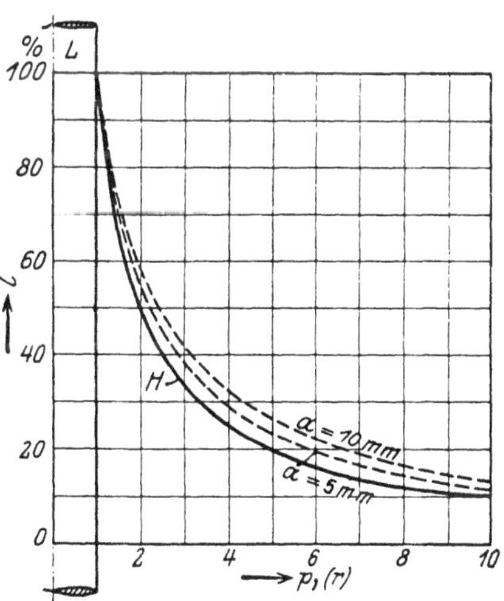

Abb. 296. Einhüllende der Einlagen bei gleichmäßiger Durchschlagbeanspruchung der Durchführung.

Das Ergebnis unserer Betrachtung ist also folgendes. Die Wahl der Einhüllenden H für die Einlagen hat sich nach der Zahl der Einlagen zu richten, bzw. nach dem Abstand a zweier Einlagen. Wählen wir sehr viele Einlagen, dann hat die Abstufung nach der Hyperbel zu erfolgen.

Wir stellen nun die Frage: Was passiert, wenn wir als Einhüllende eine für wenig Einlagen geltende Kurve wählen und trotzdem sehr viele Einlagen anordnen? In diesem Falle wird die Spannungsverteilung auf die ursprünglichen Einlagen, für die die Einhüllende gilt, nicht geändert. Die Spannungsverteilung auf die zwischen zwe solchen Einlagen liegenden Isolierschichten, die bei der Ausführung von wenig Einlagen ungleichmäßig ist (als konaxiale Zylinder), wird dann gleichmäßiger und damit besser.

Wir können also die Regel aussprechen: Es ist immer günstig, möglichst viele Einlagen zu machen, gleichgültig, welche Kurve man als Einhüllende wählt.

Die Gegenfrage: Was passiert, wenn wir die Hyperbel als Einhüllende wählen, aber recht wenig Einlagen anordnen? ist nunmehr leicht zu beantworten. Dann stimmt die Spannungsverteilung nicht mehr, sie ist nicht mehr gleichmäßig; am schlechtesten ist sie an den Stellen, wo die Hyperbel am steilsten abfällt; dagegen ist der Einfluß dort nicht so groß, wo die Hyperbel flach verläuft.

Wir haben bis jetzt den Einfluß der Stanniolränder vernachlässigt. Hinsichtlich der Spannungsverteilung wird dieser Einfluß auch sehr klein sein, weil die Kapazität der Flächen groß ist. Dagegen ist die Beanspruchung des Isoliermaterials an den Rändern der Stanniolbeläge groß. Je größer man aber die Zahl der Stannioleinlagen macht, um so kleiner ist die Spannungsdifferenz zweier Einlagen, um so geringer ist auch die Gefahr einer Überbeanspruchung an den Rändern. Immerhin aber muß man sich bewußt bleiben, daß die Beanspruchung an den Rändern größer ist als innerhalb der Einlagen. Es empfiehlt sich also schon aus diesem Grund, die Zahl der Einlagen, gleichgültig welche Einhüllende man wählt, möglichst groß zu machen.

Natürlich sind diese Betrachtungen auch gültig für Einlagen, die nicht aus kontinuierlichen Metallflächen bestehen, sondern aus einem feinmaschigen Geflecht (Meirowsky-Durchführung).

Es soll nunmehr ein praktisches Beispiel durchgerechnet werden, um zu zeigen, wie man die berechneten Kurven zu benützen hat und wie rasch sich die Rechnung vollzieht.

Es sei eine Durchführung zu berechnen für eine Prüfspannung von 350 kV; die höchstzulässige Beanspruchung des Isoliermaterials sei 50 kV$\cdot$cm^{-1} und der Radius der Leitung L sei $r_0 = 2$ cm. Verlangt ist eine vollständig gleichmäßige Spannungsverteilung in radialer Richtung.

Es sind also alle Schichten gleich stark beansprucht; wir können demnach die Dicke des Isolierkörpers sofort berechnen; sie ist

$$(R - r_0) = \frac{350}{50} = 7 \text{ cm}.$$

Demnach wird

$$R = 9 \text{ cm}.$$

Die geometrische Charakteristik p ist also

$$p = \frac{r_0 + a}{r_0} = 4{,}5\,.$$

In Abb. 296 suchen wir nun zwei Radien auf der Abszissenachse, deren Verhältnis $p = 4{,}5$ ist. Solche Radienpaare finden wir natürlich unendlich viele. Wir wählen beispielsweise die Radien 1 und 4,5. Das zwischen diesen beiden Radien liegende Stück der Hyperbel ist dann eine mögliche Begrenzungskurve für die Einlagen. Wir übertragen dieses Stück in eine maßstäbliche Figur. Freilich kennen wir von den Abmessungen bis jetzt nur die radialen Dimensionen. Die axialen Dimensionen können wir erst später berechnen, wenn die Berechnung auf Überschlag angestellt wird. Wir greifen dieser Rechnung vor und machen die Länge der Durchführung über der Fassung gleich 50 cm, und damit können wir die Klemme maßstäblich zeichnen (Abb. 297). Nun zeichnen wir die Einlagen ein; wir wissen, daß wir hierbei eine große Freiheit haben. Wir machen so viele, als hinsichtlich der Fabrikation möglich ist, also etwa pro 1 bis 2 mm Schichtdicke je eine Einlage. Damit ist die Berechnung der Einlagen beendet.

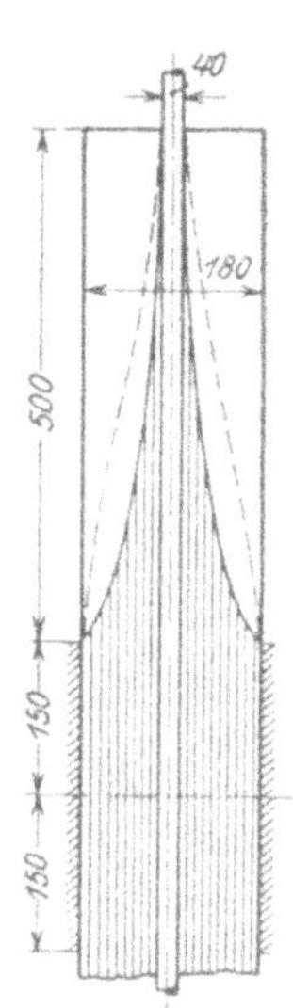

Abb. 297. Abmessungen einer Kondensatordurchführung für 350 kV Prüfspannung.

Es sei hier noch folgendes bemerkt. Man kann auch die Abstände der Einlagen voneinander verschieden groß machen; dann empfiehlt es sich, dort, wo die Einhüllende stark abfällt, die Abstände sehr klein zu wählen. Dort, wo sie flach verläuft, kann man mit den Einlagen sparsamer sein, wenn dies etwa aus Gründen der Fabrikation erwünscht sein soll. Die Spannungsverteilung wird dadurch nicht merklich beeinflußt.

Wir hätten als Begrenzungskurven natürlich auch eine der für wenig Einlagen geltende Kurve wählen können. Wir sehen aber, daß die Länge der Fassung bei Wahl der Hyperbel schon 23 $^0/_0$ der gesamten Isolatorhöhe ausmacht. Es ist also ein sehr großes Stück der Durchführung in axialer Richtung elektrisch tot und wir haben kein Interesse daran, dieses Stück noch größer zu machen. Das wäre aber der Fall, wenn wir eine höher liegende Kurve als Begrenzungskurve wählen würden. Wir werden also stets die Hyperbel als Einhüllende verwenden.

Um eine niedrigere Fassung zu bekommen, können wir auch ein anderes Stück der Hyperbel wählen, z. B. das Stück, das zwischen den Abszissen 2 und 9 liegt. Man sieht, daß dann die Einlagen wesentlich kürzer werden als vorher. In der Tat, wenn es nur auf die Abstufung der Einlagen zur Verbesserung der Spannungsverteilung in radialer Richtung (Verbesserung auf Durchschlag) ankäme, könnten wir die Einlagen so klein machen, als mit Rücksicht auf die Fassung gerade noch zulässig ist. Denn die Teile der Durchführung, die sehr hoch über der Fassung liegen, haben an sich schon eine wesentlich bessere Spannungsverteilung, hier sind die Einlagen nicht so nötig.

Die Berechnung dieses Beispiels werden wir später fortsetzen.

Wir wollen diese Durchführung nun auch auf Überschlag berechnen, und zwar stellen wir die Forderung, daß sich die Spannung längs der Oberfläche von der Fassung E bis zur Leitung L bzw. dem Teller T gleichmäßig verteilen soll, so daß also die Beanspruchung der Oberflächenelemente auf Überschlag an allen Stellen gleich groß sein soll. Lassen wir eine Beanspruchung von 7 kV·cm^{-1} auf Überschlag zu in der Erwägung, daß die Durchführung in einem trockenen Raum Verwendung finden soll, dann finden wir die Länge $l_0 - l_R$ der freien Oberfläche zu

$$l_0 - l_R = \frac{350}{7} = 50 \text{ cm}.$$

Diese Länge soll nach der für die Abstufung der Einlagen gewählten Hyperbel 77% der gesamten Länge sein, also wird die Länge

$$l_0 = \frac{50}{0,77} = 65 \text{ cm}$$

und die ganze Durchführung wird 130 cm hoch. Diese Dimensionen haben wir bereits in Abb. 297 berücksichtigt.

Wir wollen nun im folgenden die Bedingungen suchen, unter denen sich die Spannung gleichmäßig in axialer Richtung verteilt. Die Spannung wird sich dann gleichmäßig auf die Oberfläche verteilen, wenn die Einlagen gleicher Spannungsdifferenz auch gleiche Höhendifferenzen aufweisen. Danach ist der Weg für die schrittweise Berechnung der Einlagen gegeben. Nehmen wir an, es sollen 10 Einlagen vorgesehen werden; dann muß bei einer freien Oberfläche von 50 cm die Längendifferenz zweier Einlagen 5 cm betragen. Da die Einlage L um 50 cm über die Fassung ragt, muß die Einlage Nr. 1 die ihr benachbart ist, 45 cm darüber ragen usw. Wir kennen jetzt also nicht mehr den Radius der Schicht, in die die Einlage zu liegen kommt, sondern die Längen der Einlagen. Wählen wir den Radius r_1 der ersten Schicht frei, so ist damit die Kapazität des ersten Kondensators bekannt. Die Länge der nächsten Einlage ist 40 cm über der Fassung; die Kapazität, die sie gegen die erste Einlage haben soll, ist auch bekannt, also können wir den Radius berechnen, der ihr zukommt. In dieser Weise fahren wir fort, bis alle 10 Schichten untergebracht sind. Dabei muß die letzte Schicht, die Fassung, den Radius R haben; R ist uns durch die Berechnung auf Durchschlag gegeben. Es wäre natürlich ein Zufall, wenn wir bei der willkürlichen Wahl von r_1 auf diesen Radius kommen würden. Wir müssen dann die Rechnung eben wiederholen, bis diese Bedingung erfüllt ist. Das ist an sich keine Schwierigkeit, wenn wir die Berechnung mit Hilfe der Tafel für die Einheitskapazität durchführen.

Wir wollen aber auch hier einen anderen Weg gehen, und zwar stellen wir uns wieder die Aufgabe, die Einhüllende für die Einlagen zu suchen.

Für die Längen der Einlagen muß die Beziehung bestehen

$$l = l_0 - nh, \tag{12}$$

wobei h die konstante Längendifferenz zweier benachbarter Einlagen ist. Wir differenzieren diese Gleichung nach n und erhalten

$$\frac{dl}{dn} = -h; \tag{13}$$

also

$$dn = -\frac{1}{h}\,dl. \tag{14}$$

Diesen Wert von dn setzen wir in die allgemeine Gleichung

$$\frac{dn}{dr} = \frac{1}{a} \tag{15}$$

ein und erhalten

$$\frac{dl}{dr} = -\frac{h}{a}. \tag{16}$$

Das ist die Differentialgleichung für die Abstufung der Einlagen mit Rücksicht auf gleichmäßige axiale Beanspruchung. Wir unterscheiden nun wieder die beiden Fälle, daß wir die Kondensatoren entweder als Plattenkondensatoren oder als Zylinderkondensatoren auffassen.

Plattenkondensatoren. Nach Gl. (7) erhalten wir für den Abstand a

$$a = \frac{rl}{2c},$$

diesen Wert setzen wir in Gl. (16) ein

$$\frac{dl}{dr} = -\frac{2ch}{rl}. \tag{17}$$

Diese Differentialgleichung können wir durch Separation der Veränderlichen integrieren; es ergibt sich

$$\frac{l^2}{2} = K - 2\,ch\,\mathrm{lgn}\,r, \tag{18}$$

wobei K die Integrationskonstante ist. Wir bestimmen, daß für $r_0 = 1$ die Länge $l_0 = 100$ sein soll und erhalten dann für K

$$K = 5000. \tag{19}$$

Diesen Wert in das allgemeine Integral eingesetzt, ergibt

$$r = e^{\left(2500 - \frac{l^2}{4}\right)\frac{1}{ch}}. \tag{20}$$

Die Kurvenschar, die dieser Gleichung genügt, ist in Abb. 298 dargestellt. Während wir bei der Berechnung auf Durchschlag nur **eine** Kurve, die Hyperbel, erhielten, ergibt sich jetzt eine **Kurvenschar** mit dem Parameter $(c \cdot h)$.

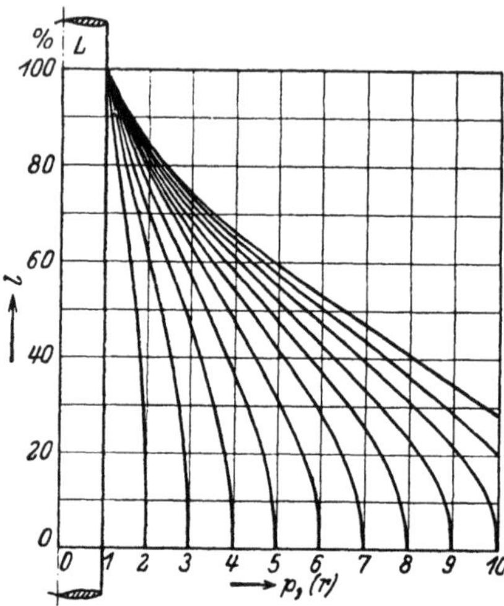

Abb. 298. Einhüllende der Einlagen bei gleichmäßiger Überschlagbeanspruchung der Durchführung.

Zylinderkondensatoren. Nach Gl. (10) ist

$$a = r_x\left(e^{\frac{l}{2c}} - 1\right). \tag{10'}$$

Diesen Wert in die allgemeine Gleichung eingesetzt, ergibt

$$\frac{dl}{dr} = -\frac{h}{r_x\left(e^{\frac{l}{2c}} - 1\right)}. \tag{21}$$

Wir integrieren durch Separation der Veränderlichen

$$h\,\mathrm{lgn}\,r_x = K + l - \frac{1}{2c}\,e^{\frac{h}{2c}}. \tag{22}$$

K ist wieder die Integrationskonstante; wir stellen die gleichen Grenzbedingungen wie vorher und erhalten dann für K

$$K = \frac{1}{2c}\,e^{\frac{50}{c}} - 100. \tag{23}$$

Diesen Wert eingesetzt ergibt

$$h\,\mathrm{lgn}\,r_x = l - 100 + \frac{1}{2c}\left(e^{\frac{50}{c}} - e^{\frac{h}{2c}}\right). \tag{24}$$

Das ist die Gleichung für die Abstufung der Einlagen bei Annahme von Zylinderkondensatoren. Zum Vergleich mit den vorher berechneten Kurven suchen wir die Kurven, für welche beispielsweise bei $R = 10$ die Länge $l_R = 0$ wird. Vorher haben wir nur eine Kurve gefunden, die dieser speziellen Bedingung genügt. Wie uns aber die Gleichung für diesen Fall

$$h \lg n \, 10 = -100 + \frac{1}{2c}\left(e^{\frac{50}{c}} - 1\right)$$

zeigt, erhalten wir bei Annahme von Zylinderkondensatoren eine ganze Kurvenschar, die sich mit kleiner werdendem h immer mehr der vorher gefundenen nähern; diese stellt also den Grenzfall für unendlich feine Stufung der Einlagen dar. Würden wir die Kurven aufzeichnen, dann würden wir finden, daß die Kurven für mäßig feine Stufung schon sehr nahe bei der Grenzkurve liegen; man darf also in praktischen Fällen stets mit den Kurven arbeiten, die wir für Plattenkondensatoren gefunden haben.

Wegen der Zahl der Einlagen gilt das bei der Berechnung auf Durchschlag Gesagte.

Wir wählen jetzt aus dieser Schar von Exponentialkurven die Einhüllende für die Einlagen der Klemme unseres Berechnungsbeispieles. Dabei nehmen wir an, daß die Längen $l_0 = 100\,\%$ und $l_R = 23\,\%$ festgehalten werden sollen. Außerdem liegt natürlich auch das Verhältnis der Radien r_0 und R fest ($p = 4{,}5$); es ist ja durch die Beanspruchung auf Durchschlag gegeben. Wir haben also ein Kurvenstück zwischen den Radien $r_0 = 1$ und $R = 4{,}5$ zu wählen, wobei nach obigem $l_R = 23\,\%$ sein muß. Eine solche Kurve ist zwar in Abb. 298 nicht gezeichnet, wir können sie aber leicht durch Interpolieren finden. Diese Kurve übertragen wir in die maßstäbliche Zeichnung von Abb. 297 (gestrichelte Kurve); damit kennen wir das Stück der Exponentialkurve, welche die Einhüllende der Einlagen bilden soll, wenn die Beanspruchung auf Überschlag eine gleichmäßige sein soll (ausgeglichener Isolator).

Aus Abb. 297 sehen wir, daß die beiden bis jetzt gefundenen Begrenzungskurven sehr stark voneinander abweichen. In Wirklichkeit können wir natürlich nur ein System von Einlagen machen. Daraus ergibt sich, daß es bei dieser Art von Kondensatordurchführungen nicht möglich ist, die Forderung auf gleichzeitige Erreichung gleichmäßiger Spannungsverteilungen in radialer und axialer Richtung zu verwirklichen. Das ist entschieden ein Nachteil der Nagelschen Durchführung. Denn daraus folgt, daß das Isoliermaterial noch nicht so gut ausgenützt werden kann, wie es bei gleichmäßiger Spannungsverteilung in axialer und radialer Richtung möglich wäre.

Es fragt sich nun, wie sich die Spannung in radialer Richtung verteilen würde, wenn wir die Stufung der Einlagen nach der erwähnten Exponentialkurve ausführen würden. Man kann diese Kurve leicht in folgender Weise finden. Wir zeichnen für die Exponentialkurve beispielsweise 10 Einlagen mit gleichen Höhendifferenzen h. Die Spannung jeder dieser Einlagen ist um 10% niedriger als die der vorhergehenden; damit kann man die Spannungsverteilung in radialer Richtung zeichnen. Die Gerade G gibt wieder die gleichmäßige Spannungsverteilung an. Wir sehen, daß die Abweichungen von der gleichmäßigen Spannungsverteilung zwar nicht sehr groß, aber immerhin doch erheblich sind. Man hat sich nun zu entscheiden, welche der beiden berechneten Einhüllenden man wählen will. Eine allgemeine Regel läßt sich hier nicht angeben. Man kann aber sagen, daß man in den äußersten Schichten des Isoliermaterials, wo die Erwärmung desselben infolge der guten Wärmeabgabe nur gering sein kann, ohne Bedenken eine mäßige Überbeanspruchung auf Durchschlag im Vergleich zur Beanspruchung der innersten Schichten zulassen kann. Für die Entscheidung der Frage ist auch maßgebend, ob man mehr Wert auf eine dünne Durchführung oder auf eine kurze Durchführung legt.

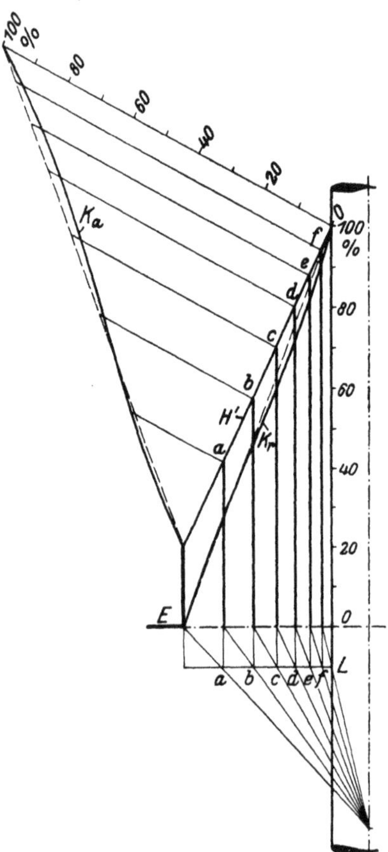

Abb. 299. Kondensatordurchführung mit einer Geraden als Begrenzungskurve der Einlagen.

Man sieht, daß es keinen Sinn hat, Einlagen zu wählen, deren erste eine geringere Länge als 100% hat; denn in diesem Fall ist ein großer Teil der freien Oberfläche elektrisch tot. Wir werden also stets die Einhüllenden so wählen, daß $l_0 = 100\%$ ist.

Bei der Wahl der Begrenzungskurven können wir auch so vorgehen, daß wir weder die Hyperbel noch die Exponentialkurve, sondern eine dazwischen verlaufende mittlere Kurve H' (Gerade) wählen. Dieser Fall ist in Abb. 299 dargestellt. Tut man dies, dann hat man nachzurechnen, wie sich hierbei die Spannung nach den beiden Richtungen verteilt. Diese Rechnung läßt sich leicht in folgender Weise durchführen. Wir zeichnen eine an sich beliebige Anzahl von Einlagen und rechnen die sich so ergebenden Kapazitäten aus. Kennen wir diese, so können wir auch die Spannungsverteilungen berechnen mit Hilfe des Diagrammes von Abb. 300. Die Berechnung der Kapazitäten kann man sich aber außerordentlich vereinfachen. Wir berechnen die Kapazitäten mit Hilfe der Zylinderformel

$$c = \frac{l}{2\,\mathrm{lgn}\,\frac{r_x + a}{r_x}}.$$

Da ist es nun zweckmäßig, die Einlagen so zu wählen, daß die Radien zweier benachbarter Einlagen das gleiche Verhältnis $\frac{r_x + a}{r_x}$ aufweisen; denn dann sind die Kapazitäten einfach proportional den Längen l. Im Diagramm für die Reihenschaltung von Abb. 300 können wir dann links direkt die Längen $l_{1,2\ldots}$ für die Strecken auftragen.

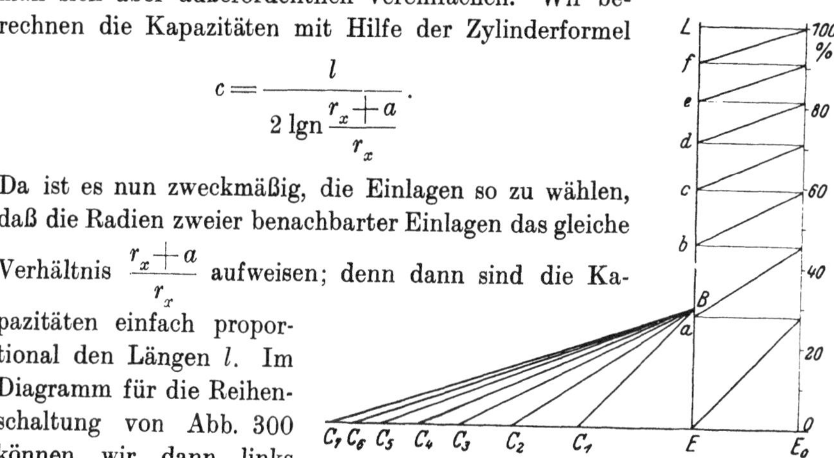

Abb. 300. Reihendiagramm für die Kondensatordurchführung nach Abb. 299.

Es bleibt nun noch übrig, zu zeigen, wie man die Radien der Einlagen zu wählen hat, damit sie der geforderten Bedingung genügen. Dies ist in Abb. 299 dargestellt. Die Konstruktion dieser Abstufung braucht aber wohl nicht erläutert zu werden; denn sie ist aus zahlreichen Anwendungen in der Technik (Stufung von Anlassern!) bekannt.

Die Kurven K_a und K_r von Abb. 299 geben die axialen und radialen Spannungsverteilungen an. Man kann jetzt natürlich auch leicht die Beanspruchungen im Isoliermaterial angeben.

Eine Beseitigung des Nachteils der Nagelschen Kondensatorklemme wird durch das D.R.P. 298384 vom 4. 2. 1916 der Allmänna Svenska A.-G. angestrebt; die Anordnung ist dadurch gekennzeichnet, „daß in der Oberfläche des Isoliermaterials oder in der Nähe dieser Oberfläche in axialer Richtung kurze Hilfsbeläge vorgesehen sind, die mit den entsprechenden Hauptbelägen leitend verbunden sind, wodurch eine gleichmäßige Spannungsverteilung längs der Oberfläche des Isolators erreicht wird".

Durch das D.R.P. 229084 vom 28. 8. 1909 (Zusatzpatent zu D.R.P. 177667) ist den S.S.W. die Anbringung einer wetterbeständigen Hülle geschützt, um die Durchführung auch im Freien verwenden zu können.

Es soll nun die Spannungsverteilung an einigen Durchführungen dieser Art betrachtet werden. Bei der Durchführung nach Abb. 301

treten die Einlagen mit ihren Kanten an die Oberfläche. Es ist dies die erste Ausführungsform der Nagelschen Durchführungen. Man sieht

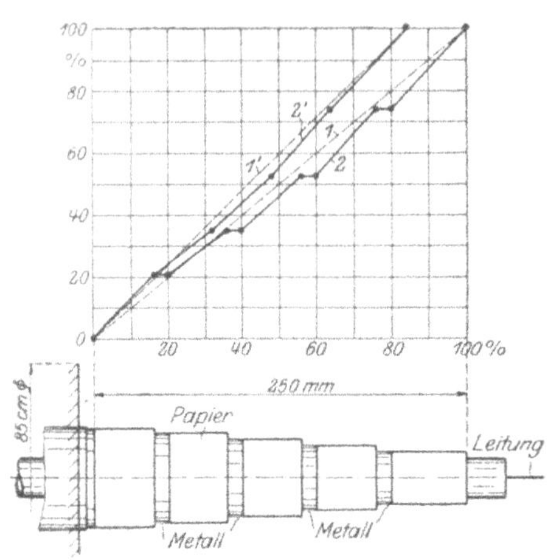

Abb. 301. Spannungsverteilung an einer Nagel-Durchführung.

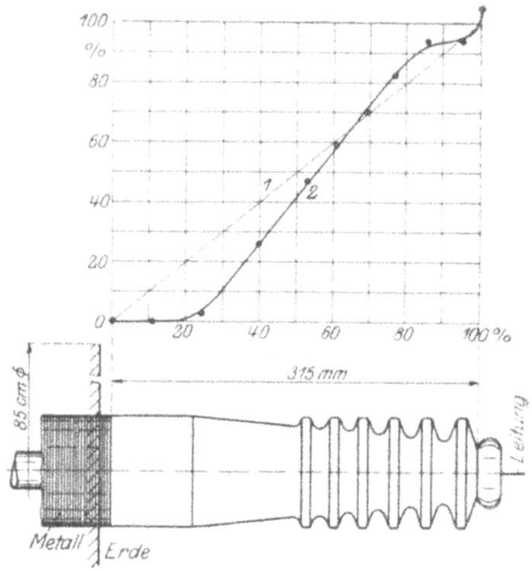

Abb. 302. Spannungsverteilung an einer Nagel-Durchführung mit Rillen.

aus der Kurve für die Spannungsverteilung, daß in der Tat fast das Ideal der Spannungsverteilung erreicht ist. Ein Nachteil dieser Ausführungsform ist, daß die Kanten der Einlagen bald zu glimmen beginnen. Die Amerikaner versehen deshalb die Ränder mit Metallwulsten oder kleinen Dächern; die S.S.W. dagegen lassen die Beläge im Isoliermaterial endigen. Abb. 302 zeigt eine Durchführung, bei der noch einige Rippen angebracht sind. Auch diese weist eine sehr gute Spannungsverteilung auf. Man kann mit Hilfe der Elektroskopmethode sehr schön feststellen, wie weit die erste mit Erde verbundene Elektrode reicht. Neuerdings

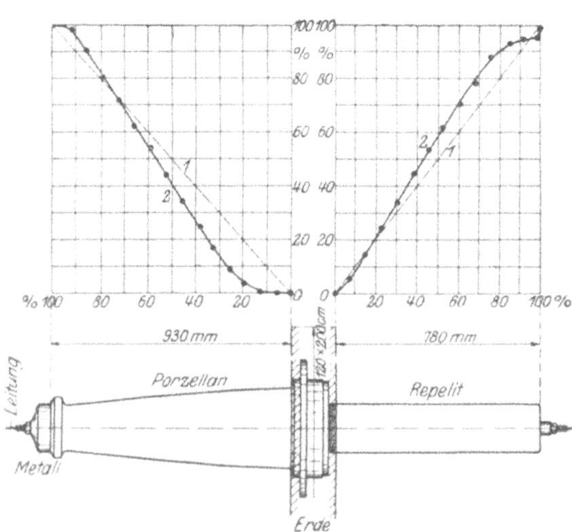

Abb. 303. Spannungsverteilung an einer Nagel-Durchführung für 100 kV.

lassen die S.S.W. die Rippen bei diesen Durchführungen weg. Abb. 303 zeigt eine Durchführung für eine 100 kV-Anlage mit ihrer Spannungsverteilung; dieser Isolator ist für die Ausführung des Leiters ins Freie bestimmt. Auch hier ist die Spannungsverteilung sehr gut.

Die Amerikaner, die, wie bereits erwähnt, diese Durchführung sehr viel verwenden, rechnen pro Belag eine Spannung von 4 kV und lassen eine Oberflächenbeanspruchung von 4 kV · cm^{-1} zu. Wie aus den in obige Bilder eingeschriebenen Maßen nachgerechnet werden kann, sind die Beanspruchungen bei den deutschen Isolatoren wesentlich niedriger.

Wie bereits mehrfach erwähnt wurde, gehört die Nagelsche Kondensatordurchführung zu den Kondensatorreihen, weil jede eingebettete Elektrode nur Kapazität gegen ihre Nachbarelektrode hat. Zur Gruppe dieser Durchführungen gehören noch folgende Ausführungsformen.

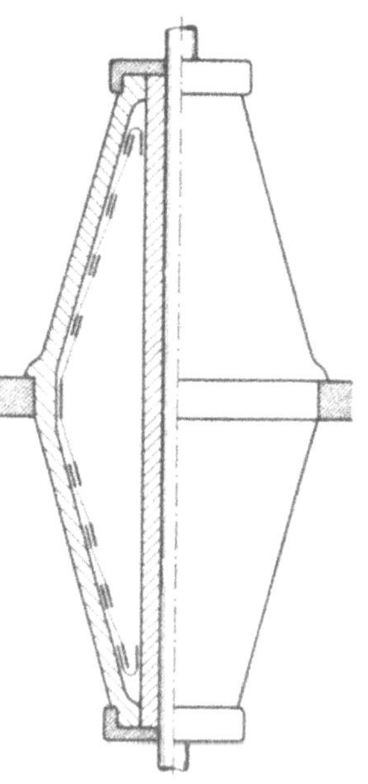

Abb. 304. AEG-Durchführung mit Metalleinlagen.

Abb. 304 zeigt einen von der A.E.G. angegebenen Isolator (D.R.P. 308662 vom 8. 5. 1917); er ist dadurch gekennzeichnet, „daß entlang der Oberfläche in passenden Abständen konzentrische Metallringe von verhältnismäßig geringer Höhe angebracht sind, die in Reihe geschaltete Kondensatoren bilden zum Zwecke, einen gleichmäßigen Verlauf der Feldstärke in axialer Richtung zu erzielen".

Neuerdings hat Meirowsky eine Durchführung angegeben, die dadurch gekennzeichnet ist, „daß die Überwindung der elektrischen Beanspruchung in der Längsrichtung dieser Körper durch Einbetten von kapazitätsfreien feinsten leitenden Fäden erfolgt, indem hierdurch eine Streckung der Äquipotentialflächen hervorgerufen wird".

Nach den in diesem Buch vertretenen Anschauungen gehört auch diese Durchführung zu den Kondensatorreihen. Statt der Metallfolien bei der Nagelklemme wird hier ein Netz aus feinsten Drähten angewendet. Wie in einer Beschreibung ganz richtig angegeben ist, kommt es auch nicht darauf an, wie viele solcher Beläge angewendet werden, sondern welches die Begrenzungskurve dieser Beläge ist. Würde als Begrenzungskurve H der Einlagen eine Hyperbel gewählt, so würde sich eine vollkommen gleichmäßige Spannungsverteilung in radialer Richtung einstellen.

Dabei ist allerdings Voraussetzung, daß das Drahtnetz sehr engmaschig ist. Trifft das nicht zu, dann bilden die einzelnen Netze miteinander Kondensatorketten.

Wir wenden uns nunmehr zu den Einrichtungen, bei denen die influenzierten Elektroden Kondensatorketten bilden. Wir werden sehen, daß die Wahl von Kondensatorketten den großen Vorteil bietet, daß man die Beanspruchung auf Durchschlag und Überschlag getrennt voneinander steuern kann.

Vom Verfasser stammt das D.R.P. 316990 vom 20. 6. 1914; Abb. 305 zeigt die Anwendung des Erfindungsgedankens auf eine Durchführung. Die Regelflächen sind hier im wesentlichen senkrecht zur Isolatoroberfläche angeordnet und die einzelnen Metallscheiben haben Kapazität gegeneinander und gegen die gemeinsame Leitungselektrode. Stuft man auch noch den Durchmesser der Scheiben so ab, daß die unterste Scheibe kleiner ist als die darüber angeordneten, dann haben die einzelnen Scheiben auch noch Kapazität gegen die gemeinsame Erdelektrode, so daß die Anordnung eine Kondensatorkette mit doppelter Verkettung bildet. Bei dieser Anordnung der Regelflächen wird allerdings nur die axiale Spannungsverteilung beeinflußt, die Beanspruchung auf Durchschlag innerhalb des Isoliermaterials bleibt unverändert.

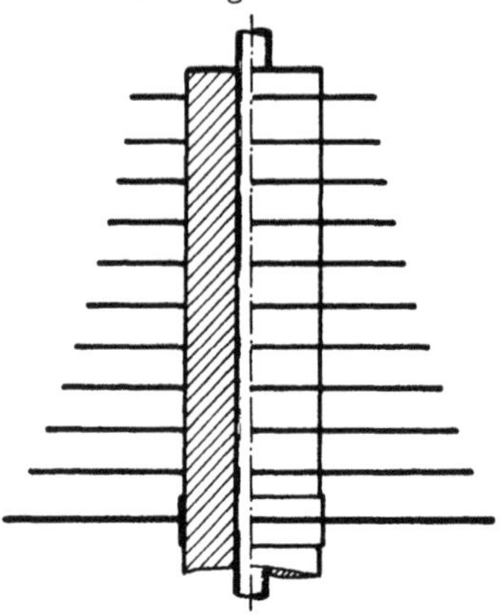

Abb. 305. Durchführung mit Metallschirmen nach Schwaiger.

Die Versuche haben nun ergeben, daß bei der Anwendung dieses Prinzipes auf Durchführungen die Scheiben außerordentlich groß sein müßten, wenn eine gleichmäßige Spannungsverteilung erzielt werden soll. Außerdem macht sich bei Anwendung des Metallprinzipes mit offen liegenden Metallflächen folgende unangenehme Begleiterscheinung geltend. Wenn an irgendeiner Stelle der Oberfläche eine unebene Stelle ist, so daß dort bei Beginn der Entladungen etwas intensivere Entladungen auftreten, dann wird gerade dieser Stelle durch die Metallscheiben der ganze Entladungsstrom zugeführt und so die Entladung gefördert. Die Metallscheiben verhindern also die Stromzerstreuung, die wir im 10. Kapitel als so wesentlich für die Verhinderung zu früher Entladungen gehalten haben. Am deutlichsten läßt sich der Vorgang beobachten, wenn an einer Metallscheibe selbst eine Unregelmäßigkeit (kleine Spitze u. dergl.) vorhanden ist; hier setzen dann sofort die Gleitfunken ein, denen das Metall den Strom vom ganzen Umfang des Isolators zuführt. Bei der Glimmklemme des A.E.G. ist dies vermieden, indem man an möglichst vielen Stellen Entladungen hervorruft, um den Strom möglichst zu zertreuen und dadurch stromstarke Entladungen (Gleitfunken) zu verhindern.

Aus diesen Gründen hat der Verfasser in einer neuen Anmeldung vom 26. 8. 1920 die Einbettung dieser Metallscheiben in das Isoliermaterial vorgesehen. Gleichzeitig wird dadurch ein weiterer Vorteil erreicht, indem die Kapazitäten zwischen je zwei benachbarten Elektroden wesentlich vergrößert wird, wodurch tatsächlich eine nahezu gleichmäßige Spannungsverteilung erreicht werden kann. Freilich zeigte sich, daß dies auf Kosten der Beanspruchung auf Durchschlag geht und außerdem wird der Durchmesser der Durchführung dann so groß, daß derartige Durchführungen nicht mehr mit der Nagelschen Klemme konkurrieren können. (S. auch D.R.P. 316990 des Verfassers vom 9. 5. 1920).

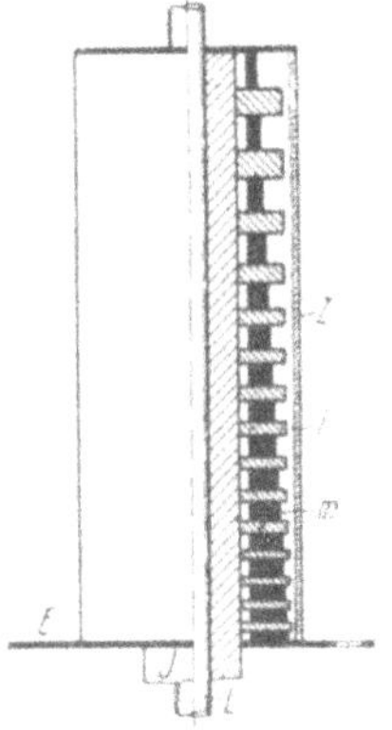

Abb. 306. Durchführung nach Torikai.

Später wurde die gleiche Anordnung von R. Torikai angegeben; Abb. 306 ist dessen Aufsatz entnommen. Es bedeuten L die Hochspannungsleitung, E die geerdete Elektrode (Wand, Deckel usf.), J den eigentlichen Isolator, m und i sind Metall- und Isolierscheiben, die aufeinander aufgebaut sind, ähnlich wie vom Verfasser angegeben wurde. Z ist ein dünnwandiger Zylinder aus Isoliermaterial; der Zwischenraum zwischen J und Z ist mit Öl ausgefüllt. Über die Abstufung der Kapazitäten hat Torikai mit Hilfe der Rechnung folgendes gefunden. Abb. 307 zeigt die Ersatzschaltung für diese Anordnung; es wird angenommen, daß die Kapazitäten C und k unendlich fein längs der Oberfläche verteilt seien; den Anfangspunkt der Zählung legen wir nach 0. U_1 sei die Spannung im Punkt $x=0$ und U_2 die Spannung im Punkt $x=l$. Ein Punkt P mit der Entfernung x von 0 habe die Spannung U gegen L.

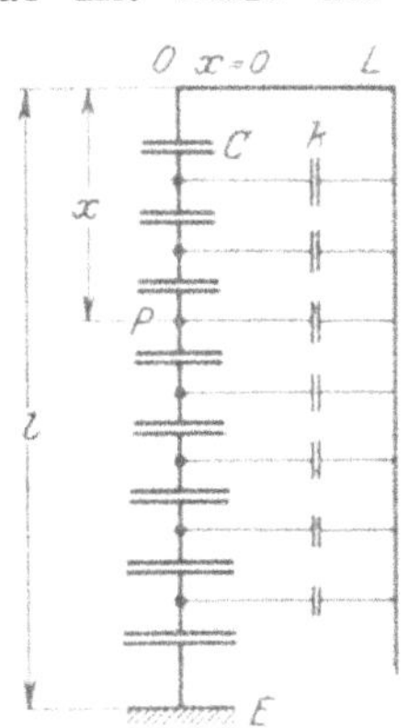

Abb. 307. Ersatzschaltung der Durchführung nach Abb. 306.

Ist C die Kapazität zweier Elemente gegeneinander pro Längeneinheit, dann ist $\frac{C}{dx}$ die Kapazität zwischen den beiden Punkten mit der Abszisse x und $x+dx$. Ist k die Kapazität pro Längeneinheit gegen die Leitung L, dann ist die Kapazität der Strecke dx gegen die Leitung $k \cdot dx$.

Die Spannungsverteilung folgt dann der Differentialgleichung

$$\frac{d}{dx}\left(\frac{C}{dx} dU\right) dx = kU dx \tag{25}$$

oder

$$C\frac{d^2U}{dx^2}+\frac{dC}{dx}\frac{dU}{dx}-kU=0. \tag{26}$$

Wäre C und k längs der ganzen Oberfläche konstant, dann wäre

$$C\frac{d^2U}{dx^2}=kU.$$

Das ist eine uns bekannte Gleichung, die wir bereits im 4. Kapitel behandelt haben und deren Integral wir kennen. Wir wissen, daß in diesem Fall sich die Spannung ungleichmäßig längs der ganzen Oberfläche verteilt. Wir können also mit konstanten Werten von C und k die Forderung, daß sich die Spannung gleichmäßig verteile, nicht erfüllen.

Wir machen nun die Annahme, daß

$$C=f(x); \quad k=\varphi(x),$$

also Funktionen des Abstandes x von 0 seien; Torikai hat den Fall betrachtet, daß

$$C=ax^n; \quad k=bx^{n-2}. \tag{27}$$

Man erhält dann die Differentialgleichung

$$ax^n\frac{d^2U}{dx^2}+anx^{n-1}\frac{dU}{dx}-bx^{n-2}U=0. \tag{28}$$

Das Integral dieser Gleichung ist

$$U=A_1x^{m_1}+A_2x^{m_2},$$

wobei

$$\left.\begin{aligned} m_1&=-\frac{n-1}{2}+\frac{1}{2}\sqrt{\frac{4b+a(n-1)^2}{a}}\\ m_2&=-\frac{n-1}{2}-\frac{1}{2}\sqrt{\frac{4b+a(n-1)^2}{a}}.\end{aligned}\right\} \tag{29}$$

Wenn $a=b=1$, dann erhalten wir

$$\left.\begin{aligned} m_1&=-\frac{n-1}{2}+\frac{1}{2}\sqrt{4+(n-1)^2}\\ m_2&=-\frac{n-1}{2}-\frac{1}{2}\sqrt{4+(n-1)^2}.\end{aligned}\right\} \tag{29a}$$

Der Wert von m_2 ist immer negativ für jeden Wert von n; hat m_2 z. B. den Wert m', dann erhalten wir

$$U=A_1x^{m_1}+\frac{A_2}{x^{m'}}. \tag{30}$$

Wir vernachlässigen das zweite Glied der rechten Seite dieser Gleichung und erhalten

$$U = A x^m . \tag{31}$$

Setzen wir zur Bestimmung der Integrationskonstanten die Grenzbedingung ein, nämlich daß für $x = l$ sein muß $U_2 - U_1 = A l^m$, so finden wir unter der Annahme, daß die Elektrode E geerdet ist, was ja stets der Fall ist

$$U = U_1 - \frac{U_1}{l^m} x^m \tag{32}$$

und der Spannungsanstieg wird

$$-\mathfrak{E}_{\ddot{u}} = \frac{m U_1}{l^m} x^{m-1} . \tag{33}$$

Wir sehen daraus, daß für $m = 1$ der Spannungsanstieg längs der ganzen Oberfläche konstant ist; für diesen Fall wird $n = 1$; $C = x$ und $k = 1/x$, d. h. die Kapazität C muß proportional mit x wachsen und k muß umgekehrt proportional mit x abnehmen. Wir erhalten also in der Nähe der Fassung sehr große Kapazitäten C und sehr kleine Kapazitäten k. Welche Mittel haben wir nun, um C in der Nähe der Fassung sehr groß zu machen? Entweder müssen wir die Scheiben m und i dort sehr groß machen, was sehr nachteilig ist wegen des großen Durchmessers, den dort die Fassung erhält; oder wir müssen die Isolationsscheiben i sehr dünn machen. Tut man dies, dann erhält man für diese Scheiben sehr hohe Beanspruchungen auf Durchschlag, wie bereits oben erwähnt wurde.

Um die Kapazität k in der Nähe der Fassung sehr klein zu machen, müssen wir entweder die Scheiben m sehr dünn machen. Dies können wir aber nicht, weil damit die Kapazität C pro Längeneinheit klein wird; denn es sind dann pro Längeneinheit viele Kondensatoren hintereinander geschaltet. Oder aber wir machen den inneren Durchmesser der untersten Scheiben sehr groß, damit die Entfernung des inneren Randes von der Leitung L groß wird; dann erhalten wir sehr große Außendurchmesser für die Scheiben m, also große Durchmesser für die Durchführung. Wir sehen also, daß wir die durch die Rechnung geforderten Bedingungen nicht einhalten können, ohne andere Nachteile mit in Kauf zu nehmen. Wenn wir bei unserer bisher stets festgehaltenen Forderung beharren, den Durchmesser der Durchführung möglichst klein zu machen, fällt die Möglichkeit, dieses Prinzip für Durchführungen anzuwenden. Aus diesem Grund hat der Verfasser diese Methode zur Verbesserung der Spannungsverteilung nicht weiter verfolgt.

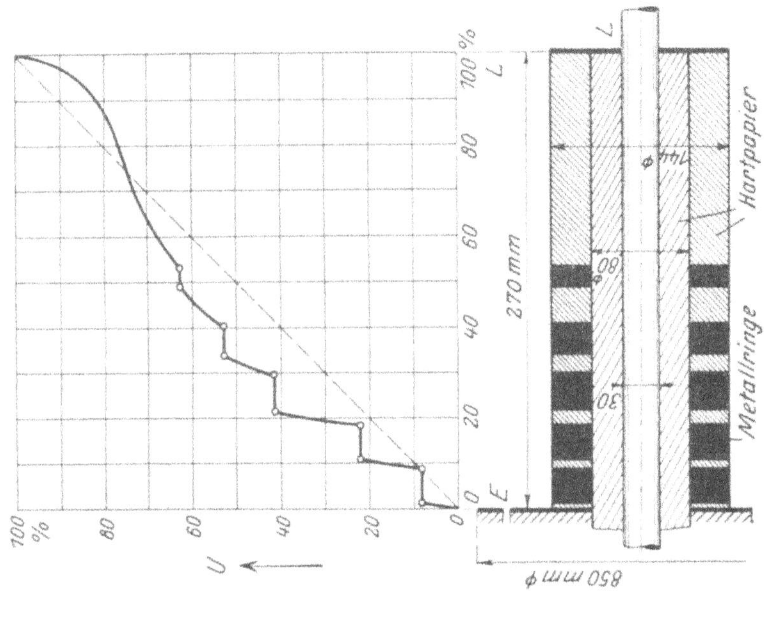

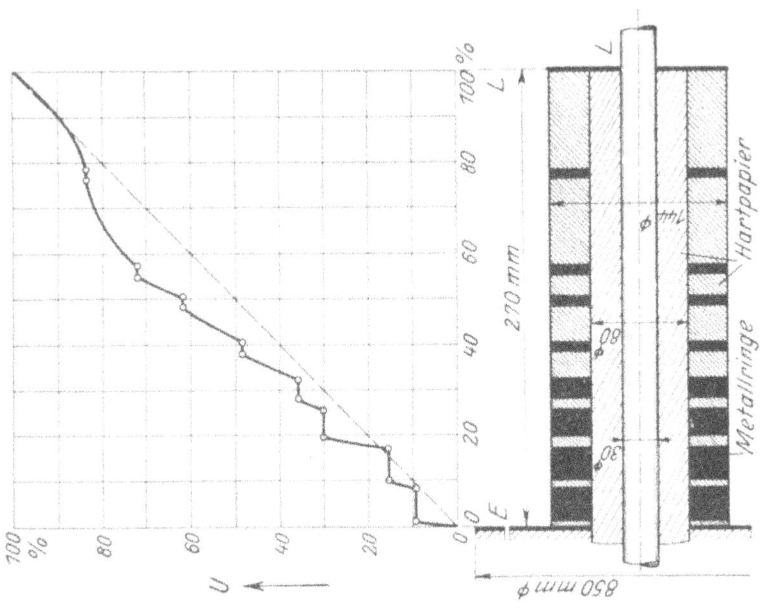

Abb. 309. Spannungsverteilung an einer Durchführung mit eingebetteten Metallringen.

Abb. 308. Spannungsverteilung an einer Durchführung mit eingebetteten Metallringen.

Die Messungen haben die Richtigkeit der Rechnung bestätigt. In Abb. 308 und 309 sind die Meßergebnisse an zwei Durchführungen dieser Art dargestellt.

Man sieht, daß tatsächlich mit Hilfe einer derartigen Kondensatorkette die Spannungsverteilung auf Durchführungen wesentlich verbessert werden kann; zugleich aber erkennt man auch, daß auf die ersten Scheiben fast 10 % der gesamten Spannung entfallen. Für eine Prüfspannung von 300 kV sind das 30 kV; da die Scheiben etwa 3 mm dick sind, ist die Beanspruchung des Isoliermaterials auf Durchschlag etwa 100 kV·cm^{-1}. Dabei aber wäre erwünscht, daß die Scheiben noch dünner wären, wodurch die Beanspruchung noch größer wird.

Durch die Metallzwischenlagen, die eine ziemliche Höhe einnehmen, wird ein großer Teil der Durchführung kurzgeschlossen; will man eine gewisse Beanspruchung auf Überschlag einhalten, dann muß die Durchführung länger gemacht werden als sie bei linearer Spannungsverteilung wäre. Wir sehen also, die Durchführungen dieser Art werden nicht nur ganz wesentlich dicker, sondern auch länger wie die Nagelsche Kondensatordurchführung, und dabei ist die radiale Spannungsverteilung sehr schlecht, die höchste Beanspruchung auf Durchschlag also wesentlich größer als bei der Nagelklemme.

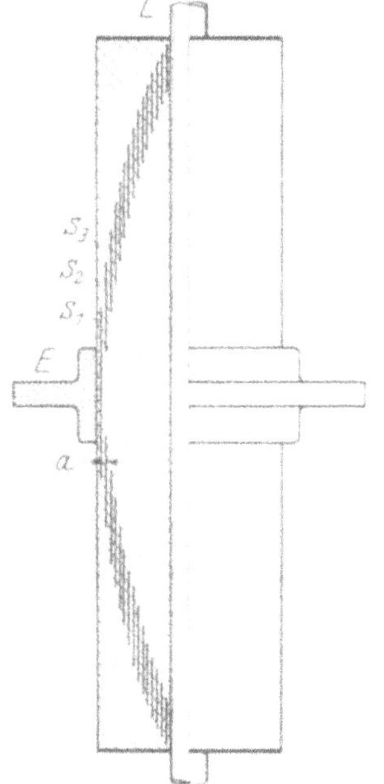

Abb. 310. Kondensatordurchführung nach Schwaiger.

Es ist aber nicht zu leugnen, daß auch die Nagelklemme noch nicht das Ideal einer Durchführung darstellt; denn erstens ist es, um es nochmals zu wiederholen, prinzipiell unmöglich, bei ein und derselben Durchführung eine gleichmäßige Beanspruchung auf Durchschlag und Überschlag zu erreichen. Außerdem ist das Einlegen der großen Einlagen fabrikatorisch unbequem. Endlich aber wird die ganze Durchführung durch die großen Einlagen etwas verschlechtert hinsichtlich der Beanspruchung auf Durchschlag; denn durch die langen Stanniolzylinder werden schwache Stellen des Isoliermaterials, die vielleicht in ganz verschiedenen Höhenschichten liegen und sonst ganz ungefährlich wären, hintereinandergeschaltet und dadurch die Gefahr des Durchschlages vergrößert. Es muß deshalb, um solche Erscheinungen zu vermeiden, bei der Anfertigung die größte Sorgfalt angewendet werden.

Zum Schluß soll noch eine Durchführung erwähnt werden, die der Verfasser angegeben hat und die die genannten Nachteile nicht besitzt. Sie ist insofern interessant, als hierbei gleichzeitig eine gleichmäßige Spannungsverteilung sowohl in radialer als auch in axialer Richtung erreicht werden kann. Abb. 310 zeigt einen Isolator, der wie die Nagelklemme aus Papier gewickelt ist. S_1, S_2, S_3 sind Einlagen, die miteinander und mit der Leitung L konaxiale Zylinder bilden.

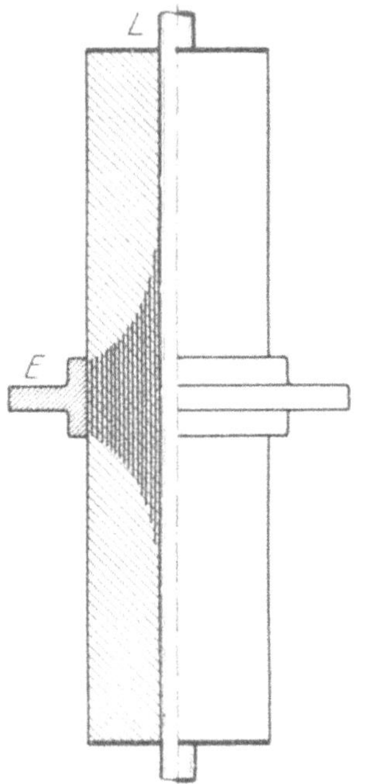

Abb. 311. Kondensatordurchführung für gleichmäßige Durchschlagbeanspruchung an der Fassung.

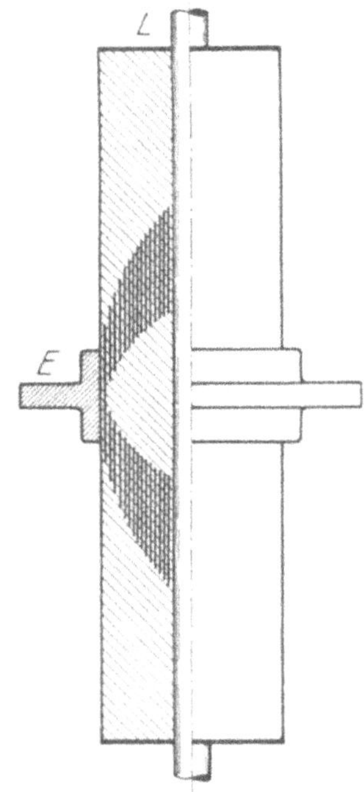

Abb. 312. Kondensatordurchführung nach Schwaiger.

Durch diese Einlagen soll eine gleichmäßige axiale Spannungsverteilung erreicht werden. Wie man sieht, stellt diese Anordnung eine Kondensatorkette dar; denn jede Einlage hat Kapazität gegen ihre Nachbareinlage und gegen die gemeinsame Leitungselektrode. Es gilt also auch für diese Anordnung das auf theoretischem Wege gefundene Resultat. Die Bedingungen für eine gleichmäßige Spannungsverteilung lassen sich aber hier sehr leicht erfüllen. Die Kapazitäten C nehmen ja soz. automatisch an Größe zu, je näher sie an der Fassung liegen; denn ihr Durchmesser wächst von oben nach unten stetig an. Fassen wir sie als Beläge von Plattenkondensatoren auf, was zulässig ist, da ihr Abstand a voneinander klein ist; wir sehen dann, daß die Flächen dieser Platten wegen des wachsenden Durchmessers der Beläge gegen die Erdelektrode hin zunehmen.

Aber auch die Kapazitäten k erfüllen die gestellte Bedingung; sie werden immer kleiner, je näher der Belag an der Fassung liegt, weil die Isolations-Schichtdicke zwischen den einzelnen Belägen und der Leitungselektrode immer größer wird. Dies sehen wir deutlich aus der Kurve der Einheitskapazitäten für Zylinder.

Abb. 311 und 312 zeigen zwei Durchführungen, bei denen die Einlagen für eine gleichmäßige radiale Spannungsverteilung sorgen. Bei der einen Durchführung sind Einlagen wie bei der Nagelklemme angewendet; nur ist die Höhe der ersten Einlage kleiner gemacht als die Höhe der Durchführung. Bei der anderen Durchführung bilden die Einlagen wieder Kondensatorketten; die Kapazitäten dieser Kette können auch hier so abgestuft werden, daß sich eine gleichmäßige Spannungsverteilung auf die Einlagen und damit auf die einzelnen Schichten in radialer Richtung einstellt.

Diese Bilder können wir aufeinanderlegen und erhalten so Durchführungen mit radial und axial gleichmäßiger Spannungsverteilung. (D.R.P. a.) Die Schichten und Höhenlagen, in denen sich keine Einlagen befinden, sind von Haus aus nicht überbeansprucht; im großen und ganzen wird sich aber auch hier eine Vergleichmäßigung der Spannungsverteilung ergeben. Man kann diesen Erfindungsgedanken noch in mancher Form auswerten und auch auf andere Isolatoren ausdehnen; hierauf soll aber nicht eingegangen werden. Als Nachteil dieser Anordnung mag genannt werden, daß jetzt im Isoliermaterial dreimal soviele Ränder von Belägen vorhanden sind wie bei der Nagelklemme. Wenn man aber die Zahl der Einlagen genügend groß macht, kann man die Beanspruchungen an den Rändern klein genug halten.

Abb. 313. SSW-Kondensatordurchführung für 200 kV Betriebsspannung.

Es ist kein Zweifel, daß die Kondensatordurchführungen die ideale Lösung des Durchführungsproblemes darstellen. Wir können nunmehr genau angeben, welches die kleinsten

Dimensionen einer Durchführung sind, wenn uns die zulässigen Beanspruchungen auf Durch- und Überschlag vorgeschrieben sind. Wählen wir beispielsweise $\mathfrak{E}_d$ zu 50 kV·cm^{-1} und $\mathfrak{E}_ü$ zu 5 kV·cm^{-1}, so muß die radiale Schicht der Durchführung für eine Prüfspannung von 500 kV eine Dicke von 10 cm erhalten und die freie axiale Länge muß nach beiden Seiten hin 100 cm sein. Hierzu kommen noch die Abmessungen der Armatur. Wir wissen, daß die Höhe der Fassung bei der Nagelklemme nicht beliebig ist; sie hat bei dem früher berechneten Beispiel etwa 20% der Länge ausgemacht. Bei der vom Verfasser angegebenen Durchführung kann man die Länge der Fassung beliebig machen; man kann sich also lediglich auf die konstruktiven Erfordernisse beschränken.

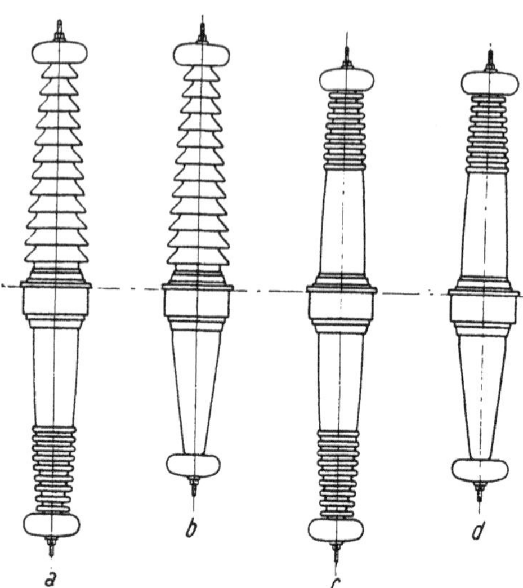

Abb. 314. Normale Typen von Kondensatordurchführungen der SSW.

Wir sehen also, daß hinsichtlich der Durchführungen nichts im Wege stünde, die Übertragungsspannungen auf 200 kV zu erhöhen. Abb. 313 zeigt eine nach dem Nagelprinzip gebaute Durchführung für 200 kV; ihre Dimensionen sind allerdings etwas größer gewählt als hier berechnet wurde.

Bei der Verwendung dieser Isolatoren für Freiluftstationen müssen über die Papierwalze noch Porzellanzylinder mit entsprechenden Regendächern gestülpt werden (Abb. 314).

41. Freileitungsisolatoren.

Stützenisolatoren. Die Entwicklung der Freileitungsstützenisolatoren nimmt ihren Ausgang vom Telegraphenisolator, wie er heute noch in der Schwachstromtechnik ganz allgemein und in der Starkstromtechnik bei Niederspannungsanlagen Verwendung findet. Bei der Formgebung dieser Isolatoren waren zwei Gesichtspunkte maßgebend, auf die wir hier etwas näher eingehen müssen.

Als Material für die Freileitungsisolatoren kommt in Deutschland in erster Linie Porzellan in Frage. Dieses Material besitzt aber als Baustoff keine besonders guten Eigenschaften. Seine Biegefestigkeit, Torsionsfestigkeit und Scherfestigkeit liegen bei etwa 500 kg/cm^2, die

Zugfestigkeit ist gar nur ca. 250 kg/cm², dagegen ist die Druckfestigkeit etwa 5000 kg/cm². Bei der Konstruktion der Porzellanisolatoren hat man deshalb von Anfang an die Forderung gestellt, das Porzellan dürfe nur auf Druck beansprucht werden. Bei Freileitungen hat der Isolator den Leitungszug aufzunehmen, und zwar wird dieser Zug durch die in die Halsrille eingelegte Leitung auf den Isolator übertragen. Soll dieser Leitungszug für den Isolator in eine Druckbeanspruchung umgewandelt werden, dann muß die Halsrille tiefer liegen als das Ende der in das Gewindeloch eingehanften Eisenstütze, wie Abb. 315 zeigt. Konstruktiv ist dies natürlich leicht zu machen. Auch in elektrischer Hinsicht erwächst dadurch den Telegraphen- und Niederspannungsisolatoren kein besonderer Nachteil; denn die elektrische Beanspruchung dieser Isolatoren auf Durch- und Überschlag ist bei diesen Verwendungszwecken an sich außerordentlich gering. Anders aber liegt der Fall, wenn wir den Telegraphenisolator als Hochspannungsisolator verwenden wollen, wie dies ursprünglich beabsichtigt und versucht wurde. Durch dieses Konstruktionsprinzip wird der Isolator nämlich hinsichtlich seiner Beanspruchung auf Durch- und Überschlag zur Durchführung, und zwar stellt er, wie sich leicht einsehen läßt, das Spiegelbild einer schlechten Transformatordurchführung dar. Bei der Transformatordurchführung ist die nicht geerdete, mit der Leitung verbundene Elektrode (zylindrischer Stab) in das Isoliermaterial eingebettet, die geerdete Elektrode (Transformatordeckel) liegt frei und umschlingt die eingebettete Elektrode; beim Freileitungsisolator ist die geerdete Elektrode (Stütze) in das Isoliermaterial eingebettet, die mit der Leitung verbundene Elektrode (Bund in der Bundrille) dagegen liegt frei und umschlingt die eingebettete Stütze. Daß der Freileitungsisolator in axialer Richtung bezogen auf die Halsrille nicht symmetrisch ist, ist nebensächlich.

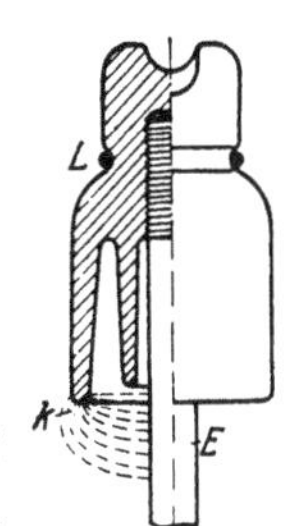

Abb. 315. Telegraphenisolator.

Als neu kommt bei diesen Isolatoren aber hinzu, daß sie auch unter Regen und Nebel isolieren müssen.

Nun gehören die Durchführungen jeder Art, z. B. auch die Kabelendverschlüsse, die Wicklungsköpfe von Maschinen usw. zu den Anordnungen in der Hochspannungstechnik, die hinsichtlich der Beanspruchung auf Durch- und Überschlag am ungünstigsten sind. Wir kommen also zum Ergebnis, daß das mit Rücksicht auf die mechanischen Eigenschaften des Porzellans gewählte Konstruktionsprinzip für Freileitungen in elektrischer Hinsicht sehr ungünstig ist, oder anders ausgesprochen, das Porzellan eignet sich nicht als Baustoff für Freileitungsisolatoren; aber in Ermangelung eines anderen besseren Materials sind wir eben darauf angewiesen. Es ist übrigens interessant, daß schon mehrfach versucht worden ist, andere Materialien für Freileitungsisolatoren zu verwenden, und zwar solche, die im Gegensatz zu Porzellan hohe Biege- und Zugfestigkeit besitzen. Dabei hat man aber immer blind an der bisherigen Form der Freileitungsisolatoren festgehalten und übersehen, die guten mechanischen Eigenschaften des neuen Materials für eine günstige elektrische Konstruktionsform auszunützen. Die Tatsache, daß man die prinzipiellen Nachteile der bisherigen Konstruktion der Freileitungsisolatoren in elektrischer Hinsicht nicht erkannt hat, mag auch ein Grund dafür sein, daß man an der gewohnten Form dieser Isolatoren bis heute so zäh festgehalten hat.

Als zweiter Gesichtspunkt, der für die Form der Telegraphenisolatoren maßgebend ist, ist die *Oberflächenisolation* zu nennen. Man stellt in der Schwachstromtechnik die Forderung, daß die Ableitung möglichst gering, der Oberflächenwiderstand also möglichst groß sein soll. Diese Forderung hat zur Ausbildung der bekannten Doppelglocken (Abb. 315) geführt. Durch die äußere Glocke, die als Mantel oder Schirm wirkt, wird die innere Glocke bei Regen vor Benetzung geschützt, die innere Glocke übernimmt bei Regen die Isolation.

Bei der Konstruktion der Hochspannungsisolatoren hat man nun geglaubt, daß die Forderung auf eine gute Oberflächenisolation in noch stärkerem Maße zu erheben sei, und diese Ansicht hat zur Konstruktion der bekannten *Ölisolatoren* geführt, auf die hier aber nicht näher eingegangen werden soll. Jedenfalls haben diese Isolatoren sich im Betrieb nicht bewährt. Man ist wieder zu den Telegraphenisolatoren zurückgekehrt und hat zunächst deren Dimensionen wesentlich vergrößert, um sie für Hochspannung brauchbar zu machen.

Bei der Verwendung der vergrößerten Telegraphenisolatoren machte man im Laufe der Zeit aber die Erfahrung, daß bei *Regen* ein Überschlag von der Unterkante k der äußeren Glocke direkt nach der Stütze E erfolgt. Das war eine ganz *neuartige* Erscheinung. Bei Regen wird, wie erwähnt, der Mantel der äußeren Glocke benetzt. Man hat sich also vorzustellen, daß die ganze äußere Oberfläche des Isolators bis zur Kante k Leitungspotential hat. Nun sollte doch nach der damaligen Meinung die innere Glocke die Isolation übernehmen; entgegen dieser Annahme erfolgte aber der *direkte Stromübergang* von der Kante k nach der Stütze E; die innere trockene Glocke war dadurch für die Isolierung vollständig *ausgeschaltet* und *wirkungslos*. Damals erkannte man zum erstenmal, daß bei Hochspannung weniger der Oberflächenwiderstand als vielmehr das *elektrische Feld* für die Entladungsvorgänge auf den Isolatoren bestimmend ist.

Es ist nun sehr interessant, wie man sich damals das Zustandekommen des Überschlags von der Kante k nach der Stütze hin vorstellte. Man hat beobachtet, daß die an der Kante k ablaufenden Wassertropfen gegen die Stütze E hinfliegen und hat geglaubt, daß dadurch der Überschlag eingeleitet wird. Soll die Überschlagsspannung hinaufgesetzt werden, dann muß, so hat man damals gefolgert, dafür gesorgt werden, daß die abfallenden Wassertropfen nach außen geschleudert werden. Es wurden deshalb die Kräfte näher studiert, die die Bahn der Wassertropfen bestimmen, und es ergab sich folgendes: Die abfallenden Wassertropfen unterliegen zunächst der Schwerkraft, die sie lotrecht nach abwärts zieht, dann aber auch der Kraft, die vom elektrischen Feld in der Umgebung der Kante k ausgeübt wird. Die Kraft des elektrischen Feldes sucht die Tropfen längs der Kraftlinienbahnen zu bewegen, diese sind aber, wie Abb. 315 zeigt, von der Kante k nach der Stütze E zu gerichtet. Die Bahnen, die wirklich zustandekommen, werden durch die Resultierenden dieser beiden Kräfte bestimmt. Sollen nun die Tropfen nach außen geschleudert werden, dann muß die Kante k in ein solches elektrisches Feld gebracht werden, wo die Kraftlinien nach außen, also von der Stütze weg, verlaufen. Diese Forderung hat zur .möglichst großen Ausladung der Mäntel geführt. So entstand der berühmte Deltaisolator der Porzellanfabrik Hermsdorf (1897), so genannt nach den ein Δ bildenden Mänteln.

Man kann durch einen Versuch nachweisen, daß die niedrige Überschlagspannung des nassen Isolators nur zum geringsten Teil durch die Wirkung der fallenden Tropfen allein bedingt ist. Belegen wir nämlich den äußeren Mantel eines Telegraphenisolators bis zur Kante k mit Stanniol und steigern wir die Spannung zwischen Leitung L und Stütze E, dann erfolgt der Überschlag ebenfalls an der Kante k, und zwar bei annähernd der gleichen Spannung wie unter Regen. Daraus können wir schließen, daß die Wirkung der fallenden Tropfen nicht den überragenden Einfluß auf die Überschlagspannung hat, wie man vielfach meint. Man kann bei den Entladungen unter Regen auch beobachten, daß der Überschlagfunke nicht der Bahn der fallenden Tropfen folgt, sondern direkt von der Kante k zur Stütze E geht auf dem Weg der kürzesten Kraftlinie.

Wir stellen jetzt die Frage, was zu tun sei, um die Überschlagspannung zwischen Leitung L und Stütze E bei nassem Isolator zu erhöhen. Da stehen uns zwei Wege offen. Der erste Weg ergibt sich von selbst. Die Kante im Verein mit der Stütze stellt die Anordnung dar: Kreisring mit konaxialem Stab. Die Überschlagspannung dieser Anordnung können wir näherungsweise berechnen. Wir finden, daß die Überschlagspannung um so höher wird, je größer bei sonst gleichen Verhältnissen der Durchmesser des Kreisringes wird. Um die Überschlagspannung heraufzusetzen, müssen wir also den Mantel weit ausladen lassen. Damit kommen wir zur gleichen Forderung, wie sie unter Zugrundelegung der Wassertropfentheorie gestellt wurde. Wir erkennen aber sofort, daß wir mit diesem Mittel allein nicht sehr weit kommen; denn die Überschlagspannung wächst nicht proportional mit zunehmender Ausladung an, sondern viel langsamer.

Der zweite Weg, der viel wirksamer ist, ist folgender. Wir sorgen dafür, daß bei Regen nicht die ganze zwischen Leitung L und Stütze E vorhandene Spannung auf die Luftstrecke zwischen der Kante k und der Stütze herrscht, sondern nur ein kleiner Teil derselben. Neh-

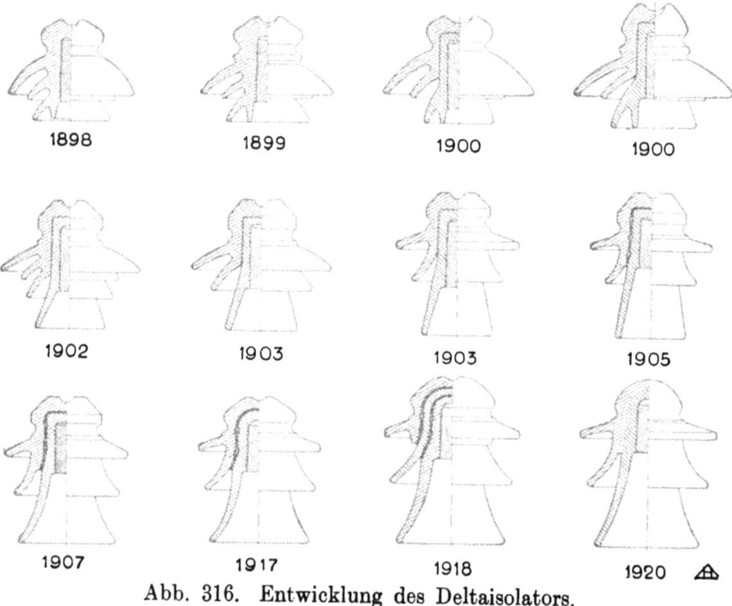

Abb. 316. Entwicklung des Deltaisolators.

men wir an, der Überschlag zwischen der Kante k und der Stütze E erfolge bei 7 kV. Dies ist beim Telegraphenisolator im nassen Zustand zugleich auch die Spannung zwischen Leitung L und Stütze E. Sorgen wir aber dafür, daß zwischen k und E beim nassen Isolator beispielsweise nur $^1/_5$ der gesamten Spannung herrscht, dann brauchen wir zum Überschlag eine Spannung von $5 \cdot 7 = 35$ kV. Erreichen läßt sich dies dadurch, daß man einen Teil der Oberfläche des äußeren Mantels beim Regen trocken hält, indem man kurz unterhalb der Halsrille ein größeres Regendach aus Porzellan oder Blech anordnet, wodurch die darunter liegenden Teile der Oberfläche vor Benetzung geschützt werden. Jetzt wird also nicht mehr die ganze Oberfläche des Isolators durch die Benetzung bei Regen kurzgeschlossen.

Abb. 316 zeigt eine Zusammenstellung der Entwicklungsformen des Deltaisolators der Porzellanfabrik Hermsdorf vom Jahre 1898—1920. Diese Zusammenstellung ist außerordentlich interessant. Wir sehen, daß bei den ersten Modellen die rein zylindrische Form des innersten Mantels beibehalten ist. Die mehrfach erwähnte Kante ist aber durch ein besonderes kleines Dach vor Regen geschützt. Die anderen Mäntel, an denen die Regentropfen ablaufen, laden entsprechend der Vorstellung über die Wirkungsweise der Tropfen sehr weit aus. Wir wissen, daß die Hauptwirkung dieser Mäntel aber die Schaffung eines trockenen Raumes ist. Vom Modell 1902 an werden die Formen wesentlich einfacher. Der innerste Mantel ist nicht mehr zylindrisch, sondern ladet weit aus, die Zahl der oberen Mäntel ist verringert, auch der Durchmesser dieser Mäntel wird wesentlich kleiner. Dies ist eine Bestätigung unserer Anschauung, daß der Einfluß der Bahnen der Wassertropfen nicht von sehr großer Bedeutung ist. Denn durch die kleineren Dächer, die bis zum Modell 1920 beibehalten sind, werden die Bahnen der Regentropfen wieder mehr an die Stützen herangezogen; dies kann man bei einigen Typen, besonders an den mittleren Mänteln, sehr schön beobachten. Trotzdem bleibt aber die Überschlagspannung gut, weil eben genügend große trockene Flächen vorhanden sind, die den größten Teil der Spannung aufnehmen.

Ähnliche Wirkungen weist auch der sog. Kammerisolator der Porzellanfabrik Rosenthal auf, der einige Zeit nach dem Deltaisolator erfunden wurde. (Abb. 322 Seite 377.)

Hinsichtlich der Ausführungsformen sind noch kurze Bemerkungen nötig.

Vom Modell 1900 ab sind die Isolatoren zweiteilig, später sogar dreiteilig ausgeführt. Mit zunehmender Steigerung der Spannung müssen natürlich die Scherben dicker werden, damit der Isolator der Beanspruchung auf Durchschlag standhält. Nun hat sich aber gezeigt, daß dicke Porzellanscherben nicht mehr so gleichmäßig gebrannt werden können wie dünne Scherben, die Durchschlagfestigkeit dicker Scherben ist deshalb geringer als die dünner Scherben. Man hat sich deshalb entschlossen, die Isolatoren aus mehreren Einzelteilen herzustellen und diese dann zusammenzukitten. So sind die mehrteiligen Isolatoren entstanden.

Damit ist aber eine neue Schwierigkeit hereingekommen, die Kittfrage. Es hat sich nämlich gezeigt, daß viele Isolatoren nach einer Reihe von Jahren Risse erhalten, wodurch schwere Betriebsstörungen verursacht wurden. Es wurde gefunden, daß die Risse durch den als Kitt verwendeten Zement verursacht werden. Diese Frage ist in der Literatur so viel erörtert worden, daß hier nicht näher darauf eingegangen zu werden braucht. Es sei nur folgendes erwähnt. Bei der früher üblichen Form der Isolatorteile mit fast zylindrischer Seitenbegrenzung der Kittflächen tritt die schädliche Wirkung des Zements besonders verheerend in Erscheinung. Man hat deshalb diese Formen verlassen und, wie das Modell 1917 zeigt, eine halbkugelige Ausbildung der Isolatorteile gewählt, die natürlich auch elektrisch günstiger ist wie die scharfen Kanten der zylindrischen Formen. Soviel über die äußeren Formen der Deltaisolatoren.

Wir wollen jetzt diese Isolatoren vom Standpunkt der elektrischen Festigkeitslehre aus betrachten. Was zunächst die Beanspruchung auf Durchschlag betrifft, so ist leicht zu erkennen, daß hier hauptsächlich der Kopf des Isolators in Betracht kommt. Der Draht in der Bundrille stellt im Verein mit der Stütze die Anordnung „Kreisring mit konaxialem Zylinder" dar. Wird der Isolator beregnet, so daß der ganze Kopf leitend wird, dann wird auch der Kopf des Isolators auf Durchschlag beansprucht, und zwar stellt beispielsweise beim Modell 1920 der Isolator die Anordnung „zwei konzentrische Kugeln" dar. Diese Beanspruchungen sind leicht zu berechnen, so daß hier nicht näher darauf eingegangen zu werden braucht. Die Nachrechnung des Verfassers hat ergeben, daß die Beanspruchung auf Durchschlag bei der Betriebsspannung ungefähr 7 bis 12 kV · cm^{-1} beträgt, wobei die unteren Werte für die kleinen Typen gelten.

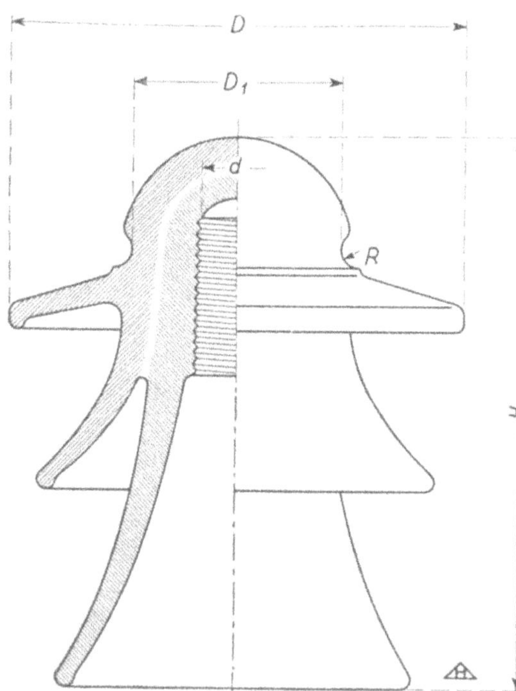

Abb. 317. Normaler Deltaisolator.

Schwerer ist die Frage hinsichtlich der Beanspruchung auf Überschlag zu beantworten. Wir stellen zunächst die Frage so: Welche Dimensionen muß man bei den Deltaisolatoren ändern, um eine Typenreihe für hohe Spannungen zu erhalten?

Abb. 317 zeigt einen normalen Deltaisolator und in der Tabelle J sind die wichtigsten Maße sowie die Spannungen der genormten Typenreihe angegeben. Wir wollen für unsere Betrachtungen die sog. Kartellspannungen heranziehen. Ein flüchtiger Überblick lehrt uns, daß in der Hauptsache die Höhe H und der Durchmesser D vergrößert worden sind. Der Verfasser hat gefunden, daß durch diese Maßnahme hauptsächlich erreicht ist, daß der sog. Überschlagsweg λ_S von der Unterkante des obersten Daches über die Unterkante des untersten Mantels bis zur Stütze linear mit der Spannung wächst nach der einfachen Gleichung

$$\lambda_S = 4 + 0{,}5\, U_K \,(\mathrm{cm}). \tag{34}$$

Außerdem nimmt auch der Abstand λ_R der Unterkante k von der Stütze nach einer linearen Funktion mit der Spannung zu, und zwar hat der Verfasser die Gleichung gefunden

$$\lambda_R = 2{,}2 + 0{,}15\, U_K \,(\mathrm{cm}). \tag{35}$$

(In den beiden Gleichungen bedeutet U_K die Kartellspannung).

Ist es nun möglich, durch lineare Vergrößerung dieser Entfernungen eine Typenreihe herzustellen? Diese Frage muß verneint werden; denn die Entladespannungen nehmen nicht porportional mit diesen Längen zu, sondern wesentlich langsamer; dies kann man beispielsweise für λ_R leicht nachrechnen, wenn man die benetzte Kante k als Kreisring auffaßt; man hat dann auch hier die Anordnung „Kreisring mit konaxialem Zylinder“ (Stütze). Die Rechnung ergibt, daß die zu einer Entladung zwischen beiden Elektroden notwendige Spannung von einer gewissen Schlagweite an fast gar nicht mehr mit Vergrößerung der Schlagweite wächst. Damit ist auch bewiesen, daß die Entladespannung von der Unterkante des obersten Daches bis zur Stütze nicht linear mit λ_S wachsen kann. Aus der von der Praxis getroffenen Wahl dieser linearen Funktionen für λ_S und λ_R kann man schließen, daß hauptsächlich diese Dimensionen als maßgebend für die Bildung der Typenreihe betrachtet worden ist; wir haben aber gesehen, daß dies nicht der Fall ist. Hier liegt offenbar ein Irrtum vor.

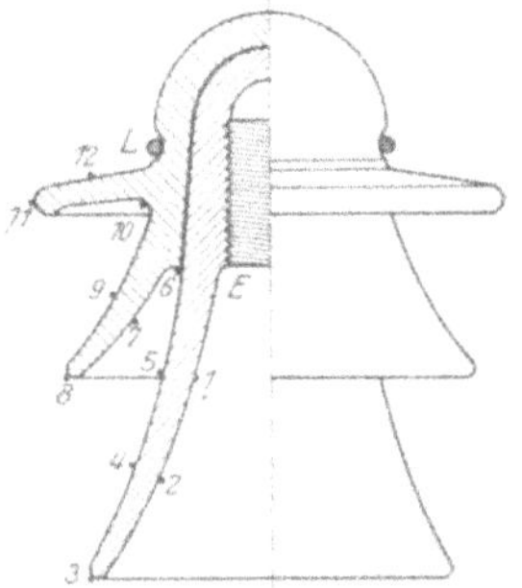

Abb. 318. Deltaisolator.

Um die Frage beantworten zu können, welche Dimension vergrößert werden muß, um die Überschlagspannung zu steigern, müssen wir die Spannungsverteilung auf diesen Isolatoren näher betrachten. In Abb. 318 ist ein Deltaisolator der Porzellanfabrik Ph. Rosenthal dargestellt. Abb. 319 zeigt die Spannungsverteilung auf der Oberfläche dieses Isolators unter verschiedenen Bedingungen; Kurve a gilt für den trockenen Isolator; die Stütze hatte einen Durchmesser von 30 mm;

bei Anwendung eines Stützendurchmessers von 44 mm ergab sich die Kurve *c*. Wird der Isolator senkrecht beregnet, so wird das oberste Dach auf seiner oberen Fläche mit einer leitenden Schicht bedeckt und es ergibt sich eine Spannungsverteilung nach Kurve *b*. Wir suchen nun aus diesen Kurven diejenigen Stellen heraus, die die zwischen *L* und *E* herrschende Spannung wirklich aufnehmen. Legen wir durch den Punkt 11 eine Gerade unter dem Winkel von 45 Grad gegen die Isolatorachse, so schneidet diese die Mäntel in den Punkten 9, 7 und 1. Wir sehen, daß alle Flächen des Isolators, die oberhalb einer Fläche liegen, deren Erzeugende diese Gerade ist, die die Spannung tragenden Flächen sind. Die Länge λ_A von Punkt 11 bis Punkt 1 können wir als Maß für die Länge jener Erzeugenden betrachten, welche die betrachtete Oberfläche bildet. Damit ist sie auch ein Maß für die fiktive Länge des Teiles des Isolators, welcher die Spannung trägt. Soll nun die Beanspruchung auf Überschlag bei einer Typenreihe konstant sein, d. h. soll die Anfangsspannung proportional mit der Größe des Isolators wachsen, dann muß auch die fiktive Länge λ_A linear mit der Größe des Isolators zunehmen. Die Nachmessung an einer großen Reihe ausgeführter Isolatoren hat ergeben, daß λ_A das Gesetz befolgt

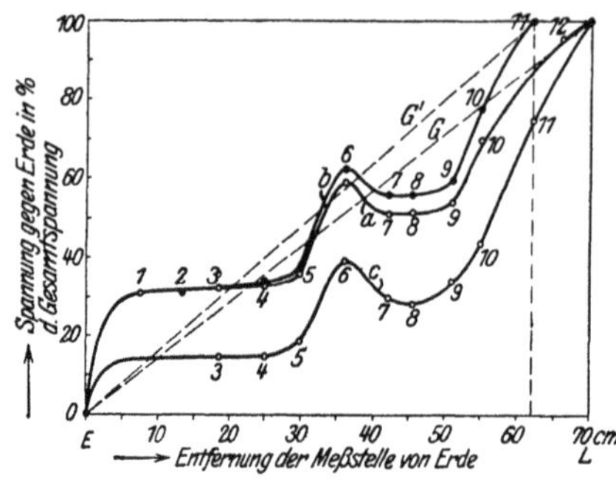

Abb. 319. Spannungsverteilung an einem Deltaisolator.

$$\lambda_A = 1 + 0{,}25\, U_K \text{ (cm)},$$

d. h. bei höheren Werten von U_K nimmt die fiktive Länge λ_A angenähert proportional mit der Kartellspannung zu. Will man die wirkliche Beanspruchung auf Überschlag bei der Kartellspannung unter Zugrundelegung ausgeführter Isolatoren berechnen, so muß man die Strecke von 6 bis 7 (Abb. 319) von der Länge der Erzeugenden abziehen und findet dann eine mittlere Beanspruchung von etwa 2,7 kV$\cdot$cm^{-1} auf Überschlag, ein Wert, der mit den Ergebnissen unserer Untersuchungen über die Überschlagfestigkeit gut übereinstimmt, wenn man bedenkt, daß der Sicherheitsfaktor etwas größer als 100% sein soll.

Den Wert λ_A dürfen wir also wohl als die charakteristische Länge der Deltaisolatoren betrachten.

Wir wollen nunmehr die Kurven für die Spannungsverteilung an Freileitungsstützenisolatoren näher betrachten. Zunächst ist zu wiederholen, was wir oben bereits festgestellt haben, nämlich daß nur ein ganz geringer Teil der Oberfläche zur Isolation beiträgt. Man ist deshalb im ersten Augenblick geneigt, die Ausnützung des Isolators als schlecht zu bezeichnen. Aus unseren Betrachtungen über den unvollständigen Überschlag wissen wir aber, daß die horizontal verlaufenden Teile der Kurve zwar elektrisch scheinbar tot, für den Vorgang der Entladung aber sehr wichtig sind, weil sie stromdrosselnd wirken. Natürlich ist auch hier zu betonen, daß eine geradlinige Spannungsverteilung das Ideal wäre. Freilich, ob sich die geradlinige Spannungsverteilung sowohl für den trockenen als auch für den nassen Isolator erreichen läßt, ist eine andere Frage.

Sehr interessant ist der Einfluß des Stützendurchmessers. Je dicker die Stütze ist, um so tiefer wird die Kurve der Spannungsverteilung nach abwärts gezogen, um so ungleichmäßiger wird die Spannungsverteilung. Diese Tatsache ist uns von den Durchführungen her bereits bekannt; es sei hier an die Kurven von Abb. 150 und an das dort Gesagte erinnert. In der ersten Zeit der Anwendung hoher Spannungen hat man die Stützen nicht aus Eisen, sondern aus Holz gemacht und man hat mit kleineren Isolatormodellen relativ hohe Spannungen isolieren können. Leider konnte man das Holz aus anderen Gründen nicht beibehalten; bei Überschlägen fing gelegentlich die Holzstütze Feuer und verbrannte. In Amerika wurde es als Fortschritt bezeichnet, als man zu den Eisenstützen überging; vom elektrischen Standpunkt aus betrachtet, jedoch muß die Eisenstütze als Nachteil bezeichnet werden. Es ist geradezu erstaunlich, wie hoch die Überschlagspannung bei Verwendung von Isoliermaterial als Stütze steigt.

Beim beregneten Isolator steigt die Spannungskurve in ihrem oberen Teil etwas an; das ist leicht verständlich, die Kapazitäten der Elementarbeläge gegen die Leitung werden größer.

Sehr interessant ist, daß die Spannung zwischen der Tropfkante k und der Stütze nur etwa 10% der gesamten Spannung beträgt. Um diese 10% der Spannung zu isolieren, brauchte man natürlich die Ausladung der unteren Mäntel nicht so groß zu machen.

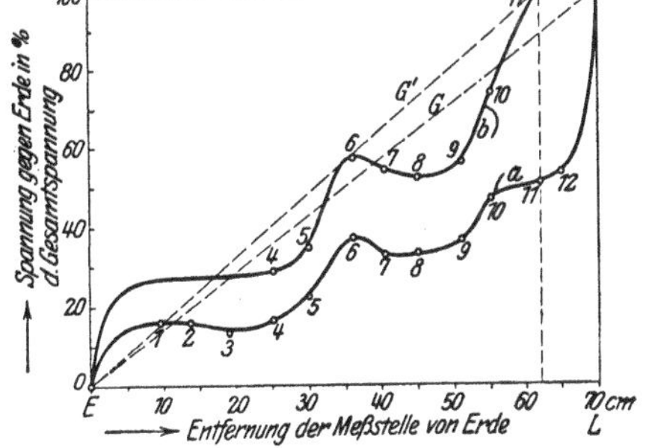

Abb. 320. Spannungsverteilung an einem graphitierten Deltaisolator nach Abb. 318.

Es ist eigentlich verwunderlich, daß beim benetzten Isolator die Form der Kurve für die Spannungsverteilung im wesentlichen nicht geändert wird; es werden lediglich die tragenden Flächen etwas stärker angestrengt. Im großen und ganzen trifft dies sogar zu, wenn der

Regen unter 45 Grad auf den Isolator fällt; der Regen trifft dann eben nur Flächen, die an sich annähernd Äquipotentialflächen sind.

Eine Zeitlang war es üblich, bei mehrteiligen Isolatoren die Kittflächen mit einer leitenden Schicht (Graphit) zu belegen. Abb. 320 zeigt die Spannungsverteilung an einem graphitierten Isolator (gleiches Modell wie Abb. 318). Man sieht, daß im trockenen Zustand (Kurve a) der Spannungsanstieg am Kopf wesentlich schlechter geworden ist. Beim nassen Isolator (Kurve b) ist die Spannungsverteilung im wesentlichen die gleiche wie beim nichtgraphitierten Isolator.

Bei der Einführung der graphitierten Isolatoren hat man vielfach einen wichtigen Punkt außer acht gelassen. Dadurch, daß die gleichen Isolatormodelle verwendet wurden wie bei den nichtgraphitierten Isolatoren, war man an die Größe der Kittflächen gebunden. Nun bilden aber die graphitierten Flächen mit der Leitung L und der Erde E zusammen eine Kondensatorreihe, und die Spannungsverteilung auf die graphitierten Flächen stellt sich nach Maßgabe der Kapazitäten ein. Da nun aber die Leitung einen sehr kleinen Belag darstellt, wird natürlich die auf den äußersten Scherben entfallende Spannung unverhältnismäßig groß; dies sieht man am besten bei den Isolatoren mit drei oder vier Scherben.

Ob ein Isolator graphitiert ist oder nicht, kann man bei der Messung der Spannungsverteilung sofort feststellen, auch wenn man die

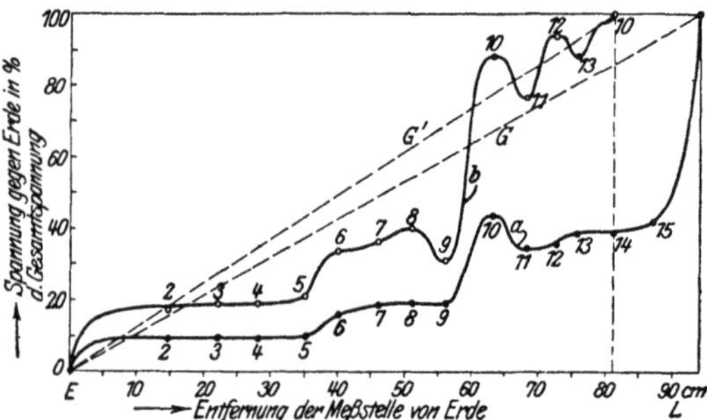

Abb. 321. Spannungsverteilung an einem Kammerisolator nach Abb. 322.

Kurve des nichtgraphitierten Isolators nicht kennt. Man braucht auf den Kopf des Isolators nur eine leitende Fläche zu legen; ist der Isolator graphitiert, dann ändert sich sofort die Spannungsverteilung auf dem äußersten Scherben sehr stark. Es trifft dann auf ihn eine wesentlich kleinere Spannung als vorher, weil die Kapazität des äußeren Scherbens vergrößert wird.

Die Spannungsverteilung des bekannten Kammerisolators der Porzellanfabrik Ph. Rosenthal zeigt Abb. 321; der Kammerisolator selbst ist in Abb. 322 dargestellt. Die Kittflächen sind leitend. Kurve a

gilt für den trockenen Isolator, Kurve b für den beregneten. Infolge der leitenden Kittschicht treffen hier 80% der gesamten Spannung auf den äußersten Scherben. Zwischen Tropfkante und Stütze liegen auch hier nur etwa 20% der gesamten Spannung. Wie man sieht, besitzt dieser Isolator große Flächen, längs welcher die Spannung fast konstant ist; dies erschwert, wie wir wissen, das Ausbilden stromstarker Entladungen (Lichtbogen), sonst müßte die Überschlagspannung wegen der ungleichmäßigen Spannungsverteilung wesentlich niedriger liegen als bei einem entsprechenden Deltaisolator. Sehr stark ändert sich die Spannungsverteilung beim beregneten Isolator. Jetzt trägt die Fläche zwischen 9 und 10 fast die ganze Spannung. Die Kammern kommen jetzt sehr deutlich in der Kurve zum Ausdruck.

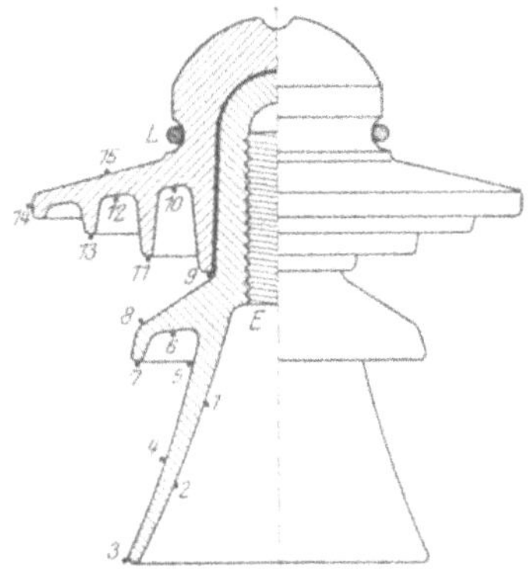

Abb. 322. Kammerisolator.

Außer diesen beiden Vertretern von Hochspannungsisolatoren gibt es noch *ungezählte Formen* von Isolatoren für hohe Spannungen. Es würde aber zu weit führen, sie alle hier besprechen zu wollen; im großen und ganzen beherrscht heute der *Deltaisolator* das Feld. Immerhin taucht doch die Frage auf, wie es kommt, daß man die Formen der Isolatoren so stark variieren darf, ohne sie für den Gebrauch untauglich zu machen. Diese Frage ist leicht beantwortet. Für die Überschlagspannung des *Lichtbogens* spielt auch hier die Form der Kurve der Spannungsverteilung keine große Rolle; denn auch die Teile des Isolators, welche Äquipotentialflächen darstellen, verbessern die Überschlagspannung des Lichtbogens. Dazu kommt noch, daß man im Betrieb nicht darauf sieht, ob auf dem Isolator *Vorentladungen* in Form von Glimmentladungen liegen oder nicht. Es ist eine wohl jedermann bekannte Erscheinung, daß die Hochspannungsisolatoren einer Überlandleitung nach einem kräftigerem Regen etwas „zischen". Da das Porzellan angeblich von diesen leichten Entladungen nicht angegriffen wird, hält man sie für unschädlich. Würde heute die Technik Freileitungsisolatoren verlangen, die auch bei der Prüfung unter Regen mit der vorgeschriebenen Prüfspannung keinerlei Entladungen zeigen dürfen, dann würde auf einmal die Frage der *Spannungsverteilung*, die für den Eintritt der *ersten* Entladungen maßgebend ist, auch für diese Isolatoren von Wichtigkeit werden, und man würde dann plötzlich Isolatoren mit *geradliniger* Spannungsverteilung fordern.

Einen großen Fortschritt in der Entwicklung der Freileitungsisolatoren stellen die *Metalldachisolatoren* dar. In der Erkenntnis, daß das Porzellandach des Isolators nach Benetzung durch den Regen doch leitend wird, hat man dieses Dach durch einen Metallschirm ersetzt. Dadurch wird der Isolator wesentlich einfacher in der Herstellung und der der Beschädigung am meisten ausgesetzte Teil, das zerbrechliche Dach, kommt in Wegfall. Zugleich aber bietet der Metalldachisolator noch einen weiteren Vorteil, eine gleichmäßige Feldverteilung. Hauptsächlich die starke Feldkonzentration durch den Leitungsdraht wird jetzt auf dem Isolator ohne Wirksamkeit. Auch die Entladungserscheinungen an der Bundrille sind nicht mehr wahrzunehmen. Die Überschlagspannung des Isolators wird dadurch etwas hinaufgedrückt. Es ist eigentlich verwunderlich, daß der Metalldachisolator nicht mehr Eingang in die Praxis gefunden hat, trotzdem er etwas besser und sogar etwas billiger als der reine Porzellanisolator ist. Das mag wohl daher rühren, daß man fürchtet, den Isolator vielleicht etwas früher auswechseln zu müsssen, wenn das Metalldach beschädigt wird, was doch immerhin durch die Witterung oder sehr starke Lichtbögen möglich ist. Abb. 323 zeigt einen Metalldachisolator bei Entladungen. Um den Lichtbogen von Porzellan fernzuhalten, ist an der Stütze ein Metallschutzring angeordnet.

Abb. 323. Metalldachisolator bei Entladungen.

Bei der Betrachtung der Durchführungen haben wir die Frage gestellt, welches die Idealform bzw. die Idealkonstruktion einer Durchführung ist. Diese Frage wollen wir auch hier wiederholen. Der Deltaisolator und seine Verwandten stellen die Idealform sicherlich nicht dar; wir wissen, daß diese Isolatoren im Prinzip Durchführungen und als solche ungünstig konstruiert sind. Keine einzige der Erkenntnisse, die wir bei der Betrachtung der verschiedenen Konstruktionsformen der Durchführungen kennen gelernt und als vorteilhaft befunden haben, ist beim Freileitungsisolator angewendet. Es ist freilich die Frage, ob man den Isolator besser machen kann, nachdem an ihn ganz andere Anforderungen gestellt werden als an eine Durchführung. Wir brauchen nur an die große mechanische Beanspruchung (Leitungszug) und an die Benetzung durch Regen zu denken.

Welche Wege stehen nun offen für eine Verbesserung dieses Isolators. Nach Ansicht des Verfassers gibt es zwei Wege. Erstens hat man die Frage zu prüfen, ob der Freileitungsisolator unbedingt als

Durchführung ausgebildet werden muß und ob nicht die wesentlich günstigere Form des Stützers gewählt werden kann, bei dem sich die Elektroden nicht umhüllen. Das ist nur möglich, wenn man zuläßt, daß das Porzellan auf Biegung beansprucht wird. Diesen Schritt haben die Amerikaner tatsächlich getan, ob mit Bewußtsein, ist nicht bekannt. Das Problem, das sich die Konstrukteure bei der Ausbildung der neuen Isolatoren gestellt haben, hat jedenfalls anders gelautet, nämlich so: Es ist ein Isolator zu konstruieren, dessen Oberfläche von den Kraftlinien begrenzt werden soll, die sich zwischen den beiden Elektroden, der Leitung L und der Stütze E ausspannen. Der Isolator sollte also ein Sphondiloid bilden.

Man findet, wie bereits erwähnt wurde, vielfach die Ansicht vertreten, daß sphondiloidische Isolatoren hinsichtlich der Beanspruchung auf Überschlag am günstigsten seien. Diese Ansicht ist aber in dieser allgemeinen Form nicht richtig: am günstigsten ist vielmehr diejenige Form der Oberfläche, bei der sich die zwischen den Elektroden herrschende Spannung gleichmäßig längs der Erzeugenden der Oberfläche verteilt. Dies trifft bei sphondiloidischen Körpern nur im homogenen Feld zu (Minimalflächen). Immerhin aber bedeutet der amerikanische Isolator, der Faradoidisolator genannt wird, um zum Ausdruck zu bringen, daß seine Oberfläche mit (Faradayschen) Kraftlinien zusammenfällt, ohne Zweifel in elektrischer Hinsicht einen wesentlichen Fortschritt. Um es aber nochmals zu betonen, liegt der Fortschritt nicht in der sphondiloidischen Ausgestaltung seiner Oberfläche, sondern vielmehr darin, daß der Isolator zu einem Stützisolator geworden ist.

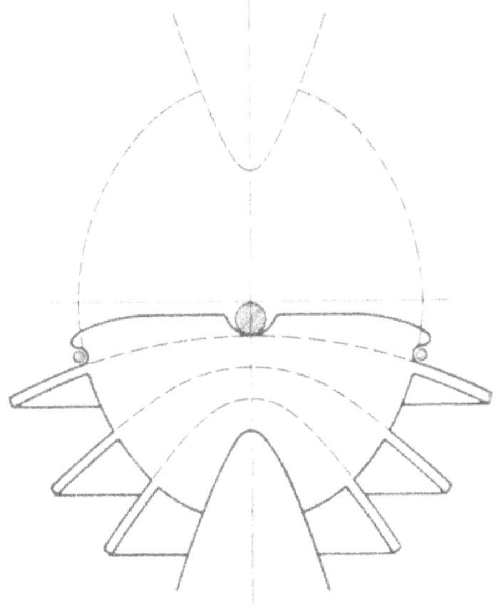

Abb. 324. Faradoid-Isolator.

Wir wenden uns nunmehr zur Beschreibung des Faradoid-Isolators. Ordnet man zwei Rotationshyperboloide aus Metall so an, daß sich ihre Scheitel mit einem gewissen Abstand gegenüberstehen und ihre Achsen zusammenfallen (Abb. 324) und legt man an beide Körper Spannung an, so bildet sich ein elektrisches Feld aus, dessen Kraftlinien auf Rotationsellipsoiden liegen. Die Niveauflächen sind konfokale Hyperboloide; die Niveaufläche, die durch die Mitte des Abstandes geht, artet in eine Ebene aus. Diese Anordnung kann man zur Ausbildung von Freileitungsisolatoren benützen. Die Oberfläche des Porzellankörpers bildet einen Teil eines Rotationsellipsoides, die Regendächer liegen auf Niveauflächen. Abb. 325 zeigt einen nach diesem Prinzip konstruierten vierteiligen Isolator.

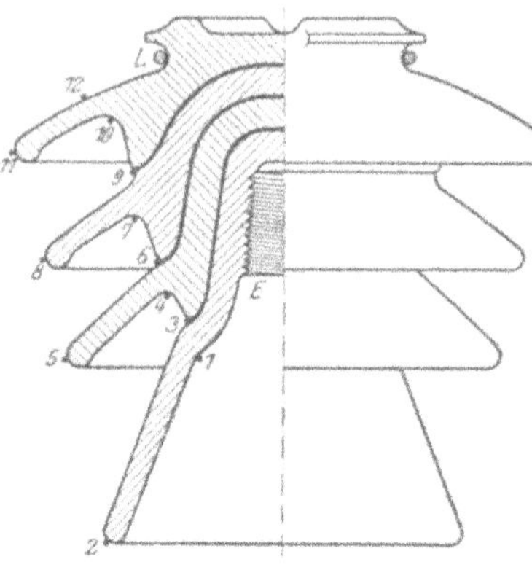

Abb. 325. Weitschirm-Isolator.

Vergleicht man diesen Isolator mit unseren Deltaisolatoren, dann fällt sofort dreierlei auf. Erstens sind beim Faradoidisolator die Teile der Oberfläche, die die Spannung aufnehmen müssen, deutlich ausgeprägt; bei den Deltaisolatoren kann man nicht ohne weiteres angeben, auf welchen Teilen die Spannung liegt. Zweitens ist die allgemeine Form des neuen Isolators gerade die Umkehrung der Deltaform, die Oberfläche bildet kein $\triangle$, sondern ein ∇ (Nabla-Harfe). Will man an den Namen dieser beiden Zeichen für die Isolatoren festhalten, dann müßte man sie konsequenterweise „Nabla“-Isolatoren nennen. Drittens liegt das Stützenloch unterhalb der Halsrille, die Stütze wird nicht mehr von der Leitung umschlungen. Der Isolator ist also keine Durchführung mehr, sondern ein Stützer, und das Porzellan ist auf Biegung beansprucht.

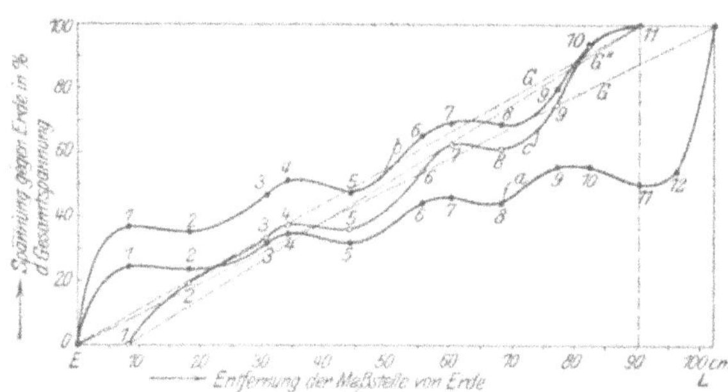

Abb. 326. Spannungsverteilung an einem Weitschirmisolator.

In Deutschland nennt man die nach diesem Prinzip konstruierten Isolatoren „Weitschirmisolatoren“ und die Porzellanfabrik Hermsdorf speziell nennt die nach diesem Prinzip gebaute Type mit drei Mänteln „Trideltaisolatoren“.

Abb. 326 zeigt die Kurven für die Spannungsverteilung, und zwar gilt Kurve *a* für den trockenen Isolator, *b* für den senkrecht beregneten, Kurve *c* endlich gilt für den Fall, daß auch noch das Stück der Oberfläche von E—1 leitend belegt und mit der Stütze E verbunden ist. Man erkennt, daß die Spannungsverteilung dieses Isolators im Vergleich zu den vorher besprochenen Isolatoren wesentlich günstiger ist. Dies erkennt man noch deutlicher, wenn man die Oberflächen der Mäntel auf der Abszissenachse wegläßt und lediglich die Spannungsverteilung zwischen den Stellen E—1; (1—3); 3—4; (4—6); 6—7; (7—9); 9—10; (10—12); 12—L aufträgt. Durch die Spannungsdifferenzen zwischen den in Klammern gesetzten Werten wird das Porzellan auf Durchschlag beansprucht, an den anderen Stellen dagegen auf Überschlag. Die Oberflächen der Mäntel sind zu den eingeklammerten Stellen parallel geschaltet. Man erkennt, daß diese Oberflächen tatsächlich nahezu Niveauflächen sind. Besonders günstig ist die Spannungsverteilung der Kurve c.

Ein anderer Weg zur Verbesserung der Freileitungsisolatoren besteht darin, daß man den Isolator als Durchführung bestehen läßt, auf ihn aber die Erfahrungen und Erkenntnisse, die bei den Durchführungen gewonnen wurden, anwendet. In erster Linie muß also der Durchmesser der Leitungsrille möglichst groß gemacht werden. Sehr interessant ist in dieser Hinsicht das D.R.P. der A.E.G., welches dadurch gekennzeichnet ist, daß die Halsrille in den Rand des obersten Daches eingedreht wird.

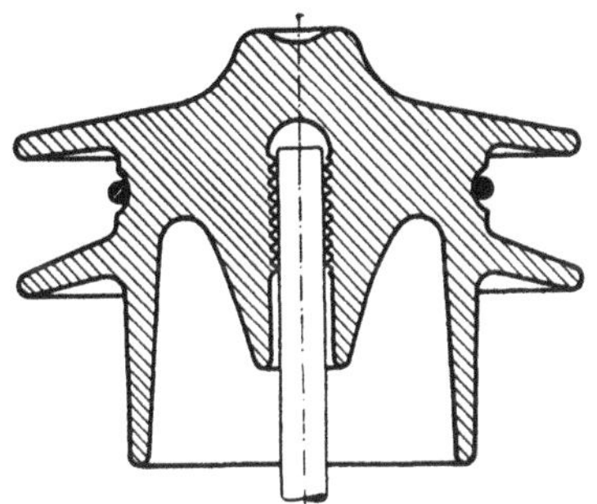

Abb. 327. Scheibenförmiger Stützisolator.

Der Verfasser hat die in Abb. 327 dargestellte Form angegeben. Man sieht, daß man bei konsequenter Verfolgung des Gedankens zu Formen kommt, die soz. gerade das Gegenteil der jetzigen Isolatorform darstellen: denn jetzt wird der Rand des Mantels an die Stütze herangezogen. Der innere Teil des Isolators stellt eine Scheibendurchführung (siehe Abb. 267) dar.

Die Hängeisolatoren. Wenn man die Spannung der Freileitungs-Stützenisolatoren als Funktion ihrer Gewichte aufträgt, dann findet man, daß die Spannungen wesentlich langsamer als die Gewichte anwachsen, d. h. ein Isolator vom doppelten Gewicht isoliert nicht die doppelte Spannung des Isolators vom einfachen Gewicht, sondern wesentlich weniger. Ähnlich steht es natürlich auch mit dem Preis der Isolatoren; auch dieser wächst wesentlich stärker als die Spannung an. Man hat deshalb schon früh daran gedacht, die doppelte Spannung dadurch zu isolieren, daß man zwei Isolatoren der einfachen Spannung übereinander baut und dadurch in ihrer isolierenden Wirkung hintereinander schaltet. In praktisch brauchbarer Form hat diesen Gedanken aber wohl zuerst der Amerikaner Hewlett in die Tat umgesetzt. Hewlett hat die Isolatoren untereinander angeordnet und den obersten Isolator am Mast aufgehängt, so daß eine hängende Kette von Isolatoren entstand.

Wir wissen, daß die Erwartungen, die man auf Hängeisolatoren gesetzt hat, nicht im vollen Umfang erfüllt wurden, da sich die Spannung nicht gleichmäßig auf die einzelnen Glieder verteilt, d. h. die Spannung, die man mit Kettenisolatoren isolieren kann, wächst nicht proportional mit der Zahl der Glieder der Kette an, sondern etwas langsamer (siehe viertes und neuntes Kapitel). Hierauf kommen wir später nochmals zurück.

Abb. 328. Hängeisolatoren-Ketten.

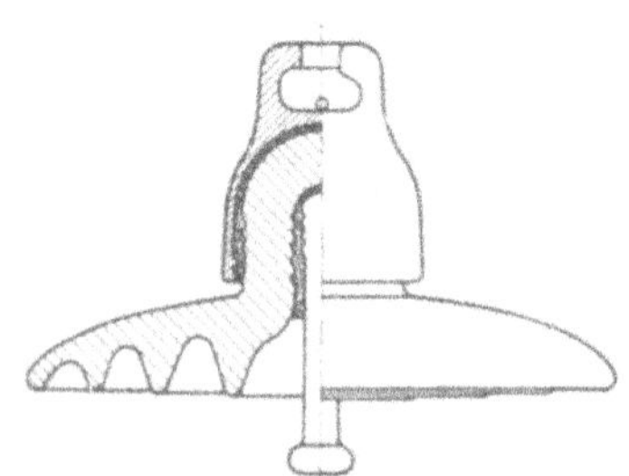

Abb. 329. Kappenisolator.

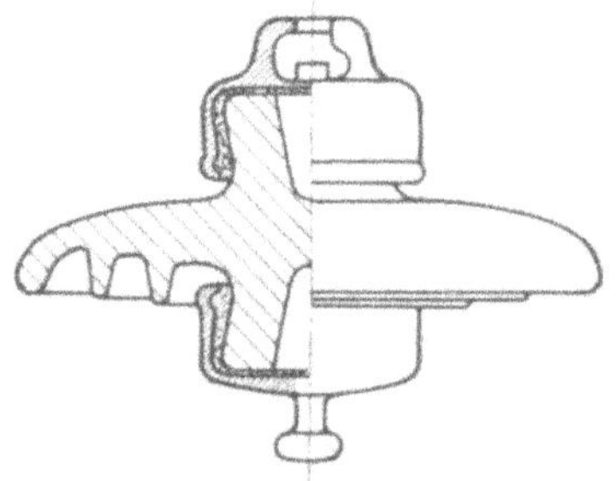

Abb. 330. Doppelkappenisolator.

Im Laufe der Zeit sind eine große Anzahl von Hängeisolatorformen entstanden; es würde zu weit führen, sie alle hier aufzuzählen. In Abb. 328 sind einige Ketten, wie sie früher gebaut wurden, dargestellt. Die vierte und fünfte Kette zeigt, daß man auch den Deltaisolator als Hängeisolator verwenden wollte. Heute sind im wesentlichen nur mehr drei Typen von

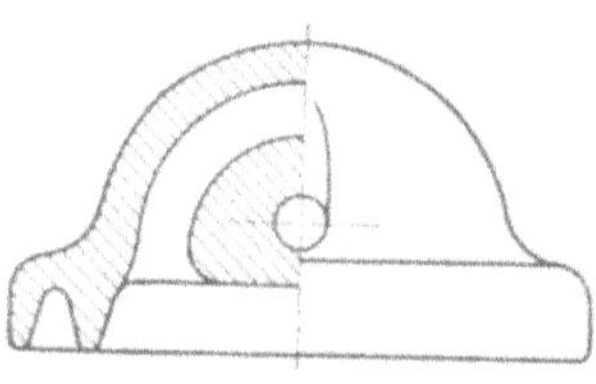

Abb. 331. Schlingenisolator.

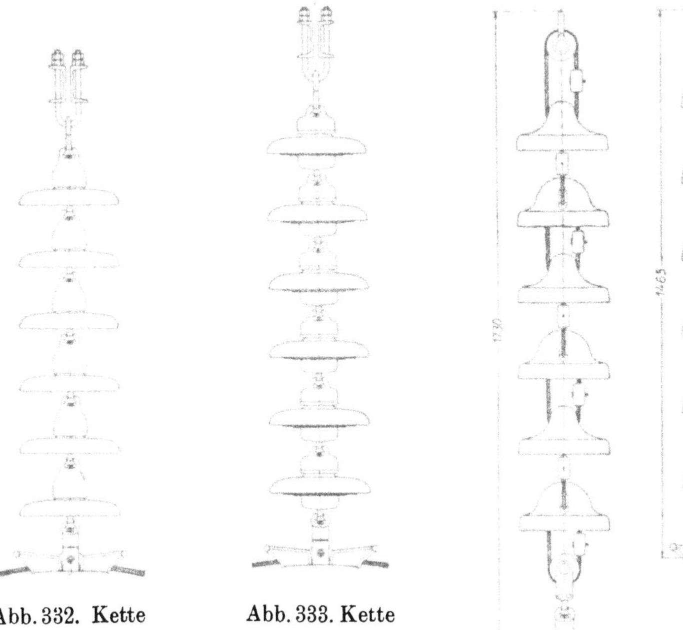

Abb. 332. Kette aus Kappenisolatoren.

Abb. 333. Kette aus Doppelkappenisolatoren.

Abb. 334. Kette aus Schlingenisolatoren.

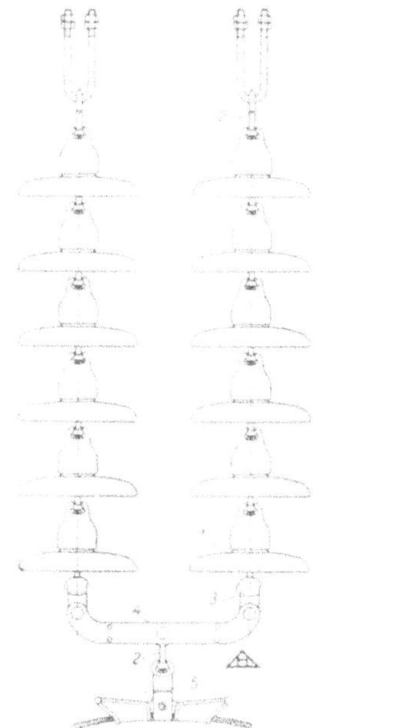

Abb. 335. Doppel-Hängekette.

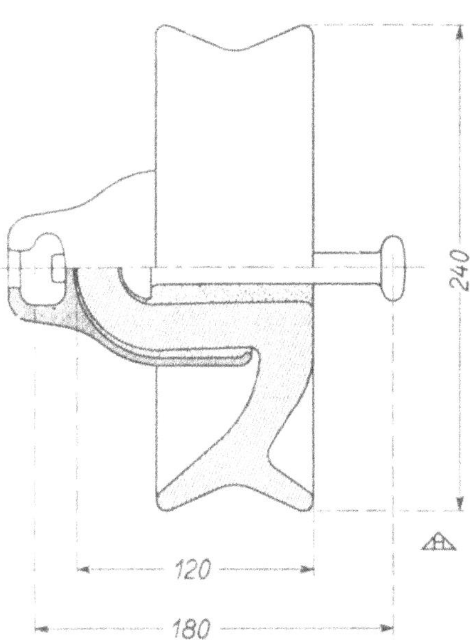

Abb. 336. Abspannisolator (Kappentype).

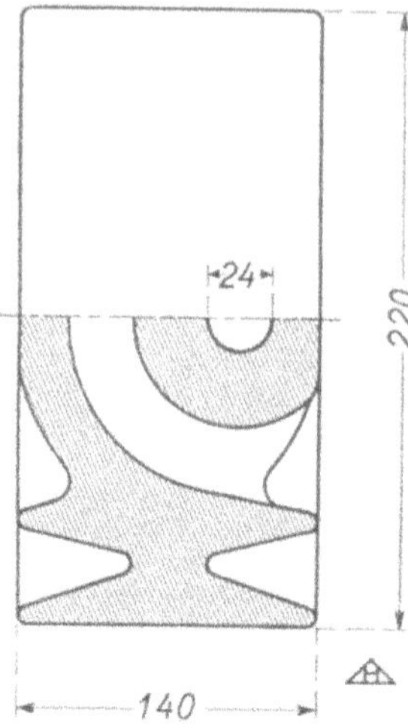

Abb. 337. Abspannisloator (Schlingentype).

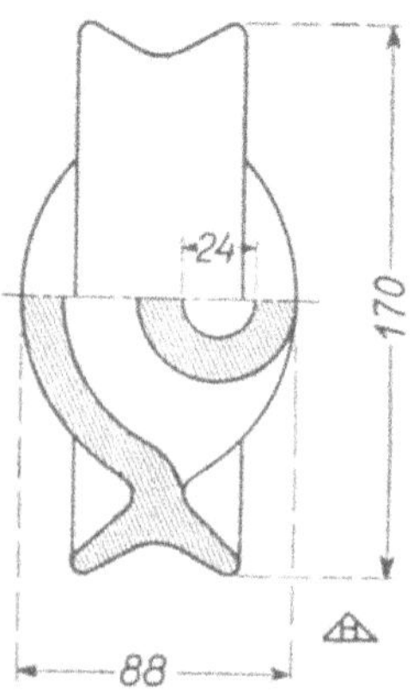

Abb. 338. Abspannisolator (Schlingentype).

Hängeisolatoren im Gebrauch, die sog. Kappentype (Abb. 329), die Doppelkappentype (Abb. 330) und der Schlingenisolator (Abb. 331). Die Abb. 332, 333 und 334 zeigen diese drei Arten von Isolatoren in ihrer Zusammensetzung zu Ketten. Wenn es sich um bruchsichere Aufhängungen handelt, dann werden zwei Ketten parallel angeordnet, wie Abb. 335 zeigt.

Beim Abspannen von Leitungen nimmt die Kette eine fast horizontale Lage ein. Dann eignen sich die obigen Ketten nicht mehr, man nimmt dann sog. Abspannisolatoren. Abb. 336 zeigt einen Abspannisolator der Kappentype und Abb. 337 und 338 zwei Schlingenisolatoren als Abspannisolatoren. Die Abb. 339 und 340 zeigen Abspannketten bestehend aus solchen Isolatoren; in Abb. 341 ist eine Doppelkette zum Abspannen einer Leitung dargestellt.

Eine von diesen Isolatoren etwas abweichende Form besitzt der sog. Schäkelisolator; Abb. 342 zeigt eine Schäkelabspannkette und Abb. 343 eine Schäkelhängekette.

Es ist bekannt, daß die Verwendung ungeeigneten Kittmaterials auch bei den Hängeisolatoren zur Sprengung des Porzellans geführt hat. Da es längere Zeit gedauert hat, bis man erkannte, daß nicht der Kitt (Zement) an sich, sondern die unrichtige Kittung an den Zerstörungen Schuld tragen, ist vielfach eine Abneigung gegen gekittete Isolatoren entstanden, und man machte sich auf die Suche nach sogenannten kittlosen Isolatoren. Eine Unzahl von Konstruktionen ist dabei entstanden, und es ist nicht möglich, alle im einzelnen hier anzuführen. Es scheint, daß bei uns in Deutschland im wesentlichen drei verschiedene Typen die beste Lösung der gestellten Aufgabe darstellen: der Kugelkopfisolator, der Kegelkopfisolator und endlich der V-Isolator.

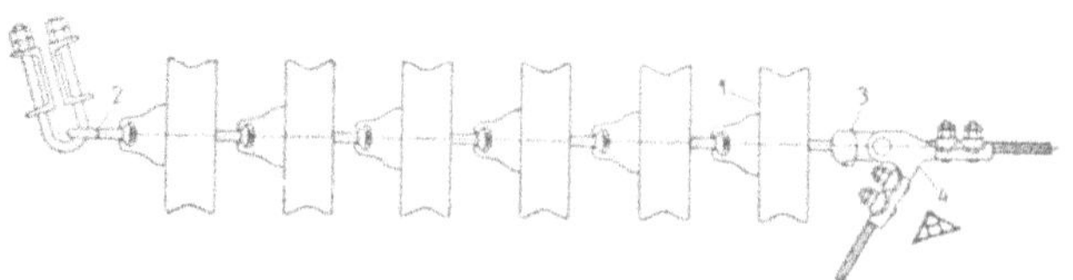

Abb. 339. Abspannkette aus Kappenisolatoren.

Den Kugelkopfisolator zeigt Abb. 344 im Schnitt. Eine an zwei gegegenüber liegenden Stellen abgeflachte Kugel aus Porzellan wird in den Isolatorkopf eingebrannt, und zwar in folgender Weise. Bekannt-

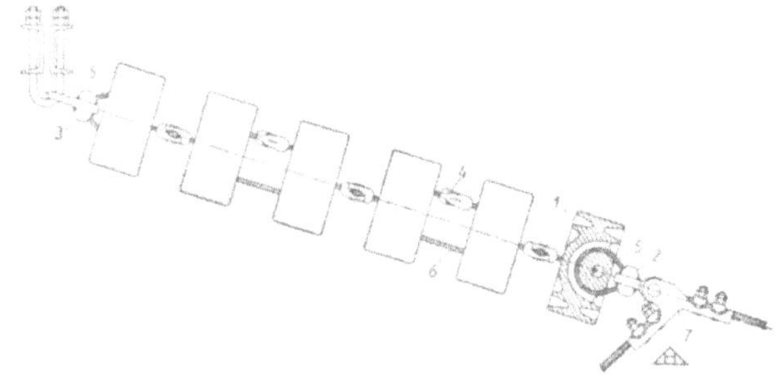

Abb. 340. Abspannkette aus Schlingenisolatoren.

lich schwindet das Porzellan beim Brennen um etwa $20^0/_0$. Zunächst wird nun die Porzellankugel gebrannt und die fertig gebrannte Kugel wird dann in den ungebrannten Isolatorscherben hineingelegt. Dies ist

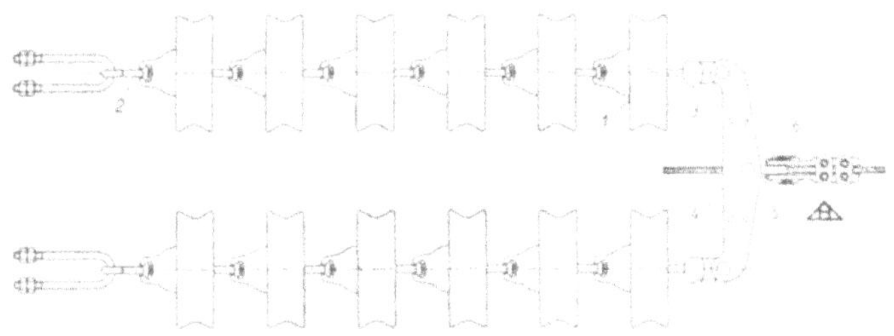

Abb. 341. Doppel-Abspannkette aus Kappenisolatoren.

leicht möglich, da die Abmessungen des ungebrannten Scherbens um etwa $20^0/_0$ größer sind, als sie nach dem Brand sein sollen. Dann wird der Scherben samt der Kugel in den Ofen gebracht, wobei nun auch

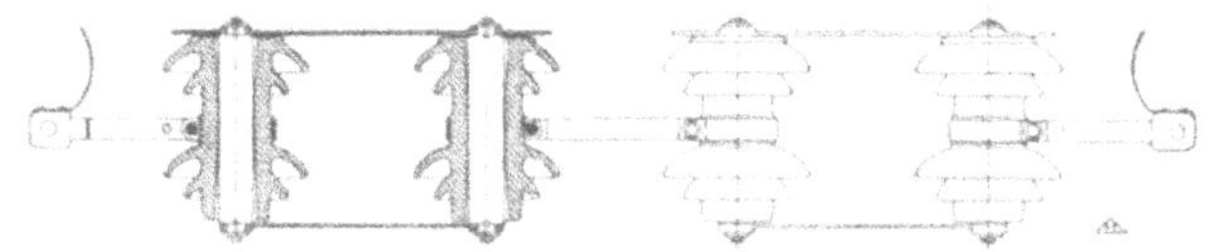

Abb. 342. Schäkel-Isolator als Abspannisolator.

der Scherben gebrannt wird; er schwindet dabei um $20^0/_0$, während die Kugel unverändert bleibt und nun nicht mehr aus dem Kugelkopf herausgebracht werden kann. Auf eine der beiden Abflachungen wird dann die kalottenförmige Metallmutter gelegt und in den Hohlraum hineingedreht, so daß sie die in Abb. 344 gezeichnete Lage einnimmt.

Nunmehr kann der Klöppel, der oben ein Gewinde trägt, in die Mutter eingeschraubt werden. Eine geeignete Sicherung verhindert das Herausschrauben desselben. Sämtliche inneren Eisenteile werden mit Pappe oder dergleichen umkleidet, damit sich die Kräfte (Drücke) gleichmäßig verteilen; zwischen Porzellankugel und Scherben wird ein elastischer Kitt eingebracht, damit die Kugel fest mit dem Scherben verbunden ist und sich nicht mehr drehen kann. Da der Kitt nur auf Druck beansprucht ist, nicht auf Abscheren, darf der Kitt elastisch sein, so daß er für das Porzellan auch nicht gefährlich werden kann. Auch der sog. „Untra"-Isolator (Abb. 345) stellt einen Kugelkopfisolator dar.

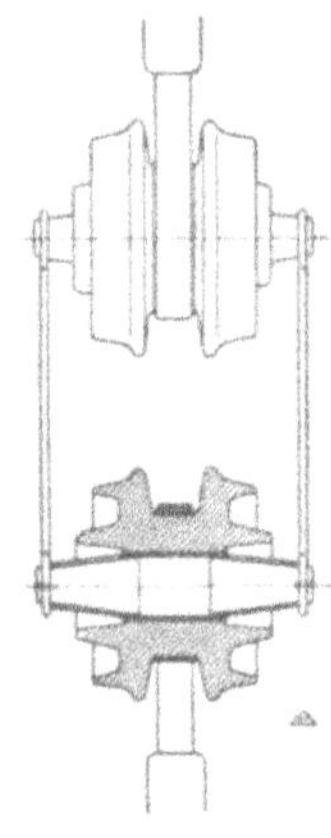

Abb. 343. Schäkel-Isolator als Hängeisolator.

Beim Kegelkopfisolator hat die Innenfläche des Kopfes, die den Druck aufnehmen soll, die Form eines Hohlkegels. Abb. 346 zeigt diesen Isolator im Schnitt. Als Vorteil der Hohlkegelform wird bezeichnet, daß die Neigung des Kegels beim Schwinden des Porzellans nicht geändert wird und daß die Kegelfläche fabrikationsmäßig leichter hergestellt werden kann als eine Kugelfläche. Ein Eisenbolzen, der oben zylindrisch ausgebohrt und mehrfach im Durchmesser geschlitzt ist, wird, nachdem er erhitzt wurde, in den Isolatorkopf eingeführt, in den vorher ein gehärteter Eisenkonus eingelegt wurde. Mit Hilfe einer Kniehebelpresse wird der Bolzen auf den Eisenkonus gepreßt, so daß sich die am Kopf des Bolzens befindlichen Segmente nach außen legen und mit ihrer Nase in den Konus einschnappen. Nach diesem Vorgang bildet der Bolzen und der Konus ein festes starres Gefüge. Durch eine elastische Zwischenlage zwischen Bolzen und Porzellan wird für eine gleichmäßige Druckverteilung gesorgt.

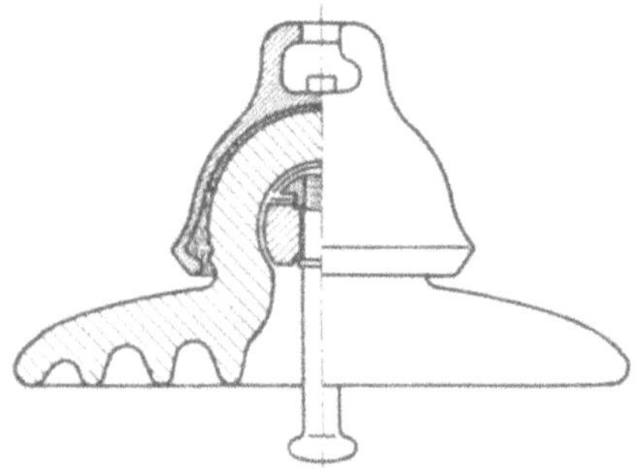

Abb. 344. Kugelkopfisolator der Porzellanfabrik Schomburg.

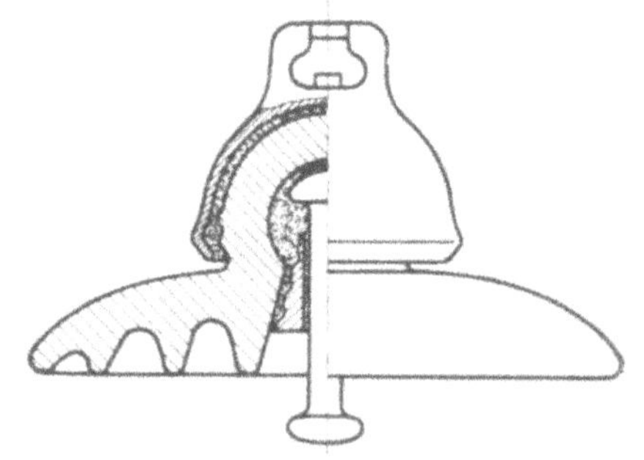

Abb. 345. Untra-Isolator.

Eine sehr interessante Konstruktion stellt der V-Isolator dar. Abb. 347 zeigt diesen Isolator im Schnitt. Auch hier wird ein Bolzen benützt, dessen oberer Teil konisch ausgebildet ist. Um den Schaft herum wird eine zylindrische geschlitzte Hülse gelegt, auf der außen eine größere Anzahl von Klötzchen befestigt sind. Diese Klötzchen werden mit Hilfe eines geeigneten Instrumentes nach außen gedrückt, so daß sie sich konusartig nach außen spreizen. Die Übertragung der Kraft auf das Porzellan findet durch den Bolzen auf die Klötzchen und von diesen unter Zwischenschaltung einer Pappscheibe auf den Porzellanhohlkegel statt. Der ganze Kopf wird dann mit Blei ausgegossen, damit der Klöppel nicht durch Erschütterungen herausfallen kann.

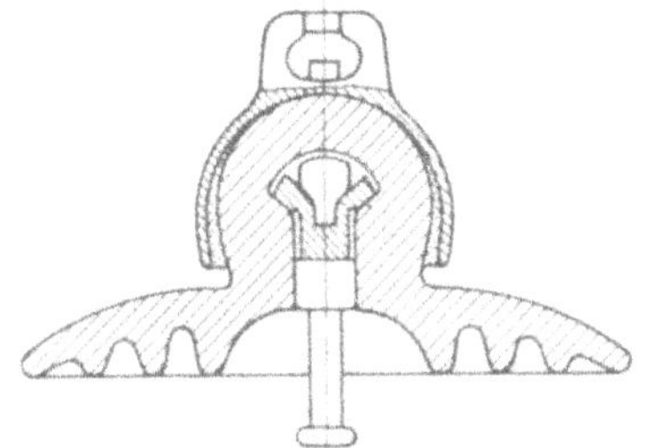

Abb. 346. Kegelkopfisolator der Porzellanfabrik Ph. Rosenthal & Co.

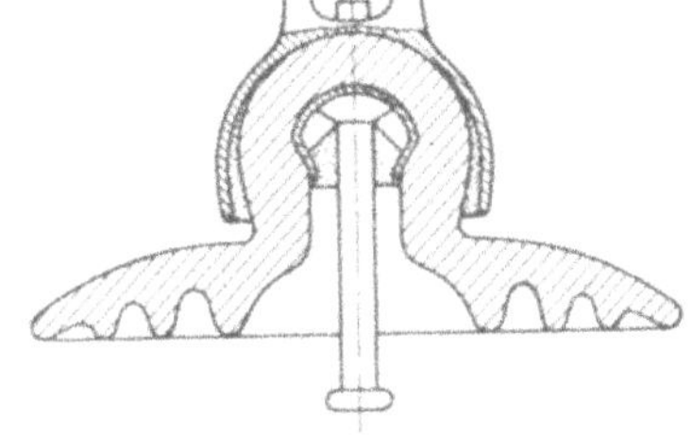

Abb. 347. V-Isolator der SSW.

Für uns ist nun die Frage wichtig, wie diese Isolatoren vom Standpunkt der elektrischen Festigkeit zu beurteilen sind. Diese Frage können wir leicht beantworten, wenn wir die Isolatoren hinsichtlich ihrer elektrischen Beanspruchung in die früher ausgeschiedenen Gruppen einteilen.

Der Kappenisolator, der Schlingenisolator und der Schäkelisolator gehören offenbar zu jener Gruppe von Anordnungen, bei denen eine Elektrode von einer anderen umhüllt wird, d. h. also zu den Durchführungen. Beim Doppelkappenisolator umhüllen sich die Elektroden nicht, sie liegen vielmehr nebeneinander; also gehört dieser Isolator zur Gruppe der Stützer.

Jetzt können wir schon sagen, daß der Doppelkappenisolator also elektrisch besser ist als die erstgenannten Isolatoren.

Vergleichen wir die ersten drei Isolatoren wieder untereinander, so stellen wir folgendes fest. Der Kappenisolator stellt zwei sich konzentrisch umhüllende Kugeln, der Schäkelisolator zwei konaxiale Zylinder und der Schlingenisolator zwei Ringelektroden dar. Da es uns hier lediglich auf das rein Prinzipielle und nicht auf die Beurteilung der Güte besonderer Konstruktionen ankommt, müssen wir bei unserer Beurteilung voraussetzen, daß alle drei Isolatoren gleiche geometrische

Charakteristiken hätten. Dann folgen sie hinsichtlich ihrer Güte in der Reihenfolge aufeinander: Schlingenisolator, Schäkelisolator und als ungünstigste Konstruktion der Kappenisolator. Lassen wir bei unserer weiteren Beurteilung den Schäkelisolator außer acht wegen seiner geringen praktischen Bedeutung, so haben wir die Isolatoren wie folgt zu gruppieren:

Doppelkappenisolator, Schlingenisolator, Kappenisolator.

Der Doppelkappenisolator ist also der beste, der Kappenisolator der schlechteste. Dieses Ergebnis ist sehr überraschend; denn in der Literatur wird stets der Kappenisolator als derjenige bezeichnet, der allen anderen überlegen ist. Wir haben bis jetzt noch zweierlei außer Betracht gelassen, was scheinbar für die Beurteilung sehr wichtig ist, die Spannungsverteilung der Ketten, die aus diesen Isolatoren gebildet werden und die mechanischen Eigenschaften.

Wir wollen zunächst die Spannungsverteilung berücksichtigen. Nach den praktischen Erfahrungen und vielen Messungen müssen wir die Isolatoren hinsichtlich der Gleichmäßigkeit der Spannungsverhältnisse in folgender Weise gruppieren:

Kappenisolator, Schlingenisolator, Doppelkappenisolator.

Betrachten wir die Ordnungsnummern als Bewertungspunkte, so erhalten wir folgendes Schema:

	Kappen-	Schlingen-	Doppelkappenisolator
Elektr. Beanspruchung	3	2	1
Güte der Spannungsverteilung	1	2	3

Wir sehen also, in beiden Zeilen ist die Reihenfolge gerade umgekehrt. Addieren wir nun die Bewertungspunkte, so erhalten wir für alle drei Isolatoren die Punktzahl 4; d. h. alle Isolatoren sind gleich gut.

Das ist ein sehr überraschendes Resultat; nach einiger Überlegung finden wir aber, daß dies herauskommen mußte. Für die Gruppierung in der ersten Zeile haben wir die Ausnutzungsfaktoren als maßgebend betrachtet und die Isolatoren so geordnet, wie die Kurven von Tafel V und VIII von oben nach unten gezählt aufeinander folgen, nachdem wir zuerst festgestellt hatten, welche Anordnung die betreffenden Isolatoren darstellen. Für die Gruppierung in der zweiten Zeile ist in erster Linie die Größe der Eigenkapazität C der einzelnen Isolatoren maßgebend. Betrachten wir die Kurven für die Lufteinheitskapazitäten in ihrer Reihenfolge von oben nach unten, so sehen wir, daß diese gerade entgegengesetzt derjenigen bei den Ausnutzungsfaktoren ist. Das ist kein Zufall, sondern das muß so sein, wie man bei einigem Nachdenken findet. Also müssen die Isolatoren hinsichtlich der Güte ihrer Spannungsverteilung gerade in der umgekehrten Reihenfolge aufeinander folgen wie bei der Beurteilung nach der Güte der elektrischen Beanspruchung. Also muß für alle die gleiche Bewertungsziffer herauskommen, wenn wir diese beiden Gesichtspunkte gleichzeitig für die Gesamtbeurteilung heranziehen.

Fügen wir noch eine dritte Zeile für die Bewertung, vielleicht hinsichtlich ihrer mechanischen Eigenschaften, hinzu und bilden wir jetzt die Gesamtzahl der Punkte, dann heben sich die beiden ersten Zeilen heraus und für die Bewertung ist nur mehr die dritte Zeile maßgebend. Wir sehen also, daß in allen Beurteilungen dieser Isolatoren, in denen neben der Beurteilung der elektrischen Beanspruchung auch die mit Rücksicht auf die Spannungsverteilung enthalten ist, die elektrischen Gruppierungen sich aufheben und herausfallen; das scheinbare Gesamturteil ist dann ein vollständig einseitiges, lediglich durch die Güte in mechanischer Hinsicht bedingtes. Und so kommt es, daß man in der Praxis den Kappenisolator stets an erster Stelle hinsichtlich seiner Güte nennt.

Die Beurteilung hinsichtlich der Güte der Spannungsverteilung braucht man aber gar nicht heranzuziehen. Denn je schlechter die Spannungsverteilung bei einem Isolatortyp ist, um so durchschlagsicherer muß er naturnotwendig sein. Wenn aber dabei die Beanspruchung auf Überschlag beim einzelnen Glied ungünstig sein sollte, dann ist das bestimmt auf eine schlechte Konstruktion zu schieben.

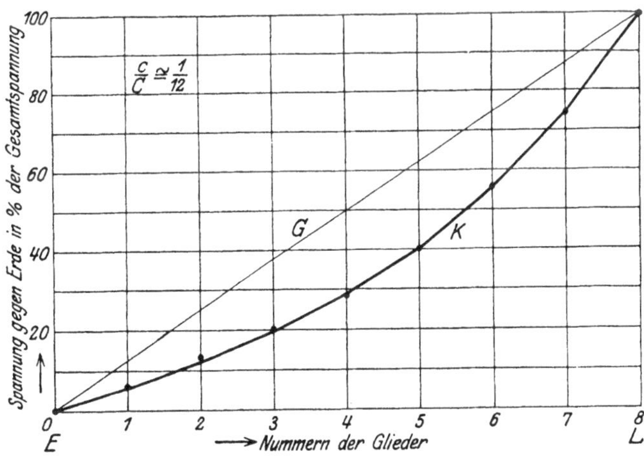

Abb. 348. Spannungsverteilung an einer Kappenisolator-Kette.

In der Tat, prüft man die einzelnen Konstruktionen daraufhin, ob bei allen die Gesetze befolgt sind, die wir für Durchführungen usw. gefunden haben, so kommt man zu dem Urteil, daß hier noch manches zu verbessern ist.

Zum Schluß sollen die drei Haupttypen noch auf ihre sonstigen Eigenschaften hin geprüft werden. Mit Rücksicht auf die Fabrikation sind natürlich die Formen am günstigsten, deren Porzellankörper reine

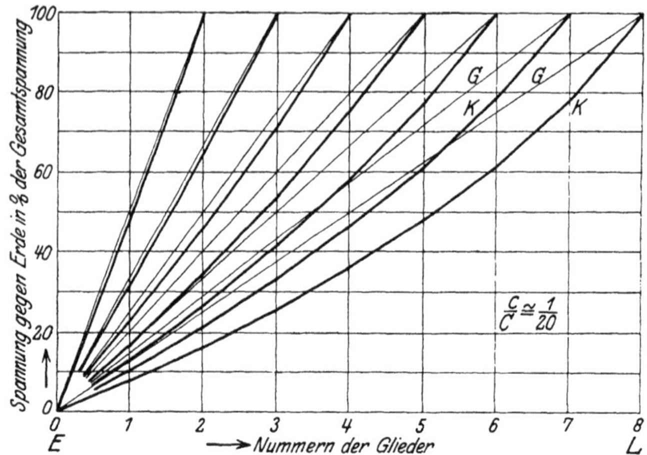

Abb. 349. Spannungsverteilung an Untra-Ketten mit 2 bis 8 Gliedern.

Drehkörper sind. Der Seilschlingenisolator ist also am ungünstigsten, weil er unsymmetrisch ist. Vom keramischen Standpunkt aus ist der Doppelkappenisolator sehr ungünstig, weil er sehr verschiedene Wandstärken aufweist. Auch der Schlingenisolator ist aus diesem Grunde schlechter als der Doppelkappenisolator.

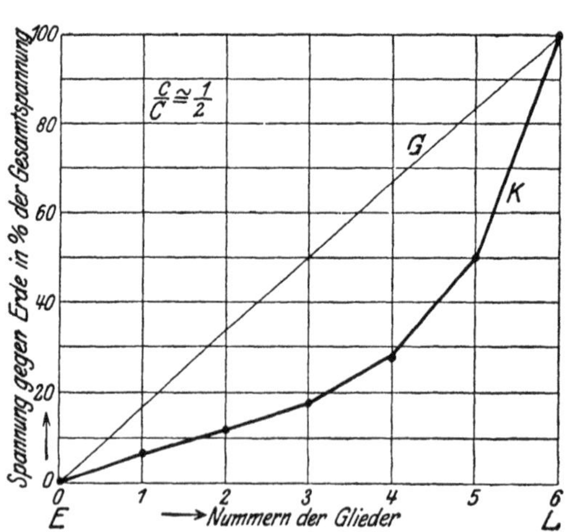

Abb. 350. Spannungsverteilung an einer Schlingenisolator-Kette.

Das Porzellan verlangt, wie wir wissen, nach Möglichkeit Druckbeanspruchungen; Zug- und Biegungsbeanspruchungen sollen vermieden werden. Beim Doppelkappenisolator ist reine Zugbeanspruchung vorhanden; dieser Isolator ist also vom Standpunkt der mechanischen Festigkeit am schlechtesten.

Mit Rücksicht auf die Betriebssicherheit ist es erwünscht, daß beim Bruch eines Gliedes der Kette die Leitung nicht zu Boden fällt. Hier ist wieder der Schlingenisolator am günstigsten.

Damit haben wir einen Einblick in die Verhältnisse bzgl. der elektrischen und mechanischen Güte der einzelnen Isolatorformen gewonnen. Wir wollen nun die Beanspruchungen auf Durch- und Überschlag von Ketten untersuchen.

Um die Beanspruchung auf Durchschlag beurteilen zu können, muß uns die Spannungsverteilung an der trockenen Kette bekannt sein; die der nassen Kette interessiert uns hier weniger, da die Überschlagspannung an der nassen Kette wesentlich niedriger liegt als an der trockenen.

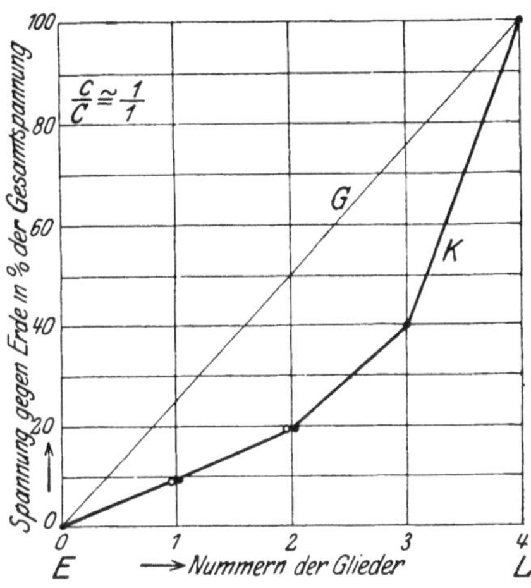

Abb. 351. Spannungsverteilung an einer Motorisolator-Kette.

Die Abb. 348 bis 351 stellen die Spannungsverteilungen an Kappenisolatoren-, Schlingenisolatoren-Ketten und an einer Doppelkappenisolator-Kette dar. Die charakteristischen Verhältnisse c/C, die sich daraus ergeben, sind jeweils eingeschrieben. Abb. 349 gilt speziell für die sog. Untratype nach Abb. 345.

Die Abb. 352 und 353 zeigen die Spannungsverteilung an Kappenisolatoren- und an Schlingenisolatoren-Ketten nach Messungen von W. Weicker. Hier sind die Spannungen pro Glied in Prozenten der Sollspannung aufgetragen. Die sich daraus ergebenden charakteristischen Werte für c/C sind jeweils angegeben. Danach und aus anderen Messungen ergibt sich als Mittelwert für die charakteristischen Verhältnisse c/C

Kappenisolatoren:

Hängeketten $^1/_{10} \sim {}^1/_{12}$

Untraketten $^1/_{20}$

Abspannketten $^1/_{10}$;

Schlingenisolatoren:

Hängeketten $^1/_5 \sim {}^1/_2$

Abspannketten $^1/_5 \sim {}^1/_2$;

Doppelkappenisolatoren:

Hängeketten $^1/_1$.

Mit Hilfe der am Schluß des Buches angegebenen Tabellen für die Spannungsverteilungen kann man nun für jede beliebige Gliedzahl die auf das einzelne Glied treffende Spannung angeben.

Für die Beanspruchung auf Durchschlag wäre es natürlich erwünscht, daß sich die Spannung möglichst gleichmäßig auf die

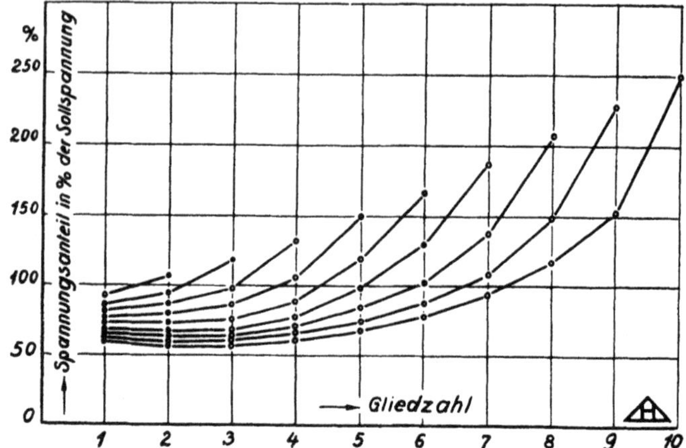

Abb. 352. Spannung pro Glied in $^0/_0$ der Sollspannung (Kappentype).

einzelnen Glieder verteilt. Es gibt verschiedene Mittel, dies zu erreichen.

Bei Kappenisolatoren kann man beispielsweise die Porzellanstärke

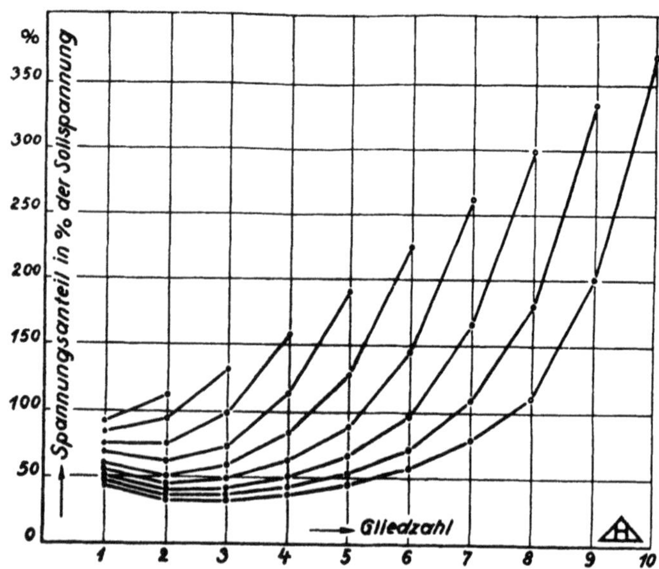

Abb. 353. Spannung pro Glied in $^0/_0$ der Sollspannung (Schlingentype).

zwischen Kappe und Klöppel verschieden stark wühlen, wodurch die Eigenkapazität C der einzelnen Glieder geändert wird. Das unterste Glied muß die größte Kapazität erhalten, also mit dünner Wandstärke ausgeführt werden. Die notwendige Abstufung der Kapazitäten ist uns aus dem vierten Kapitel bekannt. Abb. 354 zeigt die Spannungsverteilung an einer solchen Kette; zum Vergleich ist auch die ursprüngliche Spannungsverteilung eingetragen. Wegen der Verminderung der Wandstärke ist eine Erhöhung der Durchschlagbeanspruchung zu befürchten. Es ist klar, daß bei einer Abstufung der Kapazitäten zur Erzielung einer vollständig gleichmäßigen Spannungsverteilung einzelne Glieder stärker beansprucht sein müssen als andere. Es gäbe allerdings ein Mittel, dies zu verhüten; man läßt die Wandstärken bei allen Isolatoren konstant und ändert die axiale Länge des Isolators. Noch richtiger ist es natürlich, wenn man allen Gliedern die gleiche geometrische Charakteristik $p = p_g$ gibt und ändert die Kapazität durch Veränderung des Innen- und Außendurchmessers. Dadurch wird die gesamte Länge der Kette nicht verändert, was natürlich sehr wünschenswert ist.

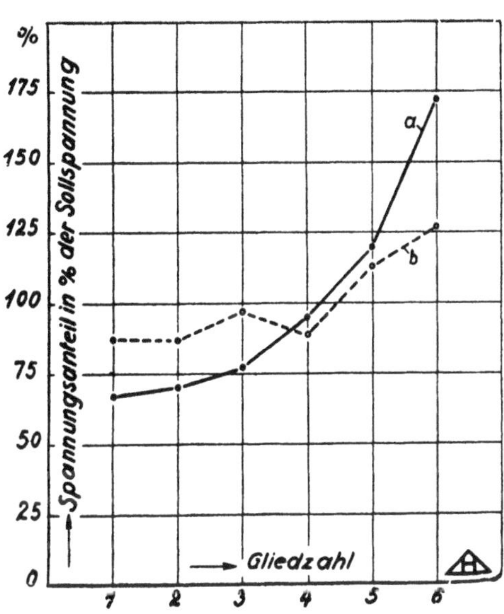

Abb. 354. Spannungsanteil pro Glied einer Kette mit abgestufter Kapazität.

Ein anderes Mittel besteht darin, daß man die Eigenkapazitäten der einzelnen Glieder durch verschieden große Metallbeläge ändert. Nach Angabe des Verfassers (D.R.P. 316990) kann dies dadurch geschehen, daß man den Isolatoren Metallschirme gibt, deren Durchmesser verschieden groß sind. Die untersten Isolatoren müssen größere Schirme erhalten als die oberen. Nach Marvin werden die Beläge direkt auf das Porzellan aufgebracht und die von Metall belegten Flächen verschieden groß gemacht. Abb. 355 zeigt die Spannungsverteilung einer solchen Kette. Wie der Verfasser gezeigt hat, erreicht man eine sehr gute Spannungsverteilung schon dadurch, daß man als untere Isolatoren solche mit gleich großen Metallbelägen verwendet. Abb. 356 zeigt die Spannungsverteilung einer sechsgliedrigen Schlingenkette. Die drei untersten Isolatoren waren auf dem Teil, wo der Seilkanal durch das Porzellan geht, mit Metall belegt (Kurve *a*). Ordnet man die metallisierten Isolatoren oben an, so ergibt sich die Spannungsverteilung nach Kurve *b*.

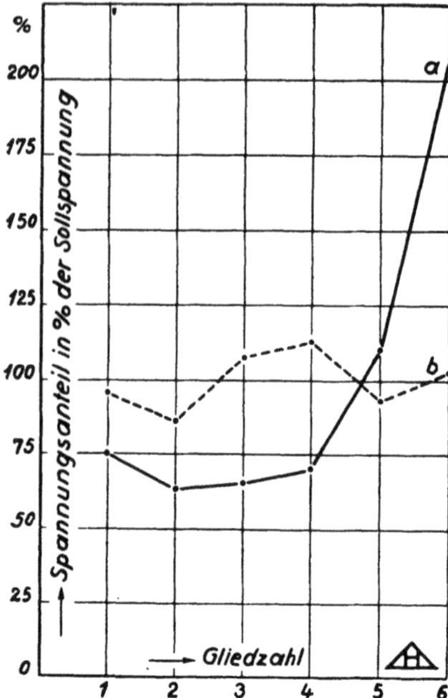

Abb. 355. Spannungsanteil pro Glied einer Kette mit Metallbelägen.

Man braucht also bei Verwendung dieser Mittel nicht peinlich genau darauf bedacht zu sein, eine vollständig gleichmäßige Spannungsverteilung zu erzwingen. Vielfach genügt es sogar, wenn nur das unterste Glied etwas entlastet wird. Fröhlich schlägt vor, als unterstes Glied zwei parallel geschaltete Glieder anzuwenden und nach einem Vorschlag von Helmle soll man Ketten mit gemischten Isolatoren verwenden, beispielsweise oben Schlingenisolatoren und unten Kappenisolatoren, so daß also auf alle Fälle unten die Glieder mit großer Eigenkapazität hängen.

Nach Angabe des Verfassers kann man aber gerade auch umgekehrt verfahren, indem man als unterste Glieder solche mit geringer Eigenkapazität, aber sehr großer Durchschlagsicherheit verwendet; diese sollen einen möglichst großen Teil der Spannung auf sich ziehen; die anderen Glieder mit geringem Spannungsanteil sollen stromdrosselnd wirken. (D.R.P. a.)

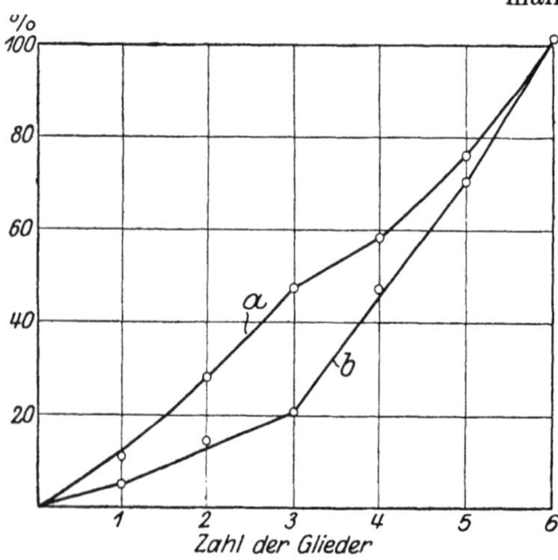

Abb. 356. Spannungsverteilung an einer 6-gliedrigen Schlingenisolatorkette.
a) 4, 5, 6 mit Metallbelag
b) 1, 2, 3 „ „

Allen diesen Maßnahmen haftet der grundsätzliche Fehler an, daß sie eine große Lagerhaltung erfordern, und daß die Gefahr einer falschen Auswechslung besteht. Nur bei dem Verfahren nach D.R.P. 316990 sind diese Nachteile nicht vorhanden, weil die Metallschirme nicht ausgewechselt zu werden brauchen, wenn ein Isolator defekt wird.

Um bei Isolatorenketten die Lichtbögen vom Porzellan fernzuhalten, verwendet man vielfach sog. Lichtbogenschutzhörner; diese Hörner haben den Vorteil, daß sie gleichzeitig auch die Spannung verbessern. Dies zeigt Abb. 357.

Bezüglich der Beurteilung der einzelnen Isolatoren hinsichtlich ihrer Durchschlagsicherheit ist noch folgendes zu erwähnen. Die Elektroden bei Kappenisolatoren sind entweder konaxiale Zylinder oder konzentrische Kugeln (Kugelkopfisolator). Die Erfahrung hat nun gezeigt, daß die Durchlagspannung der letztgenannten Isolatorgattung besser ist als die der erstgenannten. Man hat in der Praxis daraus vielfach den Schluß gezogen, daß bei Kugeln „die Form des elektrischen Feldes die denkbar beste“ ist. Wir wissen, daß gerade das Gegenteil richtig ist. Damit wird aber nicht die Richtigkeit der praktischen Erfahrung bestritten, die Verhältnisse liegen vielmehr so. Das Feld um die Zylinderelektroden ist unstreitbar besser als das bei Kugelelektroden. Nun muß man aber bei den Kappenisolatoren mit zylindrischem Klöppel diesen im Porzellan enden lassen; dies kann geschehen, indem man am Ende eine Abflachung vorsieht, was natürlich elektrisch sehr schlecht ist, weil das Feld an der Kante sehr ungünstig ist. Der Isolator wird also eine geringe Durchschlagspannung besitzen, eben wegen der Wirkung der Kante, und es ist kein Zweifel, daß die Durchschlagspannung des Kugelkopfisolators in diesem Falle besser ist. Rundet man aber den Bolzen am Ende zu einer Kugelkalotte ab, dann ist man mit dem Durchmesser der Kalotte an den Bolzendurchmesser gebunden; man kann also nicht den elektrisch günstigsten Durchmesser wählen, auch dieser Isolator wird also früher durchschlagen als der Kugelkopfisolator. Der Schlingenisolator wurde oben als günstiger bezeichnet wie der Kugelkopfisolator. Die Elektrodenform ist eben günstiger, wie uns die Kurventafel V und VIII lehrt. Wenn die Erfahrung aber zeigt, daß dieser Isolator trotzdem früher durchschlägt wie der Kugelkopfisolator, so hat dies an der ungünstigen Form des Isolators seinen Grund. Man wird beobachten, daß dieser Isolator fast niemals an der Stelle durchschlägt, wo sich die Seilkanäle kreuzen, sondern an Stellen, wo überhaupt kein Metallbelag vorhanden ist, beispielsweise am Kopf des Isolators. Der Durch-

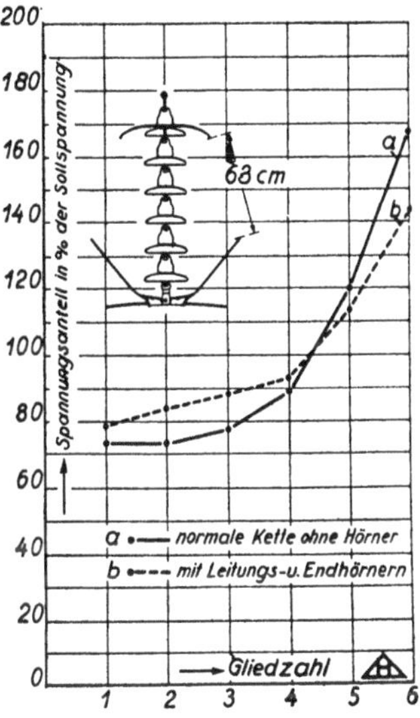

Abb. 357. Spannungsverteilung an einer Kette mit Lichtbogenschutzhörner.

schlagfunke erhält dann seinen Strom durch die Oberflächengleitfunken. Vielfach beobachtet man auch Durchschläge an der Stelle, wo die Seilschlinge aus dem Porzellan tritt. Für den Konstrukteur ist das ein Hinweis, wo die schwachen Stellen dieses Isolators sind.

Bei der Berechnung der Isolatorketten auf Überschlag stoßen wir, wie bekannt ist, auf Schwierigkeiten, weil der Lichtbogenüberschlag nicht der Anfangsspannung folgt, sondern der Grenzspannung

Abb. 358. Überschlag an einer trockenen Hängekette bei 340 kV.

Abb. 359. Überschlag an einer nassen Hängekette bei 250 kV.

der Gleitfunkenentladungen. Es bleibt uns also hier vorerst nichts anderes übrig, als das Experiment zu befragen. Mangels eines Transformators mit hoher Spannung hat der Verfasser selbst hierüber noch keine Untersuchungen anstellen können. Es soll deshalb hier auf die ausführlichen Versuche von W. Weicker eingegangen werden.

In den Abb. 358 und 359 ist der Überschlag an einer Kappenisolatorenkette im trockenen und nassen Zustand dargestellt. Man sieht, daß die Entladungen das Porzellan der Kette nicht berühren, sondern ihren Weg durch die Luft nehmen. Das ist natürlich sehr erwünscht, damit das Porzellan nicht durch die Hitzewirkung des Lichtbogens beschädigt wird. Die Kurven von Abb. 360 zeigen die Abhängigkeit der Überschlagspannung von der Gliedzahl. Man sieht, daß die Überschlagspannung annähernd proportional mit der Gliedzahl wächst. Wir haben bereits früher eingehend besprochen, daß und warum dies merkwürdig und in scheinbarem Widerspruch zur Theorie der Kondensatorketten ist.

Die Überschlagspannung bei Regen ist etwa nur die Hälfte wie die der trockenen Isolatorkette. Die Vergrößerung des Durchmessers

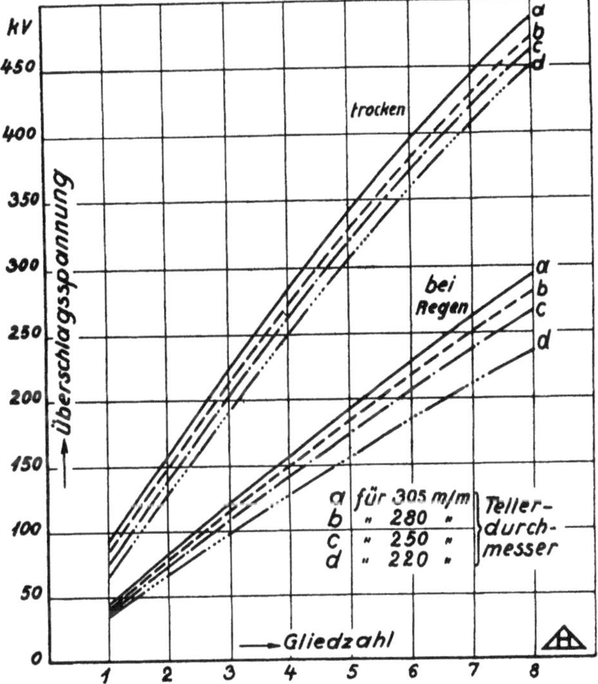

Abb. 360. Überschlagcharakteristik von trockenen und nassen Hängeketten.

der Teller hat keinen sehr großen Einfluß auf die Überschlagspannung; das ist nicht verwunderlich, weil die Entladung nicht den Porzellantellern folgt, sondern durch die Luft verläuft.

Anders liegen die Verhältnisse bei den Schlingenisolatoren. In den Abb. 361 und 362 ist der Überschlag von Schlingenketten dargestellt. Besonders interessant ist Abb. 362, das einen unvollkommenen Überschlag zeigt; man sieht, daß zuerst die Seilkanäle von den Entladungen betroffen werden. Hier liegen also im Gegensatz zu den Kappenisolatoren die Entladungen direkt auf dem Porzellan. Abb. 363 zeigt die Abhängigkeit der Überschlagspannung von der Gliedzahl bei trockener und nasser Kette. Bei natürlichem Regen liegt die Regenüberschlagspannung nicht so tief unter der Trockenüberschlagspannung wie beim Kappenisolator. Die Abb. 364 und 365 zeigen den Einfluß der Tellergröße auf die Überschlagspannung. Wir stellen fest, daß hier die Überschlagspannung mit zunehmendem Tellerdurchmesser sehr stark anwächst. Durch Vergrößern der Teller wird beim Schlingenisolator die Länge des Lichtbogens vergrößert und damit natürlich

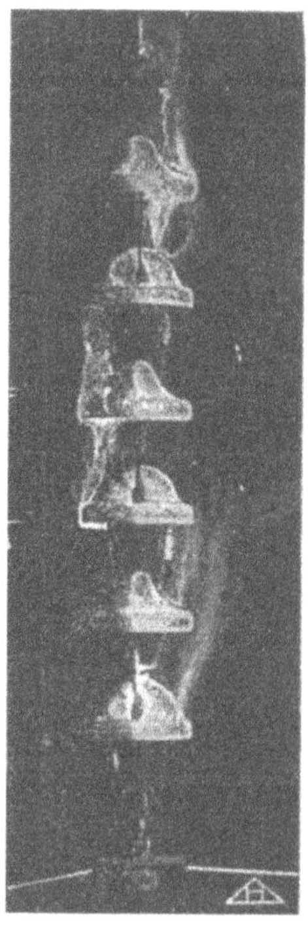

Abb. 361. Lichtbogenüberschlag einer nassen Schlingenisolatorkette.

Abb. 362. Unvollkommener Überschlag an einer Schlingenisolatorkette.

auch die Höhe der Überschlagspannung. Besonders groß ist merkwürdigerweise der Einfluß des Tellerdurchmessers bei gut leitendem Regenwasser. Der Verfasser vermutet, daß dabei eine Verbesserung der Spannungsverteilung auf den einzelnen Isolatoren selbst stattfindet; hauptsächlich dürften die Unsymmetrien des Feldes etwas ausgeglichen werden.

Sehr interessant ist auch noch die Abhängigkeit der Überschlagspannung von der Baulänge des Einzelgliedes. Dies zeigen die Abb. 366

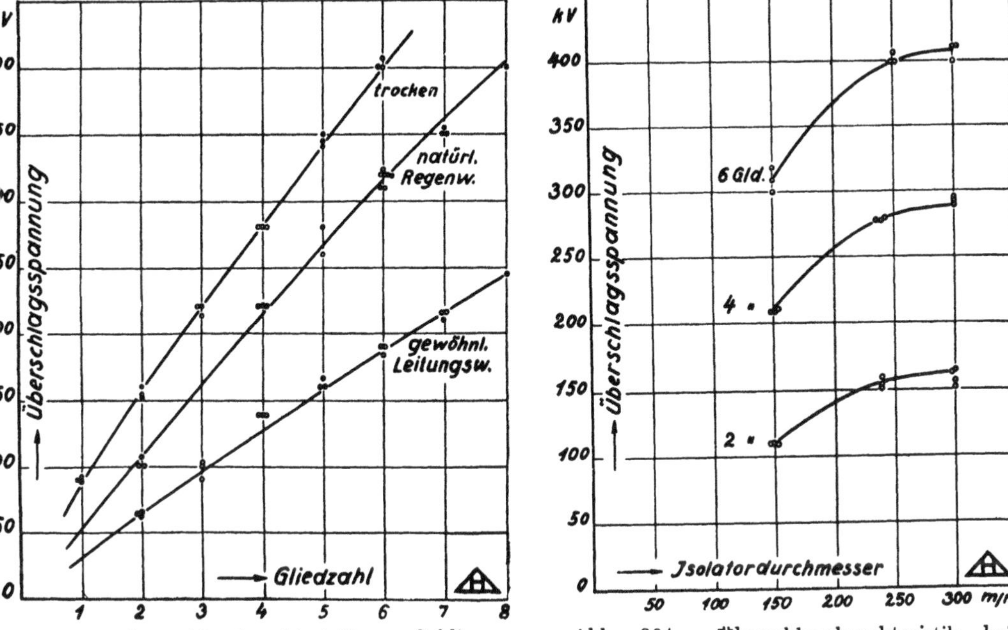

Abb. 363. Überschlagcharakteristik von Schlingenisolatoren bei verschiedener Leitfähigkeit des Regenwassers.

Abb. 364. Überschlagcharakteristik bei Schlingenisolatoren abhängig vom Tellerdurchmesser (trocken).

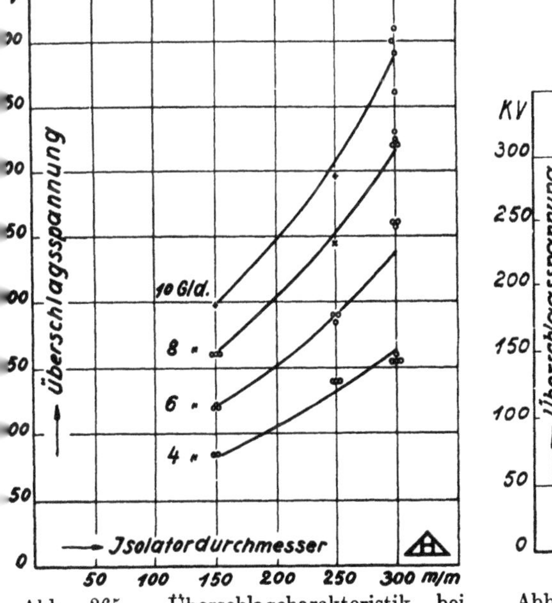

Abb. 365. Überschlagcharakteristik bei Schlingenisolatoren abhängig vom Tellerdurchmesser (naß).

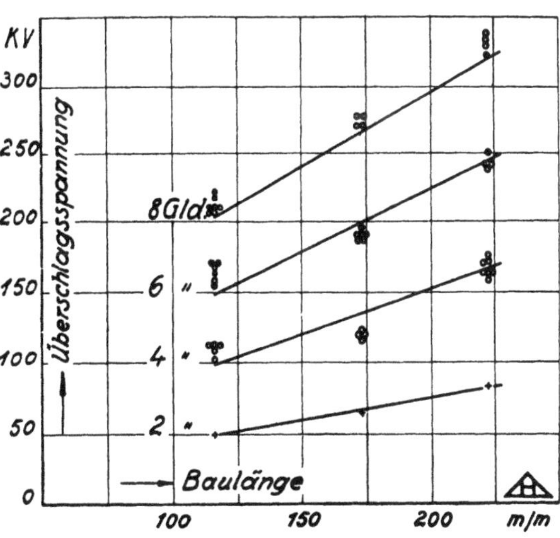

Abb. 366. Überschlagspannung normaler Kappenisolatoren bei Beregnung mit gewöhnlichem Leitungswasser in Abhängigkeit von der Baulänge.

und 367. Durch diese Maßnahme wird die Länge des Überschlagweges vergrößert, deshalb nimmt die Überschlagspannung im allgemeinen mit Vergrößerung der Baulänge zu. Beim Schlingenisolator nähert sich allerdings die Überschlagspannung sehr bald einem konstanten Wert. Das ist verständlich, weil hier der Lichtbogen dem Porzellan folgt; die Länge der Metallarmaturen ist deshalb ohne Einfluß auf die Schlagweite.

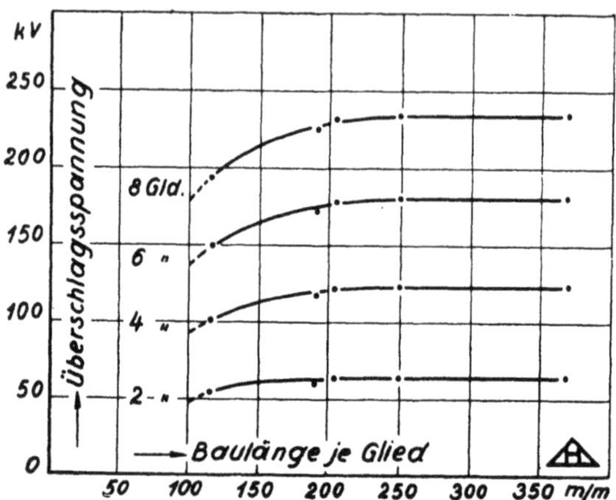

Abb. 367. Regenüberschlagspannung von Schlingenisolatoren (250 mm Durchm.) in Abhängigkeit von der Baulänge.

In Abb. 368 ist der Vollständigkeit halber noch der Überschlag einer Schäkelkette dargestellt. Der Überschlag erfolgt hier zwischen den Armaturen, die hier allerdings nicht sehr glücklich ausgebildet sind.

Wie bereits erwähnt wurde, wendet man bei den Ketten vielfach Schutzhörner an, um den Lichtbogen mit Sicherheit vom Porzellan

Abb. 368. Überschlag einer Schäkel-Kette bei Regen (110 kV).

abzuhalten. Gleichzeitig dienen diese Hörner als Sicherheitsfunkenstrecken bei Überspannungen. Bei Schlingenketten ist es sehr erwünscht, daß der Lichtbogen von den Isolatoren ferngehalten wird, damit die Seile nicht abschmelzen, wobei natürlich die Leitung zur Erde fallen würde. Die Abb. 369 zeigt den Überschlag an einer Kette mit Hörnerschutz.

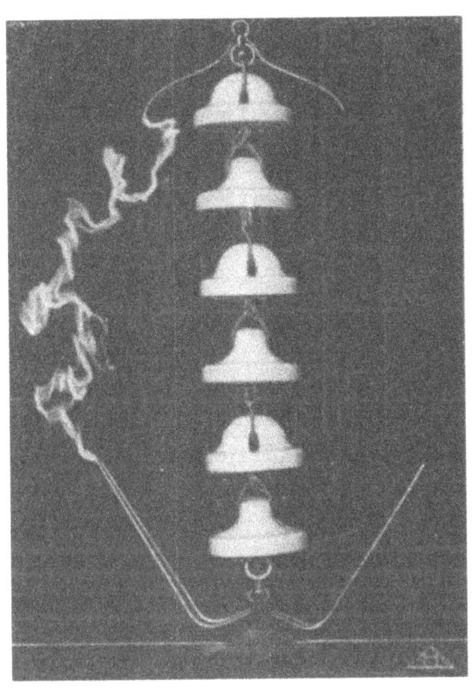

Abb. 369. Lichtbogenüberschlag an einer Schlingenisolatorkette mit Schutzhörnern bei Beregnung mit natürlichem Regenwasser (260 kV).

Abb. 370 zeigt die Abhängigkeit der Überschlagspannung der Hörnerfunkenstrecke von der Schlagweite. Will man nun beispielsweise erreichen, daß die Funkenstrecke bei einer Spannung von 200 kV anspricht, dann muß der Abstand der Hörnerspitzen zu 58 cm gewählt werden. In Abb. 371 sind die Überschlagspannungen von Kappen- und Schlingenketten abhängig von der Gliedzahl dargestellt. Auf der Ordinatenachse ist gleichzeitig auch die Schlagweite der Hörner angegeben. Bei Schlingenisolatoren müßte man also etwa 8 Glieder und bei Verwendung von Kappenisolatoren etwa 5 bis 6 Glieder zwischen den Hörnern anordnen. Würde man die Gliedzahl geringer wählen, dann würde der Überschlag durch die Ketten und nicht mehr durch die Hörner bestimmt. Damit wäre der Hörnerschutz unwirksam. Bei schwächerer Beregnung sind jedoch die Unterschiede der Gliedzahlen zwischen Kappen- und Schlingenisolatoren nicht mehr so groß.

Die Ergebnisse unserer Betrachtungen über Hängeisolatoren sind, wenn wir an noch weitere Steigerungen der Übertragungsspannungen denken, nicht ungünstig. Während man früher glaubte, daß es keinen Sinn hätte, in einer Kette mehr als 6 bis 7 Glieder anzuordnen, zeigen uns die Versuche, daß auch im Bereich der höchsten Spannungen die Überschlagspannungen fast proportional mit der Gliedzahl zunehmen. Es wird aber zu prüfen sein, ob man beispielsweise für Spannungen

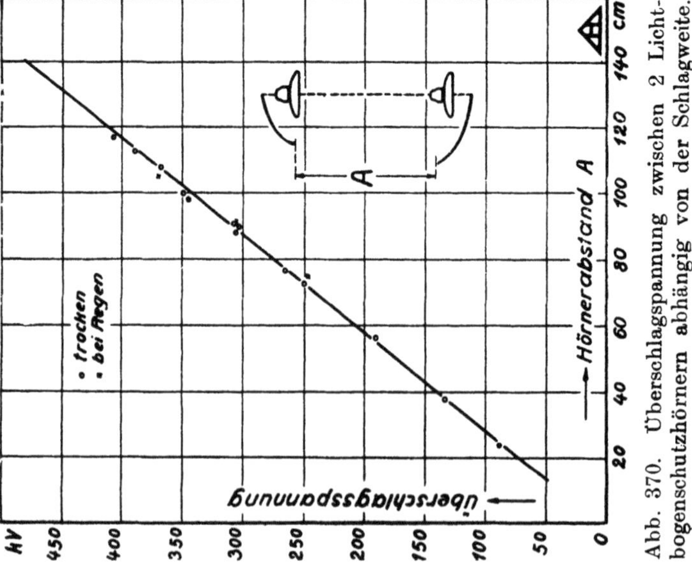

Abb. 370. Überschlagspannung zwischen 2 Lichtbogenschutzhörnern abhängig von der Schlagweite.

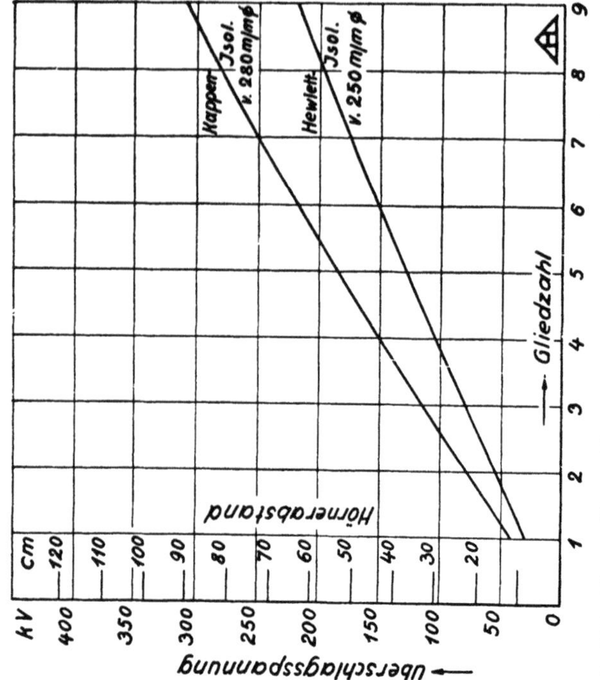

Abb. 371. Regenüberschlagspannung von Kappen- und Schlingenisolatorketten (gewöhnliches Leitungswasser) verglichen mit der Überschlagspannung zwischen 2 Hörnern nach Abb. 370.

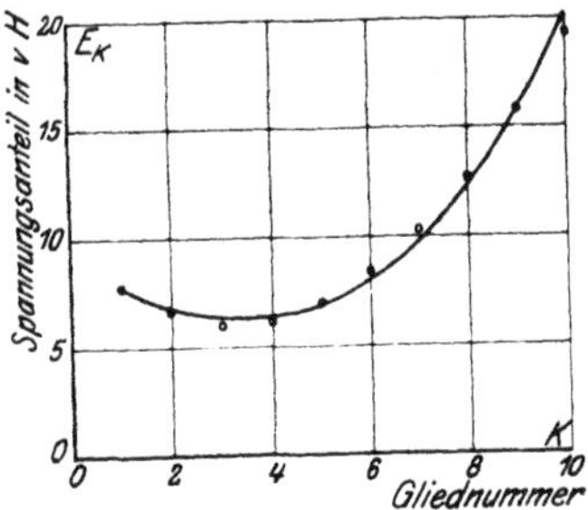

Abb. 372. Spannungsverteilung an einer 10-gliedrigen Kappenisolatorkette.

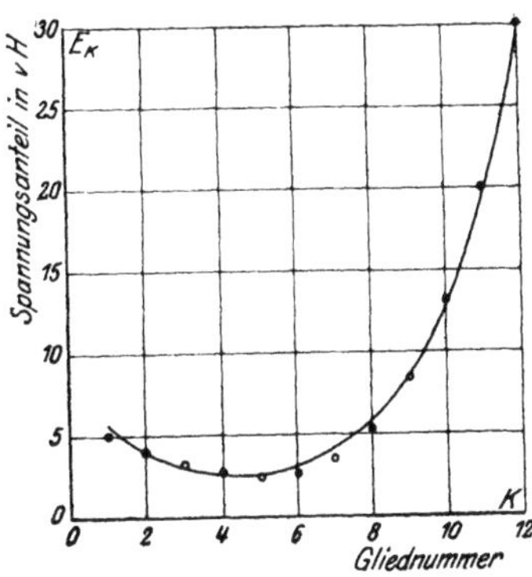

Abb. 375. Spannungsverteilung an einer 12-gliedrigen Schlingenisolatorkette.

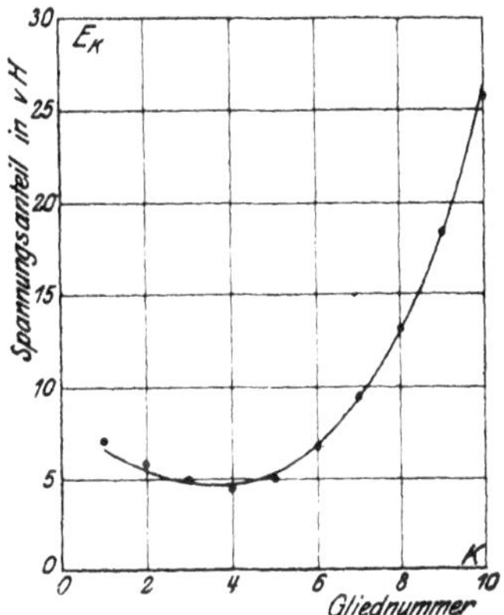

Abb. 373. Spannungsverteilung an einer 10-gliedrigen Schlingenisolatorkette.

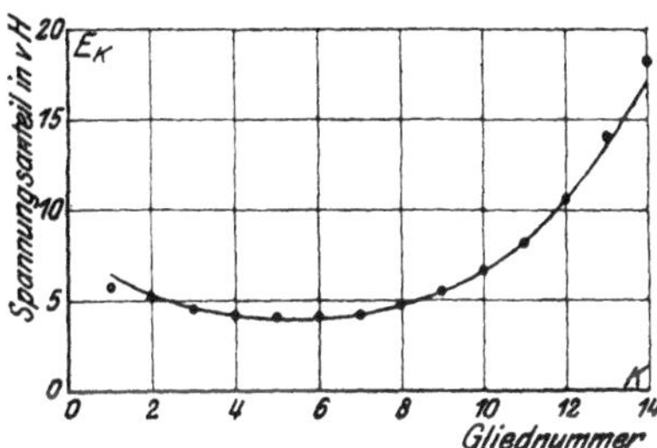

Abb. 376. Spannungsverteilung an einer 14-gliedrigen Kappenisolatorkette.

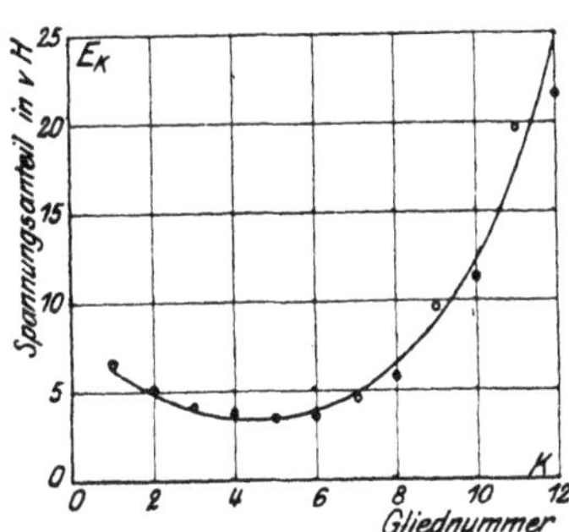

Abb. 374. Spannungsverteilung an einer 12-gliedrigen Kappenisolatorkette.

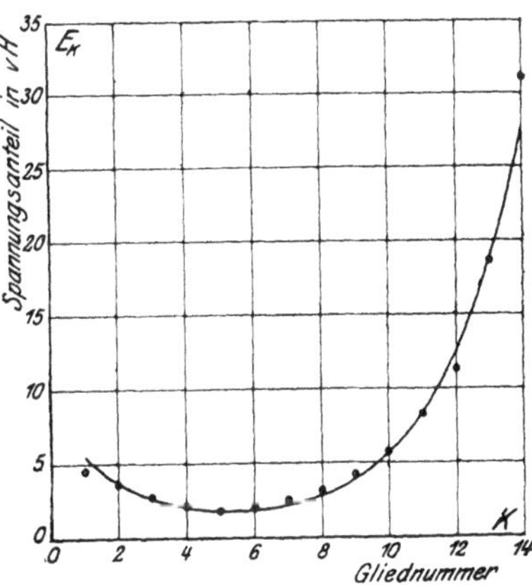

Abb. 377. Spannungsverteilung an einer 14-gliedrigen Schlingenisolatorkette.

von 200 kV die heutigen Formen der Einzelglieder beibehalten kann; denn es ist zu befürchten, daß die Ketten dann schon bei der Betriebsspannung Entladungen aufweisen, die, wenn sie auch dem Porzellan vielleicht nicht schaden, im Betrieb doch nicht erwünscht sind.

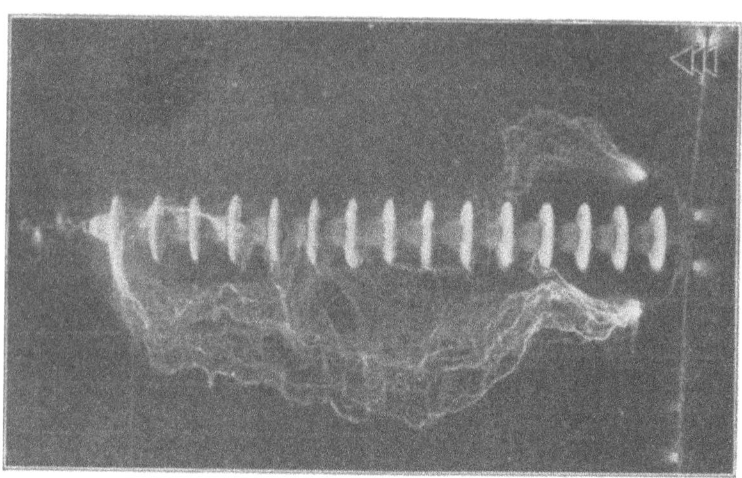

Abb. 379. Überschlag (trocken) an einer 15-gliedrigen Kugelkopfisolatorkette (Baulänge 2,7 m) mit Schutzhörnern an der Hängeklemme bei 874 kV und Wind von 3 m/sec.

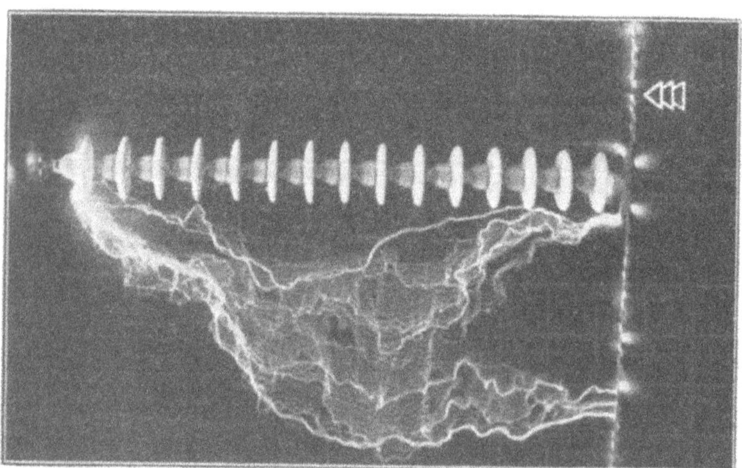

Abb. 378. Überschlag (trocken) an einer 15-gliedrigen Kugelkopfisolatorkette (Baulänge 2,7 m) bei 890 kV und Wind von 3 m/sec.

Bei sehr langen Ketten tritt in der Spannungsverteilung eine kleine Änderung ein, indem das erste Glied von oben immer mehr Spannung übernimmt, je länger die Kette wird. Die Abb. 372 bis 377 zeigen die Spannungsanteile pro Glied von 10-, 12- und 14gliedrigen

Kappen- und Hewlettketten nach Salessky. Physikalisch ist das leicht zu erklären: Die Streuströme laufen bei den oberen Isolatoren wieder auf die Armaturen zu. Abb. 378 bis 381 zeigen den Überschlag langer Ketten.

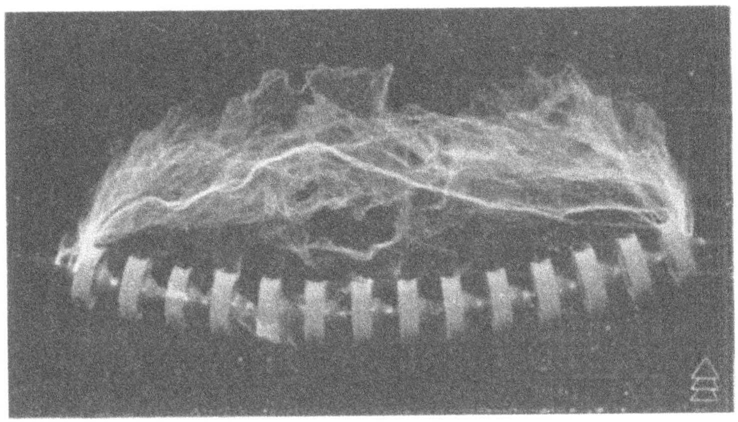

Abb. 380. Überschlag (trocken) an einer 14-gliedrigen Abspannkette aus Kugelkopfisolatoren (Baulänge 2,5 m) bei 1000 kV.

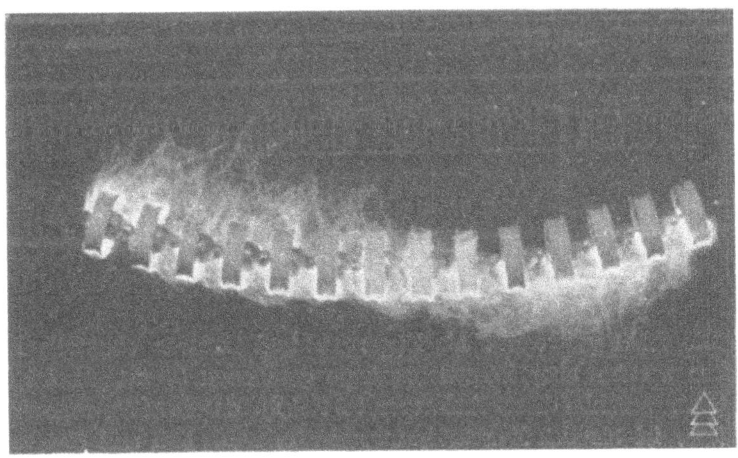

Abb. 381. Überschlag (bei Regen) an einer 14-gliedrigen Abspannkette aus Kugelkopfisolatoren bei 720 kV (Leitfähigkeit des Wassers 80 μ S cm^{-1}).

Neuerdings strebt man der Einführung starrer Ketten zu. Diese sind im großen und ganzen nichts anderes als aufgehängte, zylindrische Innenraumstützer mit Regenschutzdächern aus Blech oder Porzellan. Als Isolator verwendet man der hohen Zugfestigkeit wegen meist imprägniertes Holz. Abb. 382 zeigt einen amerikanischen Isolator aus Holz mit 2 Blechschirmen. Die Überschlagspannung wird angegeben zu 280 kV beim trockenen und 200 kV beim nassen Isolator. 2 Glieder halten 500 bzw. 350 kV aus.

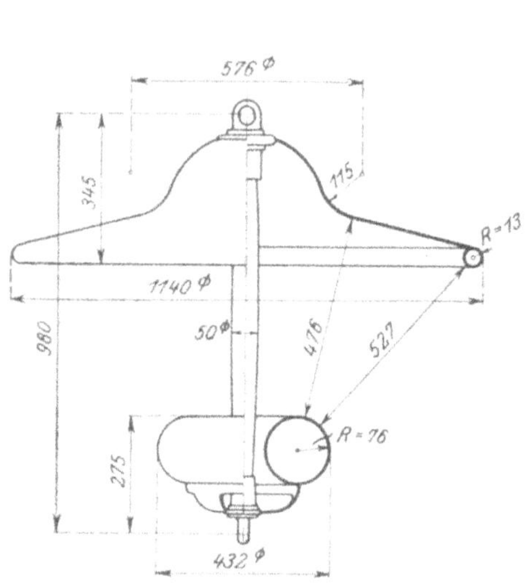

Abb. 382. Amerikanischer Hängeisolator aus Holz.

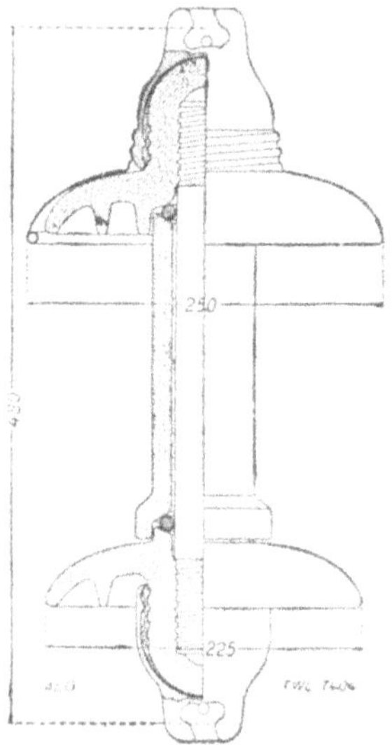

Abb. 383. Verbund-Tragisolator.

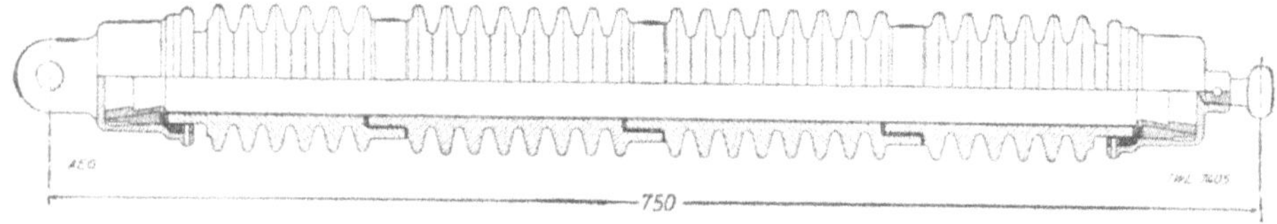

Abb. 384. Verbund-Abspannisolator.

Die AEG verwendet als Zugorgan und Isolator ebenfalls Holz; darüber werden aber Porzellanschirme geschoben (Verbundisolatoren). Der Grundgedanke dieser Isolatoren ist richtig, da die Stützeranordnung günstiger ist als das Durchführungsprinzip. Abb. 383 und 384 zeigen einen Verbund-Tragisolator und einen Verbund-Abspannisolator im Schnitt.

42. Die Innenraumstützer.

Die Stützisolatoren dienen dazu, in Innenräumen die Sammelschienen zu tragen und gegen den geerdeten Boden zu isolieren. Als Hauptform des Stützisolators für Anlagen mit mittleren Spannungen ist der vielverwendete Rillenisolator bekannt. Abb. 385 und 386 zeigen einige Ausführungsformen dieses Isolators. Dieser Isolator muß in elektrischer Hinsicht als sehr gut bezeichnet werden. Hierauf kommen wir nachher nochmals zurück.

Beim Übergang zu höheren Spannungen hat man zunächst den Rillenisolator vergrößert. Kuhlmann hat dann aber als neue Form den Stützer mit parabolischer Form angegeben; in Abb. 387 und 388 sind Stützer dieser Bauart dargestellt. Für mittlere Spannungen sind sie genormt worden. Die Tabelle J gibt die Maße für die genormten Stützer und die dazugehörige Spannung an. Neuerdings verwendet man als Isoliermaterial für die Stützer statt des Porzellans auch Hartpapier. Hartpapierstützer weisen eine rein zylindrische Form auf.

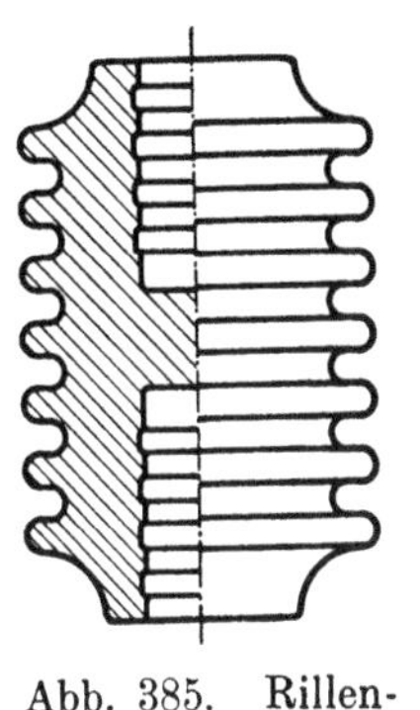

Abb. 385. Rillenisolator.

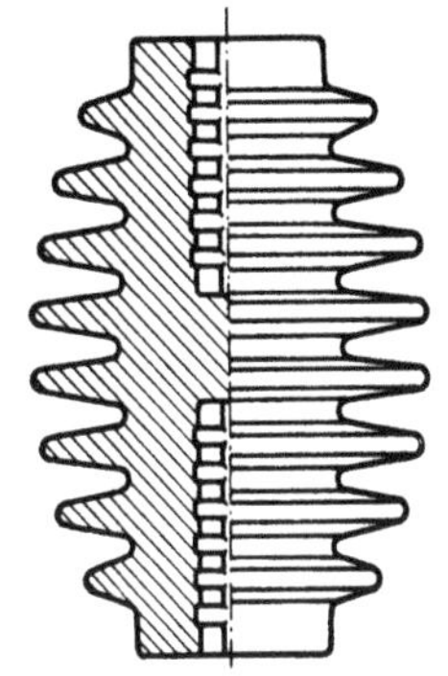

Abb. 386. Rillenisolator.

Wir wollen zunächst die Spannungsverteilung an den verschiedenen Stützern studieren. Wir wissen, daß der rein zylindrische Stützer, zwischen zwei genügend große Platten gebracht, eine vollkommen lineare Spannungsverteilung aufweist (isodynamischer Isolator). Macht man die beiden Metallelektroden zwar gleich groß, aber klein gegen die Höhe des Isolators, dann erhält man für die Spannungsverteilung eine zwar symmetrische Kurve, die Beanspruchung am Kopf und am Fuß des Isolators ist aber größer als an den anderen Stellen. Abb. 389, Kurve *a* zeigt eine solche Kurve. Macht man die beiden Metallplatten verschieden groß, und zwar die mit Erde verbundene größer als die Leitungselektrode, dann erhält man eine unsymmetrische Kurve für die Span-

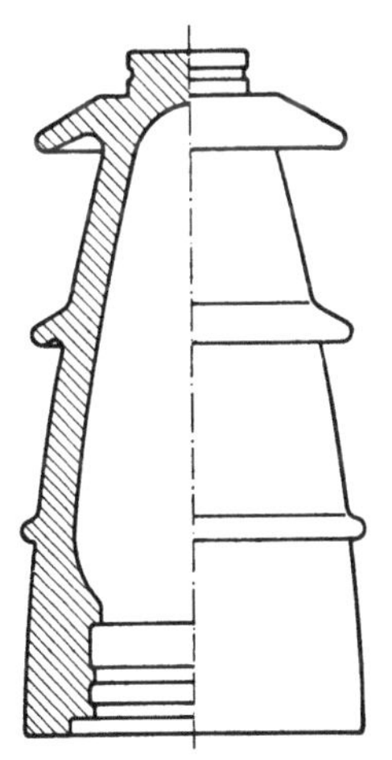

Abb. 387. Stützisolator nach Kuhlmann.

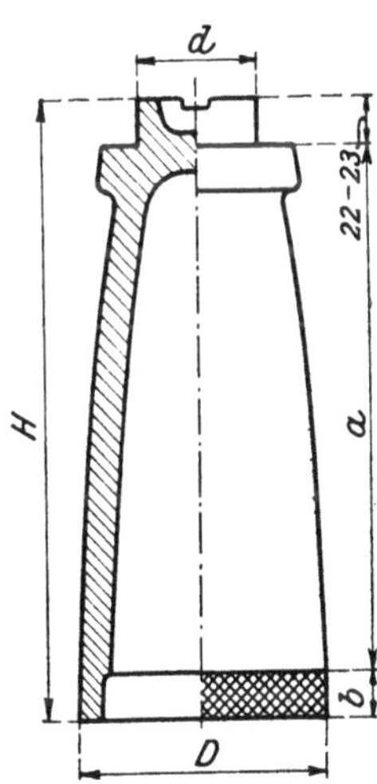

Abb. 388. Genormter Stützisolator.

nungsverteilung, von der Form der Kurve *b* von Abb. 389. Der Fall ungleich großer Elektroden liegt bei der praktischen Verwendung der Stützer immer vor; denn der Boden, gegen den der Stützer die Leitung L isolieren soll, ist stets als groß zu bezeichnen im Vergleich mit der Leitungselektrode.

Geht man von der zylindrischen Form ab und wählt man beispielsweise eine nach oben sich verjüngende Form, dann bleibt der Isolator ein isodynamischer, wenn die beiden Elektroden sehr große Platten sind; die Beanspruchung auf Überschlag wird sogar geringer als beim zylindrischen Isolator.

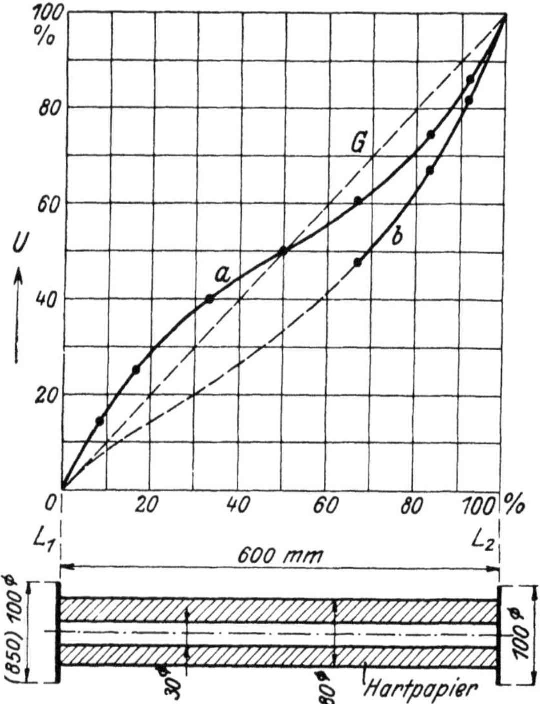

Abb. 389. Spannungsverteilung an einem Stützisolator.

Macht man aber die Leitungselektrode kleiner als die Erdelektrode, dann muß der Stützer natürlich eine noch ungleichmäßigere Spannungsverteilung aufweisen wie ein zylindrischer. Dieser Fall ist in Abb. 390 dargestellt. Alle in der Praxis verwendeten Isolatoren mit nach oben verjüngter Form weisen ungleichgroße Elektroden auf; man hat bei all diesen Stützern eine Spannungsverteilung nach Abb. 390 zu erwarten. Die Stelle der höchsten Beanspruchung liegt also am Kopf des Isolators.

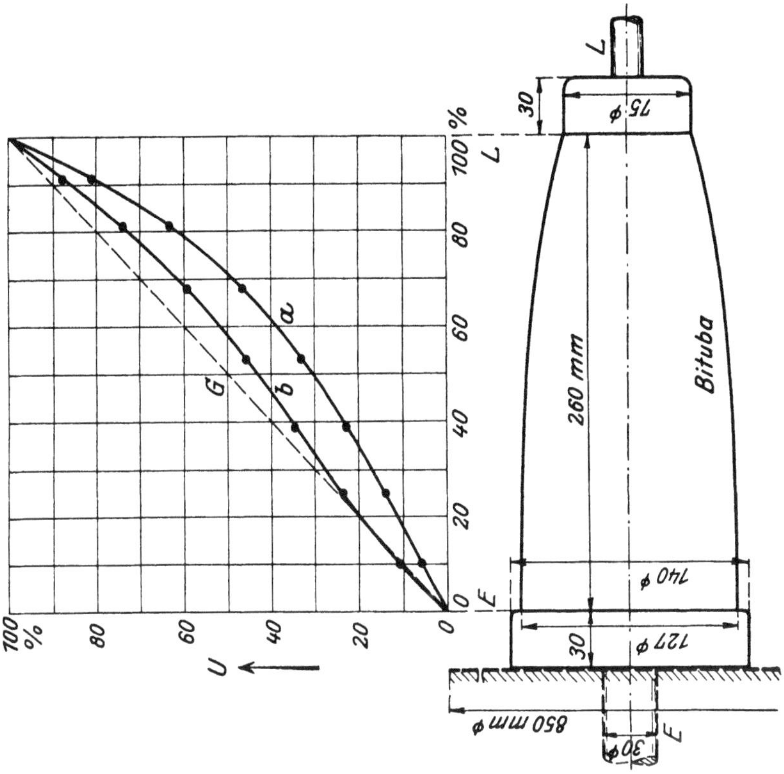

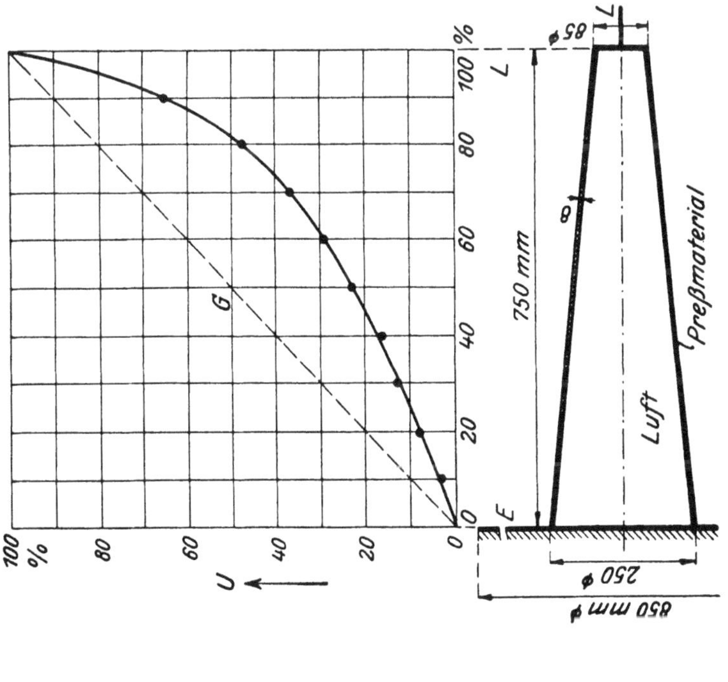

Abb. 390. Spannungsverteilung an einem konischen Stützer.

Abb. 391. Spannungsverteilung an einem parabolischen Stützer.

Abb. 391, Kurve *a* zeigt die Spannungsverteilung an einem glatten Stützer mit parabolischer Form. Wir finden das eben Gesagte bestätigt. Um den Einfluß der Erde auszuschalten, wurde der Stützer nicht auf einen geerdeten Blechteller gesetzt, sondern auf eine Metallstange von 1,6 m, die nicht gegen Erde isoliert war. Es ergab sich dann die Spannungsverteilung nach Kurve *b*. Wir sehen, daß diese Kurve nicht mehr viel von der idealen abweicht. Daraus können wir den

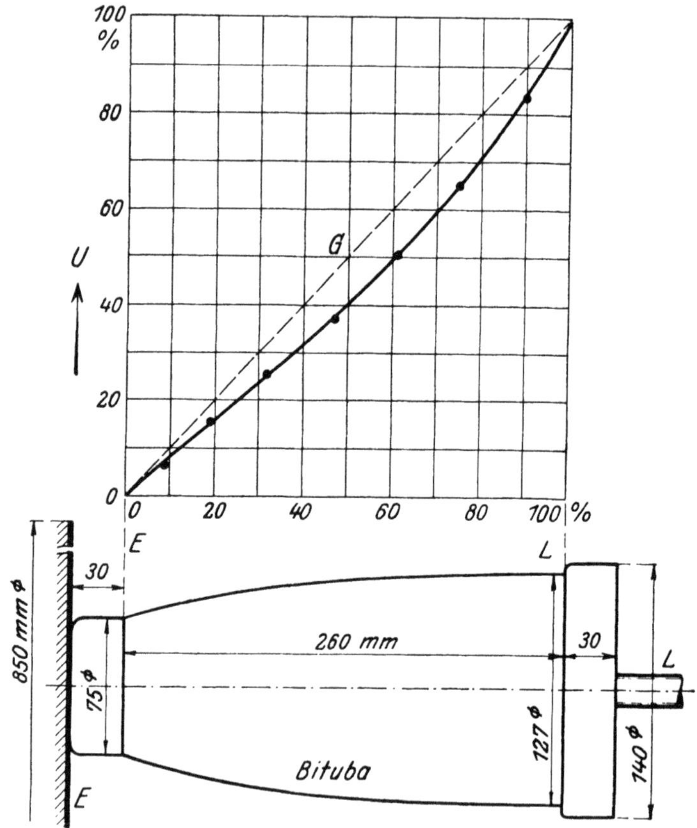

Abb. 392. Spannungsverteilung an einem gestürzten Stützer.

merkwürdigen Schluß ziehen, daß jeder Stützer besser wird, wenn wir ihn nicht direkt auf die geerdete Wand aufsetzen, sondern eine Metallstange dazwischenschalten.

Stellt man den Isolator auf den Kopf (D.R.P. 356513 des Verfassers), dann muß sich natürlich eine bessere Spannungsverteilung ergeben, als beim „richtig" aufgestellten Isolator. Dies zeigt Abb. 392. In der Tat kann man leicht durch einen Versuch feststellen, daß die

Überschlagspannung bei einem gestürzten Stützer besser ist als bei einem richtig aufgestellten.

Abb. 393 zeigt die Spannungsverteilung an einem parabolischen Stützer mit kleinen Wulsten, und zwar gilt die Kurve 2 für den Fall, daß die Leitung L in Richtung der Stützerachse weitergeführt ist; Kurve 3 gilt für die horizontal verlaufende Leitungselektrode. Abb. 394 zeigt die Spannungsverteilung für den gestürzten Stützer; wir stellen auch hier eine wesentliche Verbesserung fest.

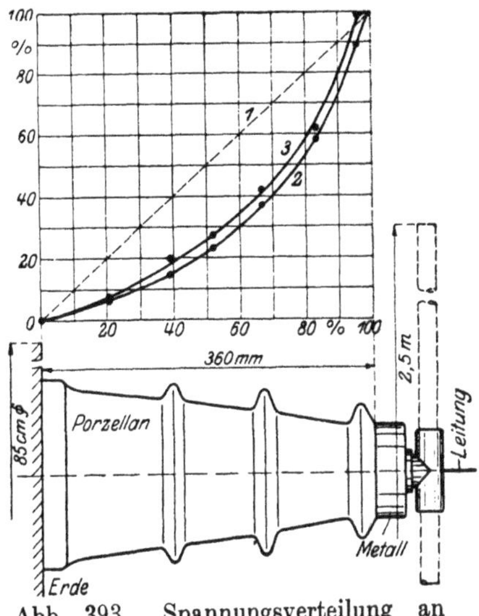

Abb. 393. Spannungsverteilung an einem parabolischen Stützer mit Rippen.

Daß der auf den Kopf gestellte Stützer eine bessere Spannungsverteilung aufweisen muß, ist leicht erklärlich. Die Kapazität der Elementarkondensatoren gegen Leitung wird dadurch wesentlich vergrößert und damit die Kurve gehoben. Die Vergrößerung der Kapazität kommt zustande, weil eine Zone von etwa 1 cm Breite am Kopf des Isolators wegen des größeren Durchmessers eine größere Fläche aufweist und weil außerdem die Leitungselektrode wesentlich vergrößert ist. Wir stellen das interessante Resultat fest, daß ein nach den Regeln der elektrischen Festigkeitslehre konstruierter Stützisolator gerade die entgegengesetzte Form erhält als wenn man ihn nach den Regeln der mechanischen Festigkeitslehre konstruiert.

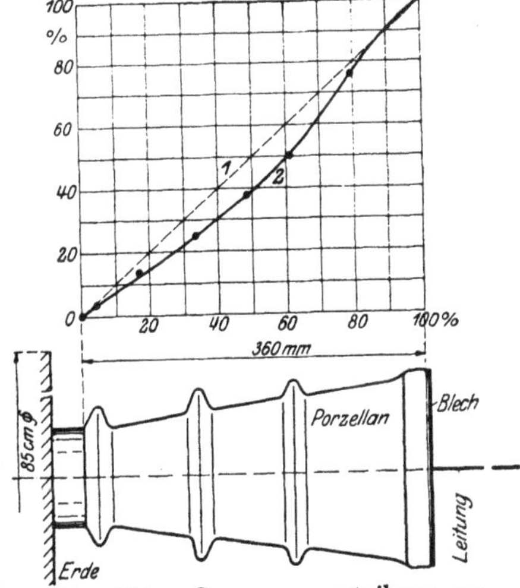

Abb. 394. Spannungsverteilung an einem gestürzten parabolischen Stützer mit Rippen.

Abb. 395 zeigt die Spannungsverteilung an einem Porzellanstützer für 100 kV mit einem Wulst in der Nähe der Leitungselektrode. Man sieht, daß durch den Wulst der glatte Verlauf der Kurve gestört wird und dadurch wird die Beanspruchung auf Überschlag am Kopf unnötig vergrößert. Setzt man auf den Kopf eine Sprühkappe auf, die so groß ist, daß sie den Wulst überdeckt, ohne aber das Porzellan zu berühren, dann erhält man die gestrichelt gezeichnete Kurve, die wesentlich besser ist.

Abb. 396 zeigt die Spannungsverteilung eines zylindrischen Repelitisolators der S.S.W. für 100 kV. Die Kurve 3 gilt für den Isolator mit und Kurve 2 für den Isolator ohne Sprühkappe. Man sieht auch hier den günstigen Einfluß der Vergrößerung der Leitungselektrode.

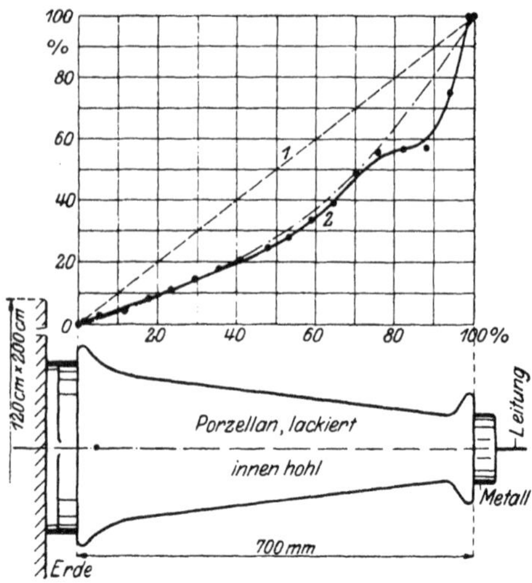

Abb. 395. Spannungsverteilung an einem Porzellanstützer für 100 kV Betriebsspannung.

Man kann auch bei den Stützisolatoren die Elektroden in das Isoliermaterial hineinziehen, wie wir es bei den Durchführungen kennen gelernt haben. Die Kurve *a* von Abb. 397 zeigt die Spannungsverteilung an einem Stützer mit eingezogener Leitungselektrode. Kurve *b* gilt für nicht eingezogene Elektrode. Man sieht, daß man dadurch den starken Spannungsanstieg von der Leitungselektrode wegdrückt. Allerdings tritt er dafür auf der freien Oberfläche auf. Wir wissen aber, daß bei einer solchen Spannungsverteilung die Entladungen sehr lange stromschwach bleiben, weil das fast horizontal verlaufende Stück der Kurve den Strom drosselt.

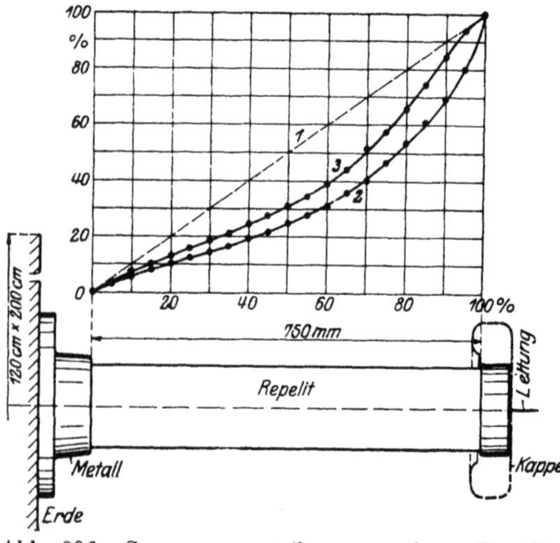

Abb. 396. Spannungsverteilung an einem Repelitstützer für 100 kV der SSW.

Abb. 398 und 399 zeigen die Spannungsverteilung an einem Durax-Stützer der Isolawerke mit oben und unten eingezogenen Elektroden nach Messungen des Verfassers. Das Feld wird hierdurch die eingezogenen Elektroden bestimmt, so daß ein Stürzen des Stützers keinen großen Einfluß auf die Spannungsverteilung hat.

Bei Stützern nach Angabe von Dr. K. Fischer überragt die vorgeschobene Elektrode die äußere Leitungselektrode. Die vorgeschobene Elektrode wird hier durch eine in das Papier eingewickelte Stanniolschicht gebildet.

Der Verfasser hat Stützer angegeben (D.R.P. a.) bei denen die eingebetteten Elektroden eine besondere Form erhalten, nämlich eine nach

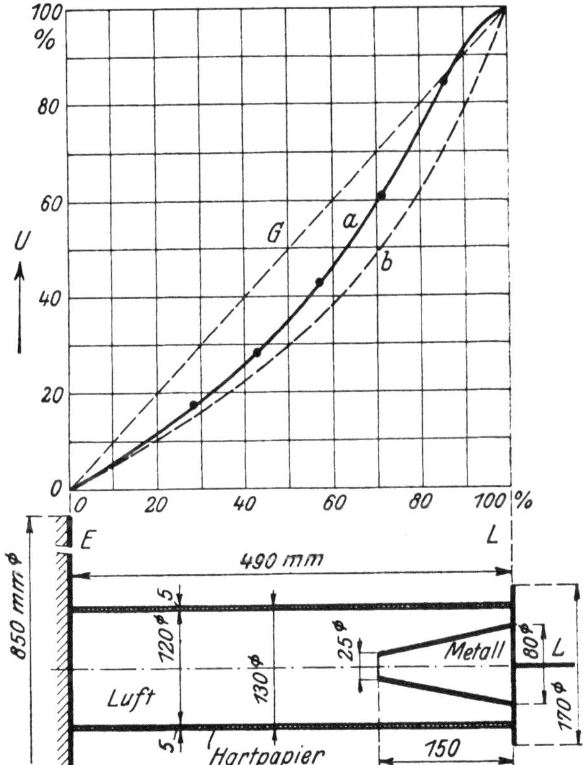

Abb. 397. Spannungsverteilung an einem Stützer mit eingezogener Leitungselektrode.

der Mitte des Isolators zu verjüngte Form. Außerdem wird die Elektrode in ein Isoliermaterial besonders hoher Dielektrizitätskonstante eingebettet. Stützer dieser Art für eine 100 kV-Anlage schlugen erst bei einer Spannung von 400 kV über; als Prüfspannung war 250 kV vorgeschrieben.

Aus der geringen Zahl von Ausführungsformen für Stützer sehen wir, daß unsere theoretischen Erkenntnisse durch die Praxis bestätigt werden, nämlich die Erkenntnis, daß die Anordnungen, bei denen die Elektroden sich nicht umhüllen, elektrisch wesentlich günstiger sind als die, bei denen sich die Elektroden umhüllen. Der Bau von Stützern für die höchsten Spannungen ist deshalb für die Praxis kein Problem.

Diese Erkenntnis führt uns zu der Regel, alle Anordnungen der Praxis soweit als möglich als Stützeranordnungen auszuführen und nicht als Durchführungen. (Vgl. Weitschirmisolatoren.)

Diese Regel wird aber in der Praxis nicht allerorts beachtet; denn wir finden neuerdings mehrteilige Stützer, bei denen die Einzelteile nach dem Durchführungsprinzip konstruiert sind. Abb. 400 zeigt einen solchen Stützer für eine Freiluftstation; die Einzelteile desselben sind die bekannten Kappenisolatoren, also Durchführungen. Abb. 401 zeigt andere Isolatoren, bei denen auch die Einzelteile Stützer sind.

In Abb. 402 und 403 sind einige große Freiluft-Stützisolatoren für Spannungen von 100 kV dargestellt. Man sieht, daß es

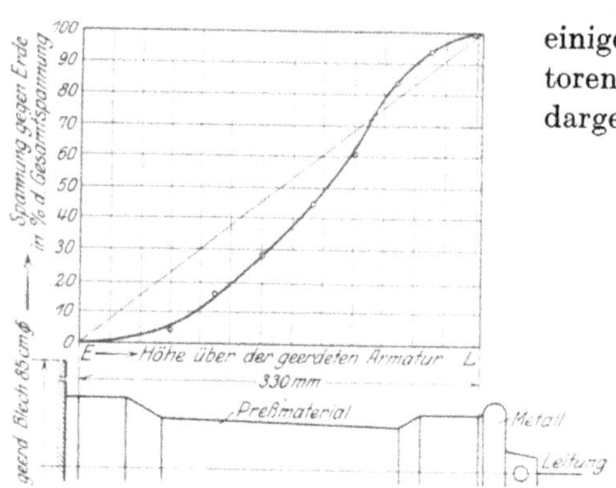

Abb. 398. Spannungsverteilung an einem Duraxstützer mit eingezogenen Elektroden der Isola-Werke.

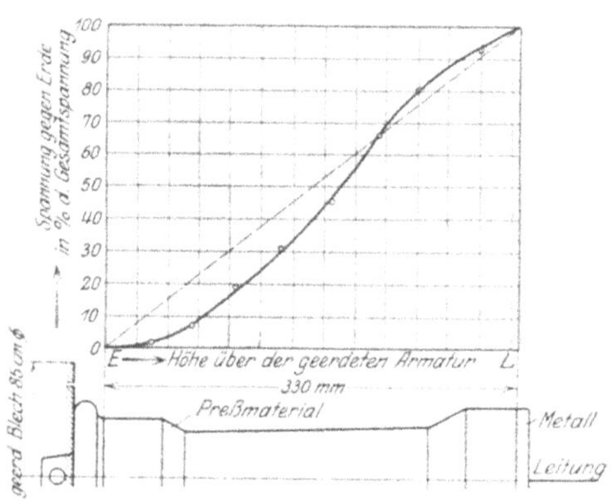

Abb. 399. Spannungsverteilung an einem gestürzten Duraxstützer mit eingezogenen Elektroden.

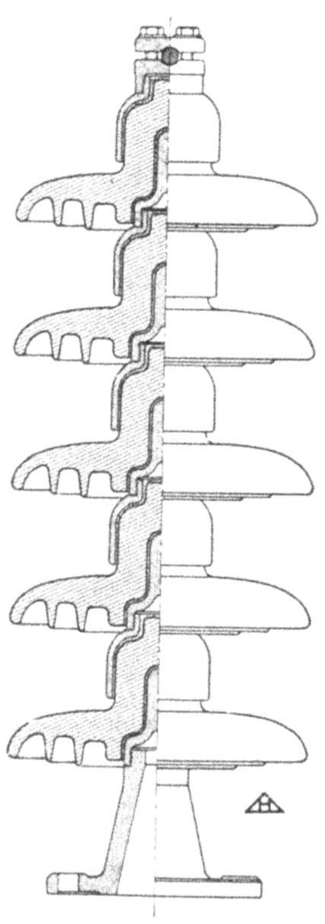

Abb. 400. Stützer für Freiluftstationen ($^1/_8$ nat. Größe).

sich auch hier um sehr große Dimensionen handelt, und es ist leicht verständlich, daß bei Verwendung solcher Isolatoren die Schalthäuser gewaltige Dimensionen annehmen müssen.

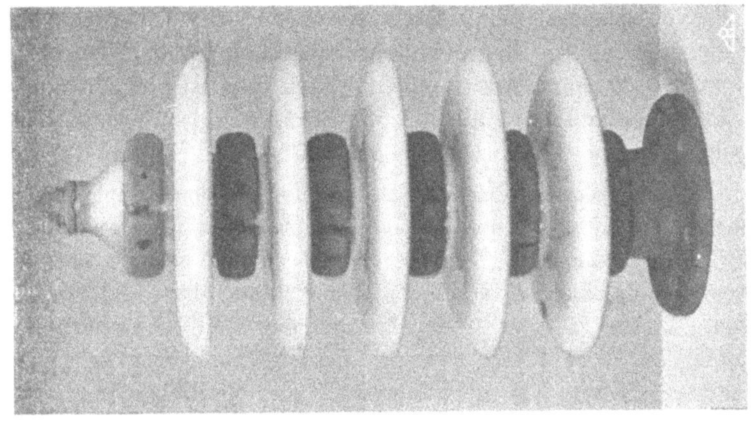

Abb. 403. Stützer für Freiluftstationen.

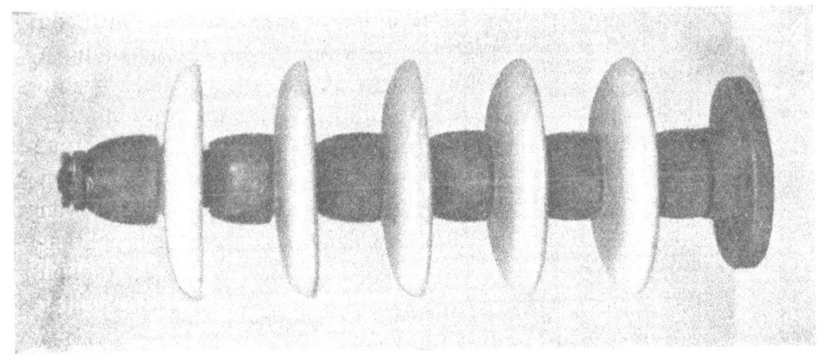

Abb. 402. Stützer für Freiluftstationen.

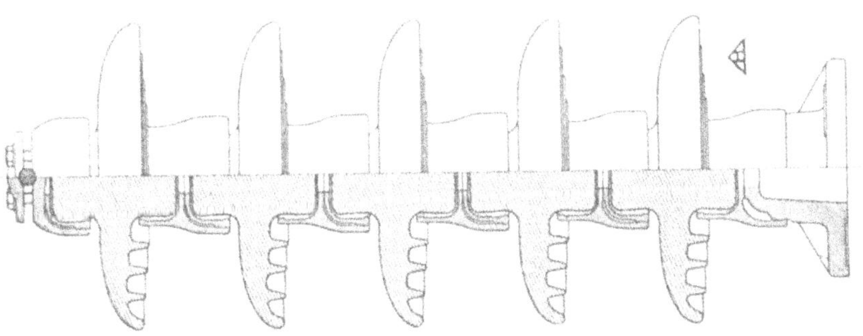

Abb. 401. Stützer für Freiluftstationen ($^1/_8$ nat. Größe).

43. Die Prüfung der Isolatoren.

Niederfrequenzprüfung. Um einen Isolator hinsichtlich seiner Güte beurteilen zu können, ist in erster Linie die Kenntnis der Regenüberschlagspannung notwendig. Das Verhältnis dieser Spannung zur Betriebsspannung wird Sicherheitsgrad des Isolators genannt. Die Bestimmung der Regenüberschlagspannung ist nicht leicht zu ermitteln, da sie sehr stark von den Versuchsbedingungen abhängig ist. Es ist deshalb notwendig, für die Ermittlung der Regenüberschlagspannung genaue Vorschriften zu machen.

Die ungünstigsten Verhältnisse für die Beanspruchung auf Überschlag sind nicht etwa sehr heftige Regengüsse, sondern starke Nebel und Schneetreiben bei Temperaturen über Null. Es wäre also eigentlich notwendig, diese Zustände bei der Prüfung der Isolatoren herzustellen. Davon ist man aber abgekommen, weil es außerordentlich schwierig ist, diese Verhältnisse im Laboratorium in stets gleicher Weise herzustellen. Man zieht es deshalb vor, die Regenüberschlagspannung als Kennzeichen für die Güte eines Isolators heranzuziehen. Aber auch hier ist es notwendig, die Versuchsbedingungen peinlich genau einzuhalten, um miteinander vergleichbare Werte zu erhalten. Nach Untersuchungen von W. Weicker sind hier die Regenbedingungen, die atmosphärischen Zustände und die Anordnung der Isolatoren beim Versuch die wichtigsten bei den Prüfungen zu beachtenden Gesichtspunkte. Diese sollen im folgenden näher betrachtet werden.

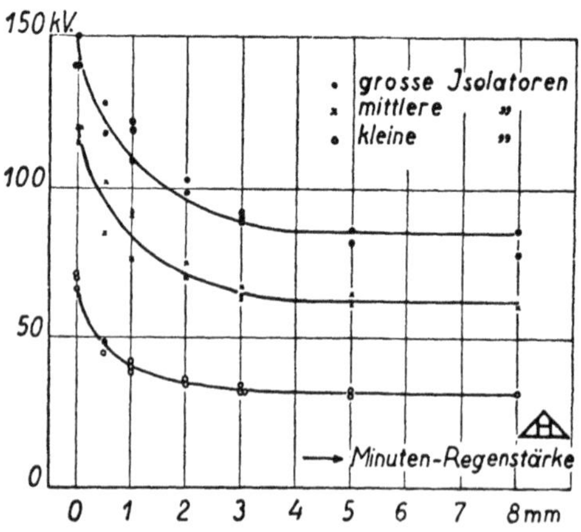

Abb. 404. Abhängigkeit der Regen-Überschlagspannung von der Stärke des Regens für Deltaisolatoren verschiedener Größe.

Unter den Regenbedingungen ist in erster Linie die Regenstärke maßgebend. Abb. 404 zeigt die Überschlagspannungen einiger Deltatypen (J 1382; J 1390 und J 1395) abhängig von der Regenstärke. Als Regenwasser wurde Leitungswasser mit einer Leitfähigkeit von 400 μ S $\cdot$ cm^{-1} verwendet. Abb. 405 zeigt die entsprechenden Kurven für Hängeisolatoren. Die Regenüberschlagspannung sinkt schon bei schwacher Beregnung sehr stark und erreicht bei einer Regenstärke von etwa 3 mm pro Minute einen nahezu gleichbleibenden Wert. Deshalb wird in Deutschland dieser Wert von 3 mm minutlicher Regenstärke als **Norm** angesehen. Um zu beurteilen, wie stark ein solcher Regen ist, sei erwähnt, daß diese Regenstärke einem **wolkenbruchartigen** Gewitterregen entspricht, wie er in der Natur relativ selten und dann nur ganz **kurze** Zeit auftritt. Nach meteorologischen Beobachtungen gehört eine Regenstärke von 1 mm Höhe in unseren Breitegraden schon zu den Seltenheiten.

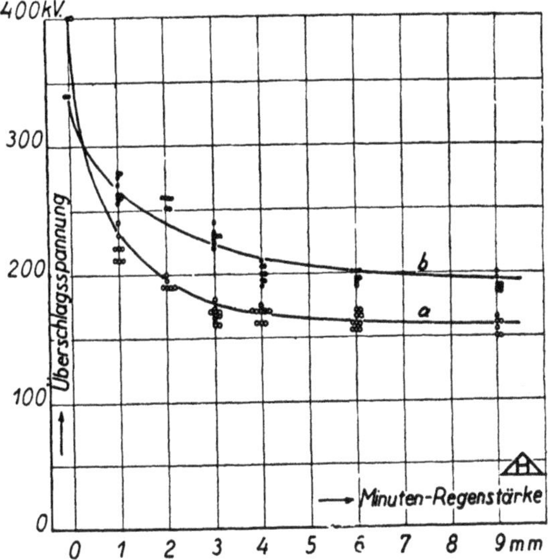

Abb. 405. Abhängigkeit der Regen-Überschlagspannung von der Stärke des Regens für 6-gliedrige Hängeisolatorketten.

Kurve *a* für Schlingenisolatoren,
„ *b* „ Kappenisolatoren.

Die **Richtung** des Regens hat natürlich auch einen großen Einfluß auf die Überschlagspannung, weil je nach der Richtung des Regens andere Teile des Isolators benetzt werden. Abb. 406 zeigt die Abhängigkeit der Überschlagspannung vom Einfallswinkel des Regens für Deltaisolatoren der oben angegebenen Größe. Es muß darauf hingewiesen werden, daß es falsch wäre, beim Versuch den Einfallswinkel dadurch zu ändern, daß man bei senkrechtem Regen den **Isolator** schief stellt. Es ist klar, daß hierbei die Ablaufbahnen der Wassertropfen und damit die ganzen **Verhältnisse** andere werden als beim senkrecht aufgestellten Isolator.

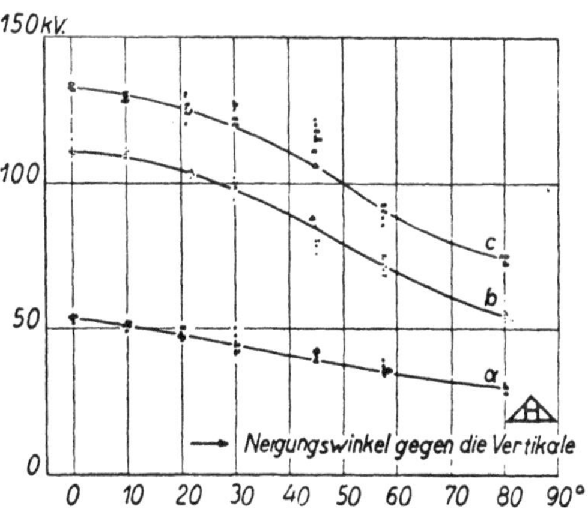

Abb. 406. Abhängigkeit der Regen-Überschlagspannung vom Regen-Einfallswinkel für Deltaisolatoren verschiedener Größe.

Kurve *a* kleine Isolatoren,
„ *b* mittelgroße Isolatoren,
„ *c* große „

Von größter **Wichtigkeit** ist die **Dauer** des Regens. Unmittelbar nach dem Einsetzen des Regens fällt die Überschlagspannung sofort vom Trockenwert sehr stark ab, da die ganze obere Fläche des Isolators sofort benetzt wird. Beim trockenen Isolator gehen die Entladungen von der Halsrille aus

Abb. 407. Glimmentladungen an der Halsrille eines trockenen Isolators.

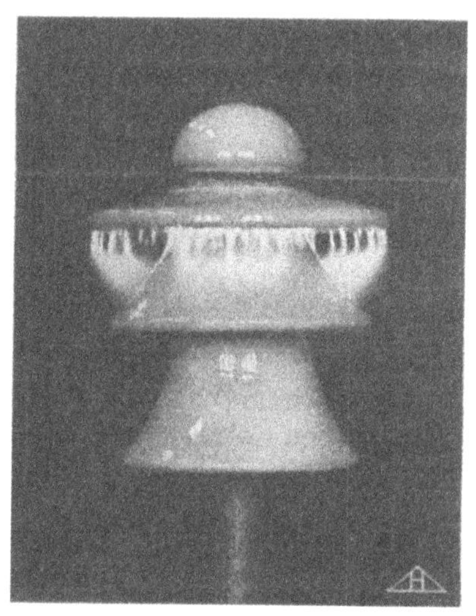

Abb. 408. Glimmentladungen bei Regen, ausgehend von den Wassertropfen am oberen Mantelrand.

und bedecken den ganzen Kopf des Isolators, wie Abb. 407 zeigt. Schon bei der geringsten Benetzung verschwinden diese Entladungen und die am Rand des obersten Daches ablaufenden Regentropfen bilden jetzt den Ausgangspunkt für die Entladungen, wie Abb. 408 zeigt. Dadurch wird der Lichtbogen eingeleitet (Abb. 409). Bei länger dauernder Beregnung werden allmählich die Zwischenräume zwischen den Mänteln naß, so daß die Entladungen mehr vom Rand des mittleren Mantels (Abb. 410) oder vom Hülsenrand ausgehen (Abb. 411). Bei der letzten Abbildung sieht man übrigens sehr schön, daß die Regentropfen trotz der großen Ausladung der Hülse in

Abb. 409. Lichtbogenüberschlag an einem schwach beregneten Isolator.

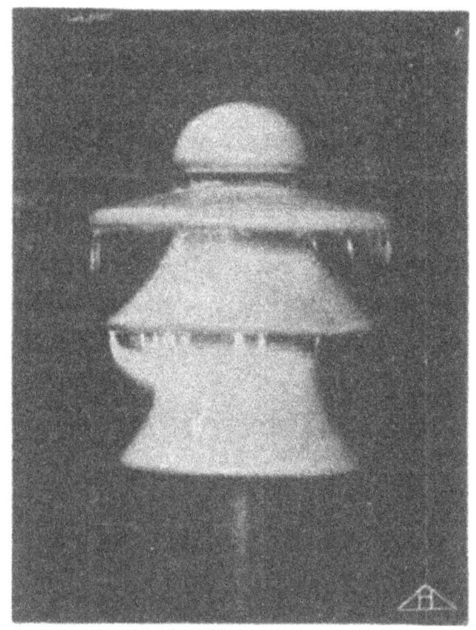

Abb. 410. Entladungen zwischen mittlerem Mantel und Hülse bei länger dauernder starker Beregnung.

Abb. 411. Entladungen zwischen Hülse und Stütze bei besonders starker Beregnung.

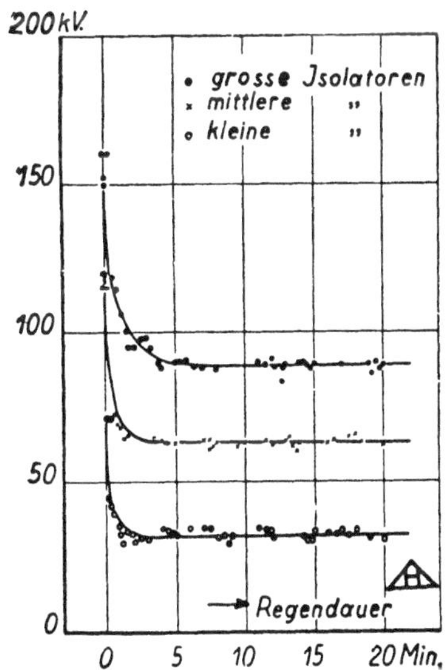

Abb. 412. Abhängigkeit der Regen-Überschlagspannung von der Dauer des Regens für Deltaisolatoren verschiedener Größe.

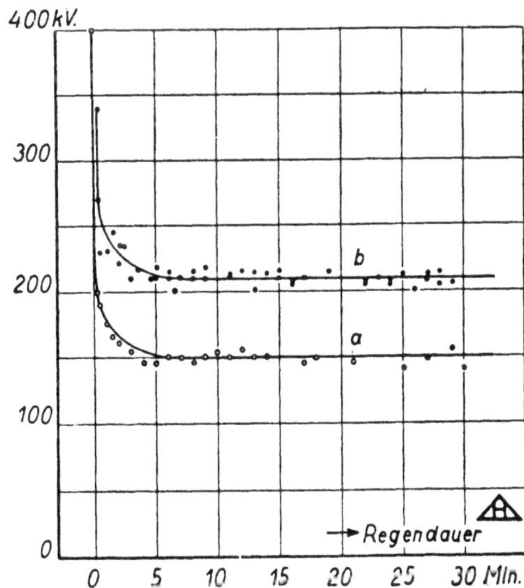

Abb. 413. Abhängigkeit der Regen-Überschlagspannung von der Dauer des Regens für eine 6-gliedrige Hängeisolatorkette.

Kurve *a* für Schlingenisolatoren,
" *b* " Kappenisolatoren.

Richtung zur Stütze hingehen; die Tropfen werden hier also nicht nach außen geschleudert. Die Abnahme der Überschlagspannung mit der Regendauer ist in den Abb. 412 und 413 für Deltaisolatoren und für Hängeketten dargestellt.

Der Verfasser hat sehr interessante Messungen üher die Änderung der Spannungsverteilung abhängig von der Regendauer gemacht. Abb. 414 zeigt die Spannung der Punkte 10 und 6 (Abb. 318) abhängig von der Regendauer und nach Abstellen des Regens. Die Stellen, die beim trockenen Isolator fast gar keine Spannung aufnehmen, tragen im benetzten Zustand des Isolators einen sehr großen Teil der Spannung. Die Einstellung auf die neue Spannnngsverteilung geht sehr rasch vor sich, sowohl beim Beginn als auch beim Abstellen des Regens.

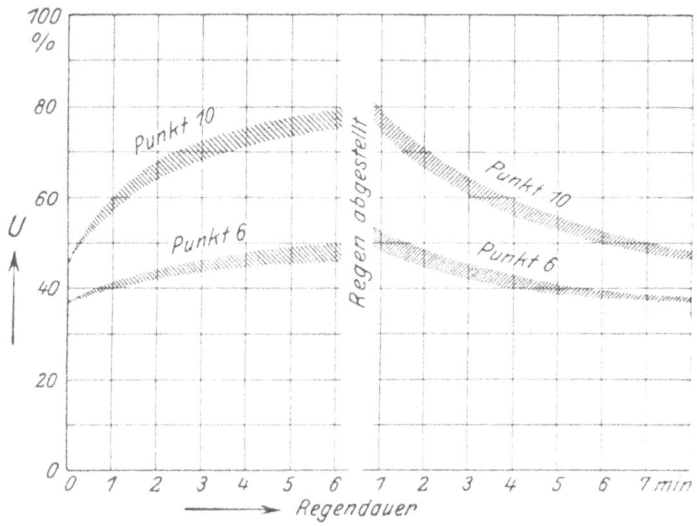

Abb. 414. Änderung der Spannungsverteilung abhängig von der Regendauer. (Isolator nach Abb. 318.)

Wie mehrere Abbildungen schon gezeigt haben, spielt auch die Leitfähigkeit des benutzten Beregnungswassers eine große Rolle hinsichtlich der Überschlagspannung. Abb. 415 und 416 zeigen die Abhängigkeit der Überschlagspannung von der Leitfähigkeit des Wassers ($1\ \mu$ S = 1 Mikro-Siemens = 10^{-6} Siemens) für Deltaisolatoren und Hängeketten. Auch die Form der Entladung ist je nach der Leitfähigkeit eine ganz andere. Die Abb. 417 und 418 zeigen diesen Unterschied für Deltaisolatoren. Besonders deutlich tritt dies aber bei den Schlingenisolatoren in Erscheinung; der Lichtbogen liegt einmal auf dem Porzellan, bei natürlichem Regen dagegen erfolgt der Überschlag in Luft wie bei den Kappenisolatoren (Abb. 419 und 420).

W. Weicker schlägt vor, alle Messungen auf Leitungswasser von 400 μ S·cm^{-1} zu beziehen, um vergleichbare Werte zu bekommen. Durchschnittlich liegen die Überschlagwerte bei natürlichem Regenwasser mit einer Leitfähigkeit von 20 μS·cm^{-1} um etwa 35 bis 45% höher als bei diesem Leitungswasser. Um die für verschiedene Leitfähigkeiten ermittelten Überschlagwerte miteinander vergleichen zu können, hat W. Weicker in einer Tafel Umrechnungsfaktoren angegeben. Die Überschlagspannung bei einer Leitfähigkeit von 400 μS·cm^{-1} ist gleich Eins gesetzt; die Faktoren geben an, um wieviel größer oder kleiner dann die Überschlagspannungen bei anderen Wasserverhältnissen für die verschiedenen Isolatoren ist. Dabei ist ein Regen von 3 mm Höhe, 5 Minuten Dauer und 45 Grad Einfallswinkel vorausgesetzt. Mit Hilfe dieser Tafel können wir leicht die für beliebige Leitfähigkeit ermittelten Überschlagspannungen miteinander vergleichen.

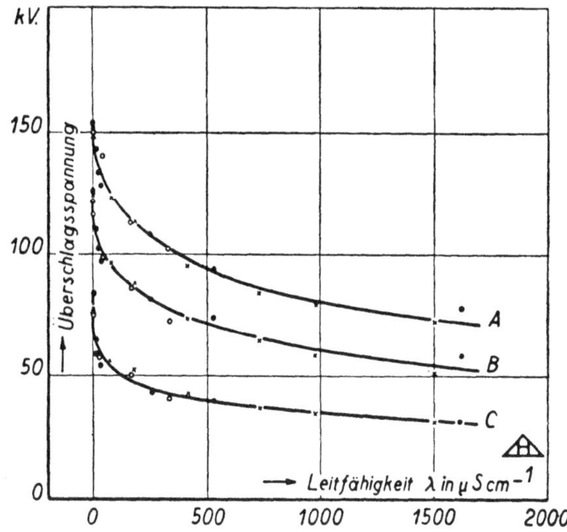

Abb. 415. Abhängigkeit der Regen-Überschlagspannung von der Leitfähigkeit des Beregnungswassers für Deltaisolatoren verschiedener Größe.

Kurve A großer Isolator,
„ B mittlerer „
„ C kleiner „

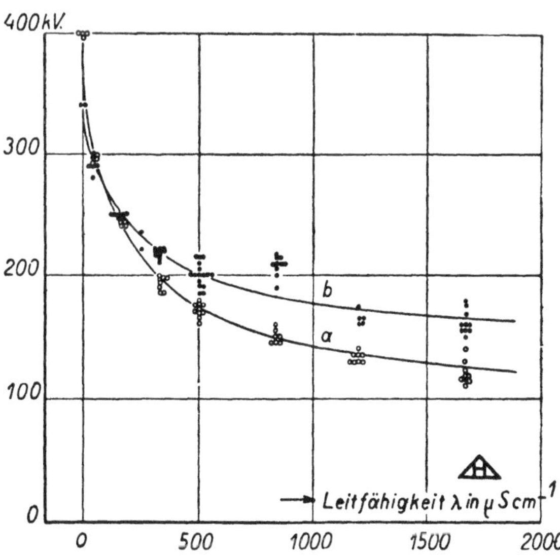

Abb. 416. Abhängigkeit der Regen-Überschlagspannung von der Leitfähigkeit des Beregnungswassers für eine 6-gliedrige Hängeisolatorkette.

Kurve a für Schlingenisolatoren,
„ b „ Kappenisolatoren.

Abb. 417. Entladungen an einem Deltaisolator bei Beregnung mit Wasser geringer Leitfähigkeit.

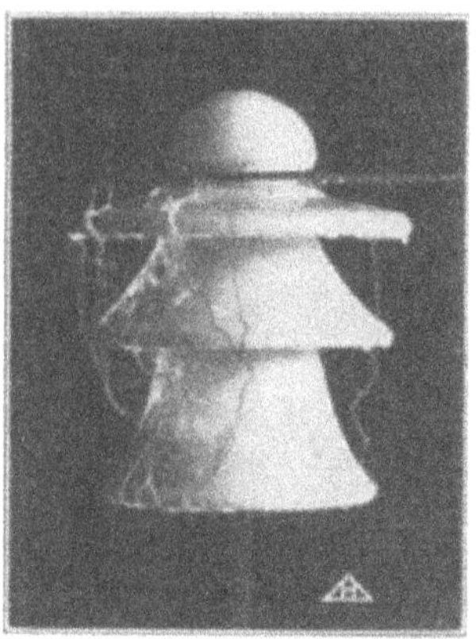

Abb. 418. Entladungen an einem Deltaisolator bei Beregnung mit Wasser hoher Leitfähigkeit.

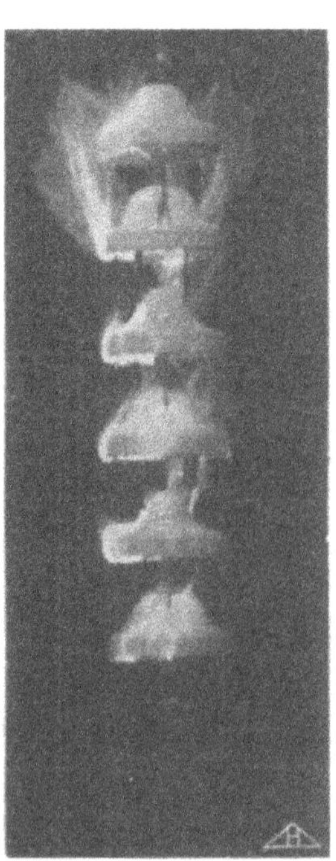

Abb. 419. Entladungsverlauf längs der Isolatorenoberfläche bei Beregnung mit Wasser hoher Leitfähigkeit bei 150 kV.

Abb. 420. Entladungsverlauf außen um die Isolatorkette bei Beregnung mit Wasser geringer Leitfähigkeit bei 260 kV.

Leitfähigkeit in μ S cm^{-1}	Entsprechender Widerstand in Ohm cm	Entspricht etwa	Delta-Isolatoren			Sechsgliedrig. Hängeisolator		Freiluft-Durchführungs-Isolatoren		
			Kleiner Delta-Isolator 10 kV	Mittelgroßer Delta-Isolator 35 kV	Großer Delta-Isolator 60 kV	Kappentyp	Schlingentyp	Kleiner Isolator 10 kV	Mittelgroßer Isolator 35 kV	Großer Isolator 60 kV
10	100000	destilliertem Wasser handelsüblich	1,56	1,48	1,46	1,51	1,81	1,97	1,48	1,35
20	50000	aufgefangenem	1,48	1,41	1,41	1,46	1,73	1,90	1,41	1,30
30	33330	natürlichem Regen-	1,43	1,38	1,37	1,44	1,68	1,73	1,38	1,27
50	20000	wasser	1,36	1,32	1,33	1,37	1,59	1,63	1,32	1,22
100	10000	schlecht leitendem	1,25	1,25	1,25	1,27	1,42	1,40	1,22	1,15
200	5000	Leitungswasser	1,13	1,13	1,14	1,14	1,22	1,23	1,13	1,09
300	3333	normalem	1,05	1,05	1,06	1,06	1,09	1,07	1,04	1,04
400	2500	Leitungswasser	1,00	1,00	1,00	1,00	1,00	1,00	1,00	1,00
600	1666	gut leitendem	0,94	0,92	0,92	0,91	0,88	0,80	0,91	0,95
1000	1000	Leitungswasser	0,85	0,81	0,82	0,83	0,75			

Der Einfluß der atmosphärischen Verhältnisse auf die Überschlagspannung des beregneten Isolators ist klein im Vergleich zu den Regeneinflüssen. Ist die Überschlagspannung bei einem Barometerstand von b mm Hg und t Grad Celsius zu $U_ü'$ kV gemessen worden, so ergibt sich für einen Barometerstand von 760 mm und einer Temperatur von 20° C eine Überschlagspannung $U_ü$ nach der Formel

$$U_ü = U_ü' \frac{760\,(273 + t)}{b\,(273 + 20)}.$$

Bei trockenen Isolatoren spielt auch die Luftfeuchtigkeit eine gewisse Rolle für die Größe der Überschlagspannung. Wir haben bei der Untersuchung über die Durchschlagfestigkeit der Luft gesehen, daß die Feuchtigkeit keinen Einfluß auf die Anfangsspannung, wohl aber auf die Büschelgrenzspannung hat, und zwar nimmt sie mit der Luftfeuchtigkeit zu. An den Isolatoren mit den verschiedenen Wölbungen und Krümmungen sind, wie leicht verständlich, alle Entladungen möglich. Je nachdem nun die Funkenspannung des Isolators mit der Anfangs- oder Büschelgrenzspannung zusammenfällt, wird sich der Einfluß der Luftfeuchtigkeit in verschiedener Weise geltend machen. In Abb. 421 sind die Überschlagspannungen dreier Deltatypen abhängig von der Feuchtigkeit dargestellt. Beim kleinen Isolator ist kein Einfluß bis nahezu 100% bemerkbar, beim großen Isolator nimmt die Spannung um etwa 20% zu; beim mittleren Isolator ist eine schwächere Zunahme (9%) vorhanden. Bei Erreichung des Taupunktes fällt aber die Überschlagspannung bei allen Isolatoren in gleicher Weise ab.

Betreffs der Anordnung der Isolatoren bei der Prüfung macht W. Weicker folgende Vorschläge.

Da die Höhe der Stütze über der Traverse (wegen rückspritzenden Regens und Verkürzung des Überschlagweges bei sehr niedrigen oder ungewöhnlich starken Stützen) die Höhe der Überschlagspannung beeinflussen kann, so sind die Prüfungen mit einer den wirklichen Verhältnissen möglichst entsprechenden Anordnung vorzunehmen.

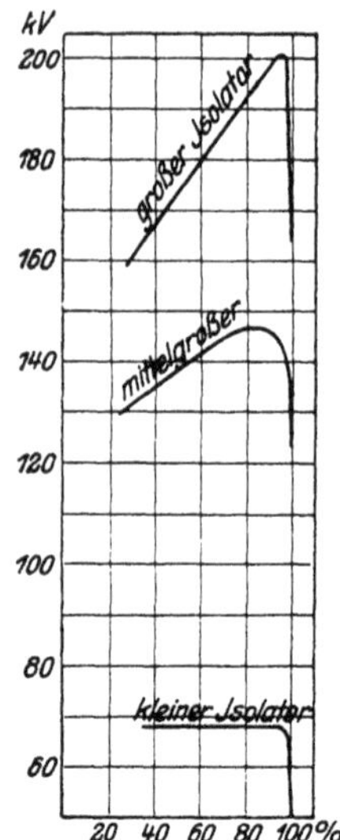

Abb. 421. Überschlagspannung dreier Deltaisolatortypen abhängig von der Feuchtigkeit.

Für Vergleichsversuche, bei denen die Isolatoren ohne Rücksicht auf ihre spezielle Verwendung allgemein geprüft werden sollen, ist es zweckmäßig. eine bestimmte Anordnung (etwa 25 mm Stützen-Durchmesser, Abstand vom unteren Isolatorhülsenrand zur Traverse mindestens = halbem Isolatorhülsendurchmesser) vorzusehen.

Das Entsprechende gilt für den Leitungsdraht und seine Befestigung. Auch für diesen ist ein bestimmter Mindestdurchmesser (zweckmäßig 10 mm) vorzusehen. Der Draht sollte, um Entladungen von dem Drahtende über den Isolator zu vermeiden, beiderseits genügend weit über den Isolator vorstehen.

Seine Verlegung hat bei den Prüfversuchen, der in Deutschland üblichen Befestigungsart entsprechend, in der Halsrille, nicht in der Kopfrille, zu erfolgen, in der er in geeigneter Weise, am einfachsten durch eine umgelegte Spiralfeder befestigt wird. Bei der Prüfung von Hängeisolatoren sind sinngemäß entsprechende Maßnahmen für die Verlegung des Leitungsdrahtes vorzusehen[1]).

Die Beschaffenheit der Traverse spielt insofern eine gewisse Rolle, als eine sehr breite, etwa aus Blech bestehende Traverse bei Stützenisolatoren, das Rückspritzen des Wassers erleichtert. Es sind also für den Versuch entweder die jeweiligen Betriebsverhältnisse nachzubilden, oder für allgemeine Messungen einheitliche Festsetzungen zu treffen.

Für Hänge-Isolatoren, bei denen der Querträger oberhalb der Isolatoren liegt, sind auch nach Möglichkeit die Betriebsverhältnisse

[1]) Bez. der genormten Prüfvorschriften siehe ETZ, 1922 S. 31 und ETZ 1922 S. 1347.

nachzuahmen, und zwar weniger aus Rücksicht auf das abspritzende Wasser, als mit Rücksicht auf die allgemeine Feldverteilung.

Für die Höhe der Regen-Überschlagspannung ist die durch Erdung der Stütze bedingte Änderung der Feldverteilung am Isolator im allgemeinen ohne Belang. Dagegen ist die bei einpoliger Erdung des Transformators meist auftretende starke Veränderung der Spannungskurvenform unbedingt zu berücksichtigen.

Die Durchschlagspannung der Isolatoren kann bei Niederfrequenz natürlich nicht ohne weiteres ermittelt werden, da sie ja eher über- als durchschlagen. Man bringt deshalb die Isolatoren zur Bestimmung ihrer Durchschlagspannung in ein Ölbad. Die Überschlagfestigkeit in Öl ist wesentlich größer als in Luft und damit natürlich auch die Überschlagspannung. Bei einigermaßen gutem Öl liegt deshalb die Durchschlagspannung tiefer als die Überschlagspannung in Öl, es gelingt also, den Isolator zu durchschlagen.

Bei solchen Versuchen hat man nun merkwürdige Beobachtungen gemacht. Beispielsweise hat sich gezeigt, daß die Durchschlagspannung der Isolatoren bei Verwendung weniger guten Öles tiefer liegt als bei sehr gutem Öl. Der Verfasser hat diese Erscheinung aufgeklärt. Ist das Öl schlecht, dann ist die Überschlagfestigkeit der Trennschicht nicht so hoch wie bei gutem Öl; es können sich also Entladungen auf der Oberfläche ausbilden, die zwar nicht zum vollständigen Überschlag ausreichen, aber den Isolator zu einem anderen Gebilde machen. Betrachten wir z. B. einen Deltaisolator mit kugeligem Kopf. Hier werden sich die Entladungen zuerst über den ganzen Kopf ausbilden, der Isolator verhält sich also geradeso, als wenn der Kopf mit Stanniol belegt wäre. Er stellt dabei die Anordnung „zwei konzentrische Kugeln" dar; der Durchschlag wird sich dann nicht an der Bundrille ausbilden, sondern am Kopf erfolgen, da dies der schwächste Teil ist. Ist aber das Öl sehr gut, dann werden diese Entladungen über dem Kopf unterdrückt und der Durchschlag erfolgt an einer anderen Stelle, vielleicht zwischen Rille und Stütze. An dieser Stelle bildet der Isolator die Anordnung „Ring mit konaxialem Stab", und diese Anordnung ist wesentlich besser, demnach auch die Durchschlagspannung höher. Also je nach der Beschaffenheit des Öles bildet sich der Durchschlag an verschiedenen Stellen aus und deshalb ist die Durchschlagspannung verschieden.

Auch die Größe des Ölgefäßes kann eine Rolle spielen, indem durch die Wände des Gefäßes das elektrische Feld des Isolators gestört wird.

Die Stoßprüfung. Die Erfahrung hat gelehrt, daß die Maschinen, Transformatoren, Apparate und Isolatoren in Hochspannungsanlagen gelegentlich durchgeschlagen werden, obwohl sie vor dem Einbau einer strengen Prüfung mit wesentlich höheren Spannungen unterzogen worden waren. Daraus hat man geschlossen, daß sich im Betrieb über die normale Spannung Spannungen lagern, die wesentlich höher sind als die Betriebs- und Prüfspannung dieser Apparate; man nennt diese Spannungen bekanntlich Überspannungen. Die Überspannungen können die Frequenz des Betriebes haben, sie können aber auch hochfrequenter Natur sein oder als Wanderwellen auf der Leitung toben.

In Erkenntnis dieser Tatsache hat man die Frage aufgeworfen, ob es bei dieser Sachlage gerechtfertigt ist, die Einzelteile der Anlage nur mit Rücksicht auf den stationären Betrieb zu prüfen oder ob man nicht vielmehr auch bei der Prüfung die durch die nichtstationären Vorgänge bedingten Überspannungen nachahmen müßte durch Einführung der sog. Stoßprüfung. Diese Frage ist bis heute noch nicht endgültig entschieden; wir kommen hierauf später nochmals zurück.

In Deutschland hat wohl zum erstenmal F. Grünewald eingehende Untersuchungen über das Verhalten der Hochspannungsisolatoren unter der Einwirkung hochfrequenter Spannungen veröffentlicht. In dieser Arbeit ist auch die amerikanische Literatur über diesen Gegenstand angegeben. Grünewald benützt zur Erzeugung hochfrequenter Schwingungen eine Influenzmaschine und einen einfachen oder gekoppelten Schwingungskreis.

Grünewald nennt diejenige Spannung, bei der ein Isolator gerade übergeschlagen wird, Minimalüberschlagspannung. Eines der wichtigsten Ergebnisse seiner Untersuchungen ist, daß die Überschlagspannung bei der Hochfrequenzstoßprüfung um etwa 47 % höher ist als die Überschlagspannung bei Niederfrequenz. Ferner wurde die Minimalspannung für trockene und nasse Isolatoren gleich groß gefunden. Grünewald schließt daraus, daß sich die Benetzung infolge ihres hohen Widerstandes gegenüber hochfrequenten Strömen wie ein Isolator verhält.

Aus diesen Versuchen sehen wir, daß die hochfrequente Beanspruchung für den Überschlag sehr günstig ist; denn die Überschlagspannung wird wesentlich hinaufgesetzt, der Isolator hält eine höhere Spannung aus, ohne überzuschlagen wie bei Niederfrequenz. Vom physikalischen Standpunkt aus ist dieses Verhalten leicht verständlich. Der Überschlag ist ein Luftdurchschlag und bei kurzen Spannungsstößen kommt die Stoßionisierung nicht zustande.

Weniger erfreulich ist das Resultat, wenn wir an die Beanspruchung auf Durchschlag denken. Alle Isolatoren sind, wie bereits öfter erwähnt wurde, so konstruiert, daß sie bei Beanspruchung mit gewöhnlicher Wechselspannung eher überschlagen als durchschlagen.

Da nun bei der Stoßbeanspruchung die Überschlagspannung höher ist als bei der Niederfrequenzbeanspruchung, liegt die Gefahr vor, daß

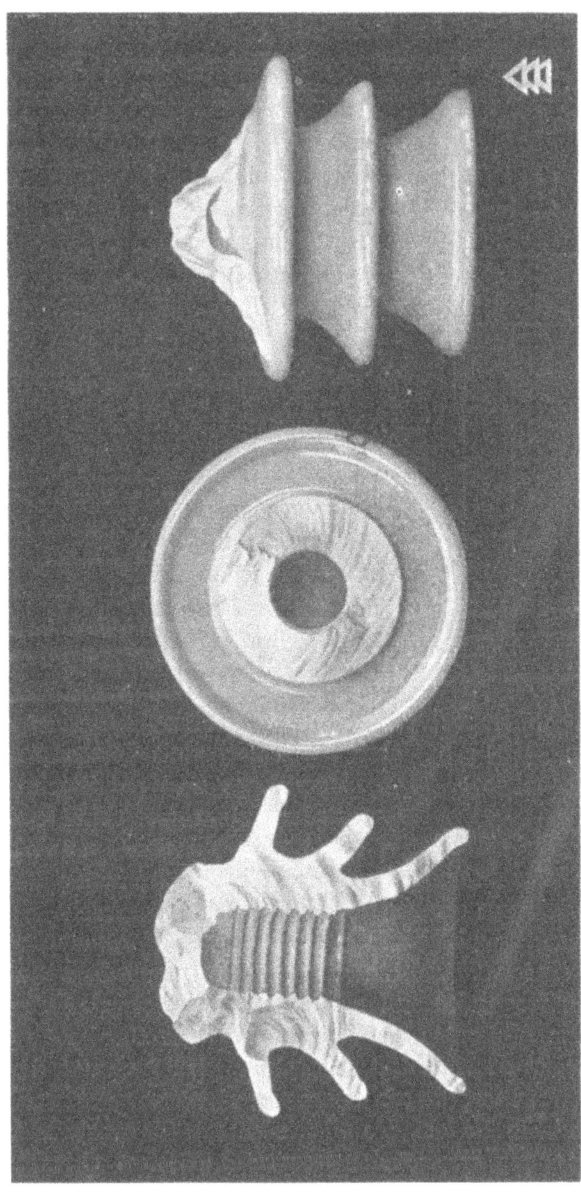

Abb. 422. Isolatoren bei der Stoßprüfung durchgeschlagen.

die Isolatoren bei Stoßbeanspruchung eher durchschlagen als überschlagen, und tatsächlich haben die Stoßprüfungen ergeben, daß die

Isolatoren durchgeschlagen werden können, ohne daß sie überschlagen.

Freilich taucht auch hier sofort die Frage auf, ob nicht auch die Durchschlagfestigkeit des Isoliermaterials bei Stoßbeanspruchungen höher ist als bei Beanspruchung mit Niederfrequenz. Wenn der Vorgang beim Durchschlag mit Stoßbeanspruchung auch ein thermischer Vorgang ist wie bei der Niederfrequenzbeanspruchung, dann liegt sicher auch die Durchschlagfestigkeit höher. Die Versuche haben aber das merkwürdige Resultat ergeben, daß die Isolatoren bei der Stoßbeanspruchung explosionsartig auseinanderspringen, ohne die charakteristischen Spuren des Schmelzvorganges zu zeigen. In Abb. 422 sind einige bei der Stoßbeanspruchung geplatzte Isolatoren dargestellt. Es ist also anzunehmen, daß hier kein thermischer Vorgang vorliegt; wieviel aber die Stoßdurchschlagfestigkeit höher liegt als die bei Niederfrequenzbeanspruchung ist noch nicht bekannt. Es ist sogar schon behauptet worden, daß die Stoßdurchlagfestigkeit niedriger sei. Aber selbst wenn sie höher ist, ist der Zuwachs nicht so groß wie bei der Überschlagfestigkeit; denn sonst würden die Isolatoren bei der Stoßbeanspruchung auch eher überschlagen als durchschlagen.

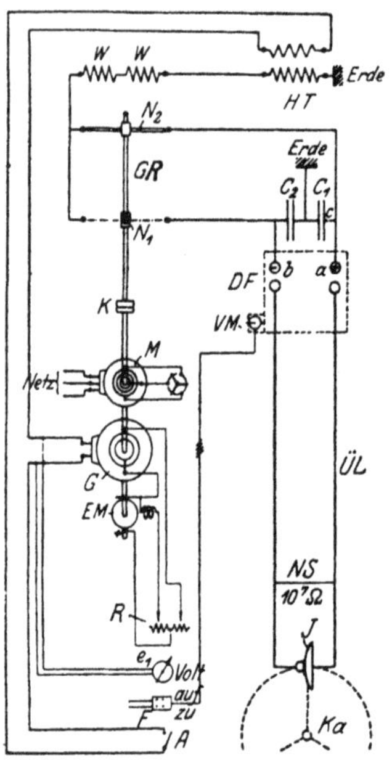

Abb. 423. Schaltung für Stoßprüfung nach Bucksath.

Neuerdings sind die Ergebnisse umfangreicher Untersuchungen über die Stoßbeanspruchung bei Isolatoren durch die Arbeiten von W. Bucksath und E. Marx bekannt geworden. Auf die Theorie der Schaltungen zur Erzeugung der Spannungsstöße soll hier nicht näher eingegangen werden; es wird auf die Arbeit von W. Bucksath und Prof. M. Toepler verwiesen. In allen Fällen wird eine Stromquelle mit Gleichspannung verwendet und zwar wird der Gleichstrom mit Hilfe des Delonschen Apparates hergestellt. Die von Bucksath verwendete Schaltung ist in Abb. 423 dargestellt. HT bedeutet den Hochspannungstransformator, dessen Spannung gleichgerichtet werden soll, N_1 und N_2 sind die Nadeln des Gleichrichters, die synchron mit dem die Wechselspannung erzeugenden Generator rotieren. C_1 und C_2 sind Kondensatoren, F_1 F_2 Kugelfunkenstrecken, w ist ein Widerstand, L eine etwa 20 m lange Leitung mit einem Wellenwiderstand von etwa 400 Ω.

Die zu prüfenden Isolatoren sind auf einem Karussel aufgebaut.

Bei der Bucksathschen Schaltung werden die Kondensatoren C_1 und C_2 durch den Gleichrichter aufgeladen; wenn die Spannung hoch genug gestiegen ist, schlägt die Luftstrecke zwischen den Kugeln durch; wird die Leitung L plötzlich an die Kondensatorbatterie gelegt, so wandert eine Welle in die Leitung und prallt auf den Isolator auf, es tritt die Stoßbeanspruchung des Isolators auf. Ist die Kondensatorenbatterie entladen, dann verlischt der Funke wieder, die Ladung der Kondensatoren beginnt von neuem usw.

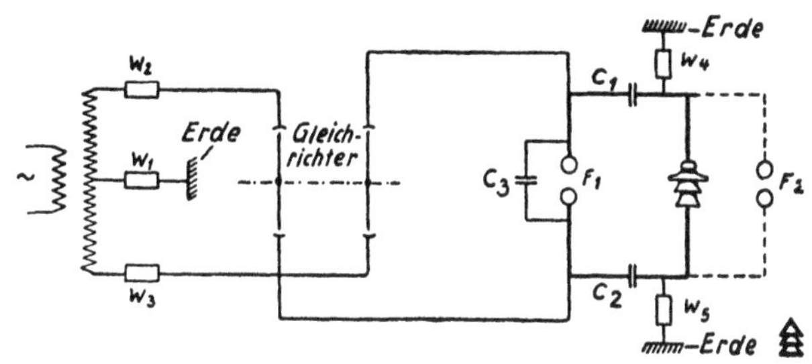

Abb. 424. Stoßschaltung *a* der Hescho-Werke.

Die Heschowerke (Hermsdorf-Schomburg) verwenden nach der Mitteilung von E. Marx in der Hauptsache vier verschiedene Schaltungen zur Erzeugung der Stöße. Die Schaltung „*a*“ ist in Abb. 424 dargestellt. Der Stoß wird durch die Zündfunkenstrecke F_1 eingeleitet; an den Isolatoren liegt infolge der Wirkung der Wasserwiderstände w_4 und w_5 keine Spannung vor dem Stoß. Beim Zünden der Funkenstrecke F_1 entladen sich die Kondensatoren C_1 und C_2 auf den Isolator. Die Wasserwiderstände sind so groß, daß sie den Stoß im ersten Augenblick nicht beeinflussen. Die Induktivität des Stromkreises ist möglichst klein gehalten, die Leitungen sind möglichst kurz und dünn, um auch den Widerstand des Kreises möglichst klein zu machen. Wir sehen, daß hier ein Unterschied gegenüber der von Bucksath angegebenen Schaltung ist. Die Heschowerke vermeiden alle langen Leitungen, Bucksath schaltet eine solche absichtlich ein. Die wirksame Kapazität der Reihenschaltung der beiden Kondensatoren muß im Vergleich zur Kapazität des Isolators sehr groß sein. Die Heschowerke wählen C_1 und C_2 zu je 3600 cm ($= 0{,}004$ Mikrofarad). Die Kapazität eines Isolators beträgt etwa 30 cm. Aus diesem Grund prüft man alle Isolatoren einzeln und nicht in Gruppen wie bei der Niederfrequenzprüfung. Zum Isolator ist die Funkenstrecke F_2 parallel geschaltet, um das Maximum der am Isolator auftretenden Spannung zu messen.

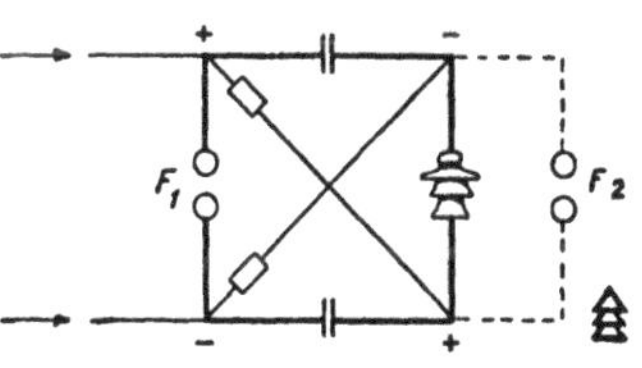

Abb. 425. Stoßschaltung *b* der Hescho-Werke.

Bei der Stoßschaltung *a* erreicht der Stoß die Spannungshöhe der Stromquelle. Es ist aber oft wünschenswert, eine sehr hohe Spannung herzustellen. Dies kann man mit den Schaltungen b_1, b_2 und *c* erreichen. Die Stoßschaltung b_1 ist in Abb. 425 dargestellt. Die beiden Kondensatoren, die in Parallelschaltung liegen, werden in bekannter Weise aufgeladen; spricht dann die Funkenstrecke F_1 an, dann sind die beiden Kondensatoren in Reihe geschaltet und entladen sich auf den Isolator. Es tritt also stoßweise die doppelte Spannung der Stromquelle auf.

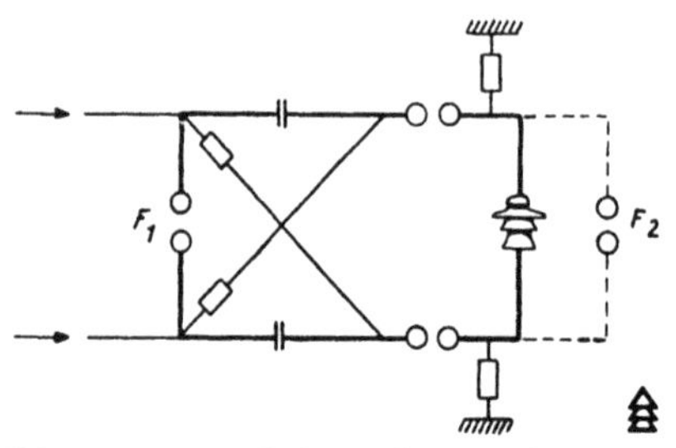

Abb. 426. Stoßschaltung b_2 der Hescho-Werke.

Ähnlich ist der Vorgang bei den Anordnungen nach Schaltung b_2 und *c*, die in Abb. 426 und 427 dargestellt sind. Durch das Spiel der Funkenstrecken werden bei der Schaltung b_2 die beiden Kondensatorgruppen wieder in eine Reihe geschaltet, es tritt die doppelte Spannung der Stromquelle als Stoßspannung auf. Der Unterschied gegenüber der Schaltung b_1 ist, daß jetzt der Isolator beim Aufladen nicht mehr an Spannung liegt. Bei der Schaltung *c* entsteht die dreifache Spannung der Stromquelle. Diese Schaltung kann man sinngemäß für noch höhere Spannungen erweitern.

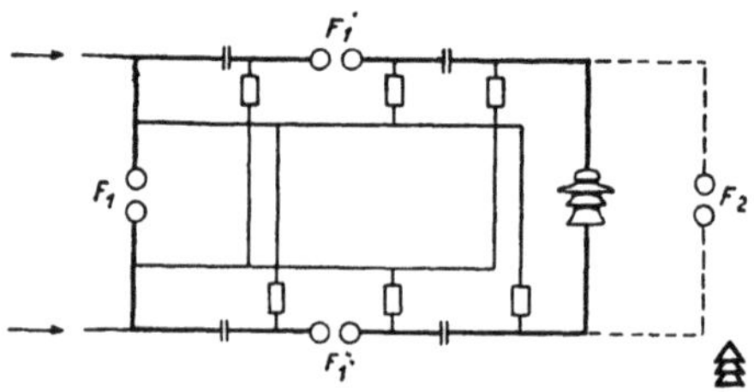

Abb. 427. Stoßschaltung *c* der Hescho-Werke.

Wir gehen nun zu den Versuchsergebnissen selbst über.

E. Marx hat zunächst die Beobachtungen von Grünewald bestätigt, daß bei der Stoßprüfung der Isolatoren die Minimalspannung höher liegt als die Überschlagspannung bei der Niederfrequenzprüfung. Die nebenstehende Tabelle zeigt das Ergebnis seiner Untersuchungen.

Es ist nun die Frage, ob die Stoßspannung über diesen Wert hinaus noch gesteigert werden kann. Erhöht man die Spannung der Stromquelle über die minimale Spannung, so wächst bei abgenommenem Isolator die durch die Meßfunkenstrecke meßbare Spannung weiter. Kurve *a* von Abb. 428 zeigt diese Spannung in Abhängigkeit von der Spannung an der Zündfunkenstrecke. Wird ein normaler Isolator *J* 1380 zur Meßfunkenstrecke parallel geschaltet, dann steigt die Spannung nach der Kurve *b*. Diese Kurve fällt bis zur Spannung von etwa 130 kV mit der Kurve *a* zusammen; d. h. trotz des Überschlags ist die am

Isolator		Minimal-Überschlagstoßspannung			Über-schlag-Wechsel-spannung.	Verhältnis d. Minimal-Überschlag-stoßspannung z. Überschlag-Wechselspannung
		am Kopf bzw. an d. oberen Armatur		Mittelwert		
Art	Type	+ Pol kV_{max}	— Pol kV_{max}	kV_{max}	kV_{max}	
Delta-Isolator	J. 1380	103	88	96	75	1,28
	J. 1384	173	146	160	119	1,34
	J. 1389	246	212	229	161	1,40
	J. 1391	283	236	260	181	1,44
	J. 1394	322	283	303	202	1,50
	J. 1397	356	321	339	222	1,53
Weitschirm-Isolator	W. 6	103	88	96	71	1,35
	W. 25	180	139	160	124	1,29
	W. 40	230	187	209	161	1,30
	W. 60	312	268	290	204	1,42
	W. 70	340	296	318	222	1,43
Kugelkopf-Isolator	Hänger Ha. 287	168	176	172	120	1,43
	Abspanner Ha. 288.	180	167	174	127	1,37
Hewlett-Isolator	Hänger Ha. 216a	159	181	170	113	1,50
	Abspanner Ha. 219 C.	195	194	195	134	1,45
Motor-I.	Ha. 215	240	216	228	184	1,24

Isolator wirksame Spannung größer als die Minimalspannung. Die Funkenverzögerung am Isolator ist offenbar so groß, daß die Spannung am Isolator über die Minimalspannung anwachsen kann. Bei weiterer Spannungssteigerung ändert sich das Bild, die Kurve *b* nähert sich einem Höchstwert, der Maximalüberschlagspannung, und über diese Spannung läßt sich der Stoß nicht treiben. Die Kurve *c* gilt, wenn in den Kreis noch eine Induktivität eingeschaltet wurde. Die Kurve *a* war die höchste, die sich überhaupt erreichen ließ.

Welchen Einfluß hat nun die Höhe der Stoßspannung auf die Beanspruchung der Isolatoren. Aus den Messungen von E. Marx hat sich folgendes ergeben. Es wurden 514 Stück Deltaisolatoren *J* 1380 der Prüfung unterworfen unter Anwendung der Schaltung b_2, und zwar erhielt jeder Isolator 20 Stöße. 200 Stück der Isolatoren wurden zuerst der normalen Niederfrequenzprüfung unterworfen; es ergab sich ein Ausfall von $^1/_2{}^0/_0$, die Isolatoren waren also als gut zu bezeichnen. Die Spannung wurde nun bei der Stoßprüfung immer weiter gesteigert und der Ausfall in Abhängigkeit von der Spannung notiert. Die Integralkurve der Ausfallkurve ist in Abb. 429 dargestellt. Als Ordinaten sind also die Summen aller bis zu dieser Spannung ausgefallenen Isolatoren aufgetragen. Die gestrichelte Kurve gibt an, wie viele Isolatoren nach dem Durchschlag als fehlerhaft bezeichnet werden mußten.

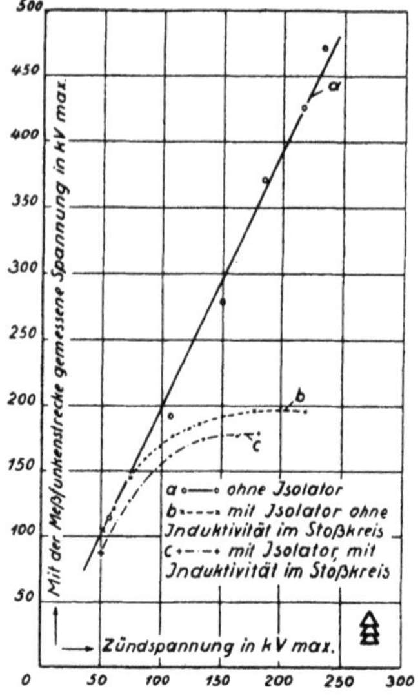

Abb. 428. Maximal-Überschlagspannung eines Deltaisolators.

Wir sehen, daß die Kurve anfangs sehr langsam anwächst, und zwar verläuft sie zunächst mit der Kurve für fehlerhafte Isolatoren. D. h. bei den niedrigen Stoßspannungen fallen zunächst die fehlerhaften Isolatoren aus. Bald aber gehen diese beiden Kurven auseinander, d. h. bei weiterer Steigerung der Spannung werden zwar auch noch fehlerhafte Isolatoren ausgeschieden, außerdem aber auch eine noch weit größere Anzahl von Isolatoren ohne sichtbaren Fehler, die also infolge Überbeanspruchung durchgeschlagen werden. Die Kurve wächst in diesem Bereich außerordentlich hoch an. Schließlich nähert sie sich einem konstanten Wert, der etwa bei 100% liegen dürfte, d. h. schließlich werden alle Isolatoren durchgeschlagen.

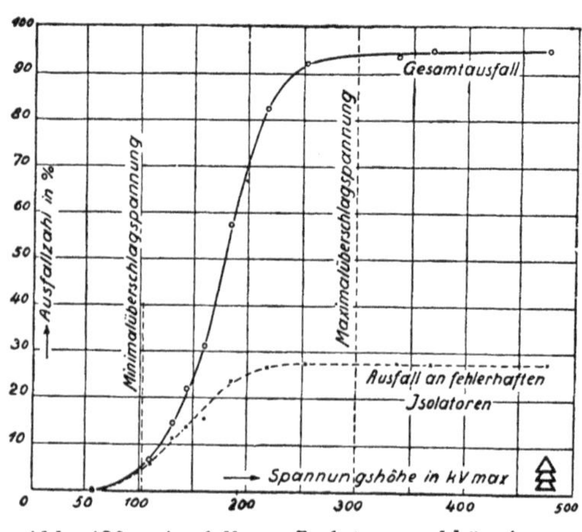

Abb. 429. Ausfall an Isolatoren abhängig von der Höhe der Stoßspannung.

Sehr eingehend ist der Einfluß der Zahl der Spannungsstöße auf den Ausfall an Isolatoren untersucht worden. Es zeigte sich, daß bei den ersten Stößen die meisten Isolatoren ausfallen; mit zunehmender Stoßzahl aber werden die Ausfälle immer geringer. Schließlich fallen gar keine Isolatoren mehr aus, wie groß man auch die Stoßzahl wählt. Bucksath hat folgende Resultate bekanntgegeben. Abb. 430 zeigt die Prüfergebnisse für Untraisolatoren, die zwei verschiedenen Bränden entstammen. Die Kurven *a* und *b* stellen die Ausfälle abhängig von der Prüfdauer bei Niederfrequenzprüfung dar. Die Kurve *c* ist mit *a* und die Kurve *d* mit *b* zu vergleichen; *c* und *d* stellen die Prüfergebnisse mit Stoßspannungen dar.

Wir stellen zunächst fest, daß die Ausfälle bei beiden Prüfungen demselben Endwert zustreben; dieser Endwert wird bei der Stoßprüfung bereits nach 20 bis 40 Stößen erreicht. Bei der Kurve *c* wurde eine Gleichspannung von 180 kV angewendet. Daraufhin wurde die ganze Isolatorenserie nochmals durchgeprüft mit einer Gleichspannung von 260 kV, wobei sich aber keine Ausfälle mehr ergaben. Dieses Resultat steht in Widerspruch mit den Versuchsergebnissen der Heschowerke. Die Kurve *d* wurde in der Weise erhalten, daß mit einer Gleichspannung von 260 kV geprüft und auf jeden Isolator zunächst 6 Stöße gegeben wurden. Daraufhin wurde die Prüfung unterbrochen und nach Verlauf einiger Stunden in der

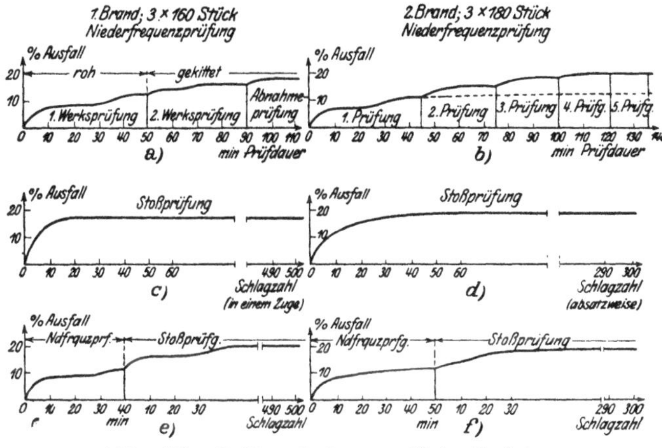

Abb. 430. Prüfergebnisse an Untra-Isolatoren.

gleichen Weise wiederholt, bis jeder Isolator 300 Stöße erhalten hat. Da die Kurve keine Unstetigkeit zeigt, ist nach der Schlußfolgerung Bucksaths anzunehmen, daß sich die Wirkungen der einzelnen Schläge einfach addieren, was bei der normalen Verbandsprüfung nicht der Fall ist, wie die Kurven *a* und *b* zeigen. Bei einem dritten Versuch wurde die gleiche Zahl von Isolatoren verwendet, wie beim Versuch *a* und *b*; diese Isolatoren wurden aber zuerst der normalen Verbandsprüfung ausgesetzt und erst dann der Stoßprüfung unterworfen. Das Ergebnis dieser kombinierten Prüfung ist durch die Kurven *e* und *f* dargestellt. Man sieht, daß auch hier die Kurven dem gleichen Endwert zustreben, so daß der Satz von $20^0/_0$ das äußerste des Ausfalles darstellt.

Die Kurven von Abb. 431 zeigen die Ergebnisse der Stoßprüfung von Freileitungsstützenisolatoren. Beim Versuch *a* hat die Verbandsprüfung mit Niederfrequenz überhaupt keine Isolatoren ausgeschieden, während bei der Stoßprüfung gleich durch die ersten Stöße eine große Zahl von Isolatoren ausfielen. Hier also trifft die Regel nicht zu, daß bei beiden Prüfungen die gleiche Zahl von Isolatoren ausgeschieden werden. Ein ähnliches Bild ergibt die Kurve *b* und *c*, die für zusammenglasierte Isolatoren gelten. Der Ausfall von 42 bis 54⁰/₀ muß wirtschaftlich bereits als unerträglich bezeichnet werden.

Endlich wollen wir noch die entsprechenden Kurven für die Schlingenisolatoren betrachten, die in Abb. 432 dargestellt sind. Die Kurven *c* und *d* sind identisch, bei *d* ist nur ein anderer Maßstab gewählt. Die Schlingenisolatoren waren zum Teil durch das Dreh-

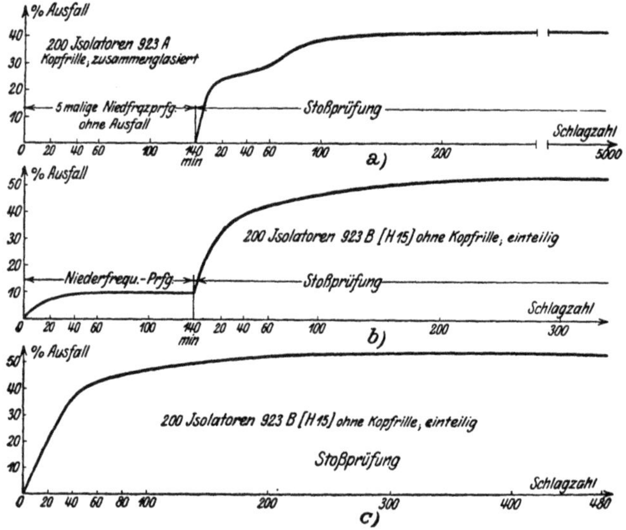

Abb. 431. Prüfergebnisse an Feileitungsstützisolatoren.

verfahren, zum Teil durch das Gießverfahren hergestellt. Es zeigt sich, daß die gedrehten Isolatoren einem Endwert von 60⁰/₀, die gegossenen Isolatoren dagegen einem Endwert von 100⁰/₀ zustreben.

Bucksath hat schließlich noch seine Stoßprüfung mit der Grünewaldschen Hochfrequenzprüfung verglichen und gefunden, daß die Hochfrequenzprüfung wesentlich milder ist.

Das Ergebnis all dieser Untersuchungen ist außerordentlich interessant und soll im folgenden noch näher besprochen werden.

Zunächst werfen wir die Frage auf: Ist die Stoßprüfung für die Isolatoren notwendig? Diese Frage kann nur durch die Erfahrung bei großen Übertragungsanlagen entschieden werden. Durch Statistiken aus der Praxis muß nachgewiesen werden: erstens, daß der Ausfall an Isolatoren ein ähnlich großer ist wie bei der Stoßprüfung, und zweitens, daß die ausgefallenen Isolatoren die Merkmale der explosionsartigen Zerstörungen zeigen, also keine normalen Durchschläge sind. Diese Nachweise sind, soviel dem Verfasser bekannt ist, noch nicht erbracht. Bucksath verweist auf eine Statistik, die in Abb. 433 dargestellt ist. Danach sind im Laufe von etwa 8 Jahren bei dieser Anlage nur 5% aller eingebauten Isolatoren ausgefallen. Bei der Stoßprüfung wird dieser Prozentsatz bereits nach 1 bis 2 Stößen er-

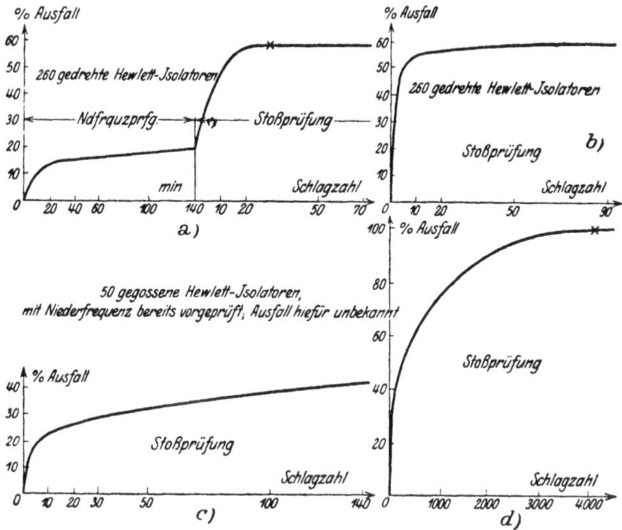

Abb. 432. Prüfergebnisse an Schlingenisolatoren.

reicht. Daraus wäre zu schließen, daß in dieser Anlage bis jetzt nur verschwindend wenig Stöße aufgetreten sind. Ja man kann sogar mit einiger Wahrscheinlichkeit sagen, daß die ausgefallenen Isolatoren nicht durch Stoßbeanspruchungen zerstört wurden, sonst hätten sie gleich beim ersten Stoß auf einmal zugrunde gehen müssen. In Wirklichkeit aber verteilen sich die Ausfälle auf die 8 Jahre.

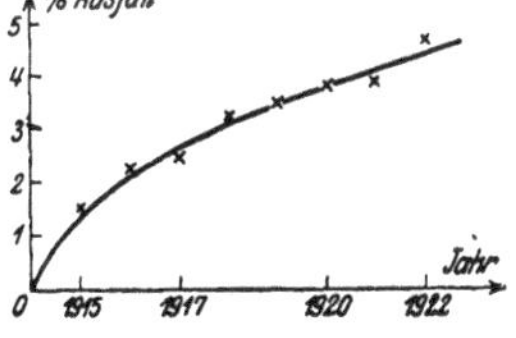

Abb. 433. Isolatorenstatistik einer Übertragungsanlage.

Außerdem sei auf eine Statistik von B. J. Smith über 37800 Hängeisolatoren und 9000 Abspannisolatoren verwiesen. Danach sind im Laufe von etwa 3 Jahren zusammen $8{,}67\%$ Isolatoren ausgefallen. Daraus können wir schließen, daß die Stoßbeanspruchungen zum mindesten nicht in allen großen Anlagen so häufig sind, daß alle Isolatoren der scharfen Stoßprüfung unterworfen werden.

Aber selbst zugegeben, daß in den ausgeführten Anlagen die Isolatoren sehr stark durch Sprungwellen beansprucht werden; welche Lehren haben wir dann aus den Versuchen über die Stoßbeanspruchung zu ziehen?

Wenn von einer Isolatortype 100%, von einer anderen 60% usw. ausfallen, dann müssen wir schließen, daß die Isolatoren nicht für die Stoßbeanspruchung konstruiert sind; sollen sie aber in Zukunft auf Stoßbeanspruchung geprüft werden, dann müssen sie anders konstruiert werden. Wie kann man nun Isolatoren auf Stoßbeanspruchung konstruieren? Diese Frage wollen wir für die Freileitungsstützenisolatoren beantworten.

Bei den hochfrequenten Vorgängen sind zwar die früher abgeleiteten Gesetze des elektrischen Feldes nicht mehr streng gültig. Wir nehmen aber an, daß wir noch mit ihnen rechnen dürfen.

Man muß sich ferner darüber klar werden, welche Ergebnisse bei der Stoßprüfung neu sind gegenüber den Ergebnissen der Niederfrequenzprüfung. Hier liegen die Verhältnisse so. Bei der Niederfrequenzprüfung kann man den Durchschlag des Isolators nicht erzwingen, weil er zuerst überschlägt. Man weiß also gar nicht, wo der Isolator bei der Niederfrequenzbeanspruchung durchschlagen würde. Bringt man den Isolator unter Öl oder unter Druckluft, so kann man ihn wohl auch mit Niederfrequenz durchschlagen. Der Isolator ist jetzt aber ein ganz anderes Gebilde; denn die Glimmentladungen und Gleitfunken können sich nicht ausbilden, so daß wir also auch diesen Fall nicht mit der Stoßprüfung vergleichen können. Mit anderen Worten: Der Deltaisolator war bis jetzt hinsichtlich seiner Durchschlagsbeanspruchung noch gar nicht erforscht, wenigstens nicht experimentell. Nun zeigt die Stoßprüfung plötzlich, daß die Durchschläge an allen möglichen anderen Stellen erfolgen, nur nicht da, wo man es am ersten erwartet hat, nämlich zwischen Halsrille und Stütze, und man meint nun, das wäre ein besonderes Charakteristikum der Stoßprüfung. Dem ist aber nicht so.

Zunächst müssen wir uns darüber klar sein, daß die Entladungen auf dem Isolator bei der Hochfrequenz- und Stoßprüfung viel intensiver sind als bei der Niederfrequenzprüfung, weil die Ladeströme infolge der hohen Frequenz viel stärker sind und deshalb viel stärkere Funken nähren können. Stromschwache Entladungen, wie Glimmentladungen, treten überhaupt nicht auf. Nun sind aber die stromstarken, kräftigen Gleitfunken wegen ihres geringen Spannungsabfalles fast wie ein Kurzschluß für die von ihnen betroffenen Flächen anzusehen.

Betrachten wir nochmals Abb. 407; wir sehen, daß sich bei der Spannungssteigerung zuerst die Entladungen auf dem Kopf des Isolators zeigen; diese sind aber bei der Niederfrequenz reine Glimmentladungen, welche, wie Messungen gezeigt haben (vgl. die Glimmdurchführung), imstande sind, die volle Spannung aufzunehmen, sie stellen also keinen Kurzschluß dar. Geben wir aber Hochfrequenz auf den Isolator, so treten statt der Glimmentladungen prasselnde Gleitfunken auf, die den ganzen Isolatorkopf bedecken und soz. kurzschließen. Es ist also gerade so, als wenn wir den ganzen Kopf des Isolators mit einer Stanniolschicht bedecken würden. Wir fragen nunmehr, wo würde in diesem Fall der Isolator durchschlagen? Um dies zu entscheiden, müssen wir eine kleine Rechnung anstellen. Abb. 434 zeigt den Kopf eines Deltaisolators (Kammerisolator) für sehr hohe Spannung. Die Maße sind eingeschrieben. Der ganze Kopf sei mit Metall (Entladungen) bedeckt.

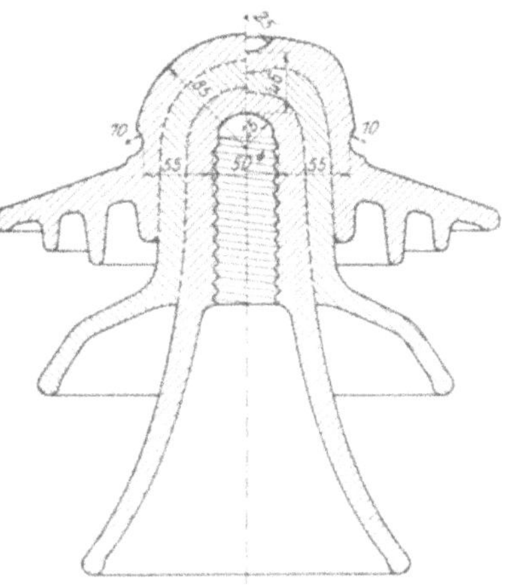

Abb. 434. Kammerisolator.

Für die Stelle zwischen Halsrille und Stütze erhalten wir folgendes. Die geometrischen Charakteristiken sind $p = 6{,}5$; $q = 2{,}5$; hierfür wird $\eta = 0{,}5$. Die Wandstärke a an dieser Stelle ist 5,5 cm und wir erhalten also für die Durchschlagspannung

$$U_{dh} = \mathfrak{E}_d\, 5{,}5 \cdot 0{,}5 = \mathfrak{E}_d \cdot 2{,}75 \text{ (kV)}.$$

Nun berechnen wir die Durchschlagspannung am Kopf längs der Achse des Isolators. Die geometrische Charakteristik ist hier $p = 3{,}4$; hierfür ist $\eta = 0{,}3$. Die Wandstärke an dieser Stelle ist $a = 6$ cm; wir erhalten also

$$U_{dk} = \mathfrak{E}_d\, 6{,}0 \cdot 0{,}3 = \mathfrak{E}_d \cdot 1{,}8 \text{ (kV)}.$$

Die Durchschlagspannung ist also, gleiche Durchschlagfestigkeiten vorausgesetzt, an der Halsrille um mehr als $50^0/_0$ größer als am Kopf des Isolators, d. h. also, daß der Isolator am Kopf durchschlagen muß, und dies erst recht, wenn die Durchschlagfestigkeit an dieser Stelle, wie Bucksath meint, kleiner ist als bei der Halsrille. Es ist also ganz natürlich, daß der Isolator am Kopf durchschlägt, weil der Kopf seine schwache Stelle ist. Sehen wir uns die Kurve für die Spannungsverteilung auf der Oberfläche des Isolators an, so verstehen wir, daß der Deltaisolator auch noch an anderen Stellen durchschlagen kann; es sind nämlich alle die Stellen gefährdet, wo der Spannungsanstieg auf der Oberfläche sehr steil ist. Doch soll hierauf an dieser Stelle nicht näher eingegangen werden.

Wir wollen uns, um bei dem oben berechneten Beispiel zu bleiben, nunmehr nach Mitteln umsehen, um den Kopf zu verbessern. Das kann auf vielerlei Weise geschehen. Das nächstliegende ist, daß wir die Wandstärke am Kopf größer machen. Dieses Mittel ist nicht sehr wirksam und vom keramischen Standpunkt aus nicht günstig. Wir

Abb. 435. Überschlag eines Deltaisolators mit Wechselspannung.

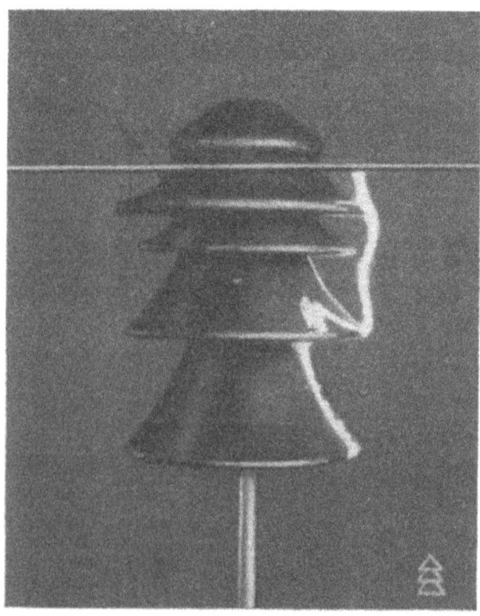

Abb. 436. Überschlag eines Deltaisolators mit Stoßspannung.

können aber auch die Wandstärke kleiner machen, aber nicht als konzentrische Kugel ausbilden, sondern so wie Abb. 434 rechts oben zeigt; dies ist die Anordnung „zwei gleich große Kugeln nebeneinander". Bei den angegebenen Maßen erhalten wir für die Durchschlagspannung in diesem Fall

$$U_{dk} = \mathfrak{E}_d \cdot 4{,}6 \cdot 0{,}6 = \mathfrak{E}_d \cdot 2{,}76 .$$

Jetzt ist also der Isolator am Kopf ebenso gut wie in der Halsrille, und es wird nun schon fraglich, ob dieser Isolator auch noch am Kopf durchschlägt. Natürlich kann man auch noch andere Anordnungen aussuchen.

Das Ergebnis unserer Rechnung ist auf den ersten Blick überraschend. Die Richtigkeit der Überlegung kann aber mit einem, allerdings nicht beabsichtigten Beweis belegt werden. Es sei nochmals auf die Kurven von Abb. 431 verwiesen. Wir sehen, daß die eine Gruppe von Isolatoren eine Kopfrille hatte, die andere Gruppe dagegen nicht. Die Isolatoren mit Kopfrille sind vom Standpunkt der elektrischen Festigkeitslehre besser als die ohne Kopfrille, deren Kopf die schlechte Anordnung „zwei konzentrische Kugeln" darstellt. Nun ergaben die Versuche mit Isolatoren mit Kopfrille einen geringeren Ausfall als die ohne Kopfrille, sie sind diesen also überlegen.

Sehr interessant sind auch die Ergebnisse bezüglich der Form der Entladungen beim Überschlag. Die Abb. 435 bis 440 zeigen

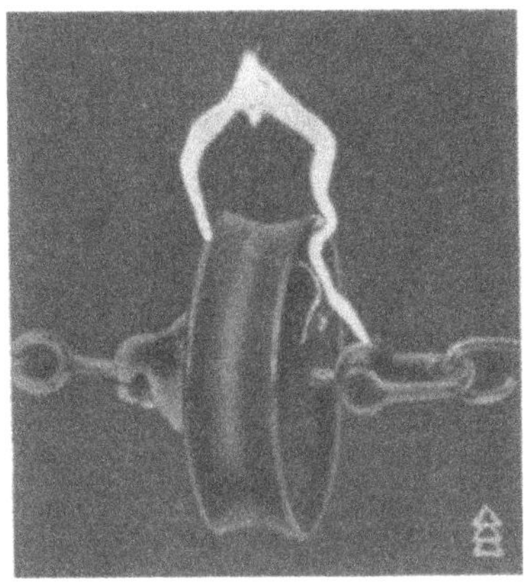

Abb. 437. Überschlag eines Kugelkopf-Abspannisolators mit Wechselspannung.

Abb. 438. Überschlag eines Kugelkopf-Abspannisolators mit Stoßspannung.

die Überschlaglichtbögen einiger Isolatoren. Es ist auffallend, daß die Lichtbögen bei der Stoßprüfung mehr dem Porzellan entlang gehen, bei der Niederfrequenzprüfung dagegen ganz in der Luft verlaufen. Dies ist erklärlich. Wir müssen bedenken, daß die Funken ihren Strom als Verschiebungsstrom durch das Porzellan erhalten; diese Verschiebungsströme sind wegen der hohen Frequenz und der guten dielektrischen Leitfähigkeit des Porzellans genügend groß, um den Lichtbogen zu nähren.

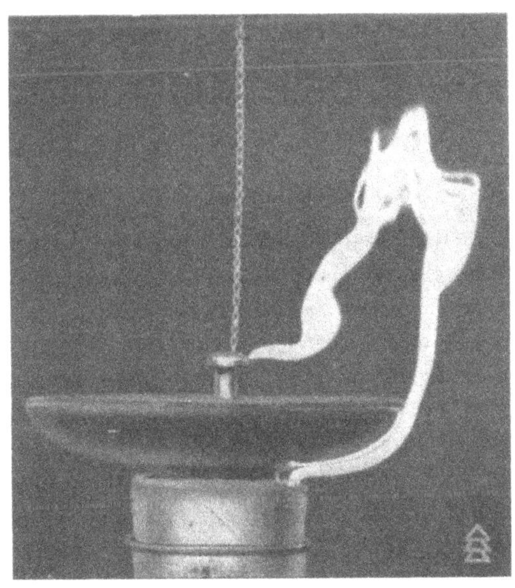

Abb. 439. Überschlag eines Kugelkopf-Hängeisolators mit Wechselspannung.

Die Studien und Versuche über die Stoßprüfung sind noch nicht abgeschlossen; mit der

Erforschung der hier in Frage stehenden Erscheinungen stehen wir erst am Anfang. Wenn aber die Stoßprüfung als Normalprüfung eingeführt werden soll, dann wird damit wohl auch eine neue Entwicklungsperiode für die Isolatoren beginnen.

Abb. 440. Überschlag eines Kugelkopf-Hängeisolators mit Stoßspannung.

Fünfzehntes Kapitel.

Einrichtungen eines Hochspannungsversuchsraumes.

44. Transformatoren und Maschinen. — 45. Meßeinrichtungen.

44. Transformatoren und Maschinen.

Bei dem heutigen Stand der Hochspannungstechnik muß ein Versuchsfeld Spannungen bis zu mindestens 500 kV zur Verfügung haben. Diese Spannung ist nötig, um auch bei großen Isolatoren u. dgl. einen Überschlag zustande bringen zu können. Auch bei Untersuchungen unter Öl kommt man sehr bald auf hohe Spannungen. Abb. 441 zeigt einen Prüftransformator der S.S.W. für 500 kV (250 kV gegen Erde). Es sind die in Abb. 442 dargestellten Schaltungen auf der Hochvoltseite möglich. In Abb. 443 ist eine Transformatorenanlage nach dem Dessauerschen Prinzip für 650 kV dargestellt (Isolawerke).

Sollen auch Messungen der Spannungsverteilung nach der vom Verfasser angegebenen Elektroskopmethode vorgenommen werden, so ist noch ein Lufttransformator mit zugänglichen Spulenverbindungen nötig. Sollen die Messungen auch bei glimmenden Isolatoren usw. vorgenommen werden, dann muß der Transformator zweckmäßigerweise eine Spannung von 200 kV besitzen. Macht man diesen Transformator hoch-

Abb. 441. 500 kV Transformator der S.S.W.

und niederspannungsseitig umschaltbar, dann kann dieser Transformator auch für Durchschlagversuche benützt werden. Abb. 443 zeigt einen solchen Lufttransformator der Hochspannungsgesellschaft.

Zur Speisung der Transformatoren benützt man am zweckmäßigsten einen Wechselstromgenerator, dessen Spannung man durch Änderung der Erregung reguliert. Die Spannungskurve muß natürlich möglichst sinusförmig sein. Die Speisung der Transformatoren von einem Wechselstromnetz und die Regulierung mit Hilfe von Spannungsteilern oder Drehtransformatoren empfiehlt sich nicht. Man ist dabei an die Kurvenform des Netzes gebunden und muß alle Spannungsschwankungen im Netz mit in Kauf nehmen, was bei feineren Messungen unerträglich ist.

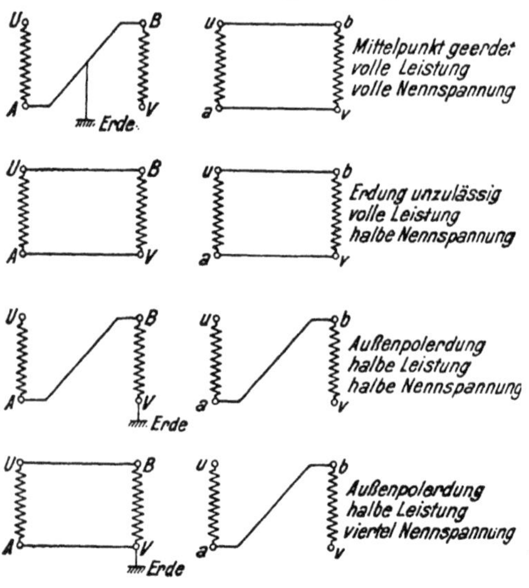

Abb. 442. Schaltungen für den Transformator nach Abb. 441.

Soll die Spannung am Transformator in **regelmäßigen** und **gleich großen** Stufen gesteigert werden, so kann man mit Vorteil eine **automatische** Einrichtung benützen, die in folgender Weise arbeitet. Von einem Sekundenpendel wird durch einen alle Sekunden erfolgenden Kontakt eine Nebenuhr betrieben. Auf dieser können Scheiben mit 60, 30, 20 ... 1 Nocken aufgesetzt werden. Diese Nocken betätigen Kontakte, so daß man alle 1, 2, 3 ... Sekunden oder Minuten einen Stromschluß

Abb. 443. 650 kV Transformatoranlage im Prüffeld der Isola-Werke.

erhalten kann. Dadurch wird ein Relais eingeschaltet, das ein kräftiges Klinkwerk betätigt, dieses Klinkwerk rückt beim jedesmaligen Arbeiten den Erregerregulator des Generators um einen Kontakt weiter. Wird der Widerstand des Nebenschlußregulators genau nach der Charakteristik des Generators gestuft, so daß jedem Kontakt die gleiche Spannungssteigerung am Generator entspricht, dann steigert der Automat die Transformatorspannung in gleichen einstellbaren Zeitabschnitten stets um denselben Betrag. Gerade für Untersuchungen über die Durchschlagfestigkeit der Isoliermaterialien ist dieser Automat ein wertvolles Hilfsmittel; denn es ist geradezu unmöglich, stundenlang von Hand aus mit der gleichen Zuverlässigkeit die Spannung zu regulieren. Die Höhe der Spannungssprünge kann man durch Änderung des Übersetzungsverhältnisses des Transformators regulieren oder auch dadurch, daß man je nach Bedarf eine gewisse Anzahl von Hochspannungsspulen des Transformators an das Prüfstück anschließt.

Die Leistung des Wechselstromgenerators muß man nach folgenden Gesichtspunkten wählen. Die Leistung der Transformatoren sind durch den geringsten Kupferquerschnitt, den man noch wickeln kann, festgelegt. Nach einer Tabelle der S. S. W. ergeben sich dabei etwa folgende Leistungen für die Transformatoren

Spannung zwischen den Klemmen	Spannung gegen Erde	kVA
bis 50 kV	bis 25 kV	5
„ 100 „	„ 50 „	10
„ 200 „	„ 100 „	35
„ 300 „	„ 150 „	50
„ 500 „	„ 250 „	200
	„ 500 „	800

Die Leistung des Generators braucht man nicht so hoch zu wählen, sie richtet sich ganz nach den Versuchen, die man anstellen will. Für wissenschaftliche Versuchsfelder beispielsweise, wo man stets nur ein Versuchsstück angeschlossen hat, wird man selten eine größere Scheinleistung als 5 bis 10 kVA benötigen. Rechnet man hierzu noch den Bedarf für den Leerlauf des Transformators, so hat man die nötige Scheinleistung des Generators.

Als Antriebsmotor für diesen Generator wählt man am besten einen Gleichstromnebenschlußmotor, weil man dessen Drehzahl bequem regulieren kann. Zur Bestimmung der Leistung desselben kann man einen $\cos\varphi$ von etwa 0,5 des Generators zugrunde legen. Zweckmäßigerweise schaltet man zwischen Generator und Motor ein kleines Schwungrad, um bei plötzlich eintretenden Entladungen das Netz nicht stoßweise zu belasten. Abb. 444 zeigt ein solches von den S. S. W. gebautes Aggregat.

Zur Erzeugung sehr hoher Gleichspannungen benützt man am besten eine Influenzmaschine oder aber einen Delonschen Gleichrichter.

Abb. 444. Maschinenaggregat der S.S.W.

Diesen Gleichrichter, der synchron mit dem Generator rotieren muß, kuppelt man, wenn möglich, direkt mit dem Generator. Ist dies nicht möglich, dann muß man ihn von einem Synchronmotor aus antreiben. Dieser Synchronmotor muß dann von einem Wechselstromgenerator aus gespeist werden, der mit dem Hauptgenerator direkt gekuppelt ist. Den Hauptgenerator kann man nicht benützen, weil dessen Spannung gelegentlich bis auf Null herunter reguliert werden muß. Abb. 445 zeigt einen solchen mechanischen Gleichrichter der Heschowerke. Die Wir-

Abb. 445. Gleichrichteranlage der Hescho-Werke.

kungsweise desselben wurde bereits beschrieben. Im Vordergrund des Bildes sieht man deutlich die Nadeln des Gleichrichters und auch die feststehenden Elektroden, an denen die Nadeln vorbeirotieren.

45. Meßeinrichtungen.

Die wichtigsten Instrumente eines Hochspannungsversuchsfeldes sind die Vorrichtungen zur Spannungsmessung.

Der Verfasser mißt bei allen Versuchen die Spannung sowohl auf der Niederspannungsseite als auch auf der Hochspannungsseite des Transformators. Der Einbau eines registrierenden Voltmeters empfiehlt sich sehr, wenn man bei der Materialprüfung mit der automatischen Prüfeinrichtung arbeitet. Man ist dadurch jeder weiteren Beobachtung des Voltmeters enthoben und hat doch eine Kontrolle und die Gewähr, daß die Versuche einwandfrei durchgeführt sind. Das registrierende Voltmeter wählt man am besten für mehrere Meßbereiche, wenn die Niederspannungsseite des Transformators umschaltbar ist. Ferner empfiehlt es sich, für die Papiervorschubeinrichtung des Instrumentes verschiedene Geschwindigkeiten einstellen zu können. Denn bei raschen Spannungssteigerungen braucht man eine größere Papiergeschwindigkeit als bei langsamen Spannungssteigerungen. Selbstverständlich muß das Sekundenpendel der automatischen Prüfeinrichtung und das Uhrwerk des registrierenden Voltmeters genau miteinander übereinstimmen.

Als Hochspannungsvoltmeter verwendet der Verfasser die bekannten Braunschen Elektrometer, die man durch Vorschalten von geeigneten Kondensatoren bis zu 40000 V ohne weiteres benützen kann.

Zur Messung höherer Spannungen verwendet man meist Funkenstrecken. Während das Elektrometer Effektivwerte angibt, kann man mit einer Funkenstrecke nur die Scheitelwerte messen. Bei genau sinusförmiger Spannung kann man die Funkenstrecke natürlich auch für Effektivwerte eichen.

Abb. 446. Funkenstrecke und Prüftransformator der Porzellanfabrik Rosenthal.

Abb. 204 zeigt eine Kugelfunkenstrecke der S.S.W. Bei der Verwendung von Funkenstrecken muß man Vorschaltwiderstände vorsehen, und zwar rechnet man im allgemeinen pro 1 V mindestens 1 Ohm Vorschaltwiderstand. Bezüglich der Überschlagswerte von Funkenstrecken wird auf das 11. Kapitel verwiesen. Abb. 446 zeigt eine Funkenstrecke des Prüffeldes der Porzellanfabrik Ph. Rosenthal. Dahinter ist ein Transformator für 500 kV zu erkennen.

Bei den Messungen hoher Spannungen und bei Messungen der Spannungsverteilung muß man sehr darauf bedacht sein, den Einfluß der Umgebung (Wände, Metallgegenstände usw.) nach Möglichkeit auszuschalten. Der Verfasser ordnet deshalb einen großen zylindrischen Drahtkäfig an von etwa 5—8 m Durchmesser und 3—5 m Höhe. Die zu messenden Gegenstände werden in der Mitte dieses Käfigs angeordnet, so daß man stets eine **streng definierte** Versuchsanordnung hat. Auf diese Weise ist es auch möglich, mit kleineren Räumen als Ver-

Abb. 447. Ansicht des 1000 kV-Versuchsfeldes der Porzellanfabrik Freiberg i. S.

Abb. 448. Ansicht des 1000 kV-Versuchsfeldes der Porzellanfabrik Freiberg i. S.

suchsfeld auszukommen, weil der Käfig alle außerhalb liegenden Gegenstände, Wände usw. ausschaltet. Ordnet man den Käfig isoliert an, indem man in seiner Aufhängevorrichtung eine Isolation (Hängekette) einschaltet, dann hat man eine künstliche isolierte Erde und kann die Transformatoren mit voller Spannung gegen diese Erde ausnützen. Endlich kann man diesen Käfig auch als Schutzeinrichtung bei Vorführungen benützen, wobei man die Zuschauer entweder außerhalb oder innerhalb des Käfigs aufstellt; natürlich muß hierbei der Käfig geerdet sein.

Die Abb. 447 und 448 zeigen 2 Ansichten des 1000 kV-Versuchsfeldes der Porzellanfabrik Freiberg. Die Transformatoren sind nach dem Dessauer-Prinzip gebaut. Die S. S. W. erzeugen 1000 kV mit Hilfe von 2 Transformatoren von je 500 kV gegen Erde.

Tabelle A.

Dielektrizitätskonstanten $\varepsilon =$

1	2	3	4	5	6	7
Luft	Ceresin	Hartgummi, Balata	Guttapercha	Mikanit	Glimmer	Flintglas
	Paraffin	Bernstein	Cellon	Quarz	Porzellan	Crownglas
	Harzöl	Olivenöl	Rizinusöl			
	Mineralöl[1]	Kabelisolation[2]				
	Papier {	Schellack	Haefelyt	Bakelit		
			Repelit, Spezialkarta	Pertinax		
			Turbonit, Durax			

Tabelle B.

Dielektrische Leistungsfaktoren der Isoliermaterialien

$10\,000 \operatorname{tg} \delta =$

0,1	1	10	50	100	200	300	400
	Quarz	Glimmer	Glas				Porzellan
Ceresin			Bernstein				
	Paraffin		Wachs				
			Balata	Kautschuk	Guttapercha		
						Cellon	
			Papier Öl[1]	Kabelisolation			
	Bakelit			Spez. Carta	Pertinax		

Tabelle C.

Durchschlagfestigkeiten der Isoliermaterialien in $kV_{eff} \cdot cm^{-1}$

10	50	100	150	200	250	300	400
Asbestzement	Gummon	Ambroin					
		Transform.-Öl[3]		Paraffin			
					Porzellan[3]		Glas
			Carta[3]		Mikanit		Glimmer
	Hartpapier[3] (in Schichtrichtung)	Bakelit	Pertinax[3] (Röhrenform)				
		Bakdura	Turbonit	Bikarton			
			Pilit	Cellon			
			Durax[3]	Bituba			

[1]) Transformatoren-Öl. [2]) Papierkabel (Starkstrom). [3]) Nach Messungen von Schwaiger.

Ta-

Ausnutzungs-

(geometrische Charakteristiken:

	Zylinder-						
	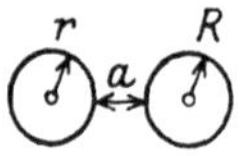 $q=1$	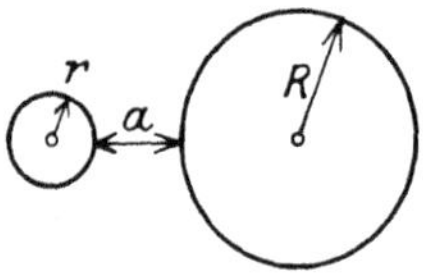 $q=2$	$q=3$	$q=5$	$q=10$	$q=20$	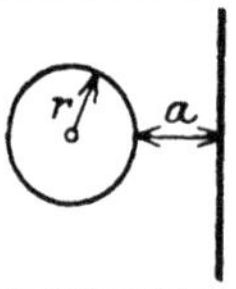 $q=\infty$
$p=1$	1	1	1	1	1	1	1
$p=1,5$	0,924	0,894	0,884	0,878	0,871	0,864	0,861
$p=2$	0,861	0,815	0,798	0,783	0,772	0,766	0,760
$p=3$	0,760	0,702	0,679	0,658	0,641	0,632	0,623
$p=4$	0,684	0,623	0,595	0,574	0,555	0,548	0,533
$p=5$	0,623	0,564	0,538	0,513	0,492	0,486	0,468
$p=6$	0,574	0,517	0,488	0,469	0,450	0,435	0,419
$p=7$	0,533	0,479	0,454	0,430	0,408	0,395	0,380
$p=8$	0,497	0,447	0,420	0,401	0,377	0,368	0,349
$p=9$	0,468	0,420	0,394	0,375	0,352	0,343	0,323
$p=10$	0,442	0,397	0,375	0,352	0,330	0,324	0,301
$p=15$	0,349	0,314	0,296	0,277	0,257	0,249	0,228
$p=20$	0,291	0,263	0,248	0,232	0,214	0,202	0,186

belle D.

faktoren η

$p = \frac{r+a}{r}$; $q = \frac{R}{r}$)

Anordnungen					Kugel-Anordnungen		
$q=3$	$q=5$	$q=10$	$q=20$	$q=p$	$q=1$	$q=\infty$	$q=p$
1	1	1	1	1	1	1	1
0,831	0,847	0,855	0,857	0,811	0,850	0,732	0,667
0,717	0,735	0,748	0,754	0,693	0,732	0,563	0,500
0,549	0,582	0,604	0,614	0,549	0,563	0,372	0,333
—	0,478	0,507	0,521	0,462	0,449	0,276	0,250
	0,402	0,439	0,454	0,402	0,372	0,218	0,200
	—	0,386	0,404	0,358	0,318	0,178	0,167
		0,344	0,364	0,324	0,276	0,152	0,143
		0,310	0,331	0,297	0,244	0,133	0,125
		0,280	0,304	0,275	0,218	0,117	0,111
		0,256	0,281	0,256	0,197	0,105	0,100
		—	0,204	0,193	0,133		
			0,158	0,158			

Ta-

Zusammenstellung der güns-

(geometrische Charakteristiken:

Konstant gehaltene Abmessung	Zylinder-						
	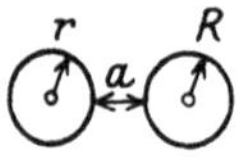 $q=1$	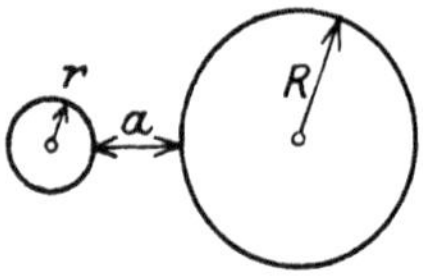 $q=2$	$q=3$	$q=5$	$q=10$	$q=20$	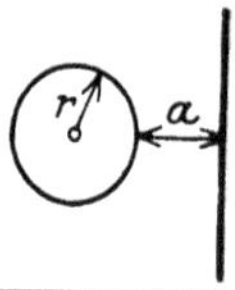 $q=\infty$
$a+r$	3,6	3,4	3,2	3,1	3,1	3,0	3,0
$a+r+R$	4,8	5,7	6,3	7,5	9,5	12—13	
$a+r+2R$	6,0	7,4	8,3	9,8	12,5	16—17	4,1
$a+2r$	4,8	4,6	4,4	4,3	4,2	4,1	
$a+2r+R$	6,0	6,6	7,0	7,8	9,5	12—13	
$a+2r+2R$	**6,9**	**8,2**	**9,0**	**10,5**	**13**	**16—17**	
$a+R$	3,6	4,6	5,4	6,7	9	12—13	
$a+2R$	4,8	6,7	7,7	9,3	12,0	16—17	

belle E.

tigsten Charakteristiken p_g.

$p = \frac{r+a}{r}$; $q = \frac{R}{r}$)

Anordnungen					Kugel-Anordnungen		
$q=3$	$q=5$	$q=10$	$q=20$	$q=p$	$q=1$	$q=\infty$	$q=p$
2,75	2,75	2,75	2,8	2,718	2,5	2,0	2,0

Bemerkung: Wird die in der ersten Vertikalreihe angegebene Abmessung konstant gehalten, so ist bei den angegebenen geometrischen Charakteristiken die Durchschlagspannung ein Maximum.

Bei den umhüllenden Zylindern und Kugeln sind nur die wichtigsten Fälle angegeben.

Die Ausnutzungsfaktoren η zu den in dieser Tabelle angegebenen günstigsten geometrischen Charakteristiken sind aus der Tabelle D, bzw. aus den Tafeln V—VIII zu entnehmen.

Beispiel.

Gegeben: 2 Zylinder nebeneinander.
Verlangt: 1. $q=3$:
2. Abstand der beiden Außenscheitel $(a+2r+2R)=20$ cm.
Gesucht: 3. Nach Tabelle E ist $p=9$;
4. „ „ D „ $\eta=0{,}394$.
Aus 1., 2. und 3. wird: $r=1{,}25$ cm, $R=3{,}75$ cm, $a=10$ cm.

Tabelle F.
Spannung pro Glied einer Kette in Prozenten der Gesamtspannung bei einfacher Verkettung.

Zahl der Glieder pro Kette	Glied-nummer	$\frac{c}{C} = \frac{1}{50}$	$\frac{1}{40}$	$\frac{1}{30}$	$\frac{1}{20}$	$\frac{1}{15}$	$\frac{1}{12}$	$\frac{1}{10}$	$\frac{1}{9}$	$\frac{1}{8}$	$\frac{1}{7}$	$\frac{1}{6}$	$\frac{1}{5}$
1	1	100	100	100	100	100	100	100	100	100	100	100	100
2	1	49,5	49,4	49,2	48,8	48,4	48,0	47,6	47,4	47,0	47,7	46,1	45,4
	2	50,5	50,6	50,8	51,2	51,6	52,0	52,4	52,7	53,0	53,4	53,9	54,6
3	1	32,5	32,3	31,9	31,2	30,6	30,0	29,3	28,9	28,4	27,8	27,0	25,9
	2	33,1	33,0	33,0	32,8	32,6	32,4	32,3	32,1	32,0	31,8	31,5	31,3
	3	34,4	34,7	35,1	36,0	36,8	37,6	38,4	39,0	39,6	40,4	41,5	42,8
4	1	23,8	23,5	23,1	22,1	21,3	20,5	19,7	19,2	18,6	17,9	17,1	15,9
	2	24,3	24,1	23,8	23,3	22,7	22,2	21,7	21,4	21,0	20,6	19,9	19,1
	3	25,2	25,3	25,3	25,5	25,7	25,8	25,9	26,0	26,1	26,1	26,2	26,3
	4	26,7	27,1	27,8	29,1	30,3	31,5	32,7	33,4	34,3	35,4	36,8	38,7
5	1	18,5	18,1	17,6	16,5	15,5	14,7	13,8	13,3	12,7	12,0	11,1	10,0
	2	18,8	18,6	18,1	17,3	16,6	15,9	15,2	14,8	14,3	13,7	13,0	12,0
	3	19,6	19,5	19,4	19,1	18,8	18,4	18,2	17,9	17,7	17,4	17,0	16,5
	4	20,8	20,9	21,2	21,7	22,1	22,5	22,9	23,2	23,4	23,6	23,9	24,4
	5	22,3	22,9	23,7	25,4	27,0	28,5	29,9	30,8	31,9	33,3	35,0	37,1
6	1	14,8	14,4	13,8	12,7	11,6	10,7	9,9	9,4	8,8	8,1	7,3	6,4
	2	15,3	14,9	14,4	13,3	12,4	11,6	10,8	10,4	9,9	9,3	8,5	7,6
	3	15,7	15,5	15,2	14,6	14,0	13,5	13,0	12,6	12,2	11,8	11,2	10,5
	4	16,7	16,7	16,6	16,6	16,6	16,5	16,3	16,3	16,2	16,0	15,8	15,4
	5	17,9	18,2	18,7	19,5	20,2	20,8	21,4	21,7	22,0	22,5	23,0	23,6
	6	19,6	20,3	21,3	23,3	25,2	26,9	28,6	29,6	30,9	32,3	34,2	36,5
7	1	12,2	11,8	11,1	9,9	8,8	7,9	7,1	6,7	6,1	5,5	4,9	4,1
	2	12,5	12,0	11,4	10,4	9,4	8,6	7,8	7,4	6,9	6,3	5,7	4,8
	3	13,0	12,8	12,3	11,4	10,6	10,0	9,4	9,0	8,6	8,0	7,4	6,7
	4	13,7	13,6	13,4	12,9	12,5	12,1	11,8	11,5	11,2	10,9	10,4	9,9
	5	14,7	14,8	15,0	15,2	15,3	15,4	15,4	15,4	15,4	15,4	15,2	15,0
	6	16,1	16,5	17,0	18,2	19,1	19,9	20,6	21,0	21,5	22,0	22,6	23,3
	7	17,8	18,5	19,8	22,1	24,3	26,1	27,9	29,0	30,3	31,9	33,8	36,2
8	1	10,2	9,7	9,0	7,8	6,7	5,9	5,2	4,7	4,3	3,8	3,2	2,6
	2	10,3	10,0	9,3	8,1	7,2	6,4	5,6	5,3	4,8	4,3	3,8	3,1
	3	10,8	10,5	9,9	8,9	8,1	7,4	6,8	6,4	6,0	5,5	4,9	4,3
	4	11,4	11,2	10,9	10,2	9,6	9,1	8,5	8,3	7,9	7,5	6,9	6,3
	5	12,3	12,3	12,2	12,0	11,7	11,4	11,2	11,0	10,8	10,5	10,1	9,6
	6	13,5	13,6	13,9	14,3	14,6	14,8	15,0	15,0	15,0	15,0	15,0	14,9
	7	14,9	15,3	16,1	17,4	18,5	19,4	20,2	20,6	21,2	21,7	22,4	23,1
	8	16,6	17,4	18,7	21,3	23,6	25,6	27,5	28,7	30,0	31,7	33,7	36,1
9	1	8,6	8,1	7,4	6,1	5,2	4,4	3,8	3,4	3,0	2,6	2,2	1,7
	2	8,8	8,3	7,7	6,4	5,5	4,8	4,1	3,7	3,4	3,0	2,4	2,0
	3	9,2	8,8	8,2	7,1	6,2	5,5	4,9	4,6	4,2	3,7	3,3	2,7
	4	9,6	9,4	8,8	8,0	7,3	6,8	6,2	5,9	5,5	5,1	4,6	4,0
	5	10,4	10,2	10,0	9,5	9,0	8,5	8,1	7,9	7,5	7,2	6,7	6,1
	6	11,3	11,4	11,4	11,3	11,2	11,1	10,9	10,7	10,6	10,3	10,9	9,5
	7	12,5	12,7	13,1	13,8	14,2	14,4	14,7	14,8	14,9	14,9	14,9	14,8
	8	13,9	14,5	15,3	16,9	18,1	19,1	20,0	20,5	21,0	21,6	22,3	23,1
	9	15,7	16,6	18,1	20,9	23,3	25,4	27,3	28,5	29,9	31,6	33,6	36,1
10	1	7,3	6,8	6,1	4,9	3,9	3,3	2,7	2,5	2,1	1,8	1,4	1,1
	2	7,5	7,0	6,3	5,1	4,2	3,5	3,0	2,6	2,4	2,0	1,7	1,2
	3	7,8	7,4	6,8	5,6	4,8	4,1	3,6	3,3	2,9	2,6	2,2	1,7
	4	8,2	7,9	7,3	6,4	5,7	5,1	4,5	4,2	3,9	3,5	3,1	2,6
	5	8,9	8,6	8,3	7,5	6,9	6,4	5,9	5,6	5,3	4,9	4,4	3,9

Tabelle F (Fortsetzung).

Zahl der Glieder pro Kette	Gliednummer	$\frac{c}{C}=\frac{1}{50}$	$\frac{1}{40}$	$\frac{1}{30}$	$\frac{1}{20}$	$\frac{1}{15}$	$\frac{1}{12}$	$\frac{1}{10}$	$\frac{1}{9}$	$\frac{1}{8}$	$\frac{1}{7}$	$\frac{1}{6}$	$\frac{1}{5}$
	6	9,6	9,5	9,3	9,0	8,6	8,3	7,9	7,7	7,4	7,0	6,6	6,1
	7	10,6	10,7	10,8	10,9	10,9	10,8	10,7	10,6	10,4	10,2	9,9	9,5
10	8	11,8	12,2	12,6	13,4	14,0	14,3	14,6	14,7	14,8	14,9	14,9	14,8
	9	13,2	13,9	14,9	16,6	17,9	18,9	19,9	20,4	21,0	21,6	22,3	23,0
	10	15,1	16,0	17,6	20,6	23,1	25,3	27,2	28,4	29,8	31,5	33,5	36,1

Tabelle G.

Anfangsspannungen (Maximalwerte[1])) für 2 gleich große Kugeln bei symmetrischer Spannungsverteilung in normaler Luft.

(Druck 760 mm Hg; Temperatur 20° C; Spannungen in kV.)

Schlagweite cm	Kugeldurchmesser in cm										
	1,11	2	2,54	5	6,25	6,66	7,5	10	12,5	15	25
	Peek	Weicker	Peek	Weicker, Estorff, Töpler	Peek	Peek	Estorff	Weicker, Estorff, Töpler	Peek	Weicker, Estorff, Töpler	Peek
0,05	2,9	—	—	—	—	2,65	—	—	2,65	—	2,65
0,1	4,95	—	—	—	—	4,60	—	—	4,60	—	4,60
0,2	8,70	—	8,32	—	—	8,09	—	—	8,04	—	8,04
0,3	12,0	—	11,6	—	—	11,3	—	—	11,3	—	11,3
0,4	15,0	—	14,8	—	—	14,4	—	—	14,4	—	14,4
0,5	17,9	—	17,9	—	17,5	17,5	—	—	17,4	—	17,4
0,6	20,6	—	21,0	—	—	20,5	—	—	20,4	—	20,4
0,7	23,3	—	24,0	—	—	23,5	—	—	23,3	—	23,3
0,8	25,6	—	27,0	—	—	26,4	—	—	26,2	—	26,2
0,9	27,7	—	29,8	—	—	29,4	—	—	29,1	—	29,0
1	29,5	32,0	32,5	32,4	32,4	32,2	32,1	32,1	32,0	31,8	31,8
2	—	52,1	—	59,3	59,7	—	59,7	60,0	60,0	60,0	60,5
3	—	64,2	—	80,7	82,4	—	83,8	85,4	85,7	86,2	87,3
4	—	71,9	—	97,7	102	—	104	108	110	110	113,5
5	—	76,8	—	111	117	—	122	128	131	133	138
6	—	—	—	122	129,5	—	136	146	151	154	162
7	—	—	—	131	140	—	149	162	169	174	185
8	—	—	—	139	150	—	160	176	185	191	205
9	—	—	—	145	158	—	170	187	200	207	227
10	—	—	—	150	165	—	178	199,5	213	222	247
11	—	—	—	—	—	—	185	209	225	236	266
12	—	—	—	—	—	—	192	218,5	236	249	283
13	—	—	—	—	—	—	198	227	246	260	300
14	—	—	—	—	—	—	203	234	255	271	316
15	—	—	—	—	—	—	208	241	265	282	331
16	—	—	—	—	—	—	—	247	—	291	—
17	—	—	—	—	—	—	—	252	—	301	—
17,5	—	—	—	—	—	—	—	—	284	304	367
20	—	—	—	—	—	—	—	—	299	—	398
22,5	—	—	—	—	—	—	—	—	—	—	424
25	—	—	—	—	—	—	—	—	—	—	451
30	—	—	—	—	—	—	—	—	—	—	492
40	—	—	—	—	—	—	—	—	—	—	555

[1]) Für effektive Wechselspannungen durch $\sqrt{2}$ zu dividieren.

Tabelle H.

Anfangsspannungen (Maximalwerte[1])) für 2 gleich große Kugeln, von denen eine geerdet ist, in normaler Luft.

(Druck 760 mm Hg; Temperatur 20° C; Spannungen in kV.)

Schlagweite cm	Kugeldurchmesser in cm								
	0,5	1	2	2,5	5	6,25	12,25	25	37,5
	Heyd-weiller	Heyd-weiller	Heyd-weiller	Orgler	Müller Weicker	Peek	Peek	Peek	Chubb und Fortescue
0,01	1,10	1,02	0,993	—	—	—	—	—	—
0,02	1,60	1,53	1,52	—	—	—	—	—	—
0,03	2,07	2,02	1,97	—	—	—	—	—	—
0,04	2,50	2,46	2,38	2,26	—	—	—	—	—
0,05	2,92	2,87	2,79	2,67	—	—	—	—	—
0,06	3,32	3,26	3,18	3,07	—	—	—	—	—
0,08	4,08	4,03	3,96	3,86	—	—	—	—	—
0,1	4,87	4,80	4,74	4,61	—	—	—	—	—
0,2	8,51	8,37	8,28	8,20	—	—	—	—	—
0,3	11,5	11,7	11,6	11,5	—	—	—	—	—
0,4	14,0	14,8	14,7	14,6	—	—	—	—	—
0,5	15,9	17,5	17,7	17,6	17,5	17,4	17,4	—	—
0,6	17,3	20,0	20,7	—	20,4	—	—	—	—
0,7	18,4	22,0	23,5	—	23,2	—	—	—	—
0,8	19,3	24,0	26,2	—	26,1	—	—	—	—
0,9	19,9	25,5	28,6	—	28,9	—	—	—	—
1,0	20,5	27,1	31,0	—	31,8	31,9	31,9	31,7	—
1,1	—	—	—	—	34,5	—	—	—	—
1,2	—	—	35,0	—	37,1	—	—	—	—
1,3	—	—	—	—	39,9	—	—	—	—
1,4	—	—	—	—	42,5	—	—	—	—
1,5	—	—	—	—	45,0	45,3	45,8	46,0	—
2	—	—	—	—	56,7	58,9	59,5	59,7	—
3	—	—	—	—	74,6	78,4	85,0	86,0	87,2
4	—	—	—	—	87,4	92,4	108	111	113
5	—	—	—	—	96,9	105	129	136	139
6	—	—	—	—	104	114	146	160	164
7	—	—	—	—	109	121	162	182	188
8	—	—	—	—	114	126	175	203	212
9	—	—	—	—	—	131	186	223	235
10	—	—	—	—	—	135	197	241	256
12	—	—	—	—	—	—	214	274	296
15	—	—	—	—	—	—	231	314	351
17,5	—	—	—	—	—	—	244	342	392
20	—	—	—	—	—	—	253	365	426
22,5	—	—	—	—	—	—	—	385	—
25	—	—	—	—	—	—	—	402	—
30	—	—	—	—	—	—	—	430	—
40	—	—	—	—	—	—	—	468	—

[1]) Für effektive Wechselspannungen durch $\sqrt{2}$ zu dividieren.

Tabelle J.

I. **Genormte Durchführungen** (nach Abb. 257).

V. D. E. Bezeichnung	Maße in mm						Gewicht in kg	Betriebsspannung	Überschlagsspannung	Prüfspannung
	D	*H*	*a*	*b*	*d*	d_1	etwa	kV[1])	kV[2])	kV
D 1	59 ÷ 62	176 ÷ 186	41 ÷ 44	50 ÷ 52	39 ÷ 41	15 ÷ 17	0,60	0,75	28	20
D 2	83 ÷ 88	314 ÷ 326	105 ÷ 109	60 ÷ 62	59 ÷ 62	35 ÷ 37	1,90	6	43	40
D 3	94 ÷ 100	376 ÷ 391	130 ÷ 135	72 ÷ 75	59 ÷ 62	35 ÷ 37	2,75	12	50	45
D 4	108 ÷ 114	494 ÷ 513	185 ÷ 192	80 ÷ 83	59 ÷ 62	35 ÷ 37	4,60	24	62	55
D 5	120 ÷ 127	624 ÷ 649	245 ÷ 255	90 ÷ 93	59 ÷ 62	35 ÷ 37	7,75	35	75	60
Mit größerem Durchmesser für höhere mechanische Beanspruchung.										
D 11	108 ÷ 114	176 ÷ 186	41 ÷ 44	50 ÷ 52	84 ÷ 88	60 ÷ 63	1,40	0,75	28	20
D 22	108 ÷ 114	314 ÷ 326	105 ÷ 109	60 ÷ 62	84 ÷ 88	60 ÷ 63	2,50	6	43	40
D 33	120 ÷ 127	376 ÷ 391	130 ÷ 135	72 ÷ 75	84 ÷ 88	60 ÷ 63	4,00	12	50	45
D 44	133 ÷ 140	494 ÷ 513	185 ÷ 192	80 ÷ 83	84 ÷ 88	60 ÷ 63	6,60	24	62	55
D 55	145 ÷ 153	624 ÷ 649	245 ÷ 255	90 ÷ 93	84 ÷ 88	60 ÷ 63	10,00	35	75	60

[1]) Entsprechend den früheren Richtlinien des V. D. E.

[2]) Die Überschlagspannungen gelten für armierte Durchführungen mit geerdetem Flansch.

Tabelle J.

II. **Genormte Stützisolatoren** (nach Abb. 388).

V. D. E. Bezeichnung	Maße im mm					Gewicht in kg etwa	Betriebsspannung kV[1]	Überschlagsspannung[2] trocken kV	Prüfspannung kV
	D	*H*	*a*	*b*	*d*				
S 1	59 ÷ 62	75 ÷ 79	41 ÷ 44	12	39 ÷ 41	0,25	0,75	30	20
S 2	83 ÷ 88	139 ÷ 144	105 ÷ 109	12	59 ÷ 62	0,77	6	50	30
S 3	94 ÷ 100	164 ÷ 170	130 ÷ 135	12	59 ÷ 62	1,10	12	60	35
S 4	108 ÷ 114	225 ÷ 233	185 ÷ 192	18	59 ÷ 62	1,80	24	80	45
S 5	120 ÷ 127	287 ÷ 298	245 ÷ 255	20	59 ÷ 62	3,00	35	105	55
Mit größerem Durchmesser für höhere mechanische Beanspruchung									
S 11	108 ÷ 114	75 ÷ 79	41 ÷ 44	12	84 ÷ 88	0,75	0,75	30	20
S 22	108 ÷ 114	139 ÷ 144	105 ÷ 109	12	84 ÷ 88	1,20	6	50	30
S 33	120 ÷ 127	164 ÷ 170	130 ÷ 135	12	84 ÷ 88	1,60	12	60	35
S 44	133 ÷ 140	225 ÷ 233	185 ÷ 192	18	84 ÷ 88	2,90	24	80	45
S 55	145 ÷ 153	287 ÷ 298	245 ÷ 255	20	84 ÷ 88	4,50	35	105	55

[1]) Entsprechend den früheren Richtlinien des V. D. E.

[2]) Die Überschlagspannungen gelten für armierte Stützer mit geerdetem Fuß.

Tabelle J.
III. Genormte Delta-Isolatoren (nach Abb. 317).

V. D. E. Bezeichnung	Maße in mm					Gewicht in kg etwa[1]	Betriebsspannung kV		Überschlagsspannung kV		
	D	H	d	D_1[1]	R		Verbandsspannung	Kartellspannung	trocken	bei Regen mit natürl. Regenwasser	bei Regen mit Leitungswasser
H 6	120	130	28	65 (70)	9	0,9 (1,0)	6	13	69	55	39
H 10	135	145	28	70 (80)	9	1,3 (1,4)	10	17	76	61	45
H 15	150	165	28	70 (80)	9	1,6 (1,7)	15	21	84	67	51
H 25	190	220	28	85 (95)	10	3,4 (3,6)	25	33	104	86	68
H 35	250	295	38	(115)	10	(7,0)	35	48	128	111	88

Tabelle K. Natürliche Logarithmen von 1,00 bis 10,00.

N.	log. nat.	Diff.	N.	log. nat.	Diff.	N.	log. nat.	Diff.	N.	log. nat.	Diff.
1,00	0,00 000	995	1,25	0,22 314	797	1,50	0,40 547	664	1,75	0,55 962	569
01	00 995	985	26	23 111	791	51	41 211	660	76	56 531	567
02	01 980	976	27	23 902	784	52	41 871	656	77	57 098	563
03	02 956	966	28	24 686	778	53	42 527	651	78	57 661	561
04	03 922	957	29	25 464	772	54	43 178	648	79	58 222	557
05	0,04 879	948	1,30	0,26 236	767	55	0,43 826	643	1,80	0,58 779	554
06	05 827	939	31	27 003	760	56	44 469	639	81	59 333	551
07	06 766	930	32	27 763	755	57	45 108	635	82	59 884	548
08	07 696	922	33	28 518	749	58	45 743	630	83	60 432	545
09	08 618	913	34	29 267	743	59	46 373	627	84	60 977	542
1,10	0,09 531	905	35	0,30 010	738	1,60	0,47 000	623	85	0,61 519	539
11	10 436	897	36	30 748	733	61	47 623	620	86	62 058	536
12	11 333	889	37	31 481	727	62	48 243	615	87	62 594	533
13	12 222	881	38	32 208	722	63	48 858	612	88	63 127	531
14	13 103	873	39	32 930	717	64	49 470	608	89	63 658	527
15	0,13 976	866	1,40	0,33 647	712	65	0,50 078	604	1,90	0,64 185	525
16	14 842	858	41	34 359	707	66	50 682	600	91	64 710	523
17	15 700	851	42	35 066	701	67	51 282	597	92	65 233	519
18	16 551	844	43	35 767	697	68	51 879	594	93	65 752	517
19	17 395	837	44	36 464	692	69	52 473	590	94	66 269	514
1,20	0,18 232	830	45	0,37 156	688	1,70	0,53 063	586	95	0,66 783	511
21	19 062	823	46	37 844	682	71	53 649	583	96	67 294	509
22	19 885	816	47	38 526	678	72	54 232	580	97	67 803	507
23	20 701	810	48	39 204	674	73	54 812	577	98	68 310	503
24	21 511	803	49	39 878	669	74	55 389	573	99	68 813	502
1,25	0,22 314		1,50	40 547		1,75	0,55 962		2,00	69 315	

[1]) Die eingeklammerten Werte gelten für zweiteilige Ausführung.

Tabelle K (Fortsetzung).

N.	log. nat.	Diff.	N.	log. nat.	Diff.	N.	log. nat.	Diff.	N.	log. nat.	Diff.
2,00	0,69 315	498	2,50	0,91 629	399	3,00	1,09 861	333	3,50	1,25 276	286
01	69 813	497	51	92 028	398	01	10 194	332	51	25 562	284
02	70 310	494	52	92 426	396	02	10 526	330	52	25 846	284
03	70 804	491	53	92 822	394	03	10 856	330	53	26 130	283
04	70 295	489	54	93 216	393	04	11 186	328	54	26 413	282
05	0,71 784	487	55	0,93 609	392	05	1,11 514	328	55	1,26 695	281
06	72 271	484	56	94 001	390	06	11 842	326	56	26 976	281
07	72 755	482	57	94 391	388	07	12 168	325	57	27 257	279
08	73 237	479	58	94 779	387	08	12 493	324	58	27 536	279
09	73 716	478	59	95 166	385	09	12 817	323	59	27 815	278
2,10	0,74 194	475	2,60	0,95 551	384	3,10	1,13 140	322	3,60	1,28 093	278
11	74 669	473	61	95 935	382	11	13 462	321	61	28 371	276
12	75 142	470	62	96 317	381	12	13 783	320	62	28 647	276
13	75 612	469	63	96 698	380	13	14 103	319	63	28 923	275
14	76 081	466	64	97 078	378	14	14 422	318	64	29 198	275
15	0,76 547	464	65	0,97 456	377	15	1,14 740	317	65	1,29 473	273
16	77 011	462	66	97 833	375	16	15 057	316	66	29 746	273
17	77 473	460	67	98 208	374	17	15 373	315	67	30 019	272
18	77 933	457	68	98 582	372	18	15 688	314	68	30 291	272
19	78 390	456	69	98 954	371	19	16 002	313	69	30 563	270
2,20	0,78 846	453	2,70	0,99 325	370	3,20	1,16 315	312	3,70	1,30 833	270
21	79 299	452	71	99 695	368	21	16 627	311	71	31 103	269
22	79 751	449	72	1,00 063	367	22	16 938	310	72	31 372	269
23	80 200	448	73	00 430	366	23	17 248	309	73	31 641	268
24	80 648	445	74	00 796	364	24	17 557	309	74	31 909	267
25	0,81 093	443	75	1,01 160	363	25	1,17 866	307	75	1,32 176	266
26	81 536	442	76	01 523	362	26	18 173	306	76	32 442	265
27	81 978	440	77	01 885	360	27	18 479	305	77	32 707	265
28	82 418	437	78	02 245	359	28	18 784	305	78	32 972	265
29	82 855	436	79	02 604	358	29	19 089	303	79	33 237	263
2,30	0,83 291	434	2,80	1,02 962	356	3,30	1,19 392	303	3,80	1,33 500	263
31	83 725	432	81	03 318	355	31	19 695	301	81	33 763	262
32	84 157	430	82	03 673	354	32	19 996	301	82	34 025	261
33	84 587	428	83	04 027	353	33	20 297	300	83	34 286	261
34	85 015	427	84	04 380	352	34	20 597	299	84	34 547	260
35	0,85 442	424	85	1,04 732	350	35	1,20 896	298	85	1,34 807	259
36	85 866	423	86	05 082	349	36	21 194	297	86	35 066	259
37	86 289	421	87	05 431	348	37	21 491	297	87	35 325	259
38	86 710	419	88	05 779	347	38	21 788	295	88	35 584	257
39	87 129	418	89	06 126	345	39	22 083	295	89	35 841	257
2,40	0,87 547	416	2,90	1,06 471	344	3,40	1,22 378	293	3,90	1,36 098	256
41	87 963	414	91	06 815	343	41	22 671	293	91	36 354	255
42	88 377	412	92	07 158	342	42	22 964	292	92	36 609	255
43	88 789	411	93	07 500	341	43	23 256	291	93	36 864	254
44	89 200	409	94	07 841	340	44	23 547	290	94	37 118	253
45	0,89 609	407	95	1,08 181	338	45	1,23 837	290	95	1,37 371	253
46	90 016	406	96	08 519	337	46	24 127	288	96	37 624	253
47	90 422	404	97	08 856	336	47	24 415	288	97	37 877	251
48	90 826	402	98	09 192	335	48	24 703	287	98	38 128	251
49	91 228	401	99	09 527	334	49	24 990	286	99	38 379	250
2,50	91 629		3,00	09 861		3,50	25 276		4,00	38 629	

Tabelle K (Fortsetzung).

N.	log. nat.	Diff.	N.	log. nat.	Diff.	N.	log. nat.	Diff.	N.	log. nat.	Diff.
4,00	1,38 629	250	4,50	1,50 408	222	5,00	1,60 944	200	5,50	1,70 475	182
01	38 879	249	51	50 630	221	01	61 144	199	51	70 657	181
02	39 128	248	52	50 851	221	02	61 343	199	52	70 838	181
03	39 376	248	53	51 072	221	03	61 542	199	53	71 019	180
04	39 624	248	54	51 293	220	04	61 741	198	54	71 199	181
05	1,39 872	246	55	1,51 513	219	05	1,61 939	198	55	1,71 380	180
06	40 118	246	56	51 732	219	06	62 137	197	56	71 560	180
07	40 364	246	57	51 951	219	07	62 334	197	57	71 740	179
08	40 610	245	58	52 170	218	08	62 531	197	58	71 919	179
09	40 855	244	59	52 388	218	09	62 728	196	59	72 098	179
4,10	1,41 099	243	4,60	1,52 606	217	5,10	1,62 924	196	5,60	1,72 277	178
11	41 342	243	61	52 823	216	11	63 120	195	61	72 455	178
12	41 585	243	62	53 039	216	12	63 315	195	62	72 633	178
13	41 828	242	63	53 255	216	13	63 510	195	63	72 811	177
14	42 070	241	64	53 471	216	14	63 705	195	64	72 988	177
15	1,42 311	241	65	1,53 687	215	15	1,63 900	194	65	1,73 165	177
16	42 552	240	66	53 902	214	16	64 094	193	66	73 342	177
17	42 792	239	67	54 116	214	17	64 287	193	67	73 519	176
18	43 031	239	68	54 330	213	18	64 480	193	68	73 695	176
19	43 270	238	69	54 543	213	19	64 673	193	69	73 871	176
4,20	1,43 508	238	4,70	1,54 756	213	5,20	1,64 866	192	5,70	1,74 047	175
21	43 746	238	71	54 969	212	21	65 058	192	71	74 222	175
22	43 984	236	72	55 181	212	22	65 250	191	72	74 397	175
23	44 220	236	73	55 393	211	23	65 441	191	73	74 572	174
24	44 456	236	74	55 604	210	24	65 632	191	74	74 746	174
25	1,44 692	235	75	1,55 814	211	25	1,65 823	190	75	1,74 920	174
26	44 927	234	76	56 025	210	26	66 013	190	76	75 094	173
27	45 161	234	77	56 235	209	27	66 203	190	77	75 267	173
28	45 395	234	78	56 444	209	28	66 393	189	78	75 440	173
29	45 629	233	79	56 653	209	29	66 582	189	79	75 613	173
4,30	1,45 862	232	4,80	1,56 862	208	5,30	1,66 771	188	5,80	1,75 786	172
31	46 094	232	81	57 070	207	31	66 959	188	81	75 958	172
32	46 326	231	82	57 277	208	32	67 147	188	82	76 130	172
33	46 557	231	83	57 485	207	33	67 335	188	83	76 302	171
34	46 788	230	84	57 692	206	34	67 523	187	84	76 473	171
35	1,47 018	229	85	1,57 898	206	35	1,67 710	186	85	1,76 644	171
36	47 247	229	86	58 104	205	36	67 896	187	86	76 815	170
37	47 476	229	87	58 309	205	37	68 083	186	87	76 985	171
38	47 705	228	88	58 514	205	38	68 269	186	88	77 156	170
39	47 933	227	89	58 719	205	39	68 445	185	89	77 326	169
4,40	1,48 160	227	4,90	1,58 924	203	5,40	1,68 640	185	5,90	1,77 495	170
41	48 387	227	91	59 127	204	41	68 825	185	91	77 665	169
42	48 614	226	92	59 331	203	42	69 010	184	92	77 834	168
43	48 840	225	93	59 534	203	43	69 194	184	93	78 002	169
44	49 065	225	94	59 737	202	44	69 378	184	94	78 171	168
45	1,49 290	225	95	1,59 939	202	45	1,69 562	183	95	1,78 339	168
46	49 515	224	96	60 141	201	46	69 745	183	96	78 507	168
47	49 739	223	97	60 342	201	47	69 928	183	97	78 675	167
48	49 962	223	98	60 543	201	48	70 111	182	98	78 842	167
49	50 185	223	99	60 744	200	49	70 293	182	99	79 009	167
4,50	50 408		5,00	60 944		5,50	70 475		6,00	79 176	

Tabelle K (Fortsetzung).

N.	log. nat.	Diff.	N.	log. nat.	Diff.	N.	log. nat.	Diff.	N.	log. nat.	Diff.
6,00	1,79 176	166	6,50	1,87 180	154	7,00	1,94 591	143	7,50	2,01 490	134
01	79 342	167	51	87 334	153	01	94 734	142	51	01 624	133
02	79 509	166	52	87 487	154	02	94 876	143	52	01 757	133
03	79 675	165	53	87 641	153	03	95 019	142	53	01 890	132
04	79 840	166	54	87 794	153	04	95 161	142	54	02 022	133
05	1,80 006	165	55	1,87 947	152	05	1,95 303	142	55	2,02 155	132
06	80 171	165	56	88 099	152	06	95 445	141	56	02 287	132
07	80 336	164	57	88 251	152	07	95 586	141	57	02 419	132
08	80 500	165	58	88 403	152	08	95 727	141	58	02 551	132
09	80 665	164	59	88 555	152	09	95 868	141	59	02 683	132
6,10	1,80 829	164	6,60	1,88 707	151	7,10	1,96 009	141	7,60	2,02 815	131
11	80 993	163	61	88 858	151	11	96 150	141	61	02 946	132
12	81 156	163	62	89 009	151	12	96 291	140	62	03 078	131
13	81 319	163	63	89 160	151	13	96 431	140	63	03 209	131
14	81 482	163	64	89 311	151	14	96 571	140	64	03 340	131
15	1,81 645	163	65	1,89 462	150	15	1,96 711	140	65	2,03 471	130
16	81 808	162	66	89 612	150	16	96 851	140	66	03 601	131
17	81 970	162	67	89 762	150	17	96 991	139	67	03 732	130
18	82 132	162	68	89 912	149	18	97 130	139	68	03 862	130
19	82 294	161	69	90 061	150	19	97 269	139	69	03 992	130
6,20	1,82 455	161	6,70	1,90 211	149	7,20	1,97 408	139	7,70	2,04 122	130
21	82 616	161	71	90 360	149	21	97 547	139	71	04 252	129
22	82 777	161	72	90 509	149	22	97 686	138	72	04 381	130
23	82 938	160	73	90 658	148	23	97 824	138	73	04 511	129
24	83 098	160	74	90 806	148	24	97 962	138	74	04 640	129
25	1,83 258	160	75	1,90 954	148	25	1,98 100	138	75	2,04 769	129
26	83 418	160	76	91 102	148	26	98 238	138	76	04 898	129
27	83 578	159	77	91 250	148	27	98 376	137	77	05 027	129
28	83 737	159	78	91 398	147	28	98 513	137	78	05 156	128
29	83 896	159	79	91 545	147	29	98 650	137	79	05 284	128
6,30	1,84 055	159	6,80	1,91 692	147	7,30	1,98 787	137	7,80	2,05 412	129
31	84 214	158	81	91 839	147	31	98 924	137	81	05 541	127
32	84 372	158	82	91 986	146	32	99 061	137	82	05 668	128
33	84 530	158	83	92 132	147	33	99 198	136	83	05 796	128
34	84 688	157	84	92 279	146	34	99 334	136	84	05 924	127
35	1,84 845	158	85	1,92 425	146	35	1,99 470	136	85	2,06 051	128
36	85 003	157	86	92 571	145	36	99 606	136	86	06 179	127
37	85 160	157	87	92 716	146	37	99 742	135	87	06 306	127
38	85 317	156	88	92 862	145	38	99 877	136	88	06 433	127
39	85 473	157	89	93 007	145	39	2,00 013	135	89	06 560	126
6,40	1,85 630	156	6,90	1,93 152	145	7,40	2,00 148	135	7,90	2,06 686	127
41	85 786	156	91	93 297	145	41	00 283	135	91	06 813	126
42	85 942	155	92	93 442	144	42	00 418	135	92	06 939	126
43	86 097	156	93	93 586	144	43	00 553	134	93	07 065	126
44	86 253	155	94	93 730	144	44	00 687	134	94	07 191	126
45	1,86 408	155	95	1,93 874	144	45	2,00 821	135	95	2,07 317	126
46	86 563	155	96	94 018	144	46	00 956	134	96	07 443	125
47	86 718	154	97	94 162	143	47	01 090	133	97	07 568	126
48	86 872	154	98	94 305	143	48	01 223	134	98	07 694	125
49	87 026	154	99	94 448	143	49	01 357	133	99	07 819	125
6,50	87 180		7,00	94 591		7,50	01 490		8,00	07 944	

Tabelle K (Fortsetzung).

N.	log. nat.	Diff.	N.	log nat.	Diff.	N.	log. nat.	Diff.	N.	log. nat.	Diff.
8,00	2,07 944	125	8,50	2,14 007	117	9,00	2,19 722	111	9,50	2,25 129	105
01	08 069	125	51	14 124	118	01	19 833	111	51	25 234	105
02	08 194	124	52	14 242	117	02	19 944	111	52	25 339	105
03	08 318	125	53	14 359	117	03	20 055	111	53	25 444	105
04	08 443	124	54	14 476	117	04	20 166	110	54	25 549	105
05	2,08 567	124	55	2,14 593	117	05	2,20 276	111	55	2,25 654	105
06	08 691	124	56	14 710	117	06	20 387	110	56	25 759	104
07	08 815	124	57	14 827	116	07	20 497	111	57	25 863	105
08	08 939	124	58	14 943	117	08	20 608	110	58	25 968	104
09	09 063	123	59	15 060	116	09	20 718	109	59	26 072	104
8,10	2,09 186	124	8,60	2,15 176	116	9,10	2,20 827	110	9,60	2,26 176	104
11	09 310	123	61	15 292	116	11	20 937	110	61	26 280	104
12	09 433	123	62	15 408	116	12	21 047	110	62	26 384	104
13	09 556	123	63	15 524	116	13	21 157	109	63	26 488	104
14	09 679	123	64	15 640	116	14	21 266	109	64	26 592	104
15	2,09 802	122	65	2,15 756	115	15	2,21 375	110	65	2,26 696	103
16	09 924	123	66	15 871	116	16	21 485	109	66	26 799	104
17	10 047	122	67	15 987	115	17	21 594	109	67	26 903	103
18	10 169	122	68	16 102	115	18	21 703	109	68	27 006	103
19	10 291	122	69	16 217	115	19	21 812	108	69	27 109	104
8,20	2,10 413	122	8,70	2,16 332	115	9,20	2,21 920	109	9,70	2,27 213	103
21	10 535	122	71	16 447	115	21	22 029	109	71	27 316	103
22	10 657	122	72	16 562	115	22	22 138	108	72	27 419	102
23	10 779	121	73	16 677	114	23	22 246	108	73	27 521	103
24	10 900	121	74	16 791	114	24	22 354	108	74	27 624	103
25	2,11 021	121	75	2,16 905	115	25	2,22 462	108	75	2,27 727	102
26	11 142	121	76	17 020	114	26	22 570	108	76	27 829	103
27	11 263	121	77	17 134	114	27	22 678	108	77	27 932	102
28	11 384	121	78	17 248	113	28	22 786	108	78	28 034	102
29	11 505	121	79	17 361	114	29	22 894	107	79	28 136	102
8,30	2,11 626	120	8,80	2,17 475	114	9,30	2,23 001	108	9,80	2,28 238	102
31	11 746	120	81	17 589	113	31	23 109	107	81	28 340	102
32	11 866	120	82	17 702	114	32	23 216	108	82	28 442	102
33	11 986	120	83	17 816	113	33	23 324	107	83	28 544	102
34	12 106	120	84	17 929	113	34	23 431	107	84	28 646	101
35	2,12 226	120	85	2,18 042	113	35	2,23 538	107	85	2,28 747	102
36	12 346	119	86	18 155	112	36	23 645	106	86	28 849	101
37	12 465	120	87	18 267	113	37	23 751	107	87	28 950	101
38	12 585	119	88	18 380	113	38	23 858	107	88	29 051	101
39	12 704	119	89	18 493	112	39	23 965	106	89	29 152	101
8,40	2,12 823	119	8,90	2,18 605	112	9,40	2,24 071	106	9,90	2,29 253	101
41	12 942	119	91	18 717	113	41	24 177	107	91	29 354	101
42	13 061	119	92	18 830	112	42	24 284	106	92	29 455	101
43	13 180	118	93	18 942	112	43	24 390	106	93	29 556	101
44	13 298	119	94	19 054	111	44	24 496	105	94	29 657	100
45	2,13 417	118	95	2,19 165	112	45	2,24 601	106	95	2,29 757	101
46	13 535	118	96	19 277	112	46	24 707	106	96	29 858	100
47	13 653	118	97	19 389	111	47	24 813	105	97	29 958	100
48	13 771	118	98	19 500	111	48	24 918	106	98	30 058	100
49	13 889	118	99	19 611	111	49	25 024	105	99	30 158	101
8,50	14 007		9,00	19 722		9,50	25 129		10,00	30 259	

Literaturverzeichnis.

Für die Bezeichnung der Zeitschriften wurden die üblichen Abkürzungen benützt. W. V. a. d. S. K. heißt: Wissenschaftliche Veröffentlichungen aus dem Siemens-Konzern. Die mit * versehenen Arbeiten sind nach Drucklegung des Buches erschienen, konnten also nicht mehr berücksichtigt werden.

Erstes Kapitel.

Bültemann, A.: Die Fabrikation elektrischer Isolierstoffe und ihre Ziele. El. Betr. 1923, H. 16 (siehe auch unter „Schering").

*Dieterle, R.: Die Durchschlagspannung fester Isolierstoffe. ETZ 1925, H. 10.

Dräger, K.: Über die Leitfähigkeit von Transformatorenöl. A. f. E. Bd. 13, H. 5. 1924.

Estorff, W.: Beiträge zur Kenntnis der Kugelfunkenstrecke. Berlin 1917. Selbstverlag des V. d. I.

Friese, R. M.: Über die Durchschlagfestigkeit von Isolierölen. W. V. a. d. S. K. Bd. 1, H. 2. 1921.

*Gabler, H.: Über den Zusammenhang von Strom und Spannung in festen Dielektrizis. A. f. E. Bd. 14, H. 4. 1925.

Günther-Schulze, A.: Die dielektrische Festigkeit von Flüssigkeiten und festen Körpern. Jahrb. f. Radioakt. u. Elektronik.

Kármán, Th., von: Das thermisch-elektrische Gleichgewicht fester Isolatoren. A. f. E. Bd. 13, H. 2. 1924.

Kock, F. C.: Die elektrische Durchschlagfestigkeit von flüssigen, halbfesten und festen Isolierstoffen in Abhängigkeit vom Druck. ETZ 1915, S. 85.

Mannel, O.: Die elektrischen Eigenschaften des Bakelits. A. f. E. Bd. 12, H. 6. 1923.

Müller, M.: Über die Durchbruchfeldstärke, Anfangsspannung und Funkenspannung bei Wechselstrom von 500 Per./sek. A. f. E. Bd. 13, H. 6. 1925.

Moscicki, J.: Über Hochspannungskondensatoren. ETZ 1904, H. 25.

*Oelschläger, E.: Mikroskopische Beobachtung von Öldurchschlägen. Siemens-Ztschr. 1925, H. 1.

Orlich, E.: Die Anforderung an feste Isolierstoffe und ihre Prüfung. El. Betr. 1923, H. 16.

Petersen, W.: Hochspannungstechnik. Stuttgart: Enke 1911.

Pungs, L.: Untersuchungen über das dielektrische Verhalten flüssiger Isolierstoffe bei hohen Wechselspannungen. A. f. E. Bd. 1, H. 8. 1912.

*Rochow, H.: Über einige Fragen der elektrischen Festigkeitslehre. A. f. E. Bd. 14, H. 4. 1925.

Rogowski, W.: Der Durchschlag fester Isolatoren. A. f. E. Bd. 13, H. 2. 1924.

Schering, H.: Die Isolierstoffe der Elektrotechnik, herausgegeben im Auftrag des E. V. Berlin: Julius Springer 1924.

Schröter, F.: Reinigung und Durchschlagfestigkeit von Transformatorenöl. A. f. E. Bd. 12, H. 1. 1923.

Schumann, W. O.: Elektrische Durchbruchfeldstärke von Gasen. Berlin: Julius Springer 1923. (Hierin Literaturnachweis über Entladungen in Gasen.)

Schwaiger, A.: Beitrag zur elektrischen Festigkeitslehre. A.f.E. Bd.11, H. 1. 1922.
Schwaiger, A.: Über die Ermittlung der Durchschlagfestigkeit von hygroskopischen Isoliermaterialien. A. f. E. Bd. 3, H. 10. 1915.
Schwaiger, A.: Über elektrische Isoliermaterialien. Leipzig: Hachmeister & Thal 1921. (Hierin Literaturnachweis über elektrische Festigkeitslehre.)
Semm, A.: Verlustmessungen bei Hochspannung. A. f. E. Bd. 9, H. 1. 1920.
Senst, W.: Isolationen aus Kunstharz und Faserstoffen. El. Betr. 1923, H. 16.
Sorge, J.: Über die elektrische Festigkeit einiger flüssiger Dielektrika. A. f. E. Bd. 13, H. 3. 1924.
Wagner, K. W.: Erklärung der dielektrischen Nachwirkungsvorgänge auf Grund Maxwellscher Vorstellungen. A. f. E. Bd. 2, H. 9. 1924. (Hierin Literaturnachweis über dielektrische Verluste.)
Wagner, K. W.: Dielektrische Eigenschaften von verschiednen Isolierstoffen. A. f. E. Bd. 3, H. 3. 1914. (Hierin Literaturnachweis.)
Wagner, K. W.: Der physikalische Vorgang beim elektrischen Durchschlag von festen Isolatoren. Mitt. a. d. Telegraphentechn. Reichsamt, Dez. 1922.
Weidig u. Jaensch: Koronaerscheinungen an Leitungen. ETZ 1913, H. 23.

Zweites Kapitel.

Arnold, E., J. L. La Cour u. O. S. Bragstad: Theorie der Wechselströme. Berlin: Julius Springer 1910.
Buch, A.: Die Theorie moderner Hochspannungsanlagen. München: Oldenbourg 1922.
Emde, F.: Berechnung der Feldstärke bei anaxialen Zylindern. Siehe Schumann, W. O.: Elektrische Durchbruchfeldstärke von Gasen.
Petersen, W.: Hochspannungstechnik. Stuttgart: Enke 1911.
Schumann, W. O.: Elektrische Durchbruchfeldstärke von Gasen. Berlin: Julius Springer 1923.
Schwaiger, A.: Beitrag zur elektrischen Festigkeitslehre. A.f.E. Bd. 9, H. 1. 1922.
Zipp, H.: Handbuch der elektr. Hochspannungstechnik. Leipzig: O. Leiner 1911.

Drittes Kapitel.

*Andronescu, P.: Das parallel- und meridianebene Feld nebst Beispielen. A. f. E. Bd. 14, H. 4. 1925.
Bolliger, A.: Probleme der Potentialtheorie. A. f. E. Bd. 5, H. 4. 1917.
Dreyfus, L.: Über die Anwendung der konformen Abbildung zur Berechnung der Durchschlag- und Überschlagspannung zwischen kantigen Konstruktionsteilen unter Öl. A. f. E. Bd. 13, H. 2. 1924.
Fraenkel, A.: Theorie der Wechselströme. Berlin: Julius Springer 1921.
Rogowski, W.: Die elektrische Festigkeit am Rande des Plattenkondensators. A. f. E. Bd. 12, H. 1. 1923.
Spielrein, J.: Geometrisches zur elektrischen Festigkeitsrechnung. A. f. E. Bd. 4, H. 3. 1915; A. f. E. Bd. 5, H. 7. 1917.
Schleiermacher, A.: Die Feldstärke an den Scheiteln zweier nebeneinander angeordneter Kugeln. (Persönliche Mitteilung.)
Schwaiger, A.: Beitrag zur elektrischen Festigkeitslehre. A.f.E. Bd. 9, H. 1. 1922.

Viertes Kapitel.

Petersen, W.: Messung d. Spannungsverteilg. an Hängeisolatoren. ETZ 1916, H. 1.
*Regerbis: Die Messung der Spannungsverteilung und des Feldlinienverlaufs an Isolatorenketten. ETZ 1925, H. 9.

Rüdenberg, R.: Die Spannungsverteilung an Kettenisolatoren. ETZ 1914, H. 15.
Salessky, A.: Über die Spannungsverteilung an Ketten von Hängeisolatoren. A. f. E. Bd. 13, H. 1. 1924.
Schwaiger, A.: Experimentelle Ermittlung der Spannungsverteilung bei Kondensatorgruppen. A. f. E. Bd. 8, H. 6. 1919.
Schwaiger, A.: Spannungsverteilg. an Hängeisolatorenketten. E. u. M. 1919, H. 50.
Schwaiger, A.: Graphische Berechnung elektr. Leitungsnetze. ETZ 1920, H. 12.
Schwaiger, A.: Neuere Forschungsergebnisse auf dem Gebiet der Hängeisolatoren. Mitt. Nr. 1 der Porzellanfabrik Ph. Rosenthal.

Fünftes Kapitel.

Schwaiger, A.: Neuere Forschungsergebnisse auf dem Gebiet der Hängeisolatoren. Mitt. Nr. 1 der Porzellanfabrik Ph. Rosenthal.

Sechstes Kapitel.

Schwaiger, A.: Die Überschlagfestigkeit des Porzellans. ETZ 1922, H. 26.
Schwaiger, A.: Über die Entladungsvorgänge auf Isolatoren. Mitt. Nr. 6 der Porzellanfabrik Ph. Rosenthal.
Wörner, W.: Die Überschlagfestigkeit von Isolatoren. Dissertation, Karlsruhe 1922.

Siebentes Kapitel.

Spielrein, J.: Geometrisches zur elektrischen Festigkeitsrechnung. A. f. E. Bd. 4, H. 3. 1915; A. f. E. Bd. 5, H. 7. 1917.

Achtes Kapitel.

Estorff, W.: Beiträge zur Kenntnis der Kugelfunkenstrecke. Berlin 1917. Selbstverlag des V. d. I.
Kuhlmann, K.: Hochspannungsisolatoren. A. f. E. Bd. 3, H. 8. 1915.
Nagel, R.: Über eine Neuerung an Hochspannungstransformatoren der S. S. W.; El. K. u. B. 1906, H. 15.
Schwaiger, A.: Spannungsverteilung an Hängeisolatorketten. E. u. M. 1919, H. 50.
Schwaiger, A.: Zur Theorie der Hochspannungsisolatoren. ETZ 1920, H. 43.
Schwaiger, A.: Theorie der Hochspannungsisolatoren. E. u. M. 1920, H. 38.

Neuntes Kapitel.

Nagel, R.: Über eine Neuerung an Hochspannungstransformatoren der S. S. W.; El. K. u. B. 1906, H. 15.
Schwaiger, A.: Neuere Forschungsergebnisse auf dem Gebiet der Hängeisolatoren. Mitt. Nr. 1 der Porzellanfabrik Ph. Rosenthal.

Zehntes Kapitel.

Rebhan, J.: Entladungsvorgänge auf Isolatoren. Dissertation, Karlsruhe 1923.
Schwaiger, A.: Neuere Forschungsergebnisse auf dem Gebiet der Hängeisolatoren. Mitt. Nr. 1 der Porzellanfabrik Ph. Rosenthal.
Schwaiger und Rebhan: Die Glimmdurchführung. ETZ. 1925, H. 20.

Elftes Kapitel.

Petersen, W.: Hochspannungstechnik. Stuttgart: Enke 1911.
Schumann, W. O.: Elektrische Durchbruchfeldstärke in Gasen. Berlin: Julius Springer 1923.

Schwaiger, A.: Theoretisches zur elektrischen Festigkeitsuntersuchung. Mitt. d. Staatl. Techn. Versuchsamtes in Wien 1921, H. 2.
Schwaiger, A.: Über elektrische Isoliermaterialien. Leipzig: Hachmeister u. Thal 1921.
Schwaiger, A.: Über die Kugelfunkenstrecke. W. V. a. d. S. K. Bd. 2, 1922.
Weicker, W.: Zur Beurteilung von Hochspannungsfreileitungsisolatoren nebst einem Beitrag zur Kenntnis der Funkenspannung. Dissertation Dresden.

Zwölftes Kapitel.

Atkinson: Die Feldverteilung in elektrischen Hochspannungskabeln. Ref. ETZ 1922, S. 205.
Deutsch, W.: Die elektrische Festigkeit der Kabel. ETZ 1911, H. 47.
*Dieterle u. Eggeling: Vergleich von Drehstromkabeln verschiedener Ausführungsformen. A. f. E. Bd. 14, H. 2. 1925.
Goerges, Weidig u. Jaensch: Über Versuche zur Bestimmung der Koronaverluste auf Freileitungen. ETZ 1911, H. 43.
Höchstädter, M.: Die dielektrischen Eigenschaften moderner Hochspannungskabel. ETZ 1910, S. 467.
Höchstädter, M.: Über verseilte Kabel. ETZ 1915, S. 617.
Höchstädter, M.: Dielektrische Verluste und zulässige elektrische Maximalbeanspruchung in Hochspannungskabeln. ETZ 1922, S. 205.
Höchstädter, M.: Der Ionisierungspunkt von Hochspannungskabeln. ETZ 1922, S. 575.
*Holm, R.: Die Theorie der Korona an Hochspannungsleitern. W.V. a. d. S. K. Bd. 4, 1925.
*Holm, R. u. R. Störmer: Koronamessungen an Hochspannungsleitern. W.V. a. d. S. K. Bd. 4, 1925.
Humann, P.: Über Hochspannungskabel. ETZ 1910, S. 1265.
Lichtenstein, L.: Über die neuesten Fortschritte in der Fabrikation von Hochspannungskabeln. ETZ 1910, S. 773.
Lichtenstein, L.: Fabrikation, Eigenschaften und Prüfung der Hochspannungskabel. ETZ 1912, S. 492.
Lichtenstein, L.: Über die Prüfung von Starkstromkabeln im Werk und nach der Verlegung. ETZ 1913, S. 1008.
Pfannkuch, W.: Drehstromkabel für 30 kV. ETZ 1912, S. 1097.
Roessler, G.: Die Fernleitung von Wechselströmen. Berlin: Julius Spinger 1905.
Staveren, J. C. van: Betrachtungen über die von niederländischer Seite vorgeschlagene neue Methode zur Prüfung von Hochspannungskabeln. ETZ 1924, S. 129.
Weidig u. Jaensch: Koronaerscheinungen an Leitungen. ETZ 1913, H. 23.
Weiset, M.: Über die Prüfung von Hochspannungskabeln mit Gleichstrom. Dissertation Berlin.

Dreizehntes Kapitel.

Dessauer, F.: Über Transformatoren mit gesteuerter Beanspruchung der Isoliermaterialien. ETZ 1923, H. 51.
*Fischer, K.: Hochspannungsprüfanlage für das Elektrotechnische Institut der Technischen Hochschule Aachen. ETZ 1925, H. 6.
Ossanna, J.: Starkstromtechnik von Rziha u. Seidener.
Palme, A.: Die ersten Transformatoren für 220 kV. ETZ 1921, H. 41.
Richter, R.: Ankerwicklungen von Gleich- und Wechselstrommaschinen. Berlin: Julius Springer 1920.

Richter, R.: Elektrische Maschinen. Berlin: Julius Springer 1924.
Schwaiger, A.: Experimentelle Ermittlung der Spannungsverteilung bei Kondensatorgruppen. A. f. E. Bd. 8, H. 6. 1919.

Vierzehntes Kapitel.

Altmann, E.: Der Kegelkopfisolator. El. Betr. 1923, H. 16.
*Binder, L.: Untersuchungen über die Vorgänge bei der elektrischen Stoßprüfung. ETZ 1925, H. 5.
Bucksath, W.: Elektrische Stoßprüfung von Porzellanisolatoren. ETZ 1923, H. 42.
Fischer, K.: Grundsätzliche Gesichtspunkte für die Konstruktion von Isolatoren aus Hartpapier. ETZ 1915, H. 35.
Grünewald, F.: Das Verhalten der Freileitungsisolatoren unter der Einwirkung hochfrequenter Spannungen. ETZ 1921, H. 48.
Humburg, K.: Die Berechnung von Kondensatordurchführungen. A. f. E. Bd. 12, H. 6. 1923.
Kuhlmann, K.: Hochspannungsisolatoren. A. f. E. Bd. 3, H. 8. 1915.
Mitteilungen der Porzellanfabriken Freiberg, Hermsdorf und Schomburg.
Mitteilungen der Porzellanfabrik Ph. Rosenthal.
Preislisten der Porzellanfabriken.
Schwaiger, A.: Zur Theorie der Hochspannungsisolatoren. ETZ 1920, H. 7.
Schwaiger, A.: Über Hochspannungsfreileitungsisolatoren. ETZ 1923, Festschrift.
Schwaiger, A.: Über die Berechnung von Kondensatordurchführungen. El. Betr. 1923, H. 16.
Stern, Dr.: Hochspannungsapparate für 110 kV. AEG Mitt. Nr. 5/6, 1922.
Torikai, R.: Abnormal pressure-rise in transformers and its remedy. The institut of electrical Eng. Bd. 59, Nr. 303.

Fünfzehntes Kapitel.

*Fischer, K.: Hochspannungsprüfanlage für das Elektrotechnische Institut der Technischen Hochschule Aachen. ETZ 1925, H. 6.
Mitteilungen und Preislisten elektrotechnischer Firmen.

Sachverzeichnis.

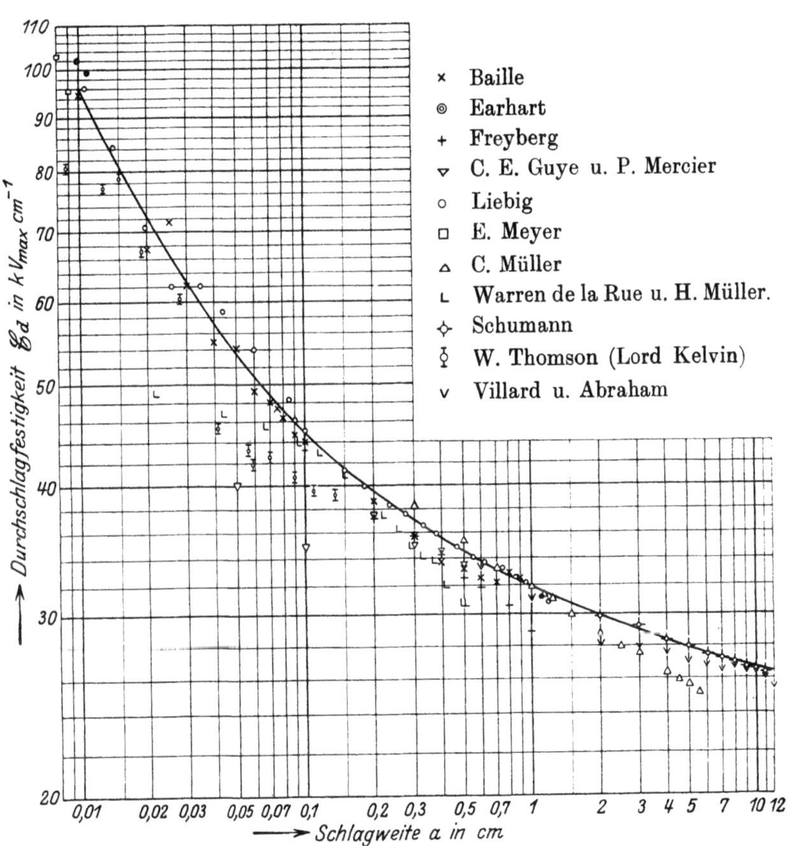

Durchschlagfestigkeit $\mathfrak{E}_d$ der Luft zwischen 2 parallelen Platten abhängig von der Schlagweite a, bezogen auf 760 mm Hg und 20° C (nach Schumann).

Tafel II.

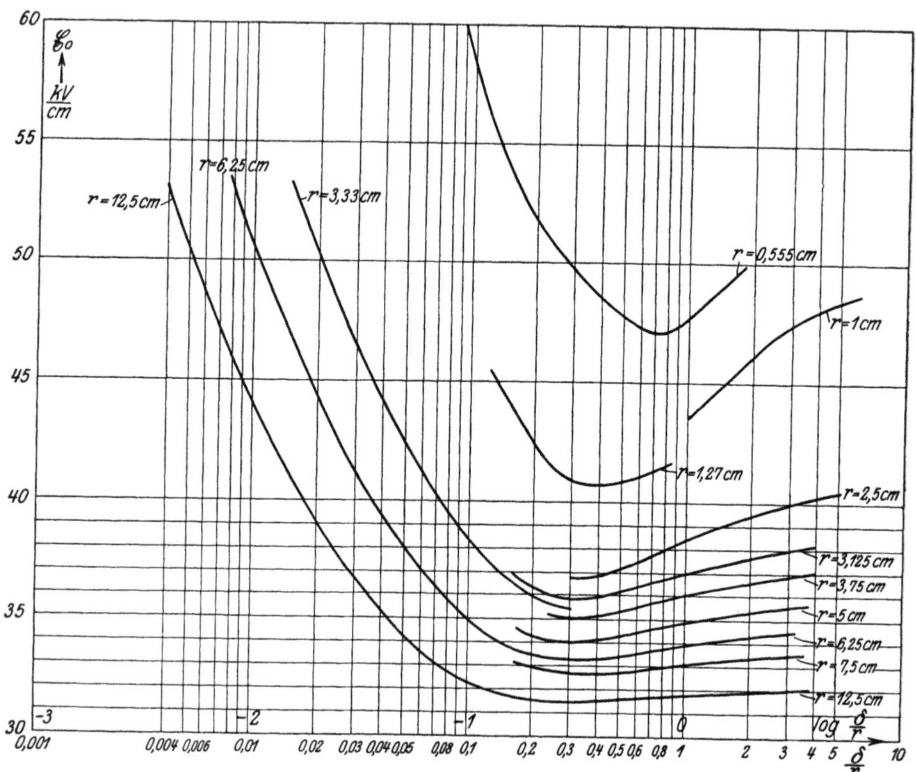

Durchschlagfestigkeit $\mathfrak{E}_d$ in $kV_{max}\,cm^{-1}$ der Luft bei 2 gleich großen, isoliert aufgestellten Kugeln, abhängig vom Verhältnis der Schlagweite δ zum Radius r; 760 mm Hg u. 20° C (nach Schumann).

Tafel III.

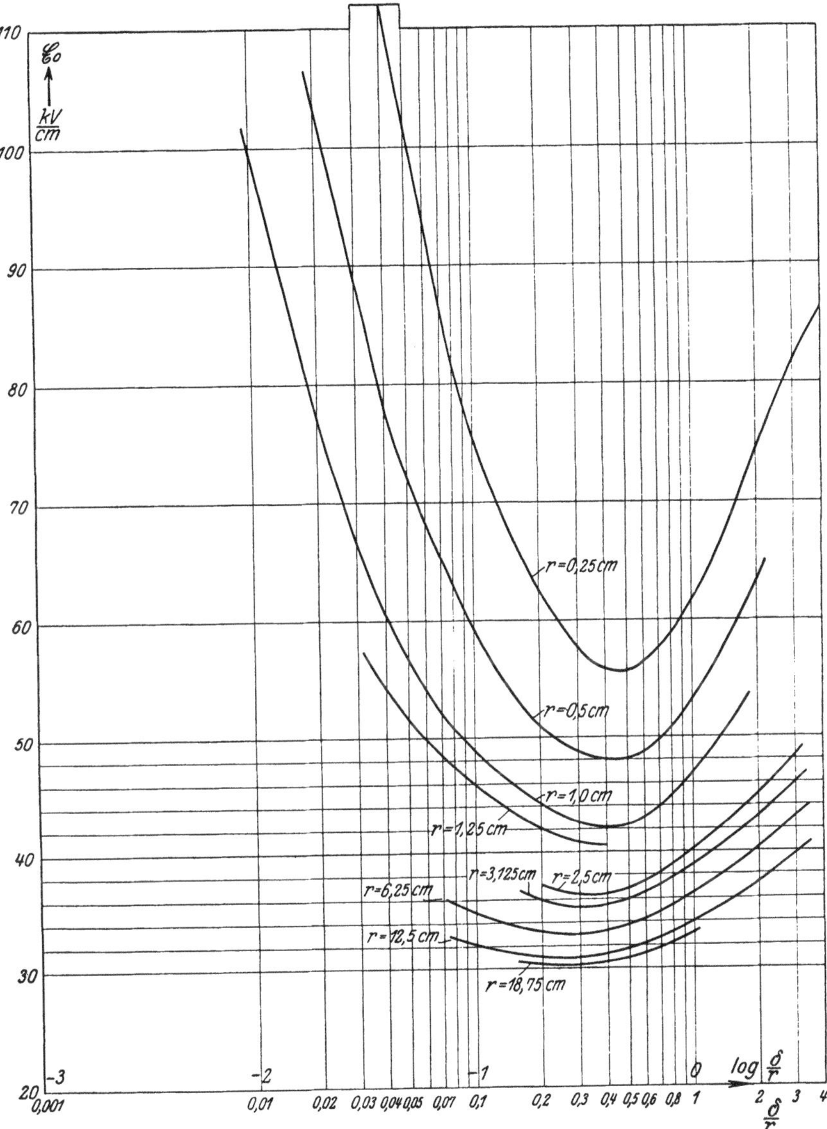

Durchschlagfestigkeit $\mathfrak{E}_d$ in $kV_{max}\,cm^{-1}$ der Luft bei 2 gleich großen Kugeln, von denen eine geerdet ist, abhängig vom Verhältnis der Schlagweite δ zum Radius r; 760 mm Hg u. 20° C (nach Schumann).

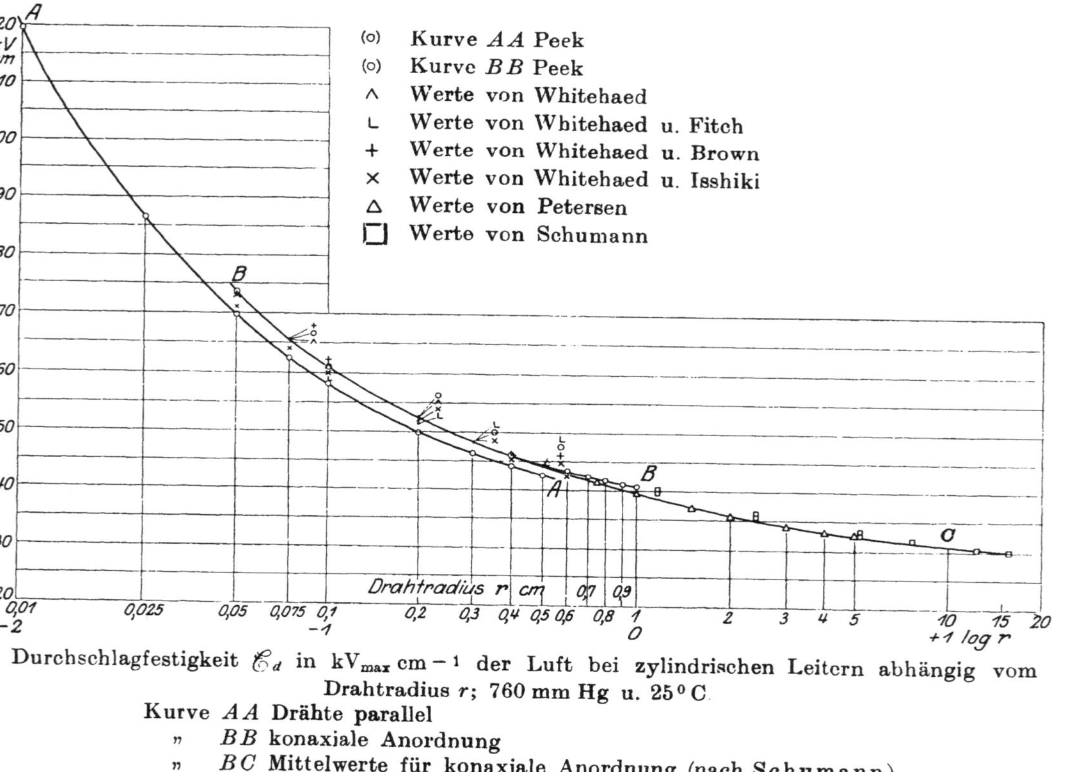

Durchschlagfestigkeit $\mathfrak{E}_d$ in $kV_{max}\,cm^{-1}$ der Luft bei zylindrischen Leitern abhängig vom Drahtradius r; 760 mm Hg u. 25° C.

Kurve AA Drähte parallel
" BB konaxiale Anordnung
" BC Mittelwerte für konaxiale Anordnung (nach Schumann).

Tafel V.

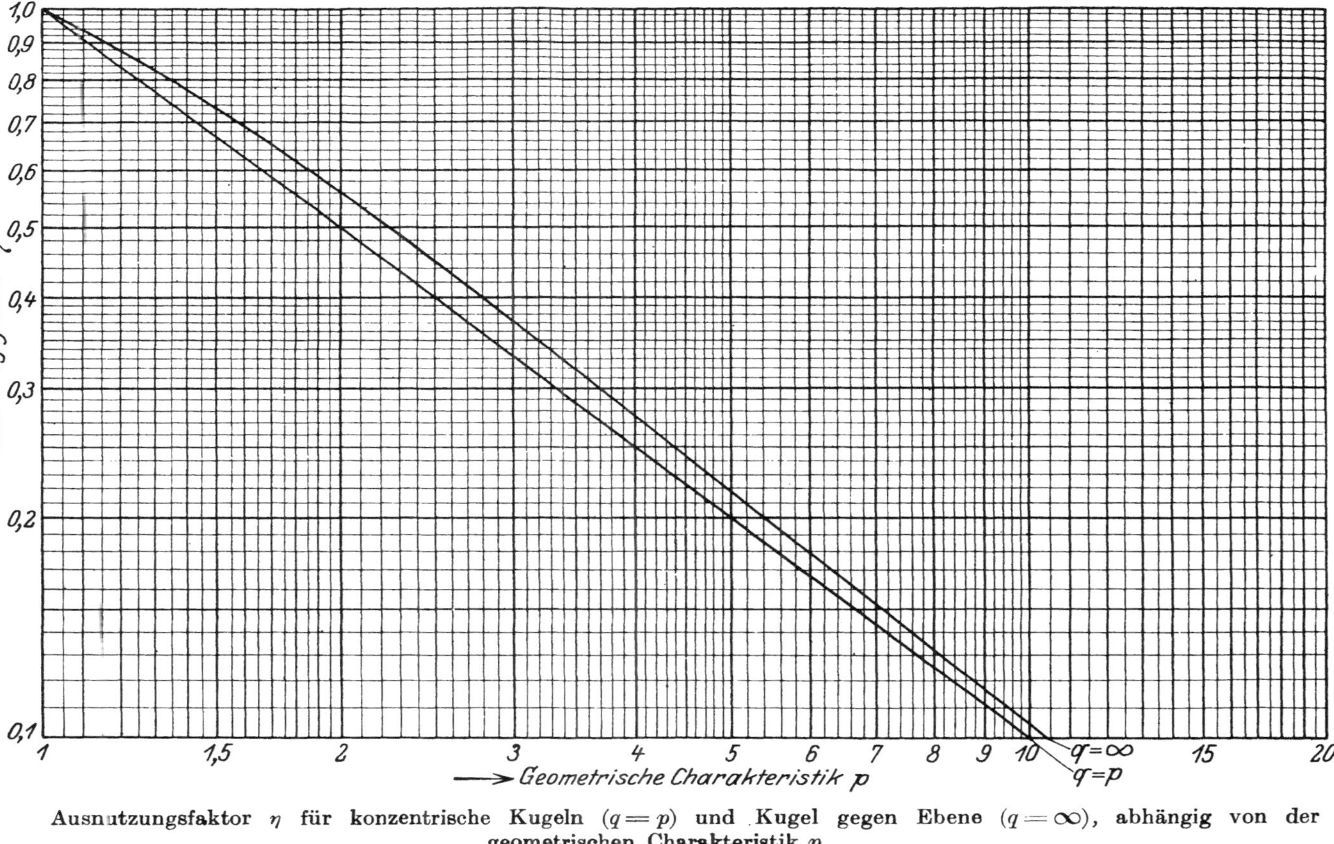

Ausnutzungsfaktor η für konzentrische Kugeln ($q = p$) und Kugel gegen Ebene ($q = \infty$), abhängig von der geometrischen Charakteristik p.

Tafel VI.

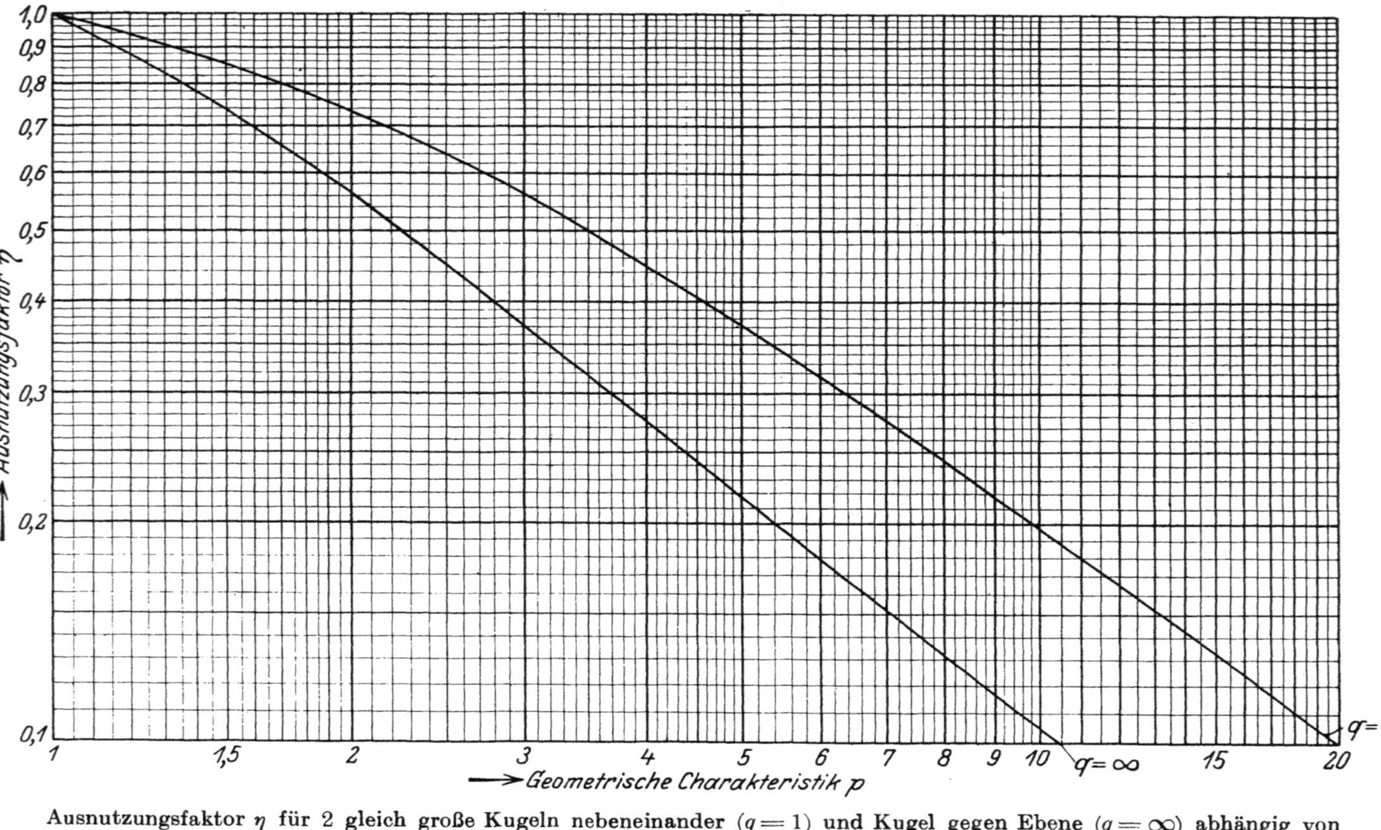

Ausnutzungsfaktor η für 2 gleich große Kugeln nebeneinander ($q = 1$) und Kugel gegen Ebene ($q = \infty$) abhängig von der geometrischen Charakteristik p.

Tafel VII.

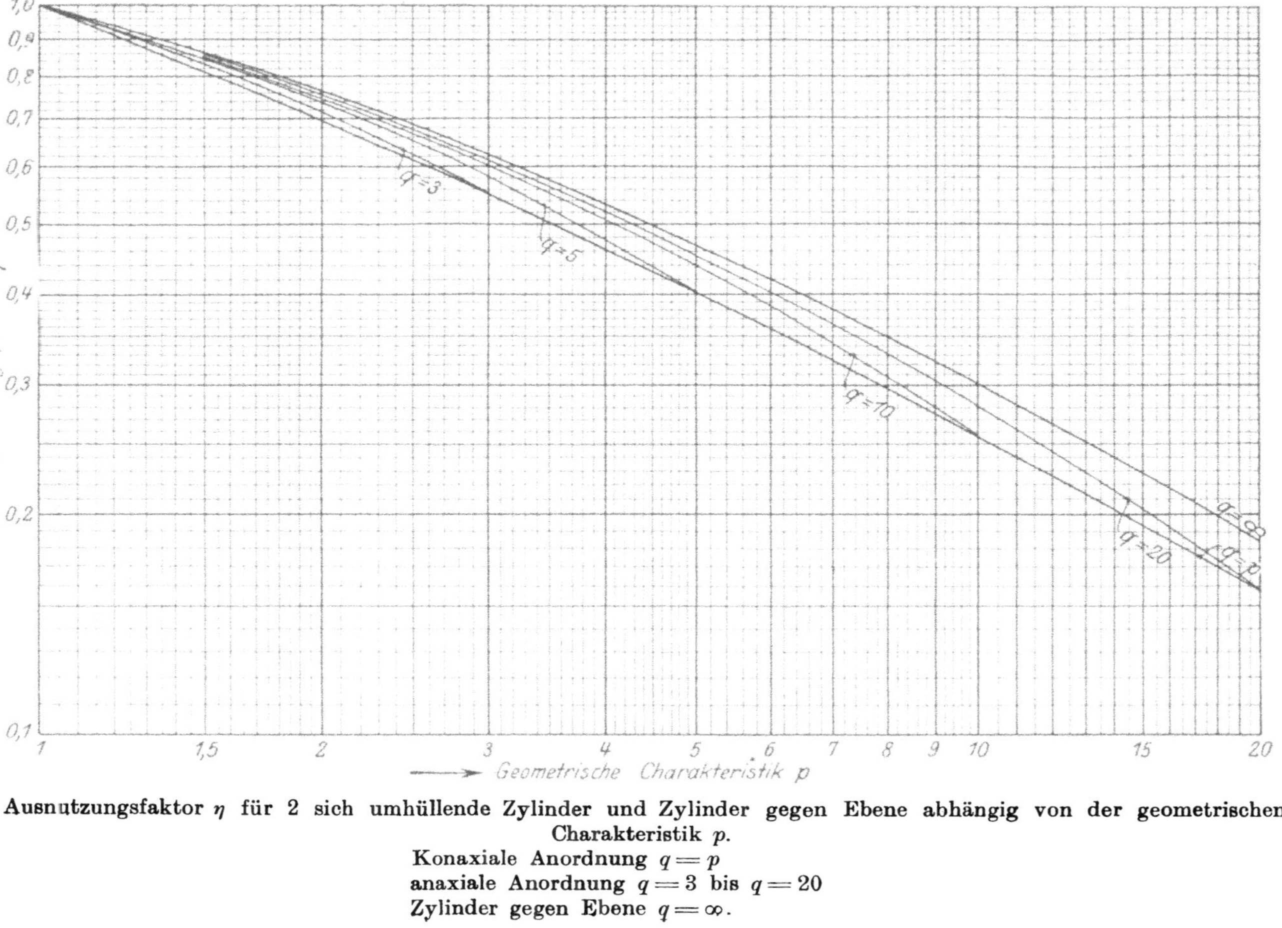

Ausnutzungsfaktor η für 2 sich umhüllende Zylinder und Zylinder gegen Ebene abhängig von der geometrischen Charakteristik p.

Konaxiale Anordnung $q = p$
anaxiale Anordnung $q = 3$ bis $q = 20$
Zylinder gegen Ebene $q = \infty$.

Tafel VIII.

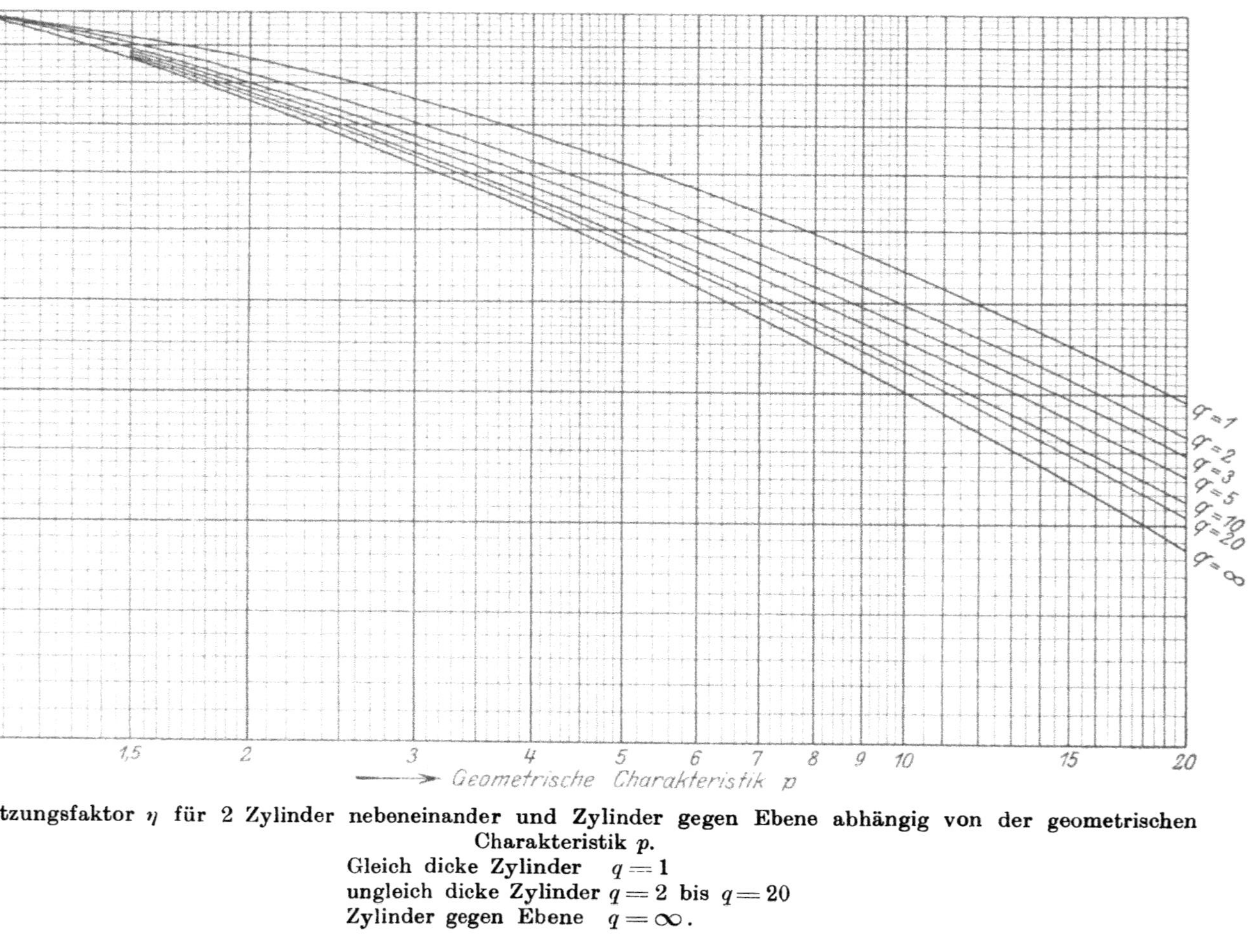

Ausnutzungsfaktor η für 2 Zylinder nebeneinander und Zylinder gegen Ebene abhängig von der geometrischen Charakteristik p.

Gleich dicke Zylinder $q = 1$

ungleich dicke Zylinder $q = 2$ bis $q = 20$

Zylinder gegen Ebene $q = \infty$.

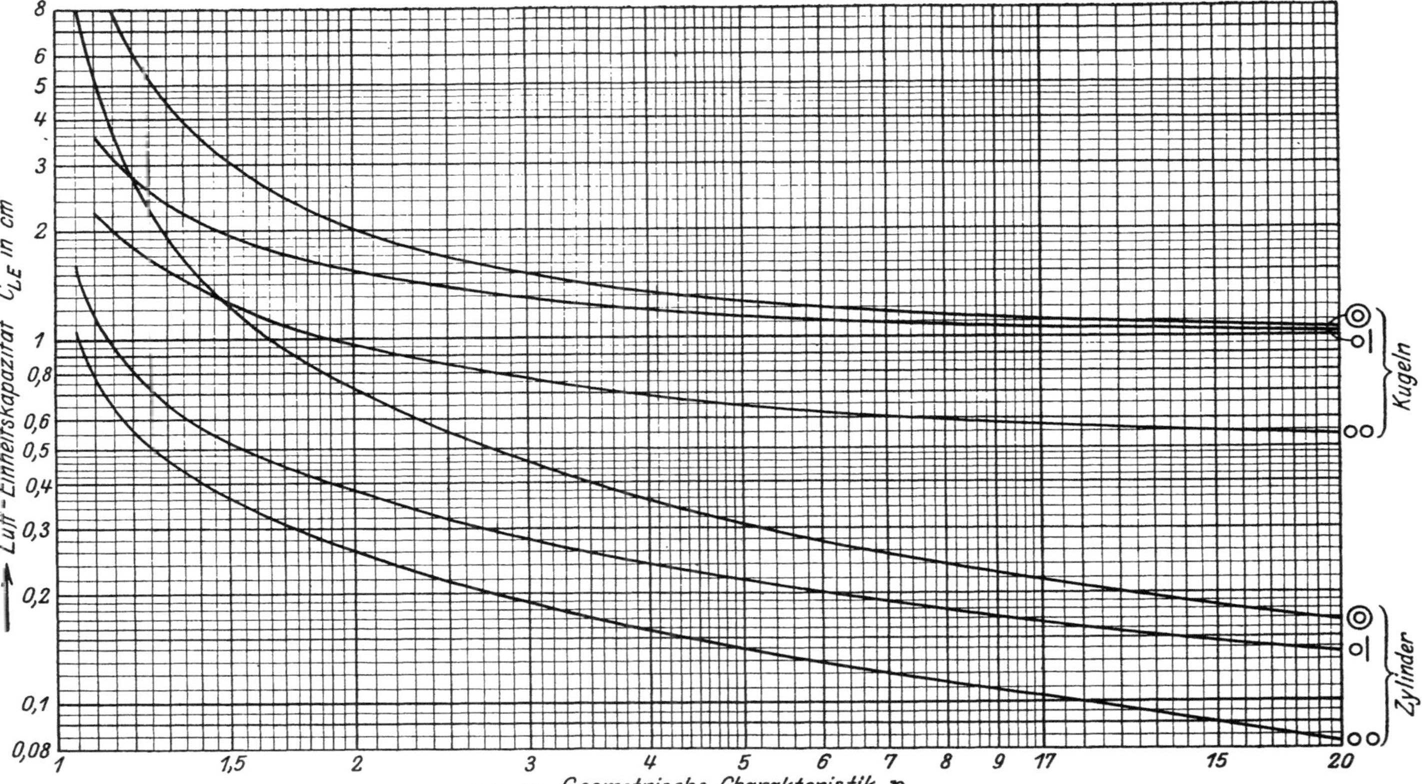

Luft-Einheitskapazität für Kugeln und Zylinder abhängig von der geometrischen Charakteristik p für die in der Abbildung gekennzeichneten Anordnungen (konzentrisch bzw. konaxial, gegen Ebene, nebeneinander).

Die elektrische Kraftübertragung. Von Oberingenieur Dipl. Ing. **Herbert Kyser.** In 3 Bänden.

Erster Band: **Die Motoren, Umformer und Transformatoren.** Ihre Arbeitsweise, Schaltung, Anwendung und Ausführung. Zweite, umgearbeitete und erweiterte Auflage. Mit 305 Textfiguren und 6 Tafeln. (432 S.) 1920. Unveränderter Neudruck. 1923. Gebunden 15 Goldmark

Zweiter Band: **Die Niederspannungs- und Hochspannungs-Leitungsanlagen.** Ihre Projektierung, Berechnung, elektrische und mechanische Ausführung und Untersuchung. Zweite, umgearbeitete und erweiterte Auflage. Mit 319 Textfiguren und 44 Tabellen. (413 S.) 1921. Unveränderter Neudruck. 1923. Gebunden 15 Goldmark

Dritter Band: **Die maschinellen und elektrischen Einrichtungen des Kraftwerkes und die wirtschaftlichen Gesichtspunkte für die Projektierung.** Zweite, umgearbeitete und erweiterte Auflage. Mit 665 Textfiguren, 2 Tafeln und 87 Tabellen. (942 S.) 1923.
Gebunden 28 Goldmark

Bau großer Elektrizitätswerke. Von Geheimem Baurat Prof. Dr.-Ing. h. c. Dr. phil. **G. Klingenberg.** Zweite, vermehrte und verbesserte Auflage. Mit 770 Textabbildungen und 13 Tafeln. (616. S.) 1924.
Gebunden 45 Goldmark

Deutschlands Großkraftversorgung. Von Dr. **Gerhard Dehne.** Mit 44 Abbildungen. (105 S.) 1925. 6 Goldmark; gebunden 7 Goldmark

---

Das Bayernwerk und seine Kraftquellen. Von Dipl.-Ing. **A. Menge,** München. Mit 118 Abbildungen im Text und 3 Tafeln. (112 S.) 1925. 6 Goldmark; gebunden 7.50 Goldmark

---

Das Energiewirtschaftsproblem in Bayern. Eine technisch-wirtschaftlich-statistische Studie. Von Dr.-Ing. **Otto Streck,** Dipl.-Ingenieur. Mit 23 Textabbildungen. (116 S.) 1923.
3.60 Goldmark; gebunden 4.40 Goldmark

Elektrische Starkstromanlagen. Maschinen, Apparate, Schaltungen, Betrieb. Kurzgefaßtes Hilfsbuch für Ingenieure und Techniker sowie zum Gebrauch an technischen Lehranstalten. Von Studienrat Dipl.-Ing. **Emil Kosack,** Magdeburg. Sechste, durchgesehene und ergänzte Auflage. Mit 296 Textabbildungen. (342 S.) 1923.
5.50 Goldmark; gebunden 6.50 Goldmark

Schaltungen von Gleich- und Wechselstromanlagen. Dynamomaschinen, Motoren und Transformatoren, Lichtanlagen, Kraftwerke und Umformerstationen. Ein Lehr- und Hilfsbuch. Von Studienrat Dipl.-Ing. **Emil Kosack,** Magdeburg. Mit 226 Textabbildungen. (164 S.) 1922.
5 Goldmark

GPSR Compliance
The European Union's (EU) General Product Safety Regulation (GPSR) is a set of rules that requires consumer products to be safe and our obligations to ensure this.

If you have any concerns about our products, you can contact us on

ProductSafety@springernature.com

In case Publisher is established outside the EU, the EU authorized representative is:

Springer Nature Customer Service Center GmbH
Europaplatz 3
69115 Heidelberg, Germany

www.ingramcontent.com/pod-product-compliance
Ingram Content Group UK Ltd.
Pitfield, Milton Keynes, MK11 3LW, UK
UKHW021710190726
13853UKWH00001B/485
9783642525308